Kabus · Mechanik und Festigkeitslehre – Aufgaben

Karlheinz Kabus

Mechanik und Festigkeitslehre
Aufgaben

unter Mitarbeit von Bernd Kretschmer und Peter Möhler

mit 919 Aufgaben und 736 Bildern

5., überarbeitete Auflage

HANSER

Dipl.-Ing. Karlheinz Kabus, Studiendirektor i. R.

Dipl.-Ing. Bernd Kretschmer, Studiendirektor an der Staatlichen Technikerschule Berlin
Dr.-Ing. Peter Möhler, Studienrat an der Staatlichen Technikerschule Berlin

Die vorliegende Aufgabensammlung ist vollkommen abgestimmt auf das im gleichen Verlag erscheinende Lehrbuch **Kabus, Mechanik und Festigkeitslehre**, 5. überarbeitete Auflage (siehe auch „Hinweise für die Benutzung des Buches", Seite 6)

Bibliografische Information Der Deutschen Bibliothek

Die Deutsche Bibliothek verzeichnet diese Publikation in der Deutschen Nationalbibliografie; detaillierte bibliografische Daten sind im Internet über http://dnb.ddb.de abrufbar.

ISBN 3-446-21924-2

www.hanser.de
Projektleitung: Jochen Horn
Herstellung: Renate Roßbach
Satz, Druck und Bindung: Druckhaus „Thomas Müntzer" GmbH, Bad Langensalza

Printed in Germany

Vorwort

Zu den wichtigsten theoretischen Grundlagen jedes Technikers und Ingenieurs gehören die Mechanik und Festigkeitslehre. Die vom vorliegenden Buch angebotenen Übungsaufgaben sollen dazu dienen, die im Unterricht oder im Selbststudium erarbeiteten Kenntnisse zu vertiefen, und zur Rationalisierung des Unterrichts an technischen Lehranstalten beitragen. Sie sind vorzugsweise auf das Studium an Technikerschulen und Fachhochschulen abgestimmt, aber auch für Praktiker geeignet, die ihre theoretischen Kenntnisse auffrischen oder erweitern wollen. Die Auswahl der Aufgaben und die Formulierungen der Aufgabenstellungen erfolgte nach didaktischen Gesichtspunkten, wobei eine enge Beziehung zur Praxis angestrebt wurde. Jeder Abschnitt beginnt mit relativ einfach zu lösenden Aufgaben, die in der Regel den Beispielen im Lehrbuch angepasst wurden (siehe „Hinweise für die Benutzung des Buches"). Es sind auch die Formelzeichen der gegebenen und der gesuchten Größen angegeben. Danach nimmt der Schwierigkeitsgrad zu; die Formelzeichen müssen selbst festgelegt werden, der Lösungsgang ist nicht mehr durch Fragestellungen nach Zwischenergebnissen vorgegeben.

Der erste Teil des Buches enthält die Aufgabentexte, zu deren Verständnis zahlreiche Abbildungen beitragen. Im zweiten Teil befinden sich geordnet zusammengestellt die Ergebnisse der Berechnungen und der zeichnerischen Lösungen, falls in der Aufgabenstellung verlangt. In einem besonderen dritten Teil werden Erläuterungen und Hinweise zum Lösungsgang jeder Aufgabe gegeben. Durch diese bewährte Methode wird Studienanfängern und den in der Praxis tätigen Technikern und Ingenieuren, die nur hin und wieder Probleme der Technischen Mechanik zu lösen haben, eine Möglichkeit zur schnellen Einarbeitung in die Berechnungsverfahren angeboten. Ein separates Lösungsbuch ist somit überflüssig, da jede Lösung nach der gegebenen Anleitung sicher nachvollzogen werden kann. Selbstverständlich führen in vielen Fällen auch andere Lösungswege zum richtigen Ergebnis.

Allen Kolleginnen und Kollegen und den Benutzern der bisherigen Auflagen, die mündlich oder schriftlich viele Anregungen gaben, sagen wir herzlichen Dank. Die nun vorliegende Neuauflage berücksichtigt die Änderungen in der fünften Auflage des zugehörigen Lehrbuches (siehe „Hinweise zur Benutzung des Buches"). Druck- und Ergebnisfehler, die sich leider eingeschlichen hatten, wurden bereinigt und einige neue Aufgaben hinzugefügt. Bei den Mitarbeitern des Carl Hanser Verlages, besonders bei Herrn Dipl.-Phys. *Jochen Horn*, bedanken wir uns für die gute Zusammenarbeit.

Wir hoffen, dass auch die fünfte Auflage den Studenten und den lehrenden Kollegen ebenso wie den in der Praxis tätigen Technikern und Ingenieuren ein brauchbares Hilfsmittel sein wird. Verbesserungsvorschläge und Hinweise auf mögliche Rechenfehler, die bei der Vielzahl der erforderlichen Rechnungsgänge trotz größter Sorgfalt nicht ausgeschlossen sind, werden dankbar entgegengenommen.

Berlin, Januar 2003

Karlheinz Kabus
Bernd Kretschmer
Peter Möhler

Hinweise für die Benutzung des Buches

Diese Aufgabensammlung entspricht in ihrer Gliederung, den verwendeten Begriffen und Formelzeichen und den Berechnungsverfahren vollkommen dem im gleichen Verlag in der **5. Auflage** erschienenen **Lehrbuch „Mechanik und Festigkeitslehre"** von Karlheinz Kabus unter Mitarbeit von Bernd Kretschmer und Peter Möhler. Sie stellt also eine Ergänzung des genannten Werkes dar.

Die in den Aufgaben nicht genannten und zur Lösung benötigten Erfahrungs- und Normenwerte wie Reibungszahlen, Werkstoffkennwerte, Sicherheiten usw. sind dem Lehrbuch mit Beilage zu entnehmen.

Alle angezogenen Gleichungen und Tabellen sind in diesem Werk zu finden. Ferner beziehen sich auch alle Hinweise auf Bilder oder Buchseiten, die durch ein vorangestelltes **„MF"** gekennzeichnet sind, auf das Buch „Mechanik und Festigkeitslehre".

Jedem Lehrbuchabschnitt ist eine bestimmte Anzahl Übungsaufgaben zugeordnet. Aufgaben über Schnittkräfte und -momente sind demzufolge an den Anfang der Festigkeitslehre gestellt.

Ihre Durcharbeitung kann aber ohne weiteres im Anschluss an die Statik erfolgen.

Die **Bildnummern** sind identisch mit den dazugehörigen Aufgabennummern, die kapitelweise geordnet wurden. Den Bildern im Ergebnisteil ist der Buchstabe **„E"** vorangestellt, z. B. gehört Bild E 6.12 zum Ergebnis der Aufgabe 6.12. Sinngemäß erhielten die Bildnummern im Hinweisteil zu den Lösungen ein vorangestelltes **„L"**. Dabei handelt es sich vorzugsweise um Berechnungsskizzen, die das Verständnis des Lösungsganges erleichtern sollen. Die Richtigkeit der vom Leser ausgeführten Berechnungen kann anhand der im zweiten Teil des Buches zusammengestellten Ergebnisse und Zwischenergebnisse (in Klammern angegeben) kontrolliert werden. Innerhalb der Berechnungen wurde jeweils mit den angegebenen Zwischenergebnissen weitergerechnet, d. h., diese Werte wurden in den Rechner immer neu eingegeben. Beim Weiterrechnen mit den vom Rechner angezeigten ungerundeten Werten ergeben sich teilweise geringfügig abweichende Ergebnisse. Die Genauigkeit der Ergebnisse wurde in der Regel auf drei bzw. vier Ziffern beschränkt, zum Teil sind sie sinnvoll gerundet. Bei aus Diagrammen abgelesenen Werten ist die Genauigkeit geringer. Sie werden mit einem $\approx$-Zeichen (ungefähr gleich) angegeben.

Besonderer Wert wurde auch auf eine Übereinstimmung mit den im gleichen Verlag erschienenen Büchern *Decker* „Maschinenelemente", bearbeitet von K. Kabus, und *Decker/Kabus* „Maschinenelemente-Aufgaben" gelegt, da die „Mechanik und Festigkeitslehre" als Grundlage für die Berechnung von Maschinenelementen angesehen werden kann. Aus diesem Grunde sind mehrere Aufgaben so abgefasst, dass sie die Berechnung der Kräfte oder Momente verlangen, die bei den „Maschinenelemente-Aufgaben" vorgegeben sind.

Inhaltsverzeichnis

A = Aufgaben, **E** = Ergebnisse, **L** = Erläuterungen und Hinweise zu den Lösungen

Aufgaben

1 Einführung

Diese Aufgaben sollen vor allem den Lesern, die sich erstmalig in die Probleme der Technischen Mechanik einarbeiten wollen, Gelegenheit geben, mit einigen wichtigen Größen und Einheiten sowie mit deren Umrechnung, mit der Schreibweise von Größengleichungen und der Handhabung von Maßstäben für zeichnerische Lösungen vertraut zu werden. Die Ermittlung der Gewichtskraft F_G aus der Masse m und der Fallbeschleunigung g sowie die Errechnung der Streckenlängen (Vektorlängen) für die Darstellung von Kräften sind dabei ebenfalls berücksichtigt worden (siehe MF Abschn. 2.1.1).

1.1
Für eine geschliffene Oberfläche wird eine gemittelte Rautiefe $R_z = 4\ \mu m$ angegeben. Wie viel mm beträgt diese Rautiefe?

1.2
Welche innere Kantenlänge a in m muss ein Behälter mit quadratischer Bodenfläche erhalten, wenn darin 2000 Liter einer Flüssigkeit eine Höhe $h = 925$ mm über dem Boden haben sollen?

1.3
Ein feinmechanisches Geräteteil wiegt 0,0125 g. Seine Masse ist in mg anzugeben.

1.4
Die Massen von 6,8 t und 3,5 Mt sind in kg umzurechnen.

1.5
Die Angabe $t = 6\ \text{min} + 48\ \text{s}$ für einen Zeitabschnitt ist in Minuten und außerdem in Sekunden umzuwandeln (Zahlenwerte als Dezimalzahlen). Die Ergebnisse sind in einer Größengleichung anzugeben.

1.6
Eine Zeitspanne von 2,436 h soll in einer Größengleichung in Sekunden angegeben werden.

1.7
In einem Diagramm sollen verschiedene Flächeninhalte durch Balken dargestellt werden. Mit welchem Maßstabfaktor m_A in m²/cm sind die Balkenlängen zu errechnen, wenn die größte Fläche von 400 m² mit einer Länge von 125 mm zu zeichnen ist?

1.8
Wie groß ist die wirkliche Länge l in m bei einem Längenmaßstabfaktor $m_l = 2{,}5$ m/cm, wenn auf der Zeichnung eine Strecke $l_{gez} = 6{,}8$ cm gemessen wird?

1.9
Wie groß ist die zu zeichnende Streckenlänge s_{gez} in mm für eine Wegstrecke $s = 4{,}55$ m bei einem Wegmaßstabfaktor $m_s = 0{,}7$ m/cm?

1.10
Für eine Wegstrecke $s = 1{,}85$ km, die mit $s_{gez} = 7{,}4$ cm zeichnerisch dargestellt wurde, ist der Maßstabfaktor m_s anzugeben.

1.11
Wie lautet der Längenmaßstabfaktor m_l für folgende Maßstabangabe: 1 cm $\widehat{=}$ 25 m?

1.12
Wie groß ist die zu zeichnende Streckenlänge l_{gez} in mm für einen Abstand $l = 1{,}25$ m bei einer Maßstabangabe 1 cm $\widehat{=}$ 0,5 m?

1.13
Für die Maßstabangabe 10 mm $\widehat{=}$ 20 km/h ist der Geschwindigkeitsmaßstabfaktor m_v in (km/h)/mm zu ermitteln.

1.14
Wie groß ist die Geschwindigkeit v in m/s, die mit einer Strecke $v_{gez} = 2{,}4$ cm dargestellt ist, wenn die Zeichnung eine Maßstabangabe 1 cm $\widehat{=}$ 10 km/h enthält?

1.15
Wie groß ist die zu zeichnende Streckenlänge F_{gez} in cm für eine Kraft $F = 820$ N bei einem Kräftemaßstabfaktor $m_F = 200$ N/cm?

1.16
Welchen Betrag in kN hat eine Kraft F, die mit der Strecke $F_{gez} = 28$ mm dargestellt wurde, wenn die Zeichnung folgende Maßstabangabe enthält: 1 cm $\widehat{=}$ 600 N?

1.17

Welche Gewichtskraft F_G in N übt ein Körper von der Masse $m = 75$ kg auf seine Unterlage aus?

1.18

Für drei Maschinenteile mit den Massen $m_1 = 1368$ g, $m_2 = 45$ kg und $m_3 = 12{,}5$ t sind die Gewichtskräfte zu errechnen.

1.19

Für ein 36 t schweres Maschinenteil ist die Gewichtskraft F_G in kN zu errechnen und die Streckenlänge $F_{G\,gez}$ in cm anzugeben, mit der sie bei einem Maßstabfaktor $m_F = 120$ kN/cm darzustellen ist.

1.20

Für welche Masse in kg hat der Vektor der Gewichtskraft bei der Angabe 1 cm $\widehat{=}$ 100 N eine Länge von 57 mm?

2 Statik starrer Körper

Freimachen

Zur Lösung der Aufgaben dieses Abschnitts ist für jede Aufgabe eine Skizze anzufertigen, die den oder die betreffenden Körper (Bauteile) im freigemachten Zustand in vereinfachter Darstellung zeigt. Dabei genügt es meistens, jedes Bauteil symbolisiert (z. B. durch eine Strecke) darzustellen. Kräfte sind mit Formelzeichen anzugeben, wenn die Kraftangriffsstelle durch Buchstaben gekennzeichnet ist. Wo der Schwerpunkt eines Bauteils (S_0, S_1, S_2 usw.) angegeben wurde, ist auch die Gewichtskraft einzutragen. Reibungskräfte sind zu vernachlässigen.

2.1

Die in Bild 2.1 dargestellte Pendelstange zur Aufnahme einer Seilrolle ist freizumachen.

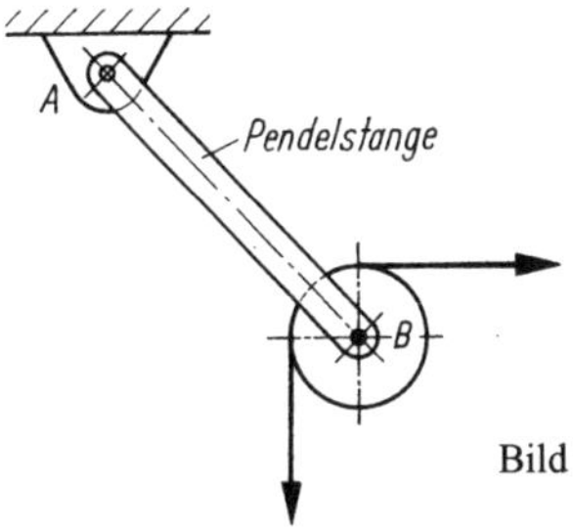

Bild 2.1 Pendelstange mit Seilrolle

2.2

Bild 2.2 zeigt in vereinfachter Darstellung ein Sicherheitsventil, das aus dem Ventilhebel, dem Belastungsgewicht und dem Ventilteller besteht, auf den der Druck p wirkt. Der im Lager L drehbar gelagerte Hebel soll freigemacht werden.

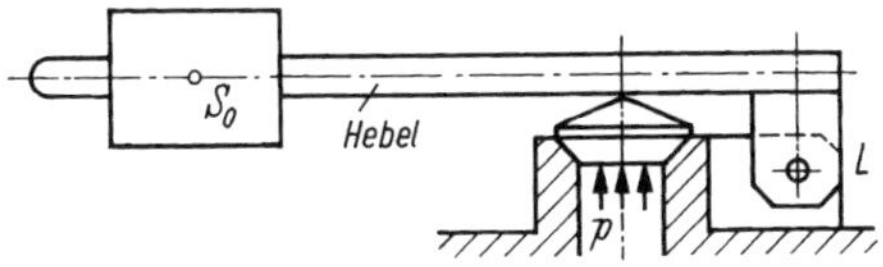

Bild 2.2 Sicherheitsventil

2.3

Der in Bild 2.3 vereinfacht dargestellte Wandschwenkkran ist freizumachen.

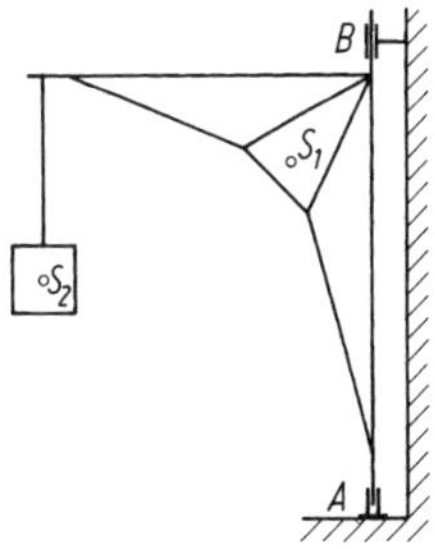

Bild 2.3 Wandschwenkkran mit Last

2.4 bis 2.9

Nachfolgend bezeichnete Bauteile sollen freigemacht werden: Die kippbare Bühne in Bild 2.4, der Fachwerkträger in Bild 2.5, die Stütze in Bild 2.6, der Karren in Bild 2.7, der Hubtisch in Bild 2.8 und der Maschinenschlitten in Bild 2.9.

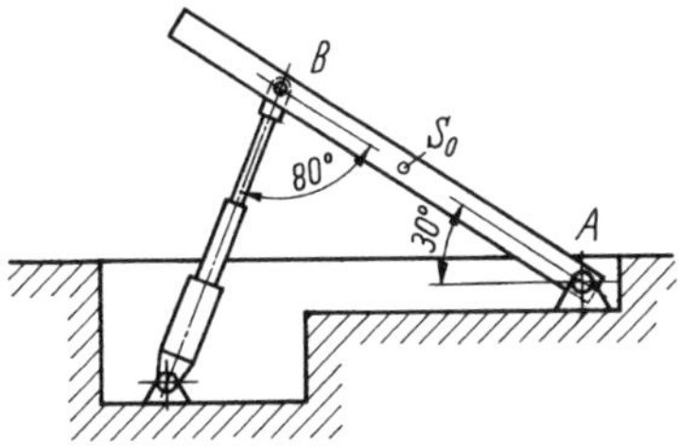

Bild 2.4 Kippbare Bühne

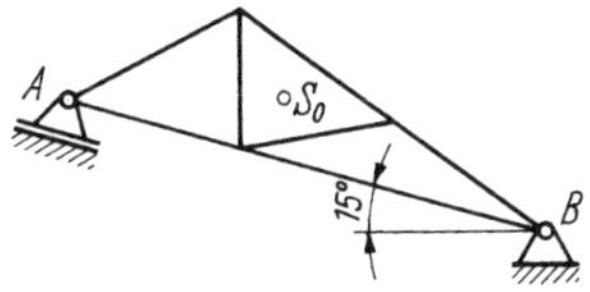

Bild 2.5 Fachwerkträger

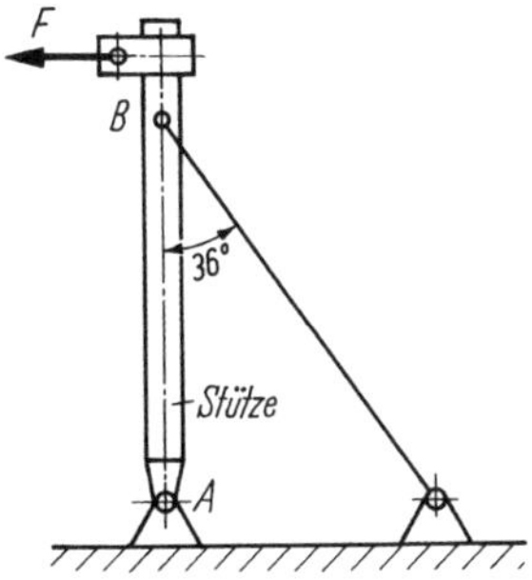

Bild 2.6 Stütze mit Spannseil

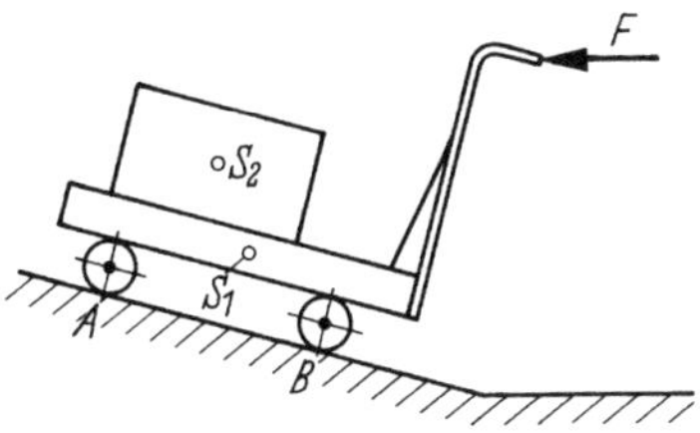

Bild 2.7 Belasteter Karren

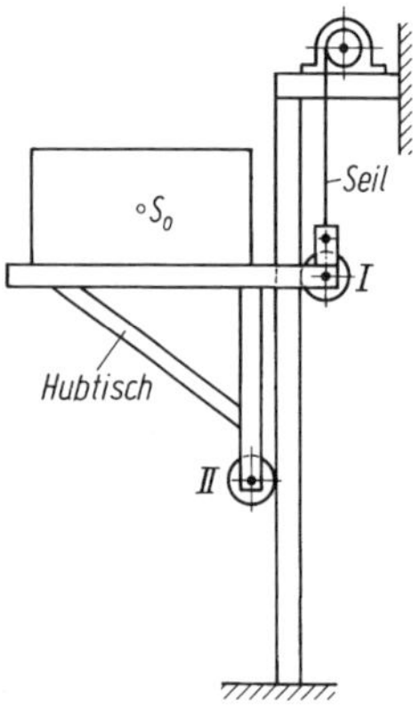

Bild 2.8 Belasteter Hubtisch mit Führungsrollen I und II

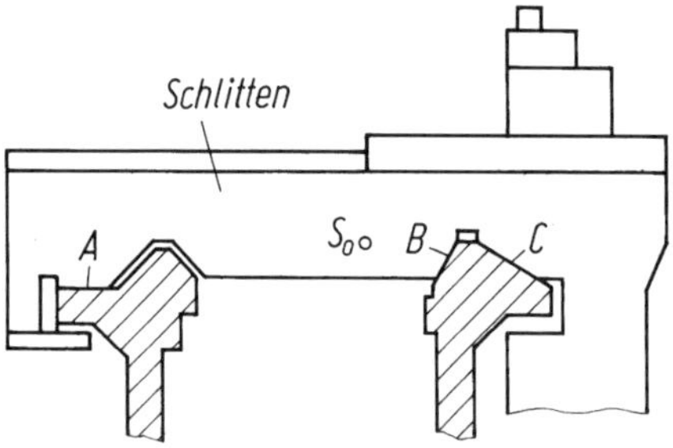

Bild 2.9 Maschinenschlitten mit Führungsflächen

2.10

Die in Bild 2.10 bezeichneten Teile des dargestellten Systems sind freizumachen.

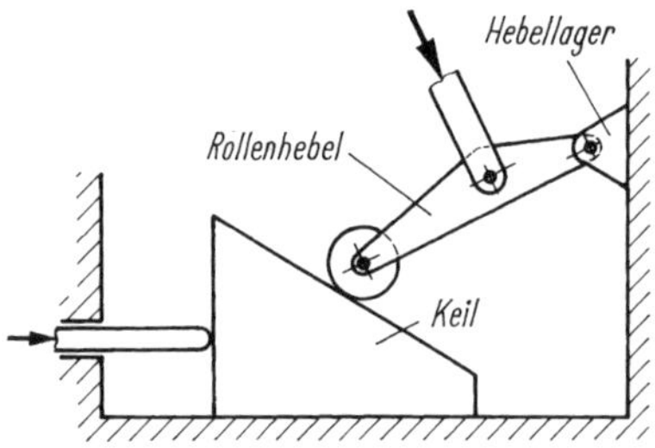

Bild 2.10 Steuersystem

2.11

Von dem Halteseil, dem belasteten Tragbalken und den Befestigungen B und C ist je eine Freimachskizze anzufertigen.

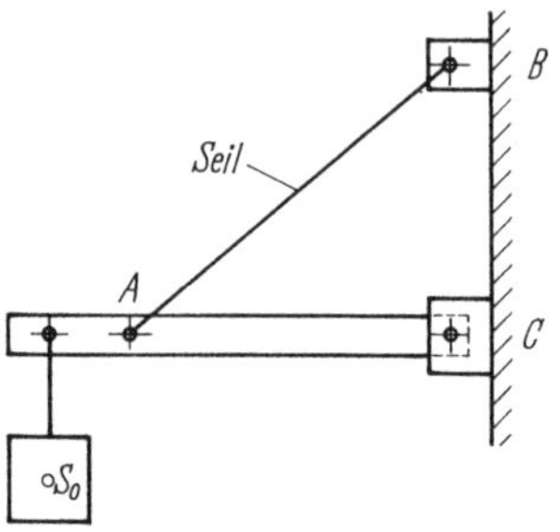

Bild 2.11 Tragbalken mit Halteseil und Last

2.12

Bild 2.12 zeigt eine Riemenspanneinrichtung mit Druckfeder. Der Spannrollenhebel ist freizumachen unter Berücksichtigung der Gewichtskraft F_G der Spannrolle R.

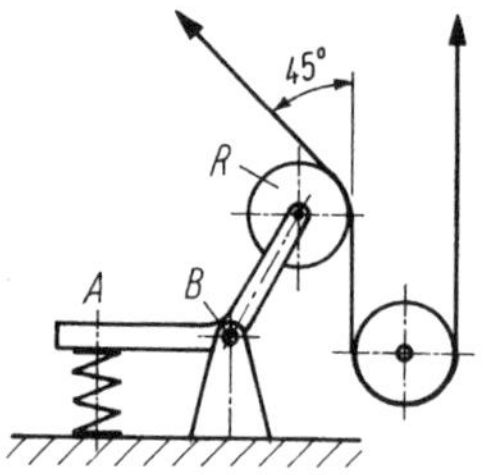

Bild 2.12 Riemenspanneinrichtung

2.13

Für den Waggon und die Bühne der in Bild 2.13 gezeigten Kippvorrichtung ist je eine Freimachskizze anzufertigen.

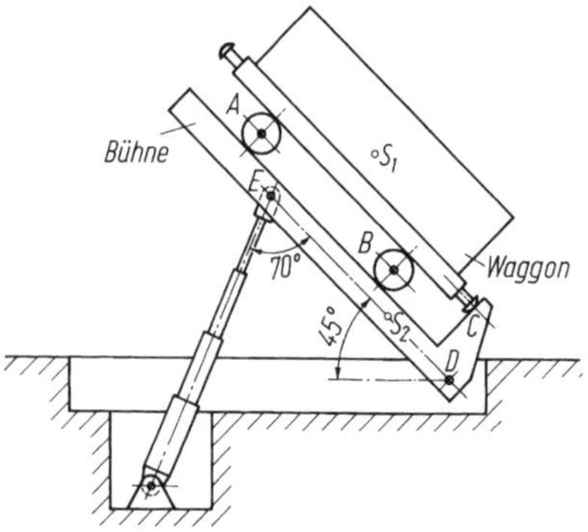

Bild 2.13 Kippvorrichtung für Waggons

2.14

Folgende Bauteile des in Bild 2.14 schematisch dargestellten Kurbeltriebs sollen freigemacht

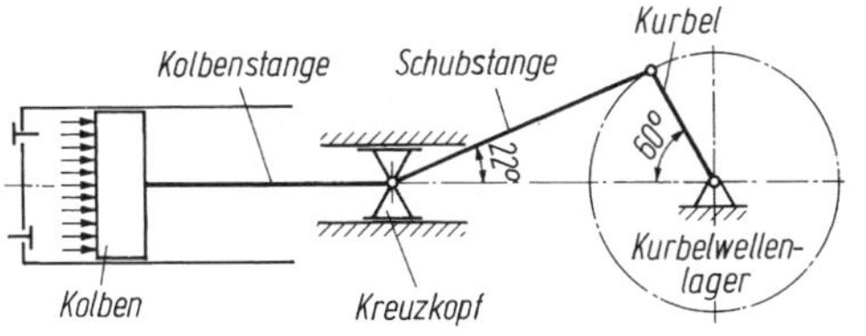

Bild 2.14 Kurbeltrieb

werden: Kolbenstange mit Kolben, Kreuzkopf, Schubstange, Kurbel.

Zentrales ebenes Kräftesystem

Alle Aufgaben dieses Abschnitts, in denen nicht ausdrücklich eine zeichnerische Lösung verlangt wird, sind rechnerisch zu lösen. Die bei den Ergebnissen angegebenen Werte basieren auf rechnerischer Lösung.
Das **Zusammensetzen von Kräften zur Resultierenden** wird in den Aufgaben 2.15 bis 2.24 und 2.31 bis 2.35 verlangt, das **Zerlegen einer Kraft in Komponenten** in den Aufgaben 2.25 bis 2.30 und die **Ermittlung von Gleichgewichtskräften** in den Aufgaben 2.36 bis 2.49.

2.15

Für zwei Kräfte $F_1 = 120$ N und $F_2 = 80$ N, die einen gemeinsamen Angriffspunkt haben und deren Wirklinien senkrecht aufeinander stehen, sind zeichnerisch und rechnerisch zu ermitteln:

1. Der Betrag der resultierenden Kraft F_r,
2. Der spitze Winkel α_r, den die Wirklinien von F_1 und F_r einschließen.

2.16

Die Wirklinien zweier Kräfte $F_1 = 2{,}5$ kN und $F_2 = 1{,}8$ kN schneiden sich in einem Punkt unter dem Winkel $\gamma = 78{,}5°$. Es sind zeichnerisch und rechnerisch die Resultierende F_r beider Kräfte und der spitze Winkel α_r zwischen den Wirklinien von F_1 und F_r zu ermitteln.

2.17

Zwei Kräfte wirken, wie in Bild 2.17 dargestellt, an einem Angriffspunkt. Ihre Resultierende und deren spitzer Winkel zur größeren Kraft sind zeichnerisch und rechnerisch zu bestimmen.

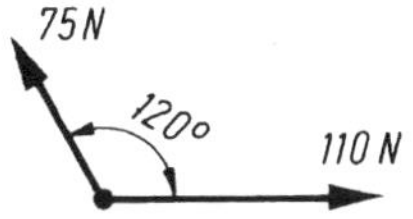

Bild 2.17 Zentrales Kräftesystem mit zwei Kräften

2.18

Ein mit 500 kg belastetes Seil wird nach Bild 2.18 über eine Seilrolle geführt, die an einer Pendelstange befestigt ist. Welche resultierende Kraft F_r üben die Seilkräfte F_S auf die Rollenachse aus, und unter welchem Winkel β zur vertikalen Seilkraft wirkt die Resultierende?

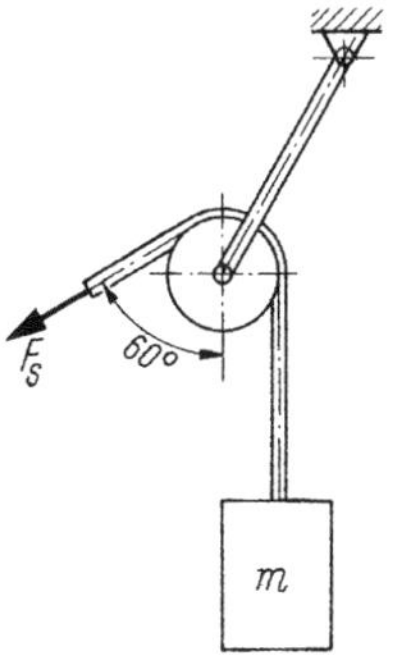

Bild 2.18 Pendelstange mit Seilrolle und Last

2.19

Ein beladener Schlitten wird an zwei Seilen gezogen (Bild 2.19). Die gleich großen Seilkräfte betragen je 600 N. Welche Zugkraft F_z wird in Bewegungsrichtung des Schlittens ausgeübt?

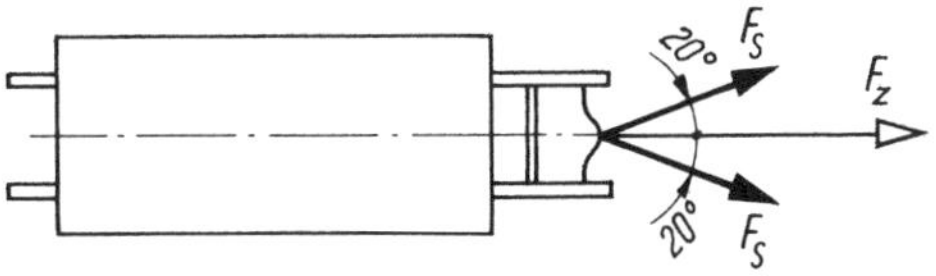

Bild 2.19 Beladener Schlitten mit Zugseilen

2.20

Am Lasthaken eines Kranes ziehen zwei Seile mit den in Bild 2.20 angegebenen Kräften. Die auf den Haken ausgeübte resultierende Kraft und ihre Wirkrichtung sind zu ermitteln.

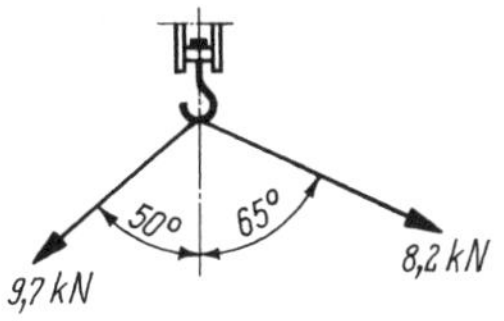

Bild 2.20 Lasthaken mit Seilkräften

2.21

Bild 2.21 zeigt schematisch einen Flachriementrieb mit Spannrolle. Die Umschlingungswinkel betragen $\beta = 200°$, $\gamma = 222°$ und $\delta = 62°$. Im

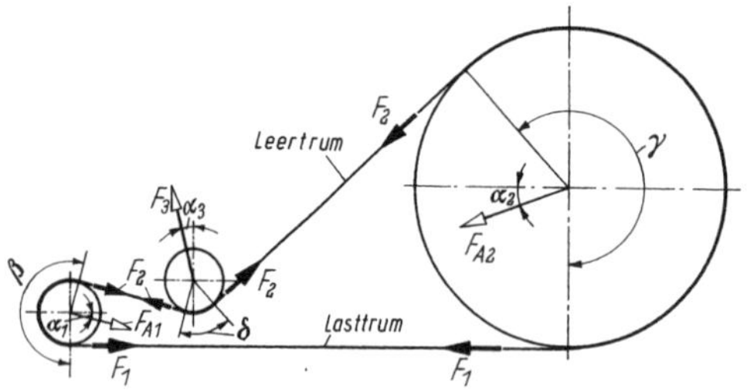

Bild 2.21 Kräfte eines Flachriementriebs mit Spannrolle

Lasttrum wirkt die Kraft $F_1 = 2{,}44$ kN, im Leertrum $F_2 = 1{,}38$ kN. Zeichnerisch und rechnerisch sind zu ermitteln:

1. Die Achskraft F_{A1} und ihr Winkel α_1,
2. Die Achskraft F_{A2} und deren Winkel α_2,
3. Die Spannrollenkraft F_3 und der Winkel α_3.

2.22

Für die wie in Bild 2.22 wirkenden Kräfte $F_1 = 650$ N, $F_2 = 1{,}2$ kN und $F_3 = 90$ daN sind die resultierende Kraft F_r in kN und ihr spitzer Richtungswinkel α_r zu F_1 zu ermitteln sowie der Quadrant anzugeben. Es ist eine zeichnerische Lösung mit dem Maßstabfaktor $m_F = 200$ N/cm durchzuführen.

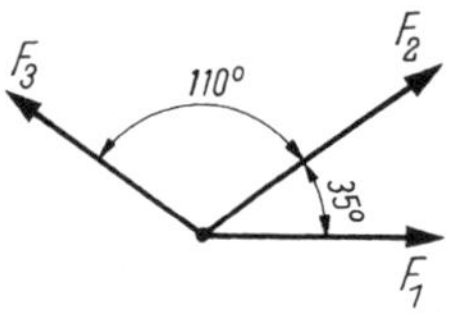

Bild 2.22 Zentrales Kräftesystem mit drei Kräften

2.23

An einem Wandhaken sind drei Drahtseile befestigt, die in einer Ebene liegen und die in Bild 2.23 angegebenen Winkel bilden. In den Seilen wirken folgende Kräfte: $F_1 = 820$ N, $F_2 = 1{,}18$ kN, $F_3 = 960$ N. Zeichnerisch sind zu ermitteln:

1. Die Resultierende F_r,
2. Der Richtungswinkel α_r.

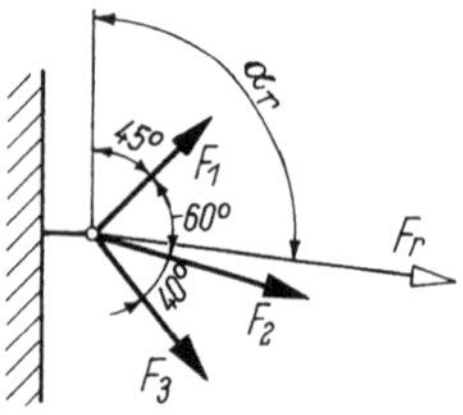

Bild 2.23 Seilkräfte an einem Wandhaken

2.24

Für die in Bild 2.24 angegebenen fünf Kräfte, die in einer vertikalen Ebene wirken, sind der Betrag, der spitze Richtungswinkel zur Waagerechten und die Lage (Quadrant) der vom Schnittpunkt der Wirkungslinien ausgehenden Resultierenden zeichnerisch zu bestimmen.

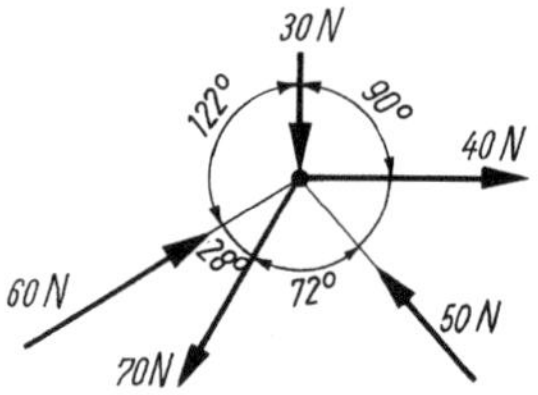

Bild 2.24 Zentrales Kräftesystem mit fünf Kräften

2.25

Eine Kraft $F = 12{,}5$ kN, die mit der positiven Richtung der x-Achse eines rechtwinkligen Koordinatensystems den Winkel $\alpha = 30°$ einschließt, soll in zwei senkrecht zueinander stehende Komponenten zerlegt werden. Wie groß sind F_x und F_y?

2.26

Die Komponenten F_x und F_y der an dem Lagerbock nach Bild 2.26 angreifenden Kraft sind zu ermitteln.

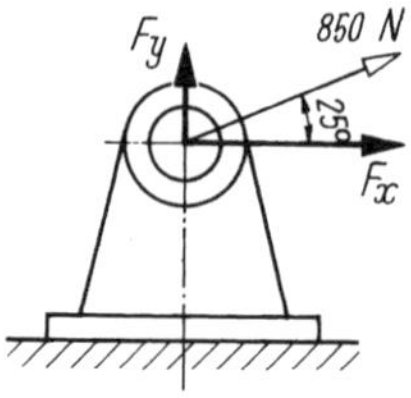

Bild 2.26 Lagerbock

2.27

Eine Lagerkraft $F = 3{,}6$ kN, die unter dem Winkel $\alpha = 55°$ zur Mittellinie einer Welle wirkt (Bild 2.27), soll in ihre axiale und ihre radiale

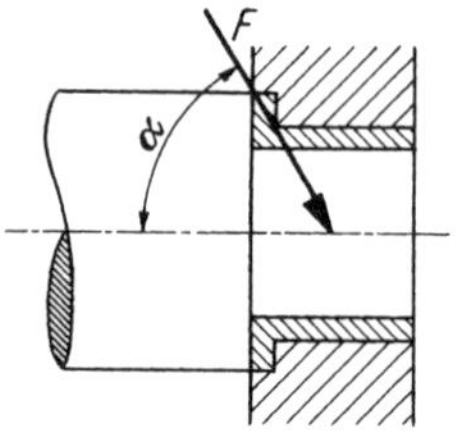

Bild 2.27 Gleitlager mit schräg angreifender Lagerkraft

Komponente zerlegt werden. Wie groß sind die axiale Komponente F_{ax} in Richtung der Wellenmittellinie und die dazu senkrechte radiale Komponente F_{ra}?

2.28

Der in Bild 2.28 skizzierte Lasthebemagnet hat ein Eigengewicht von 500 kg und hebt einen 4,5 t schweren Stahlblock. Die in jedem Kettenstrang des zweisträngigen Kettengehänges auftretende Kettenkraft F_K ist zu ermitteln.

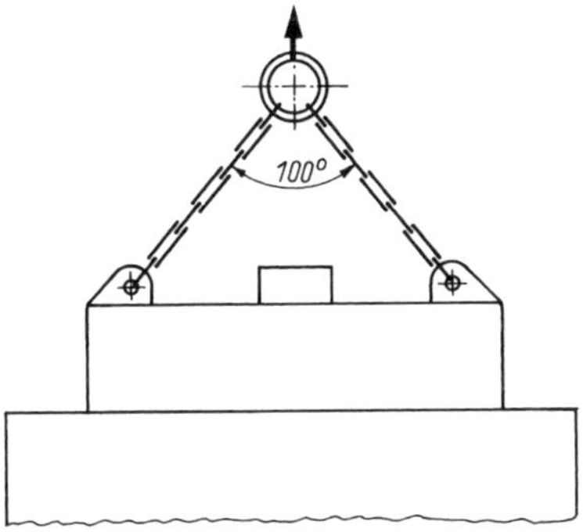

Bild 2.28 Lasthebemagnet mit Last

2.29

An einem Kranhaken hängt ein Seil mit einem 1000 kg schweren Rohr, das eine Wanddicke $s = 50$ mm hat und $l = 1{,}2$ m lang ist (Bild 2.29). Die gesamte Seillänge beträgt $L = 3$ m. Unter welchem Winkel α und mit welchen Seilkräften F_S ziehen die am Haken befestigten Seilenden?

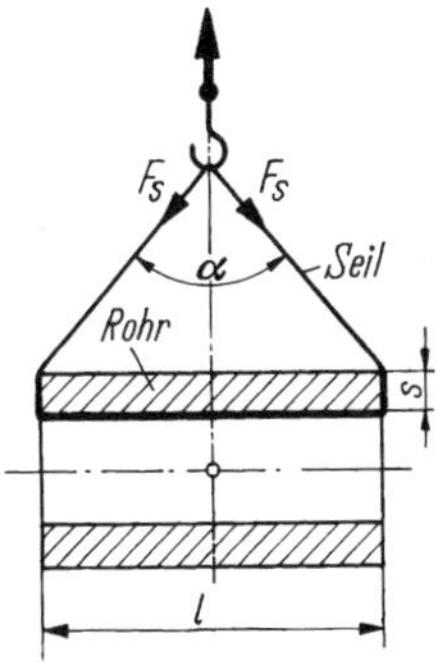

Bild 2.29 Seil mit Rohr

2.30

Bild 2.30 zeigt einen auf einer Konsole befestigten Elektromotor mit Riemenscheibe und Treibriemen. Die Riemenkräfte betragen $F_1 = 1150$ N

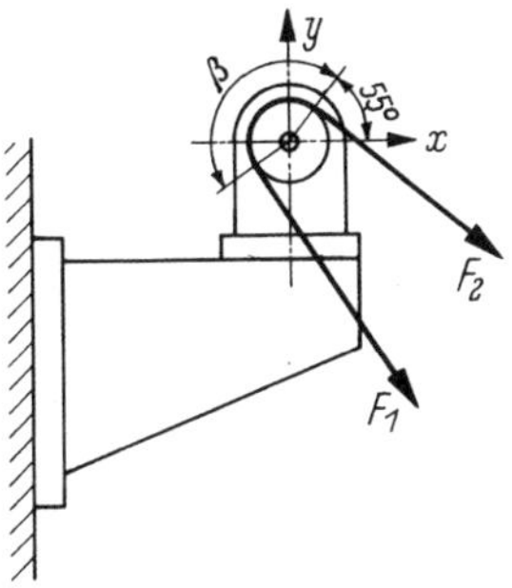

Bild 2.30 Riemenkräfte an einem Elektromotor

und $F_2 = 780$ N, der Umschlingungswinkel $\beta = 160°$. Die Komponenten F_x und F_y der auf die Motorwelle wirkenden resultierenden Riemenkraft sollen ermittelt werden.

2.31

Die Resultierende der in Aufgabe 2.22 gegebenen Kräfte $F_1 = 650$ N, $F_2 = 1200$ N und $F_3 = 900$ N (siehe Bild 2.22), die unter den Winkeln $\beta_1 = 0°$, $\beta_2 = 35°$ und $\beta_3 = 145°$ zur positiven x-Achse wirken, ist rechnerisch wie folgt zu ermitteln:

1. Die Komponenten F_{1x}, F_{2x} und F_{3x},
2. Die Komponenten F_{1y}, F_{2y} und F_{3y},
3. Die Komponenten F_{rx} und F_{ry},
4. Die resultierende Kraft F_r,
5. Der Richtungswinkel α_r und der Quadrant.

2.32

Für die in Aufgabe 2.24 gegebenen Kräfte $F_1 = 40$ N, $F_2 = 60$ N, $F_3 = 50$ N, $F_4 = 70$ N und $F_5 = 30$ N (siehe Bild 2.24) sind die Resultierende, ihr spitzer Richtungswinkel zur x-Achse und der Quadrant rechnerisch zu bestimmen, wofür auch eine Berechnungsskizze anzufertigen ist.

2.33

Auf einen Mast werden durch waagerechte Spannseile die in Bild 2.33 angegebenen Kräfte ausgeübt. Die Resultierende dieser Kräfte bean-

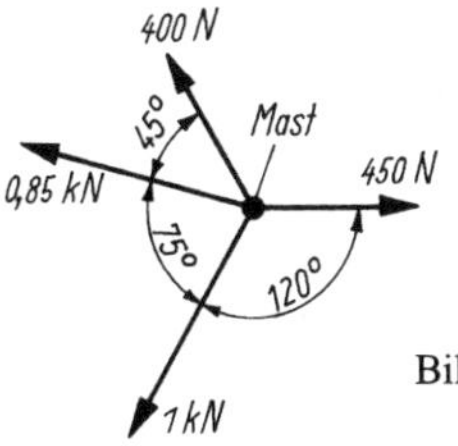

Bild 2.33 Seilkräfte an einem Mast

sprucht den Mast auf Biegung. Wie groß ist die Resultierende und der spitze Winkel, den ihre Wirklinie mit der Kraft von 450 N bildet?

2.34

Ein Wagen wird von drei Männern an Seilen gezogen (Bild 2.34). Die von den Männern ausgeübten Zugkräfte weichen nur geringfügig voneinander ab und sind als gleich groß mit je 500 N anzunehmen. Wie groß ist die resultierende Zugkraft F_z?

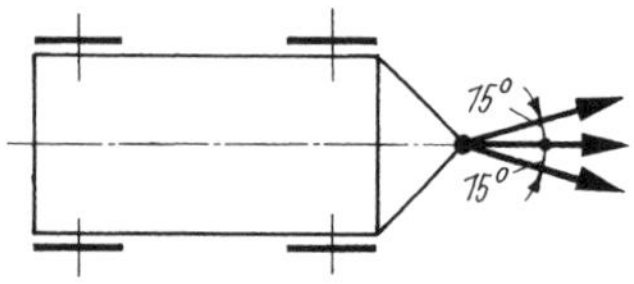

Bild 2.34 Zugkräfte an einem Wagen

2.35

In Bild 2.35 ist der Seilablauf an einer großen Seilrolle schematisch dargestellt. Die aus den Seilkräften F_S und der Gewichtskraft F_G der Rolle resultierende Belastungskraft F der Seilrollenachse ist zu ermitteln.

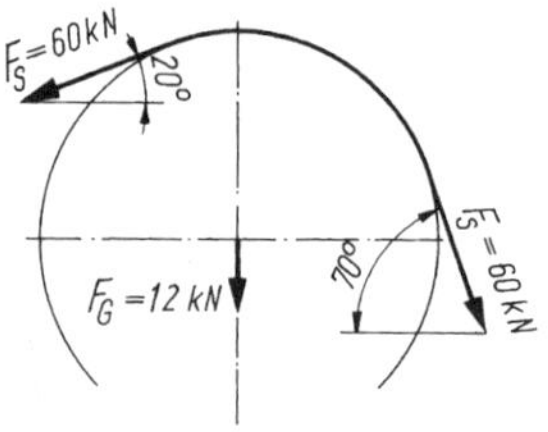

Bild 2.35 Kräfte an einer Seilrolle

2.36

Zwei gleich große Kräfte $F_1 = F_2 = 2{,}5$ N greifen an einem Punkt an und bilden den Winkel $\alpha = 75°$. Es ist die Kraft F, die beiden das Gleichgewicht hält, zeichnerisch und rechnerisch zu bestimmen.

2.37

Am Schlepplift eines Skihanges werden jeweils zwei Skiläufer am Schleppseil gemeinsam mit $F = 1$ kN aufwärts gezogen unter dem Winkel $\alpha = 30°$ zum Zugseil (Bild 2.37). Welche Kraft F_z muss im Zugseil aufgebracht werden, wenn die Liftanlage gleichzeitig von 80 Skiläufern benutzt wird?

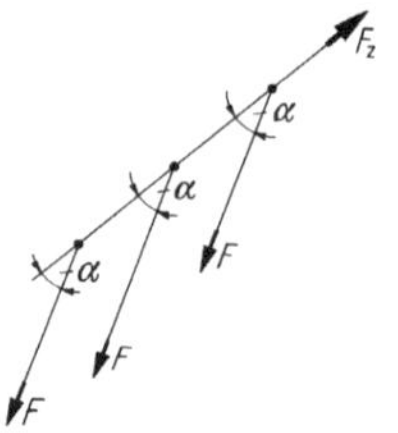

Bild 2.37 Kräfte an einem Schleppseil

2.38

Auf der Welle (4) nach Bild 2.38 ist ein Hebel befestigt, der aus einem Joch (3) und zwei Rundstäben (1 und 2) mit Augenköpfen und Gewindeenden besteht. Wie groß sind die Kräfte, die vom Joch auf die Stäbe ausgeübt werden, wenn am Hebelkopf eine Kraft $F = 10$ kN wirkt?

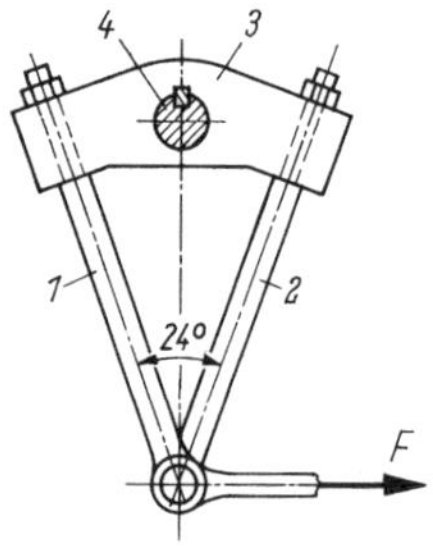

Bild 2.38 Zusammengesetzter Hebel

2.39

Auf die in Bild 2.39 skizzierte Vorrichtung wirkt in der gezeigten Stellung eine Kraft $F_K = 100$ N. Zu ermitteln sind:

1. Die Normalkraft F_N an der Führungsrolle,
2. Die Kräfte F_1 und F_2 in den Kniehebeln 1 und 2,
3. Die Stangenkraft F.

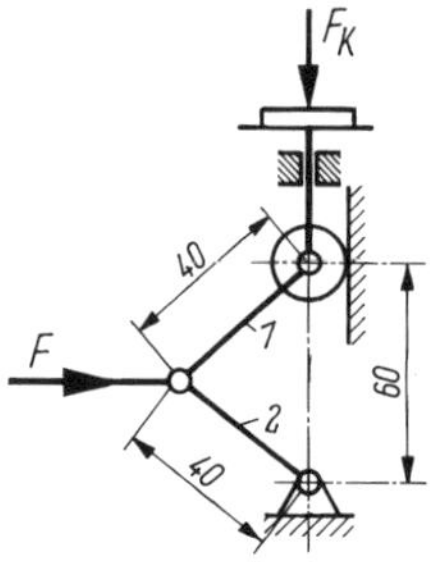

Bild 2.39 Hubvorrichtung

2.40

An einem Mast (Bild 2.40) ist ein Seil befestigt, in dem die Kraft $F = 950$ N wirkt. Welche Kräfte wirken in den Haltedrähten 1 und 2, die mit dem Seil in einer Ebene liegen, wenn die Winkel $\alpha = 45°$ und $\beta = 38°$ betragen?

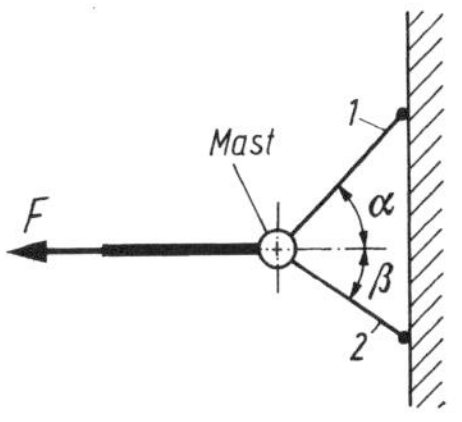

Bild 2.40 Mast mit Seil und Haltedrähten

2.41

Einer Kraft $F = 1{,}7$ N soll durch zwei Kräfte entsprechend Bild 2.41 das Gleichgewicht gehalten werden. Welche Beträge müssen die Kräfte F_1 und F_2 haben?

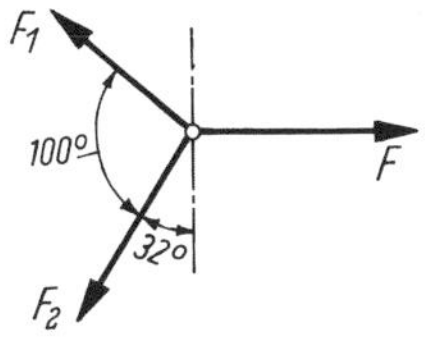

Bild 2.41 Dreikräftesystem

2.42

Bild 2.42 zeigt ein Reibradgetriebe, bestehend aus dem Antriebsrad 1 mit dem Durchmesser $d_1 = 20$ mm, dem Abtriebsrad 2 mit $d_2 = 40$ mm und dem durch eine Druckfeder mit der Federkraft $F = 68$ N angedrückten Zwischenrad 3 mit $d_3 = 30$ mm Durchmesser. Es sind zu ermitteln:

1. Die Kraft F_1 zwischen den Rädern 1 und 3,
2. Die Kraft F_2 zwischen den Rädern 2 und 3.

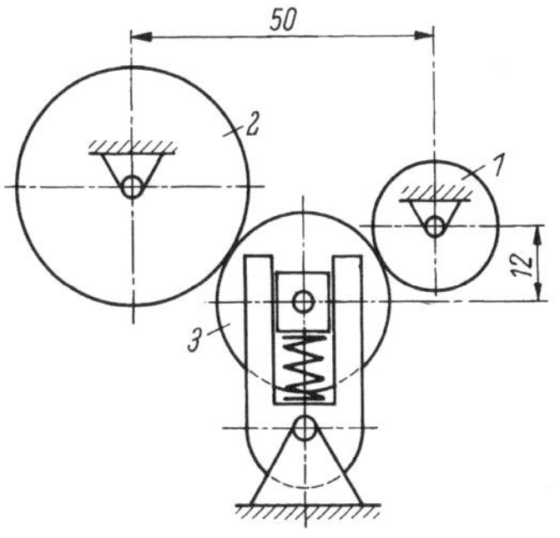

Bild 2.42 Reibradgetriebe

2.43

Durch die Zugfeder der in Bild 2.43 vereinfacht dargestellten Riemenspannvorrichtung soll im stillstehenden Riemen eine Spannkraft $F_S = 50$ N erzeugt werden. Unter Vernachlässigung des Eigengewichtes der Spannrolle sind zu ermitteln:

1. Die erforderliche Federkraft F_F,
2. Die Kraft F in der Pendelstange.

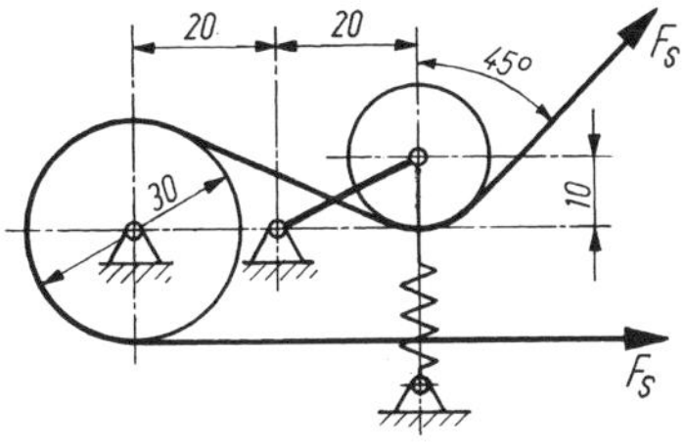

Bild 2.43 Riemenspannvorrichtung

2.44

Für das in Bild 2.44 gezeigte zentrale Kräftesystem ist die Gleichgewichtskraft zu bestimmen. Es sind zu ermitteln:

1. Die Komponenten F_x und F_y der Gleichgewichtskraft,
2. Der Betrag der Gleichgewichtskraft F in kN,
3. Der spitze Winkel α, den ihre Wirklinie mit der x-Achse bildet, und die Lage im Koordinatensystem,
4. Der Richtungswinkel β zur positiven x-Achse.

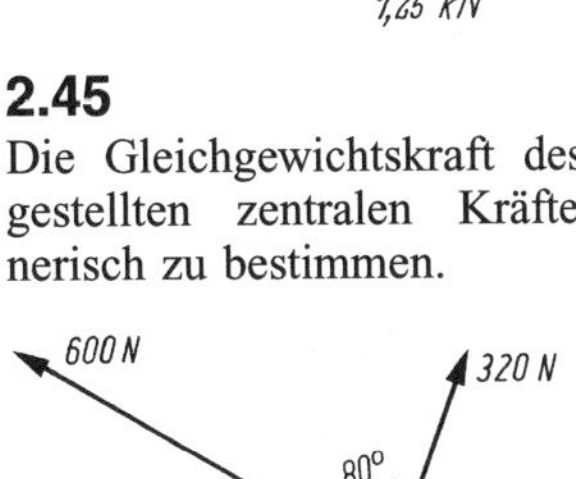

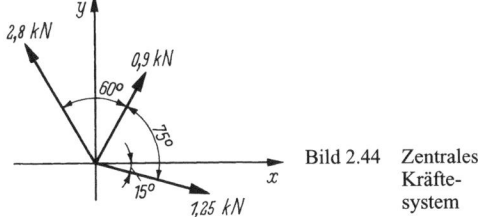

Bild 2.44 Zentrales Kräftesystem

2.45

Die Gleichgewichtskraft des in Bild 2.45 dargestellten zentralen Kräftesystems ist rechnerisch zu bestimmen.

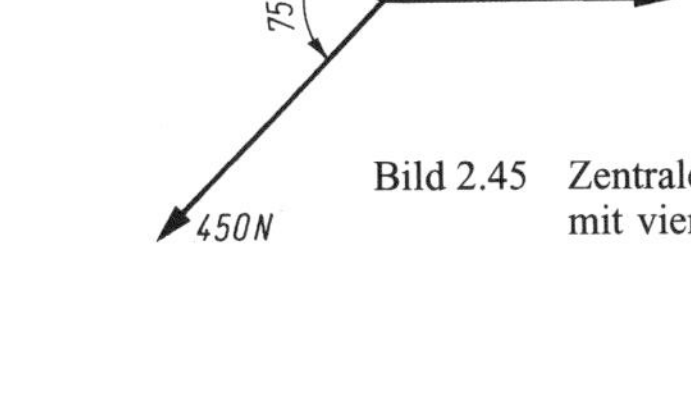

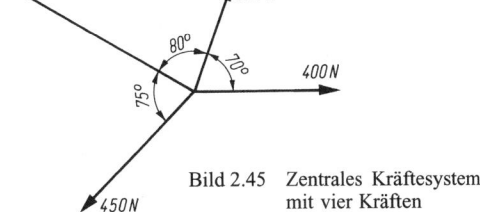

Bild 2.45 Zentrales Kräftesystem mit vier Kräften

2.46

Von den vier Stabkräften des in Bild 2.46 skizzierten Knotens eines genieteten Fachwerks sind die Kräfte $F_1 = 18$ kN und $F_2 = 26$ kN bekannt. Außerdem liegen die Wirklinien der Kräfte F_3 und F_4 fest. Es sind die Stabkräfte F_3 und F_4 zu ermitteln und deren angenommene Wirkrichtung zu überprüfen.

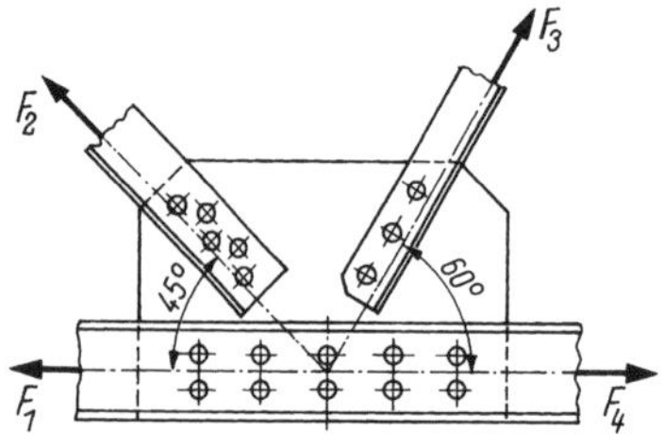

Bild 2.46 Knoten eines Fachwerks

2.47

Für den in Bild 2.47 skizzierten Knoten eines geschweißten Drehkrantragwerks sind die Stabkräfte F_2 und F_3 zu ermitteln.

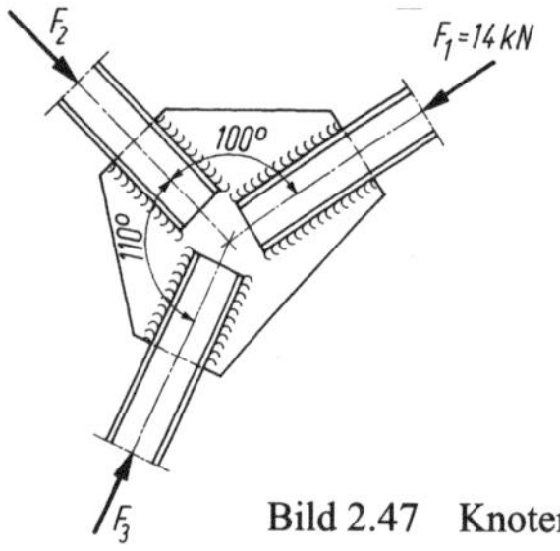

Bild 2.47 Knoten eines Krantragwerks

2.48

Die in den Stäben 1 und 5 des in Bild 2.48 skizzierten Fachwerkträgers auftretenden Stabkräfte F_1 bis F_5 sind zu bestimmen.

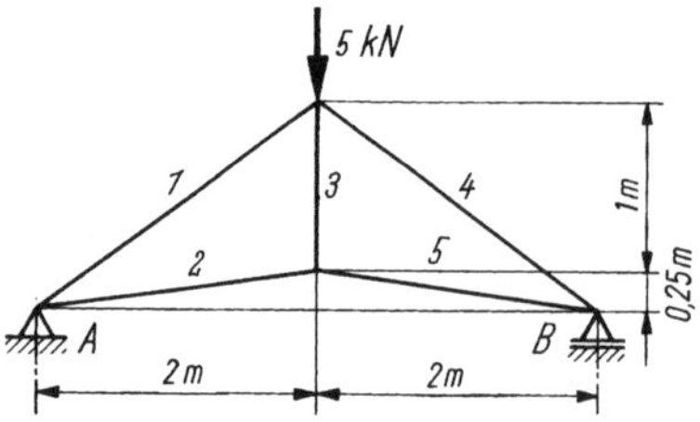

Bild 2.48 Fachwerkträger

2.49

An dem in Bild 2.49 schematisch dargestellten Fachwerk greifen die Kräfte $F_I = 1{,}8$ kN und $F_{II} = 1{,}2$ kN an. Die Stützkräfte betragen

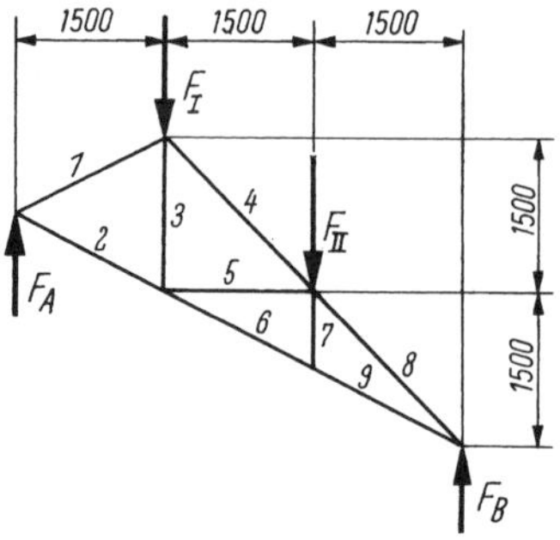

Bild 2.49 Fachwerk

$F_A = 1{,}6$ kN und $F_B = 1{,}4$ kN. Die in den Stäben 1 bis 9 auftretenden Stabkräfte F_1 bis F_9 sind zeichnerisch zu bestimmen.

Allgemeines ebenes Kräftesystem

Die bei den Ergebnissen für die Aufgaben dieses Abschnitts angegebenen Werte basieren auf rechnerischer Lösung. Wenn im Aufgabentext eine zeichnerische Lösung verlangt wird, ist diese auch dargestellt.

Die **Berechnung von Momenten** ist in den Aufgaben 2.50 bis 2.61 vorgesehen, mit der **Ermittlung unbekannter Kräfte** (überwiegend Stütz- und Auflagerkräfte) befassen sich die weiteren Aufgaben.

2.50

Am Lastseil einer Seiltrommel (Bild 2.50) wirkt beim beschleunigten Anheben der Last eine maximale Kraft $F = 11{,}5$ kN. Der auf Seilmitte bezogene Seiltrommeldurchmesser beträgt $D = 250$ mm. Welches Moment M wird auf die Trommelwelle ausgeübt?

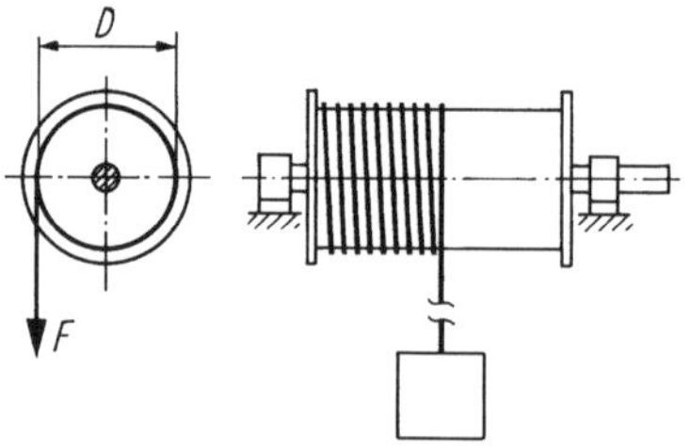

Bild 2.50 Seiltrommel

2.51

Auf der Seiltrommel eines Kranes ist ein $d = 16$ mm dickes Seil befestigt und mit einigen Windungen aufgewickelt. Die Trommel hat am Grund der Seilrillen den Durchmesser

$D_r = 584$ mm. Wie groß ist das erforderliche Antriebsmoment für die Trommel, wenn eine Last von 2,5 t mit gleich bleibender Geschwindigkeit gehoben werden soll (Seilgewicht, Reibung usw. vernachlässigen)?

2.52

Bei der Betätigung des Handrades eines Ventils wirken tangential am Durchmesser 400 mm zwei parallele, gleich große und entgegengesetzt gerichtete Kräfte von je 200 N. Das dabei auf die Ventilspindel ausgeübte Moment ist zu errechnen.

2.53

Welche Kraft F muss die Gewindestange in dem Schaltgestänge nach Bild 2.53 aufnehmen, wenn das auf die Schaltwelle ausgeübte Moment 20 Nm betragen soll?

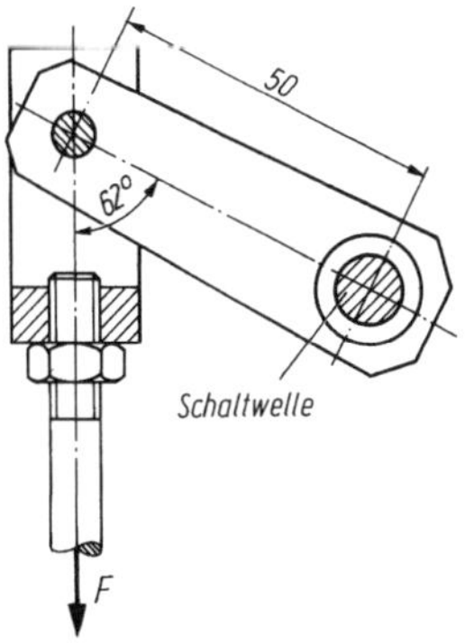

Bild 2.53 Schaltgestänge

2.54

Ein Hebel (Bild 2.54) ist auf einer Welle befestigt, die ein größtes Drehmoment von 0,5 Nm übertragen kann. Zu ermitteln sind:

1. Die maximale Kraft F, die am Hebel angreifen darf,
2. Das dabei auf den angedeuteten Hebelquerschnitt an der Nabe ausgeübte Biegemoment M_b.

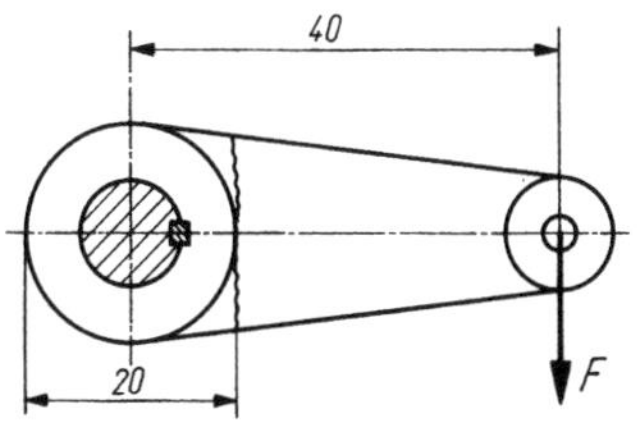

Bild 2.54 Hebel

2.55

Auf einen Steuerhebel wirkt nach Bild 2.55 eine größte Kraft $F = 121$ N. Es sind zu ermitteln:

1. Das auf die Welle ausgeübte Drehmoment M,
2. Die Umfangskraft F_u an der Welle,
3. Das auf den Hebelquerschnitt A–B wirkende Biegemoment M_b,
4. Die auf den Querschnitt A–B wirkende Druckkraft F_d.

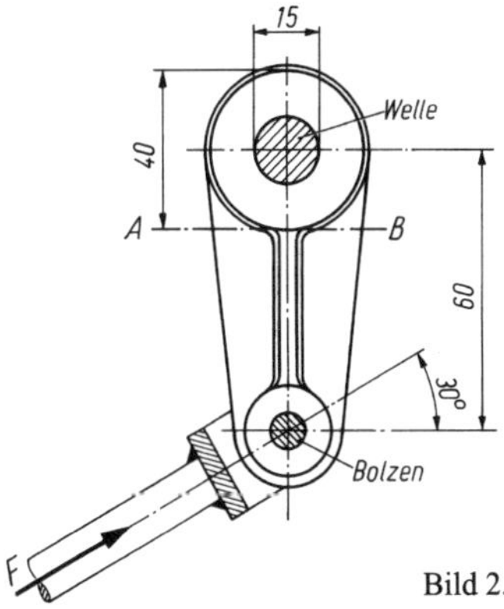

Bild 2.55 Steuerhebel

2.56

An dem in Bild 2.56 skizzierten Hebel, der auf einer Welle befestigt ist, greifen drei Kräfte unter verschiedenen Winkeln an. Es ist das von der Welle aufzunehmende resultierende Moment M_r zu errechnen und sein Drehsinn anzugeben.

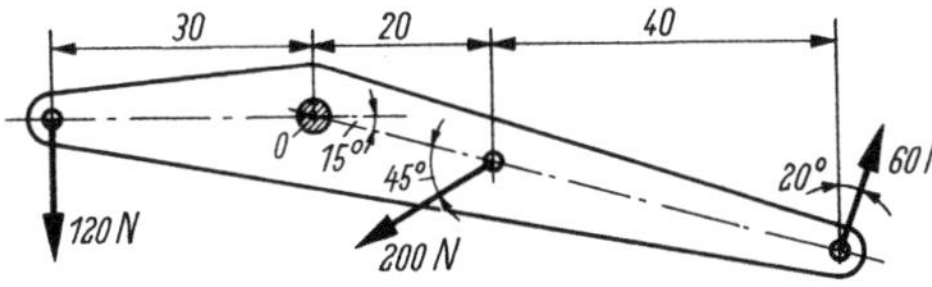

Bild 2.56 Hebel mit drei Kräften

2.57

An dem in Bild 2.57 gezeigten Bauteil eines Automaten wirken die drei Kräfte F_1, F_2 und

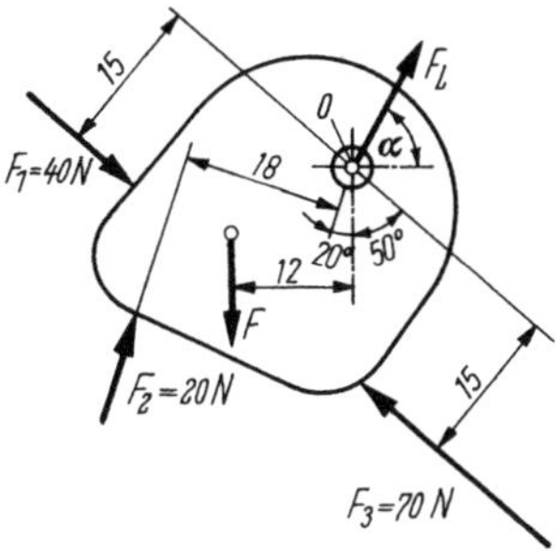

Bild 2.57 Kräfte an einem Automatenteil

F_3. Zu ermitteln sind:

1. Das von diesen Kräften auf die Drehachse 0 ausgeübte resultierende Moment M_r,
2. Die erforderliche Kraft F, durch die sich alle an dem Teil angreifenden Momente im Gleichgewicht befinden.

2.58

Mit welcher Kraft F_L wirkt die Lagerung auf das in Bild 2.57 gezeigte Bauteil, wenn die Kräfte F_1, F_2, F_3 und die in Aufgabe 2.57 unter 2. errechnete Kraft F gleichzeitig auftreten? Es sind der Betrag von F_L, ihr spitzer Richtungswinkel α zur x-Achse und der Quadrant anzugeben.

2.59

Bild 2.59 zeigt ein Geradzahn-Stirnräderpaar und die Kräfte an der Eingriffsstelle. Die Räder drücken an ihren Zahnflanken mit der Zahnkraft $F = 21{,}3$ kN unter dem Eingriffswinkel $\alpha = 20°$ gegeneinander. Es sind zu ermitteln:

1. Die tangential zu den Teilkreisen mit den Radien $r_1 = d_1/2$ und $r_2 = d_2/2$ wirkende Umfangskraft F_t als Komponente der Zahnkraft F,
2. Die radiale Zahnkraftkomponente F_r,
3. Die Drehmomente M_1 und M_2 der Zahnräder 1 und 2.

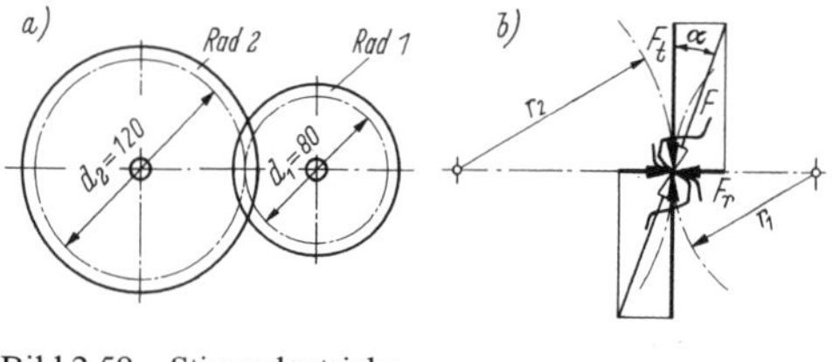

Bild 2.59 Stirnradgetriebe
a) Räderpaar im Eingriff, b) Kräfte an den Zähnen

2.60

Ein Zahnrad mit einem Teilkreisdurchmesser von 20 mm hat ein Drehmoment von 750 Nmm zu übertragen. Die unter dem Eingriffswinkel $\alpha = 20°$ zur Teilkreistangente wirkende Zahnkraft F ist zu errechnen (siehe Bild 2.59).

2.61

Der Kurbeltrieb eines Kolbenkompressors ist in Bild 2.61 schematisch dargestellt. Es betragen der Kolbendurchmesser $D = 200$ mm, der Kurbelradius $r = 320$ mm und die Winkel $\alpha = 60°$, $\beta = 22°$. Auf den Kolben wirkt der Druck

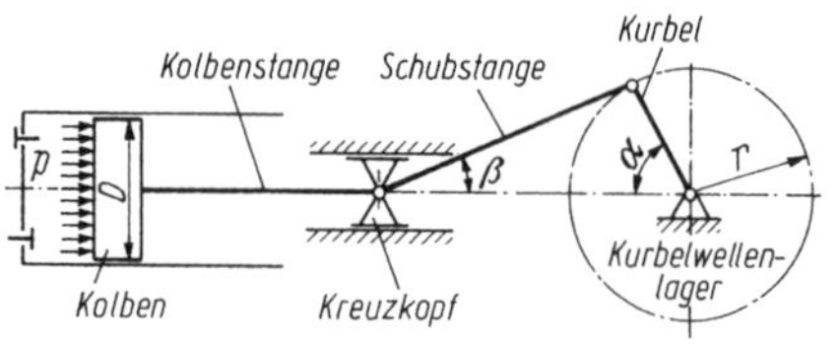

Bild 2.61 Kurbeltrieb

$p = 6$ bar (siehe ggf. die Erläuterungen zu dieser Aufg.). Für die durch die Winkel gekennzeichnete Stellung sind zu ermitteln:

1. Die Kolbenkraft F,
2. Die Schubstangenkraft F_S,
3. Die Normalkraft F_N am Kreuzkopf,
4. Die Tangentialkraft F_t an der Kurbel,
5. Das auf die Kurbelwelle ausgeübte Drehmoment M,
6. Die Komponenten F_{Lx} und F_{Ly} der Kraft am Kurbelwellenlager.

2.62

Ein Bauteil wird entspr. Bild 2.62 durch die Kräfte $F_1 = 2$ kN, $F_2 = 3{,}5$ kN und $F_3 = 2{,}7$ kN belastet. Ihre Wirklinien bilden mit der Bauteilachse die Winkel $\alpha_1 = 70°$, $\alpha_2 = 80°$ und $\alpha_3 = 60°$. Die Abstände betragen $l_1 = 0{,}5$ m und $l_2 = 0{,}7$ m. Es sind zeichnerisch und rechnerisch zu ermitteln:

1. Der Betrag der Resultierenden F_r,
2. Der Abstand l_r des Schnittpunktes ihrer Wirklinie mit der Bauteilachse vom Angriffspunkt der Kraft F_1,
3. Der spitze Winkel α_r, den ihre Wirklinie mit der Bauteilachse einschließt.

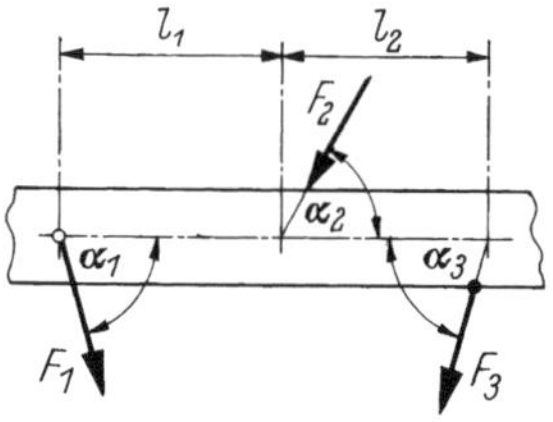

Bild 2.62 Kräfte an einem Bauteil

2.63

An dem in Bild 2.63 dargestellten Hebel greifen zwei verschieden große Kräfte an. Wie groß ist

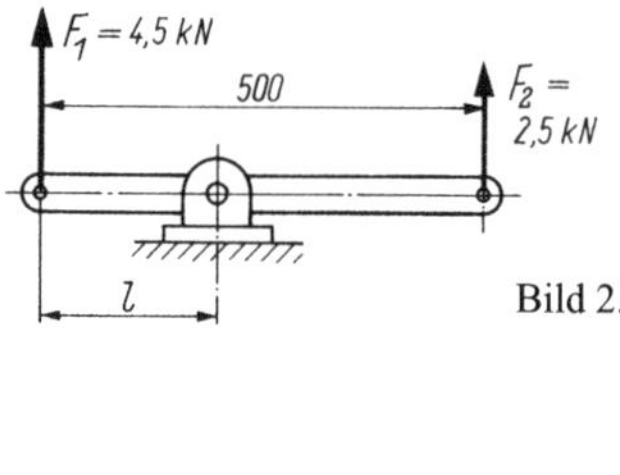

Bild 2.63 Gerader Hebel

die Lagerkraft F, und in welchem Abstand l muss das Lager angeordnet werden, damit sich der Hebel im Gleichgewicht befindet?

2.64

Für das Sicherheitsventil nach Bild 2.64 mit dem Öffnungsdurchmesser $d = 60$ mm und dem Abstand $l_1 = 85$ mm, das durch ein Belastungsgewicht von 40 kg geschlossen gehalten wird, sind unter Vernachlässigung der Eigengewichte des Ventilhebels und des Ventiltellers zu ermitteln:

1. Die bei einem Druck $p = 7{,}5$ bar auf den Ventilteller wirkende Kraft F (siehe ggf. Erläuterungen zur Aufg. 2.61),
2. Der Abstand l_2, wenn das Ventil bei der Kraft F öffnen soll,
3. Die Lagerkraft F_L im Hebellager.

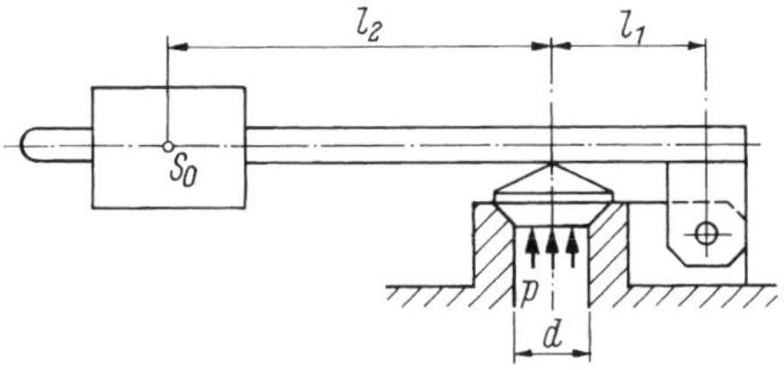

Bild 2.64 Sicherheitsventil

2.65

Bild 2.65 zeigt die Skizze eines Hebels im freigemachten Zustand. Mit den angegebenen Kräften befindet er sich im Gleichgewicht. Zu ermitteln sind:

1. Die Komponenten F_{1x} und F_{1y} der Kraft F_1,
2. Die Komponenten F_{2x} und F_{2y} der Kraft F_2,
3. Die Komponenten F_{Lx} und F_{Ly} der Lagerkraft F_L,
4. Die Lagerkraft F_L,
5. Der Richtungswinkel α,
6. Der Lagerabstand l.

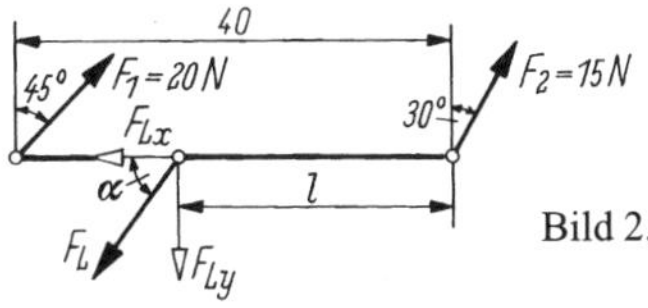

Bild 2.65 Freigemachter Hebel

2.66

Für den in Bild 2.66 skizzierten Hebel sind eine Berechnungsskizze anzufertigen und folgende Größen zu errechnen:

1. Der Lagerabstand l für den Gleichgewichtszustand,

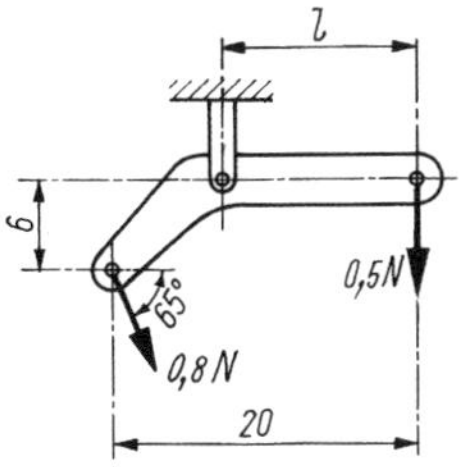

Bild 2.66 Gekrümmter Hebel

2. Die Lagerkraft F als Gleichgewichtskraft,
3. Der spitze Winkel α, den ihre Wirklinie mit dem waagerechten Hebelarm bildet.

2.67

Bild 2.67 zeigt einen schematisch dargestellten Winkelhebel. Es sind die Druckfederkraft F_A und die Bolzenkraft F_B im Gelenk sowie deren spitzer Richtungswinkel α zum waagerechten Hebelarm zu ermitteln.

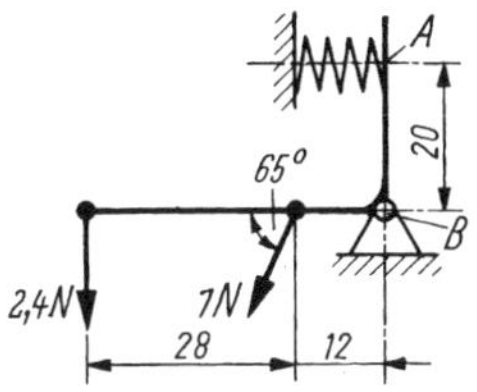

Bild 2.67 Winkelhebel

2.68

In Bild 2.68 ist ein Säulendrehkran mit Laufkatze schematisch dargestellt. Die Kranbauteile, deren Schwerpunkte in der Skizze angegeben sind, haben folgende Massen: Laufkatze $m_1 = 1$ t, Ausleger für Laufkatze $m_2 = 3{,}5$ t, Ausleger für Gegengewicht $m_3 = 2{,}5$ t, Gegengewicht $m_4 = 4$ t. Bei welchem Abstand l der Last $m = 5$ t werden auf die Säulenlager A und B keine waagerechten Kräfte ausgeübt (zeichnerische und rechnerische Lösung)?

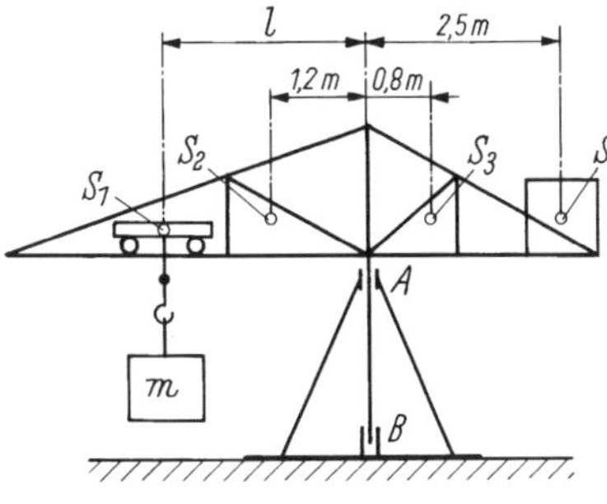

Bild 2.68 Säulendrehkran

2.69

Für den in Bild 2.69 skizzierten Träger auf zwei Stützen sind die in den Auflagern A und B auftretenden Stützkräfte F_A und F_B zu ermitteln.

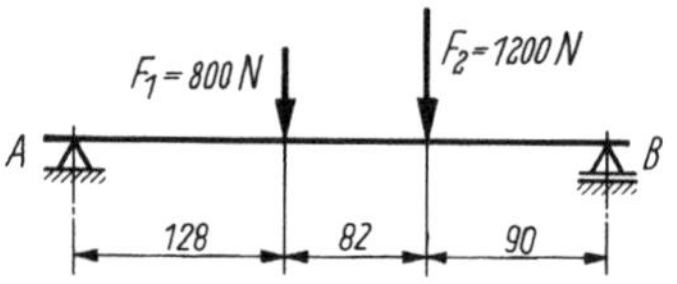

Bild 2.69 Träger auf zwei Stützen

2.70

Für die Elektromotorwelle nach Bild 2.70 sollen unter Vernachlässigung des Eigengewichts der Welle die durch das 20 kg schwere Läuferblechpaket in den Lagern A und B hervorgerufenen Lagerkräfte bestimmt werden.

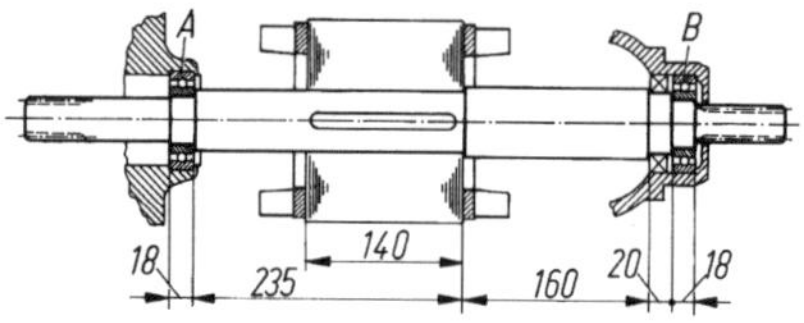

Bild 2.70 Elektromotorwelle

2.71

Eine Getriebewelle (Bild 2.71) wird durch eine resultierende Riemenkraft von 3 kN und zwei Zahnkräfte von 2,6 kN sowie 6,2 kN belastet. Die Kräfte wirken in einer Ebene. Es sind die in den Lagern A und B auftretenden Lagerkräfte F_A und F_B zu ermitteln.

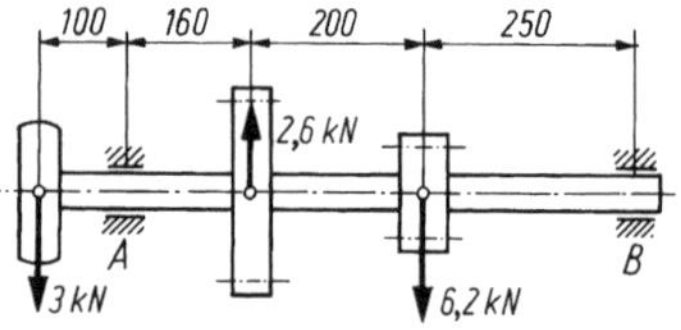

Bild 2.71 Getriebewelle

2.72

Für die in Bild 2.72 schematisch dargestellte Getriebewelle eines Feinwerkgerätes mit drei in einer Ebene parallel wirkenden Kräften sind die in den Lagern A und B wirkenden Lagerkräfte F_A und F_B zu bestimmen.

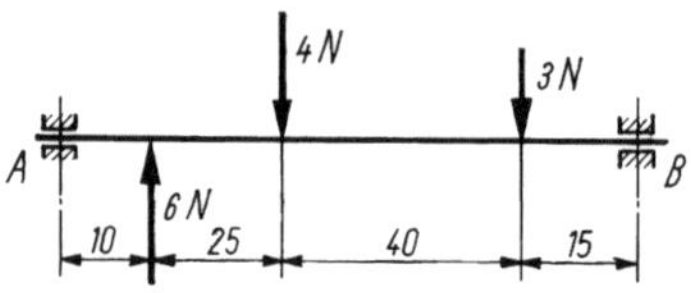

Bild 2.72 Getriebewelle

2.73

Bild 2.73 zeigt einen Mobilkran, dessen Achskräfte F_A und F_B zeichnerisch und rechnerisch ermittelt werden sollen, und zwar für eine Last mit der Gewichtskraft $F_G = 15$ kN bei den Auslegerstellungen I, II und III. Die Eigengewichtskräfte betragen für das Fahrgestell $F_{G1} = 36{,}4$ kN, den Aufbau $F_{G2} = 67{,}2$ kN und den Ausleger $F_{G3} = 7$ kN.

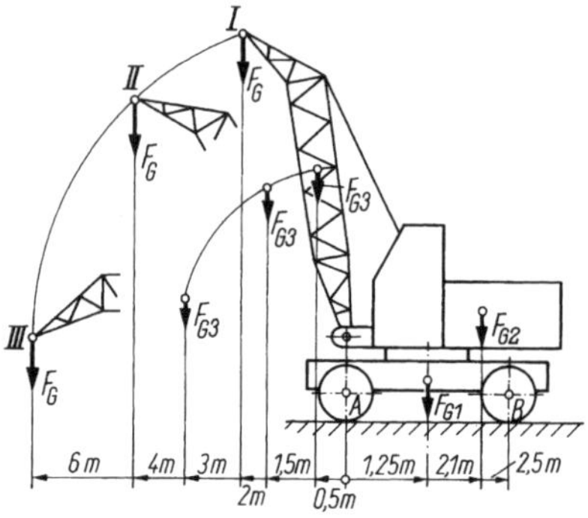

Bild 2.73 Mobilkran

2.74

In Bild 2.74 ist ein auf Schienen fahrbarer Drehkran dargestellt, dessen Bauteile folgende Eigenmassen haben: Fahrgestell $m_1 = 6$ t, Aufbau $m_2 = 18$ t, Ausleger $m_3 = 2{,}2$ t. Welche Radkräfte F_{R1} bis F_{R4} treten an den Rädern 1 bis 4 bei einer Last $m = 3$ t auf, und zwar

1. bei der Auslegerstellung nach Bild 2.74 a,
2. bei der in Bild 2.74 b gezeigten Auslegerstellung?

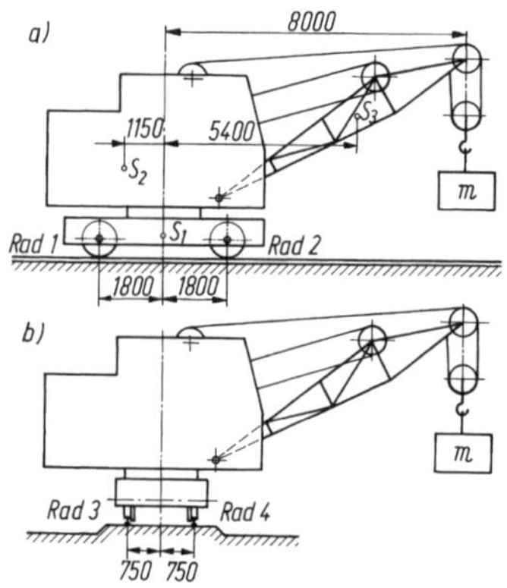

Bild 2.74 Schienen-Drehkran
a) Ausleger in Richtung der Schienen,
b) Ausleger quer zu den Schienen

2.75

Bild 2.75 zeigt eine Seiltrommel für eine größte Last von 3 t. Zu ermitteln sind:

1. Welches Drehmoment M ist für den Antrieb der Trommel beim gleichförmigen Heben dieser Last unter Vernachlässigung der Reibung erforderlich?
2. Welchen Betrag haben die Lagerkräfte F_A und F_B bei der Seilstellung I?
3. Wie groß sind die Lagerkräfte bei der Seilstellung II?

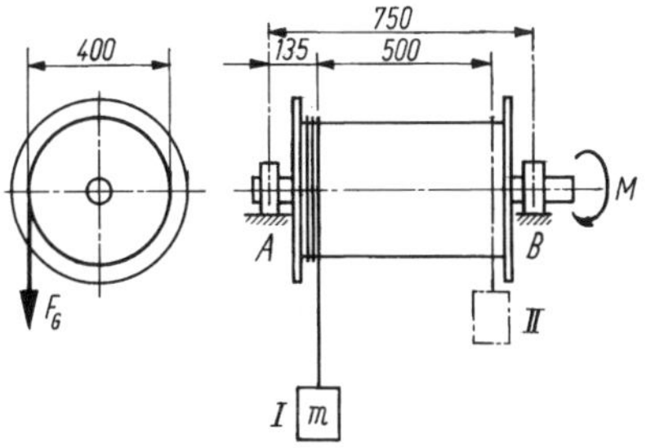

Bild 2.75 Seiltrommel mit äußersten Seilstellungen

2.76

In eine Getriebewelle (Bild 2.76) wird über eine Kupplung ein Drehmoment $M = 1210$ Nm eingeleitet und über ein Zahnrad mit dem Teilkreisdurchmesser $d = 220$ mm ausgeleitet. Das Gegenrad drückt dabei mit der Zahnkraft F unter dem Eingriffswinkel $\alpha = 20°$ jeweils gegen einen Zahn des dargestellten Rades. Die Kräfte in den Lagern A und B sind mit den Lagerabständen $l_A = 90$ mm und $l_B = 160$ mm wie folgt zu ermitteln:

1. Die tangentiale Umfangskraft F_t aus dem Drehmoment,
2. Die Zahnkraft F,
3. Die Lagerkräfte F_A und F_B.

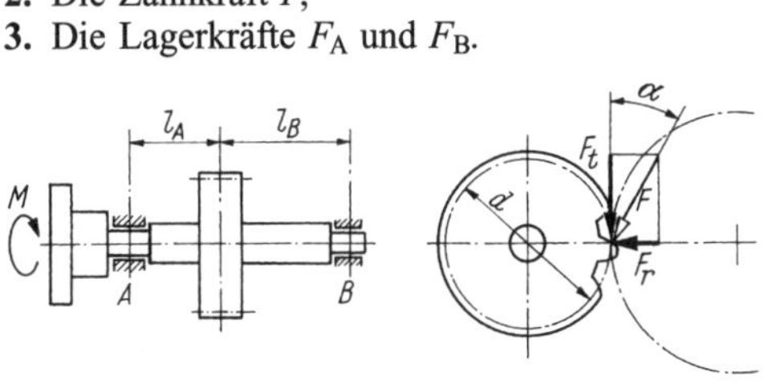

Bild 2.76 Getriebewelle

2.77

Der Stützträger nach Bild 2.77 wird durch eine vertikale Kraft $F_1 = 500$ N und eine unter dem Winkel $\beta = 52°$ wirkende Kraft $F_2 = 350$ N belastet. Es sind zu ermitteln:

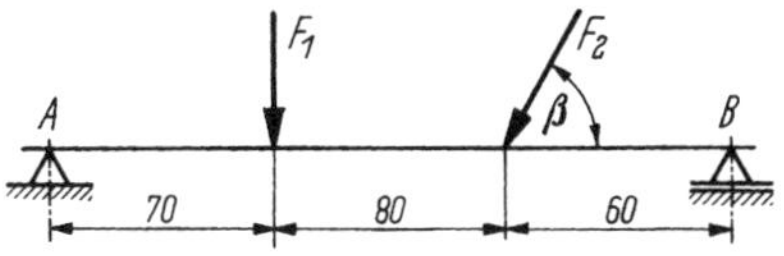

Bild 2.77 Träger auf zwei Stützen

1. Die im Festlager A auftretende Stützkraft F_A und der spitze Winkel α, den ihre Wirklinie mit der Trägerlängsachse einschließt,
2. Die Stützkraft F_B im Loslager B.

2.78

An dem Stützträger nach Bild 2.78 wirken die Kräfte $F_1 = 4{,}81$ kN, $F_2 = 3{,}7$ kN, $F_3 = 5{,}2$ kN. Die Winkel betragen $\alpha_1 = 45°$ und $\alpha_2 = 60°$. Zu errechnen sind:

1. Die Loslagerkraft F_A,
2. Die Festlagerkraft F_B und ihr spitzer Richtungswinkel β zur Trägerlängsachse.

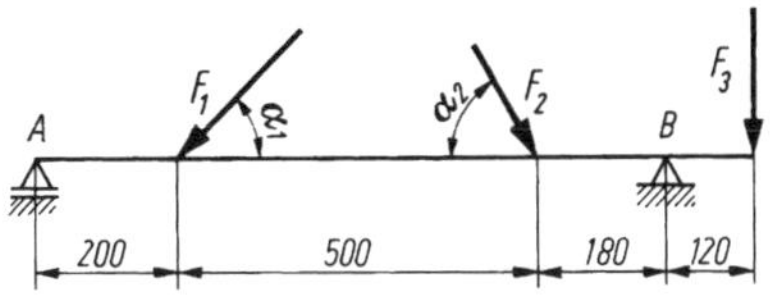

Bild 2.78 Stützträger

2.79

Bild 2.79 zeigt einen Hebel, der beim Auftreten der angegebenen Kräfte durch eine Zugfeder im Gleichgewicht gehalten werden soll. Es sind rechnerisch und zeichnerisch die Antworten auf folgende Fragen zu ermitteln:

1. Welche Kraft F muss die Zugfeder aufbringen?
2. Wie groß ist die Lagerkraft F_A im Hebellager A, und welchen spitzen Winkel α bildet ihre Wirklinie mit der Mittellinie des Hebels?

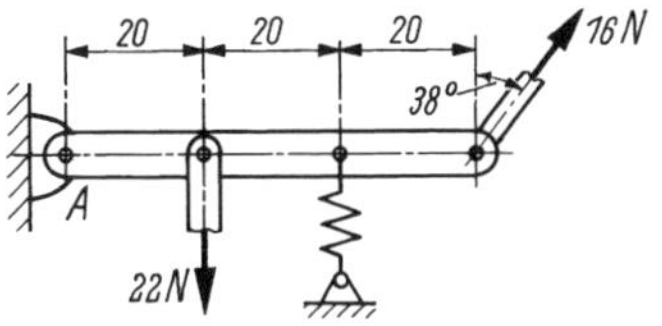

Bild 2.79 Hebel

2.80

An der in Bild 2.80 dargestellten Stütze mit den Abmessungen $a = 2{,}4$ m, $b = 0{,}5$ m und $\beta = 36°$ greift eine Kraft $F = 2{,}5$ kN an. Wie groß sind:

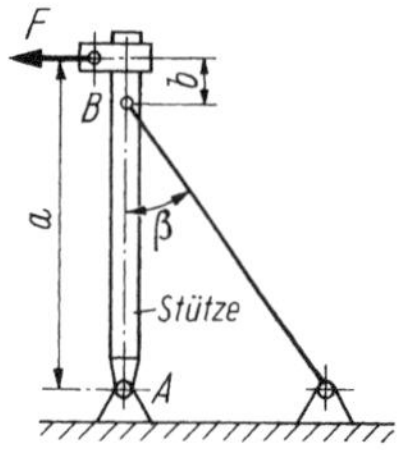

Bild 2.80 Stütze mit Spannseil

1. Die Seilkraft F_B,
2. Die Lagerkraft F_A und ihr spitzer Richtungswinkel α zur Waagerechten?

2.81

Bild 2.81 zeigt ein klappbares Förderband, das zur Freigabe einer Durchfahrt an einem Zugseil hochgezogen werden kann. Es sind zu ermitteln:

1. Die erforderliche Zugkraft F für die gezeigte Stellung,
2. Die vom Lagerbock aufzunehmende Kraft F_A und ihr spitzer Richtungswinkel α zur Waagerechten.

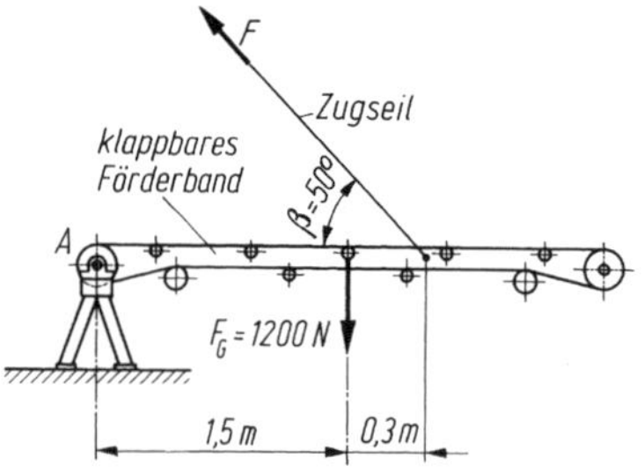

Bild 2.81 Förderband

2.82

Ein Balken ist wie in Bild 2.82 gelagert und wird durch eine Streckenlast $m' = 300$ kg/m und eine an einem Seil hängende Masse $m = 600$ kg belastet. Wie groß sind die Auflagerkräfte bei A und B?

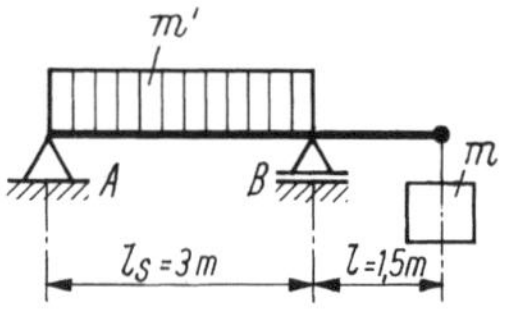

Bild 2.82 Belasteter Balken

2.83

Für den in Bild 2.83 skizzierten Träger auf zwei Stützen mit einer schräg angreifenden Einzelkraft und einer Streckenlast sind die Auflagerkräfte F_A und F_B zu ermitteln. Ferner ist der spitze Winkel β anzugeben, den die Wirklinie von F_B mit der Trägerlängsachse bildet.

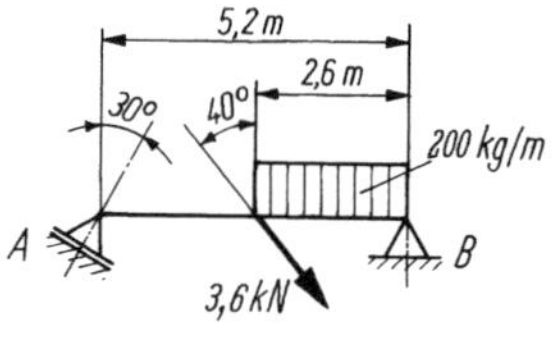

Bild 2.83 Träger mit Einzelkraft und Streckenlast

2.84

Das in Bild 2.84 skizzierte Fachwerk hat ein Gewicht von 3,6 t. Die Längen betragen $L = 5{,}2$ m und $l = 3$ m. Es sind die Stützkräfte F_A und F_B sowie ihre spitzen Richtungswinkel zur Waagerechten zu ermitteln, und zwar α bei A und β bei B.

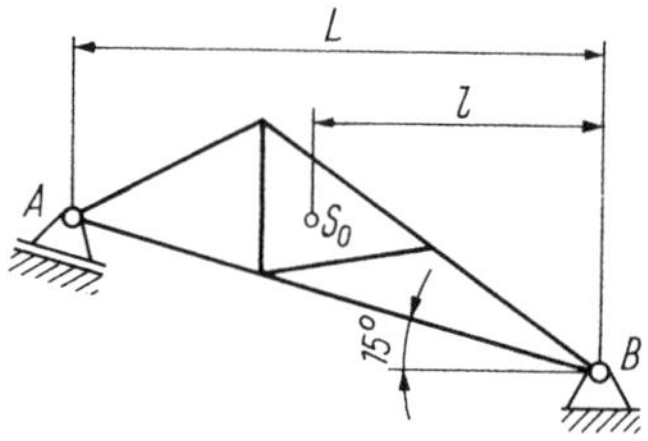

Bild 2.84 Fachwerkträger

2.85

Auf einen Maschinenschlitten (Bild 2.85) wirkt eine Kraft $F = 680$ N. Im Schwerpunkt S_0 greift die Gewichtskraft $F_G = 850$ N an. Es sind zu ermitteln:

1. Die Stützkraft F_A im Punkt A,
2. Die Stützkräfte F_B und F_C bei B und C.
3. Welche spitzen Winkel α_B und α_C schließen die Wirklinien von F_B und F_C mit der Waagerechten ein?

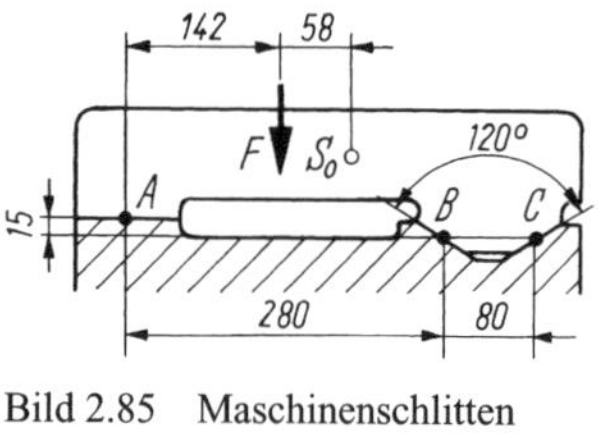

Bild 2.85 Maschinenschlitten

2.86

Ein 245 kg schwerer Maschinenschlitten ist nach Bild 2.86 auf einer Dach- und an einer Flachführung abgestützt. Wie groß sind die an

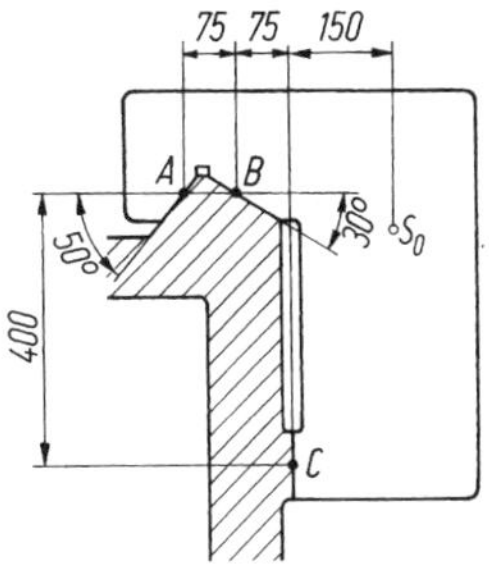

Bild 2.86 Führung eines Maschinenschlittens

den Führungsflächen A, B und C auftretenden Stützkräfte?

2.87

Bild 2.87 zeigt einen Winkelhebel, der bei A drehbar gelagert und bei B durch einen Bolzen mit der Gabel einer Zugstange verbunden ist. Wie groß sind die Stangenkraft F_B und die Lagerkraft F_A sowie deren Richtungswinkel α zur vertikalen Komponente, wenn bei C die Kraft $F = 400$ N wirkt?

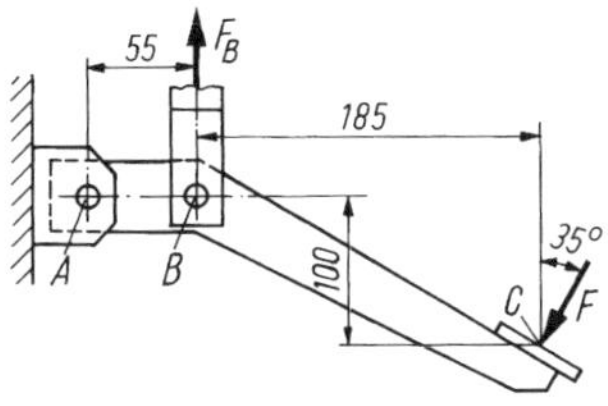

Bild 2.87 Winkelhebel

2.88

An dem in Bild 2.88 dargestellten Schalthebel greift eine Kraft $F_1 = 1{,}8$ kN unter dem Winkel $\gamma = 75°$ an. Der Hebel wiegt 2040 g. Die angegebenen Längen betragen $a = 120$ mm, $b = 60$ mm und $L = 420$ mm. Unter Berücksichtigung der Gewichtskraft des Hebels sind zu ermitteln:

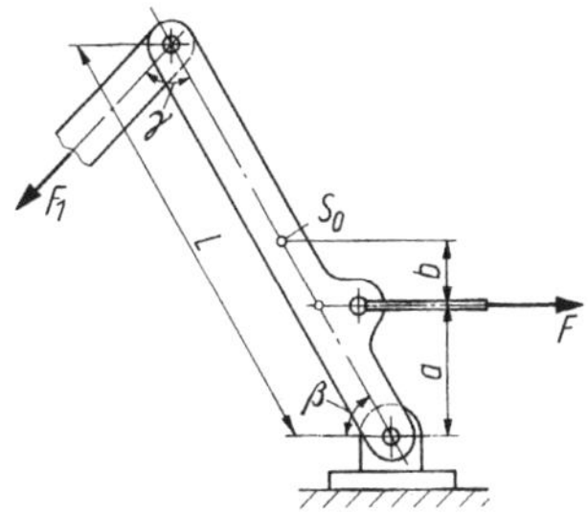

Bild 2.88 Schalthebel

1. Die Kraft F bei der durch den Winkel $\beta = 60°$ gekennzeichneten Stellung,
2. Die im Lager A auftretende Kraft F_A und der spitze Winkel α, den ihre Wirklinie mit der Waagerechten einschließt.
3. Welche Beträge haben F, F_A und α bei Vernachlässigung der Gewichtskraft des Hebels?

2.89

Das Zahnrichtgesperre nach Bild 2.89 soll die Drehbewegung der Welle in einer Richtung sperren. Zur Auslegung des Bolzens B ist die Gelenkkraft F_B für ein maximales Drehmoment von 900 Nmm unter Vernachlässigung der Reibung zu bestimmen.

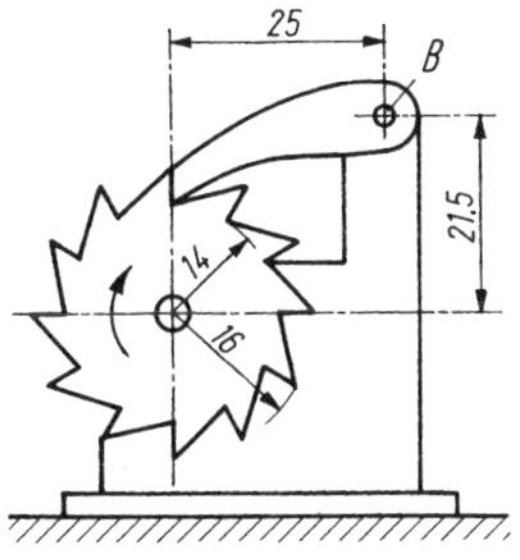

Bild 2.89 Zahnrichtgesperre

2.90

Die in Bild 2.90 am Hebel 1 angreifende Kraft übt über den Zapfen 2 auf die Welle des Hebels 3 ein Moment aus. Für die gezeigte Hebelstellung sind unter Vernachlässigung der Reibungskräfte zu ermitteln:

1. Die Kraft F_A im Lager A des Hebels 1,
2. Die Kraft F_B im Wellenlager B des Hebels 3,
3. Das auf die Welle des Hebels 3 ausgeübte Drehmoment M.

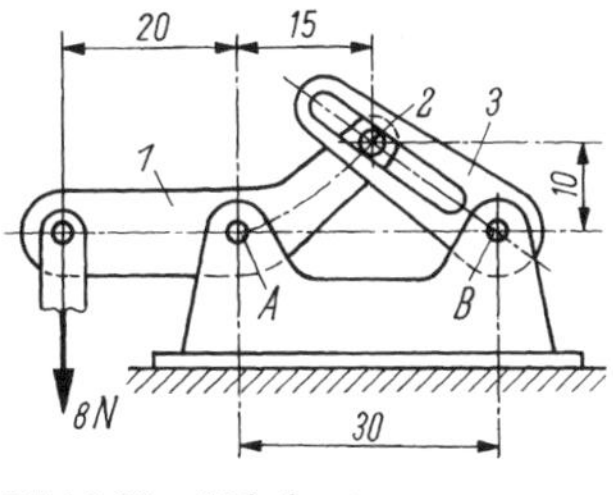

Bild 2.90 Hebelsystem

2.91

Eine federnde Riemenspannvorrichtung soll in der skizzierten Anordnung (Bild 2.91) im Riemen eine Spannkraft $F_S = 800$ N erzeugen. Die

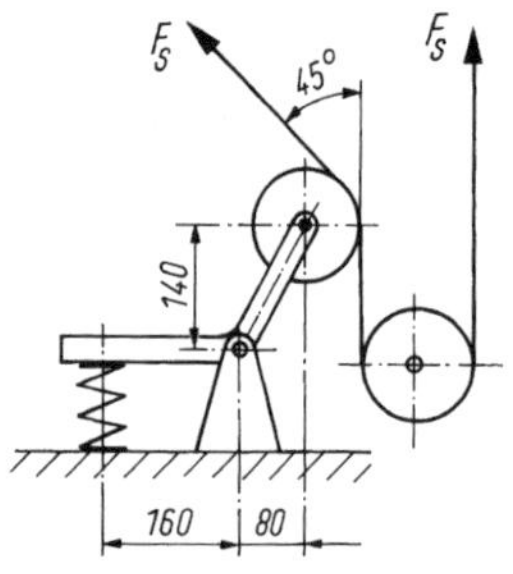

Bild 2.91 Riemenspannvorrichtung

Spannrolle wiegt 16 kg. Zu ermitteln sind:

1. Welche Kraft F muss die Spannrolle auf den Riemen ausüben?
2. Welche Federkraft F_F ist erforderlich?
3. Wie groß sind die Lagerkraft F_L im Gelenk und ihr spitzer Winkel α zur Waagerechten?

2.92

Die in Bild 2.92 skizzierte Stahltür wiegt 102 kg. Es sollen die an den Scharnierbändern A und B auftretenden Kräfte ermittelt werden, und zwar:

1. Die Stützkraft F_B,
2. Die Komponenten F_{Ax} und F_{Ay},
3. Die Stützkraft F_A und ihr Winkel α zur y-Komponente.

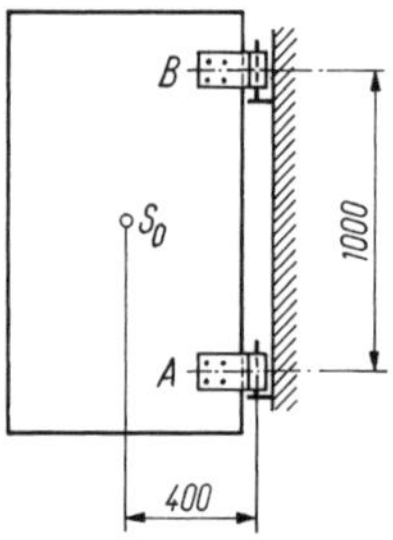

Bild 2.92 Stahltür

2.93

Für den in Bild 2.93 dargestellten Wandschwenkkran sind die Lagerkraft F_B im Loslager B und die Lagerkraft F_A im Festlager A sowie ihr Winkel α zur vertikalen Komponente zu ermitteln.

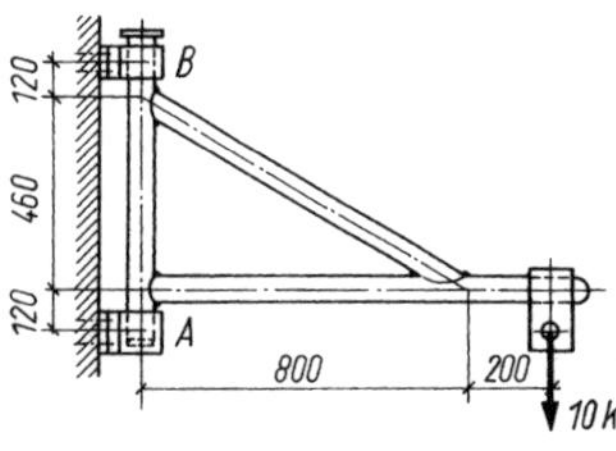

Bild 2.93 Wandschwenkkran

2.94

Für die skizzierte Anordnung eines Tragbalkens (Bild 2.94) sind die in den Gelenken A und B auftretenden Kräfte F_A und F_B zu bestimmen und die spitzen Winkel α (bei A) und β (bei B) anzugeben, die ihre Wirklinien mit der Balkenachse einschließen.

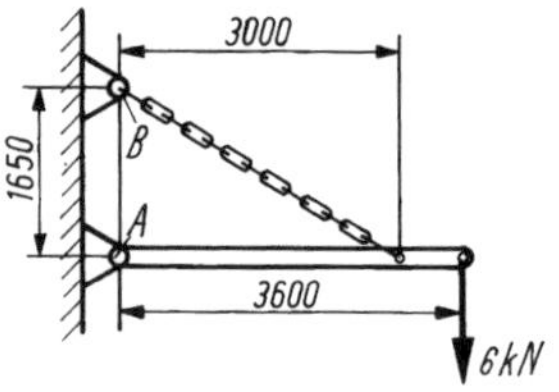

Bild 2.94 Tragbalken

2.95

Der in Bild 2.95 gezeigte Hubtisch ist an den Rollen I und II abgestützt und wird an einem Seil gehoben. Die Abstände betragen $l = 750$ mm und $L = 900$ mm. Unter Vernachlässigung des Tischeigengewichts und der Reibung sind für eine Last von 1500 kg die erforderliche Seilkraft F_S sowie die Kräfte F_I und F_{II} an den Rollen zu ermitteln.

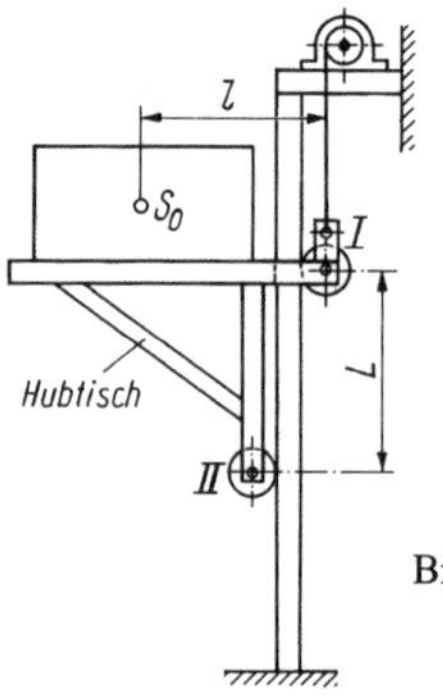

Bild 2.95 Belasteter Hubtisch mit Führungsrollen I und II

2.96

Der in Bild 2.96 skizzierte Säulendrehkran ist im Spurlager B abgestützt und wird im Hals-

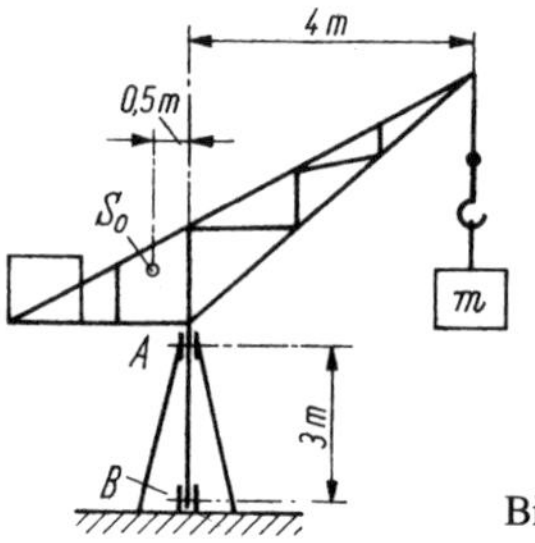

Bild 2.96 Säulendrehkran

lager A geführt. Im Schwerpunkt S_0 wirkt die Gewichtskraft des Fachwerkauslegers mit Gegengewicht, deren Eigenmasse zusammen 10,5 t beträgt. Für eine Last $m = 5$ t sind die Stützkraft F_A und die Stützkraft F_B sowie deren Komponenten F_{Bx} und F_{By} zu bestimmen.

2.97

Bild 2.97 zeigt in schematischer Darstellung einen Wandschwenkkran, der am Boden abgestützt ist. Es sind zu ermitteln:

1. Die Loslagerkraft F_B,
2. Die Festlagerkraft F_A mit ihren Komponenten F_{Ax} und F_{Ay},
3. Die Kräfte F_1 in der Strebe und F_2 in der Schließe.

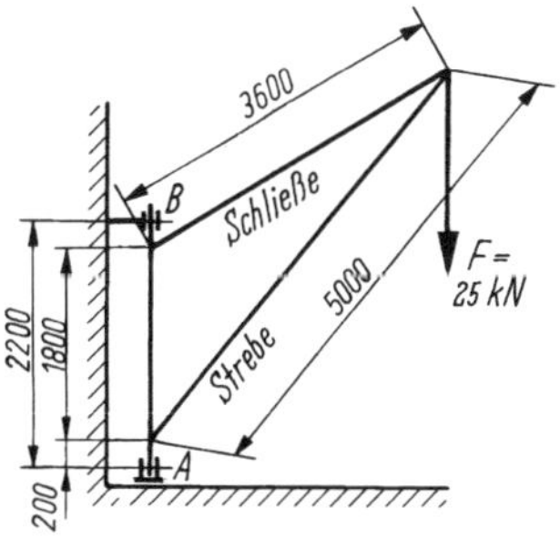

Bild 2.97 Wandschwenkkran

2.98

Das Gesamtgewicht der Kabine einer Seilbahn (Bild 2.98) beträgt 300 kg. Die Wirklinie der Gewichtskraft geht durch den Punkt C des Rollengestells mit den Abmessungen $a = 400$ mm und $b = 250$ mm. Für gleichförmige Aufwärtsfahrt bei einem Steigungswinkel $\alpha = 40°$ sind unter Vernachlässigung der Reibung die Stützkräfte F_A und F_B an den Rollen und die Kraft F_z im Zugseil zu ermitteln.

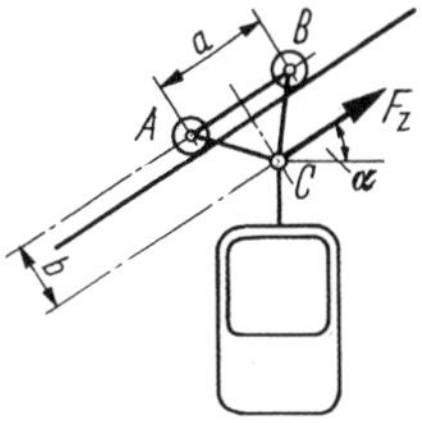

Bild 2.98 Seilbahn

2.99

Ein Wagen mit 5100 kg Gesamtmasse soll auf einer Verladerampe in der skizzierten Stellung (Bild 2.99) durch eine Kraft F gehalten werden. Wie groß sind die Achskräfte F_A und F_B und die Haltekraft F (Reibung vernachlässigen)?

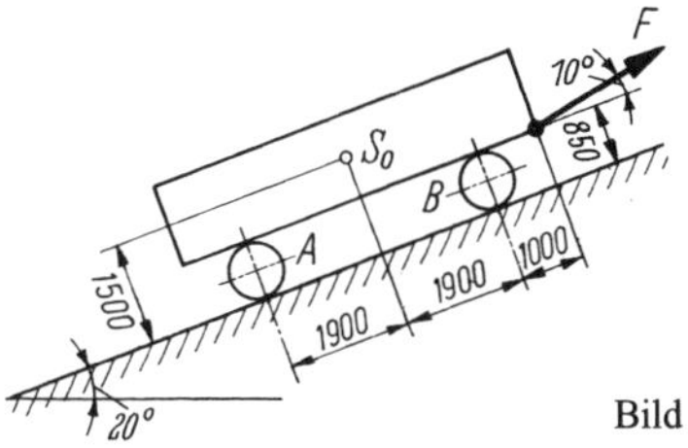

Bild 2.99 Wagen

2.100

Der in Bild 2.100 dargestellte Profilträger U 120 wird von zwei Schrauben am Hauptträger gehalten, der aus zwei Profilen U 200 besteht. Wie groß sind die Kräfte F_1 und F_2 in den Schrauben 1 und 2?

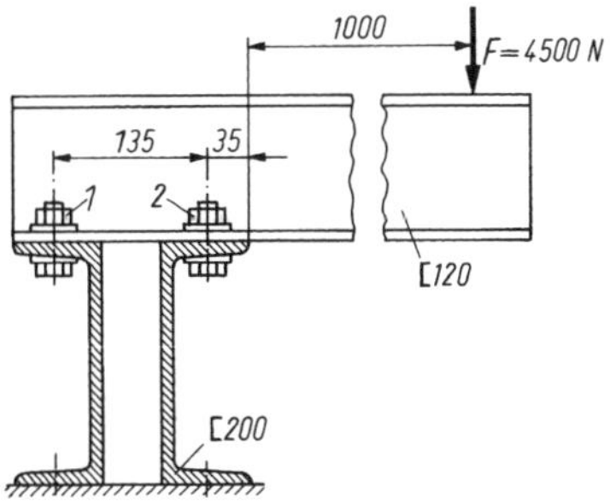

Bild 2.100 Schraubenverbindung von Profilträgern

2.101

Der in Bild 2.101 gezeigte Hebel ist in einem U-förmigen Halter drehbar gelagert, der Halter an eine Profilstange genietet. Die am Hebel befestigte Rolle dient zum Betätigen einer Vorrichtung. In der dargestellten Lage wird auf die Rolle eine größte Kraft $F = 350$ N ausgeübt. Die von den Halbrundnieten 1 und 2 aufzunehmenden Zugkräfte F_1 und F_2 sind zu errechnen.

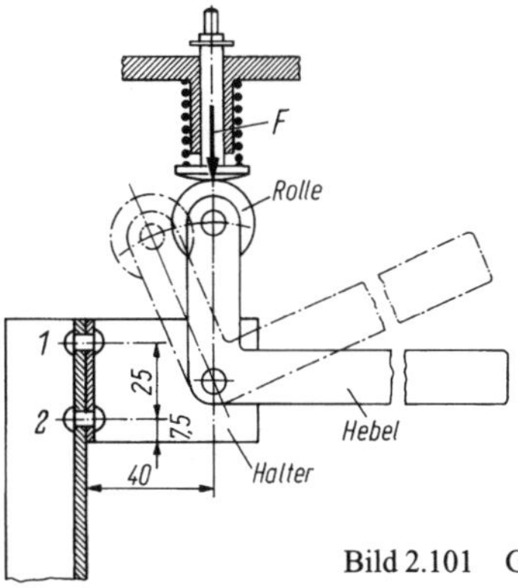

Bild 2.101 Genieteter Halter

2.102

Zum Einhängen einer Zugfeder ist eine Blechöse an einen Winkel punktgeschweißt (Bild 2.102). Welche Kraft F_1 muss ein Schweißpunkt aufnehmen, wenn eine Federkraft $F = 560$ N wirkt?

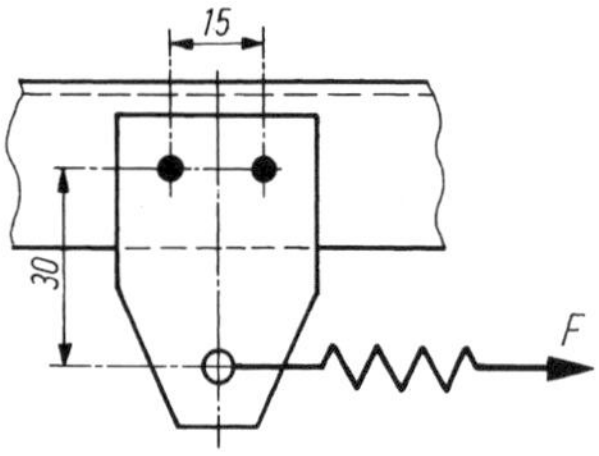

Bild 2.102 Punktgeschweißte Blechöse

2.103

Der Gabelkopf am Gelenk eines Steuergestänges wird durch ein Flachstahlstück gebildet, das am gekröpften Hebelende mittels Punktschweißen befestigt ist (Bild 2.103). Die in die Gabel eingehängte Zugstange wird mit einer Kraft $F_S = 6$ kN betätigt. Welche Kräfte F_1 und F_2 sind dabei von den Schweißpunkten 1 und 2 zu übertragen?

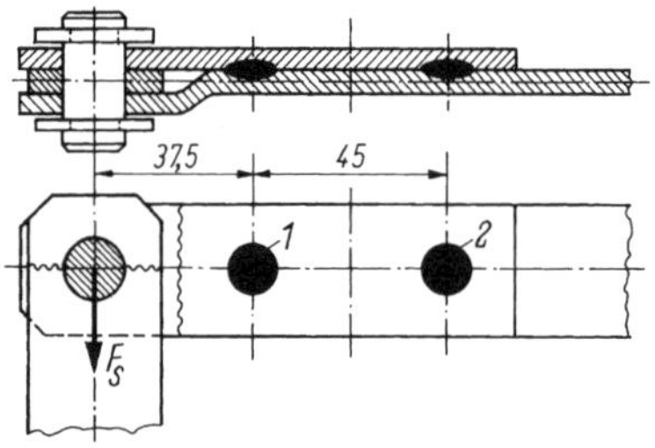

Bild 2.103 Punktgeschweißter Gabelkopf

2.104

An einer Transporteinrichtung sind mehrere Haken entsprechend Bild 2.104 angenietet. An jedem Haken wirkt eine Kraft $F = 6$ kN. Es ist die an einem Niet auftretende größte Kraft F_1 zu ermitteln.

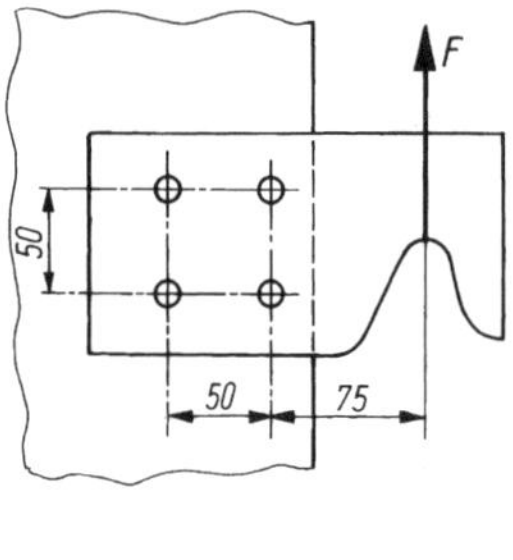

Bild 2.104 Genieteter Haken

2.105

Bild 2.105 zeigt eine Lasche aus Flachstahl, die zur Aufnahme eines Spannseils mit vier Nieten an einer Stütze befestigt ist. Anhand einer anzufertigenden Berechnungsskizze, in der die Kräfteverteilung an den Nieten für den Gleichgewichtszustand dargestellt ist, sind zu ermitteln:

1. Die Komponenten F_x und F_y der angegebenen Seilkraft $F = 5$ kN,
2. Die sich aus dem auf den Anschlussschwerpunkt ausgeübten Moment an jedem Niet ergebenden Komponenten F_a (senkrecht zu $a = 25$ mm) und F_b (senkrecht zu $b = 40$ mm),
3. Die an jedem Niet auftretende Längskraftkomponente F_l,
4. Die Querkraftkomponente F_q,
5. Die an einem Niet auftretende größte resultierende Kraft F_1.

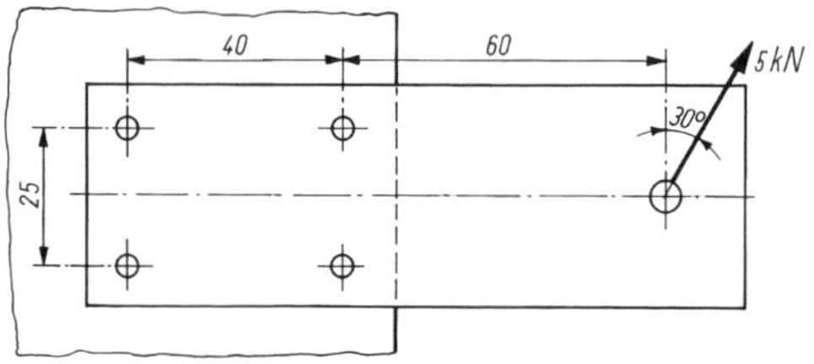

Bild 2.105 Genietete Lasche

2.106

Bild 2.106 zeigt einen Trägeranschluss aus dem Leichtmetallbau. Zwei Aluminiumprofile mit gleicher Breite sind durch beidseitig angenietete Knotenbleche miteinander verbunden. Der Wirkabstand der Kraft $F = 1$ kN vom Schwerpunkt des Nietanschlusses 1 beträgt $a_1 = 200$ mm. Zu ermitteln sind:

1. Die größte resultierende Kraft F_1 an einem Niet des Anschlusses 1,
2. Die entsprechende Kraft F_2 am Anschluss 2.

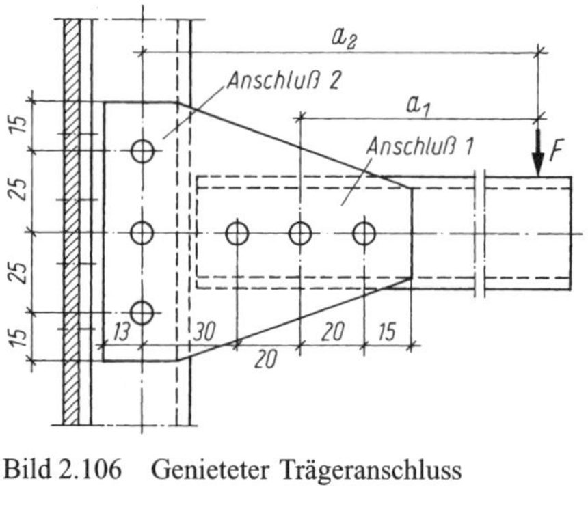

Bild 2.106 Genieteter Trägeranschluss

2.107

In Bild 2.107 ist eine Kippvorrichtung für das Entladen von Waggons vereinfacht dargestellt. Das Gesamtgewicht des beladenen Waggons beträgt 29,15 t, das Eigengewicht der Bühne 12,64 t. Für den Waggon und die Bühne sind für die gezeigte Stellung je eine Berechnungsskizze anzufertigen, die den freigemachten Zustand enthält. Außerdem sind zu errechnen:

1. Die Stützkräfte F_A und F_B an den Radachsen A und B und die Stützkraft F_C an den Puffern C,
2. Die vom Hydraulikstempel im Punkt E auf die Bühne ausgeübte Stützkraft F_E,
3. Die Stützkraft F_D im Bühnenlager D.

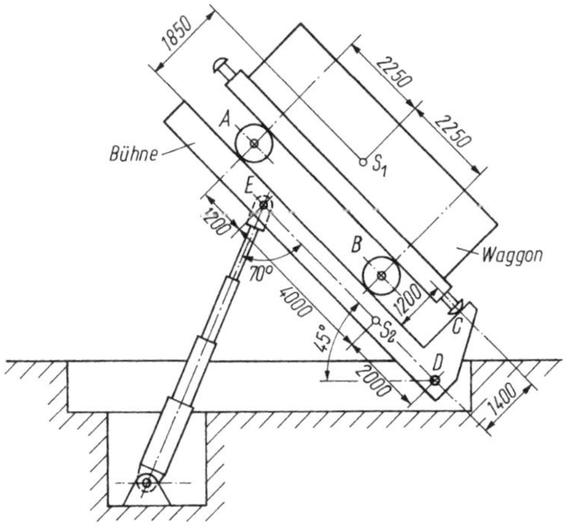

Bild 2.107 Kippvorrichtung für Waggons

2.108

Das Schließen des in Bild 2.108 dargestellten Behälterverschlusses erfolgt in der gezeigten Stellung mit einer Kraft $F = 50$ N. Welche Kräfte treten dabei im Gelenk A und im Spannbügel B auf?

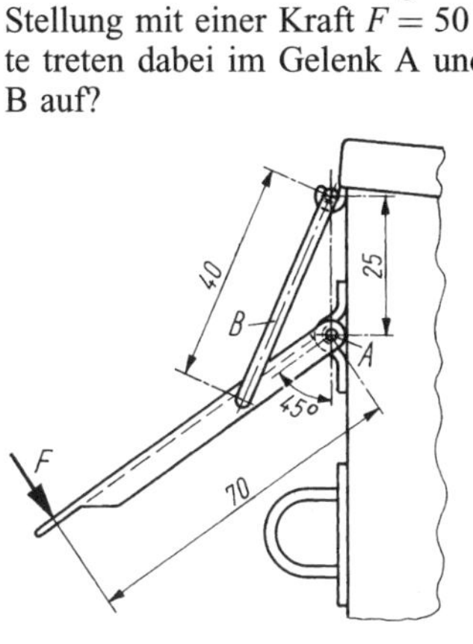

Bild 2.108 Behälterverschluss

2.109

In Bild 2.109 ist eine Doppelbackenbremse schematisch dargestellt (siehe auch Bild 5.41). Während des Bremsens und des Festhaltens der Bremsscheibe 1 werden die Bremsbacken 2 infolge der Federkraft der Zugfeder 3 gegen die Bremsscheibe gedrückt. Zum Lösen (Lüften) der Bremse übt das Bremslüftgerät 4 eine Kraft auf den Winkelhebel 5 aus, so dass mit Hilfe der Druckstange 6 die Feder weiter gespannt wird und die Backen von der Bremsscheibe abgehoben werden. In der gezeigten Stellung beträgt die Federkraft $F = 6{,}8$ kN. Zu ermitteln sind:

1. Die Kräfte F_B zwischen den Backen und der Bremsscheibe,
2. Die bei Beginn des Lüftens vom Bremslüfter aufzubringende Kraft F_A,
3. Die dabei in der Druckstange auftretende Kraft F_D.

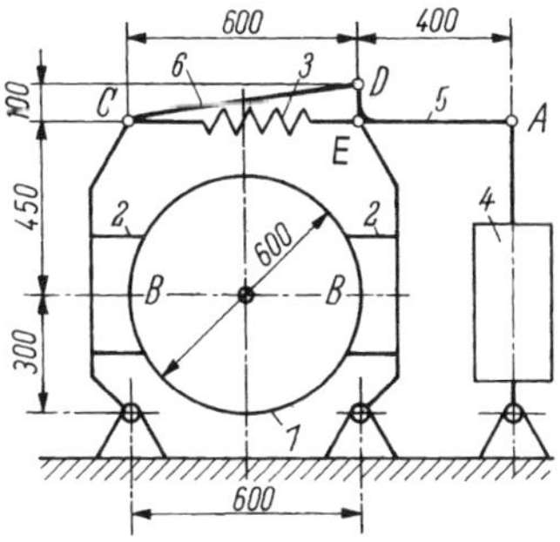

Bild 2.109 Doppelbackenbremse

2.110

In Bild 2.110 sind die Bauteile der zwei Hubarme und die Schaufel eines Schaufelradladers dargestellt. Die Gewichtskraft der Schaufel mit Inhalt beträgt 220 kN. Unter Vernachlässigung des Eigengewichts der Bauteile und der Reibung sind die an den Gelenken A bis P auftretenden Kräfte zu bestimmen.

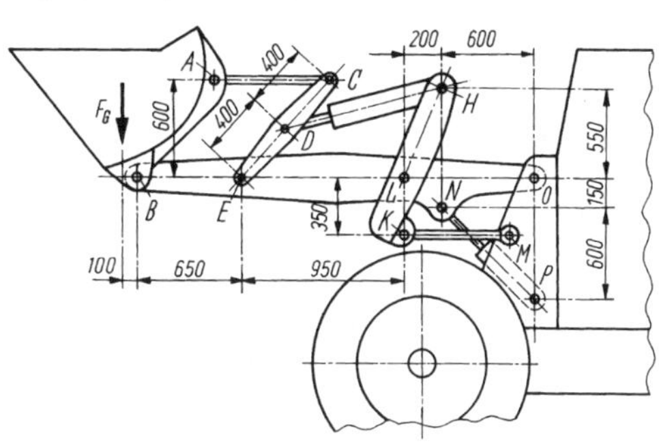

Bild 2.110 Schaufelradlader

Räumliche Kräftesysteme

2.111

Für ein räumliches zentrales Kräftesystem mit folgenden Kräften und Richtungswinkeln (α zur x-, β zur y-, γ zur z-Achse): $F_1 = 900$ N, $\alpha_1 = 130°$, $\beta_1 = 70°$, $F_2 = 1400$ N, $\alpha_2 = 25°$, $\gamma_2 = 80°$, $F_3 = 700$ N, $\beta_3 = 40°$, $\gamma_3 = 60°$ sind die resultierende Kraft F_r und deren Richtungswinkel α_r, β_r und γ_r zu errechnen (γ_1, β_2 und α_3 sind spitze Winkel).

2.112

Bild 2.112 zeigt eine aus drei Stäben bestehende Stütze, die durch eine waagerecht wirkende Kraft $F = 4$ kN belastet wird. Welche Kräfte F_1, F_2 und F_3 treten in den Stäben 1, 2 und 3 auf?

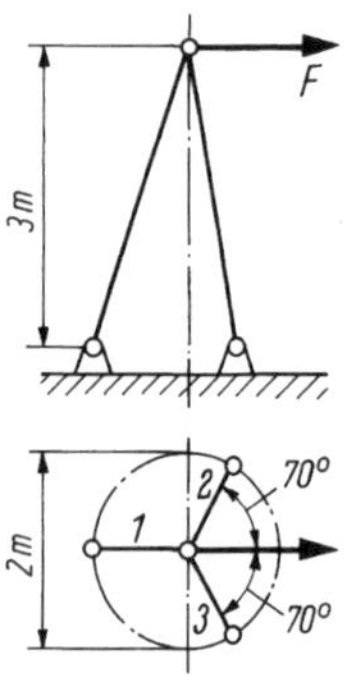

Bild 2.112 Dreibein-Stütze

2.113

An einem Knoten eines räumlichen Fachwerks wirkt eine Belastungskraft $F = 10$ kN unter den Richtungswinkeln $\alpha = 30°$, $\beta = 60°$, $\gamma = 90°$. Die in den am Knoten angeschlossenen Stäben auftretenden Kräfte F_1, F_2 und F_3 sind zu errechnen. Ihre Wirklinien verlaufen unter den Winkeln $\alpha_1 = \gamma_1 = \beta_2 = \alpha_3 = 60°$, $\gamma_2 = 30°$ und $\gamma_3 = 120°$, wobei $\beta_1 > 90°$ und $\beta_3 < 90°$ sind (α_i zur x-, β_i zur y- und γ_i zur z-Achse eines räumlichen Koordinatensystems mit Ursprung im Knotenpunkt, dem Schnittpunkt der Wirklinien).

2.114

In Bild 2.114 ist ein Behälterdeckel dargestellt, der 24,45 kg wiegt und im geöffneten Zustand bei C durch eine Stange abgestützt wird, die an der Behälterecke D angebracht ist. Die von der Stange bei C ausgeübte Stützkraft, die Lagerkraft am Loslager B sowie die axiale und die radikale Kraft am Festlager A sind zu errechnen.

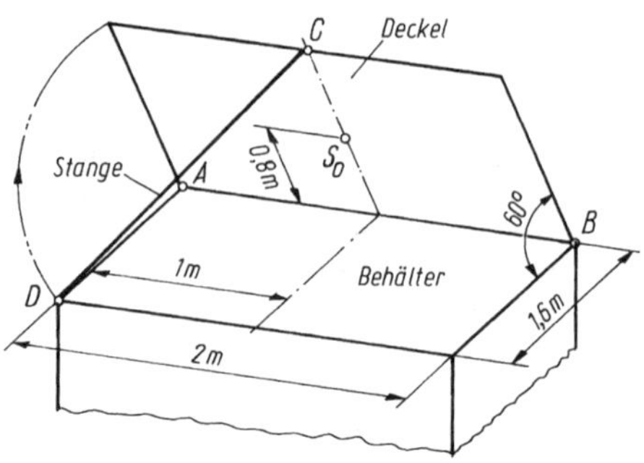

Bild 2.114 Geöffneter Behälterdeckel

2.115

In Bild 2.115 ist ein Kranausleger schematisch dargestellt. An dem bei A gelagerten Ausleger 1 sind die Streben 2 im Punkt C gelenkig angeschlossen. Am Seil 3, das am Auslegerkopf bei D über eine Rolle mit vernachlässigbar kleinem Durchmesser reibungsfrei geführt wird, hängt eine Last mit der Masse $m = 1$ t. Die Stützkraft F_A und die Reaktionskräfte F_{B1} und F_{B2} an den Strebenbefestigungen sollen ermittelt werden, wozu eine Berechnungsskizze anzufertigen ist, in der die gesuchten Kräfte enthalten sind.

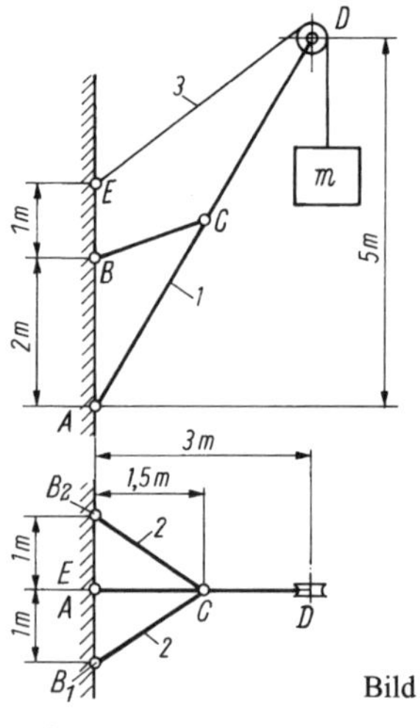

Bild 2.115 Kranausleger

2.116

Die radialen Lagerkräfte F_{rA} und F_{rB} und die axiale Kraft F_{aA} im Festlager A einer Kegelradwelle nach Bild 2.116 sind zu errechnen. Am mittleren Teilkreisdurchmesser $d_m = 104$ mm greifen an: die Tangentialkraft $F_t = 1020$ N, die Radialkraft $F_r = 140$ N und die Axialkraft $F_a = 345$ N. Die Lagerabstände betragen $l_A = 80$ mm und $l_B = 135$ mm. Ferner ist das von der Welle zu übertragende Drehmoment M anzugeben.

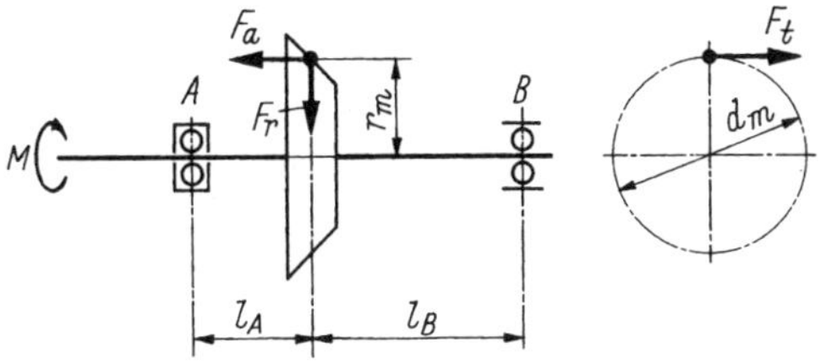

Bild 2.116 Kegelradwelle

2.117

Für die Festlegung der Lager einer Kegelradwelle nach Bild 2.117 sollen die Lagerkräfte bestimmt werden. Es sind die radialen Lagerkräfte an den Lagerstellen A und B und die axiale Kraft am Festlager B zu ermitteln. Außerdem ist das von der Welle zu übertragende Drehmoment zu errechnen.

2.118

In Bild 2.118 ist eine Getriebewelle mit den Geradzahnrädern 2 und 3 und der durch die Gegenräder 1 und 4 hervorgerufene Kräfteangriff dargestellt. Es ist ein Drehmoment $M = 2$ Nm zu übertragen. Die Teilkreise haben die Durchmesser $d_2 = 40$ mm und $d_3 = 25$ mm. Der Zahneingriff erfolgt unter dem Normaleingriffswinkel $\alpha = 20°$. Unter diesem Winkel drückt jeweils ein Zahn des Gegenrades auf einen Zahn der mit der Welle verbundenen Räder, und zwar mit der Zahnkraft F_2 bzw. F_3, die in eine tangentiale Komponente F_{t2} bzw. F_{t3} und eine radiale Komponente F_{r2} bzw. F_{r3} zerlegt werden. Zur Auslegung der Lager A und B sind die Lagerkräfte zu bestimmen.

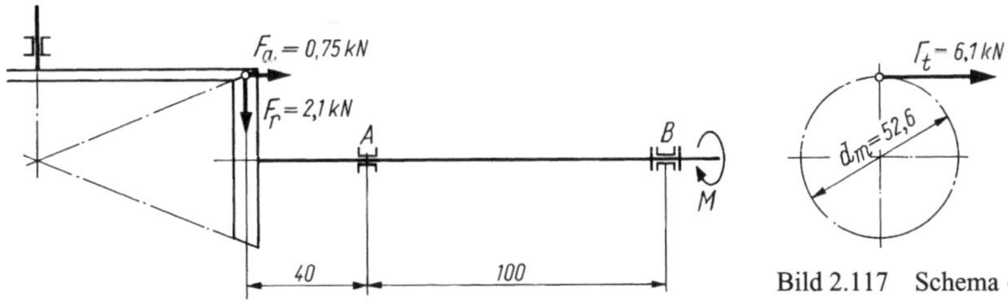

Bild 2.117 Schema eines Kegelradgetriebes

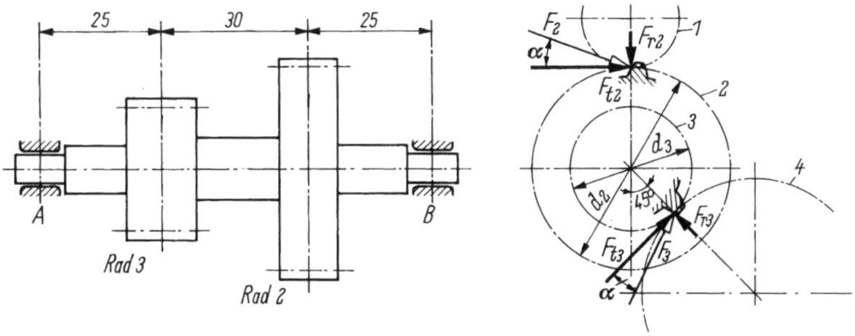

Bild 2.118 Getriebewelle

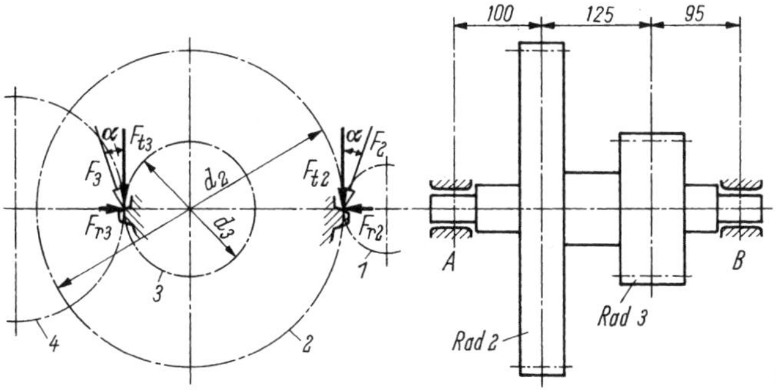

Bild 2.119 Getriebewelle

2.119

Die in Bild 2.119 mit den Geradzahnrädern 2 und 3 und den Zahnkräften F_2 und F_3 sowie deren Komponenten dargestellte Getriebewelle hat ein Drehmoment von 1500 Nm zu übertragen. Es betragen der Zahneingriffswinkel $\alpha = 20°$, die Teilkreisdurchmesser $d_2 = 360$ mm und $d_3 = 150$ mm. Für die Wellenlager A und B sollen die Lagerkräfte errechnet werden.

2.120

Bild 2.120 zeigt die Skizze einer Getriebewelle mit zwei Schrägzahnrädern, die ein Drehmoment von 79,6 Nm zu übertragen hat. Die Schrägungswinkel betragen $\beta_2 = 25°$ beim Rad 2 und $\beta_3 = 20°$ beim Rad 3, die Teilkreisdurchmesser $d_2 = 25$ mm und $d_3 = 122$ mm. Der Zahneingriff erfolgt unter dem Normaleingriffswinkel $\alpha_n = 20°$. Es sind die Beträge der radialen Lagerkräfte und der Axialkraft im Festlager wie folgt zu errechnen:

1. Zahnkraftkomponenten F_{t2}, F_{r2}, F_{a2} und F_{t3}, F_{r3}, F_{a3},
2. Lagerkraftkomponenten F_{Ax}, F_{Ay}, F_{Az} und F_{By}, F_{Bz},
3. Lagerkräfte F_{aA}, F_{rA} und F_{rB}.

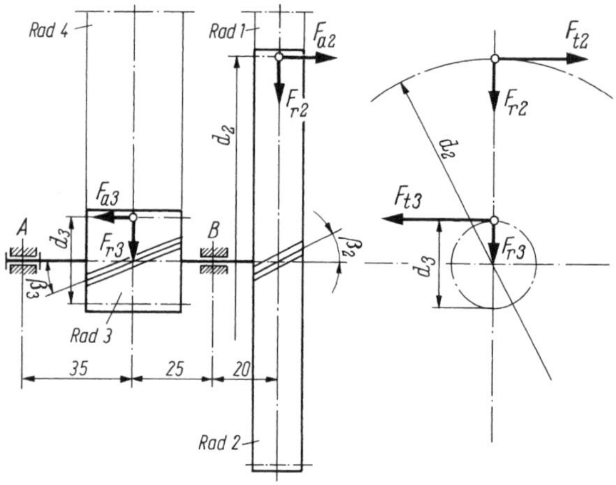

Bild 2.120 Getriebewelle mit Schrägzahnrädern

3 Ebene Fachwerke

Alle Aufgaben dieses Kapitels können rechnerisch, ggf. auch zeichnerisch gelöst werden. Zu den Aufgaben 3.1 und 3.5 ist bei den Ergebnissen auch der **Cremonaplan** dargestellt. Für die Aufgaben 3.7 bis 3.10 empfiehlt sich rechnerische Lösung nach dem **Ritterschen Schnittverfahren**. Bei den Ergebnissen sind nur die jeweils gefragten Stabkräfte angegeben. Selbstverständlich können auch alle übrigen ermittelt werden.

3.1

Das in Bild 3.1 dargestellte Fachwerk wird durch die parallel wirkenden Kräfte $F_1 = 20$ kN, $F_2 = 15$ kN und $F_3 = 10$ kN belastet. Zu ermitteln sind:

1. Die Stützkräfte F_A und F_B,
2. Die in den Stäben 1 bis 7 auftretenden Kräfte F_{S1} bis F_{S7}.

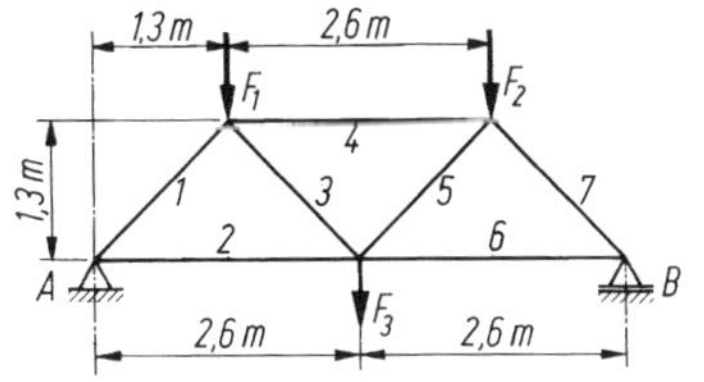

Bild 3.1 Fachwerk

3.2

Für den in Bild 3.2 skizzierten Fachwerkträger sind alle Stabkräfte zu bestimmen. Es betragen $F = 2,5$ kN, $l = 2$ m und $h = 1,5$ m.

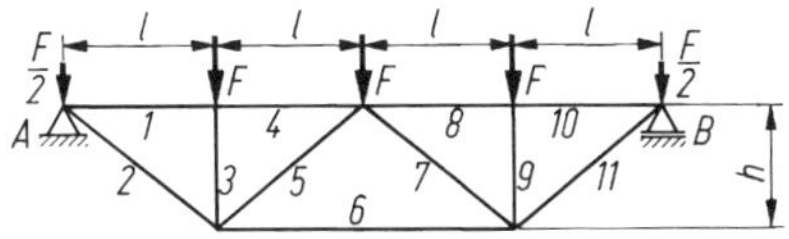

Bild 3.2 Fachwerk eines Brückenträgers

3.3

Ein geschweißter Stahlrohr-Dachbinder ist entsprechend den in Bild 3.3 dargestellten Systemlinien aufgebaut. Die an den oberen Knoten angreifenden Kräfte betragen: $F_1 = F_5 = 10$ kN, $F_2 = F_3 = F_4 = 20$ kN. Es sind die in den Rohrstäben 1 bis 17 auftretenden Stabkräfte zu bestimmen.

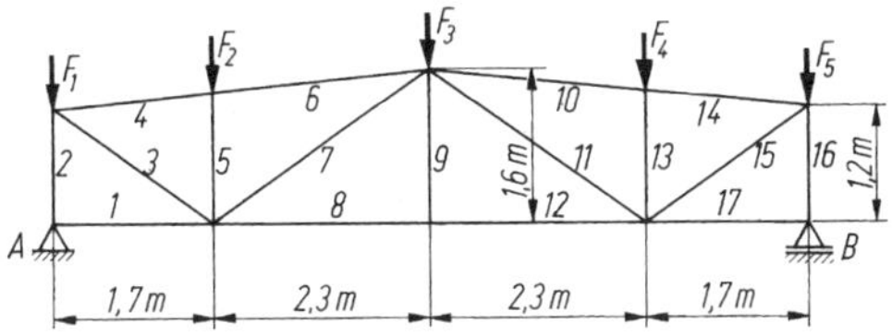

Bild 3.3 Dachbinder

3.4

Die Stabkräfte des in Bild 3.4 skizzierten Fachwerkträgers mit den Abmessungen $h = 1$ m und $l = 1,5$ m und den Belastungskräften $F = 28$ kN sollen ermittelt werden.

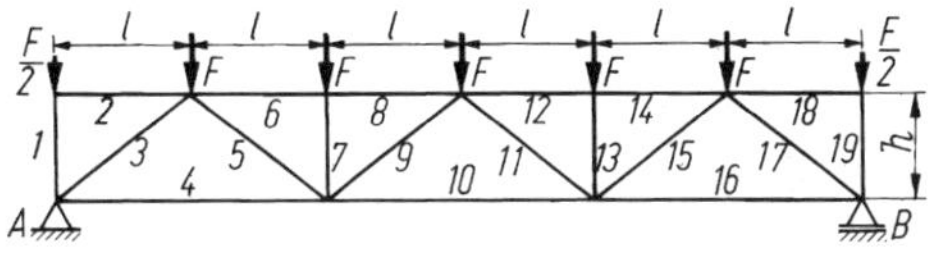

Bild 3.4 Fachwerkträger

3.5

Für den durch zwei Kräfte $F_1 = 40$ kN und $F_2 = 25$ kN entsprechend Bild 3.5 belasteten Fachwerkträger sind zu ermitteln:

1. Die Stützkräfte und der Richtungswinkel zur Waagerechten der Stützkraft im Auflager A,
2. Die Stabkräfte in den Stäben 1 bis 13.

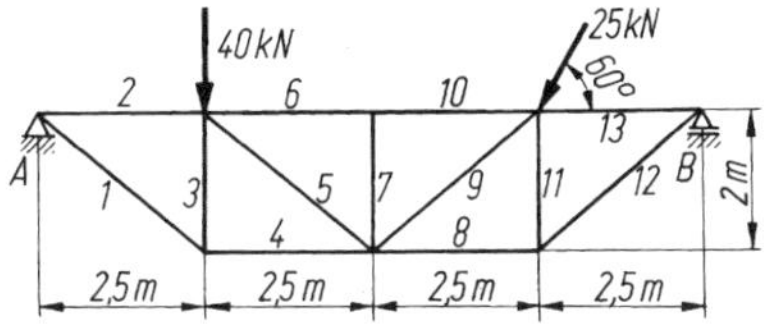

Bild 3.5 Fachwerkträger

3.6

Für den in Bild 3.6 mit Systemlinien skizzierten Dachbinder sind die in den Stäben 1 bis 11 auftretenden Kräfte zu bestimmen.

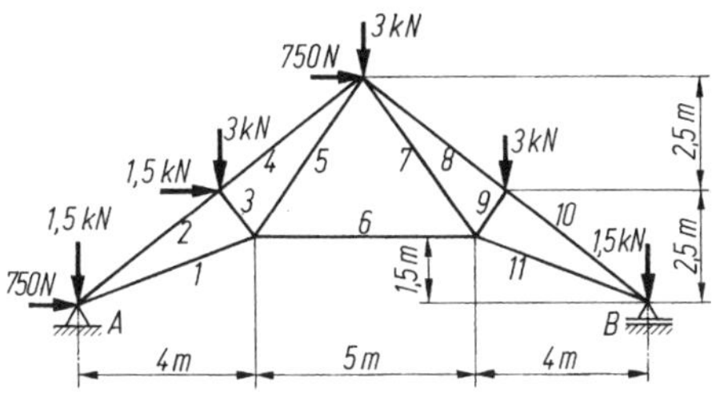

Bild 3.6 Dachbinder

3.7

Bild 3.7 zeigt in schematischer Darstellung das Tragwerk eines Wandschwenkkrans. Es sollen die in den Stäben 2, 3 und 4 auftretenden Kräfte F_{S2}, F_{S3} und F_{S4} ermittelt werden.

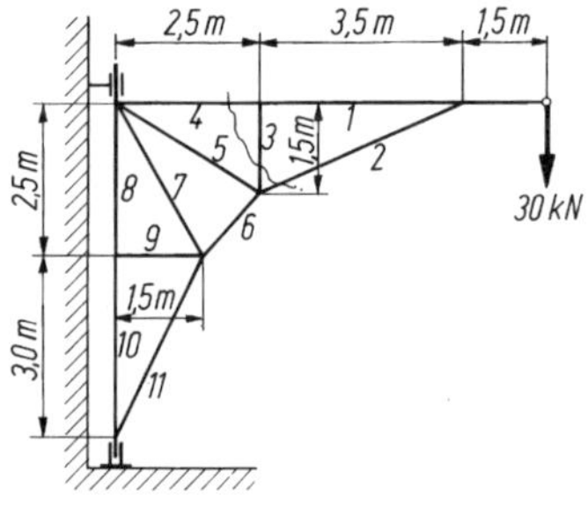

Bild 3.7 Wandschwenkkran

3.8

Der in Bild 3.8 skizzierte Fachwerkausleger wird durch zwei gleich große parallele Kräfte $F = 4$ kN belastet. Es sind zu ermitteln:

1. Die Stabkräfte F_{S2}, F_{S3} und F_{S4},

2. Die Stabkräfte F_{S6}, F_{S7} und F_{S8}.

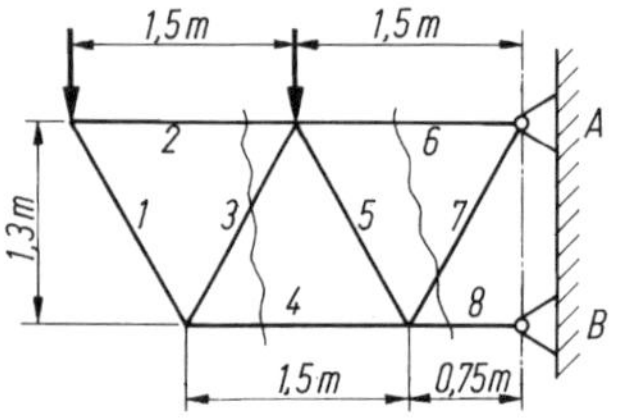

Bild 3.8 Fachwerkausleger

3.9

Die Stabkräfte F_{S4}, F_{S5} und F_{S6} sowie F_{S8}, F_{S9} und F_{S10} des in Bild 3.9 gezeigten Fachwerks sind zu bestimmen.

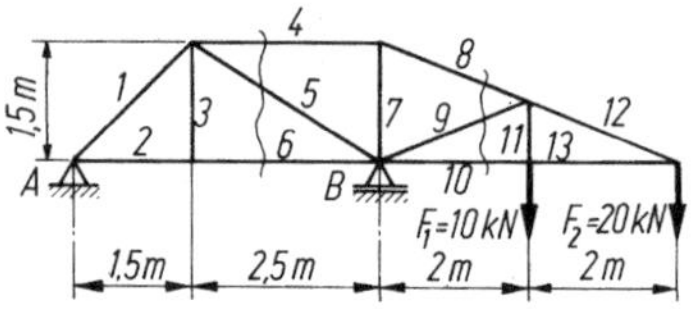

Bild 3.9 Verladebrücke in Fachwerkbauweise

3.10

Wie groß sind bei dem Fachwerk nach Bild 3.10 die in den Stäben 4, 5 und 6 auftretenden Kräfte?

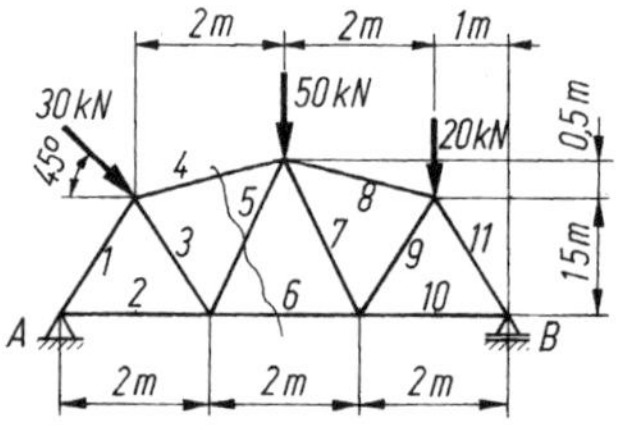

Bild 3.10 Fachwerkträger

4 Schwerpunkt

Körper

4.1

Für den in Bild 4.1 dargestellten homogenen Körper mit den Abmessungen $a = 90$ mm, $b = 75$ mm, $c = 30$ mm, $d = 60$ mm und $h = 120$ mm soll die Lage des Schwerpunktes bestimmt werden. Es sind zu ermitteln:

1. Die Volumen V_1 und V_2,
2. Die Abstände y_1 und y_2,
3. Der Schwerpunktabstand y_0 auf der Mittenachse.

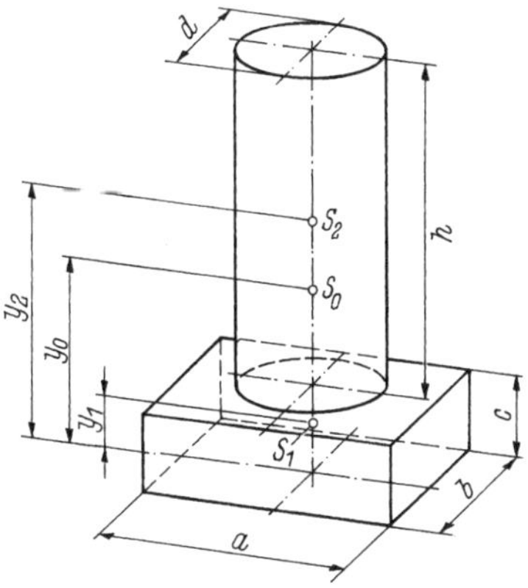

Bild 4.1 Zusammengesetzter Körper

4.2

Wie groß ist der Schwerpunktabstand y_0, wenn der Körper nach Bild 4.1 eine Bohrung entsprechend Bild 4.2 erhält?

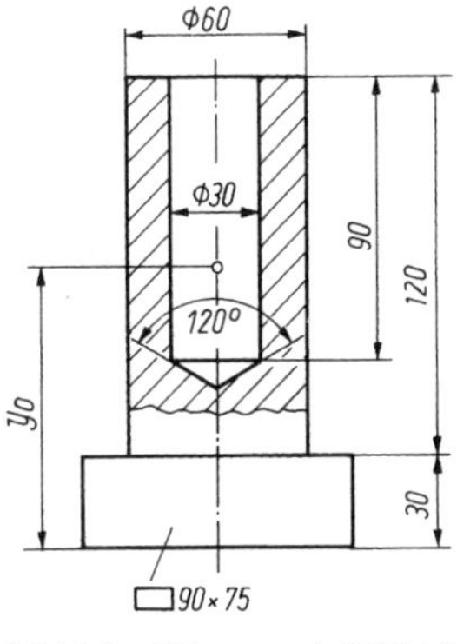

Bild 4.2 Körper nach Bild 4.1 mit Bohrung

4.3

Bild 4.3 zeigt eine Achse aus Stahl, deren Schwerpunktabstand x_0 zu bestimmen ist.

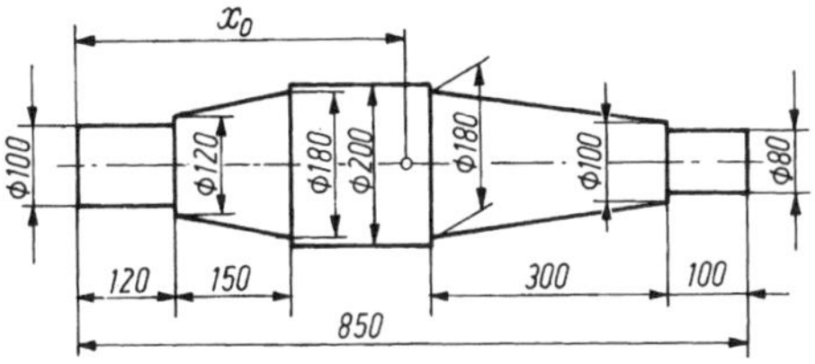

Bild 4.3 Achse

4.4

Welchen Abstand y_0 von der Körperunterkante hat der Schwerpunkt des in Bild 4.4 skizzierten homogenen Körpers?

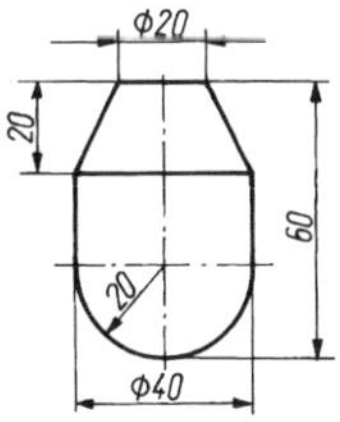

Bild 4.4 Drehkörper

4.5

Für den in Bild 4.5 dargestellten homogenen Körper sind die Schwerpunktabstände x_0, y_0 und z_0 von den Koordinatenachsen zu ermitteln.

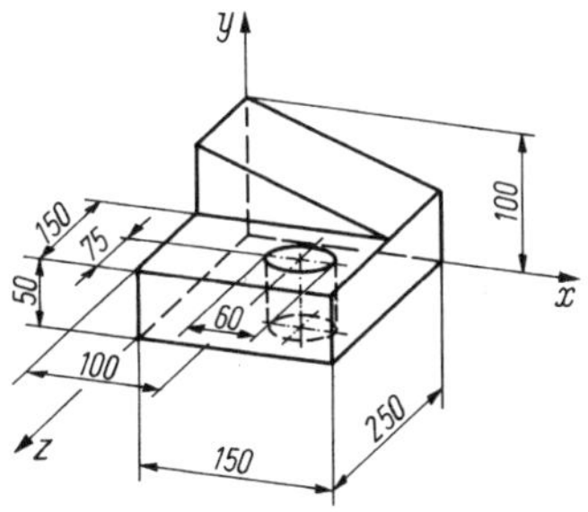

Bild 4.5 Werkstück

4.6

Bild 4.6 zeigt die Draufsicht und die Schnittdarstellung eines Werkstücks aus Stahl. Wie groß sind die Schwerpunktabstände x_0, y_0 und z_0?

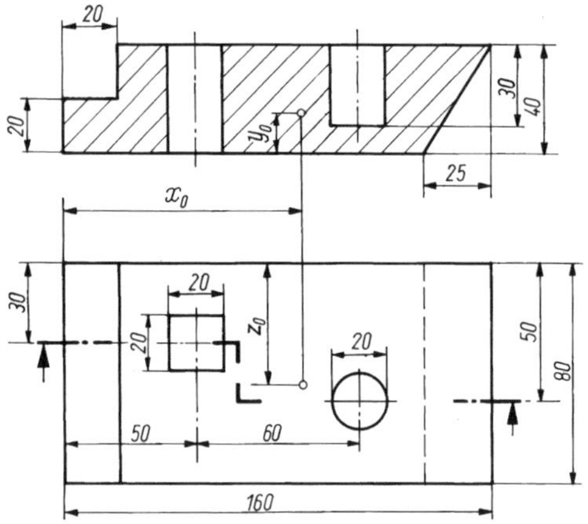

Bild 4.6 Werkstück

4.7

Das in Bild 4.7 dargestellte offene Gefäß ist aus 5 mm dickem Stahlblech (Dichte nach Tabelle 11) hergestellt und bis 50 mm unterhalb der Oberkante mit einer Flüssigkeit gefüllt, deren Dichte $\varrho_{Fl} = 1{,}26\ \text{g/cm}^3$ beträgt. Es ist der Schwerpunktabstand y_0 des gefüllten Gefäßes zu ermitteln.

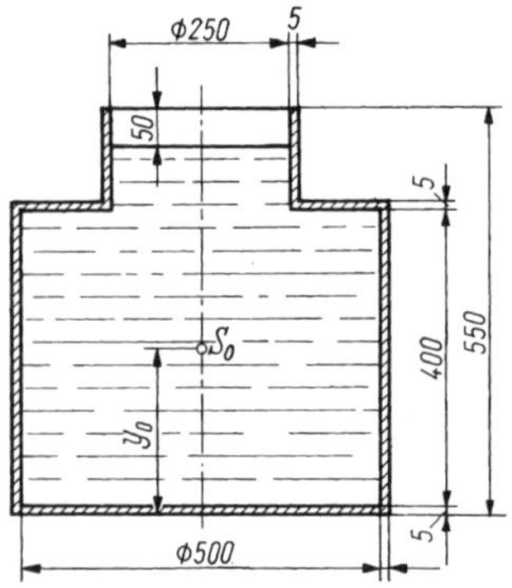

Bild 4.7 Gefäß mit Flüssigkeit

4.8

Ein aus 2 mm dickem Messingblech (Dichte nach Tabelle 11) gefertigter Behälter mit den Außenmaßen Breite $B = 250$ mm, Länge $L = 500$ mm und Höhe $H = 300$ mm ist bis zur Hälfte seines Fassungsvermögens mit Wasser (Dichte $\varrho_W = 1\ \text{kg/dm}^3$) gefüllt. Er befindet sich auf einer um $\alpha = 15°$ geneigten Ebene (Bild 4.8). Es sind zu ermitteln:

1. Die Abstände h_1 und h_2 des Wasserspiegels vom Behälterboden,
2. Die Abstände x_0 und y_0 des Gesamtschwerpunktes.

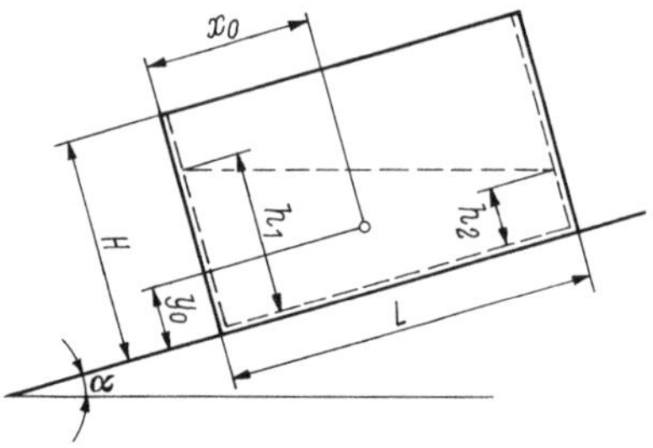

Bild 4.8 Mit Wasser gefüllter Behälter auf geneigter Ebene

Flächen

4.9

Für die in Bild 4.9 gezeigte Fläche ist der Abstand y_0 des auf der Symmetrieachse liegenden Flächenschwerpunktes S_0 zu errechnen.

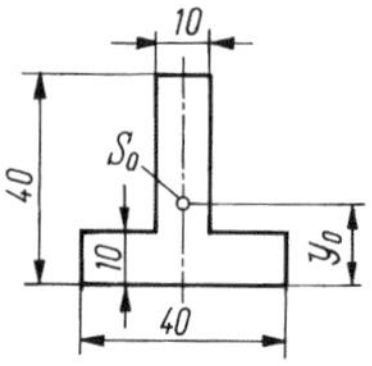

Bild 4.9 Symmetrische Fläche

4.10

Welchen Abstand y_0 hat der Schwerpunkt S_0 der in Bild 4.10 dargestellten Querschnittsfläche?

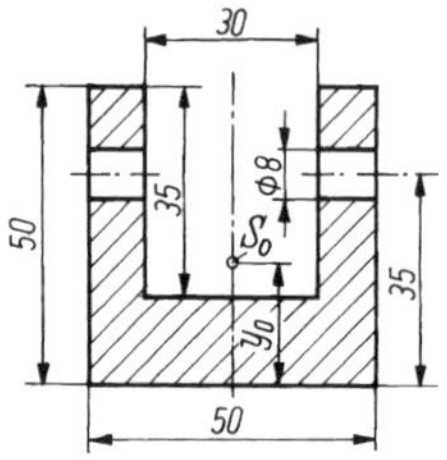

Bild 4.10 Querschnittsfläche

4.11 bis 4.13

Die Schwerpunktabstände y_0 der in den Bildern 4.11, 4.12 und 4.13 dargestellten symmetrischen Flächen sind zu ermitteln.

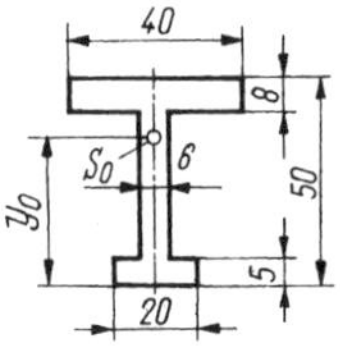

Bild 4.11 Symmetrische Fläche

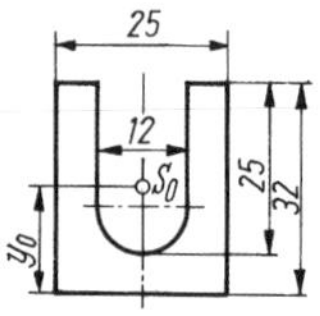

Bild 4.12 U-förmige Fläche

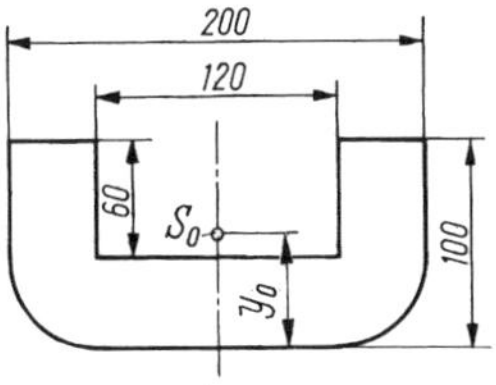

Bild 4.13 U-förmige Fläche

4.14 bis 4.16

Die Schwerpunktabstände x_0 der in den Bildern 4.14, 4.15 und 4.16 dargestellten symmetrischen Flächen sind zu ermitteln.

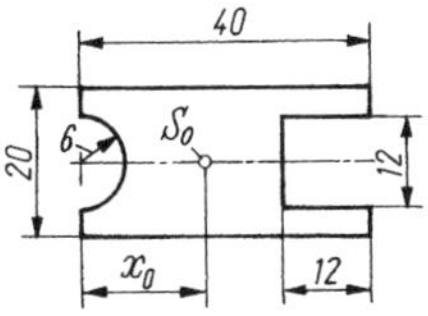

Bild 4.14 Rechteck mit Aussparungen

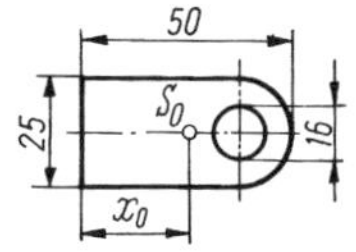

Bild 4.15 Rechteck mit Halbkreis und Bohrung

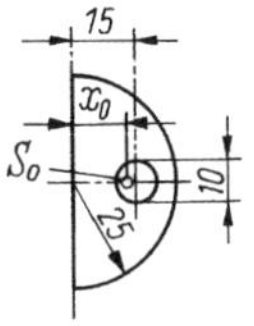

Bild 4.16 Halbkreisfläche mit Loch

4.17 bis 4.19

Es sind die Schwerpunktabstände x_0 und y_0 der in den Bildern 4.17, 4.18 und 4.19 dargestellten Blechteile zu bestimmen.

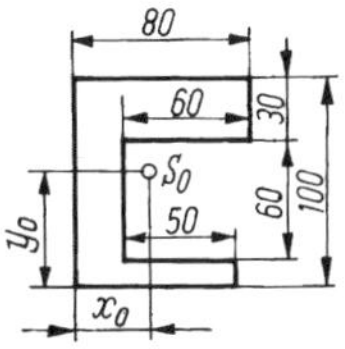

Bild 4.17 U-förmiges Blechteil

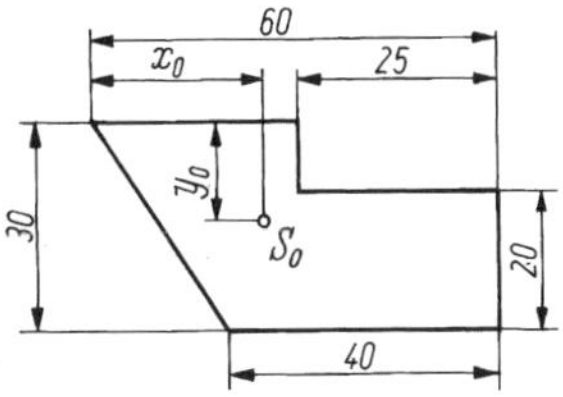

Bild 4.18 Blechteil

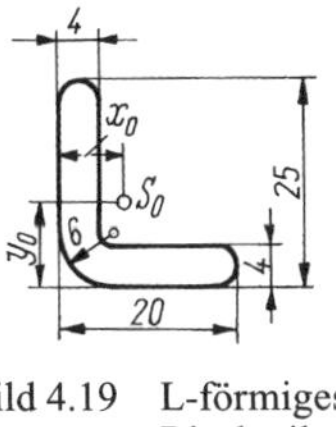

Bild 4.19 L-förmiges Blechteil

4.20

Für die in Bild 4.20 gezeigte Fläche mit den Abmessungen $a = 80$ mm, $b = 150$ mm, $c = 40$ mm, $d = 30$ mm, $e = 45$ mm, $f = 40$ mm,

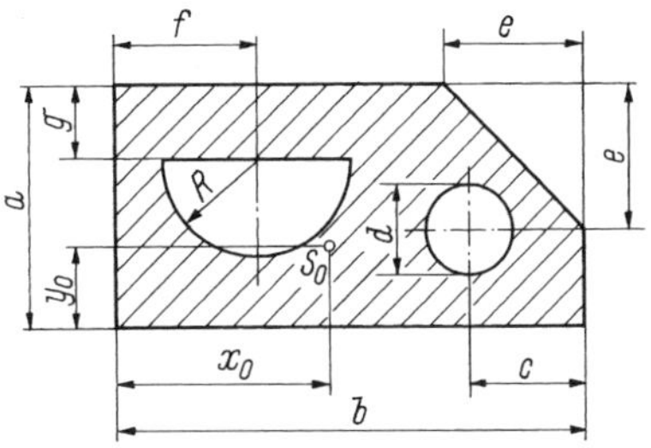

Bild 4.20 Fläche mit Aussparungen

$g = 15$ mm und $R = 25$ mm ist die Lage des Schwerpunktes S_0 zu bestimmen, und zwar sein Abstand x_0 vom linken Flächenrand und der Abstand y_0 vom unteren Flächenrand.

4.21

Bild 4.21 zeigt die Querschnittsfläche eines aus zwei Winkelprofilen L EN 10056-1-60 × 60 × 8 und einem T-Profil EN 10055-T 140 zusammengesetzten Trägers. Der Schwerpunktabstand y_0 ist zu ermitteln.

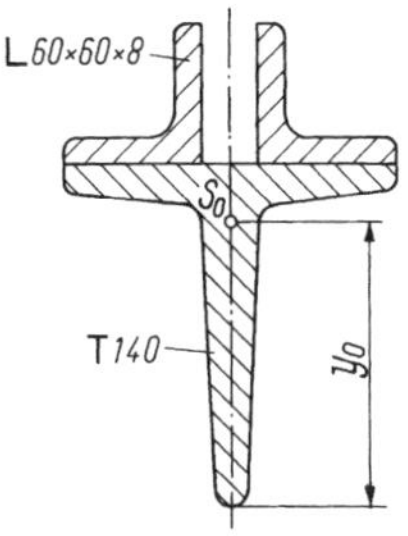

Bild 4.21 Querschnitt eines Profilträgers

4.22

Der Schwerpunktabstand y_0 der in Bild 4.22 dargestellten Querschnittsfläche eines Profilträgers soll bestimmt werden. Dabei ist die Schwächung durch die Bohrungen mit dem Durchmesser 21 mm zu berücksichtigen.

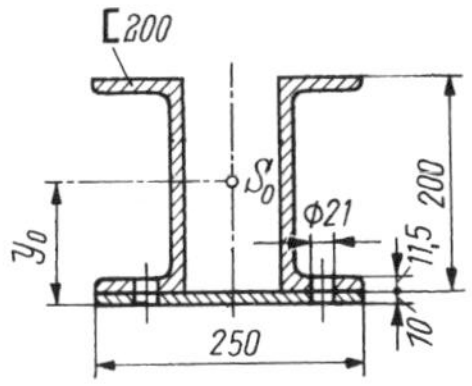

Bild 4.22

4.23

In Bild 4.23 ist der Querschnitt eines aus Flach- und Winkelprofilen verschweißten Trägers dargestellt. Der Schwerpunktabstand y_0 dieser Querschnittsfläche ist zu ermitteln, wobei die

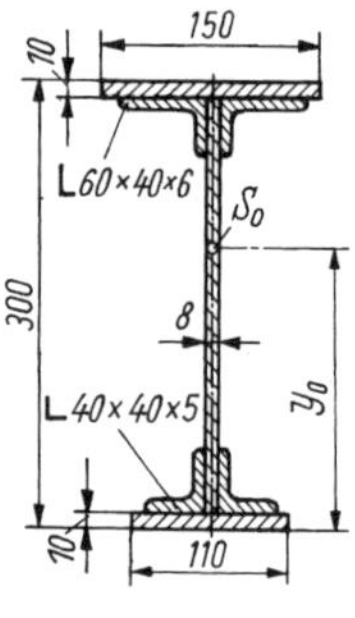

Bild 4.23 Querschnitt eines geschweißten Profilträgers

nicht dargestellten Schweißnähte zu vernachlässigen sind.

4.24

Das Volumen des in Bild 4.24 skizzierten Ringes mit halbkreisförmigem Querschnitt soll errechnet werden. Dafür sind zu ermitteln:

1. Der Flächeninhalt A der Querschnittsfläche,
2. Der Abstand x_0 des Schwerpunktes S_0 der Halbkreisfläche von der Ringmitte,
3. Das Volumen $V = A \cdot 2\pi \cdot x_0$ (nach der Guldinschen Volumen-Regel).

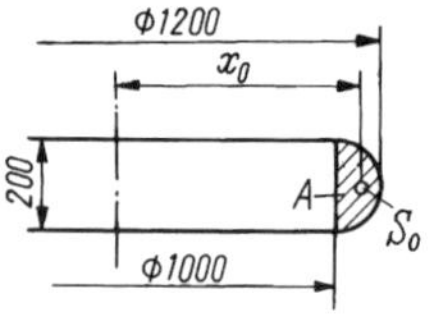

Bild 4.24 Ring mit Halbkreisquerschnitt

4.25

Für den skizzierten Leichtmetallring (Bild 4.25) aus einem luftgekühlten Zylinder sind zu errechnen:

1. Der Inhalt der Ringquerschnittsfläche A,
2. Der Abstand x_0 des Flächenschwerpunktes von der Ringmitte,
3. Das Volumen V in cm^3,
4. Die Masse m in kg (Dichte des Leichtmetalls $\varrho = 2{,}7$ kg/dm^3).

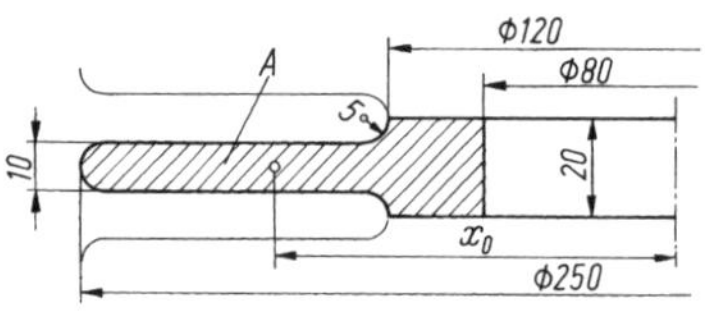

Bild 4.25 Leichtmetallring

4.26

Bild 4.26 zeigt den Längsschnitt durch einen Trichter aus Gusseisen (Grauguss, Dichte nach Tabelle 11). Es sind zu ermitteln:

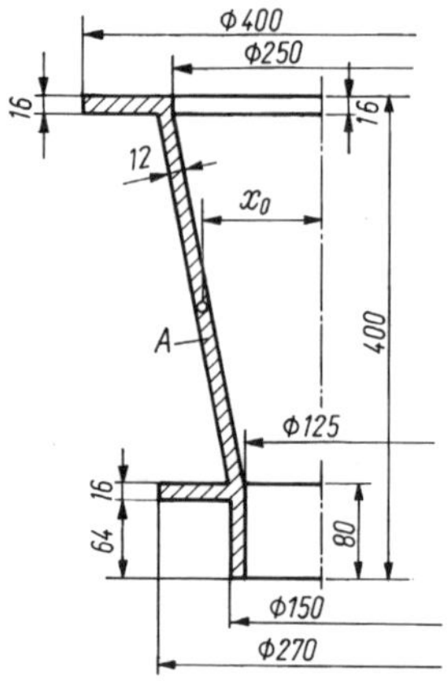

Bild 4.26 Trichter

1. Der Inhalt A der schraffierten Schnittfläche,
2. Der Abstand x_0 des Schwerpunktes der Fläche A von der Mittellinie,
3. Das Volumen V und die Masse m des Trichters.

4.27

Der Rauminhalt des in Bild 4.27 skizzierten Lagerbehälters (ohne Einfüllstutzen) ist wie folgt zu errechnen:

1. Der Flächeninhalt A der halben Längsschnittfläche des Behälterinnenraumes,
2. Der Abstand y_0 des Schwerpunktes der Fläche A von der Mittellinie,
3. Das Volumen $V = A \cdot 2\pi \cdot y_0$ in hl.

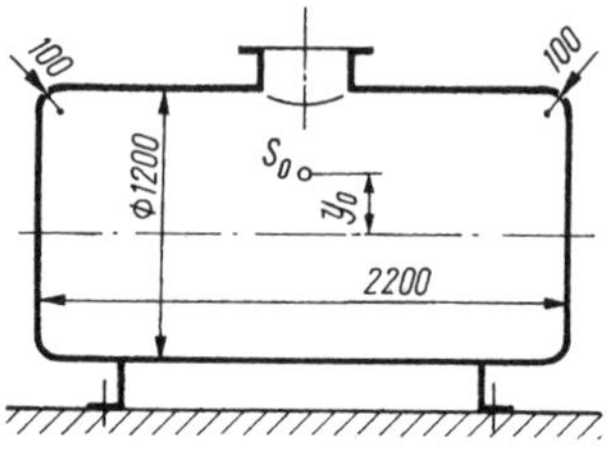

Bild 4.27 Lagerbehälter

4.28

Für den offenen, mit Flüssigkeit gefüllten Kugelbehälter nach Bild 4.28 sind zu errechnen:

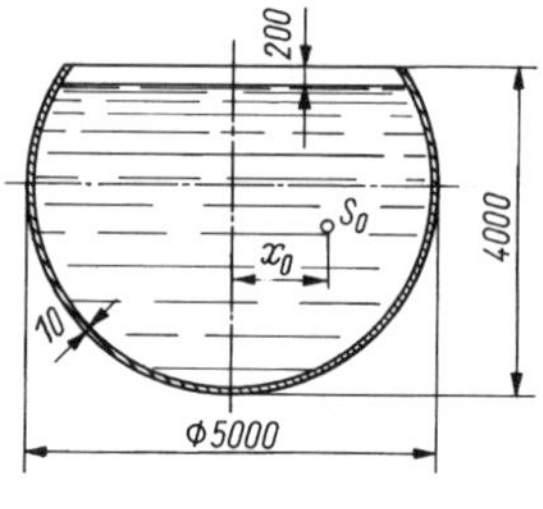

Bild 4.28 Kugelbehälter mit Flüssigkeit

1. Der Flächeninhalt A der halben Längsschnittfläche des Flüssigkeitsvolumens,
2. Der Abstand x_0 des Schwerpunktes S_0 der Fläche A von der Mittenachse,
3. Das Flüssigkeitsvolumen V in l.

4.29

In Bild 4.29 ist ein geschweißter Wasservorratsbehälter mit seinen Innenraummaßen dargestellt. Wie groß ist das Fassungsvermögen des randvoll gefüllten Behälters?

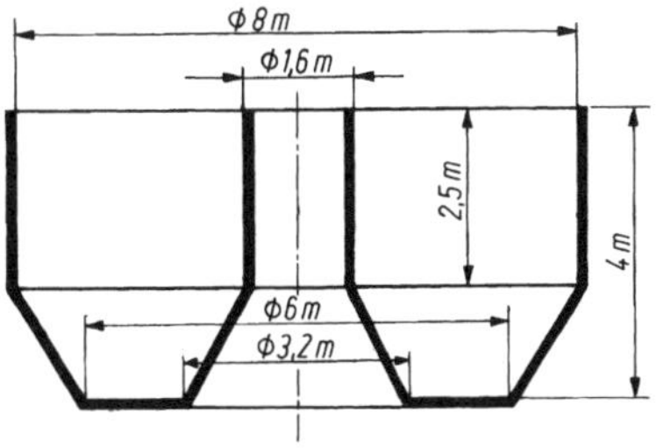

Bild 4.29 Ringförmiger Behälter als Wasserspeicher

Linien

4.30

Für die in Bild 4.30 dargestellte T-förmige Fläche ist der Schwerpunktabstand y_0 der Umrisslinie zu errechnen.

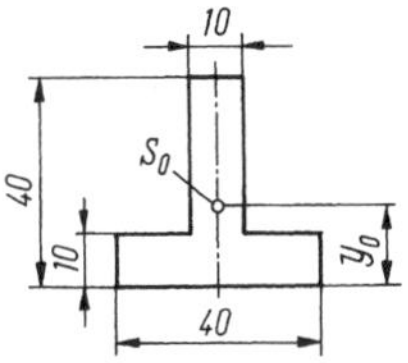

Bild 4.30 T-förmige Fläche

4.31 bis 4.33

Für die Umrisslinien der symmetrischen Flächen in den Bildern 4.11, 4.12 und 4.13 sind die Schwerpunktabstände y_0 zu ermitteln.

4.34 bis 4.36

Es sind die Schwerpunktabstände x_0 der Begrenzungslinien der in den Bildern 4.14, 4.15 und 4.16 dargestellten symmetrischen Flächen zu bestimmen.

4.37 bis 4.39

Für die Herstellung der Schnittwerkzeuge zur Fertigung der in den Bildern 4.17, 4.18 und 4.19 gezeigten Blechteile ist die Lage des jeweiligen Schwerpunktes der Schnittlinie (Begrenzungslinie) zu bestimmen. Dafür sind die Schwerpunktabstände x_0 und y_0 dieser Linien zu errechnen.

4.40

Die Stäbe des in Bild 4.40 mit seinen Systemlinien schematisch dargestellten Wandschwenkkranes bestehen aus Rohren gleichen Durchmessers und gleicher Wanddicke. Welchen Abstand x_0 von der Drehachse hat der Schwerpunkt?

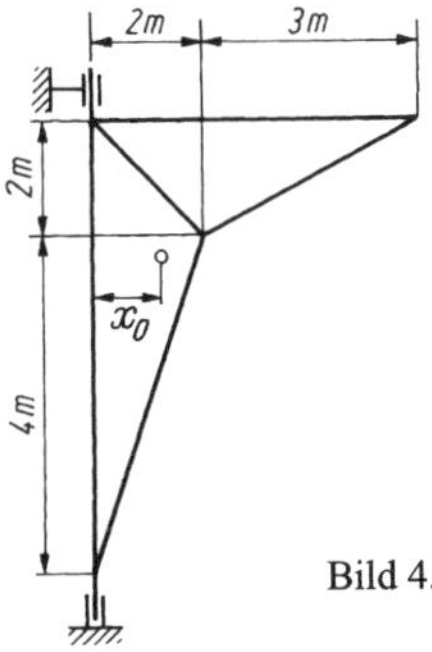

Bild 4.40 Systemlinien eines Wandschwenkkrans

4.41

Bild 4.41 zeigt die Systemlinien eines Drehkranauslegers, dessen Stäbe aus gleichen Profilen bestehen. Der angegebene Schwerpunktabstand x_0 der Systemlinien ist zu ermitteln.

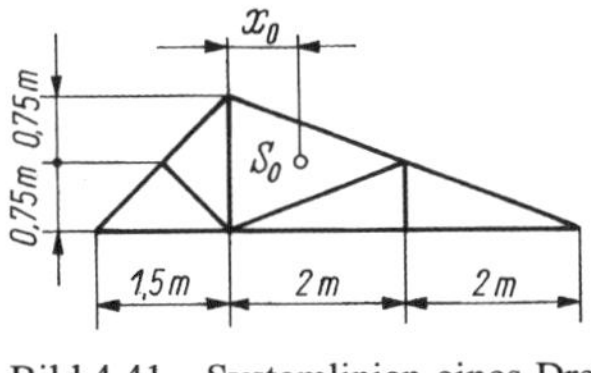

Bild 4.41 Systemlinien eines Drehkranauslegers

4.42

Wie groß ist der Schwerpunktabstand x_0 des Fachwerks, dessen Systemlinien Bild 4.42 zeigt? Alle Stäbe sind aus gleichen Stahlprofilen hergestellt.

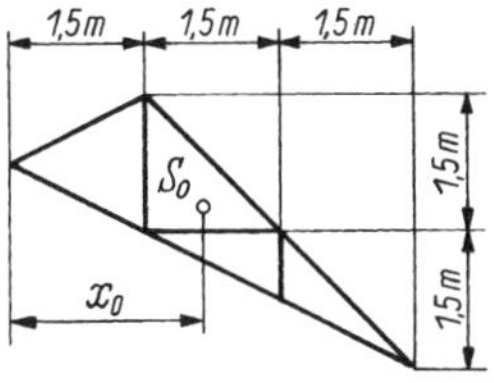

Bild 4.42 Systemlinien eines Fachwerks

4.43

Für den in Bild 3.7 dargestellten Wandschwenkkran ist der Abstand des Schwerpunktes von der Drehachse zu bestimmen. Alle Stäbe haben gleiches Profil, die Lagerzapfen sind zu vernachlässigen.

4.44

Bild 4.44 zeigt ein Übergangsstück zur Querschnittsänderung in einer Rohrleitung mit den Abmessungen $d = 250$ mm, $D = 400$ mm und $h = 600$ mm. Die abstrahlende Oberfläche A ist wie folgt zu errechnen:

1. Die Länge l der äußeren Mantellinie und ihr Schwerpunktabstand x_0 von der Mittellinie,
2. Die äußere Mantelfläche $A = l \cdot 2\pi \cdot x_0$ (nach der Guldinschen Oberflächen-Regel).

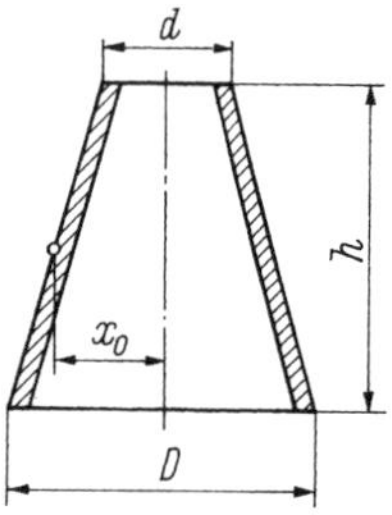

Bild 4.44 Reduzierstück

4.45

Für den in Bild 4.25 skizzierten Leichtmetallring aus einem luftgekühlten Zylinder ist in Bild 4.45 die Mantellinie l der abstrahlenden Rippenoberfläche A dargestellt. Zu errechnen sind:

1. Die Mantellinienlänge l,
2. Der Schwerpunktabstand x_0 der Mantellinie,
3. Die Rippenoberfläche A.

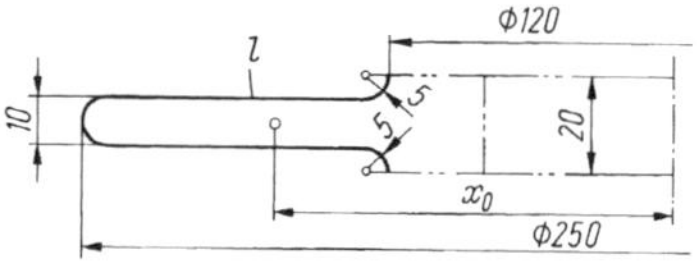

Bild 4.45 Mantellinie zu Bild 4.25

4.46

Für den in Bild 4.26 im Längsschnitt gezeigten Trichter sind zu ermitteln:

1. Die Länge l der Schnittflächenbegrenzungslinie und deren Schwerpunktabstand x_0 von der Mittellinie,
2. Die gesamte Oberfläche A eines Trichters.
3. Wieviel kg Farbe sind erforderlich, wenn die gesamte Oberfläche von 100 Trichtern einen Anstrich erhalten soll und 1 kg Farbe für 10 m^2 benötigt wird?

4.47

In Bild 4.47 ist ein Hohlgefäß aus dünnem Blech dargestellt. Unter Vernachlässigung der Blechdicke und der Rundung am oberen Rand sind zu ermitteln:

1. Die Länge l der halben Begrenzungslinie (des erzeugenden Linienzuges, durch Strichpunktlinie gekennzeichnet) und deren Schwerpunktabstand x_0 von der Mittellinie,
2. Die Oberfläche A des Gefäßes,
3. Der Durchmesser D der Ronde (kreisförmige Scheibe, durch Strich-Zweipunktlinie gekennzeichnet) zum Ziehen des Gefäßes, wenn die bei der Verformung auftretende Blechdehnung unberücksichtigt bleibt.

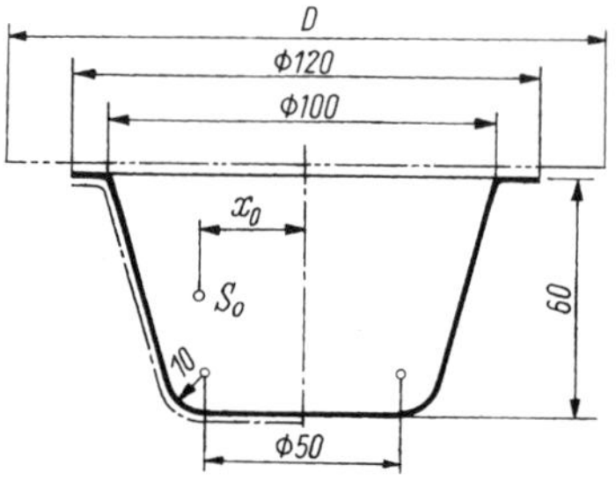

Bild 4.47 Hohlgefäß

4.48

Die Oberfläche des in Bild 4.28 gezeigten offenen Kugelbehälters ist wie folgt zu errechnen:

1. Die Länge l der halben äußeren Begrenzungslinie (Kreisbogen) und deren Schwerpunktabstand x_0 von der Mittellinie,
2. Die Oberfläche A in m^2 (ohne Kreisringfläche an der Öffnung).

4.49

Welches Gewicht hat der in Bild 4.29 dargestellte Wasserbehälter ohne Füllung, wenn 1 m^2 Blech 78 kg wiegt?

Standsicherheit

4.50

Ein Gabelstapler (Bild 4.50) mit einem Eigengewicht von 5 t hebt eine Last von 3 t. Die Abmessungen betragen $L = 1{,}5$ m, $l = 0{,}8$ m und $l_E = 1{,}3$ m. Wie groß sind:

1. Die Stützkräfte F_A und F_B an den Radpaaren,
2. Die Standsicherheit S_{St}?

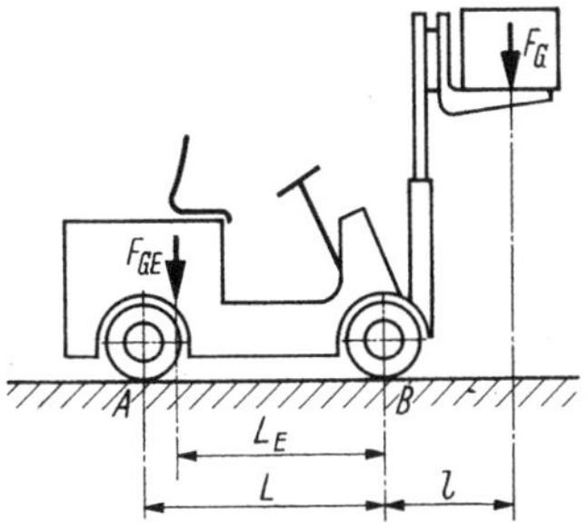

Bild 4.50 Gabelstapler

4.51

In Bild 4.51 ist ein Mobilkran mit einem Elektrolasthebemagneten als Lastaufnahmemittel dargestellt. Die Gewichtskräfte der Bauteile betragen: Aufbau $F_{G1} = 65$ kN, Fahrgestell $F_{G2} = 35$ kN, Ausleger $F_{G3} = 7{,}5$ kN, Lasthebemagnet $F_{G4} = 8$ kN. Welche Last m in t darf mit dem Magneten bei der gezeigten Auslegerstellung gehoben werden, wenn 1,4fache Standsicherheit gewährleistet sein soll?

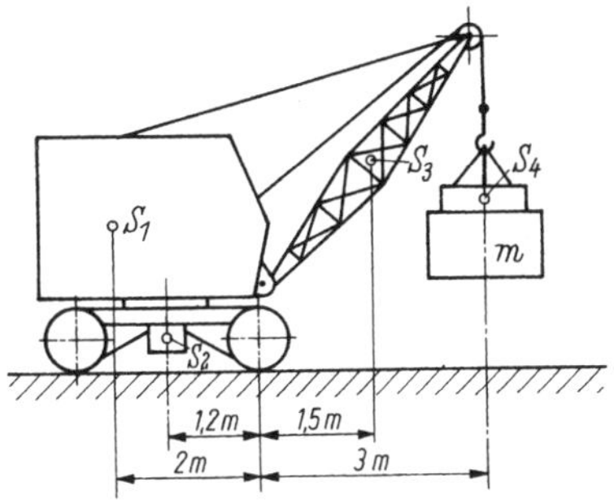

Bild 4.51 Mobilkran

4.52

Der in Bild 4.52 dargestellte Drehkran mit feststehender Säule hat bei der größten Ausladung von 7,5 m eine Tragfähigkeit von 7,5 t. Die Eigengewichte (Eigenmassen) betragen für das Tragwerk in Vollwandbauweise $m_1 = 6{,}4$ t, das Gegengewicht $m_2 = 12{,}5$ t, die Laufkatze $m_3 = 0{,}9$ t, die Grundplatte mit Säule $m_4 = 2{,}8$ t und den Beton-Fundamentklotz $m_5 = 45$ t. Unter Vernachlässigung des Erdreichs an den Fundamentseiten sind auf die Kippkante K bezogen zu ermitteln:

1. Die Summe der Standmomente ΣM_{St},
2. Die Summe aller Kippmomente ΣM_{Ki},
3. Die Standsicherheit S_{St}.

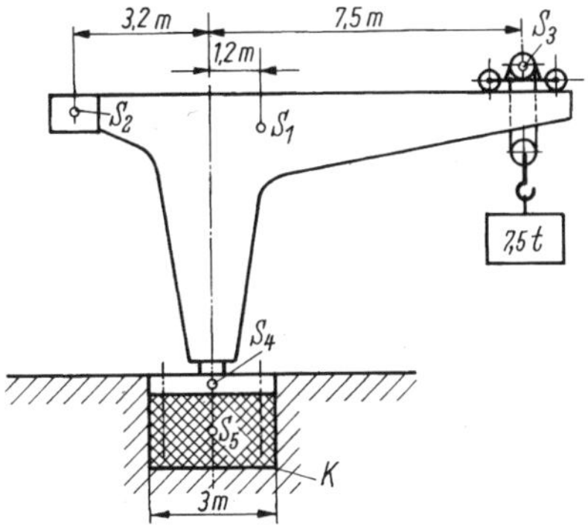

Bild 4.52 Säulendrehkran

4.53

Für den in Bild 2.74 dargestellten schienengebundenen Drehkran ist die Standsicherheit zu ermitteln, und zwar mit der 1,25fachen Höchstlast, d. h. mit $m = 1{,}25 \cdot 3$ t, sowie bei der ungünstigsten Auslegerstellung (Bild 2.74 b).

4.54

Ein fahrbarer Gurtförderer (Bild 4.54) wird mit einer Streckenlast $m' = 16$ kg/m belastet. Die Gewichtskraft F_{GE} seiner Eigenmasse $m_E = 320$ kg wirkt im Abstand $l_E = 1$ m von der Radachse. Für die beim Anstiegswinkel $\alpha = 25°$ und der Länge $l = 5{,}2$ m gegebene Stellung sind zu errechnen:

1. Die Standsicherheit während des Betriebszustandes, wenn der Gurt auf der gesamten Förderlänge $L = 10$ m belastet ist,
2. Die Standsicherheit kurz vor Betriebsende, wenn der Fördergurt nur noch auf der Länge links von der Radachse belastet ist.

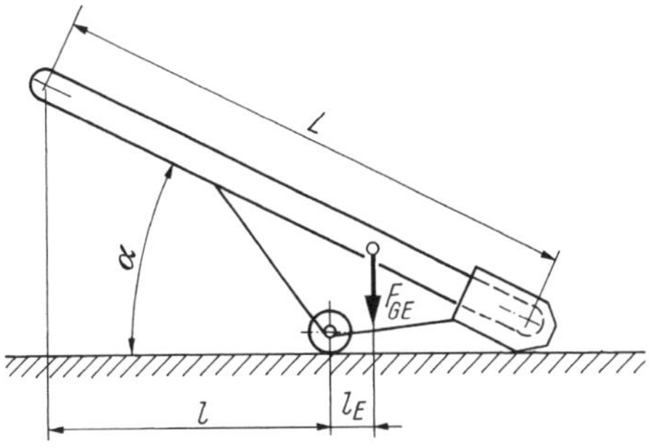

Bild 4.54 Gurtförderer

4.55

Ein geschweißter Rohrrahmen (Bild 4.55) aus Rohr DIN 2458–38 × 2 (38 mm Außendurchmesser, 2 mm Wanddicke) mit einem Gewicht von 1,79 kg/m ist mit einem Leinentuch bespannt, das 0,8 kg/m² wiegt.

1. Bei welcher resultierenden Windkraft F würde der bespannte Rahmen umkippen können (Standsicherheit $S_{St} = 1$), wenn als Kraftangriffspunkt die Mitte der Leinentuchfläche angenommen wird?
2. Welchen Druck p in Pa erzeugt diese Windkraft auf der Leinwandfläche (Rahmenfläche vernachlässigen)?

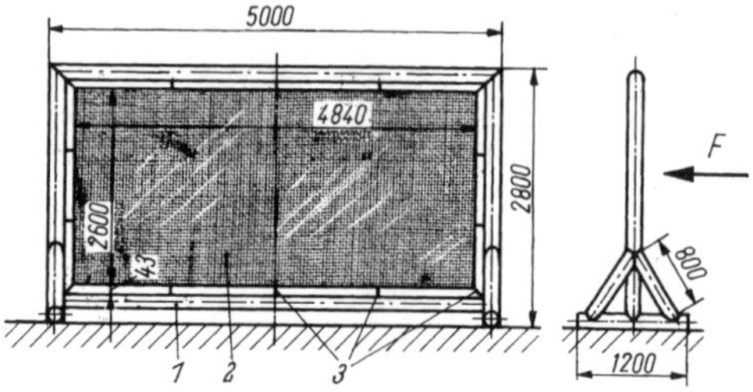

Bild 4.55 Bespannter Rohrrahmen
1 Rohrrahmen, *2* Leinentuch, *3* Tuchhalter

5 Reibung

Haft- und Gleitreibung

Reibungskräfte, Haftsicherheit

5.1

Zwecks Ermittlung von Reibungszahlen wurde ein 20 kg schwerer Körper durch eine Kraft von 26 N auf einer waagerechten Gleitbahn in Bewegung gebracht und mit 21 N gleichförmig weiterbewegt.

1. Wie groß sind die Haftreibungszahl μ_0 und die Gleitreibungszahl μ?
2. Welche Beträge ergeben sich für den Haftreibungswinkel ϱ_0 und den Gleitreibungswinkel ϱ?

5.2

Zur Ermittlung von Gleitreibungszahlen wurde ein 10 kg schwerer Prüfkörper in Form eines Dreikantprismas an den Seitenflächen mit verschiedenen Oberflächengüten versehen und über eine waagerechte Prüffläche gezogen, deren Oberflächengüte durch auswechselbare Platten verändert werden kann. Bei gleichförmiger Bewegung des Prüfkörpers wurden u. a. folgende Kräfte gemessen:

1. $F = 9{,}85$ N bei Stahl geschlichtet auf Stahl geschlichtet,
2. $F = 11{,}2$ N bei Stahl geschruppt auf Stahl geschlichtet,
3. $F = 15{,}7$ N bei Stahl geschliffen auf Gusseisen (Grauguss) geschlichtet.

Es sind die Gleitreibungszahlen zu errechnen.

5.3

Während eines Versuchs zur Ermittlung von Reibungszahlen mittels einer in ihrem Neigungswinkel verstellbaren Gleitbahn wurde festgestellt, dass der Prüfkörper bei einem Neigungswinkel von 16,7° gerade zu rutschen begann und bei 8,7° mit gleichbleibender Geschwindigkeit abwärts glitt. Wie groß sind die Haftreibungszahl und die Gleitreibungszahl?

5.4

Drei Holzbretter liegen plan aufeinander und werden durch ein Gewichtsstück von 50 kg belastet. Welche Kraft F ist erforderlich, um das mittlere Brett herauszuziehen, wenn das untere und das obere festgehalten werden und mit dem Mittelwert der Reibungszahl für trockenes Holz gerechnet wird?

5.5

Ein Panzerschrank mit den Abmessungen nach Bild 5.5 wiegt 120 kg. Er soll auf ebenem Boden verschoben werden, wobei mit einer Haftreibungszahl von 0,3 und einer Gleitreibungszahl von 0,25 zu rechnen ist. Zu ermitteln sind:

1. Die beim Anschieben zu überwindende waagerechte Kraft F_1 und der zulässige Abstand h_1 ihres Angriffspunktes vom Boden,
2. Die Kraft F_2 zum Weiterschieben und ihr zulässiger Abstand h_2.

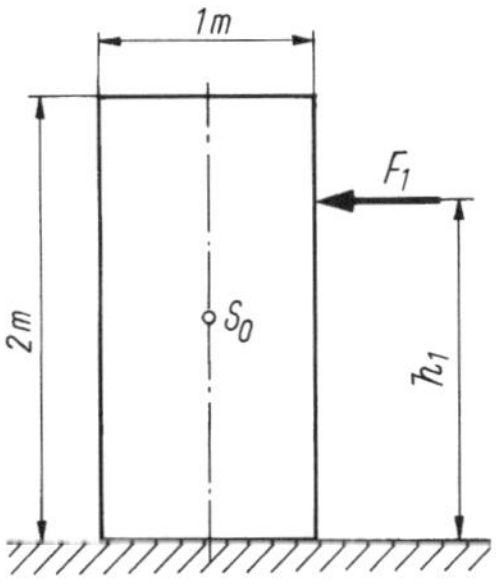

Bild 5.5 Panzerschrank mit Verschiebekraft

5.6

Auf das skizzierte Sperrstück (Bild 5.6) wirkt eine Kraft $F = 20$ N, die über einen Sperrzahn auf die Sperrklinke übertragen wird. Zwischen Zahn und Klinke beträgt die Reibungszahl $\mu = 0{,}2$. Die Schenkelfeder drückt mit 2,5 N auf die Sperrklinke. Für die gezeigte Stellung ist unter Vernachlässigung der Reibung in der Klinkenbohrung die zum Ausheben der Klinke mindestens erforderliche Kraft F_H zu errechnen.

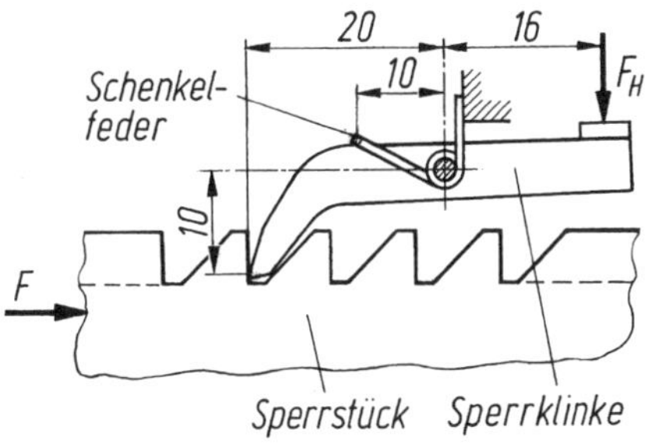

Bild 5.6 Zahnrichtgesperre

5.7

Die in Bild 5.7 skizzierte Blockzange ist für eine Blockmasse bis 2 t ausgelegt. Der Block soll an den Klemmbacken nur durch Haftreibung sicher gehalten werden, wobei mit einer Haftreibungszahl von 0,3 zu rechnen ist. Unter Ver-

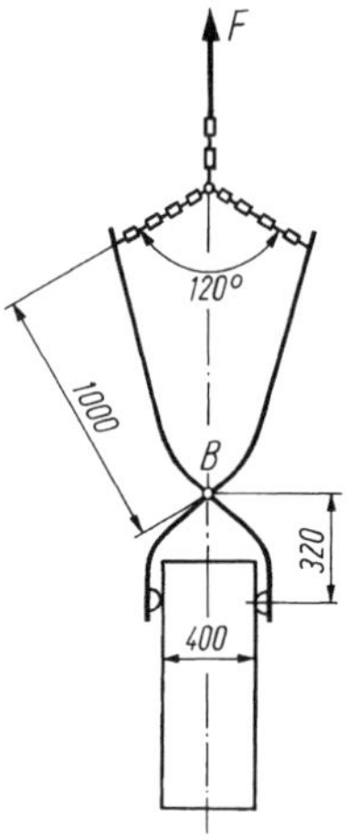

Bild 5.7 Blockzange

nachlässigung des Zangeneigengewichts sind zu ermitteln:

1. Die größte Kraft F_K in einem Kettenstrang,
2. Die größte Kraft F_B am Gelenkbolzen B,
3. Die Haftsicherheit S_H, mit der ein 2 t schwerer Block gehalten wird.

5.8

Ein Werkstück, an dem eine Kraft $F = 12{,}5$ N zieht, soll mittels der in Bild 5.8 skizzierten zangenähnlichen Klemmvorrichtung mit 2,5facher Sicherheit festgehalten werden. Durch eine Zugfeder C wird die erforderliche Klemmkraft erzeugt. Die Haftreibungszahl an den Klemmbacken A beträgt 0,35. Zu errechnen sind:

1. Die erforderliche Klemmkraft F_A,
2. Die Federkraft F_C,
3. Die vom Bolzen im Gelenk B aufzunehmende Kraft F_B.

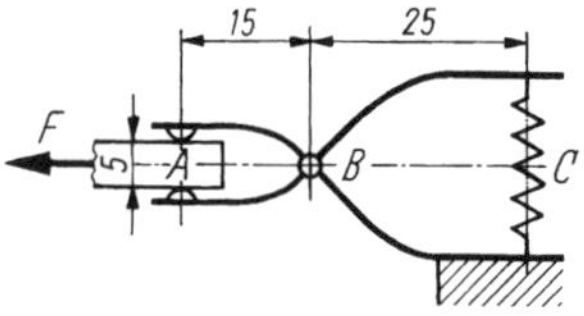

Bild 5.8 Klemmvorrichtung

5.9

Bild 5.9 zeigt eine Rohrzange in schematischer Darstellung. Mit einer Haftreibungszahl $\mu_0 = 0{,}15$ zwischen Rohr und Zange sind zu errechnen:

1. Die in Längsrichtung des Rohres zu überwindende Kraft F, um das Rohr aus der Zange herauszuziehen,
2. Das zu überwindende Drehmoment M, um das Rohr in der Zange zu drehen.

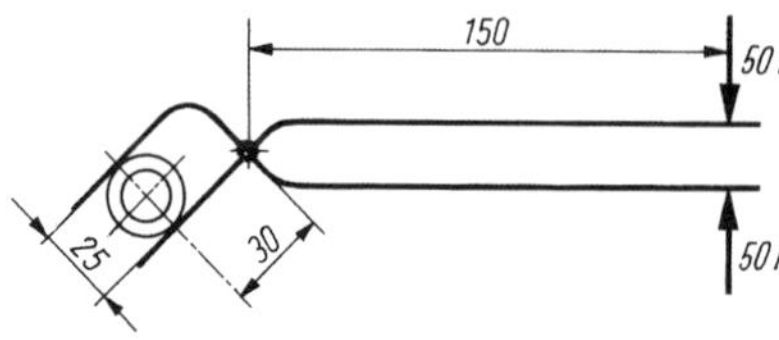

Bild 5.9 Rohrzange

5.10

Durch die Schrauben der in Bild 5.10 dargestellten Schalenkupplung wird auf jedes Wellenende eine Normalkraft $F_N = 200$ kN ausgeübt. Welches Drehmoment M kann die Kupplung bei zweifacher Haftsicherheit übertragen, wenn die Haftreibungszahl $\mu_0 = 0{,}1$ beträgt?

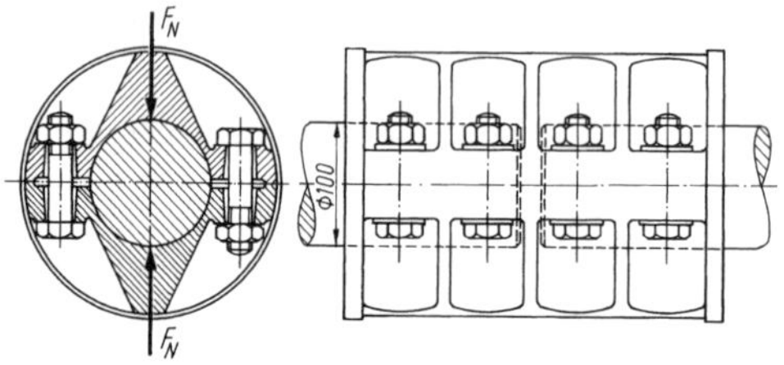

Bild 5.10 Schalenkupplung

5.11

Die beiden Flansche einer Flanschkupplung (Bild 5.11) sind durch 6 Schrauben M 20 miteinander verbunden. Die Schrauben sind auf einem Teilkreis mit 160 mm Durchmesser angeordnet. Jede Schraube wird mittels Drehmomentschlüssel auf eine Vorspannkraft $F_V = 125$ kN angezogen, mit der die Flansche aneinander gepresst werden. Welches Drehmoment M kann die Kupplung allein durch die Haftreibungskraft übertragen, wenn eine Haftsicherheit von 1,3 gewährleistet sein soll und die Haftreibungszahl $\mu_0 = 0{,}12$ beträgt?

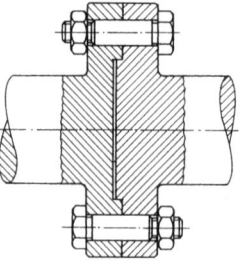

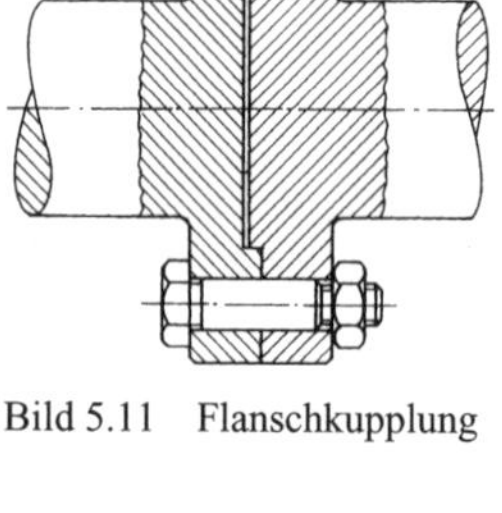

Bild 5.11 Flanschkupplung

5.12

Eine 4 m lange Leiter lehnt an einer Wand und bildet mit dem waagerechten Boden einen Winkel von 65°. Unter Vernachlässigung des Leitergewichts sind zu ermitteln:

1. Bis auf welche Höhe h_1 über dem Boden darf eine Person die Leiter besteigen, ohne dass diese wegrutscht, wenn mit einer Reibungszahl für Wand und Boden von 0,3 gerechnet wird?
2. Bis auf welche Höhe h_2 darf gegangen werden, wenn für die Wand eine Reibungszahl von 0,28 und für den Boden von 0,4 gilt?

Reibung auf geneigter Ebene

5.13

Auf einer Rutsche sollen 20 kg schwere Behälter gleichförmig abwärts gleiten, nachdem sie durch einen Kraftstoß in Bewegung gebracht wurden. Mit der Haftreibungszahl $\mu_0 = 0{,}4$ und der Gleitreibungszahl $\mu = 0{,}3$ sind zu errechnen:

1. Der Neigungswinkel α, den die Rutsche haben muss,
2. Die erforderliche Kraft F_0, um einen Behälter anzuschieben.

5.14

Auf der geneigten Ebene in Bild 5.14 befindet sich ein 60 kg schwerer Körper. Es betragen die Haftreibungszahl $\mu_0 = 0{,}18$, die Gleitreibungszahl $\mu = 0{,}12$. Zu ermitteln sind:

1. Die Kraft F_1, die ein Abgleiten des ruhenden Körpers verhindert,
2. Die zu überwindende Kraft F_2, um den Körper aufwärts anzuschieben,
3. Die Kraft F_3 für gleichförmiges Abwärtsgleiten.

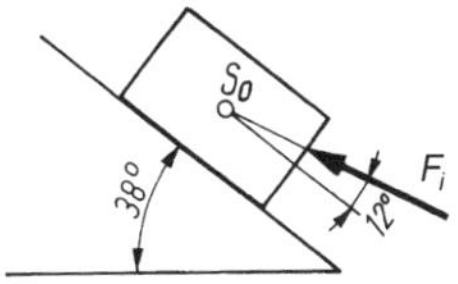

Bild 5.14 Körper auf geneigter Ebene

5.15

Eine Kiste, die mit Inhalt 85 kg wiegt, soll auf einer unter 45° geneigten Rutsche gleichförmig auf- und abwärts bewegt werden. Das gespannte Zugseil verläuft parallel zur Gleitfläche. Die Gleitreibungszahl beträgt 0,3. Welche Zugkraft F_1 ist bei der Aufwärts- und welche Haltekraft F_2 bei der Abwärtsbewegung erforderlich?

5.16

Ein 20 kg schwerer Schlitten, der mit einer Last von 150 kg beladen ist, soll einen unter 30° ansteigenden Hang hinaufgezogen werden. Das Zugseil ist zur Hangfläche um 25° aufwärts geneigt.

1. Welche Seilkraft F_1 ist für gleichförmige Aufwärtsbewegung erforderlich, wenn zwischen dem Stahlbelag der Kufen und dem vereisten Hang die Gleitreibungszahl 0,02 beträgt?
2. Mit welcher Seilkraft F_2 kann der beladene Schlitten am Abwärtsgleiten gehindert werden bei einer Haftreibungszahl von 0,04?

5.17

Mit welcher Kraft F wird ein 75 kg schwerer Skiläufer vom Schleppseil eines Schlepplifts angezogen, wenn das Seil sich bei Beginn der Aufwärtsfahrt unter $\beta = 30°$ zu dem unter $\alpha = 35°$ ansteigenden Hang (Bild 5.17) einstellt und die Haftreibungszahl zwischen Ski und Schnee mit 0,12 anzunehmen ist?

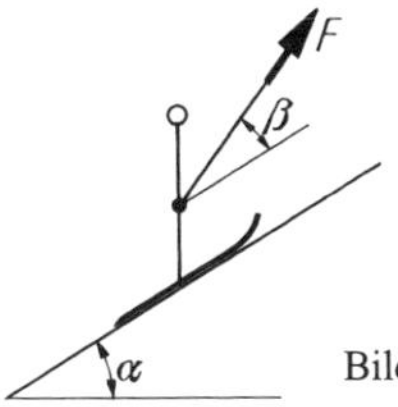

Bild 5.17 Skiläufer am Schlepplift

5.18

Das in Bild 5.18 skizzierte Kraftfahrzeug, dessen hintere Räder gebremst sind, steht auf einer geneigten Fahrbahn. Wie groß ist die Haftsicherheit S_H bei einem Neigungswinkel $\alpha = 10°$ und der Haftreibungszahl $\mu_0 = 0{,}6$?

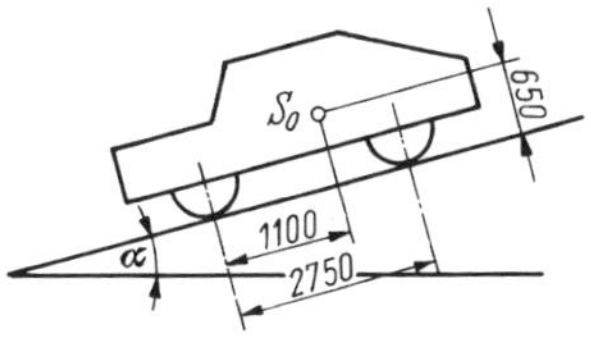

Bild 5.18 Kraftwagen auf geneigter Fahrbahn

5.19

Der Schlitten einer Vorrichtung wird auf einer unter $\alpha = 28°$ geneigten Gleitbahn durch den skizzierten Kurbeltrieb bewegt (Bild 5.19). Es wirkt eine gleichbleibende lotrechte Kraft $F = 15$ N. Die Gleitreibungszahl beträgt

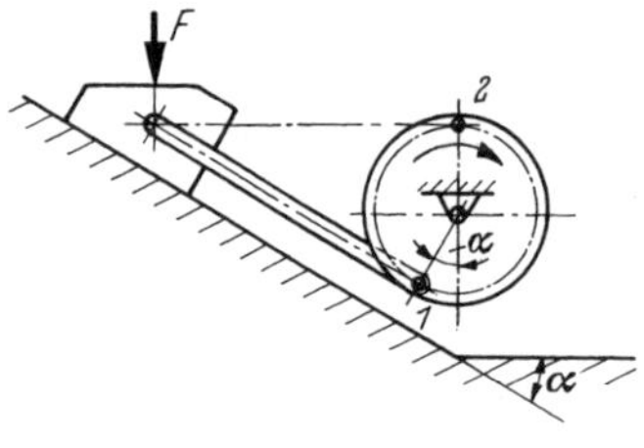

Bild 5.19 Vorrichtung mit Kurbeltrieb

$\mu = 0{,}08$. Folgende Kräfte in der Schubstange sind zu ermitteln, und es ist anzugeben, ob es sich um Zug- oder Druckkräfte handelt:

1. Die Kraft F_1 für die Stellung 1 des Kurbelzapfens,
2. Die Kraft F_2 für Stellung 2 (waagerecht).

5.20

Bild 5.20 zeigt ein Grenzkraftgesperre, bei dem durch die Druckfeder eine Sperrhilfskraft $F_H = 30$ N erzeugt wird. Für alle Berührungsflächen gilt eine Reibungszahl $\mu = 0{,}1$. Zu ermitteln sind:

1. Die erforderliche Kraft F_1 zum Bewegen des Sperrstücks bei Vernachlässigung der Reibung an den Führungsflächen A und B,
2. Die entsprechende Kraft F_2 unter Berücksichtigung der Reibungskräfte bei A und B.

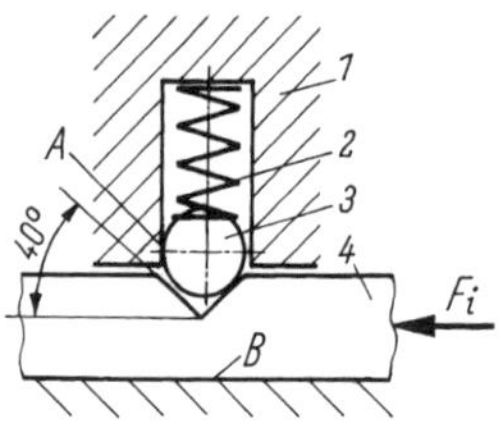

Bild 5.20 Grenzkraftgesperre
1 Gehäuse,
2 Druckfeder,
3 Rastkugel,
4 Sperrstück

Technische Anwendung des Reibungsgesetzes

Gleitführungen

5.21

Auf einen 80 kg schweren Maschinenschlitten mit der Keilnutführung A und der Flachführung B nach Bild 5.21 wirkt eine vertikale Kraft $F = 450$ N. Wie groß ist die Gesamtreibungskraft F_R an den Führungsflächen, die bei der Längsbewegung des Schlittens überwunden werden muss, wenn die Gleitreibungszahl $\mu = 0{,}09$ beträgt?

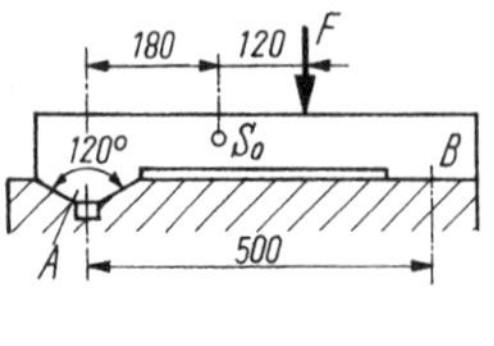

Bild 5.21 Führung eines Maschinenschlittens

5.22

Auf dem 4 t schweren Tisch einer Langhobelmaschine ist ein 10 t schweres Werkstück aufgespannt. Aus der Schnittkraft folgt eine lotrecht abwärts gerichtete Komponente von 8 kN und eine waagerechte Komponente von 24 kN. An beiden Flachführungen, auf denen der Tisch gleitet, beträgt die Reibungszahl 0,08. Wie groß sind:

1. Die gesamte Reibungskraft F_R an den Führungen,
2. Die am Tisch während des Arbeitshubs erforderliche Antriebskraft F_{an}?

5.23

An einer quadratischen Säule befindet sich ein Klemmring (Bild 5.23), der in seiner Höhenlage beliebig verschoben werden kann und mit der angehängten Last durch die Haftreibung zwischen Ring und Säule festgehalten wird, Reibungszahl $\mu = 0{,}5$, Abmessungen: $a = 250$ mm, $b = 280$ mm, $c = 275$ mm, $d = 60$ mm. Zu ermitteln sind die Antworten auf folgende Fragen:

1. Wie groß ist die Haftsicherheit S_H?
2. Bei welcher Reibungszahl μ ist noch $S_H = 1{,}2$ gegeben?

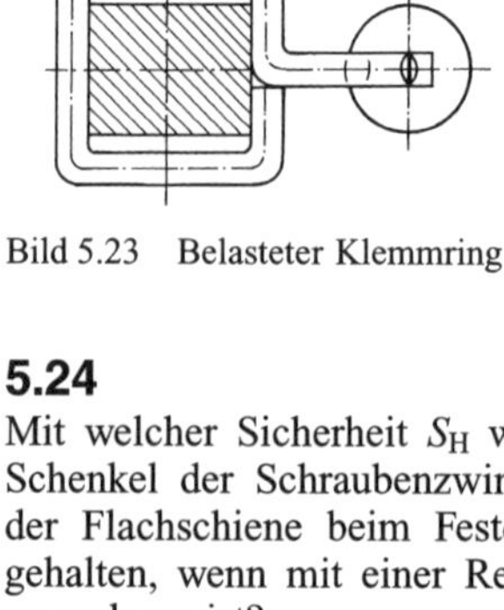

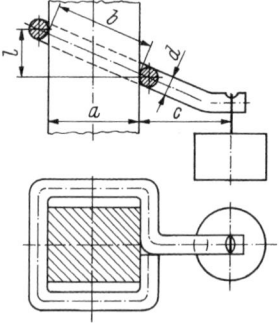

Bild 5.23 Belasteter Klemmring

5.24

Mit welcher Sicherheit S_H wird der bewegliche Schenkel der Schraubenzwinge in Bild 5.24 an der Flachschiene beim Festdrehen der Spindel gehalten, wenn mit einer Reibungszahl von 0,2 zu rechnen ist?

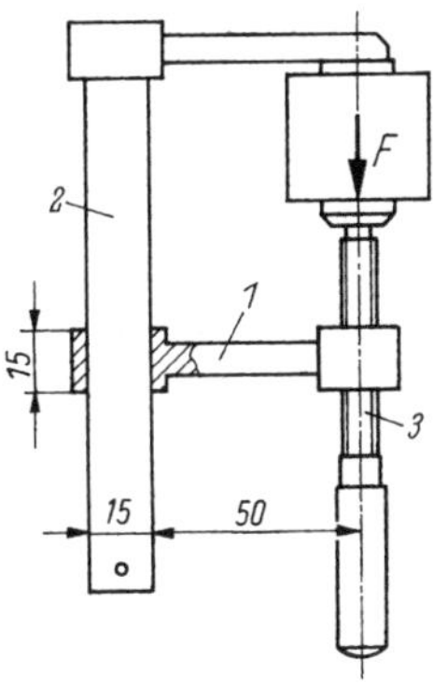

Bild 5.24 Schraubenzwinge
1 beweglicher Schenkel, *2* Flachschiene, *3* Spindel

5.25

Ein Geräteteil wird auf einer Schiene zwischen zylindrischen Stiften geführt (Bild 5.25). Mit der Reibungszahl $\mu = 0{,}08$ sind zu errechnen:

1. Der mindestens erforderliche Stiftabstand l, wenn durch die wechselseitig angreifende Kraft F ein Hin- und Herschieben mit 25% Sicherheit möglich sein soll,
2. Der größtzulässige Stiftabstand l, wenn ein Verschieben durch die Kraft F mit gleicher Sicherheit ausgeschlossen sein soll.

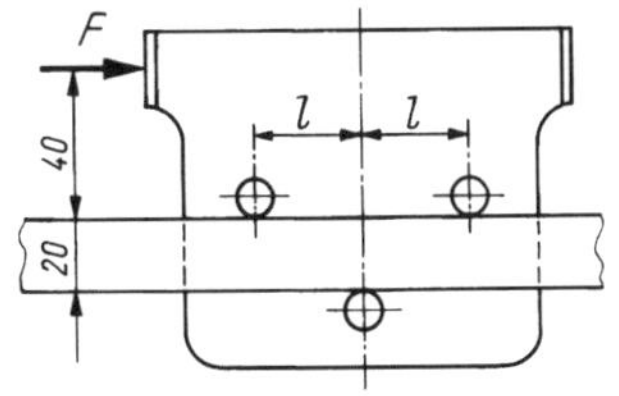

Bild 5.25 Geräteteil mit Führungsstiften

5.26

Der in Bild 5.26 skizzierte Hubtisch wird auf einem Rohr mit dem Außendurchmesser $d = 120$ mm geführt. Es betragen die Abstände $a = 200$ mm, $b = 600$ mm, $c = 100$ mm und $l = 400$ mm, die Gleitreibungszahl $\mu = 0{,}12$ an den Führungsflächen. Unter Vernachlässigung des Tischeigengewichtes sind für eine Last mit der Gewichtskraft $F_G = 2{,}5$ kN zu ermitteln:

1. Die erforderliche Kraft F_1 für gleichförmige Aufwärtsbewegung,
2. Die Kraft F_2 für gleichförmige Abwärtsbewegung.
3. Würde der Tisch allein durch die Gewichtskraft F_G abwärts gleiten?

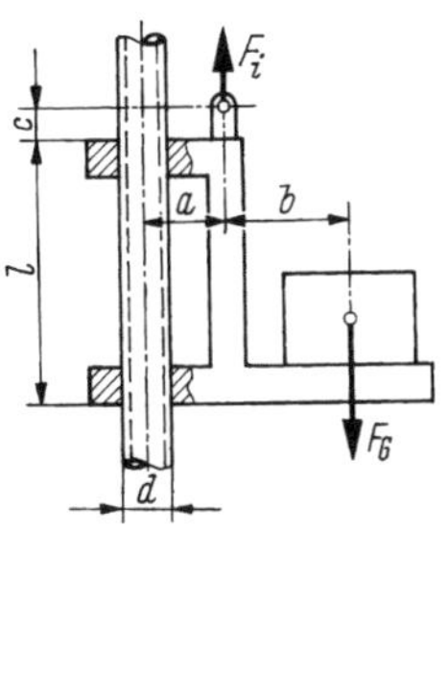

Bild 5.26 Hubtisch mit Führungsrohr

Gewinde

5.27

Eine Hubspindel mit Trapezgewinde DIN 103 – Tr 80 × 10 soll eine Last mit der Gewichtskraft $F_G = 400$ kN aufwärts und abwärts bewegen. Mit der Gewindereibungszahl $\mu_G = 0{,}08$ sind zu ermitteln:

1. Das zu überwindende Gewindereibungsmoment M_{GH} beim Heben und M_{GS} beim Senken,
2. Der Wirkungsgrad η_H beim Heben und η_S beim Senken.
3. Ist die Spindel selbsthemmend?

5.28

Die Spindel einer Presse hat zweigängiges Trapezgewinde DIN 103 – Tr 48 × 16 P 8 und einen mittleren Stützlagerradius $R_L = 32$ mm, Reibungszahl an den Gewindeflanken und im Stützlager $\mu = \mu_L = 0{,}08$. Welche Presskraft F kann mit einem Antriebsmoment $M_{an} = 600$ Nm erreicht werden?

5.29

Die Spindel der in Bild 5.24 dargestellten Schraubenzwinge hat Trapezgewinde DIN 103 – Tr 10 × 2. Am Handgriff kann ein Anzugsmoment $M_{an} = 0{,}6$ Nm erzeugt werden, von dem 30% durch Reibung an der Stützplatte verloren gehen. An den Gewindeflanken beträgt die Reibungszahl $\mu = 0{,}09$. Wie groß ist die erreichbare Anpresskraft F?

5.30

Eine Sechskantschraube EN 24014 – M 16 wird mittels Drehmomentschlüssel mit einem Anziehmoment $M_A = 175$ Nm vorgespannt. Im Gewinde und an der Kopfauflagefläche beträgt die Reibungszahl $\mu = 0{,}1$. Welche Vorspannkraft F_V wird dabei erreicht, und wie groß ist das Lösemoment M_L?

5.31

Mit welchem Anziehmoment M_A muss jede Schraube der Flanschkupplung in Bild 5.11 angezogen werden, wenn die Vorspannkraft $F_V = 125$ kN betragen soll und als Reibungszahl im Gewinde und an der Auflagefläche $\mu = 0{,}12$ angenommen werden kann? Die Passschrauben haben Gewinde M 20, mittlerer Radius an der Auflagefläche $R_m = 13$ mm.

5.32

Ein Werkstück wird entsprechend Bild 5.32 festgespannt. An der Mutter der Stiftschraube wird ein Anziehmoment von 10 Nm erzeugt. Die Haftreibungszahl an den Spannflächen B und C beträgt $\mu_0 = 0{,}12$, die Reibungszahl im Gewinde und an der Mutter-Auflagefläche $\mu = 0{,}14$. Zu ermitteln sind:

1. Die Vorspannkraft F_V in der Schraube,
2. Die an der Fläche B auf das Werkstück ausgeübte Kraft F_B,
3. Die senkrecht zur Zeichnungsebene maximal mögliche Schnittkraft F bei einer Haftsicherheit $S_H = 1{,}3$, wenn die Reibungskraft an der waagerechten Auflagefläche vernachlässigt wird.

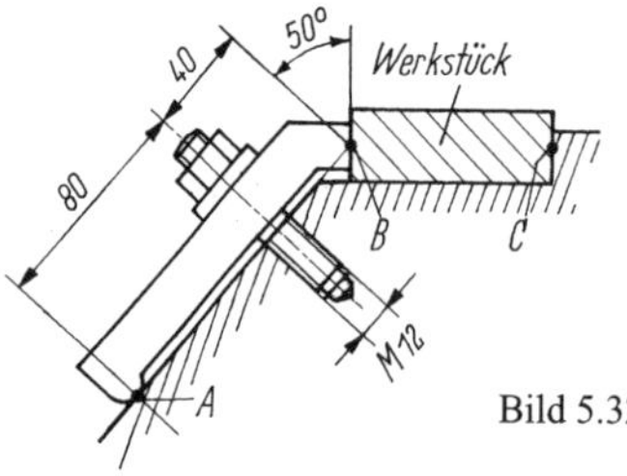

Bild 5.32 Eingespanntes Werkstück

5.33

In der skizzierten Klemmvorrichtung (Bild 5.33) mit Keilgetriebe wird die Klemmkraft F_k dadurch erzeugt, dass durch Drehen am Handrad der Spindel der Längsstößel an der Keilfläche gegen den Querstößel gepresst wird. An den Keil- und Führungsflächen der Stößel beträgt die Gleitreibungszahl $\mu = 0{,}1$. Am Handrad wirkt eine tangentiale Handkraft $F_H = 100$ N. Zu ermitteln sind:

1. Die mögliche Spannkraft F der Spindel mit $\mu = 0{,}12$ an den Gewindeflanken und $\mu_L = 0{,}14$ am Spindelbund mit den Durchmessern $D_a = 25$ mm, $D_i = 10$ mm,
2. Die mit F erreichbare Klemmkraft F_k,
3. Das bei Wirkung von F_k erforderliche Rückdrehmoment $M_{rü}$, wobei an den Keil- und Führungsflächen der Stößel die Haftreibungszahl $\mu_0 = 0{,}15$ zu berücksichtigen ist.

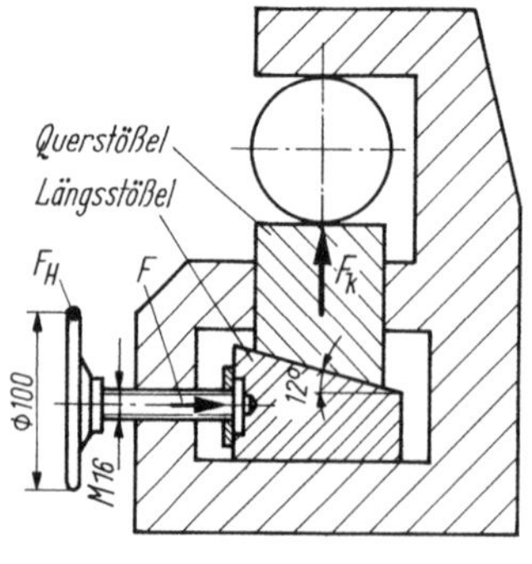

Bild 5.33 Klemmvorrichtung mit Keilklemme

Reibungskupplungen und -bremsen

5.34

Bild 5.34 zeigt eine elektromagnetische Einflächenkupplung für ein Kupplungsmoment $M_K = 250$ Nm. Durch die an den kreisringförmigen Magnetpolen (2 und 3) wirksame Anziehungskraft des Elektromagneten (1) wird die Ankerscheibe (4) gegen den Reibbelag (5) gepresst. Die Reibungsfläche hat den Außendurchmesser $d_a = 300$ mm und den Innendurchmesser $d_i = 220$ mm, Reibungszahl $\mu = 0{,}4$. Welche axiale Zugkraft F_z muss der Magnet aufbringen, wenn zur Überwindung der Federn die Kraft $F_F = 190$ N erforderlich ist?

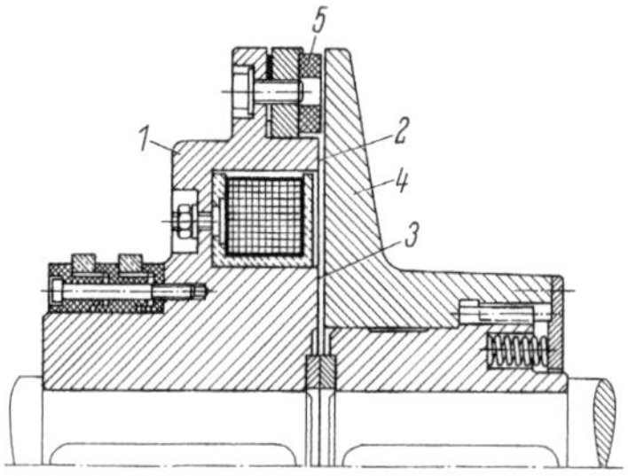

Bild 5.34 Elektromagnetische Einflächenkupplung
1 Elektromagnet, *2* und *3* Magnetpole, *4* Ankerscheibe, *5* Reibbelag

5.35

In Bild 5.35 ist eine Sicherheitsrutschkupplung mit zwei Lamellen und je zwei Reibungsflächen dargestellt. Die erforderliche Normalkraft wird durch 6 zylindrische Schraubendruckfedern erzeugt. Welche Kraft F_1 muss eine Feder aufbringen, wenn die Haftreibungszahl 0,5 beträgt und

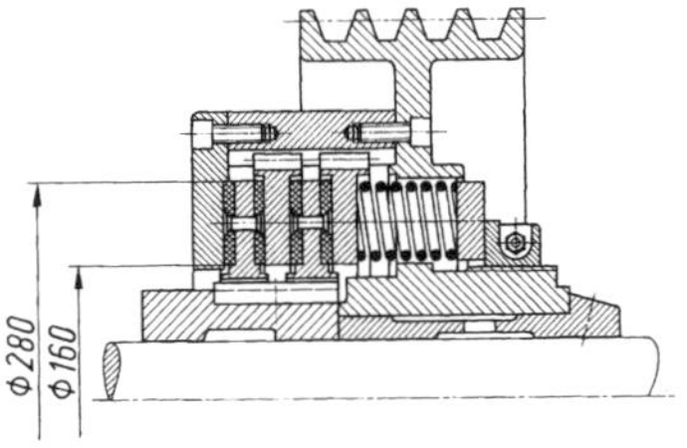

Bild 5.35 Lamellen-Sicherheitsrutschkupplung

die Kupplung bei Überschreitung eines Drehmoments von 4 kNm rutschen soll?

5.36

Bei der in Bild 5.36 im Schnitt dargestellten Sicherheits-Backenkupplung werden drei Backen durch Tellerfedern gegen die Kupplungshülse gedrückt. Welche Kraft F_1 muss ein Tellerfedersatz aufbringen, wenn die Kupplung bei einem Drehmoment von 1,6 Nm ansprechen soll und die Reibungszahl 0,14 beträgt? Die Reibung an der Backenführung und die Fliehkraft der Backen sind zu vernachlässigen.

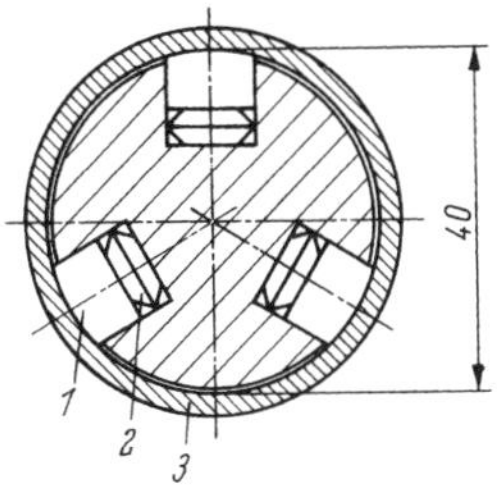

Bild 5.36 Sicherheits-Backenkupplung
1 Backen, *2* Tellerfedern, *3* Kupplungshülse

5.37

Die Kupplung nach Bild 5.37 enthält 4 radial bewegliche Backen mit Keilrillen. Jede Backe wird im eingekuppelten Zustand durch eine

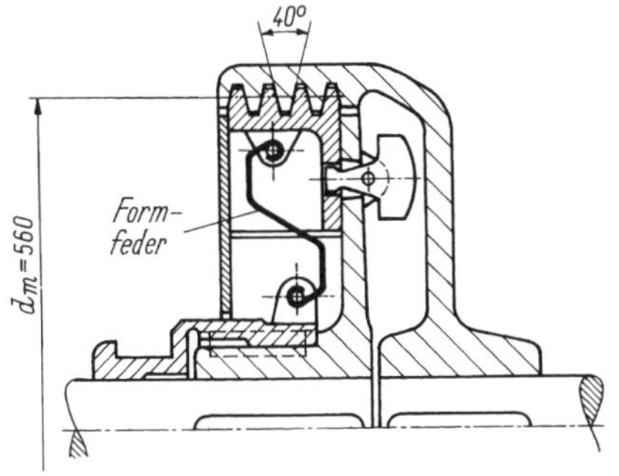

Bild 5.37 Reibungskupplung mit Keilrillenbacken

Formfeder mit $F = 5$ kN in die Rillen des Kupplungsgehäuses gedrückt. Die Reibungszahlen betragen $\mu = 0{,}1$ und $\mu_0 = 0{,}12$. Zu errechnen sind:

1. Das schaltbare Drehmoment M_s der Kupplung,
2. Das übertragbare Drehmoment $M_ü$.

5.38

Die Druckfeder der Kegelbremse in Bild 5.38 übt in der gezeigten Stellung eine Federkraft von 80 N aus. Es sind zu errechnen:

1. Das Haltemoment M_H der Bremse mit $\mu_0 = 0{,}42$,
2. Das Bremsmoment M_B mit $\mu = 0{,}33$.

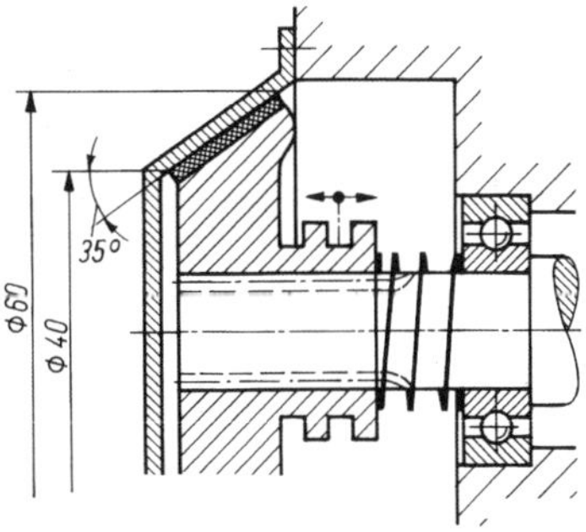

Bild 5.38 Kegelbremse

5.39

Bild 5.39 zeigt eine einfache Handbremse, die am Hebel mit der Länge $l = 1$ m durch eine Handkraft $F = 200$ N betätigt wird. Es betragen der Bremstrommeldurchmesser $d = 400$ mm, die Abstände $l_1 = 300$ mm, $l_2 = 100$ mm und die Reibungszahl $\mu = 0{,}3$. Zu ermitteln sind:

1. Das Bremsmoment M_{BI} bei der Drehrichtung I (Rechtslauf) und die im Hebellager A auftretende Kraft F_{AI},
2. Das Bremsmoment M_{BII} und die Kraft F_{AII}.
3. Wie groß dürfte der Abstand l_1 höchstens ausgeführt werden, wenn die Bremse bei $l_2 = 300$ mm und Drehrichtung II selbsthemmend, also als Reibungsgesperre arbeiten soll?

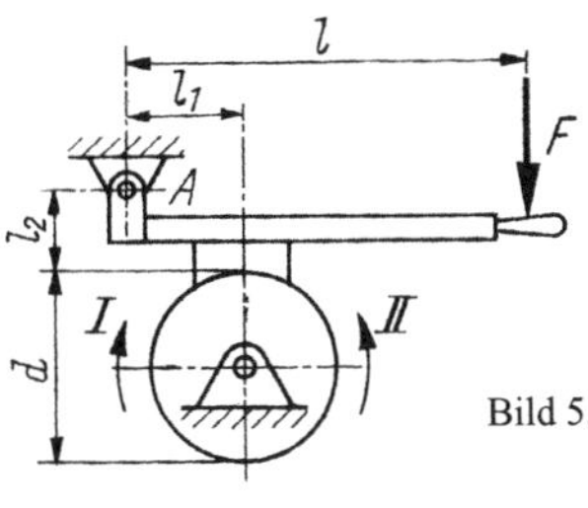

Bild 5.39 Handbremse mit Außenbacke

5.40

Für die in Bild 2.109 dargestellte Doppelbackenbremse, deren Zugfeder eine Kraft von 6,8 kN ausübt, sind zu ermitteln:

1. Das Bremsmoment M_B mit $\mu = 0{,}3$,
2. Das Haltemoment M_H der Bremse mit $\mu_0 = 0{,}37$.

5.41

Bild 5.41 zeigt eine Doppelbackenbremse für ein Kranhubwerk (Funktionsbeschreibung der Bremse siehe Aufgabe 2.109). Die Federkraft der Druckfeder, mit der die Bremshebel bei F und G gegen die Bremstrommel gezogen werden, beträgt $F = 4{,}2$ kN, die Reibungszahl $\mu = 0{,}4$. Zu ermitteln sind:

1. Die Normalkräfte F_{NA} und F_{NB} an den Bremsbacken A und B für die eingetragene Drehrichtung,
2. Das Bremsmoment M_B der Bremse,
3. Ändert sich das Bremsmoment bei Drehrichtungswechsel?
4. Welche Kräfte F_A, F_B, F_C und F_D treten beim Bremsen in den Gelenken A, B, C und D auf?
5. Wie groß sind die Kräfte F_H und F_K in den Gelenken H und K am Winkelhebel zu Beginn des Lüftens (Lösens) der Bremse?

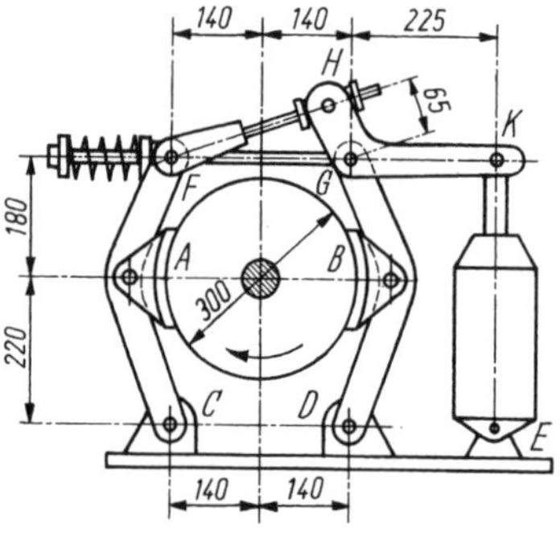

Bild 5.41 Doppelbackenbremse

5.42

Bei der in Bild 5.42 skizzierten Scheibenbremse werden die Bremsklötze mit den Bremsbelägen durch ein Hydrauliksystem mit der Kraft $F = 25$ kN gegen die Bremsscheibe gedrückt. Wie groß ist das Bremsmoment M_B bei einer Reibungszahl $\mu = 0{,}4$?

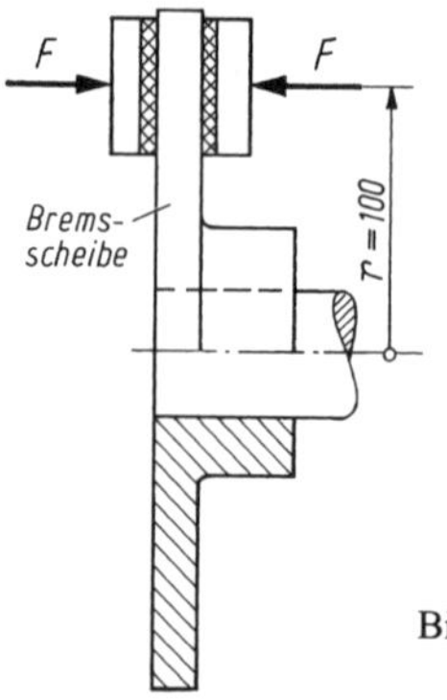

Bild 5.42 Prinzipskizze einer Scheibenbremse

Lager

5.43

Für die Gleitlager einer waagerecht angeordneten Getriebewelle soll die Lagerreibungszahl μ_L ermittelt werden. Beide Lagerzapfen haben den Durchmesser $d = 80$ mm. In der Mitte zwischen den Lagern wirkt auf die Welle eine Kraft $F = 12$ kN. Durch Versuche wurde festgestellt, dass zur Überwindung der Lagerreibung ein Drehmoment von 2,4 Nm erforderlich ist.

5.44

Die Welle eines Generators wiegt zusammen mit dem Anker 17,2 t und ist wie in Bild 5.44 gelagert. Der Zapfen des Lagers A hat einen Durchmesser von 320 mm, der des Lagers B von 250 mm. Die Lagerreibungszahl beträgt 0,002. Zu errechnen sind:

1. Die Lagerkräfte F_A und F_B,
2. Die Lagerreibungsmomente M_{RA} und M_{RB},
3. Das Lagerreibungsmoment M_R der Generatorwelle.

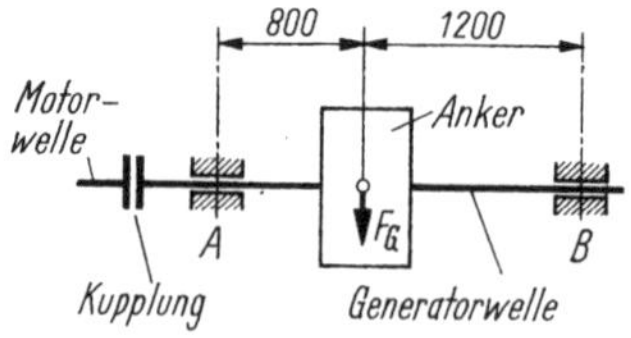

Bild 5.44 Lagerung einer Generatorwelle

5.45

Bild 5.45 zeigt die Antriebsscheibe eines Flachriementriebes mit Lagerung, Kupplung und antreibendem Elektromotor. Bei dem zu übertragenden Drehmoment $M = 235$ Nm treten im Riemen die Kräfte $F_1 = 1983$ N und $F_2 = 491$ N

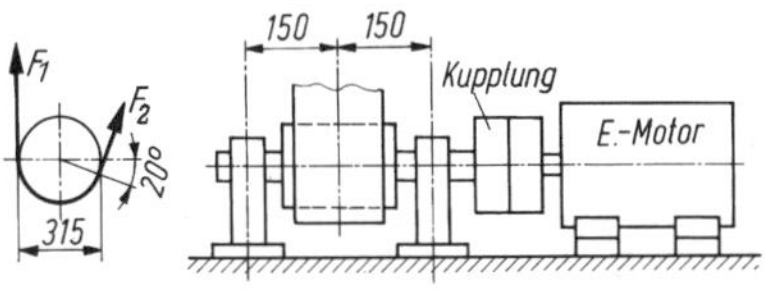

Bild 5.45 Antriebsstation eines Flachriementriebes

auf. Beide Lagerzapfen haben $d = 60$ mm Durchmesser, Lagerreibungszahl $\mu_L = 0{,}06$. Zu ermitteln sind:

1. Die auf beide Lager der Riemenscheibe wirkende Kraft F,
2. Das Lagerreibungsmoment M_R,
3. Das erforderliche Antriebsmoment M_{an},
4. Der auf M_{an} bezogene Reibungsverlust V_R in %.

5.46

Die lotrecht angeordnete Welle eines Rührwerks wird über eine Kupplung angetrieben und hat ein Drehmoment von 400 Nm zu übertragen. Sie drückt mit der Axialkraft $F = 6{,}8$ kN auf die Spurplatte mit $d_a = 120$ mm Außen- und $d_i = 40$ mm Innendurchmesser, Lagerreibungszahl $\mu_L = 0{,}03$. Das erforderliche Antriebsmoment M_{an} und der Reibungsverlust V_R in % durch die Lagerreibung am Spurzapfen sollen errechnet werden.

5.47

Eine lotrecht angeordnete Welle hat einen Vollspurzapfen mit kreisförmiger Stützfläche von 60 mm Durchmesser. Sie wird durch eine axiale Druckkraft von 1600 N belastet. Zur Überwindung der Lagerreibung wurde ein Drehmoment von 1,2 Nm ermittelt. Wie groß ist die Lagerreibungszahl μ_L?

5.48

Der in Bild 5.48 schematisch dargestellte Wandschwenkkran hat ein Eigengewicht von 2 t, dessen Gewichtskraft im Schwerpunkt S_0 angreift. Am Auslagerende hängt eine 3 t schwere Last.

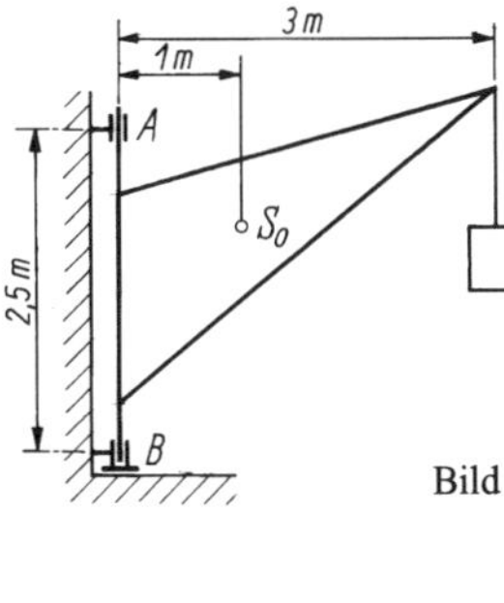

Bild 5.48 Wandschwenkkran

Die Lagerzapfen an der Kransäule haben am oberen Radiallager A und am unteren kombinierten Axial-Radiallager B gleiche Durchmesser von 80 mm. In beiden Lagern beträgt die Reibungszahl $\mu_L = 0{,}1$. Es sind zu errechnen:

1. Die Lagerkräfte F_A, F_{Bx} und F_{By},
2. Das beim Drehen des belasteten Kranes zu überwindende gesamte Lagerreibungsmoment M_R,
3. Die dabei tangential zum Drehkreis an der Last erforderliche waagerechte Kraft F_t.

Rollen und Rollenzüge

5.49

Mit einer festen Rolle (Bild 5.49) soll eine 35 kg schwere Last gehoben werden. Welche Zugkraft F ist erforderlich bei einem Rollenwirkungsgrad $\eta_{Rf} = 0{,}95$?

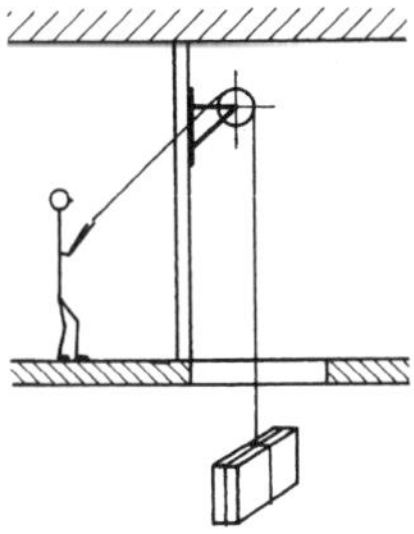

Bild 5.49 Heben einer Last mit fester Rolle

5.50

Bild 5.50 zeigt das Prinzip eines zweisträngigen Elektro-Seilzuges, bestehend aus einer durch einen Elektromotor über ein Getriebe angetriebenen Seiltrommel (1) und einer losen Rolle (2) mit Gehäuse und Lasthaken, der so genannten Unterflasche. Welches Drehmoment M muss an der Seiltrommel aufgebracht werden beim Heben einer Last, die eine Gewichtskraft $F_G = 10$ kN ausübt, und einem Seiltrommeldurchmesser $D = 250$ mm, wenn der Seiltrommelwirkungsgrad $\eta = 0{,}95$ beträgt und die lose Rolle einen Wirkungsgrad $\eta_{Rl} = 0{,}98$ hat?

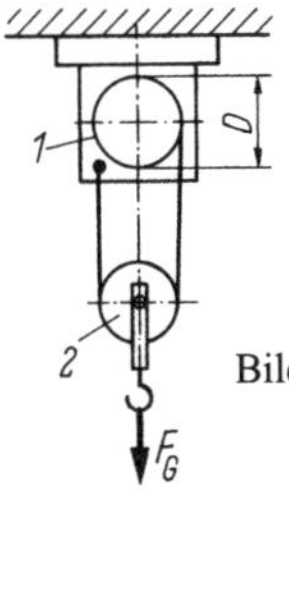

Bild 5.50 Elektro-Seilzug mit loser Rolle
1 Seiltrommel,
2 Unterflasche

5.51

Es ist der Wirkungsgrad η_F des in Bild 5.51 dargestellten Flaschenzuges zu errechnen. Durch Messung wurde beim Heben einer Last von 50 kg eine Zugkraft von 266 N ermittelt.

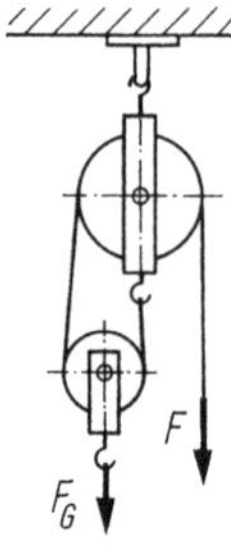

Bild 5.51 Flaschenzug mit 2 Rollen

5.52

Für den in Bild 5.52 gezeigten Flaschenzug sind mit einem Rollenwirkungsgrad $\eta_R = 0{,}96$ zu errechnen:

1. Der Flaschenzug-Wirkungsgrad η_F,
2. Die erforderliche Zugkraft F zum Heben einer Last von der Masse $m = 100$ kg.

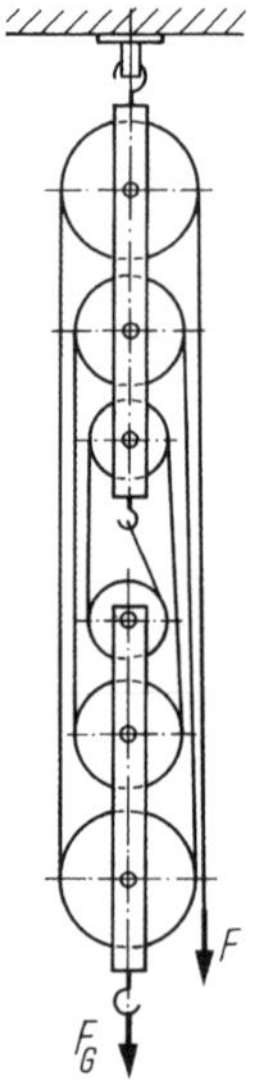

Bild 5.52 Flaschenzug mit 6 Rollen

Seilreibung

5.53

Ein Seil ist 3,5 mal um einen Rundstab geschlungen. Die Reibungszahl beträgt $\mu = 0{,}25$. Es sind zu errechnen:

1. Der Umschlingungswinkel α in rad,
2. Der Betrag für $e^{\mu\alpha}$.
3. Welche Haltekraft F_2 ist an einem Seilende erforderlich, um einer Kraft $F_1 = 100$ kN am anderen Seilende das Gleichgewicht zu halten?

5.54

Um einen waagerecht drehsicher angeordneten geschälten Baumstamm soll ein Seil so oft geschlungen werden, dass allein durch ein 3 m langes, frei herunterhängendes Seilende eine Last von 200 kg am anderen Seilende gehalten werden kann (Bild 5.54). Das Seil wiegt 0,12 kg/m. Die Reibungszahl beträgt 0,5. Unter Vernachlässigung der Seillänge auf der Lastseite ist die auf 0,5 gerundete erforderliche Anzahl z der Umschlingungen zu errechnen.

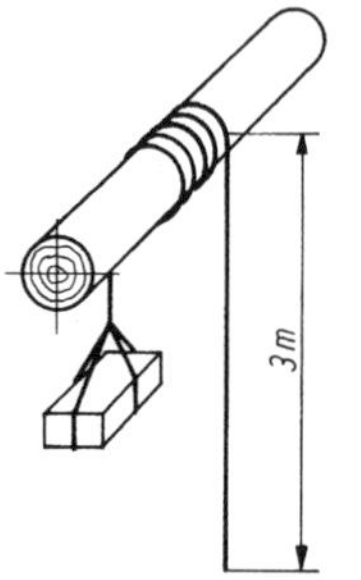

Bild 5.54 Um einen Baumstamm geschlungenes Seil mit Last

5.55

Die Seilführung eines Kranhubwerks ist durch Endschalter so eingestellt, dass beim Absenken der Last bis zur tiefsten Hakenstellung mindestens drei Seilwindungen auf der Seiltrommel verbleiben. Welche Kraft F_2 muss die Seilklemme an der Seiltrommel aufnehmen bei einer Seilzugkraft $F_1 = 50$ kN und einer Reibungszahl $\mu = 0{,}1$?

5.56

Die in Bild 5.56 skizzierte Spillwinde dient zum Heranholen von Eisenbahnwaggons und von Schiffen. Ein Ende eines Drahtseiles wird am Wagon oder am Schiff befestigt und das Seil mehrmals um den Spillkopf geschlungen, den

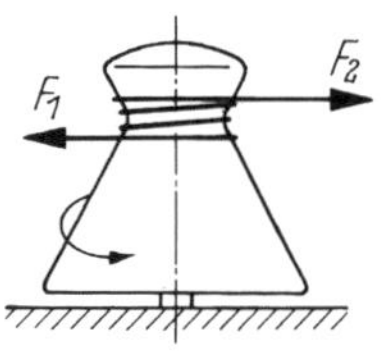

Bild 5.56 Spillwinde

ein Elektromotor ständig antreibt. Zieht man von Hand am freien ablaufenden Seilende mit einer geringen Kraft F_2, so wird durch die Reibung am Umfang des Spillkopfes im auflaufenden Seil eine relativ große Zugkraft F_1 erzeugt, die ein Vielfaches von F_2 beträgt. Wie groß sind:

1. Die Zugkraft F_1 bei vierfacher Seilumschlingung, einer Handkraft $F_2 = 250$ N und einer Reibungszahl $\mu = 0{,}14$,
2. Die Reibungskraft F_R, die dabei am Spillkopfumfang vom Elektromotor aufgebracht werden muss?

5.57

Bild 5.57 zeigt das Prinzip einer Bremse in einem Druckautomaten. Es ist ein Bremsmoment $M_B = 0{,}1$ Nm aufzubringen, Reibungszahl $\mu = 0{,}18$. Zu ermitteln sind:

1. Der Umschlingungswinkel α,
2. Die erforderliche Federkraft F der Zugfeder.

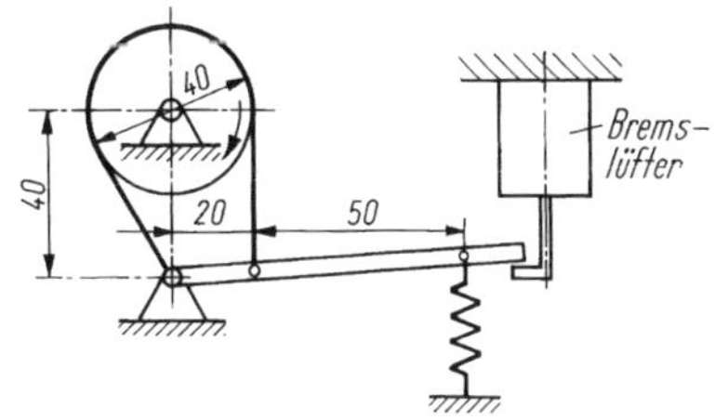

Bild 5.57 Bremsanlage mit Einfach-Bandbremse

5.58

Für die in Bild 5.58 dargestellte Summen-Bandbremse sind zu errechnen:

1. Das Haltemoment M_H mit einer Haftreibungszahl $\mu_0 = 0{,}3$,
2. Das Bremsmoment M_B mit einer Gleitreibungszahl $\mu = 0{,}2$.

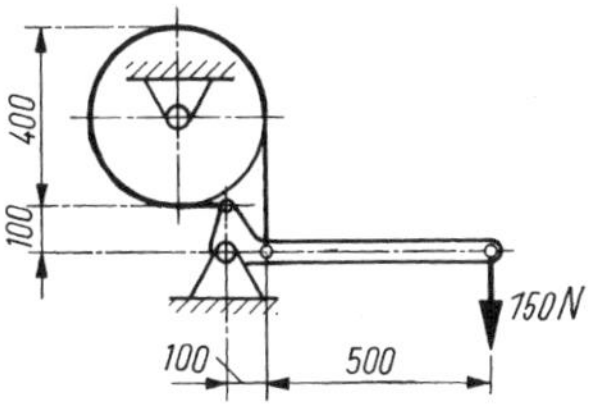

Bild 5.58 Summen-Bandbremse

5.59

Die in Bild 5.59 gezeigte Differenz-Bandbremse hat folgende Abmessungen: $d = 250$ mm, $l_1 = 45$ mm, $l_2 = 125$ mm, $a = 300$ mm,

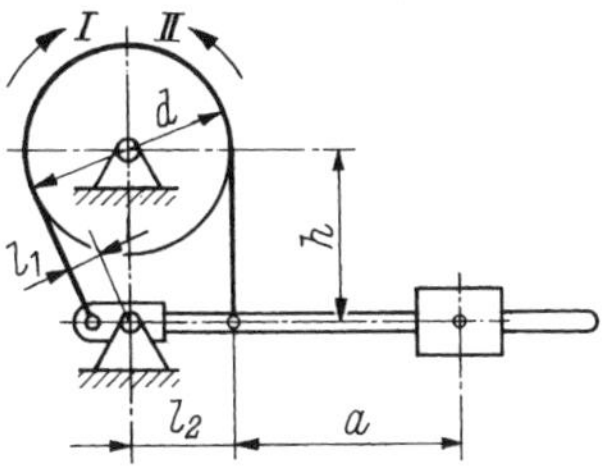

Bild 5.59 Differenz-Bandbremse

$h = 160$ mm. Die Masse des auf dem Bremshebel verschiebbaren Bremsgewichts beträgt $m = 5$ kg, die Reibungszahl $\mu = 0{,}15$. Es ist zu ermitteln:

1. Das Bremsmoment M_B bei der Drehrichtung I (Rechtslauf).
2. Auf welchen Betrag muss der Abstand a des Bremsgewichts geändert werden, wenn das Bremsmoment bei der Drehrichtung II (Linkslauf) ebenso groß sein soll wie unter 1. errechnet?

5.60

Für die in Bild 5.60 dargestellte Bandbremse sind mit der Reibungszahl $\mu = 0{,}2$ zu errechnen:

1. Die Abstände l_1 und l_2 und der Umschlingungswinkel α,
2. Das Bremsmoment M_{BI} bei der Drehrichtung I,
3. Das Bremsmoment M_{BII} bei der Drehrichtung II.

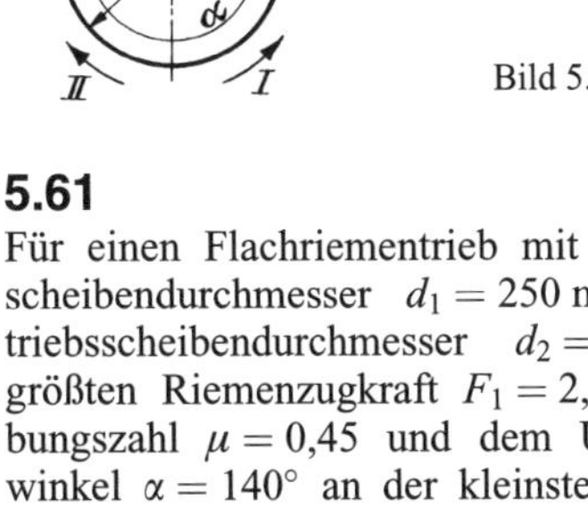

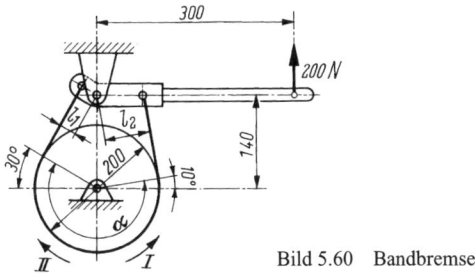

Bild 5.60 Bandbremse

5.61

Für einen Flachriementrieb mit dem Antriebsscheibendurchmesser $d_1 = 250$ mm, dem Abtriebsscheibendurchmesser $d_2 = 600$ mm, der größten Riemenzugkraft $F_1 = 2{,}5$ kN, der Reibungszahl $\mu = 0{,}45$ und dem Umschlingungswinkel $\alpha = 140°$ an der kleinsten Scheibe sind das Antriebsmoment M_1 und das Abtriebsmoment M_2 zu errechnen.

5.62

An der kleinen Scheibe des in Bild 5.62 vereinfacht dargestellten Flachriementriebes wirkt ein antreibendes Drehmoment von 120 Nm. Es betragen der Achsabstand $a = 1$ m, die Reibungszahl $\mu = 0{,}35$. Zu ermitteln sind:

1. Der Umschlingungswinkel α an der kleinen Scheibe,
2. Die Umfangskraft F_u an der Antriebsscheibe,
3. Die Riemenkräfte F_1 im Lasttrum und F_2 im Leertrum.

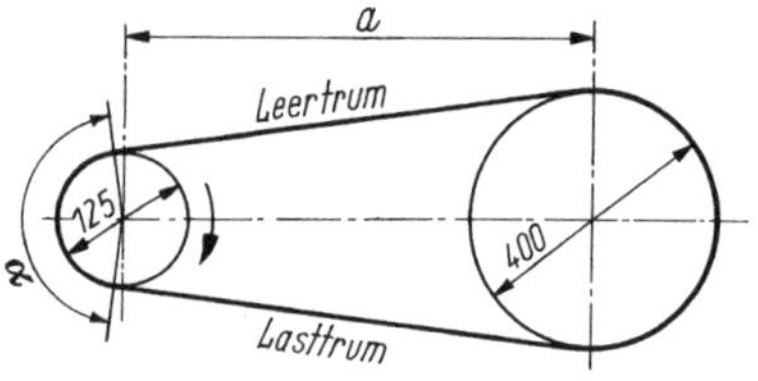

Bild 5.62 Flachriementrieb

5.63

Bei der Übertragung des Antriebs-Drehmoments $M = 235$ Nm treten im Riemen des Flachriementriebes nach Bild 5.45 die Kräfte $F_1 = 1983$ N und $F_2 = 491$ N auf. Die Reibungskraft F_R zwischen Riemen und Scheibe und die Reibungszahl μ sind zu errechnen.

5.64

In die Antriebstrommel mit dem Durchmesser $d = 600$ mm eines Gurtförderers wird ein Drehmoment $M = 20$ kNm eingeleitet. Wie groß ist die Lasttrumkraft F_1 bei einer Reibungszahl $\mu = 0{,}25$ und dem Umschlingungswinkel $\alpha = 200°$?

5.65

Für einen Fördergurt betrage die zulässige Lasttrumkraft $F_1 = 160$ kN. Welche Umfangskraft F_u kann mit diesem Gurt bei einer Reibungszahl $\mu = 0{,}3$ und einem Umschlingungswinkel $\alpha = 180°$ an der Antriebstrommel übertragen werden?

Roll- und Fahrwiderstand

5.66

Eine 5 t schwere Straßenwalze mit $D = 1{,}5$ m Durchmesser (Bild 5.66) wird von einer Zugmaschine gezogen. Der Hebelarm der Rollreibung beträgt $f = 65$ mm. Unter Vernachlässigung der verhältnismäßig geringfügigen Reibung in den Lagern des Zugbügels sind für eine gleichförmige Rollbewegung zu ermitteln:

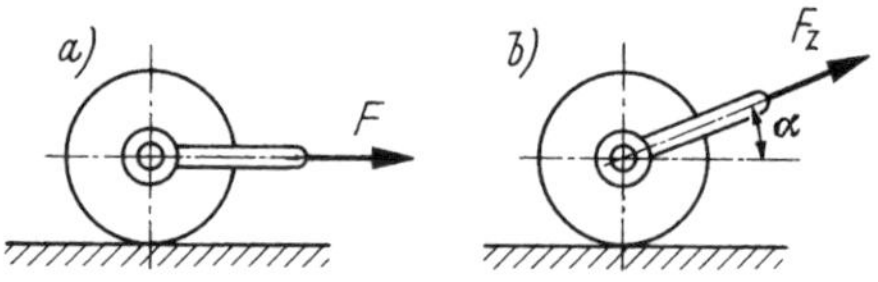

Bild 5.66 Walze
a) mit waagerechter Zugkraft, b) mit aufwärts geneigter Zugkraftrichtung

1. Die waagerechte Rollkraft F,
2. Die um $\alpha = 20°$ aufwärts gerichtete Zugkraft F_z.

5.67

Für die Werkstoffpaarung Stahl/Stahl und einen Raddurchmesser von 250 mm sollen mittels einer geneigten Rollbahn der Hebelarm der Rollreibung und die Rollreibungszahl durch Versuch bestimmt werden. Bei einem Neigungswinkel von 0,2° rollt der Prüfzylinder mit gleich bleibender Geschwindigkeit abwärts. Wie groß sind f und μ_R?

5.68

Eine Walze mit $D = 2R = 200$ mm Durchmesser (Bild 5.68) wird durch eine Platte von der Masse $m = 1$ t belastet. Welche waagerechte Kraft F ist erforderlich, um die Walze mit konstanter Geschwindigkeit zu bewegen, wenn die Hebelarme der Rollreibung an der Rollbahn und an der Platte gleich groß sind und 0,5 mm betragen? Das Eigengewicht der Walze ist zu vernachlässigen.

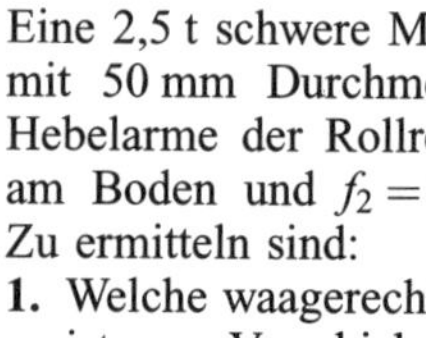

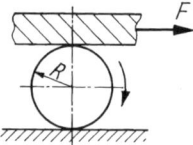

Bild 5.68 Durch eine Platte belastete Walze

5.69

Eine 2,5 t schwere Maschine soll auf Stahlrollen mit 50 mm Durchmesser bewegt werden. Die Hebelarme der Rollreibung betragen $f_1 = 1$ mm am Boden und $f_2 = 0{,}5$ mm an der Maschine. Zu ermitteln sind:

1. Welche waagerechte Kraft F (siehe Bild 5.68) ist zum Verschieben der Maschine aufzuwenden?
2. Das Wievielfache dieser Kraft wäre erforderlich, wenn die Maschine auf Stahlschienen gleitend verschoben wird und die Gleitreibungszahl $\mu = 0{,}12$ beträgt?

5.70

Ein drehbarer Maschinentisch ist entsprechend Bild 5.70 gelagert. Die Kugeln des Axiallagers haben $D = 20$ mm Durchmesser. Der mittlere Lagerdurchmesser beträgt $D_L = 1{,}2$ m, der Hebelarm der Rollreibung $f = 0{,}05$ mm. Welches Reibungsmoment M_R ist beim Drehen des Tisches mit gleich bleibender Geschwindigkeit zu überwinden, wenn das Lager mit der Kraft $F = 16$ kN belastet wird?

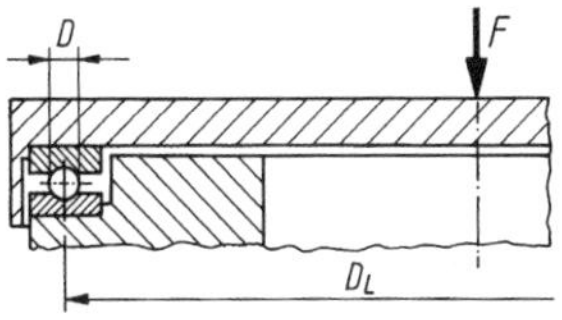

Bild 5.70 Drehbarer Maschinentisch

5.71

Ein aus acht vierachsigen Wagen bestehender Personenzug wird von einer Lokomotive auf ebenem geraden Gleis mit konstanter Geschwindigkeit gezogen. Das Gesamtgewicht eines Wagens einschließlich der Radsätze beträgt 48,5 t. Eine Achse mit zwei Rädern wiegt 1,2 t. Die Räder haben einen Laufflächendurchmesser $D = 1000$ mm und einen Lagerzapfendurchmesser $d = 120$ mm. Es betragen der Hebelarm der Rollreibung $f = 0{,}35$ mm und die Lagerreibungszahl $\mu_L = 0{,}018$. Zu ermitteln sind:

1. Die erforderliche Zugkraft F für einen Wagen,
2. Die Fahrwiderstandszahl μ_F,
3. Die am Haken der Lokomotive aufzubringende Zugkraft F_z für den gesamten Zug.

5.72

Bei einem zweiachsigen Eisenbahnwaggon mit einem Gesamtgewicht von 25 t sind alle vier Räder, deren Eigengewicht vernachlässigt werden kann, gleich belastet. Sie haben einen Laufflächendurchmesser von 950 mm und 120 mm Lagerzapfendurchmesser. Der Hebelarm der Rollreibung beträgt 0,45 mm, die Lagerreibungszahl 0,02. Wie groß sind:

1. Der Fahrwiderstand F_f und die Fahrwiderstandszahl μ_F,
2. Die erforderliche Zugkraft F_z an diesem Waggon bei einer Steigung von 4 % und Aufwärtsfahrt mit gleich bleibender Geschwindigkeit, wobei $\cos\alpha \approx 1$ gesetzt werden kann?

5.73

Ein Lastkraftwagen mit 9,2 t Gesamtgewicht fährt auf waagerechter Straße mit gleich bleibender Geschwindigkeit. Die Räder haben einen Rollradius von 540 mm. Wie groß ist das an den Rädern erforderliche Antriebsmoment bei einer Fahrwiderstandszahl von 0,025?

5.74

Ein Brückenlaufkran hat ein Eigengewicht von 8,5 t einschließlich der Achsen und Räder, die zusammen 900 kg wiegen. Ferner betragen der Raddurchmesser $D = 500$ mm, der Hebelarm der Rollreibung $f = 0{,}5$ mm, der Lagerdurchmesser $d = 80$ mm und die Lagerreibungszahl $\mu_L = 0{,}08$. Der Fahrwiderstand und das Antriebsmoment an den Rädern dieses Krans mit 5 t Nutzlast sind zu errechnen. Die Reibung an den Spurkränzen und Nabenstirnflächen der vier Räder ist durch einen Zuschlag von 15 % zum Fahrwiderstand zu berücksichtigen.

5.75

Die Laufkatze eines Krans mit einer Tragfähigkeit von 7,5 t hat 1050 kg Eigengewicht, einen Raddurchmesser von 250 mm und einen Lagerdurchmesser von 60 mm, Hebelarm der Rollreibung 0,5 mm, Lagerreibungszahl 0,1. Für die zulässige Belastung sind unter Vernachlässigung der Radgewichte zu ermitteln:

1. Der Fahrwiderstand unter Berücksichtigung eines Zuschlags von 10 % für die Spurkranz- und Nabenstirnreibung an den Rädern,
2. Die Fahrwiderstandszahl,
3. Das an den Rädern erforderliche Antriebsmoment bei gleichförmiger Fahrt.

6 Kinematik

Gleichförmige geradlinige Bewegung

6.1

Für ein Fahrzeug wurde während einer Geschwindigkeitskontrolle auf einer Strecke $s_1 = 1{,}8$ km eine Zeit $t = 45$ s gemessen. Zu errechnen sind:

1. Die konstante Geschwindigkeit v_1 in km/h, mit der das Fahrzeug die Kontrollstrecke durchfuhr,
2. Die Wegstrecke s_2 in km, die während der Zeit t mit der zulässigen Höchstgeschwindigkeit $v = 100$ km/h zurückgelegt wird.

6.2

Ein Elektroauto durchfuhr eine Versuchsstrecke $s = 7{,}2$ km mit gleich bleibender Geschwindigkeit in der Zeit $t = 7{,}8$ min. Wie groß war dabei seine Geschwindigkeit v in m/s und in km/h?

6.3

Welche Zeit t in s benötigt ein Brückenlaufkran für eine Fahrstrecke $s = 85$ m, wenn seine Fahrgeschwindigkeit $v = 40$ m/min beträgt?

6.4

Ein Schiff fährt mit einer Geschwindigkeit von 15 kn (Knoten) eine Strecke von 6300 sm (Seemeilen). Wie viel km/h beträgt die Geschwindigkeit des Schiffes (1 kn = 1 sm/h = 1,852 km/h), und wie viel Tage werden für diese Fahrt benötigt?

6.5

Das Gewinde der Leitspindel einer Drehbank hat eine Steigung $P = 3/4''$ $(1'' = 25{,}4$ mm). Wie groß ist die Vorschubgeschwindigkeit v in mm/min des Supports bei 18 Spindelumdrehungen je Minute?

6.6

Auf einer Tischhobelmaschine soll eine Stahlplatte 2 m × 1 m in Längsrichtung gehobelt werden. Die als gleichförmig anzunehmende Schnittgeschwindigkeit beträgt $v_S = 16$ m/min, die Rücklaufgeschwindigkeit v_R ist doppelt so groß. Der Hobelstahl läuft vor und hinter der Platte je 50 mm frei aus und hat einen Vorschub (Spanbreite) von 1 mm. Die Hobelzeit t in min ist zu errechnen.

6.7

Auf einem Förderband in einer Montagewerkstatt, das mit einer Geschwindigkeit von 1,8 m/min läuft, befinden sich Geräte, die jeweils 2,4 m Abstand haben. Wie viel Geräte verlassen stündlich das Band?

6.8

Ein Wasserrohr mit $d = 250$ mm lichtem Durchmesser soll in 8 h eine Wassermenge von 2500 kl fördern. Wie groß ist die erforderliche Wassergeschwindigkeit v in m/s?

6.9

Ein Mopedfahrer will von der Ortschaft A nach B fahren und dort zu einem bestimmten Zeitpunkt eintreffen. Wenn er mit einer Durchschnittsgeschwindigkeit von 40 km/h fährt, kommt er 15 min zu früh an; mit 30 km/h würde er 15 min zu spät kommen. Wie lang ist die Wegstrecke von A nach B?

6.10

Ein Omnibus fährt mit einer Durchschnittsgeschwindigkeit von 80 km/h und soll von einem Motorradfahrer eingeholt werden, der 10 min nach dem Omnibus abfährt und durchschnittlich eine Geschwindigkeit von 110 km/h einhält. Wie viel min und wie viel km muss der Motorradfahrer bis zum Erreichen des Omnibusses fahren?

6.11

Ein Personenzug fährt mit 70 km/h Durchschnittsgeschwindigkeit von A zu dem 28 km entfernten Ort B. Wie viel min Aufenthalt muss er in B mindestens haben, wenn dort ein Schnellzug durchfahren soll, der in A um 12 min später abfuhr und eine Durchschnittsgeschwindigkeit von 110 km/h hat?

6.12

Ein Güterzug fährt mit einer Geschwindigkeit von 64 km/h vom Bahnhof A über B nach C, wo er während einer Haltezeit von 6 min einen D-Zug vorbeilassen soll, und dann weiter über D hinaus. Der mit 120 km/h fahrende D-Zug soll auf dem Bahnhof B für 3 min anhalten und über C nach D fahren, wo er 8 min Aufenthalt hat. Zwischen den Stationen betragen die Entfernungen: $\overline{AB} = 18$ km, $\overline{BC} = 22$ km, $\overline{CD} = 32$ km. Die Geschwindigkeiten der Züge sind als konstant anzunehmen (Durchschnittsgeschwindigkeiten). Es ist ein Diagramm mit den s,t-Linien beider Züge anzufertigen, und folgende Zeiten in min sind zu errechnen:

1. Die Zeitspanne Δt_A, die der D-Zug in A nach dem Güterzug abfahren muss, um 3 min nach Ankunft des Güterzuges auf dem Bahnhof C durchzufahren,
2. Die Zeitspanne Δt_D, um die der Güterzug den Bahnhof D nach Abfahrt des D-Zuges passiert.

Ungleichförmige geradlinige Bewegung

Gleichmäßig beschleunigt oder verzögert

6.13

Ein Kraftfahrzeug erreicht in der Zeit $t = 10$ s eine Geschwindigkeit $v = 100$ km/h. Zu errechnen sind:

1. Die durchschnittliche Beschleunigung a während der Zeit t,
2. Der in der Zeit t zurückgelegte Weg s.

6.14

Ein Kolben soll aus dem Stillstand $t = 0{,}2$ s lang mit $a = 2$ m/s^2 beschleunigt werden. Wie groß sind:

1. Die erreichte Geschwindigkeit v in m/s.
2. Der Beschleunigungsweg s in mm?

6.15

Ein Zug wird mit einer Beschleunigung von 0,16 m/s^2 angefahren. Nach welcher Zeit in min und welcher Strecke in km erreicht er die Geschwindigkeit 75 km/h?

6.16

Der Tisch einer Langhobelmaschine, auf dem sich ein Werkstück befindet, wird mit $a = 0{,}9$ m/s^2 gleichmäßig beschleunigt. Zu errechnen ist:

1. Der erforderliche Vorlauf s_1 bis zum Erreichen der Schnittgeschwindigkeit $v_S = 18$ m/min.
2. Nach welchem Weg s_2 ist die Rücklaufgeschwindigkeit v_R erreicht, die das Doppelte von v_S beträgt?

6.17

Ein Schiff beschleunigt gleichmäßig von der Geschwindigkeit $v_0 = 2$ kn (Knoten) auf $v = 8$ kn (1 kn = 1,852 km/h) in der Zeit $t = 3{,}2$ min. Wie groß sind:

1. Die Beschleunigung a in m/s,
2. Die mittlere Geschwindigkeit v_m in m/s und in km/h?
3. Der während der Beschleunigung zurückgelegte Weg s in km?

6.18

Von einem Förderband, das mit der Geschwindigkeit 1,2 m/s läuft, gelangen Kartons auf eine 5 m lange geneigte Rutsche, auf der sie 1,8 s abwärts gleiten und am Ende der Rutsche auf einer Rollenbahn weiterbefördert werden. Die am Rutschenende erreichte Geschwindigkeit und die Beschleunigung sind zu errechnen.

6.19

Ein Lkw, dessen Bremsen versagten, hatte am Beginn einer 4 km langen Gefällestrecke eine Geschwindigkeit von 80 km/h. Wie groß war seine Geschwindigkeit am Ende dieser Strecke, die er in 2,4 min durchfuhr?

6.20

Auf einer Versuchsstrecke wird ein Fahrzeug aus der Geschwindigkeit $v_0 = 50$ km/h bis zum Stillstand abgebremst. Die gemessene Bremsstrecke beträgt $s = 16{,}8$ m. Es ist die Verzögerung a zu errechnen.

6.21

Ein Schwerlastzug hatte am Beginn einer Steigung eine Geschwindigkeit von 70 km/h, die sich während der Steigungsfahrt innerhalb von 2 km auf 5 km/h verringerte. Wie groß war die Verzögerung, und wie lange wirkte sie?

6.22

Ein Motorradfahrer erkennt bei einer Geschwindigkeit von 80 km/h ein Hindernis und beginnt nach einer Reaktionszeit von 1,5 s zu bremsen. Er bleibt nach einer Bremszeit von 6 s in einem Abstand von 1 m vor dem Hindernis stehen. Wie groß war die Verzögerung, und bei welcher Entfernung wurde das Hindernis erkannt?

6.23

Auf einem Gurtförderer werden Pakete mit einer Geschwindigkeit von 1,2 m/s transportiert. Sie gelangen am Ende der Förderstrecke (Bild 6.23) auf eine 6 m lange geneigte Rutsche und kommen anschließend auf einer waagerechten Rutsche nach einer Gesamtrutschzeit von 2,6 s zum Stillstand. Die Rutschzeit auf der geneigten

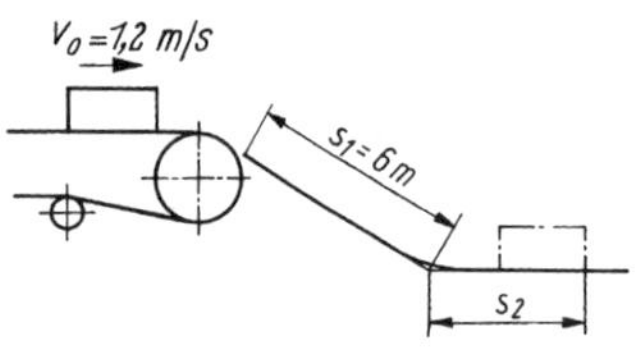

Bild 6.23 Förderband mit anschließender Rutsche

Bahn beträgt 1,4 s. Unter Vernachlässigung des Einflusses der Rundung am Übergang zur waagerechten Rutsche sind zu errechnen:

1. Die Beschleunigung a_1 auf der geneigten Bahn,
2. Die Verzögerung a_2 und der Rutschweg s_2 auf der waagerechten Bahn.

6.24

Eine Rakete erreicht nach Abschuss aus einem mit der Geschwindigkeit 125 m/s fliegenden Flugzeug in 10 s eine Geschwindigkeit von 200 m/s, die in weiteren 50 s auf 40 m/s absinkt. Es sind ein v,t-Diagramm zu skizzieren und folgende Größen zu errechnen:

1. Der vom Abschuss bis zum Erreichen der Geschwindigkeit $v_2 = 40$ m/s von der Rakete zurückgelegte Weg s,
2. Die mittlere Geschwindigkeit v_m auf diesem Weg.

6.25

Ein Personenzug wird beim Anfahren gleichmäßig mit 0,3 m/s^2 auf eine Geschwindigkeit von 70 km/h beschleunigt, mit der er gleichförmig weiterfährt. Vor dem Zielort wird der Zug mit einer konstanten Verzögerung von 0,5 m/s^2 gebremst. Die gesamte Fahrstrecke beträgt 18 km. Zu ermitteln sind:

1. Die Beschleunigungszeit t_1 und der Beschleunigungsweg s_1,
2. Die Bremszeit t_3 und der Bremsweg s_3,
3. Die Fahrzeit t_B bis zum Bremsen und die Gesamtfahrzeit t.

6.26

Ein Laufkran hat eine Last über eine Entfernung von 10 m zu transportieren. Er wird in 1,8 s auf eine Fahrgeschwindigkeit von 60 m/min gleichmäßig beschleunigt. Die Bremszeit beträgt 4 s. Es sind die Beschleunigung und die Verzögerung sowie die Gesamtfahrzeit zu errechnen.

6.27

Eine automatische Fördereinrichtung in einer Fertigungsstraße hat Werkstücke um $H = 1$ m anzuheben, über eine Entfernung $s = 4{,}5$ m zu transportieren und dann $h = 0{,}5$ m tiefer abzusetzen (Bild 6.27). Anschließend wird derselbe Weg $(h + s + H)$ ohne Last zurückgelegt. Beim Heben und Senken betragen Beschleunigung und Verzögerung jeweils 1 m/s^2, die Hubgeschwindigkeit $v_H = 0{,}5$ m/s ist gleich der Senkgeschwindigkeit. Bei der Hin- und Rückfahrt sind Beschleunigung und Verzögerung ebenfalls gleich und betragen 1,25 m/s^2, die Fahrgeschwindigkeit ist $v_F = 1{,}5$ m/s. Anheben und Anfahren beginnen jeweils gleichzeitig. Das Absenken beginnt mit der Fahrtverzögerung. Unter Berücksichtigung von 2 s für das Fassen und 1 s für das Lösen des Werkstücks sind für ein Lastspiel die erforderliche Zeit t zu errechnen und je ein v,t-Diagramm für die vertikale und für die horizontale Bewegung zu zeichnen.

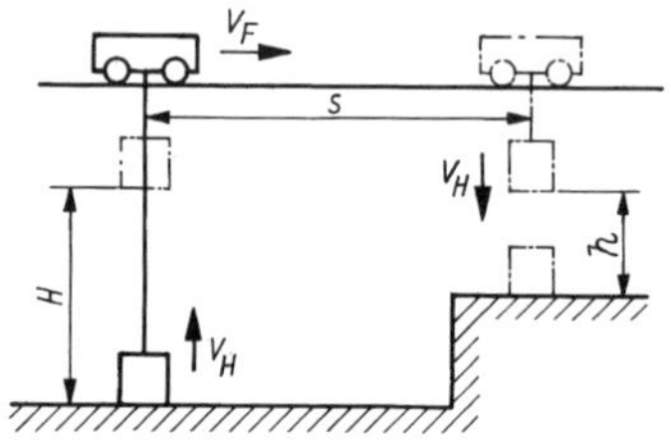

Bild 6.27 Wege einer Fördereinrichtung

6.28

Während des Anfahrens eines Schnellzuges auf einem Bahnhof fährt auf dem Nachbargleis ein Güterzug in gleicher Richtung mit der konstanten Geschwindigkeit 55 km/h vorbei. Der Schnellzug beschleunigt gleichmäßig in 3,5 min auf eine Geschwindigkeit von 85 km/h, mit der er gleichförmig weiterfährt. Es sind zu errechnen:

1. Die Zeit t, in welcher der Schnellzug den Güterzug einholt,
2. Die Fahrstrecke s während dieser Zeit.

6.29

Ein Fahrzeug A fährt mit der Geschwindigkeit 80 km/h an einem stehenden Fahrzeug B vorbei. Nach 2 s beginnt A mit der Verzögerung 2,1 m/s^2 bis auf 50 km/h abzubremsen und fährt mit dieser Geschwindigkeit gleichförmig weiter. Fahrzeug B beginnt im Augenblick des Vorbeifahrens von A gleichmäßig beschleunigt in gleicher Richtung anzufahren und erreicht nach 50 m die Geschwindigkeit 60 km/h, mit der es gleichförmig weiterfährt. Zu ermitteln sind:

1. Nach welcher Zeit t treffen sich die Fahrzeuge?
2. Nach welchem Weg s von seinem Ausgangspunkt erreicht Fahrzeug B das Fahrzeug A?
3. Welches der beiden Fahrzeuge erreicht zuerst seine Endgeschwindigkeit $v_A = 50$ km/h bzw. $v_B = 60$ km/h?

6.30

Ein Pkw mit Wohnanhänger fährt hinter einem Omnibus in einem Abstand von 16 m (Bild 6.30). Beide haben eine Geschwindigkeit von 60 km/h. Der Pkw setzt zum Überholen an und beschleunigt gleichmäßig mit 1,5 m/s^2 auf die zulässige Höchstgeschwindigkeit von 80 km/h, mit der er dann weiterfährt, während der Omnibus seine Geschwindigkeit beibehält. Welche Zeit t dauert der Überholvorgang, bis der Pkw einschließlich Hänger sich mit 20 m Abstand vor dem Omnibus befindet, und wie lang ist die Überholstrecke s? Die geringfügige Wegverlängerung infolge des Ausscherens und Einordnens ist zu vernachlässigen.

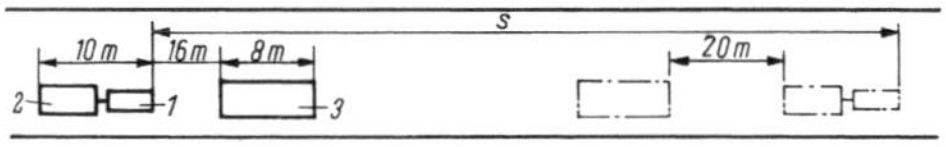

Bild 6.30 Abstände bei einem Überholvorgang
1 Pkw, *2* Wohnanhänger, *3* Omnibus

Freier Fall und senkrechter Wurf

Der Luftwiderstand ist bei allen Aufgaben dieses Abschnitts zu vernachlässigen.

6.31

Ein Fallschirmspringer fällt nach Absprung aus einem Flugzeug $t = 5$ s lang senkrecht nach unten, bis sich der Fallschirm öffnet. Es sind zu errechnen:

1. Die Fallhöhe h während der Zeit t,
2. Die Fallgeschwindigkeit v beim Öffnen des Fallschirms.

6.32

Ein Dachziegel fällt aus einer Höhe von 12 m frei herab. Mit welcher Geschwindigkeit und nach welcher Zeit schlägt er auf?

6.33

Ein Stein fällt frei in einen Brunnen. Der Aufschlag ist 3 s nach Beginn des Fallens zu hören. Die Schallgeschwindigkeit beträgt 333 m/s. Wie tief ist der Brunnen?

6.34

Der Förderkorb einer Schachtanlage fährt frei an einem Seil hängend mit einer konstanten Geschwindigkeit von 12 m/s abwärts. Plötzlich reißt das Seil 80 m über dem Schachtgrund. Wie lange nach dem Seilbruch und mit welcher Geschwindigkeit schlägt der Korb unten auf?

6.35

Der Schlagbär einer Ramme wird während der Abwärtsbewegung 0,2 s lang auf einer Strecke von 2 m mittels Pressluft auf eine Geschwindigkeit von 6 m/s beschleunigt und fällt dann weitere 4 m frei herab. Die Aufwärtsbewegung erfolgt mit einer durchschnittlichen Geschwindigkeit von 1,2 m/s. Beschleunigung und Verzögerung am Anfang und Ende der Aufwärtsbewegung sind zu vernachlässigen. Für das Umsteuern werden unten und oben jeweils 1,5 s benötigt. Es sind zu ermitteln:

1. Die Aufschlaggeschwindigkeit v,
2. Die Zeiten t_1 für die Abwärts- und t_2 für die Aufwärtsbewegung,
3. Die mögliche Schlagzahl z je Minute.

6.36

Eine Kugel wird senkrecht nach oben geworfen und schlägt 6 s nach dem Abwurf auf den Boden. Wie groß waren die Abwurfgeschwindigkeit v_0 und die Steighöhe h_1, wenn der Abwurf mit einer Wurfmaschine unmittelbar über dem Boden erfolgte?

6.37

Ein Springbrunnen soll eine 20 m hohe Wasserfontäne erzeugen. Die senkrecht nach oben gerichtete Wasseraustrittsgeschwindigkeit ist zu errechnen.

6.38

Eine Stahlkugel wird von einer $H = 15$ m hohen Mauer senkrecht nach oben geworfen (Bild 6.38). Sie schlägt $t = 5$ s nach dem Abwurf am Fuß der Mauer auf. Zu errechnen sind:

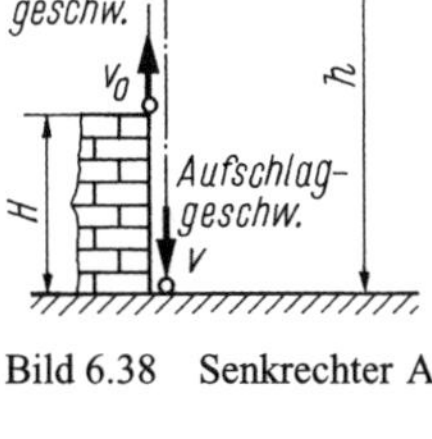

Bild 6.38 Senkrechter Abwurf einer Kugel

1. Die Abwurfgeschwindigkeit v_0,
2. Die Aufschlaggeschwindigkeit v,
3. Die erreichte Höhe h über dem Mauerfuß.

6.39

Ein Gegenstand fällt aus 100 m Höhe frei herab. Bei Beginn des Fallens wird unter ihm eine Kugel 2 m über dem Boden mit einer Geschwindigkeit von 40 m/s senkrecht nach oben geschossen. Nach welcher Zeit und in welcher Höhe trifft die Kugel den Gegenstand?

Gleichförmige Kreis- und Drehbewegung

6.40

Die Drehzahl eines Lagerzapfens mit $d = 40$ mm Durchmesser beträgt $n = 1500\ \text{min}^{-1}$. Wie groß ist die Gleitgeschwindigkeit v in m/s am Zapfenumfang?

6.41

Mit welcher Drehzahl n in min^{-1} muss eine Fräsermaschinenwelle arbeiten, damit bei einem Fräsdurchmesser $d = 60$ mm die Schnittgeschwindigkeit $v_S = 25$ m/min beträgt?

6.42

Auf der Planscheibe einer Karusselldrehmaschine ist ein Maschinengehäuse aufgespannt, an dem eine Bohrung von 800 mm Durchmesser bearbeitet wird. Die Drehzahl der Planscheibe beträgt $25\ \text{min}^{-1}$. Wie groß sind dabei

1. Die Schnittgeschwindigkeit v_S in m/min,
2. Die Winkelgeschwindigkeit ω,
3. Die Umfangsgeschwindigkeit v in m/s eines Gehäusepunktes, der 1450 mm von der Drehachse entfernt ist?

6.43

Für das Laufrad einer Dampfturbine, das einen Außendurchmesser von 2 m hat, sind die Winkelgeschwindigkeit und die Umfangsgeschwindigkeit der Schaufelenden bei einer Drehzahl von $3000\ \text{min}^{-1}$ zu errechnen.

6.44

Bei einer Turmuhr ist die Spitze des Minutenzeigers 1200 mm und die des Stundenzeigers 1050 mm von der Drehachse entfernt. Wie groß sind die Winkelgeschwindigkeiten der Zeiger und die Umfangsgeschwindigkeiten der Zeigerspitzen?

6.45

Ein Fördergurt soll mit einer Geschwindigkeit von 1,2 m/s laufen (siehe Bild 6.23). Die Antriebstrommel hat 250 mm Durchmesser. Zu errechnen sind die erforderliche Trommeldrehzahl und die Winkelgeschwindigkeit der Trommel.

6.46

Der wirksame Rollradius eines Kraftfahrzeugreifens $6{,}95 \times 14$ beträgt 318 mm. Für eine Fahrgeschwindigkeit von 100 km/h sind zu errechnen:

1. Die Umfangsgeschwindigkeit in m/s am Rollradius,
2. Die Raddrehzahl in min^{-1},
3. Die Winkelgeschwindigkeit des Rades.

6.47

Wie oft wurde eine Kurbel in 10 min gedreht bei einer Drehgeschwindigkeit von 1,4 m/s am Kurbelkreis mit dem Radius 250 mm? Es ist die Anzahl Z der Umdrehungen anzugeben.

6.48

Bei der Entladung eines Schiffes schwenkt ein Drehkran mit einer Ausladung von 20 m in 12 s um 135°. Es sind zu ermitteln:

1. Die Winkelgeschwindigkeit und die Drehzahl der Kransäule,
2. Die Geschwindigkeit der Last auf ihrer Kreisbahn.

6.49

Auf einer Drehmaschine soll ein 320 mm langer Zylinder von 250 mm auf 200 mm Durchmesser abgedreht werden. Die Drehzahl beträgt $120\ \text{min}^{-1}$, der Vorschub 0,6 mm/Umdrehung und die Spantiefe 4 mm, beim letzten Span jedoch nur 1 mm. Zu ermitteln sind:

1. Die Schnittgeschwindigkeiten v_a und v_e in m/min am Anfang und am Ende des Drehvorgangs,
2. Die Vorschubgeschwindigkeit v_s in mm/min,
3. Die reine Drehzeit t in min.

6.50

Die Seiltrommel eines Kranes hat beim Heben einer Last die Drehzahl $n = 21{,}2\ \text{min}^{-1}$. Der mittlere Umschlingungsdurchmesser des auf die Trommel gewickelten Seiles beträgt $D = 300$ mm (auf Seilmitte bezogen). Es handelt sich um einen zweisträngigen Seiltrieb, bei dem ein Seilende auf der Trommel und das andere am Rahmen befestigt ist (siehe Bild 6.65). Wie groß ist die Hubgeschwindigkeit v_H in m/min?

6.51

Eine Schleifscheibe (Bild 6.51) hat einen Durchmesser $d = 360$ mm und ist für eine größte Umfangsgeschwindigkeit von 40 m/s geeignet. Sie kann bis auf $d_0 = 150$ mm abgenutzt werden. Jeweils nach Abnutzung eines Drittels des zwischen den Durchmessern d und d_0 zur Verfügung stehenden Scheibenvolumens soll die Drehzahl neu eingestellt werden, so dass wieder die größtzulässige Umfangsgeschwindigkeit vorhanden ist. Es sind zu errechnen:

1. Die erforderliche Drehzahl n für den Neuzustand,
2. Der Durchmesser d_1 und die erforderliche Drehzahl n_1 nach Abnutzung des ersten Volumendrittels,
3. Der Durchmesser d_2 und die erforderliche Drehzahl n_2 nach Abnutzung des zweiten Volumendrittels.

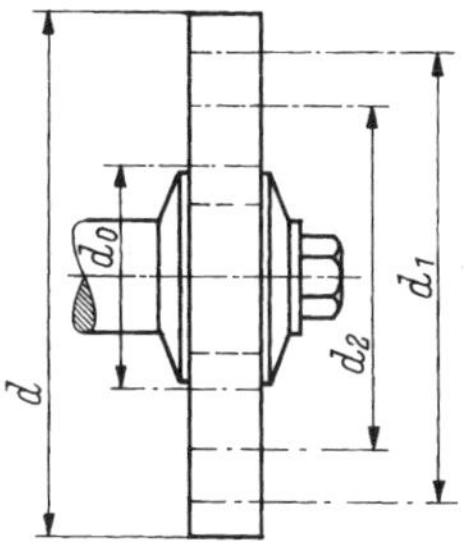

Bild 6.51 Schleifscheibe

Ungleichförmige Kreis- und Drehbewegung

Die Tangential- und die Winkelbeschleunigung sowie die Tangential- und die Winkelverzögerung sind bei allen Aufgaben dieses Abschnitts als konstant anzunehmen, d. h. es handelt sich um gleichmäßig beschleunigte bzw. verzögerte Kreis- und Drehbewegungen.

6.52

Eine Generatorwelle wird in der Zeit $t = 20$ s aus dem Stillstand auf die Drehzahl $n = 2800\ \text{min}^{-1}$ beschleunigt. Der Läufer hat den Durchmesser $d = 520$ mm. Es sind zu errechnen:

1. Die Winkelgeschwindigkeit ω und die Winkelbeschleunigung α,
2. Die Geschwindigkeit v und die Tangentialbeschleunigung a_t am Läuferumfang.

6.53

Für eine mit der Winkelbeschleunigung $\alpha = 2{,}5\ \text{rad/s}^2$ aus dem Stillstand beschleunigte Welle sind zu errechnen:

1. Die Drehzahl n_1 nach $t = 0{,}3$ min,
2. Die Drehzahl n_2 nach $Z = 30$ Umläufen.

6.54

Eine Flachriemenscheibe mit 250 mm Außendurchmesser erreicht nach 4 s Beschleunigungszeit eine Drehzahl von $1000\ \text{min}^{-1}$. Die Winkelbeschleunigung α und die Beschleunigung a_t des Riemens sind zu ermitteln.

6.55

Ein Motorradfahrer beschleunigt in einer ebenen Kurve mit 0,8 km Radius in 6 s von 60 km/h auf die Geschwindigkeit 100 km/h. Wie groß sind die Tangential- und die Winkelbeschleunigung sowie der Beschleunigungsweg?

6.56

Ein Kraftfahrzeug wird in 8 s von 40 km/h auf 90 km/h beschleunigt. Wie groß ist die Winkelbeschleunigung der Räder, wenn sie einen Rollradius von 255 mm haben?

6.57

Die Räder eines Fahrzeugs haben 900 mm Durchmesser. Wie groß sind die Winkelbeschleunigung, die Drehzahl und die Umfangsgeschwindigkeit der Räder nach einer Beschleunigungszeit von 0,5 min, wenn die Beschleunigung des Fahrzeugs $0{,}6\ \text{m/s}^2$ beträgt und aus dem Stillstand angefahren wird?

6.58

In welcher Zeit t kommt der Läufer eines Generators zum Stillstand, wenn er aus der Drehzahl $n = 2800\ \text{min}^{-1}$ mit einer Winkelverzögerung $\alpha = -12\ \text{rad/s}^2$ abgebremst wird?

6.59

Bei welcher Drehzahl begann das Abbremsen einer Welle, die in 22 s mit einer Winkelverzögerung von $1{,}65\ \text{rad/s}^2$ zum Stillstand gebracht wurde, und wie viel Umläufe hat diese Welle während des Verzögerungsvorgangs ausgeführt?

6.60

Die Läuferwelle eines Generators wird durch einen Elektromotor mit einer Winkelbeschleunigung von $12\ \text{rad/s}^2$ aus dem Stillstand auf eine Drehzahl von $3000\ \text{min}^{-1}$ beschleunigt.

1. Wie groß ist die Winkelgeschwindigkeit bei dieser Drehzahl, und in welcher Zeit wird sie erreicht?
2. Welche Winkelverzögerung ist erforderlich, um den Läufer in 20 s stillzusetzen?

6.61

Ein Elektromotor wird bei einer Drehzahl von $1500\ \text{min}^{-1}$ abgeschaltet. Nach 300 Umdrehungen kommt die Welle zum Stillstand. Die Auslaufzeit in min und die Winkelverzögerung sind zu errechnen.

6.62

Die Drehzahl einer Schwungscheibe wird in 6 s von $n_0 = 250\ \text{min}^{-1}$ auf $n = 400\ \text{min}^{-1}$ erhöht. Welchen Betrag hat die Winkelbeschleunigung, und wie groß ist die Anzahl der Umläufe während der Beschleunigung?

6.63

Durch einen Verzögerungsvorgang sank die Winkelgeschwindigkeit einer rotierenden Scheibe in 2,4 s auf 2 rad/s herab. Während dieser Zeit wurde ein Drehwinkel von 427° zurückgelegt. Wie groß waren die Winkelverzögerung sowie die Winkelgeschwindigkeit und die Drehzahl bei Verzögerungsbeginn?

6.64

Die Seilscheibe des Fördergerüstes einer Schachtanlage hat $D = 4$ m Durchmesser (Bild 6.64). Nach $Z_1 = 8$ Umdrehungen erreicht der Förderkorb eine Geschwindigkeit $v = 12$ m/s, mit der er gleichförmig abwärts fährt, wobei die Scheibe $Z_2 = 10$ Umdrehungen macht. Anschließend wird der Korb während $Z_3 = 6$ Scheibenumdrehungen stillgesetzt. Zu ermitteln sind:

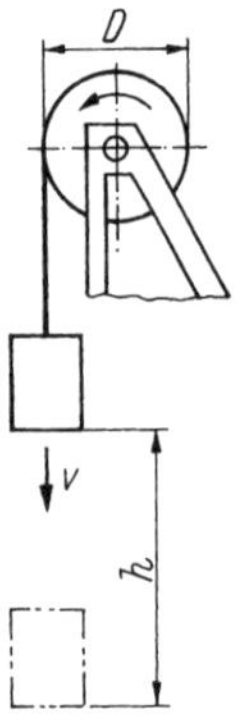

Bild 6.64 Seilscheibe mit Förderkorb

1. Die Höhe h, um die der Korb gesenkt wird,
2. Die Winkelbeschleunigung α_1 und die Beschleunigungszeit t_1,
3. Die Winkelgeschwindigkeit ω der Scheibe während der gleichförmigen Abwärtsbewegung,
4. Die Winkelverzögerung α_3 und die Verzögerungszeit t_3,
5. Die Zeit t für den gesamten Vorgang.

6.65

Die in Bild 6.65 skizzierte Seiltrommel eines Hubwerks hat $D = 250$ mm Durchmesser (auf Seilmitte bezogen). Sie wird beim Anheben der Last mit $\alpha = 4\ \text{rad/s}^2$ beschleunigt, bis eine Hubgeschwindigkeit $v_H = 20$ m/min erreicht ist, mit der die Last gleichförmig gehoben wird. Die Verzögerung der Last erfolgt mit $a = -0{,}4\ \text{m/s}^2$. Die gesamte Hubhöhe beträgt $h = 6$ m. Es sind die Zeit t und die Anzahl Z der Trommelumdrehungen für die gesamte Hubbewegung zu ermitteln sowie ein ω,t-Diagramm zu skizzieren.

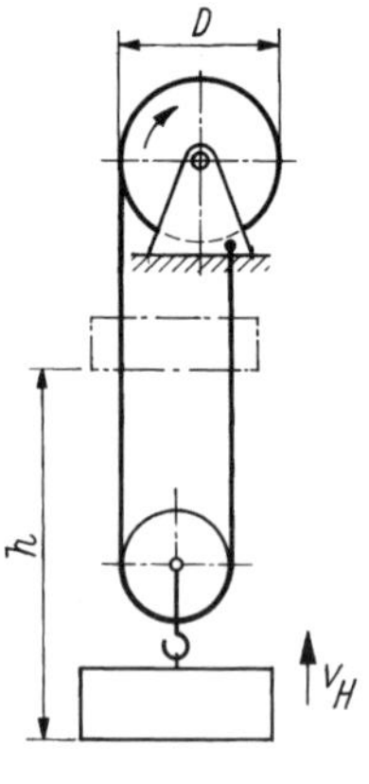

Bild 6.65 Seiltrommel mit zweisträngigem Seiltrieb

Übersetzung

6.66

Die große Riemenscheibe eines Flachriementriebes (Bild 6.66) hat den Durchmesser

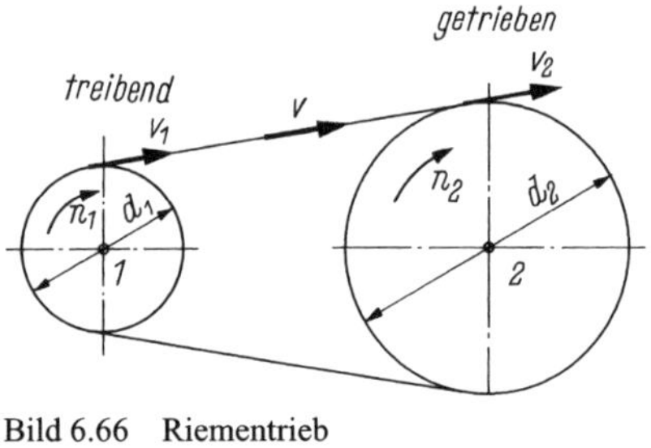

Bild 6.66 Riementrieb

$d_2 = 500$ mm und soll mit der Drehzahl $n_2 = 465$ min^{-1} umlaufen. Der Antriebsmotor mit der kleinen treibenden Scheibe hat die Drehzahl $n_1 = 1450$ min^{-1}. Es sind zu errechnen:

1. Die Übersetzung i,
2. Der kleine Riemenscheibendurchmesser d_1,
3. Die Riemengeschwindigkeit v.

6.67

Das Reibradgetriebe eines Laborgeräteantriebs hat eine Übersetzung $i = 7{,}5$, eine Antriebsdrehzahl $n_1 = 960$ min^{-1} und einen Treibraddurchmesser $d_1 = 30$ mm (Bild 6.67). Es sind der Durchmesser d_2 und die Drehzahl n_2 des Abtriebsrades zu bestimmen.

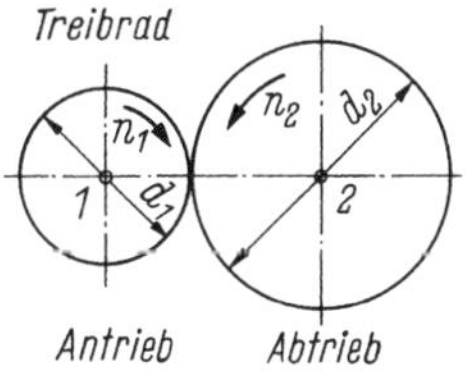

Bild 6.67 Reibräderpaar

6.68

Das Antriebsrad eines einstufigen Zahnradgetriebes in einem Messgerät hat $z_1 = 26$ Zähne und einen Teilkreisdurchmesser $d_1 = 26$ mm. Die Übersetzung i und der Teilkreisdurchmesser d_2 des Abriebsrades mit $z_2 = 35$ Zähnen sind zu ermitteln.

6.69

Die Räder des in Bild 6.69 skizzierten Antriebs eines Bandförderers haben $z_1 = 13$ und $z_2 = 19$ Zähne. Das große Kettenrad sitzt auf der Welle der Bandantriebstrommel, die einen Durchmesser $D = 250$ mm hat. Die Bandgeschwindigkeit beträgt $v = 0{,}45$ m/s. Es sind zu ermitteln:

1. Die Drehzahl n_2 des großen Rades,
2. Die Übersetzung i des Kettentriebes,
3. Die Drehzahl n_1 des Getriebemotors, mit der das kleine Kettenrad angetrieben wird.

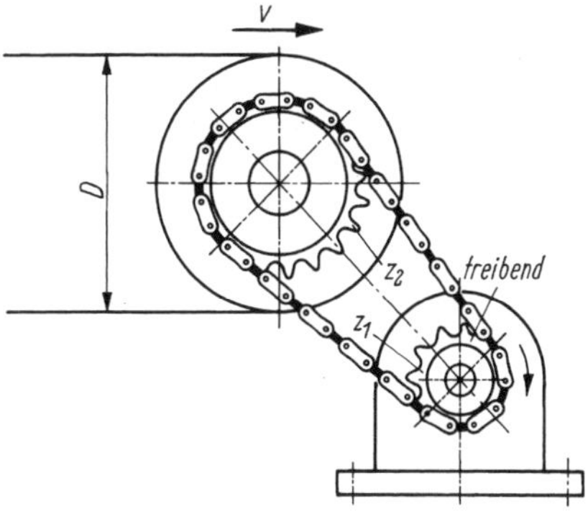

Bild 6.69 Kettentrieb

6.70

Ein Kreissägeblatt mit 400 mm Außendurchmesser soll eine Umfangsgeschwindigkeit von ca. 40 m/s haben. Es wird über einen Flachriementrieb (Bild 6.70) von einem Elektromotor angetrieben, der eine Drehzahl von 960 min^{-1} hat. Der Riemenscheibendurchmesser auf der Motorwelle beträgt 250 mm. Zu ermitteln sind:

1. Die erforderliche Drehzahl der Sägeblattwelle,
2. Der auf volle mm abgerundete Riemenscheibendurchmesser auf dieser Welle,
3. Die Übersetzung des Riementriebes.

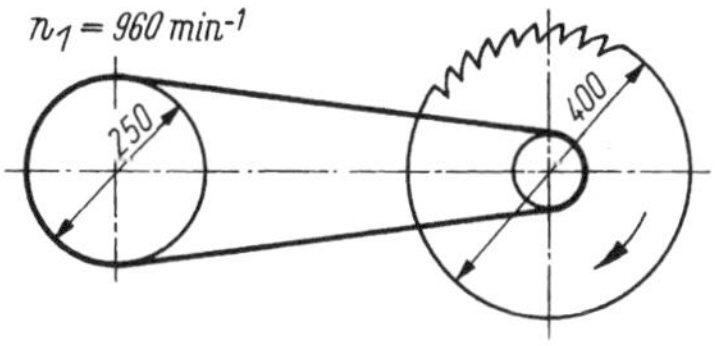

Bild 6.70 Antrieb einer Kreissäge

6.71

Die treibende Scheibe 1 mit dem Durchmesser $d_1 = 100$ mm des in Bild 6.71 skizzierten zweistufigen Riementriebs wird in 12 s aus dem Stillstand auf 900 min^{-1} gleichmäßig beschleunigt. Es sind zu ermitteln:

1. Die Beschleunigung a_{I} des Riemens der ersten Stufe,
2. Die Übersetzungen i_{I} und i_{II} der einzelnen Stufen,
3. Die Drehzahlen n_2, n_3 und n_4 der Riemenscheiben mit den Durchmessern d_2, d_3 und d_4 nach der Beschleunigung,
4. Die Beschleunigung a_{II} des Riemens der zweiten Stufe.

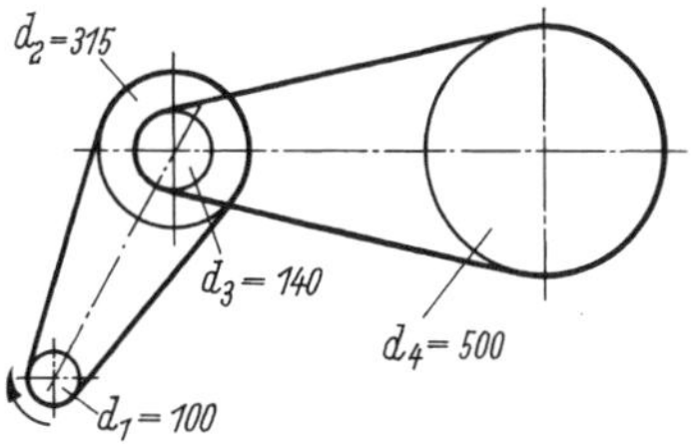

Bild 6.71 Zweistufiger Riementrieb

6.72

Ein dreistufiges Stirnradgetriebe (Bild 6.72) wird durch einen Elektromotor mit der Drehzahl 1500 min^{-1} angetrieben. Die Abtriebsdrehzahl soll ca. 55 min^{-1} betragen und die Übersetzung in allen drei Stufen gleich sein. Die Zähnezahlen der kleinen Zahnräder betragen in der ersten Stufe $z_1 = 19$, in der zweiten $z_3 = 17$ und in der dritten $z_5 = 15$. Zu errechnen sind:

1. Die Gesamtübersetzung und die Einzelübersetzungen in den Getriebestufen,
2. Die Drehzahlen der Zwischenwellen,
3. Die Zähnezahlen der großen Räder.

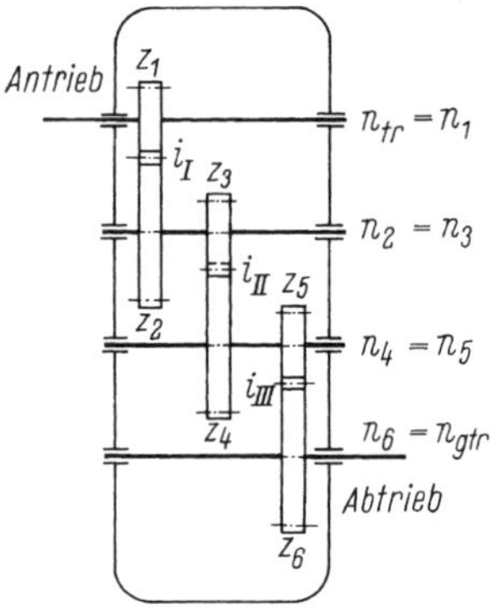

Bild 6.72 Dreistufiges Stirnradgetriebe

6.73

Das in Bild 6.73 skizzierte Getriebe enthält ein Kegelradpaar und zwei Stirnradpaare. Die Geradzahn-Stirnräder der dritten Getriebestufe haben den Modul $m = 16$ mm. Das Großrad dieser Stufe soll einen Teilkreisdurchmesser von ca. 625 mm und eine Drehzahl von ca. 30 min^{-1} haben. Das Getriebe wird mit $n_1 = 950$ min^{-1} angetrieben. Welche Zähnezahlen z_5 und z_6 sind für die dritte Stufe vorzusehen?

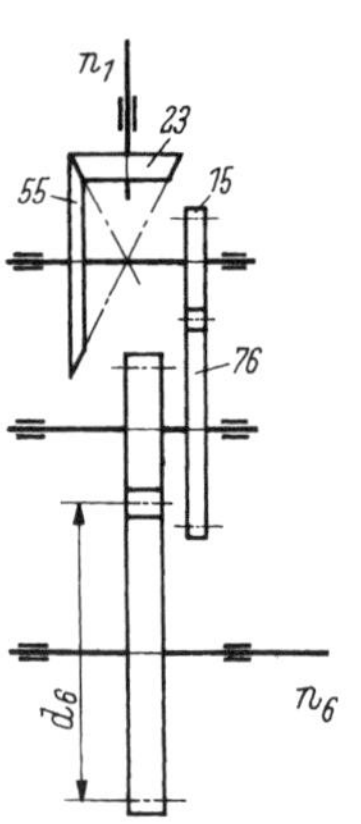

Bild 6.73 Getriebe mit Kegel- und Stirnrädern

6.74

In Bild 6.74 ist ein Hubwerksgetriebe skizziert, das aus einem Schneckengetriebe und einem Stirnradpaar besteht. Die Zähnezahl z_4 des Großrades der Stirnräder ist zu bestimmen. Die Last soll mit einer Hubgeschwindigkeit $v_H \approx 8$ m/min gleichförmig gehoben werden. Der Seiltrommeldurchmesser beträgt $D = 320$ mm.

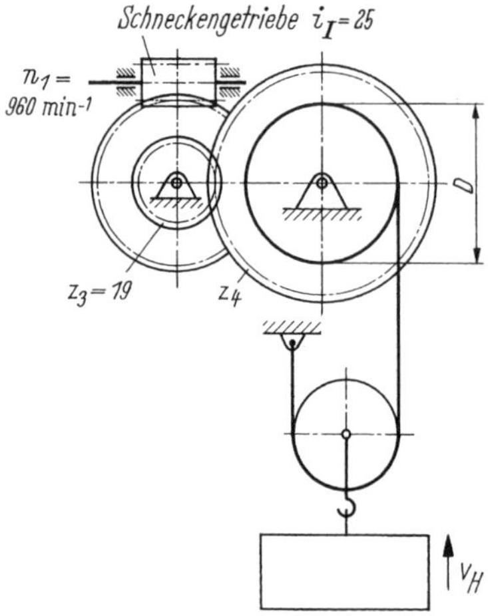

Bild 6.74 Schema eines Hubwerksgetriebes

6.75

Für den Motor des in Bild 6.75 skizzierten Kraftfahrzeugs liegt die günstigste Drehzahl bei 3600 min^{-1}. Die Übersetzungen in den vier Gängen des mechanischen Schaltgetriebes betragen: $i_1 = 3{,}9$, $i_2 = 2{,}3$, $i_3 = 1{,}41$ und $i_4 = 1$. Das Hinterachsgetriebe ist mit $i = 3{,}69$ übersetzt. Der wirksame Rollradius der Hinterräder beträgt 318 mm. Mit welchen Geschwindigkeiten v_1 bis v_4 in km/h fährt das Fahrzeug in den Gängen 1 bis 4 bei der genannten Motordrehzahl?

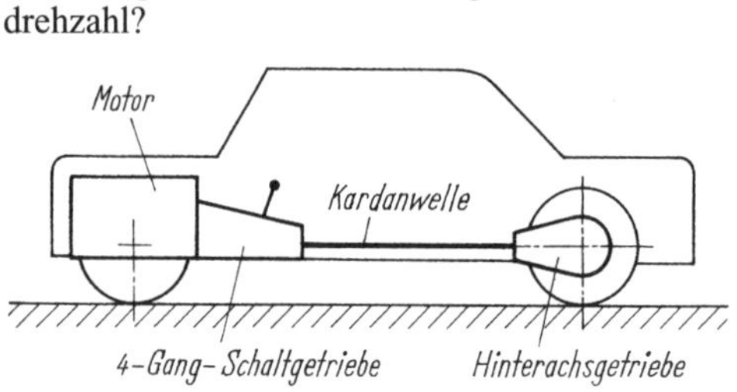

Bild 6.75 Antriebsschema eines Kraftfahrzeugs

6.76

Das Ritzel mit der Zähnezahl $z_1 = 23$ des in Bild 6.76 skizzierten Tischantriebs in einer Maschine wird mit $\alpha_1 = 8$ rad/s² aus dem Stillstand auf die Winkelgeschwindigkeit $\omega_1 = 60$ rad/s gleichmäßig beschleunigt. Das Großrad hat $z_2 = 62$ Zähne. Beide Räder haben den Modul $m = 1$ mm. Es sind zu ermitteln:

1. Die Beschleunigungszeit t,
2. Die vom Tisch erreichte Geschwindigkeit v,
3. Die Beschleunigung a des Tisches.

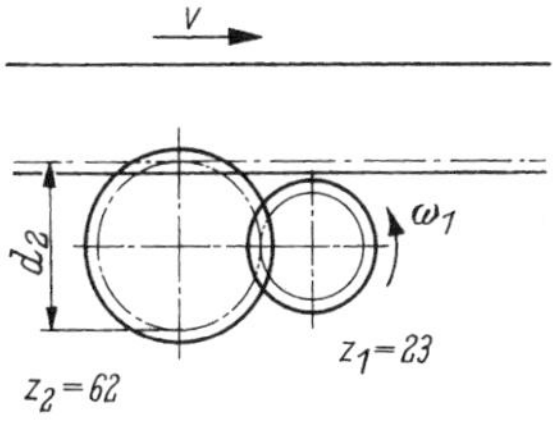

Bild 6.76 Antriebsräder eines Maschinenschlittens

6.77

Bild 6.77 zeigt ein Schneckengetriebe mit einem vorgeschalteten Getriebemotor zum Anheben und Absenken eines klappbaren Förderbandes. Die Drehzahl des Antriebsmotors beträgt 1450 min^{-1}. Das einstufige Stirnradgetriebe hat eine Übersetzung $i = 4{,}1$. Das Zugseil wird auf eine Seiltrommel mit $D = 250$ mm Durchmesser aufgewickelt. Welche ganzzahlige Übersetzung i_{II} muss das Schneckengetriebe haben, wenn das Förderband in ca. 10 s um den Winkel $\alpha = 75°$ hoch- bzw. heruntergeklappt werden soll? Die Beschleunigung und die Verzögerung sind zu vernachlässigen.

Zusammengesetzte Bewegungen

6.78

Auf einem Lagerplatz fährt ein Kran (Bild 6.78) in der Zeit $t = 37{,}5$ s die Strecke $s_1 = 50$ m. In derselben Zeit legt die Laufkatze mit der Last auf dem Kran die Strecke $s_2 = 20$ m zurück. Unter Vernachlässigung der Beschleunigungen und Verzögerungen sind zu ermitteln:

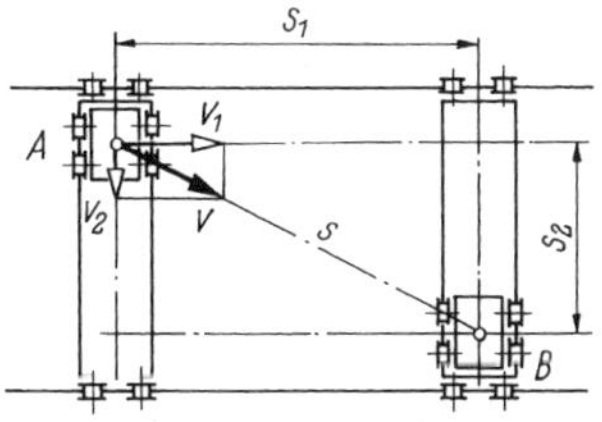

Bild 6.78 Kran mit Laufkatze

1. Die Fahrgeschwindigkeit v_1 in m/min des Kranes,
2. Die Geschwindigkeit v_2 in m/min der Laufkatze,
3. Die resultierende (absolute) Geschwindigkeit v der Last,
4. Der von der Last zurückgelegte Weg s,
5. Der Winkel α des Lastweges zur Fahrtrichtung des Kranes.

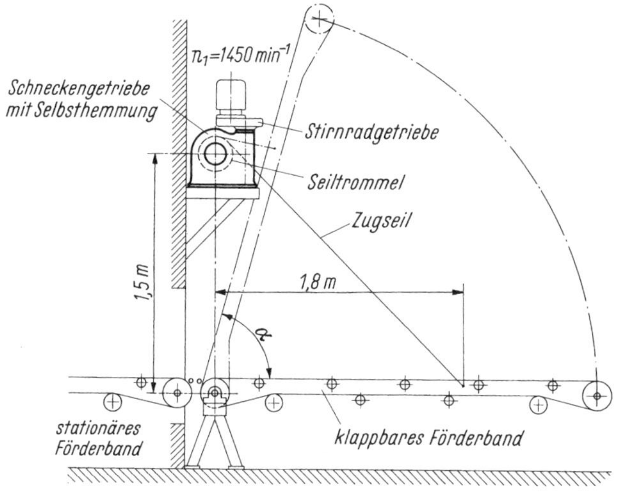

Bild 6.77 Klappbares Förderband

6.79

Ein Boot fährt von A am Ufer eines 200 m breiten Flusses (Bild 6.79) nach B am gegenüberliegenden Ufer und zurück. Die Strömungsgeschwindigkeit des Wassers beträgt $v_1 = 2{,}5$ m/s. Das Boot hält auf der Hinfahrt den Winkel $\beta = 55°$ zur Strömungsrichtung ein. Es wird so angetrieben, dass es in einem ruhenden Gewässer die Durchschnittsgeschwindigkeit $v_2 = 18$ km/h hätte. Zu ermitteln sind:

1. Die erforderliche Zeit t_H für die Hinfahrt,
2. Der bei der Rückfahrt mit der Geschwindigkeit v_2 zur Strömungsrichtung einzuhaltende Winkel β_R,
3. Die Rückfahrzeit t_R.

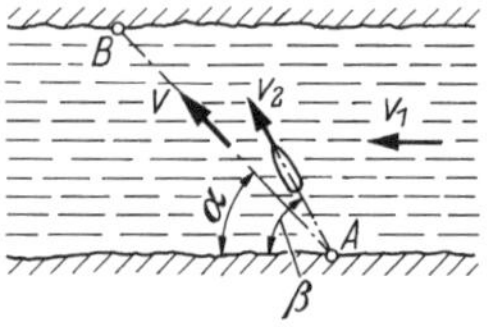

Bild 6.79 Boot beim Überqueren eines Flusses

6.80

Ein Flugzeug fliegt von Nord nach Süd mit der Eigengeschwindigkeit $v_2 = 320$ km/h. Es hat aus Westen kommenden Seitenwind, dessen Geschwindigkeit $v_1 = 60$ km/h beträgt. Es sind zu ermitteln:

1. Um welchen Winkel α wird das Flugzeug von seinem Nord-Süd-Kurs abgetrieben, und wie groß ist seine Absolutgeschwindigkeit v_α?
2. Unter welchem Winkel β müsste es fliegen, um auf Nord-Süd-Kurs zu bleiben, und wie groß wäre dann seine absolute Geschwindigkeit v_β?

6.81

In einer Gleichdruck-Dampfturbine strömt der Dampf unter einem Düsenwinkel $\alpha_1 = 20°$ mit der absoluten Geschwindigkeit $c_1 = 800$ m/s in die Schaufeln des Laufrades (Bild 6.81), das einen mittleren Durchmesser $d = 320$ mm und eine konstante Drehzahl $n = 12\,000\ \mathrm{min}^{-1}$ hat. Wie groß sind:

1. Die mittlere Umfangsgeschwindigkeit u,
2. Die relative Dampf-Eintrittsgeschwindigkeit w_1,
3. Der Schaufeleintrittswinkel β_1,
4. Die relative Dampf-Austrittsgeschwindigkeit w_2, wenn der Geschwindigkeitsverlust in den Schaufeln 20% beträgt,

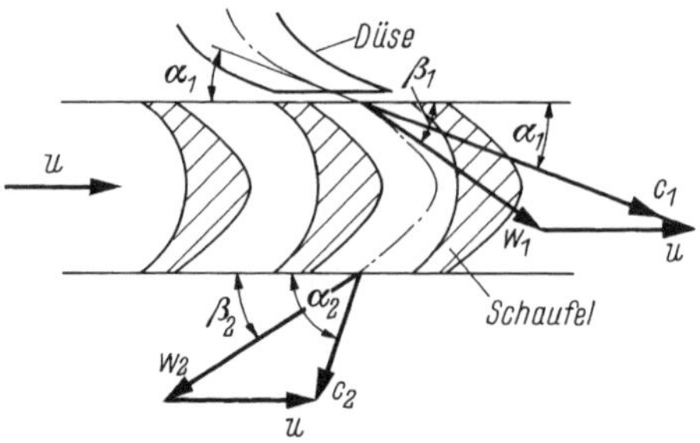

Bild 6.81 Geschwindigkeiten an den Schaufeln einer Gleichdruck-Turbine

5. Die absolute Dampf-Austrittsgeschwindigkeit c_2, wenn Schaufeleintrittswinkel β_1 und -austrittswinkel β_2 gleich groß sind,
6. Der Richtungswinkel α_2 der absoluten Dampf-Austrittsgeschwindigkeit c_2.

6.82

Ein Fördergut soll nach Verlassen eines waagerechten Förderbandes (Bild 6.82) bei einer Fallhöhe $h = 1{,}5$ m die Entfernung $s = 2{,}2$ m überbrückt haben. Unter Vernachlässigung des Luftwiderstandes sind zu ermitteln:

1. Mit welcher Geschwindigkeit v_0 muss das Förderband laufen?
2. Welche Geschwindigkeit v hat das Fördergut bei der genannten Fallhöhe?
3. Welchen Richtungswinkel α hat die Geschwindigkeit v?

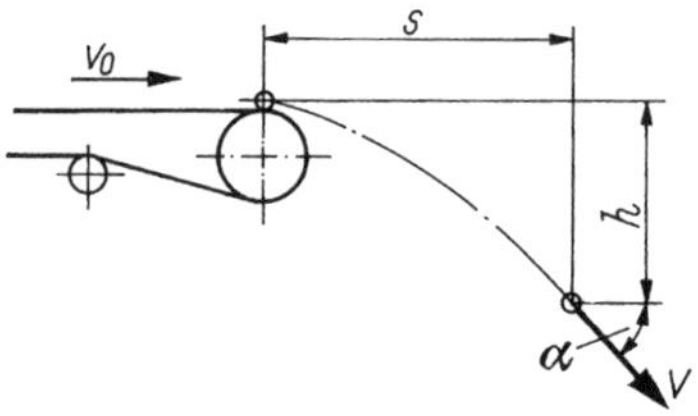

Bild 6.82 Abwurf von einem waagerechten Förderband

6.83

Ein Flugzeug verliert im Waagerechtflug bei einer Geschwindigkeit von 500 km/h und einer Höhe von 2800 m die Tür seiner Ladeluke. Unter Vernachlässigung des Luftwiderstandes sind zu errechnen:

1. Die Fallzeit t,
2. Die waagerechte Entfernung s zwischen dem Lösen und dem Aufschlag der Tür am Erdboden,
3. Die Aufschlaggeschwindigkeit v.

6.84

Ein Geschoss wird aus einem um 30° zur Horizontalen aufwärts geneigten Geschützrohr mit der Geschwindigkeit 250 m/s abgeschossen. Der Luftwiderstand ist zu vernachlässigen. Wie groß sind:

1. Die maximale Steighöhe h_{max} des Geschosses,
2. Die Entfernung s_{max} zwischen Abschuss und Aufschlag am Boden,
3. Die Flugzeit t_w des Geschosses?

6.85

Eine Kugel wird schräg nach oben geworfen. Sie erreicht eine Höhe von 16 m und schlägt nach einer Entfernung von 50 m wieder auf. Wie groß sind die Abwurfgeschwindigkeit, der Abwurfwinkel und die Wurfzeit? Der Luftwiderstand und die geringe Abwurfhöhe über dem Boden sind zu vernachlässigen.

6.86

Ein Stein gleitet von einem unter 45° geneigten Dach und schlägt 3 m von der Dachkante horizontal entfernt nach einer Fallhöhe von 20 m auf den Boden. Unter Vernachlässigung des Luftwiderstandes sind die Geschwindigkeit beim Verlassen des Daches, die Aufschlaggeschwindigkeit und die Fallzeit zu errechnen.

6.87

Ein Flugzeug überfliegt in einer Höhe von 1800 m im Waagerechtflug mit gleich bleibender Geschwindigkeit von 600 km/h ein Geschütz, von dem im Augenblick des Überflugs eine Granate abgeschossen wird, die das Flugzeug trifft. Die schräg aufwärts gerichtete Abschussgeschwindigkeit beträgt 1200 m/s. Unter welchem Winkel war das Geschützrohr eingestellt, nach welcher Zeit, in welcher horizontalen Entfernung und mit welcher Geschwindigkeit traf die Granate das Flugzeug? Die geringe Abschusshöhe über dem Boden und der Luftwiderstand sind zu vernachlässigen.

6.88

Beim Anfahren der Krananlage nach Bild 6.78 wird der Kran mit $a_1 = 0{,}5\ \text{m/s}^2$ beschleunigt. Gleichzeitig erfolgt mit $a_2 = 0{,}2\ \text{m/s}^2$ die Beschleunigung der Laufkatze. Während der Beschleunigung findet keine Hubbewegung statt. Es sind die absolute Beschleunigung a der an der Laufkatze hängenden Last und die Zeit t bis zum Erreichen einer absoluten Geschwindigkeit $v = 90$ m/min zu errechnen.

6.89

Ein Radfahrer fährt mit der konstanten Geschwindigkeit $v = 18$ km/h. Der Raddurchmesser beträgt $D = 650$ mm und der Tretkurbelradius $r = 170$ mm, die Übersetzung des Kettentriebs $i = 2{,}3$. Die Radialbeschleunigung a_r am Radumfang und die absoluten Pedalgeschwindigkeiten v_1 bis v_4 für die in Bild 6.89 angegebenen Pedalstellungen 1 bis 4 sind zu errechnen.

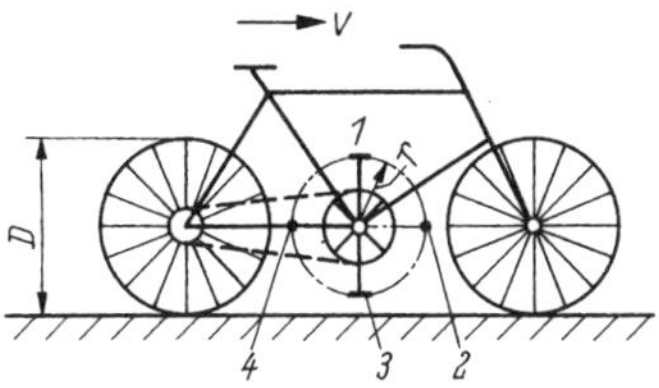

Bild 6.89 Fahrrad

6.90

In einem Kettentrieb mit der Übersetzung $i = 4$ hat das treibende Kettenrad die Drehzahl $n_1 = 600\ \text{min}^{-1}$. Wie groß ist die Radialbeschleunigung a_r am Teilkreis mit dem Durchmesser $d_2 = 962{,}5$ mm des getriebenen Kettenrades?

6.91

Ein Motorradfahrer fährt mit einer Geschwindigkeit von 80 km/h in einer Kurve, die 650 m Radius hat. Wie groß ist die Radialbeschleunigung, und welchen Betrag hat die Absolutbeschleunigung am Ende eines Beschleunigungsvorgangs, bei dem in dieser Kurve die Geschwindigkeit in 2 s auf 100 km/h erhöht wird?

6.92

Die Drehzahl eines Schwungrades mit 800 mm Außendurchmesser wird in 2,5 s von $400\ \text{min}^{-1}$ auf $1000\ \text{min}^{-1}$ erhöht. Es sind die Momentanbeschleunigungen am Radumfang bei Beginn und am Ende der Beschleunigung zu errechnen.

6.93

In einer Steuerscheibe, die sich mit einer konstanten Drehzahl von $30\ \text{min}^{-1}$ dreht (Bild 6.93), wird in der Führungsnut ein Gleitstein von B in Richtung A beschleunigt bewegt. Im Punkt B betragen seine Relativgeschwindigkeit 0,25 m/s und seine Relativbeschleunigung

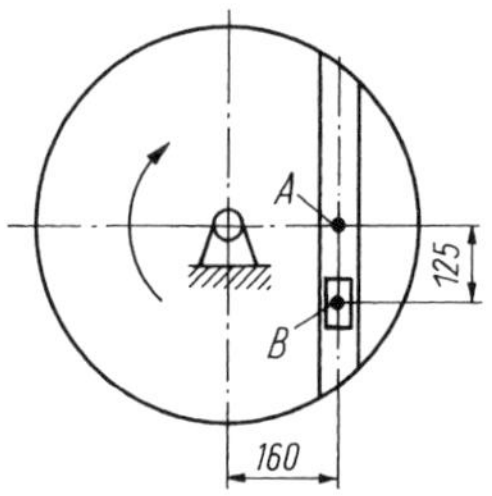

Bild 6.93 Steuerscheibe

0,4 m/s². Für die Stellung B des Gleitsteins sind zu ermitteln:

1. Die Absolutgeschwindigkeit v und deren Richtungswinkel γ zur Führungsnut als Relativbahn,
2. Die Absolutbeschleunigung a und deren Richtungswinkel δ.

6.94

Der Kulissenstein einer Kurbelschleife (Bild 6.94) bewegt sich relativ zur Schleife, während er mit dem Zapfen der Kurbel eine Kreisbewegung ausführt. Es betragen der Kurbelkreisradius $r = 200$ mm, die konstante Kurbeldrehzahl $n = 50\ \text{min}^{-1}$ und der Lagerabstand $h = 450$ mm. Für die Stellung des Kulissensteins beim Winkel $\varphi = 45°$ sind die Momentan-Winkelgeschwindigkeit ω_1 und die Momentan-Winkelbeschleunigung α_1 der Schleife zu ermitteln.

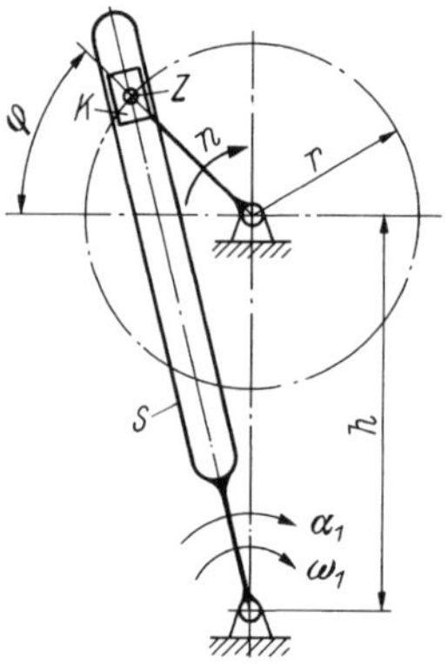

Bild 6.94 Kurbelschleife
K Kulissenstein, S Schleife, Z Zapfen

7 Kinetik

Die Aufgaben dieses Kapitels können auf verschiedene Weise gelöst werden. Durch die Zwischenüberschriften soll lediglich auf einen Lösungsweg hingewiesen werden, der mit den unter gleicher Überschrift im Lehrbuch[1]) angegebenen Gleichungen möglich ist. Weitere Aufgaben, bei denen das Grundgesetz der Dynamik, das Prinzip von d'Alembert oder der Impulssatz anzuwenden sind, befinden sich im Abschnitt **Arbeit, Energie, Leistung**. Soweit nicht besonders darauf hingewiesen wird, sind Beschleunigungen und Verzögerungen grundsätzlich als gleichmäßig anzunehmen.

Translation

Anwendung des Grundgesetzes der Dynamik

7.1

Ein Werkstück von der Masse $m = 40$ kg soll in $t = 0{,}2$ s aus dem Stillstand auf die Geschwindigkeit $v = 0{,}6$ m/s beschleunigt werden. Welche Beschleunigungskraft F ist bei Vernachlässigung der Reibung erforderlich?

7.2

Ein Ventilgehäuse aus Messing mit einem Volumen von 0,056 m^3 wird auf einer waagerechten Förderanlage aus einer Geschwindigkeit von 1,2 m/s in 2 s auf 4,8 m/s beschleunigt. Welche resultierende Kraft F wirkt während der Beschleunigung?

7.3

Ein Lastkraftwagen mit einem Gesamtgewicht von 2,5 t soll in 20 s aus dem Stand auf eine Geschwindigkeit von 80 km/h beschleunigt werden.

1. Welche Beschleunigungskraft F ist erforderlich, wenn Fahr- und Luftwiderstand vernachlässigt werden?
2. Wie groß muss die Antriebskraft F_a bei gleicher Beschleunigung sein, wenn mit einer Fahrwiderstandszahl von 0,028 zu rechnen ist und nur der Luftwiderstand vernachlässigt wird?

7.4

Ein Kraftfahrzeug mit einem Gesamtgewicht von 1350 kg erreicht aus dem Stillstand nach $s = 200$ m Fahrstrecke die Geschwindigkeit $v = 100$ km/h. Die Fahrwiderstandszahl beträgt $\mu_F = 0{,}025$. Es sind zu errechnen:

1. Die Beschleunigung a,
2. Der Fahrwiderstand F_f und die Antriebskraft F_a.

7.5

Eine 30 t schwere Rangierlokomotive wird aus der Geschwindigkeit $v_0 = 40$ km/h auf einer waagerechten Strecke $s = 40$ m durch eine Bremskraft $F_b = 35{,}7$ kN zum Stehen gebracht. Es sind die Verzögerung a und die Fahrwiderstandszahl μ_F zu errechnen.

7.6

An einer Presse fallen Werkstücke auf eine 1,8 m lange Rutsche, die unter einem Winkel von 40° zur Waagerechten abwärts geneigt ist. Die Gleitreibungszahl beträgt 0,1. Welche Geschwindigkeit haben die Teile am Ende der Rutsche, und wie lange dauert das Rutschen?

7.7

Ein Paket wird auf eine $s = 3{,}5$ m lange Rutsche mit dem Neigungswinkel $\alpha = 30°$ gelegt und gelangt anschließend auf eine waagerechte Rutsche (Bild 7.7), Gleitreibungszahl $\mu = 0{,}1$.

1. Mit welcher Geschwindigkeit v kommt das Paket am Ende des Rutschweges s an?
2. Welche waagerechte Auslaufstrecke s_1 legt es noch bis zum Stillstand zurück, wenn beim Überwinden der Übergangsrundung die Geschwindigkeit v sich um ca. 30% verringert?

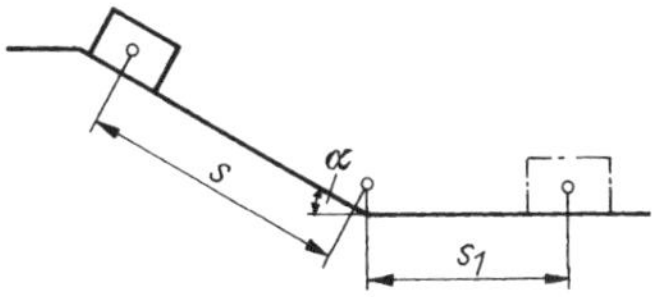

Bild 7.7

7.8

Ein Fahrkorb mit 1200 kg Gesamtgewicht fährt senkrecht aufwärts und abwärts von Station zu Station eine Strecke von 6 m. Sowohl bei der Aufwärts- als auch bei der Abwärtsfahrt wird er jeweils mit 2,5 m/s^2 beschleunigt bzw. verzögert. Die Geschwindigkeit während der gleichförmigen Fahrt beträgt 60 m/min. Unter Vernachlässigung der Reibung an den Führungen sind zu ermitteln:

1. Die Wege h_1, h_2 und h_3 bei beschleunigter, gleichförmiger und verzögerter Bewegung,

---

[1]) siehe Hinweise für die Benutzung des Buches

2. Die Kräfte F_{S1}, F_{S2} und F_{S3} im Seil bei beschleunigter, gleichförmiger und verzögerter Fahrt,
3. Der Beschleunigungs-, der Geschwindigkeits- und der Seilkraftverlauf über der Fahrstrecke (Diagramme).

7.9

Der Fahrkorb eines Aufzuges hängt an mehreren Seilen und wiegt mit Belastung 1800 kg. Er bewegt sich mit einer Geschwindigkeit von 25 m/min abwärts. An jeder der beiden Gleitschienen wirkt eine Reibungskraft von 30 N. Wie groß muss die gesamte Bremskraft F_b in den Seilen sein, um den Korb in 0,5 s bis zum Stillstand abzubremsen?

7.10

Der Hubtisch eines Regalförderzeuges (Bild 7.10) hat mit Last eine Masse von 5000 kg. Er hängt an zwei gleichbelasteten Seilsträngen und wird beim Heben und Senken mit 0,4 m/s^2 beschleunigt bzw. verzögert. Zu ermitteln sind:

1. Die bei Vernachlässigung der Reibung an den Führungen in einem Seilstrang wirkenden Kräfte F_{S1} bei beschleunigter, F_{S2} bei gleichförmiger und F_{S3} bei verzögerter Aufwärtsbewegung sowie die Kräfte F_{S4}, F_{S5} und F_{S6} bei beschleunigter, gleichförmiger und verzögerter Abwärtsbewegung,
2. Wie groß sind die Kräfte F_{S1} bis F_{S6}, wenn an jeder Führung eine Reibungskraft von 400 N zu berücksichtigen ist?

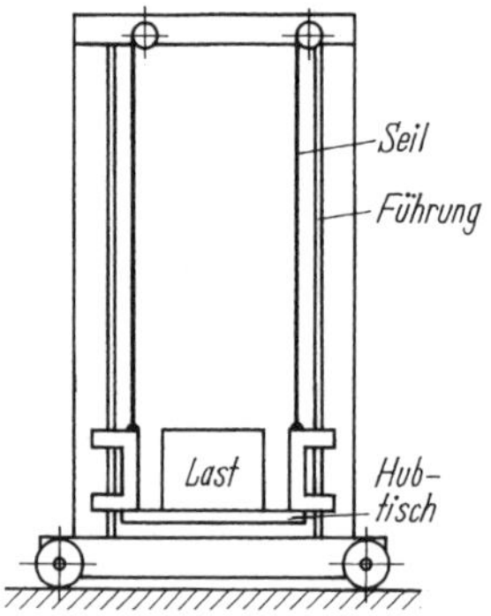

Bild 7.10 Vereinfachte Darstellung eines Regalförderzeuges

Prinzip von d'Alembert

7.11

Ein Motorradfahrer tritt bei der Geschwindigkeit $v = 120$ km/h auf den Fußbremshebel und kommt nach $s = 100$ m zum Stehen. Mit welcher Kraft F wird ein 80 kg schwerer Beifahrer auf dem Soziussitz nach vorn gedrückt? Die Reibung an der Sitzfläche ist zu vernachlässigen.

7.12

Ein Stadtomnibus bremst an einer Haltestelle mit einer Verzögerung von 1,5 m/s^2. Um welchen Winkel α muss sich ein frei im Wagen stehender Fahrgast aus der Senkrechten neigen, um die Trägheitskraft auszugleichen? Muss die Neigung in Fahrtrichtung oder dieser entgegengesetzt erfolgen?

7.13

Auf der Ladefläche eines Lastkraftwagens steht eine Transportkiste mit quadratischer Grundfläche von 1,6 m × 1,6 m. Der Schwerpunkt der gefüllten Kiste liegt 1,2 m über der Ladefläche, und die lotrechte Schwerelinie geht durch den Mittelpunkt der Grundfläche. Für eine Haftreibungszahl von 0,3 sind zu ermitteln:

1. Die zulässige Beschleunigung a, wenn beim Anfahren die Haftsicherheit mindestens $S_H = 1{,}3$ betragen soll,
2. Die bei der unter 1. errechneten Beschleunigung a vorhandene Standsicherheit S_{St}.

7.14

Der in Bild 7.14 skizzierte Ackerschlepper hat zwei Anhänger mit je 3 t Gesamtgewicht zu ziehen. Die Fahrwiderstandszahl beträgt 0,05. Auf einer Anfahrstrecke von 18 m wird eine Geschwindigkeit von 20 km/h erreicht. Es sind zu errechnen:

1. Die Kraft F an der Anhängevorrichtung des Schleppers und die Kraft F_1 während der gleichförmigen Fahrt,
2. Die Kraft F_2 an der Anhängevorrichtung zwischen den beiden Anhängern während der Beschleunigung und die dort während der gleichförmigen Fahrt auftretende Kraft F_3.

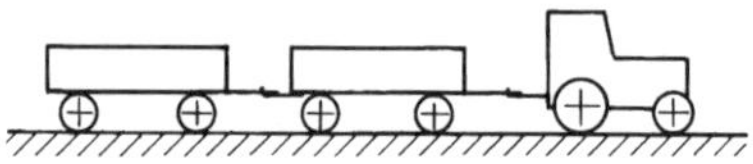

Bild 7.14 Schlepper mit Anhängern

7.15

Eine Masse $m_1 = 10$ kg wird von einer zweiten $m_2 = 5$ kg gezogen, die an einem über eine Rolle geführten Faden hängt (Bild 7.15). Mit welcher Beschleunigung a bewegt sich das System, wenn die Gleitreibungszahl $\mu = 0{,}08$ beträgt und die Massen des Fadens und der Rolle unberücksichtigt bleiben?

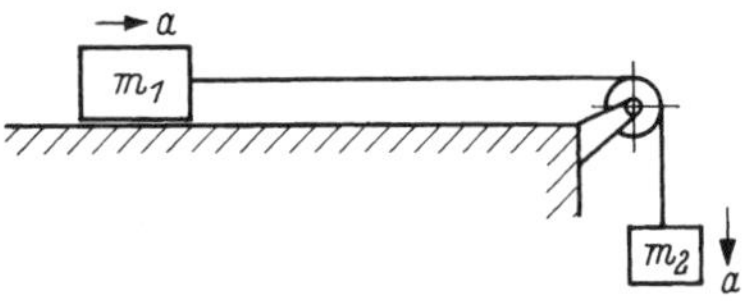

Bild 7.15 Beschleunigte Bewegung zweier Massen

7.16

Ein 1650 kg schweres Kraftfahrzeug (Bild 7.16) mit einem Radstand $l = 2750$ mm beschleunigt in 14 s aus dem Stillstand auf 100 km/h. Der Fahrzeugschwerpunkt S_0 liegt $h = 580$ mm über dem Boden und ist von allen vier Rädern gleich weit entfernt. Die Fahrwiderstandszahl beträgt 0,022. Es sind zu ermitteln:

1. Die Beschleunigung a und der Beschleunigungsweg s,
2. Die Achskräfte F_V und F_H während der Beschleunigung,
3. Die erforderliche Antriebskraft F_a.
4. Welche Beschleunigung a_s würde das Fahrzeug mit der Antriebskraft F_a bei einer Steigung von 15% erreichen, und welche Beträge hätten dabei die Achskräfte F_{Vs} und F_{Hs}?

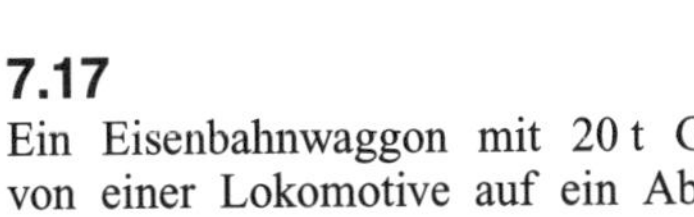

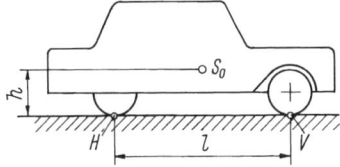

Bild 7.16 Kraftfahrzeug

7.17

Ein Eisenbahnwaggon mit 20 t Gewicht wird von einer Lokomotive auf ein Ablaufgleis mit 2,5% Gefälle geschoben. Er hat am Anfang der 50 m langen Gefällestrecke eine Geschwindigkeit von 2 m/s. Der Fahrwiderstand beträgt 30 N je 1000 kg Waggongewicht. Zu errechnen sind:

1. Die Beschleunigung des Waggons,
2. Seine Geschwindigkeit am Ende der Gefällestrecke,
3. Die Zeit für das Durchlaufen dieser Strecke.

7.18

Die Kabine einer Seilbahn (Bild 7.18) wiegt beladen 2,5 t. Sie soll auf einer unter $\alpha = 40°$ ansteigenden Strecke aus gleichförmiger Fahrt mit einer Geschwindigkeit von 3 m/s in 5 s gleichmäßig bis zum Stillstand gebremst werden. Unter Vernachlässigung des Reibungs- und Luftwiderstandes sind zu ermitteln:

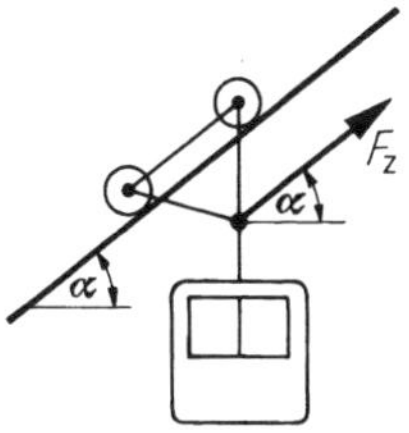

Bild 7.18 Seilbahnkabine

1. Die Kraft F_{z1} im Zugseil während der gleichförmigen Aufwärtsfahrt,
2. Die Kraft F_{z2} während der Verzögerung,
3. Der Bremsweg s am Tragseil.

7.19

Auf einem Bootslagerplatz wird ein 680 kg schweres Boot entsprechend Bild 7.19 an Land gezogen. Die Seilwinde hat einen Trommeldurchmesser $d = 320$ mm und einen Handkurbelradius $R = 400$ mm. Der Transportwagen wiegt 170 kg. Nach Verlassen des Wassers ist eine $s = 15$ m lange, unter $\alpha = 5°$ ansteigende Strecke zu überwinden. Mit einer Fahrwiderstandszahl von 0,03 sind zu errechnen:

1. Welche Geschwindigkeit v wird aus dem Stillstand am Ende der Strecke s erreicht, wenn an der Kurbel mit einer konstanten Kraft $F_1 = 500$ N gedreht wird, und welche Zeit t wird dafür benötigt?

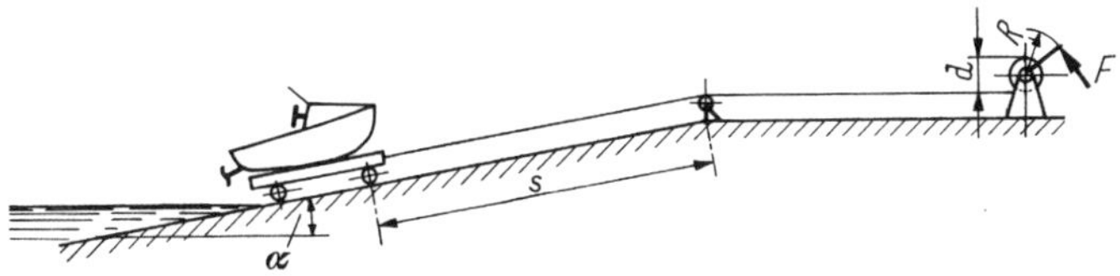

Bild 7.19 An-Land-Ziehen eines Bootes

2. Welche Kraft F_2 ist an der Kurbel erforderlich, um das Boot auf der anschließenden waagerechten Strecke gleichförmig zu bewegen?

7.20

Der Bär eines Drucklufthammers (Bild 7.20) wiegt einschließlich Kolben und Kolbenstange 1500 kg. Der Kolben hat $D = 250$ mm, die Kolbenstange $d = 80$ mm Durchmesser. An der Zylinderwand, der Bärführung und der Stopfbuchse treten Reibungskräfte auf, die zusammen ca. 4% der Kolbenkraft beim Anheben ausmachen. Es wird mit einem Luftüberdruck von 6 bar gearbeitet. Zu ermitteln sind:

1. Die beim Heben auf der Kolbenunterseite wirkende Kraft F_1 und die Reibungskraft F_R,
2. Die Beschleunigung a_1 beim Heben,
3. Die nach dem Umschalten der Druckluft vom unteren in den oberen Zylinderraum bei der Abwärtsbewegung auf die Kolbenoberseite drückende Kraft F_2,
4. Die Beschleunigung a_2 bei der Abwärtsbewegung,
5. Die Auftreffgeschwindigkeit v und die Fallzeit t bei einer Fallhöhe von 1,2 m.

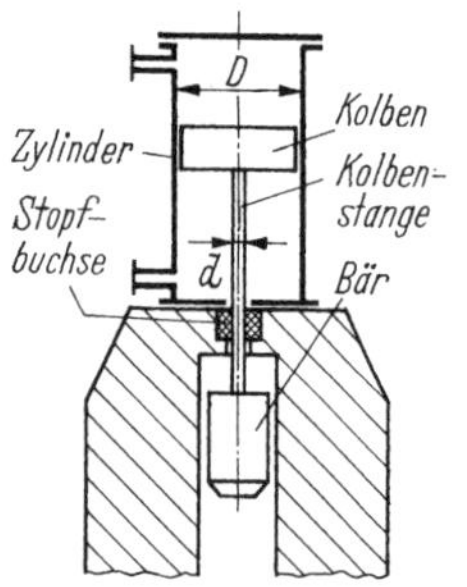

Bild 7.20 Bärantrieb eines Druckluft-hammers

Impuls, Impulssatz

7.21

Die Geschwindigkeit eines Körpers von der Masse $m = 12$ kg wurde von $v_1 = 2$ m/s auf $v_2 = 3{,}2$ m/s erhöht. Welcher Impuls p war dafür erforderlich?

7.22

Wie lange muss eine Kraft von 100 N auf einen Körper einwirken, um seine Bewegungsgröße von 200 kg m/s auf 500 kg m/s zu erhöhen?

7.23

Welche Zeit t benötigt ein Kraftfahrzeug mit dem Gesamtgewicht $m_{ges} = 1500$ kg, um aus dem Stand auf die Geschwindigkeit $v = 50$ km/h zu kommen, wenn an den Antriebsrädern mit dem Rollradius $R = 320$ mm ein Drehmoment $M = 1200$ Nm zur Verfügung steht und die Fahrwiderstandszahl $\mu_F = 0{,}02$ beträgt?

7.24

Ein Radfahrer erhöht innerhalb von 3 s seine Geschwindigkeit auf 30 km/h und erzeugt dabei am Umfang des Hinterrades eine mittlere Antriebskraft von 100 N. Der Fahrwiderstand beträgt 20 N. Fahrer und Rad wiegen zusammen 85 kg. Bei welcher Geschwindigkeit begann die Beschleunigung, und wie lang ist die Beschleunigungsstrecke?

7.25

Ein Straßenbahntriebwagen mit 12 t Gesamtgewicht erreicht mit einem 8 t schweren Anhänger auf gerader Strecke aus dem Stillstand in 12 s eine Geschwindigkeit von 20 km/h. Der Fahrwiderstand ist mit 100 N je Tonne Wagengewicht anzusetzen. Wie groß sind die Antriebskraft F_a am Triebwagen und die Zugkraft F_z an der Kupplung zwischen Triebwagen und Hänger?

7.26

Ein Lastkraftwagen mit 20 t Gesamtgewicht wird von 80 km/h auf 50 km/h mit einer Bremskraft von 45 kN bei einer Fahrwiderstandszahl von 0,025 verzögert. Wie groß sind:

1. Die Bremszeit t,
2. Der Bremsweg s?

7.27

Die Laufkatze eines Kranes hat 1100 kg Eigengewicht und soll mit einer Last von 10 t aus dem Stillstand in 4 s auf eine Fahrgeschwindigkeit von 20 m/min beschleunigt werden. Welche Antriebskraft F_a ist bei einer Fahrwiderstandszahl von 0,02 erforderlich?

7.28

Ein Flugzeug schießt bei einer Geschwindigkeit von 500 km/h eine 60 kg schwere Rakete ab. Diese erhält durch ihr Triebwerk 1 min lang eine Schubkraft von 560 N. Welche Geschwindigkeit hat die Rakete beim Abschalten ihres Triebwerks, und welche Strecke fliegt sie während der Beschleunigungszeit? Der Luftwiderstand und die Gewichtsabnahme durch Treibstoffverbrauch sind zu vernachlässigen.

7.29

Ein Straßenbahntriebwagen von 5 t Masse fährt ohne Antrieb mit der Geschwindigkeit 6 km/h gegen einen stillstehenden Anhänger von 3 t Masse und kuppelt diesen automatisch an. Mit welcher Geschwindigkeit rollen beide Fahrzeuge gemeinsam weiter? Dabei ist der Fahrwiderstand zu vernachlässigen.

Arbeit, Energie, Leistung

Arbeit und Energie

7.30

Auf einer waagerechten ebenen Strecke $s = 500$ m wird ein beladener Schlitten mit gleich bleibender Geschwindigkeit gezogen. Der Schlitten hat einschließlich Ladung die Masse $m = 180$ kg. Die Gleitreibungszahl beträgt $\mu = 0{,}03$. Zu ermitteln sind:

1. Die erforderliche Zugkraft F_1 an einem waagerechten Zugseil und die damit verrichtete Arbeit W_1,
2. Die unter einem Winkel $\alpha = 30°$ aufwärts wirkende Seilzugkraft F_2 und die dazugehörige Arbeit W_2.

7.31

Für das Heraufziehen eines Bootes mit einem Transportwagen nach Bild 7.19 sind unter Verwendung der in Aufgabe 7.19 gegebenen Größen ($m = 850$ kg, $s = 15$ m, $\alpha = 5°$, $\mu_F = 0{,}03$, $d = 320$ mm, $R = 400$ mm) zu errechnen:

1. Die auf der Steigungsstrecke s zu verrichtende Reibungsarbeit W_R und die Hubarbeit W_h,
2. Die Beschleunigungsarbeit W_a auf der Steigungsstrecke bei einer Beschleunigung $a = 0{,}32$ m/s^2 und die Gesamtarbeit W_{ges}.
3. Welche Arbeit W ist erforderlich, um das Boot die Steigungsstrecke gleichförmig heraufzuziehen, und welche Kraft F ist dafür an der Kurbel aufzubringen?

7.32

An einem Schrägaufzug werden 60 kg schwere Behälter unter einem Winkel von 38° über eine Strecke von 10 m mit einer konstanten Kraft von 500 N je Behälter aufwärts gezogen, Reibungszahl $\mu = 0{,}05$. Wie groß sind die Hubarbeit W_h, die Reibungsarbeit W_R, die Beschleunigungsarbeit W_a und die insgesamt verrichtete Arbeit W_{ges}?

7.33

Eine nicht vorgespannte Zugfeder mit der Federrate $R = 40$ N/mm wird durch ein Gewichtsstück der Masse $m = 10$ kg belastet (Bild 7.33). Um welchen Federweg s wird die Feder gespannt, bis die Masse m zum Stillstand kommt und sich ihre Bewegungsrichtung umkehrt?

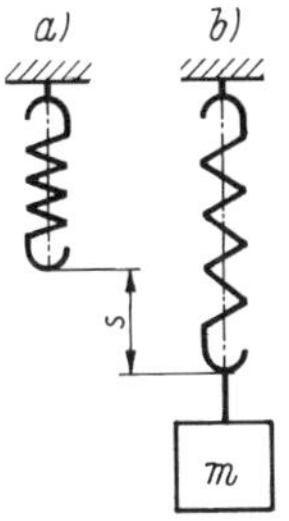

Bild 7.33 Zugfeder
a) unbelastet, b) belastet

7.34

Eine zylindrische Schraubendruckfeder wird auf 500 N vorgespannt eingebaut. Während des Betriebes erhöht sich die Federkraft nach einem Hub von 15 mm auf 800 N. Es sind die Federrate R, die Federwege s_1 und s_2 und die während des Hubs verrichtete Federarbeit W_F zu errechnen.

7.35

Auf eine zylindrische Schraubendruckfeder mit der Federrate $R = 5$ N/mm wird eine Masse $m = 5$ kg gelegt.

1. Um welchen Federweg s wird die Feder durchgedrückt?
2. Bei welchem Federweg s_0 geht die Beschleunigung in eine Verzögerung über?
3. Wie verläuft die Beschleunigung a der Masse m über dem Federweg s (grafische Darstellung)?

7.36

Eine Masse $m = 1$ kg fällt frei auf eine Druckfeder (Bild 7.36), die dabei um $s = 8$ mm zusammengedrückt wird. Aus welcher Höhe h fiel die Masse herab, wenn die Federrate $R = 400$ N/mm beträgt?

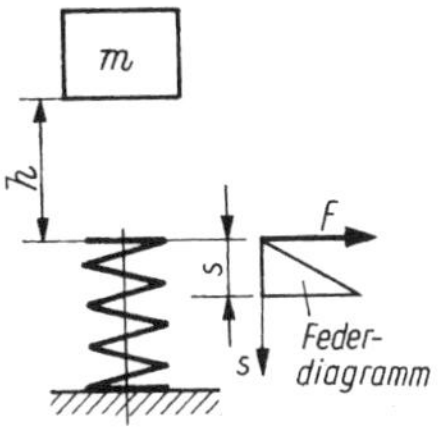

Bild 7.36 Auf Druckfeder fallende Masse

7.37

Eine Masse von 5 kg fällt frei auf eine Druckfeder mit der Federrate 50 N/mm, wobei die Feder um 20 mm zusammengedrückt wird.

1. Aus welcher Höhe h (siehe Bild 7.36) fiel die Masse herab?
2. Bei welcher Durchfederung s_0 geht die Beschleunigung in eine Verzögerung über?
3. Wie verläuft die Beschleunigung über dem Federweg s?

7.38

Um welchen Federweg wird eine Druckfeder mit der Federrate 1,6 N/mm zusammengedrückt, wenn aus 20 mm Höhe über der ungespannten Feder eine Masse von 100 kg auf sie herabfällt?

7.39

Eine 5 t schwere Fallbirne zum Zerkleinern von Gussschrott wird mittels Elektromagneten angehoben und fällt nach Abschalten des Stromes aus einer Höhe von 6 m auf den Schrott herab. Wie groß sind:

1. Die Fallzeit t und die Auftreffgeschwindigkeit v,
2. Die als Schlagenergie zur Verfügung stehende kinetische Energie E_k?

7.40

Ein 200 kg schwerer Rammbär hat einen Pfahl in das Erdreich einzutreiben, das dem Eintreiben eine mittlere Widerstandskraft $F = 40$ kN entgegensetzt. Bei einem Schlag wird der Pfahl um $s = 0{,}2$ m tiefer eingeschlagen. Unter Vernachlässigung der Masse des Pfahls sind zu errechnen:

1. Die Höhe H über dem um 0,2 m eingeschlagenen Pfahl, aus welcher der Bär herabfiel,
2. Die Auftreffgeschwindigkeit v.

7.41

Ein Hammer mit $m = 250$ g Masse trifft mit der Geschwindigkeit $v_0 = 2$ m/s auf einen waagerecht einzuschlagenden Nagel (Bild 7.41), der bei jedem Schlag um $s = 5$ mm eingetrieben wird. Zu ermitteln sind:

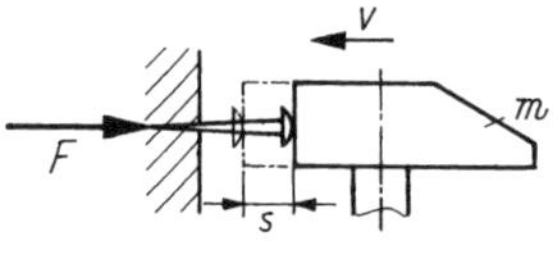

Bild 7.41 Einschlagen eines Nagels

1. Wie groß ist die Widerstandskraft F, die auf dem Eintreibweg als konstant angenommen wird?
2. Wie verlaufen die Geschwindigkeit v und die Verzögerung a des Hammers über dem Eintreibweg s (Gleichungen und Diagramme)?
3. Wie lang wird der Eintreibweg s bei der unter 2. errechneten Widerstandskraft F, wenn der Nagel lotrecht nach unten eingetrieben wird?

7.42

Mit einem 300 g schweren Hammer wird ein Bolzen waagerecht eingetrieben, der dem Eintreiben einen konstanten Widerstand von 800 N entgegensetzt. Mit welcher Geschwindigkeit muss der Hammer auf den Bolzen schlagen, um diesen bei jedem Schlag um 3 mm tiefer einzutreiben?

7.43

Ein Kraftfahrzeug mit 1850 kg Gesamtgewicht hat eine ABS-Anlage und wird aus der Geschwindigkeit 80 km/h ohne zu rutschen auf einer waagerechten Strecke von 48 m auf 50 km/h verzögert. Welche Wärmeenergie E_b entsteht während des Bremsvorgangs an den Bremsscheiben, wenn mit einer Fahrwiderstandszahl von 0,02 zu rechnen ist und der Luftwiderstand vernachlässigt wird?

7.44

Ein Fahrkorb bewegt sich mit der Geschwindigkeit $v = 42$ m/min gleichförmig aufwärts. Um welche Höhe h würde er sich noch aufwärts bewegen, wenn die Seilbefestigung plötzlich bricht und Reibungskräfte nicht berücksichtigt werden?

7.45

Der Lastkorb eines Lastenaufzugs wiegt beladen 2400 kg und bewegt sich mit einer Geschwindigkeit von 60 m/min aufwärts. Plötzlich reißt das Seil, woraufhin 1 s nach Beginn des Fallens eine automatische Bremse an zwei Längsseiten des Korbes je eine Bremskraft von 15 kN erzeugt. Welche Zeit vergeht vom Beginn des Seilbruchs bis zum Stillstand des Korbes? Zu ermitteln sind:

1. Die Zeit t_1 bis zum Beginn des Fallens,
2. Die Geschwindigkeit v_2 beim Einsetzen der Bremskraft,
3. Die Bremszeit t_3,
4. Die gefragte Zeit t.

7.46

Eine Masse $m = 10$ kg rutscht aus dem Stillstand eine um $\alpha = 20°$ zur Waagerechten geneigte Ebene der Länge $s = 20$ m hinab, Gleitreibungszahl $\mu = 0{,}1$. Es sind zu errechnen:

1. Die Rutschzeit t,
2. Die Endgeschwindigkeit v,
3. Die kinetische Energie E_k am Ende der geneigten Ebene.

7.47

Eine Kiste, die mit Inhalt 20 kg wiegt, hat am Anfang einer um 25° abwärts geneigten Rutsche eine Geschwindigkeit von 1,5 m/s. Welche kinetische Energie besitzt sie am Ende der 10 m langen Rutsche bei einer Gleitreibungszahl von 0,12?

7.48

Der an einem Hebel drehbar gelagerte Schlaghammer eines Pendelschlagwerks (Bild 7.48) hat die Masse $m = 15$ kg. Er fällt aus der oberen Stellung herab, durchschlägt im tiefsten Punkt das Prüfstück und steigt dann um den angegebenen Winkel wieder an. Mit welcher Geschwindigkeit trifft der Hammer auf das Prüfstück, und welche Schlagenergie wird vom Prüfstück aufgenommen?

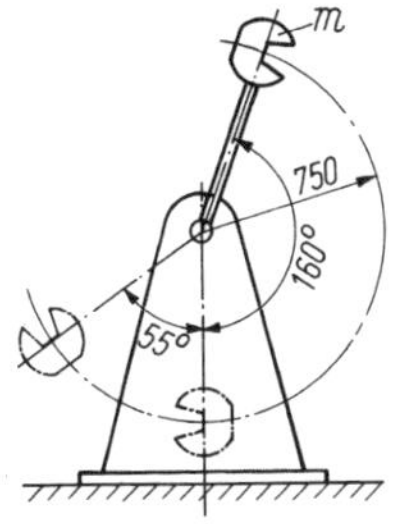

Bild 7.48 Pendelschlagwerk

7.49

Ein $l = 1$ m langes Pendel wird um den Winkel $\varphi_0 = 60°$ angehoben (Bild 7.49) und losgelassen. Gesucht sind:

1. Die Geschwindigkeit v_1 bei $\varphi_1 = 30°$,
2. Die Geschwindigkeit v_2 im tiefsten Punkt,
3. Die Gleichung für die Tangentialbeschleunigung a_t.

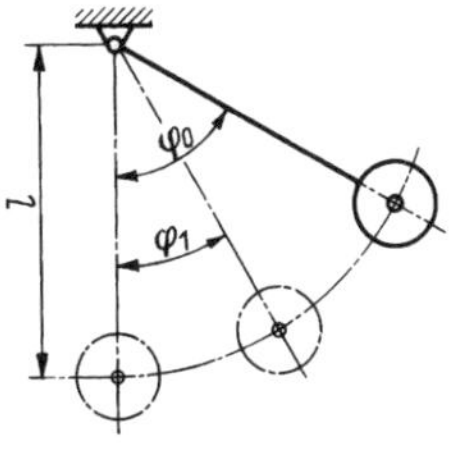

Bild 7.49 Pendel

Leistung und Wirkungsgrad

7.50

Eine Kraftmaschine verrichtet in der Zeit $t = 3{,}25$ h die Arbeit $W = 11{,}52$ MJ. Wie groß ist die Leistung P?

7.51

Eine Arbeitsmaschine verrichtet in 1,5 h eine Arbeit von 54 MJ bei einem Wirkungsgrad $\eta = 0{,}9$. Welche Leistung P_M muss der Antriebsmotor aufbringen?

7.52

Eine Kreiselpumpe fördert stündlich 12 000 l Wasser auf eine Höhe von 6 m. Die Wirkungsgrade betragen $\eta_1 = 0{,}88$ für den die Pumpe antreibenden Elektromotor, $\eta_2 = 0{,}82$ für die Pumpe und $\eta_3 = 0{,}85$ für die Erfassung der Rohrleitungsverluste. Wie groß sind:

1. Die vom Motor dem Netz entnommene Leistung P_1,
2. Die in die Pumpenwelle an der Kupplung eingeleitete Leistung P_2,
3. Die von der Pumpe an das Wasser abgegebene Leistung P_3?

7.53

In einem Heißwasserspeicher sollen 80 l Wasser von 15 °C auf 85 °C erwärmt werden. Der eingebaute Heizkörper ist für eine Leistung von 3 kW ausgelegt. Wie lange dauert das Aufheizen des Wassers, wenn die Anlage einen Wirkungsgrad von 97% hat?

7.54

Welche mittlere Leistung P_m muss für das Anheben der in Aufgabe 7.39 genannten 5 t schweren Fallbirne bei einem Wirkungsgrad von 82% aufgebracht werden, wenn die Hubhöhe von 6 m in 10 s erreicht werden soll?

7.55

Ein Fahrzeug fährt mit der Geschwindigkeit $v = 120$ km/h auf waagerechter Strecke, wobei der Motor $P = 66$ kW leistet. Ohne Luftwiderstand beträgt der Fahrwiderstand $F_f = 500$ N. Wie groß ist der Luftwiderstand F_L?

7.56

Für einen Pkw wurde bei der Geschwindigkeit 200 km/h ein Verbrauch von 20 l/100 km Superbenzin mit einem Heizwert von 43 MJ/kg gemessen, wobei der Motor die Leistung 92 kW abgab. Die Dichte des Benzins beträgt 0,75 kg/dm^3. Es ist der Wirkungsgrad zu errechnen.

7.57

Auf einer Steigung von 14% fährt ein Kraftfahrzeug mit einem Gesamtgewicht von 1600 kg. Welche Leistung muss der Motor bei einer Geschwindigkeit von 30 km/h aufbringen, wenn der Luftwiderstand 300 N, der Fahrwiderstand 200 N und der Wirkungsgrad aller Antriebselemente ca. 70% betragen?

7.58

Die 2,5 t schwere Kabine einer Seilbahn (siehe Bild 7.18) fährt auf einer unter 40° ansteigenden Strecke mit einer konstanten Geschwindigkeit von 3 m/s und soll in 5 s bis zum Stillstand abgebremst werden. Unter Berücksichtigung eines Wirkungsgrades von 85% sind zu ermitteln:

1. Die Leistung P_1 während der gleichförmigen Fahrt,
2. Die Leistung P_2 bei Beginn der Verzögerung,
3. Die mittlere Leistung P_m während der Verzögerung.

7.59

Der in Bild 7.59 skizzierte Bandförderer mit einem Steigungswinkel $\alpha = 45°$ hat eine Förderlänge $L = 8$ m und eine Fördergeschwindigkeit $v = 1{,}2$ m/s. Die längenbezogene Masse des Schüttgutes beträgt $m' = 50$ kg/m. Welche Antriebsleistung muss der Motor aufbringen, wenn durch die Reibungsverluste im Getriebe, in den Lagern der Antriebs- und der Spanntrommel sowie der Tragrollen mit einem Wirkungsgrad $\eta = 0{,}6$ zu rechnen ist?

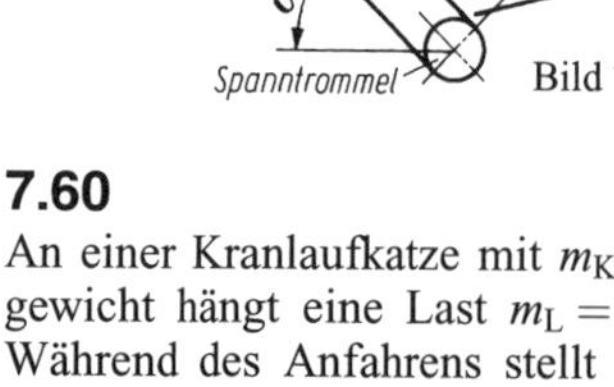

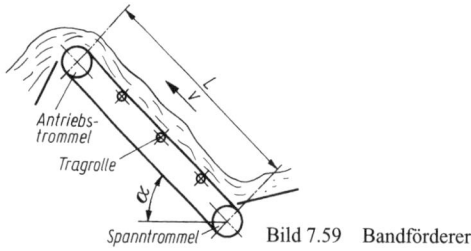

Bild 7.59 Bandförderer

7.60

An einer Kranlaufkatze mit $m_K = 500$ kg Eigengewicht hängt eine Last $m_L = 2{,}5$ t (Bild 7.60). Während des Anfahrens stellt sich das Lastseil infolge der Beschleunigung unter dem Winkel $\alpha = 15°$ ein. Die Rollreibungszahl beträgt $\mu_R = 0{,}05$, der Antriebswirkungsgrad $\eta = 0{,}87$.

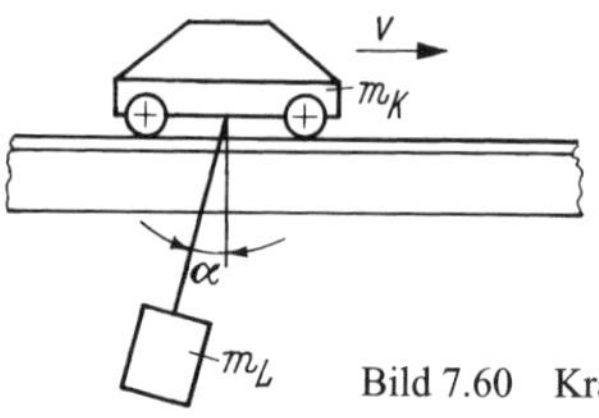

Bild 7.60 Kranlaufkatze mit Last

Gesucht sind:

1. Die Leistung P_1 des Antriebsmotors am Ende der Beschleunigung, wenn die Fahrgeschwindigkeit $v_F = 30$ m/min erreicht ist,
2. Die mittlere Leistung P_m des Motors während der Beschleunigung,
3. Die Motorleistung P während der gleichförmigen Fahrt mit der Fahrgeschwindigkeit v_F.

7.61

Für welche Leistung ist der Hubmotor eines Kranhubwerks auszulegen, wenn eine Last von 2,5 t mit einer Hubgeschwindigkeit von 16 m/min gleichförmig gehoben werden soll und die Wirkungsgrade folgende Beträge haben: Seiltrieb $\eta_S = 0{,}97$, Seiltrommel $\eta_T = 0{,}96$, Hubwerksgetriebe $\eta_G = 0{,}88$.

7.62

Ein Rammbär von 1000 kg Masse wird mit einer Beschleunigung $a_1 = 0{,}2$ m/s^2 aus dem Stillstand vertikal um die Höhe $h_1 = 1$ m und danach mit konstanter Geschwindigkeit um $h_2 = 3$ m gehoben. Anschließend wird mit $a_3 = -0{,}2$ m/s^2 verzögert, bis er die Gesamthöhe $H = 5$ m erreicht hat.

1. Nach welcher Zeit t wird die Gesamthöhe erreicht?
2. Welche Arbeit W wird insgesamt verrichtet?
3. Welche Leistung P_0 ist bei Beginn des Hebens, P_1 am Ende der Beschleunigung, P_2 während des gleichförmigen Hebens und P_3 am Anfang der Verzögerung aufzuwenden?

7.63

Ein Fahrkorb mit 1200 kg Gesamtgewicht fährt lotrecht aufwärts mit einer Beschleunigung von 2 m/s^2, anschließend weiter gleichförmig mit 30 m/min Geschwindigkeit und wird dann mit einer Verzögerung von 2 m/s^2 abgebremst. Er durchfährt dabei insgesamt eine Höhe von 10 m. Zu ermitteln sind:

1. Die an der Aufhängung während der drei Fahrperioden auftretenden Kräfte,

2. Der Leistungsbedarf am Ende der Beschleunigung, während der gleichförmigen Aufwärtsfahrt und bei Beginn der Verzögerung,
3. Die während der drei Fahrperioden durchfahrenen Höhen,
4. Die verrichtete Gesamtarbeit,
5. Die sich aus den Leistungen und Fahrzeiten ergebenden Einzelarbeiten während der drei Fahrperioden.

7.64

Der Fahrkorb eines Aufzuges wird an einem Seil durch eine motorgetriebene Seilscheibe gehoben (Bild 7.64). Um die Leistung beim Heben klein zu halten, ist am anderen Seilende ein Gegengewicht angebracht, das sich mit gleicher Geschwindigkeit senkt. Der beladene Fahrkorb wiegt $m_1 = 2300$ kg, das Gegengewicht $m_2 = 1500$ kg. Der Korb wird mit $a = 1{,}5$ m/s^2 auf $v = 60$ m/min beschleunigt. Welche Leistung P muss der Motor bei Beginn der Beschleunigung, P_1 am Ende der Beschleunigung und P_2 während des gleichförmigen Hebens mit der Geschwindigkeit v aufbringen, wenn die Anlage einen Wirkungsgrad $\eta = 0{,}7$ hat? Die Masse der Seilscheibe ist zu vernachlässigen.

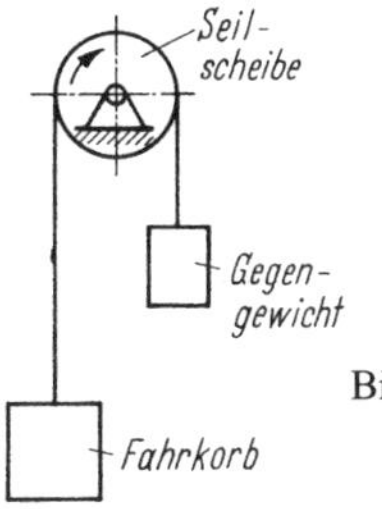

Bild 7.64 Seilscheibe mit Fahrkorb und Gegengewicht in einem Aufzugantrieb

7.65

Auf einer Drehmaschine wird eine Welle mit einer Schnittgeschwindigkeit von 60 m/min bearbeitet. Dabei werden eine Schnittkraft von 8 kN und eine Motorleistung von 10,7 kW gemessen. Mit welchem Wirkungsgrad arbeitet die Maschine?

Gerader zentrischer Stoß

7.66

Eine Kugel von der Masse $m_1 = 7{,}5$ kg stößt mit der Geschwindigkeit $v_1 = 3{,}2$ m/s auf eine gleich große Kugel $m_2 = 5$ kg, die sich in derselben Richtung mit $v_2 = 1{,}6$ m/s bewegt. Für diesen elastischen Stoß sind unter Vernachlässigung der Reibung die Geschwindigkeiten u_1 und u_2 der Kugeln nach dem Stoß zu errechnen.

7.67

Ein ruhender Zylinder mit 12 kg Masse wird entsprechend Bild 7.67 von einer 2,5 kg schweren zylindrischen Masse angestoßen, die an einem masselos gedachten Faden wie ein Pendel herabfällt. Die Pendellänge beträgt $l = 1{,}32$ m, der Auslenkungswinkel $\varphi_1 = 75°$. Es handelt sich um einen elastischen Stoß. Die Stoßnormale geht durch die Zylinderschwerpunkte.

1. Mit welcher Geschwindigkeit v_1 wird die ruhende Masse angestoßen?
2. Welche Geschwindigkeiten u_1 und u_2 haben die Massen nach dem Stoß?
3. Auf welche Höhe h_2 prallt der stoßende Zylinder zurück?
4. Nach welchem Rollweg s kommt der gestoßene Zylinder bei einer Rollreibungszahl von 0,03 zum Stillstand?

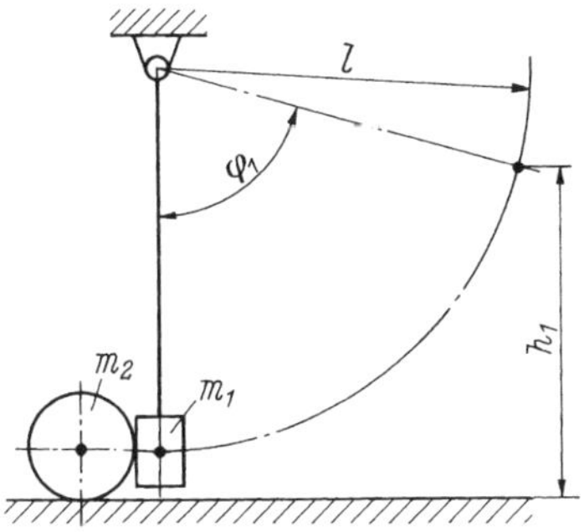

Bild 7.67 Stoß gegen einen ruhenden Zylinder

7.68

Ein 50 t schwerer Eisenbahnwagen rollt auf einer waagerechten Strecke mit der Geschwindigkeit 1,5 m/s auf einen stehenden Wagen, der 30 t wiegt. Die vier an diesem elastischen Stoß beteiligten Pufferfedern haben je eine Federrate von 3,6 kN/mm. Gesucht sind:

1. Die Geschwindigkeiten der Wagen nach dem Stoß,
2. Der größte Federweg und die größte Federkraft einer Pufferfeder während des Stoßes, wobei an jedem Wagen zwei Federn parallel geschaltet sind,
3. Der Abstand beider Wagen 4 s nach dem Stoß bei einer Fahrwiderstandszahl von 0,0025.

7.69

Auf einem Ablaufgleis mit 5% Neigung rollt ein 2,5 t schwerer Waggon mit einer Momentangeschwindigkeit von 1,6 m/s abwärts. Ihm folgt ein 6 t schwerer Waggon, der bei einem Abstand von 10 m eine Geschwindigkeit von 4 m/s hat. Die Fahrwiderstandszahl beider Waggons beträgt 0,003.

1. Nach welcher Zeit trifft der hintere Waggon auf den vorderen?
2. Welche Geschwindigkeiten haben beide Waggons bei Beginn des elastischen Stoßes?
3. Wie groß sind ihre Geschwindigkeiten nach dem Stoß?

7.70

Bei einem 2 t schweren Schmiedehammer soll die Formänderungsarbeit 25 kJ je Schlag betragen. Er fällt auf ein Werkstück von 1,5 t Masse, das auf einem Amboss von 14 t Masse liegt. Wie groß sind

1. Die erforderliche Fallhöhe des Hammers,
2. Der Wirkungsgrad des Schmiedens,
3. Die an den Boden abgegebene Energie?

7.71

Der 1,6 t schwere Bär einer Fallramme fällt aus 2,5 m Höhe auf einen einzurammenden Pfahl, der 400 kg wiegt. Die nahezu konstante Widerstandskraft des Erdreichs beträgt 1,4 MN. Um wie viel mm wird der Pfahl eingetrieben, und wie groß ist dabei der Wirkungsgrad, wenn plastischer Stoß angenommen wird?

7.72

Zur Bestimmung ihrer Geschwindigkeit wird eine 6 g schwere Pistolenkugel waagerecht in den Schwerpunkt eines Sandsackes geschossen, der 10 kg wiegt und an einem Seil als Pendel aufgehängt ist. Infolge des Einschusses schlägt dieses Pendel mit einer Länge von 4 m um 3° aus. Welche Geschwindigkeit hat die Kugel?

7.73

Eine Holzkugel fällt aus einer Höhe von 1 m auf eine große dicke Holzplatte und springt auf eine Höhe von 240 mm zurück. Wie groß ist die Stoßzahl?

7.74

Eine Elfenbeinkugel hängt an einem dünnen Faden von der Länge $l = 2$ m (Bild 7.74). Sie wird bei horizontaler Lage des Fadens losgelassen und stößt gegen eine vertikal feststehende dicke Platte, von der sie soweit zurückprallt, dass der Faden mit der Vertikalen den Winkel $\varphi = 78°$ bildet. Gesucht ist die Stoßzahl.

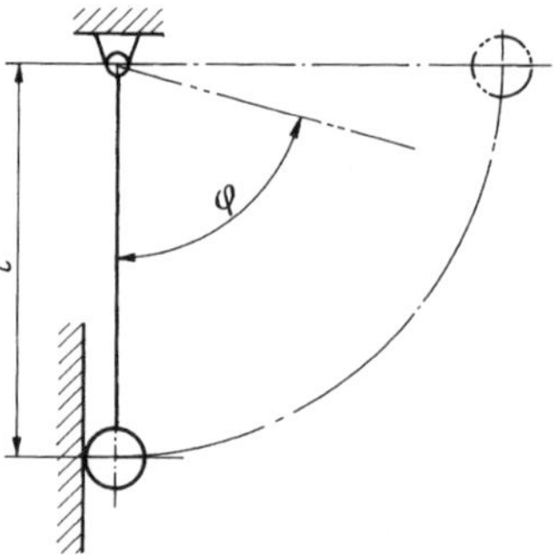

Bild 7.74 Stoß einer Kugel gegen eine feste Platte

7.75

Ein Schabotte-Fallhammer mit 2 m Hub hat ein Bärgewicht von 1,6 t. Das Schmiedestück wiegt 2 t, die Masse der Schabotte beträgt 30 t. Mit einer Stoßzahl von 0,62 und unter Vernachlässigung der Reibung an der Bärführung sind zu errechnen:

1. Die Aufschlaggeschwindigkeit und die Schlagenergie des Bärs,
2. Die Geschwindigkeiten des Bärs und der Schabotte mit dem Schmiedestück nach dem Stoß,
3. Die Rücksprunghöhe des Bärs und der Wirkungsgrad beim Schmieden.

Rotation

Anwendung des Grundgesetzes der Dynamik

7.76

Eine Schleifscheibe mit einem Trägheitsmoment $J = 3{,}6\ \text{kg m}^2$ soll in $t = 6$ s aus dem Stillstand auf die Drehzahl $n = 500\ \text{min}^{-1}$ beschleunigt werden. Unter Vernachlässigung der Lagerreibung ist das erforderliche Beschleunigungsmoment M zu errechnen.

7.77

Welches Trägheitsmoment J hat ein Schwungrad, das durch ein Bremsmoment $M = 100$ Nm in $t = 0{,}5$ min aus der Drehzahl $n = 600\ \text{min}^{-1}$ zum Stillstand gebracht wird?

7.78

Eine Riemenscheibe wurde mit einem Bremsmoment von 160 Nm in 1,2 min aus der Drehzahl $500\ \text{min}^{-1}$ stillgesetzt. Wie groß ist ihr Trägheitsmoment?

7.79

Der Rotor einer elektrischen Maschine wurde in 10 s durch ein Drehmoment von 200 Nm von 0 auf 1450 min^{-1} beschleunigt. Wie groß sind:

1. Das Trägheitsmoment der rotierenden Massen,
2. Das erforderliche Bremsmoment, wenn das Abbremsen bis zum Stillstand in der halben Anfahrzeit erfolgen soll?

7.80

Ein Elektromotor wird in 8 s aus dem Stillstand auf die Drehzahl 1000 min^{-1} beschleunigt. Die anzutreibenden Drehmassen haben ein Trägheitsmoment von 10 kg m^2. Nach dem Abschalten des Stromes kommt die Motorwelle in 18 s wieder zum Stillstand. Zu errechnen sind:

1. Das Beschleunigungsmoment,
2. Die Winkelverzögerung,
3. Die Anzahl der Umläufe bis zum Stillstand der Welle.

7.81

Ein Schwungrad, das mit seiner Welle zusammen ein Trägheitsmoment von 12 kg m^2 hat, wird durch ein Drehmoment $M_{\text{an}} = 80$ Nm in 5 s aus dem Stillstand auf die Drehzahl 300 min^{-1} beschleunigt. Wie groß ist das Reibungsmoment M_{R} in den Lagern?

7.82

Eine drehbar gelagerte Scheibe wiegt mit ihrer waagerecht angeordneten Welle 35 kg und hat ein Trägheitsmoment von 3 kg m^2. Die Reibungszahl in den Gleitlagern mit 50 mm Durchmesser beträgt 0,05. Zu ermitteln ist:

1. Das antreibende Drehmoment M_{an}, um die Scheibe aus dem Stillstand in 5 s auf die Drehzahl 900 min^{-1} zu beschleunigen.
2. Nach welcher Zeit kommt die Scheibe ohne Antrieb zum Stillstand, und wie viel Umläufe führt sie bis dahin aus?

7.83

Durch einen Auslaufversuch soll das Trägheitsmoment einer Welle mit Zahnrädern ermittelt werden, die zusammen ein Gewicht von 20 kg haben. Die Lagerung ist so ausgeführt, dass durch die Gewichtskraft in beiden Lagern gleiche Lagerkräfte auftreten. Die Lagerzapfendurchmesser betragen 16 mm, die Lagerreibungszahl 0,05. Der Antrieb wird bei einer Drehzahl von 980 min^{-1} abgeschaltet. Nach 1,9 min kommt die Welle zum Stillstand. Wie groß ist das Trägheitsmoment dieser Welle mit den Zahnrädern?

7.84

Das Trägheitsmoment einer 400 kg schweren Schwungmasse ist unter Berücksichtigung der Reibung in den symmetrisch angeordneten Lagern zu bestimmen. Die Lagerzapfen haben einen Durchmesser von 50 mm, die Lagerreibungszahl beträgt 0,01. Durch ein Bremsmoment von 20 Nm wurde die Schwungmasse in 0,6 min aus einer Drehzahl von 900 min^{-1} stillgesetzt.

7.85

Mit der in Bild 7.85 skizzierten Innenbackenbremse soll eine mit der Drehzahl $n = 1800\ \text{min}^{-1}$ umlaufende Welle in $t = 1{,}2$ s zum Stillstand gebracht werden. Die Welle hat einschließlich der mit ihr verbundenen Massen ein Trägheitsmoment $J = 3{,}5$ kg m^2. Welche Normalkraft F_{N} muss an jeder Bremsbacke aufgebracht werden, wenn die Gleitreibungszahl $\mu = 0{,}4$ beträgt?

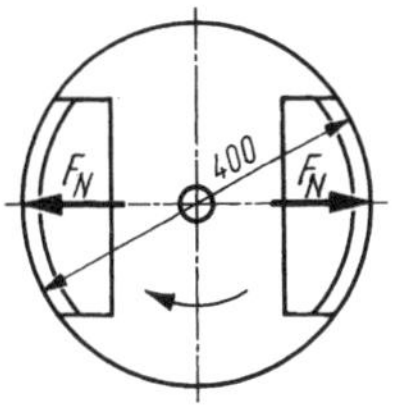

Bild 7.85 Innenbackenbremse

7.86

Für die in Bild 7.86 skizzierte einfache Backenbremse sind zu errechnen:

1. Die Normalkraft F_{N} an der Bremstrommel, wenn am Ende des Bremshebels mit der Kraft $F = 10$ N gedrückt wird,
2. Das damit mögliche Bremsmoment M_{B} bei einer Reibungszahl $\mu = 0{,}4$,
3. Die Bremszeit t, um die Trommelwelle aus der Drehzahl $n = 1000\ \text{min}^{-1}$ stillzusetzen, wenn alle auf die Welle bezogenen Drehmassen das Trägheitsmoment $J = 0{,}005$ kg m^2 haben.

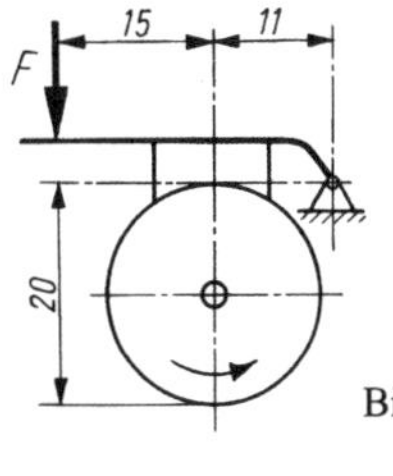

Bild 7.86 Einfache Backenbremse

7.87

Bild 7.87 zeigt eine Seiltrommel, auf deren Welle zur Erhöhung der Sicherheit außer der üblichen Bremse an der Motorwelle eine zusätzliche Federdruckbremse angeordnet ist, die ein Bremsmoment von 2000 Nm aufbringt. In den Lagern und an den Zahnrädern entsteht ein Reibungsmoment von 100 Nm. Alle mit der Welle verbundenen Massen (auf diese reduzierten Massen), jedoch ohne die Last von 2000 kg Masse, haben ein Trägheitsmoment von 5 kg m². Der Seiltrommeldurchmesser beträgt 200 mm (auf Seilmitte bezogen). Zu ermitteln sind:

1. Wie groß ist die Verzögerung a der Last, wenn sie allein durch diese Bremse aus einer Senkgeschwindigkeit $v = 30$ m/min bis zum Stillstand abgebremst wird?
2. Nach welcher Zeit t ist der Bremsvorgang beendet?
3. Welchen Bremsweg h legt die Last zurück?

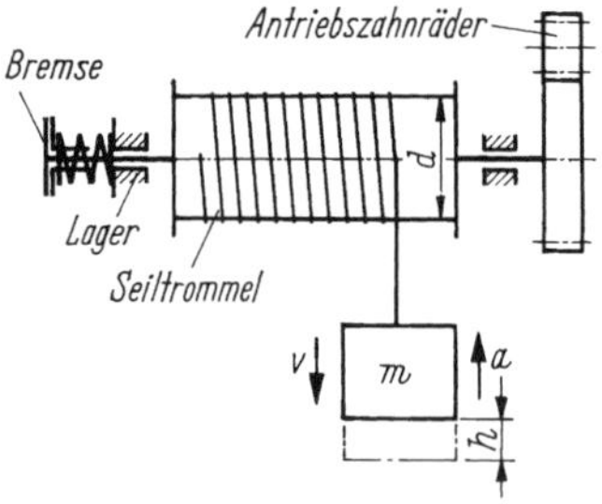

Bild 7.87 Hubeinrichtung

7.88

An einer drehbar gelagerten zweistufigen Scheibe (Bild 7.88) hängen an masselos gedachten Fäden die je 1 kg schweren Massen m_1 und m_2. Sie erteilen der Scheibe die Winkelbeschleunigung $\alpha = 3$ rad/s². Unter Vernachlässigung der Reibung sind zu errechnen:

1. Die Beschleunigung a_1 und a_2 der Massen m_1 und m_2,
2. Das auf die Scheibe ausgeübte Drehmoment M,
3. Das Trägheitsmoment J der Scheibe.

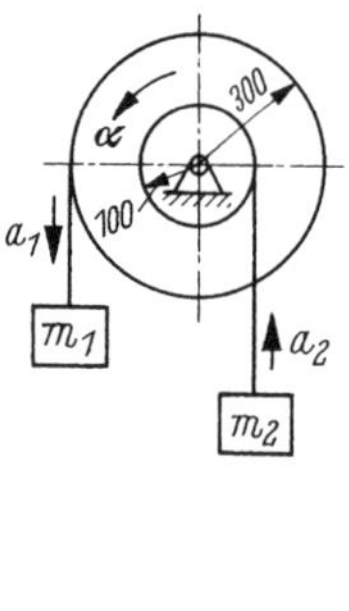

Bild 7.88 Beschleunigte Massen

7.89

Das in Bild 7.89 skizzierte, aus vier Massen bestehende System, die durch masselos gedachte Fäden verbunden sind, wird aus der Ruhelage sich selbst überlassen. Die Scheibenradien betragen $r_1 = 300$ mm, $r_2 = 600$ mm und $r_3 = 400$ mm. Unter Vernachlässigung der Reibung sind zu ermitteln:

1. Wie groß ist die Beschleunigung a_4 der Masse m_4?
2. In welcher Zeit t durchläuft diese Masse eine Höhe von 2 m?

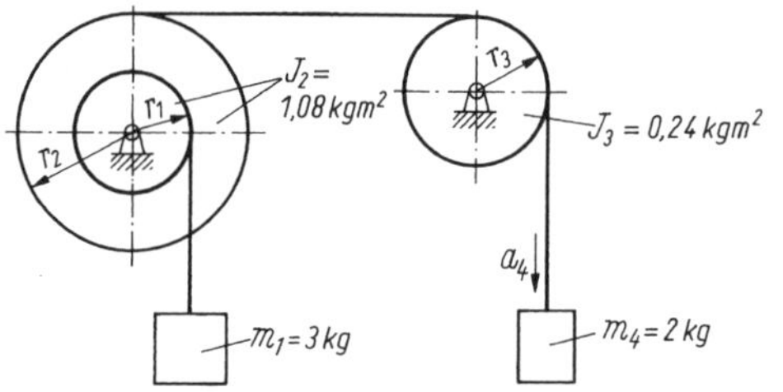

Bild 7.89 Viermassensystem

Trägheitsmomente

7.90

Bild 7.90 zeigt ein Dreimassensystem mit einer drehbar gelagerten Scheibe von der Masse m_1, die über einen aufgelegten masselos gedachten Faden mit den Massen m_2 und m_3 verbunden ist. Zu ermitteln sind:

1. Das Trägheitsmoment J der zylindrischen Masse m_1,
2. Die Beschleunigung a der Masse m_2, wenn das System aus der Ruhelage sich selbst überlassen bleibt und die Reibung vernachlässigt wird,
3. Die von der Masse m_2 nach $t = 2{,}5$ s erreichte Geschwindigkeit v,
4. Wie groß sind a und v, wenn ein Lagerreibungsmoment $M_R = 0{,}25$ Nm zu berücksichtigen ist?

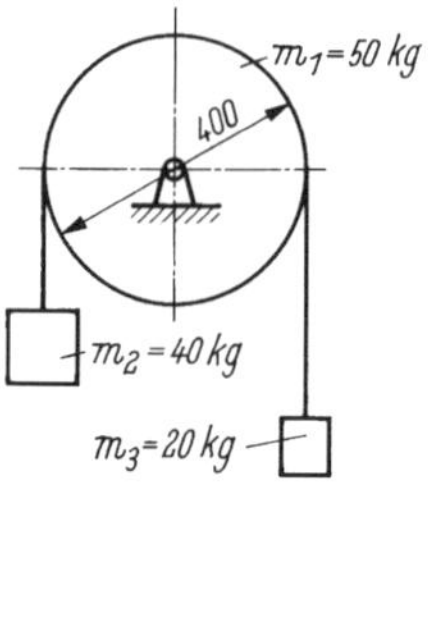

Bild 7.90 Drehbar gelagertes Massensystem

7.91

Das Trägheitsmoment der in Bild 7.91 vereinfacht dargestellten Getriebewelle soll bestimmt werden. Welle und Zahnräder sind aus Stahl gefertigt. Das Rad 1 hat den Modul $m_1 = 2{,}5$ mm und $z_1 = 82$ Zähne, Rad 2 hat $m_2 = 4$ mm und $z_2 = 15$ Zähne. Es sind zu errechnen:

1. Die Teilkreisdurchmesser d_1 und d_2 der Zahnräder,
2. Die Trägheitsmomente J_1 und J_2 der als Zylinder mit den Durchmessern d_1 und d_2 aufzufassenden Zahnräder,
3. Das Trägheitsmoment J_3 des Wellenstückes zwischen den Zahnrädern,
4. Das Trägheitsmoment J_4 beider Lagerzapfen,
5. Das Trägheitsmoment J der kompletten Getriebewelle.

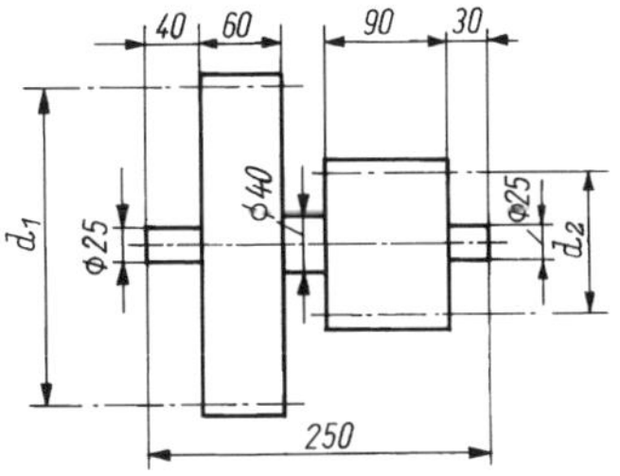

Bild 7.91 Getriebewelle

7.92

Bild 7.92 zeigt die Schnittdarstellung eines Zahnrades aus Stahlguss. Zu ermitteln sind:

1. Die Massen m_1 der Nabe (1), m_2 der Stegscheibe (2) und m_3 des Kranzes (3), aufgefasst als Hohlzylinder mit dem angegebenen Teilkreisdurchmesser als Außendurchmesser,
2. Die Trägheitsmomente J_1, J_2 und J_3,
3. Das Trägheitsmoment J des Zahnrades.

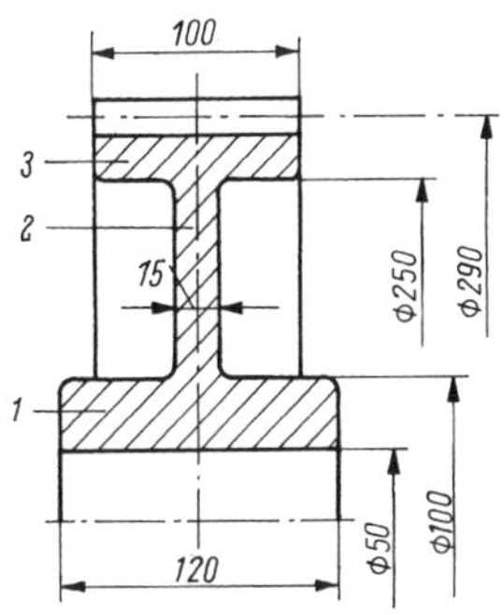

Bild 7.92 Zahnrad
1 Nabe, *2* Stegscheibe, *3* Kranz

7.93

Bild 7.93 zeigt die Schnittdarstellung eines Schwungrades aus Stahlguss. Gesucht sind:

1. Die Masse m des Schwungrades,
2. Der prozentuale Gewichtsanteil des Kranzes,
3. Das Trägheitsmoment J des Schwungrades,
4. Der Anteil des Kranzes am Trägheitsmoment in %,
5. Die auf den Außendurchmesser reduzierte Masse m_{red} des Schwungrades und sein Trägheitsradius i.

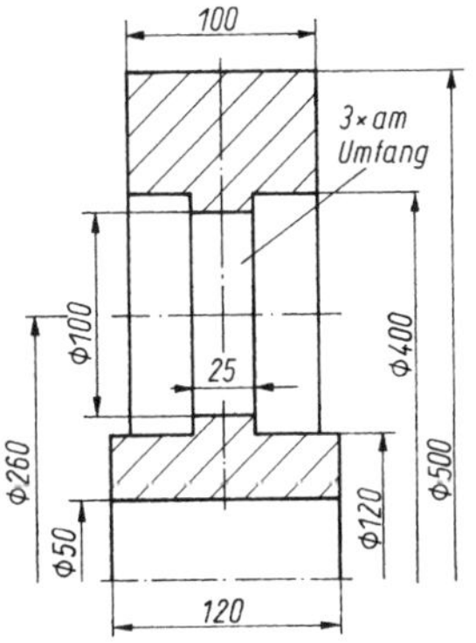

Bild 7.93 Schwungrad

7.94

Die in Bild 7.94 skizzierte Riemenscheibe mit vier Armen ist aus Gusseisen (Grauguss) hergestellt. Jeder Arm wiegt $m_3 = 0{,}6$ kg und hat ein auf seinen Schwerpunkt S_3 bezogenes Trägheitsmoment $J_{S3} = 3{,}7$ kg cm^2. Es sind zu ermitteln:

1. Die Trägheitsmomente J_1 und J_2 des Kranzes (1) und der Nabe (2),
2. Das auf die Drehachse bezogene Trägheitsmoment J_3 eines Armes,
3. Das Trägheitsmoment J der Riemenscheibe.

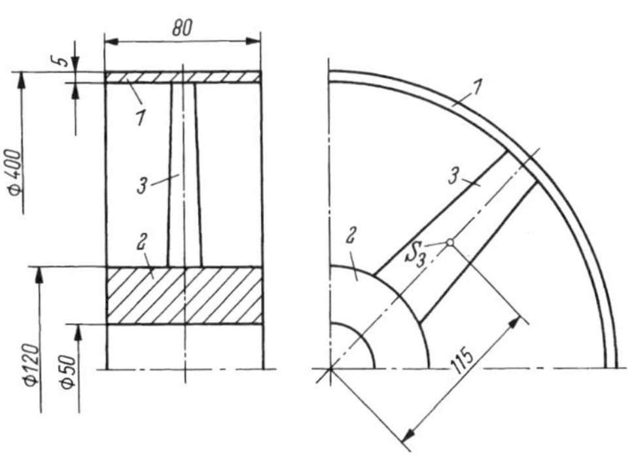

Bild 7.94 Riemenscheibe
1 Kranz, *2* Nabe, *3* Arm

7.95

Ein Turbinenrad ist am Umfang mit 30 Schaufeln bestückt (Bild 7.95), von denen jede zur eigenen Schwerachse, die durch den Schwerpunkt S_1 geht, ein Trägheitsmoment $J_{S1} = 4{,}3 \cdot 10^{-4}$ kg m² hat und $m_1 = 850$ g wiegt. Der Schaufelträger hat ohne Schaufeln ein Trägheitsmoment $J_T = 14{,}5$ kg m² und wiegt $m_2 = 185$ kg. Beim Anfahren ohne Betriebsbelastung drückt der Dampf auf jede Schaufel mit einer Kraft $F_1 = 75$ N senkrecht zur Zeichnungsebene im Schaufelschwerpunkt S_1. Es sind zu ermitteln:

1. Das auf die Drehachse bezogene Trägheitsmoment J_1 einer Schaufel und das Trägheitsmoment J des Turbinenrades,
2. Die Winkelbeschleunigung α und die Zeit t, in der die Drehzahl $n = 5000\ \text{min}^{-1}$ aus dem Stillstand erreicht wird,
3. Der Trägheitsradius i des Turbinenrades.

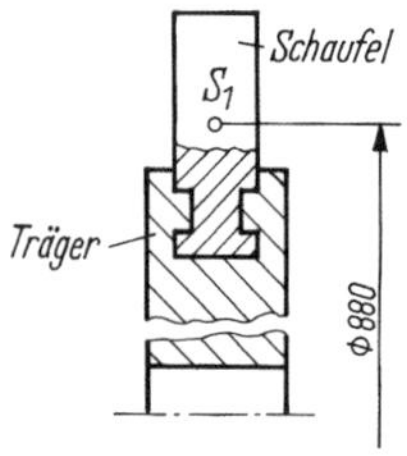

Bild 7.95 Turbinenschaufel mit Trägerrad

Drehimpuls, Drehimpulssatz

7.96

Eine Schwungscheibe mit einem Trägheitsmoment $J = 0{,}01$ kg m² soll in der Zeit $t = 1$ s von der Drehzahl $n_1 = 300\ \text{min}^{-1}$ auf $n_2 = 400\ \text{min}^{-1}$ beschleunigt werden. Gesucht sind:

1. Das erforderliche Beschleunigungsmoment M,
2. Das Antriebsmoment M_{an} bei einem Lagerreibungsmoment $M_R = 5$ Nmm.

7.97

Eine mittels Zugfeder betätigte Doppelbackenbremse nach Bild 7.97, die durch ein in der Skizze nicht dargestelltes Magnetsystem gelüftet wird, hat rotierende Massen mit einem Trägheitsmoment von 10 kg m² abzubremsen. Die Reibungszahl an den Bremsbacken beträgt 0,35. Wie groß muss die Federkraft F sein, um die Drehzahl von $1440\ \text{min}^{-1}$ in 2 s auf die Hälfte zu verringern?

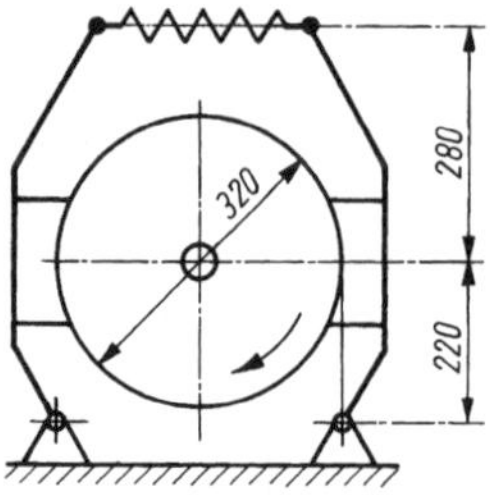

Bild 7.97 Doppelbackenbremse

7.98

Die in Bild 7.98 gezeigte Backenbremse hat umlaufende Massen mit einem Trägheitsmoment $J = 1$ kg m² aus der Drehzahl $n_1 = 1500\ \text{min}^{-1}$ in $t = 2{,}5$ s auf $n_2 = 500\ \text{min}^{-1}$ abzubremsen, und zwar sowohl bei Rechtslauf als auch bei Linkslauf. Es betragen der Bremstrommeldurchmesser $d = 200$ mm, die Hebellängen $l_1 = 140$ mm und $l_3 = 160$ mm, die Reibungszahl $\mu = 0{,}4$. Zu errechnen sind die am Bremshebel erforderlichen Kräfte F_r bei Rechtslauf und F_l bei Linkslauf.

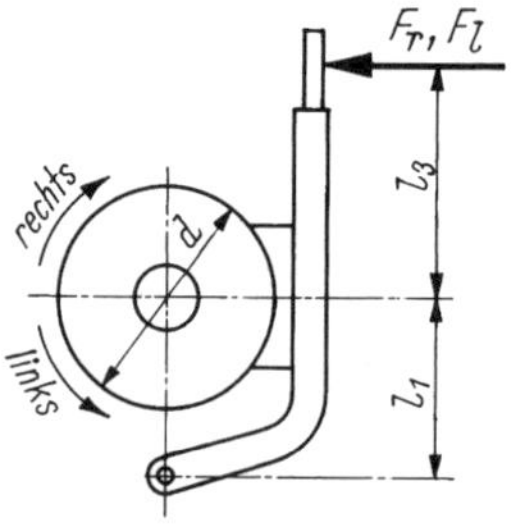

Bild 7.98 Backenbremse für Rechts- und Linkslauf

7.99

Die auf der Welle 1 angeordnete Drehmasse mit dem Trägheitsmoment $J_1 = 16$ kg m² (Bild 7.99) wird über eine Reibungskupplung mit der stillstehenden Welle 2 verbunden, auf der sich Drehmassen mit dem Trägheitsmoment $J_2 = 6{,}4$ kg m² befinden. Welle 1 hat bei Beginn des Kuppelns die Drehzahl $420\ \text{mm}^{-1}$. Gesucht sind:

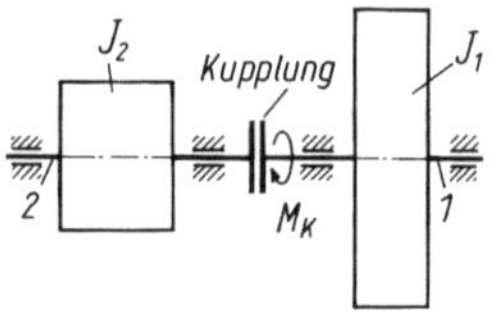

Bild 7.99 Durch Kupplung verbundene Drehmassen

1. Die gemeinsame Drehzahl n beider Wellen nach dem Kupplungsvorgang,
2. Das erforderliche Kupplungsmoment M_K, wenn die Kupplungszeit nicht länger als 3,2 s betragen soll.

7.100

Ein Reibradgetriebe (Bild 7.100) mit den Raddurchmessern $d_1 = 200$ mm und $d_2 = 800$ mm soll am kleinen treibenden Rad 1 in $t = 4$ s von der Drehzahl $n_{11} = 300\ \text{min}^{-1}$ auf $n_{12} = 600\ \text{min}^{-1}$ beschleunigt werden (schlupflose Mitnahme). Zu ermitteln sind:

1. Das am Rad 1 erforderliche Drehmoment M_1, wenn die Reibungsmomente $M_{R1} = 0,4$ Nm und $M_{R2} = 0,6$ Nm betragen,
2. Die Anzahl Z_1 der Umdrehungen des Rades 1 während der Beschleunigungszeit t.

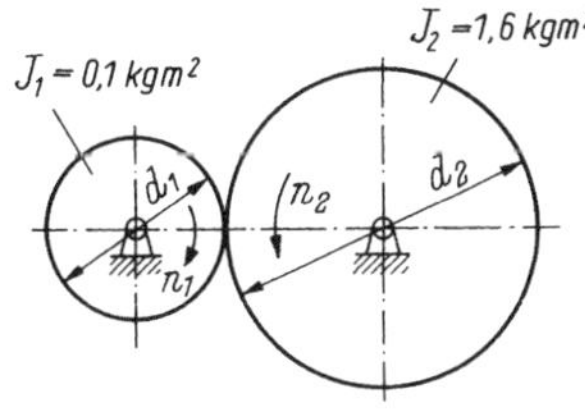

Bild 7.100 Reibradgetriebe

Arbeit, Energie und Leistung bei Drehbewegung

7.101

Eine 50 kg schwere Last soll mit einer einfachen Handwinde 10 m gleichförmig gehoben werden. Die Seiltrommel hat einen auf Seilmitte bezogenen Durchmesser von 200 mm, der Kurbelradius beträgt 300 mm. Unter Vernachlässigung der Reibung sind zu errechnen:

1. Die am Kurbelradius erforderliche Umfangskraft F_u,
2. Die Anzahl Z der Kurbelumdrehungen,
3. Die aufzubringende Dreharbeit W.

7.102

Für die in Bild 7.91 dargestellte Getriebewelle wurde ein Trägheitsmoment $J = 0,084\ \text{kg m}^2$ ermittelt. Welche Rotationsenergie E_{rot} hat diese Welle bei der Drehzahl $n = 600\ \text{min}^{-1}$?

7.103

Ein Vollzylinder aus einem Werkstoff mit der Dichte $\varrho = 7,96\ \text{kg/dm}^3$ hat den Außendurchmesser $D = 200$ mm und die Länge $l = 100$ mm. Gesucht sind:

1. Die Masse m und das Trägheitsmoment J, bezogen auf die Zylinderachse,
2. Der Trägheitsradius i und die auf den Umfang reduzierte Masse m_{red},
3. Die Rotationsenergie E_{rot} bei der Umfangsgeschwindigkeit $v = 60$ m/min.

7.104

Das Schwungrad einer Presse hat ein Trägheitsmoment von $8,4\ \text{kg m}^2$. Während eines Arbeitshubes verringert sich seine Drehzahl von $360\ \text{min}^{-1}$ auf $300\ \text{min}^{-1}$. Wie groß sind

1. Die vom Schwungrad abgegebene Arbeit W,
2. Das erforderliche Drehmoment M, mit dem die Leerlaufdrehzahl in 0,4 s wieder erreicht wird?

7.105

Eine Kugel mit $D = 100$ mm Durchmesser und der Dichte $\varrho = 7\ \text{kg/dm}^3$ rollt auf einer waagerechten Bahn mit der Rollreibungszahl $\mu_R = 0,002$. Nach welcher Strecke s und nach welcher Zeit t kommt sie aus der Geschwindigkeit $v = 0,1$ m/s zum Stillstand?

7.106

Ein Zylinder mit $D = 80$ mm rollt mit der Winkelgeschwindigkeit $\omega = 10$ rad/s in eine Steigung 1 : 4 hinein und diese hinauf (Bild 7.106).

1. Nach welcher Strecke s würde der Zylinder stehen bleiben und umkehren, wenn die Reibung unberücksichtigt bleibt?
2. Wie lang ist die Strecke s bei einer Rollreibungszahl $\mu_R = 0,01$?
3. Welche Strecke s würde eine Kugel gleichen Durchmessers bei derselben Rollreibungszahl zurücklegen?

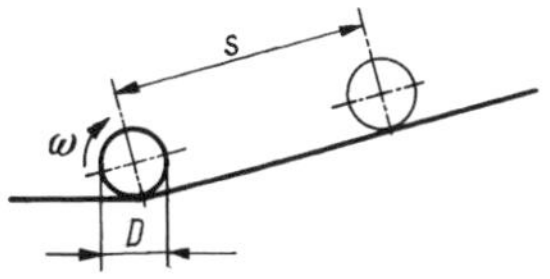

Bild 7.106 Zylinder bzw. Kugel an einer Steigung

7.107

Eine Kugel mit 60 mm Durchmesser und einem Gewicht von 280 g rollt eine geneigte Ebene hinauf (Bild 7.107), wobei sich ihre Geschwindigkeit von $v_1 = 3,2$ m/s auf v_2 verringert. Unter Vernachlässigung der Reibung sind zu ermitteln:

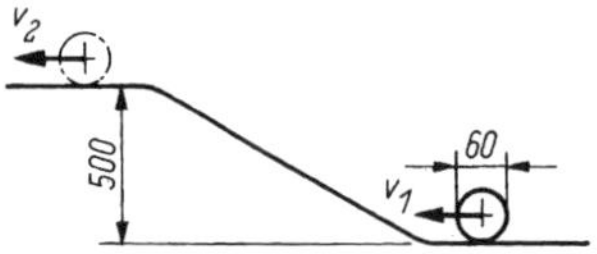

Bild 7.107 Kugel an geneigter Ebene

1. Die kinetische Energie E_{k1} der rollenden Kugel am Anfang der Steigung,
2. Die kinetische Energie E_{k2} am Ende der Steigung,
3. Die Geschwindigkeit v_2.

7.108

Ein Wagen wiegt mit seinen vier Rädern 100 kg. Jedes Rad hat ein Trägheitsmoment $J = 0{,}2\ \text{kg m}^2$ und einen Durchmesser $d = 500$ mm. Nachdem der Wagen ohne Antrieb eine $s = 52$ m lange geneigte Strecke mit dem Neigungswinkel $\beta = 30°$ herabgerollt ist, beträgt seine kinetische Energie $E_{k2} \approx 25{,}5$ kJ. Wie groß sind bei Vernachlässigung der Reibung:

1. Die Geschwindigkeit v_2 in km/h am Ende der Talfahrt,
2. Die Geschwindigkeit v_1 bei Beginn der Talfahrt?

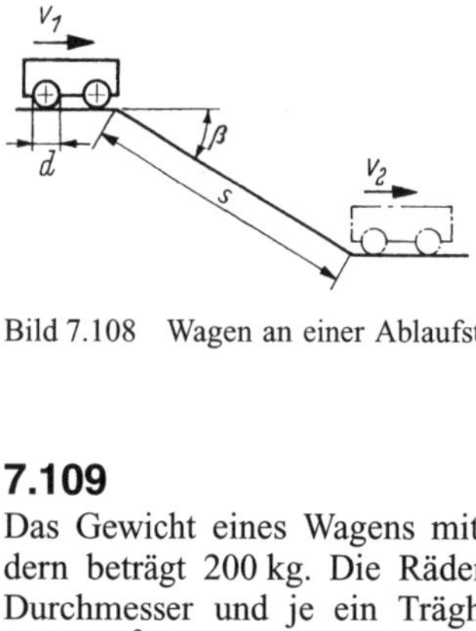

Bild 7.108 Wagen an einer Ablaufstrecke

7.109

Das Gewicht eines Wagens mit seinen vier Rädern beträgt 200 kg. Die Räder haben 500 mm Durchmesser und je ein Trägheitsmoment von $0{,}3\ \text{kg m}^2$. Der Wagen wird mit der Geschwindigkeit 20 km/h an eine 0,9 m hohe und 10 m lange Steigungsstrecke herangefahren, die er ohne Antrieb hinaufrollt. Ohne Berücksichtigung der Reibung sind zu ermitteln:

1. Kann der Wagen die Steigungsstrecke überwinden, und auf welchen Betrag nimmt seine Geschwindigkeit dabei ab?
2. Welche Geschwindigkeit erreicht der Wagen, wenn er die Steigungsstrecke mit 20 km/h beginnend abwärts rollt?

7.110

Das in Bild 7.110 skizzierte Reibradgetriebe besteht aus zwei Vollzylindern mit den Massen $m_1 = 50$ g und $m_2 = 300$ g. Infolge des am Rad 2 bremsend wirkenden Drehmoments $M_2 = 5$ Nmm verringert sich die Drehzahl $n_1 = 4000\ \text{min}^{-1}$ des Rades 1 in der Zeit t auf die Hälfte. Die Reibung ist zu vernachlässigen. Gesucht sind:

1. Das auf die Welle des Rades 1 reduzierte Trägheitsmoment $J_{1\ \text{red}}$ beider Räder,
2. Die Winkelverzögerung α und die Verzögerungszeit t,
3. Die Rotationsenergien $E_{\text{rot}\ 1}$ bei Beginn und $E_{\text{rot}\ 2}$ am Ende der Verzögerung.

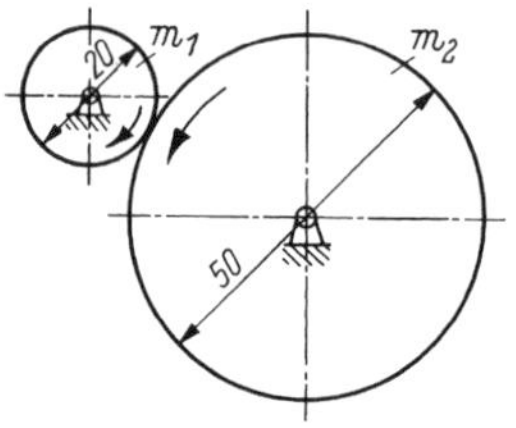

Bild 7.110 Reibradgetriebe

7.111

Die Riemenscheiben 1 und 2 des in Bild 7.111 skizzierten Flachriementriebes sind vereinfacht als Vollzylinder mit den Durchmessern $D_1 = 100$ mm und $D_2 = 400$ mm aufzufassen. Sie haben zusammen eine Rotationsenergie von 2,27 kJ bei der Riemengeschwindigkeit $v = 20$ m/s. Die kleine treibende Scheibe 1 hat ein Trägheitsmoment $J_1 = 0{,}004\ \text{kg m}^2$. Ohne Berücksichtigung von Schlupf und Reibung sind zu errechnen:

1. Das Trägheitsmoment J_2 und die Masse m_2 der großen Scheibe 2,
2. Das Bremsmoment M_1, das an der Welle der Scheibe 1 aufgebracht werden muss, um das System (beide durch den masselos gedachten Riemen verbundene Scheiben) in 5 s stillzusetzen.

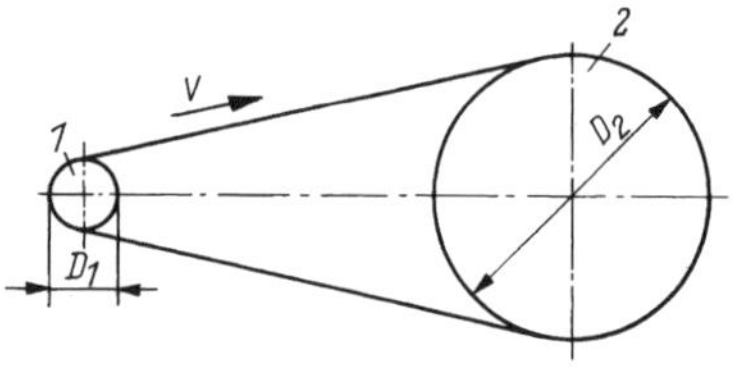

Bild 7.111 Riementrieb

7.112

Ein Maschinenschlitten mit der Masse m wird durch das in Bild 7.112 skizzierte Zahnräderpaar mit den Teilkreisdurchmessern d_1 und d_2 und den Trägheitsmomenten J_1 und J_2 angetrieben. Wie lautet bei Vernachlässigung der Reibung die Gleichung für die Beschleunigung a des Schlittens, wenn am antreibenden Zahnrad das Drehmoment M_1 wirkt?

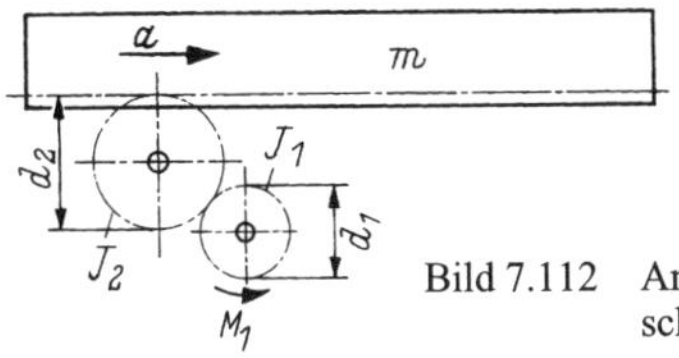

Bild 7.112 Antrieb eines Maschinenschlittens

7.113

Eine nach Bild 7.113 drehbar gelagerte Masse m_1 mit dem Trägheitsmoment $J_1 = 0{,}03\ \text{kg m}^2$ wird durch eine am Radius $r = 50$ mm angehängte Masse $m_2 = 1{,}2$ kg, die sich an einem masselos gedachten Faden abwärts bewegt, in beschleunigte Drehbewegung versetzt. Dem System wird von außen weder Energie zugeführt noch entzogen. Die Reibung ist zu vernachlässigen. Gesucht sind:

1. Die Kraft F im Faden, an dem die Masse m_2 hängt,
2. Das beschleunigte Drehmoment M und die Winkelbeschleunigung α der Masse m_1,
3. Die Beschleunigung a der Masse m_2 und die Zeit t, in der sie die Höhe $h = 0{,}8$ m bis zum Boden durchfällt,
4. Die Geschwindigkeit v und die kinetische Energie E_k der Masse m_2 beim Aufschlag,
5. Die Rotationsenergie E_{rot} der Masse m_1 nach der Zeit t,
6. Die Energie E_0 des Systems bei Beginn der Bewegung und die Energie E nach der Zeit t.

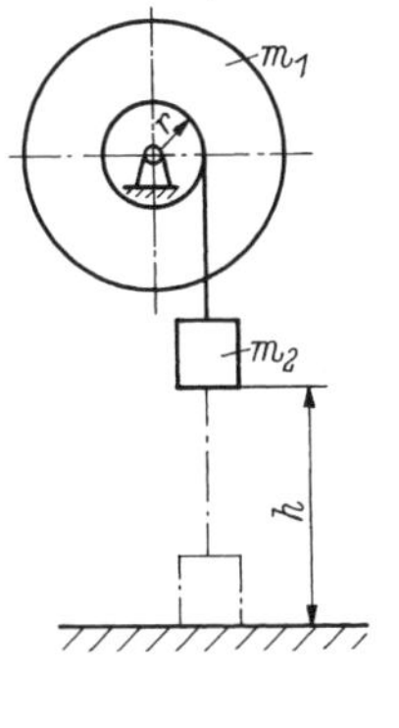

Bild 7.113 Antrieb der Drehmasse m_1 durch die Masse m_2

7.114

Mit dem in Bild 7.114 skizzierten Demonstrationsmodell kann der Einfluss des Trägheitsmoments auf beschleunigte Drehbewegungen veranschaulicht werden. Die drei als Hohlzylinder ausgebildeten Massen m_1, m_2 und m_3 sind nahezu reibungsfrei gelagert. Sie haben je ein Gewicht von 2 kg, den gleichen Innendurchmesser $d_i = 50$ mm und die Außendurchmesser $D_1 = 100$ mm, $D_2 = 160$ mm, $D_3 = 250$ mm. Jede Masse wird durch ein 100 g schweres Gewindestück angetrieben, das an einem dünnen Faden befestigt ist, der sich von einer sehr leichten Rolle am Durchmesser $d = 100$ mm abwickelt. Die Reibung sowie die Massen der Fäden und der Fadenrollen sind zu vernachlässigen. Zu ermitteln sind:

1. Die Breiten b_1, b_2 und b_3 der aus Aluminium hergestellten Massen m_1, m_2 und m_3,
2. Die Trägheitsmomente J_1, J_2 und J_3 dieser drei Hohlzylinder,
3. Die Zeiten t_1, t_2 und t_3, nach denen die Gewichtsstücke aus einer Höhe $h = 1$ m die Grundplatte berühren,
4. Die kinetischen Energien E_{k1}, E_{k2} und E_{k3} der Gewichtsstücke beim Aufschlagen auf die Grundplatte,
5. Die Rotationsenergien $E_{rot\ 1}$, $E_{rot\ 2}$ und $E_{rot\ 3}$ der Hohlzylinder beim Aufschlagen der Gewichtsstücke,
6. Die erforderlichen Verzögerungsmomente M_1, M_2 und M_3, um die Hohlzylinder beim Aufschlagen der Gewichtsstücke in $t = 0{,}1$ s stillzusetzen.

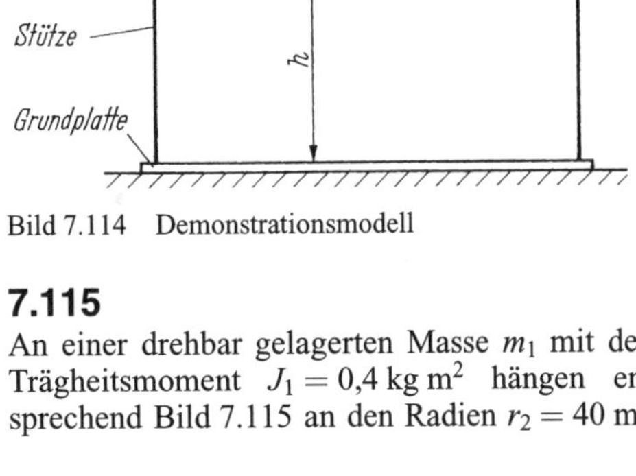

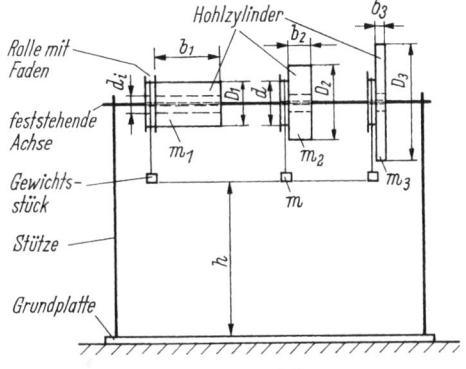

Bild 7.114 Demonstrationsmodell

7.115

An einer drehbar gelagerten Masse m_1 mit dem Trägheitsmoment $J_1 = 0{,}4\ \text{kg m}^2$ hängen entsprechend Bild 7.115 an den Radien $r_2 = 40$ mm

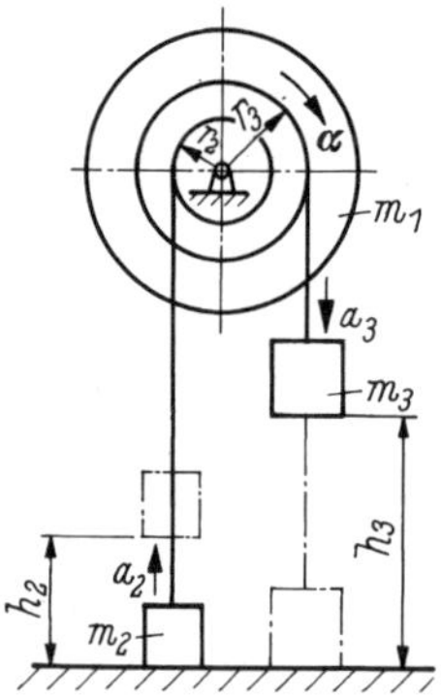

Bild 7.115 Drehbare Scheibe mit angehängten Massen

und $r_3 = 60$ mm die Massen $m_2 = 2$ kg und $m_3 = 3$ kg. Wie groß sind bei Vernachlässigung der Reibung und der Fadenmassen:

1. Die Winkelbeschleunigung α, mit der sich die Masse m_1 dreht,
2. Die Beschleunigung a_2, mit der die Masse m_2 gehoben wird,
3. Die Beschleunigung a_3, mit der sich die Masse m_3 abwärts bewegt,
4. Die Zeit t, nach der die Masse m_3 um die Höhe $h_3 = 1$ m abgesunken ist,
5. Die Höhe h_2, auf welche die Masse m_2 in der Zeit t angehoben wird,
6. Die auf die Ausgangslage der Masse m_2 bezogene Energie E_0 des Systems in der Anfangsstellung und die Energie E in der Endstellung?

7.116

Auf einer Drehmaschine wird ein Werkstück mit einer Schnittgeschwindigkeit $v = 80$ m/min bearbeitet. Die Hauptschnittkraft (tangential zum Drehdurchmesser) beträgt $F = 10$ kN, der Drehdurchmesser $d = 60$ mm. Es sind zu errechnen:

1. Die Hauptschnittleistung P,
2. Die Spindeldrehzahl n und die Motordrehzahl n_M bei einer Übersetzung $i = 3{,}3$,
3. Die erforderliche Motorleistung P_M bei einem Wirkungsgrad $\eta = 0{,}75$.

7.117

Beim Drehen einer Welle wurde bei 200 mm Drehdurchmesser eine Schnittkraft von 7 kN gemessen. Die Motorleistung betrug 11 kW und die Drehzahl der Arbeitsspindel 120 min^{-1}. Zu errechnen sind:

1. Die Schnittgeschwindigkeit,
2. Die Motordrehzahl,
3. Der Wirkungsgrad.

7.118

Das Drehen einer Welle erfolgt bei einer Drehzahl von 250 min^{-1} mit einem Vorschub von 0,4 mm und einer Spantiefe von 5 mm. Der Wellenwerkstoff erfordert je mm^2 Spanquerschnitt eine Schnittkraft von 2,4 kN. Für einen Drehdurchmesser von 150 mm sind die Schnittgeschwindigkeit, die Zerspanleistung und die Motorleistung bei einem Wirkungsgrad von 80% zu errechnen.

7.119

Der Wirkungsgrad eines Getriebes ist zu errechnen, das an eine Arbeitsmaschine ein Drehmoment $M_2 = 200$ Nm bei der Drehzahl $n_2 = 200$ min^{-1} abgibt. Auf der Antriebsseite des Getriebes wird von einem Motor die Leistung $P_1 = 4{,}6$ kW eingeleitet.

7.120

Der Tisch einer Langhobelmaschine (Bild 7.120) wiegt mit Werkstück 1,5 t und wird durch das antreibende Zahnrad mit $a = 6$ m/s^2 beschleunigt. Zu ermitteln sind die Antworten auf folgende Fragen:

1. Welches Drehmoment M_1 muss das Zahnrad während der Beschleunigung aufbringen, wenn an der Tischführung ein Reibungswiderstand $F_R = 700$ N zu überwinden ist und der Wirkungsgrad des Zahnstangengetriebes $\eta = 0{,}96$ beträgt?
2. Welche Leistung P_1 ist am Ende der Beschleunigung am Zahnrad erforderlich, wenn die Hobelgeschwindigkeit $v = 30$ m/min erreicht ist?

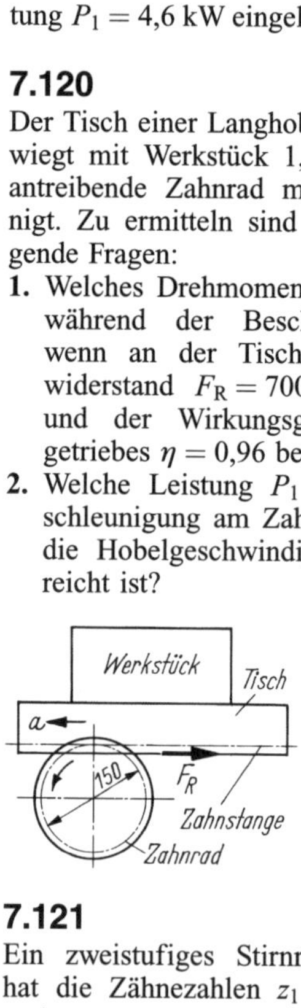

Bild 7.120 Tischantrieb

7.121

Ein zweistufiges Stirnradgetriebe (Bild 7.121) hat die Zähnezahlen $z_1 = 21$, $z_2 = 84$, $z_3 = 17$ und $z_4 = 85$. Die einzelnen Stufen haben einen Wirkungsgrad $\eta = 0{,}94$. An der Abtriebswelle wird bei der Drehzahl $n_4 = 120$ min^{-1} eine Leistung $P_4 = 25$ kW abgenommen. Gesucht sind:

1. Die Raddrehzahlen n_1, n_2 und n_3,
2. Die Drehmomente M_1 bis M_4 der Zahnräder,
3. Die erforderliche Antriebsleistung P_1.

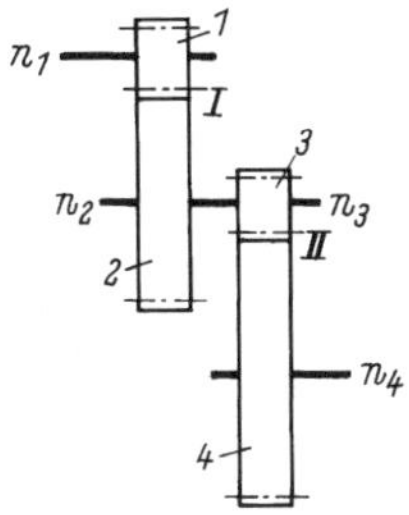

Bild 7.121 Zweistufiges Stirnradgetriebe

7.122

Von einem dreistufigen Zahnradgetriebe wird bei der Abtriebsdrehzahl 28 min^{-1} eine Leistung von 22,3 kW abgegeben. Infolge der Reibungsverluste im Getriebe muss der Motor bei einer Drehzahl von 2800 min^{-1} eine Antriebsleistung von 25,2 kW aufbringen. Es sind zu ermitteln:

1. Der Gesamtwirkungsgrad des Getriebes,
2. Die in allen drei Stufen gleichen Einzelwirkungsgrade,
3. Die Gesamtübersetzung,
4. Die in den drei Stufen gleichen Einzelübersetzungen,
5. Das Antriebs- und das Abtriebsdrehmoment.

7.123

Bild 7.123 zeigt schematisch den Aufbau eines Rührgerätes, bestehend aus einem Elektromotor mit der Drehzahl $n_1 = 2000\ \text{min}^{-1}$, einem Keilriementrieb mit dem Wirkungsgrad $\eta_\text{I} = 0{,}96$, einem Regelgetriebe mit $\eta_\text{II} = 0{,}75$ und dem Rührer mit der einstellbaren Drehzahl $n_2 = 30 \ldots 3000\ \text{min}^{-1}$. Für eine Motorleistung $P_1 = 15$ W sind folgende Drehmomente der Rührwelle zu errechnen:

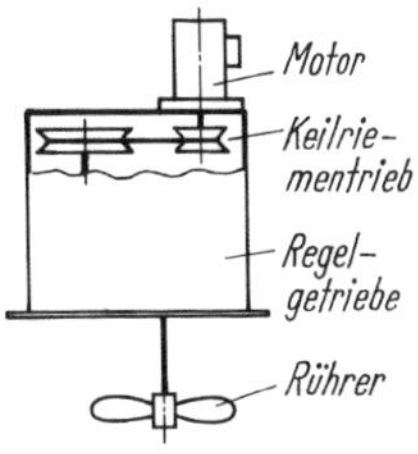

Bild 7.123 Rührgerät

1. Das mittlere Drehmoment M_m bei $n_{2\text{m}} = 1515\ \text{min}^{-1}$,
2. Das kleinste Drehmoment M_min,
3. Das größte Drehmoment M_max.

7.124

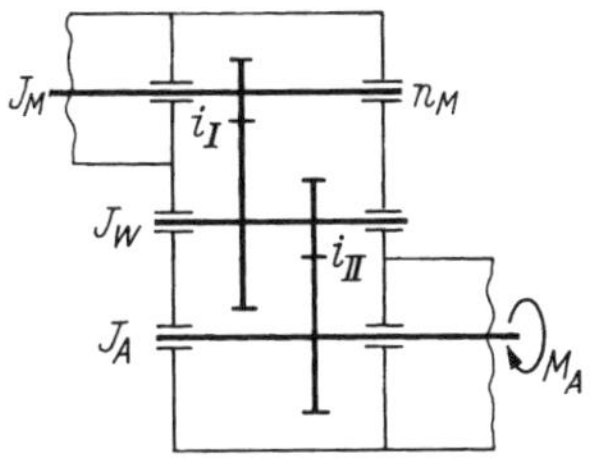

Bild 7.124 Antriebsschema

Bild 7.124 zeigt das Antriebsschema einer Arbeitsmaschine mit Motor und zweistufigem Getriebe mit den Stufenübersetzungen $i_\text{I} = 3$, $i_\text{II} = 2$ und den Stufenwirkungsgraden $\eta_\text{I} = 0{,}96$, $\eta_\text{II} = 0{,}94$. Die Trägheitsmomente betragen $J_\text{M} = 1{,}03\ \text{kg m}^2$ für die Motorwelle, $J_\text{W} = 0{,}01\ \text{kg m}^2$ für die Getriebezwischenwelle und $J_\text{A} = 6{,}54\ \text{kg m}^2$ bezogen auf die Antriebswelle der Arbeitsmaschine, an der ein Drehmoment $M_\text{A} = 800$ Nm auch während des Anfahrens wirkt. Die Motordrehzahl beträgt $n_\text{M} = 1450\ \text{min}^{-1}$. Zu ermitteln sind:

1. Die erforderliche Motorleistung P_M während des Dauerbetriebes,
2. Die Leistung P_an, die der Motor am Ende der Anlaufzeit $t_\text{an} = 3$ s beim Anlauf unter Volllast aus dem Stillstand aufbringen muss.

7.125

In Bild 7.125 ist das Antriebsschema eines Kranhubwerks mit dreistufigem Getriebe dargestellt. Der Hubmotor hat eine Anlaufleistung von 16 kW und eine Drehzahl von 2800 min^{-1}. Seine Bremse bringt ein Bremsmoment von 40 Nm auf. Es betragen ferner: das Trägheitsmoment der rotierenden Teile des Motors $J_\text{M} = 0{,}0125\ \text{kg m}^2$, die Trägheitsmomente der Zahnräder $J_1 = 0{,}005\ \text{kg m}^2$, $J_2 = 0{,}2\ \text{kg m}^2$, $J_3 = 0{,}008\ \text{kg m}^2$, $J_4 = 0{,}3\ \text{kg m}^2$, $J_5 = 0{,}01\ \text{kg m}^2$, $J_6 = 0{,}8\ \text{kg m}^2$, die Übersetzungen der Getriebestufen $i_\text{I} = 6$, $i_\text{II} = 5$, $i_\text{III} = 4$, der Seiltrommeldurchmesser $D = 400$ mm, das Trägheitsmoment der Trommel $J_\text{Tr} = 3{,}5\ \text{kg m}^2$.

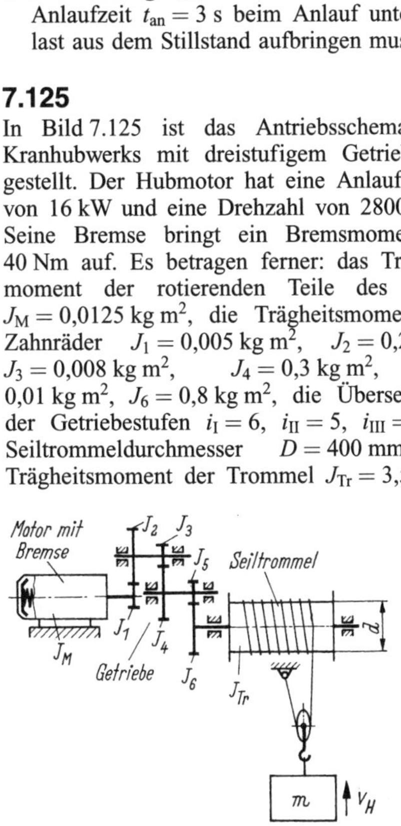

Bild 7.125 Antriebsschema eines Hubwerks

Wegen der Reibungsverluste im Seiltrieb, in den Trommellagern und im Getriebe ergibt sich ein Gesamtwirkungsgrad $\eta_{ges} = 0{,}82$. Die Auswirkungen der geringfügigen Seilablenkung aus den Vertikalen und die Eigengewichte des Seiles sowie der Seilrolle mit Lasthaken sind zu vernachlässigen. Für eine Last $m = 5$ t sind zu errechnen:

1. Die Hubgeschwindigkeit v_H in m/min bei gleichförmiger Hubbewegung und die dafür erforderliche Motorleistung P,
2. Die Zeit t_1, in der die Last die Hubgeschwindigkeit v_H erreicht,
3. Die Zeit t_2, in der die Last aus der Hubgeschwindigkeit v_H bis zum Stillstand abgebremst werden kann,
4. Die Zeit t_3, in der die Last aus der Senkgeschwindigkeit $v_S = v_H$ bis zum Stillstand abgebremst werden kann.

7.126

Ein 1500 kg schwerer Pkw zieht einen Wohnanhänger mit einem Gewicht von 1000 kg. Das größte Drehmoment wird an der Kupplung bei einer Motordrehzahl von 2400 min^{-1} und einer Leistung von 31 kW aufgebracht, wovon 80% an den Antriebsrädern zur Verfügung stehen. Im ersten Gang hat das Schaltgetriebe eine Übersetzung von 3,6. Die Übersetzung des Hinterachsgetriebes beträgt 3,89, der Rollradius der Antriebsräder 300 mm, die Fahrwiderstandszahl 0,02. Zu ermitteln ist:

1. Die Antriebskraft F an den Rädern.
2. Bei welcher Steigung in % wäre für diesen Pkw mit Wohnanhänger ein Anfahren nicht mehr möglich?

Fliehkraft

7.127

Ein Maschinengehäuse wird auf einer Planscheibe bearbeitet. Durch die exzentrische Aufspannung bewegt sich der Schwerpunkt des 250 kg schweren Werkstücks auf einer Kreisbahn mit $d = 300$ mm Durchmesser um den Drehmittelpunkt. Welche Fliehkraft F_z tritt bei der Drehzahl $n = 100\ \text{min}^{-1}$ auf?

7.128

Um welchen Betrag darf ein 200 kg schweres Werkstück auf einer Planscheibe exzentrisch aufgespannt werden, wenn bei einer Drehzahl von 120 min^{-1} eine maximale Fliehkraft von 4 kN nicht überschritten werden soll?

7.129

Auf der Planscheibe einer Karussell-Drehmaschine liegt ein großes Gussstück, dessen Schwerpunkt 250 mm von der Drehachse entfernt ist. Bei welcher Drehzahl n_1 würde das nicht festgespannte Werkstück infolge der Fliehkraft zu rutschen beginnen, und bei welcher Drehzahl n_2 würde der Rutschvorgang wieder aufhören? Die Haftreibungszahl beträgt 0,15, die Gleitreibungszahl 0,1.

7.130

In einer Backen-Fliehkraftkupplung (Bild 7.130) befinden sich vier Backen mit aufgeklebten Reibbelägen. Jede Backe wiegt 100 g. Die Schwerpunkte der Backen liegen auf einem Kreis mit dem Radius $r = 25$ mm, der Innenradius der Kupplungshülse beträgt $R = 30$ mm, die Reibungszahl des Belages $\mu = 0{,}4$. Mit welcher Drehzahl muss die Kupplung mindestens laufen, um ein Drehmoment von 100 Nmm übertragen zu können?

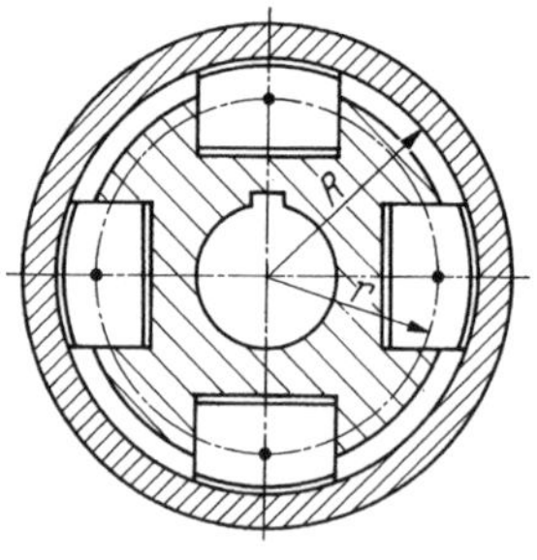

Bild 7.130 Schnitt durch eine Backen-Fliehkraftkupplung

7.131

In einem Flachriemen wird während der Drehbewegung der Riemenscheibe durch die Fliehkraft F_z eine Zugkraft F hervorgerufen. Bild 7.131 zeigt einen $s = 10$ mm dicken Riemen, der über eine Scheibe mit dem Radius $R = 1250$ mm gespannt ist, Drehzahl $n = 150\ \text{min}^{-1}$, Gewicht des Flachriemens $m' = 5$ kg/m. Gesucht sind:

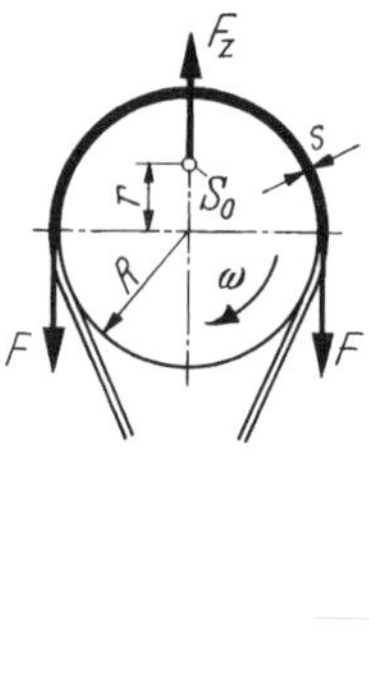

Bild 7.131 Flachriemen auf einer Riemenscheibe

1. Der Abstand r, den der Schwerpunkt S_0 des am halben Scheibenumfang anliegenden Teils des Riemens von der Drehachse hat,
2. Die von der Fliehkraft F_z im Riemenquerschnitt hervorgerufene Zugkraft F.

7.132

Eine Masse $m_1 = 20$ kg sitzt exzentrisch auf einer glatten Achse mit dem Gewicht $m_2 = 3$ kg (Bild 7.132). Beide drehen sich mit $n = 280\ \text{min}^{-1}$.

1. Welche Auflagerkräfte F_A und F_B treten im Stillstand auf?
2. Um welche Beträge ΔF_A und ΔF_B schwanken die Auflagerkräfte während jeder Umdrehung?
3. Welche größten Auflagerkräfte $F_{A\,max}$ und $F_{B\,max}$ treten auf?

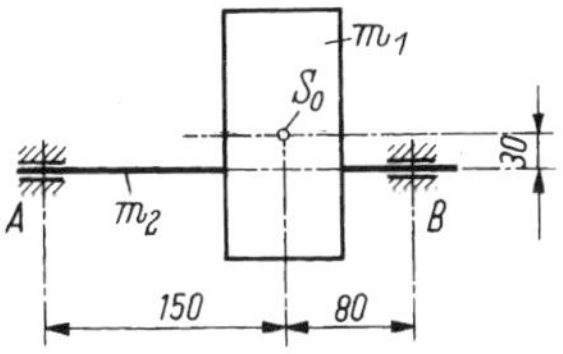

Bild 7.132 Rotierende Masse mit exzentrischem Schwerpunkt

7.133

Der Schwerpunkt eines 1,2 t schweren Schwungrades auf einer waagerechten Welle ist 2 mm von der Drehachse entfernt. Beide Wellenlager haben vom Schwungrad gleiche Abstände. Die Beträge und die Richtungen der maximalen und der minimalen Lagerkräfte bei einer Drehzahl von $400\ \text{min}^{-1}$ sind zu ermitteln, wobei das Gewicht der Welle vernachlässigt werden soll.

7.134

Ein Kraftfahrzeug mit 1000 kg Gesamtgewicht, $b = 1100$ mm Spurweite und $h = 450$ mm Schwerpunkthöhe über dem Boden fährt durch eine ebene Kurve mit dem Radius $r = 80$ m (Bild 7.134), Haftreibungszahl $\mu_0 = 0{,}5$. Es sind zu errechnen:

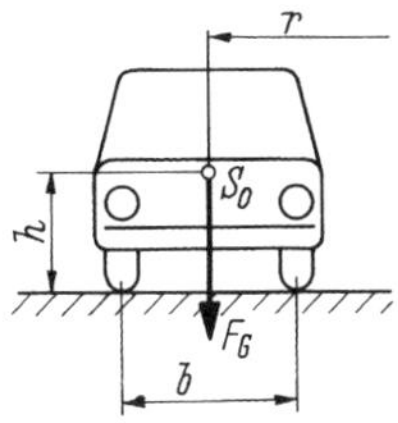

Bild 7.134 Kraftfahrzeug in ebener Kurve

1. Die Geschwindigkeit v_1 in km/h, bei der das Fahrzeug beginnen würde, seitlich wegzurutschen,
2. Die Geschwindigkeit v_2, bei der die inneren Räder abheben würden.

7.135

Bei welcher Geschwindigkeit v in km/h treten an einem Kraftfahrzeug während einer Kurvenfahrt keine Seitenkräfte auf, wenn die Kurve einen Radius von 50 m hat und am Außenrad überhöht ist mit einem Neigungswinkel von 40°?

7.136

Ein Motorradfahrer fährt innen an einer zum Boden senkrechten, zylindermantelförmigen Wand von $D = 8$ m Durchmesser (Bild 7.136). Sein Schwerpunkt hat $h = 0{,}4$ m Abstand von der Fahrbahn. Mit welcher Geschwindigkeit v in km/h muss er mindestens fahren, um nicht abzurutschen, wenn die Haftreibungszahl $\mu_0 = 0{,}6$ beträgt, und um welchen Winkel β muss er sich hierbei neigen?

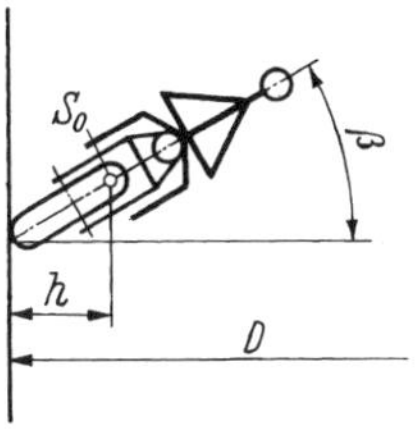

Bild 7.136 Motorrad an senkrechter Wand

7.137

Ein Ball mit $d = 50$ mm Durchmesser und $\varrho = 4\ \text{kg/dm}^3$ Dichte soll eine Loopingbahn von $D = 800$ mm Durchmesser durchlaufen (Bild 7.137). Mit welcher Geschwindigkeit v muss er mindestens in die Bahn einlaufen, wenn die Rollreibung vernachlässigt wird?

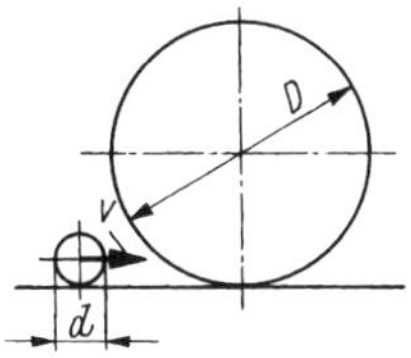

Bild 7.137 Rollender Ball vor einer Loopingbahn

7.138

Eine Stahlkugel mit $d = 20$ mm Durchmesser rollt aus dem Stillstand von einer Höhe $H = 1$ m in eine Loopingbahn mit dem Durchmesser $D = 300$ mm (Bild 7.138). Unter Vernachlässi-

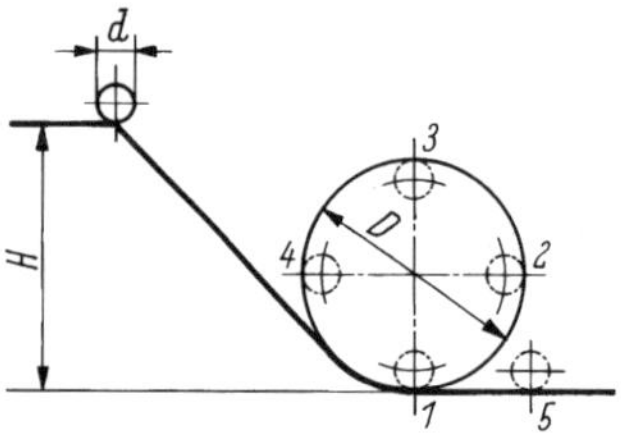

Bild 7.138 Loopingbahn

gung der Reibung sind zu ermitteln:

1. Die Geschwindigkeiten v_1 bis v_5 in den Bahnpunkten 1 bis 5,
2. Ist die Geschwindigkeit in allen Bahnpunkten groß genug, damit sich die Kugel nicht von der Bahn abhebt?

7.139

An einer vertikalen Welle (Bild 7.139) befinden sich zwei gelenkig angebrachte Stangen mit den daran befestigten Massen *m*. Bei der Drehbewegung der Welle stellen sich die Gelenkstangen unter dem Winkel $\beta = 65°$ ein. Welche Drehzahl *n* in min^{-1} hat die Welle bei diesem Winkel, wenn die Masse der Gelenkstangen vernachlässigt wird?

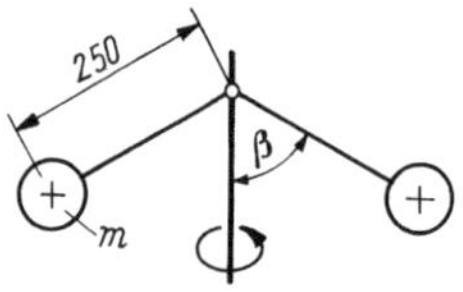

Bild 7.139 An Pendelstangen rotierende Massen

7.140

Bild 7.140 zeigt die Hälfte eines Fliehkraftreglers. Bei Drehzahländerung gehen die Gewichte (1) mit der Masse $m = 2$ kg nach außen oder innen und verschieben über den Gelenkhebel (2) die Schaltmuffe (3). Die Nabe (4) ist fest mit der Welle (5) verbunden. Bei $n = 1440\ min^{-1}$ (Regeldrehzahl) nimmt der Regler die gezeigte Stellung ein, wobei der Radius $r = 40$ mm und die Längen $l_1 = 50$ mm, $l_2 = 70$ mm und $l_3 = 35$ mm betragen. Wie groß ist die nach oben ziehende Kraft *F*, die durch die Fliehgewichte mittelbar auf die Schaltmuffe ausgeübt wird? Die Massen der Hebel und die Reibung sind zu vernachlässigen.

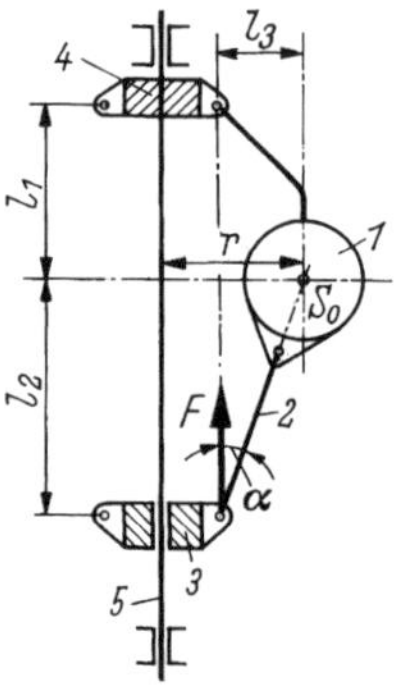

Bild 7.140 Fliehkraftregler
1 Fliehgewicht, *2* Gelenkhebel, *3* Schaltmuffe, *4* Nabe, *5* Reglerwelle

8 Mechanische Schwingungen

Freie ungedämpfte Schwingungen

Schwingungen mit geradliniger Bewegung

8.1

Eine Masse $m = 2$ kg wird an eine Schraubenfeder mit der Federrate $k = 1{,}4$ N/mm angehängt. Aus der sich einstellenden Ruhelage (Bild 8.1) erfolgt eine weitere Auslenkung durch eine Kraft $F = 17$ N. Nach plötzlicher Wegnahme dieser Kraft führt das System bei Vernachlässigung der Reibungseinflüsse freie ungedämpfte Schwingungen aus. Ohne Berücksichtigung der Federmasse sind zu bestimmen:

1. Die Auslenkung s_G der Feder durch die Masse m bis zur Ruhelage,
2. Die Schwingungsamplitude $\hat{x}$,
3. Die Eigenkreisfrequenz ω_0, die Periodendauer T_0 und die Frequenz f_0 der Schwingung,
4. Die Geschwindigkeit $\dot{x}$ und die Beschleunigung $\ddot{x}$ der Masse zur Zeit $t_1 = 2$ s nach dem ersten Nulldurchgang,
5. Die Auslenkung x der Masse $t_2 = 4$ s nach dem ersten Nulldurchgang.

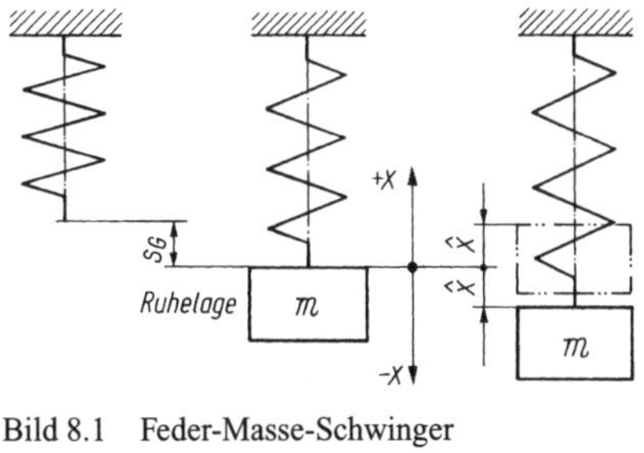

Bild 8.1 Feder-Masse-Schwinger

8.2

Ein Feder-Masse-Schwinger nach Bild 8.1 mit einer Masse von 3 kg führt eine harmonische Schwingung aus, bei der die Amplitude 50 mm beträgt. Es wird 0,09 s nach dem Durchgang durch die Ruhelage ein Schwingungsausschlag von 38 mm gemessen.

1. Wie groß sind die Eigenkreisfrequenz, die Periodendauer und die Frequenz dieser Schwingung?
2. Welche Geschwindigkeit und welche Beschleunigung hat die Masse 0,09 s nach dem Durchgang durch die Ruhelage?
3. Wie groß sind die maximale Schwinggeschwindigkeit und die maximale Schwingbeschleunigung?
4. Welche Federrate hat die Feder, und wie groß ist die statische Auslenkung durch die Masse?
5. Mit welcher Kraft wurde der Schwinger aus der Ruhelage ausgelenkt?

8.3

Durch Anhängen einer Masse von 3800 g wird eine Schraubenfeder um 12 mm verlängert (Bild 8.1). Nach einer weiteren Auslenkung um 8 mm führt das System eine Schwingbewegung aus. Unter Vernachlässigung der Federmasse und der Reibungseinflüsse sind zu errechnen:

1. Die Eigenkreisfrequenz, die Periodendauer und die Frequenz der Schwingung,
2. Die Kraft, mit der die Masse aus der Ruhelage ausgelenkt wurde,
3. Der Schwingweg, die Schwinggeschwindigkeit und die Schwingbeschleunigung 0,13 s nach Beginn der Schwingung.

8.4

Eine geschichtete Blattfeder wird durch eine Masse belastet und dabei um 160 mm durchgebogen (Bild 8.4). Die Eigenkreisfrequenz und die Periodendauer dieses Schwingers sind unter Vernachlässigung der Federmasse und der Reibung zu ermitteln.

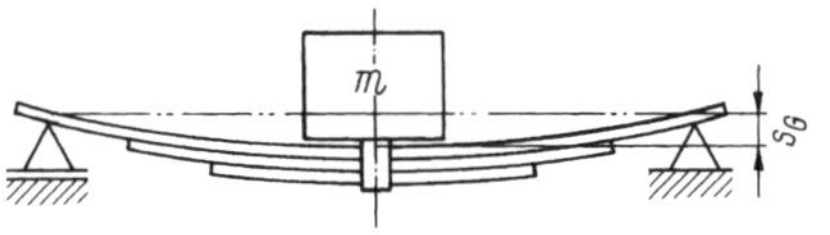

Bild 8.4 Geschichtete Blattfeder

8.5

Am Ende eines einseitig eingespannten Stahlträgers T 25 nach DIN EN 11155 mit der freien Länge $l = 700$ mm ist entsprechend Bild 8.5 eine Zugfeder mit der Federrate $k_F = 4$ N/mm

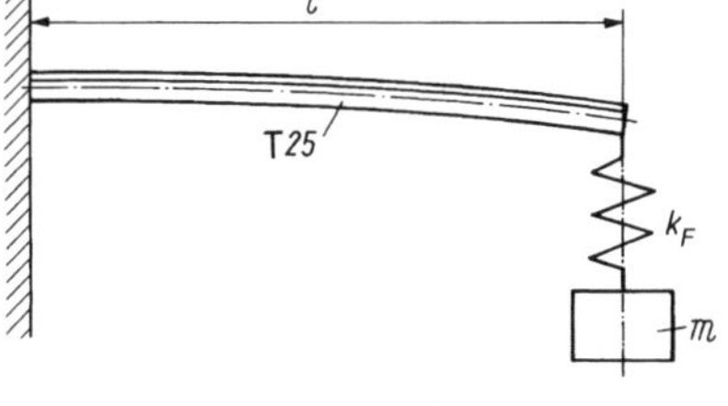

Bild 8.5 Eingespannter T-Träger mit Zugfeder und Masse als Schwingsystem

befestigt, an die eine Masse $m = 18$ kg angehängt wird. Unter Vernachlässigung der Träger- und der Federeigenmassen sowie der Annahme elastischer Formänderungen sind die Eigenkreisfrequenz ω_0 und die Periodendauer T_0 des Systems sowie die statische Auslenkung s_G durch die Masse m zu bestimmen.

8.6

Das in Bild 8.6 skizzierte System mit Federn der Federraten $k_1 = 90$ N/mm, $k_2 = 60$ N/mm und $k_3 = 50$ N/mm soll durch eine Masse m so belastet werden, dass die Frequenz für die Längsschwingung in Federrichtung 4 Hz beträgt. Welche Masse muss angehängt werden, und wie groß sind dann die Eigenkreisfrequenz und die Periodendauer? Die Massen der Federn und des Verbindungssteges und die Reibungseinflüsse können unberücksichtigt bleiben.

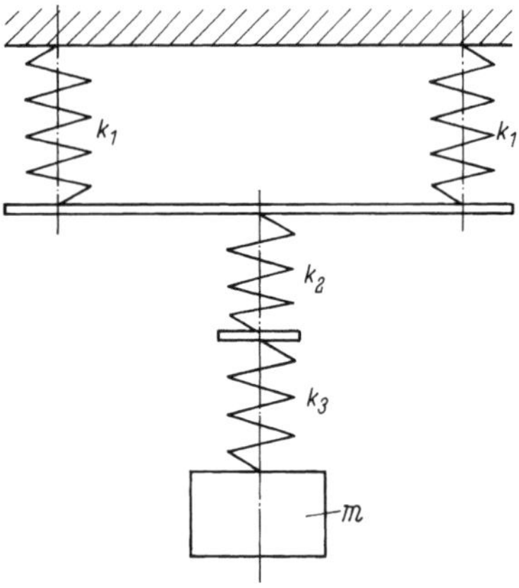

Bild 8.6 Belastetes Federsystem

8.7

Bild 8.7 zeigt die Skizze des Kastens eines Wagens, der auf vier Federn abgestützt ist. Der Kasten hat eine Masse von 500 kg, jede Feder eine Federrate von 30 N/mm. Wie groß sind die

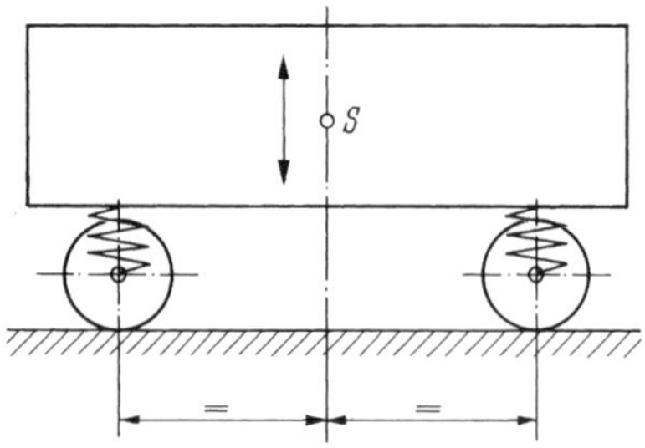

Bild 8.7 Auf Federn abgestützter Wagenkasten

Eigenkreisfrequenz, die Periodendauer und die Frequenz dieses Schwingsystems, wenn der Kasten ohne Drehung um seinen Schwerpunkt S nur senkrecht zum Boden schwingt?

8.8

An einem Stahlträger T 40 nach DIN EN 11155 sind entsprechend Bild 8.8 zwei Federn mit einer Federrate von je 120 000 kg/s^2 angebracht, an die eine Masse m angehängt werden soll. Die Stützweite des Trägers beträgt 750 mm. Im Abstand von 1/3 dieser Länge vom Auflager B wirkt die Gewichtskraft der angehängten Masse. Die Träger- und die Federeigenmassen sind zu vernachlässigen.

1. Welche Masse muss angehängt werden, wenn die Frequenz dieses Schwingsystems 5 Hz betragen soll?
2. Wie groß sind der statische Federweg, die Periodendauer und die Eigenkreisfrequenz?
3. Wie groß sind die Größtwerte des Schwingweges, der Schwinggeschwindigkeit und der Schwingbeschleunigung, wenn das System mit einer Kraft von 800 N ausgelenkt wird?

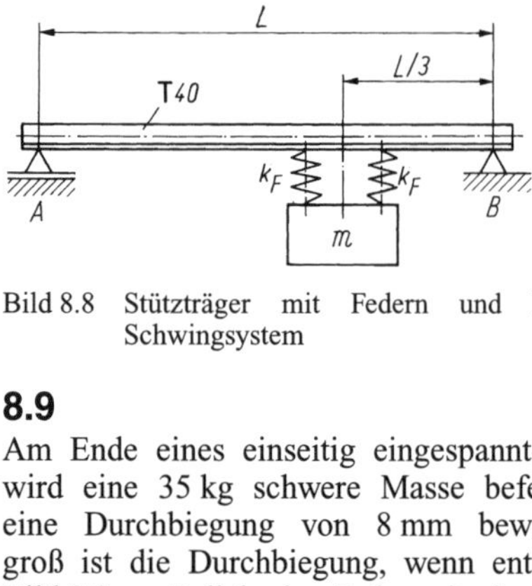

Bild 8.8 Stützträger mit Federn und Masse als Schwingsystem

8.9

Am Ende eines einseitig eingespannten Stabes wird eine 35 kg schwere Masse befestigt, die eine Durchbiegung von 8 mm bewirkt. Wie groß ist die Durchbiegung, wenn entsprechend Bild 8.9 zusätzlich eine Feder mit einer Federrate von 52 N/mm angebracht wird? Mit welcher Kreisfrequenz schwingt dieses System, und wie groß ist die Periodendauer?

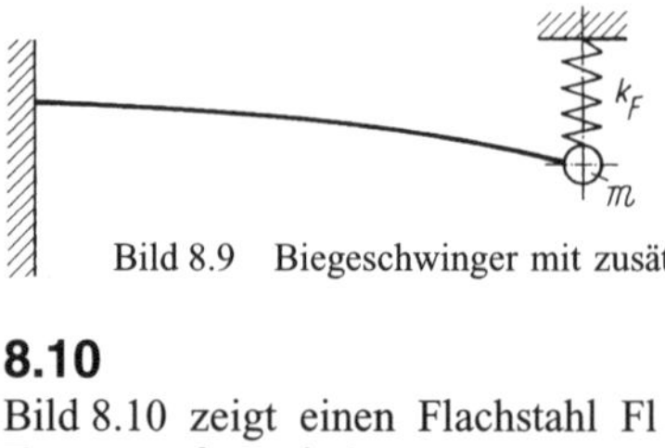

Bild 8.9 Biegeschwinger mit zusätzlicher Feder

8.10

Bild 8.10 zeigt einen Flachstahl Fl 30 × 10 als Träger auf zwei Stützen. In Trägermitte sind zwei Federn angebracht, die obere mit der Fe-

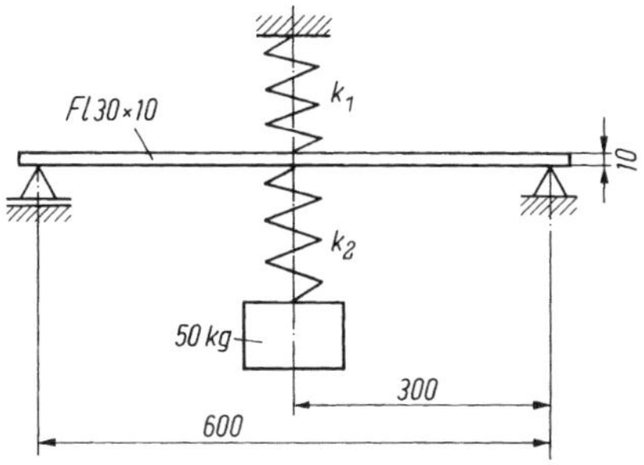

Bild 8.10 Flachstab mit Federn und Masse als Schwingsystem

derrate $k_1 = 75$ N/mm und die untere mit $k_2 = 50$ N/mm. An der unteren Feder hängt eine Masse von 50 kg. Zu ermitteln sind:

1. Die statische Auslenkung der Masse,
2. Die Eigenkreisfrequenz und die Frequenz dieses Schwingsystems.

8.11

Eine Masse $m = 4$ kg wird wie in Bild 8.11 skizziert durch drei Federn gehalten, die je eine Federrate $k = 6$ N/cm haben. Die beiden oberen Federn wirken unter dem Winkel $\beta = 30°$. Es sind die Kreisfrequenz, die Periodendauer und die Frequenz zu bestimmen, mit der die Masse nach einer kleinen vertikalen Auslenkung schwingt, wobei die geringfügige Winkeländerung der oberen Federn vernachlässigt werden kann.

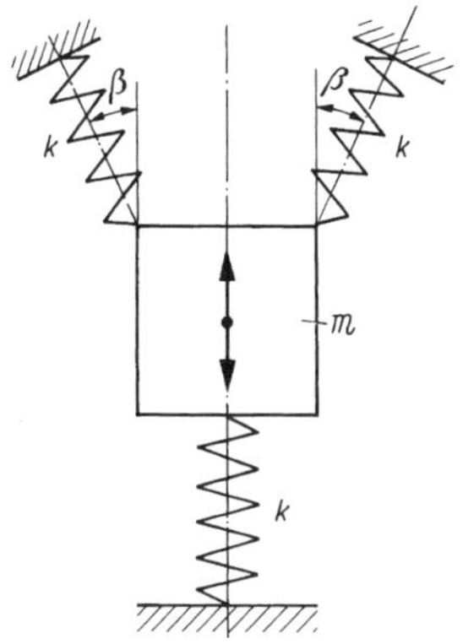

Bild 8.11 Feder-Masse-Schwingsystem

8.12

Das in Bild 8.12 dargestellte System, bestehend aus einer losen und einer festen Rolle sowie drei Federn mit den Federraten $k_1 = 8$ N/mm, $k_2 = 6$ N/mm und $k_3 = 10$ N/mm, wird durch die

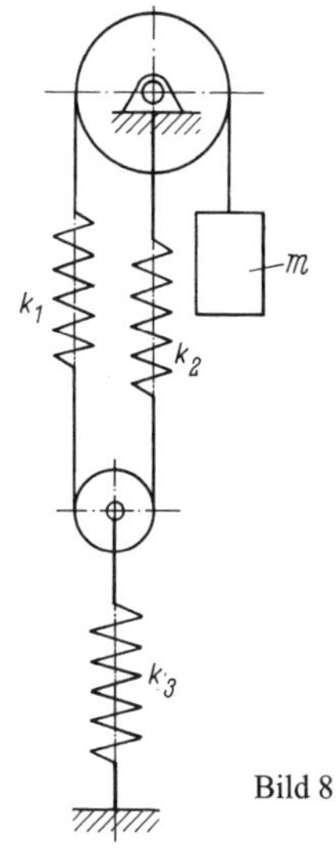

Bild 8.12 Seilrollen mit Feder-Masse-Schwinger

Masse $m = 4$ kg belastet. Das Seil, die Rollen und die Federn sind als masselos anzunehmen. Zu bestimmen sind:

1. Die Gesamtfederrate des Systems,
2. Die Eigenkreisfrequenz, die Periodendauer und die Frequenz der möglichen Schwingung dieses Systems.

Pendelschwingungen

8.13

Ein kugelförmiger Körper von der Masse $m = 160$ g hängt an einem $l = 550$ mm langen dünnen Faden und beginnt nach einer geringen Auslenkung zu schwingen. Der Faden ist masselos, die Masse ist punktförmig anzunehmen.

1. Wie groß sind die Eigenkreisfrequenz ω_0 und die Periodendauer T_0 dieser Schwingung?
2. Welche Federrate k hat die Ersatzfeder?
3. Wie ändern sich die Ergebnisse, wenn die Masse auf $m_1 = 250$ g vergrößert wird?

8.14

An einem $l_1 = 600$ mm langen Pendelstab ist nach Bild 8.14 im Abstand $l_2 = 550$ mm von der Drehachse eine Aluminiumscheibe mit $s = 20$ mm Dicke und $D_2 = 60$ mm Durchmesser befestigt. Welche Masse muss der Stab haben, wenn die Periodendauer dieses Schwingers 1,4 s betragen soll? Dafür sind zu ermitteln:

1. Die Eigenkreisfrequenz ω_0 und die erforderliche reduzierte Pendellänge l_{red},

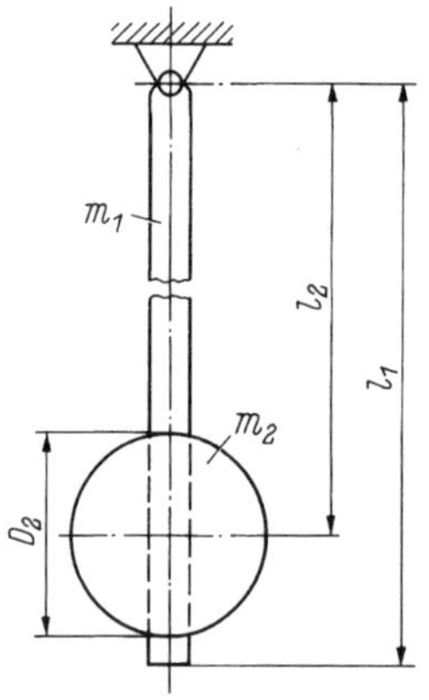

Bild 8.14 Pendelschwinger

2. Die Masse m_2 und das Eigenträgheitsmoment J_{S2} der Scheibe,
3. Die erforderliche Masse m_1 des Stabes mit gleichbleibendem Querschnitt.

8.15

Eine Messingscheibe von 120 mm Durchmesser und 15 mm Dicke ist entsprechend Bild 8.15 im Abstand 50 mm vom Mittelpunkt drehbar aufgehängt, so dass sie Schwingungen ausführen kann. Gesucht sind:

1. Die Eigenkreisfrequenz, die Periodendauer und die Frequenz dieses Schwingsystems für kleine Ausschläge-
2. Welche Werte ergeben sich, wenn die Scheibe eine zentrische Bohrung von 40 mm aufweist?

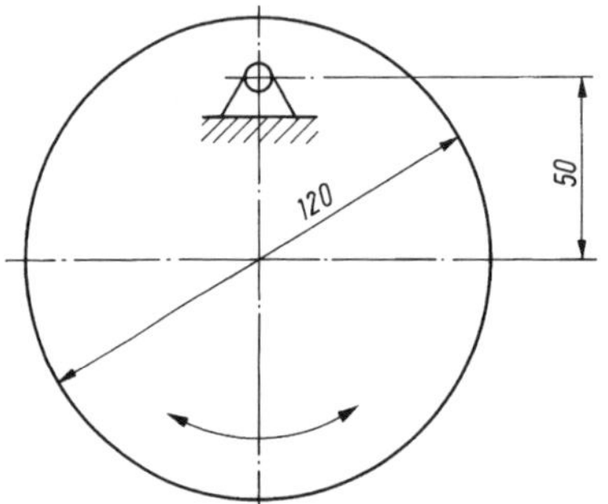

Bild 8.15 Pendelnde Scheibe

8.16

Ein Rundstab aus Stahl von 8 mm Durchmesser und 600 mm Länge ist wie in Bild 8.16 skizziert an einem Ende drehbar gelagert und kann frei schwingen.

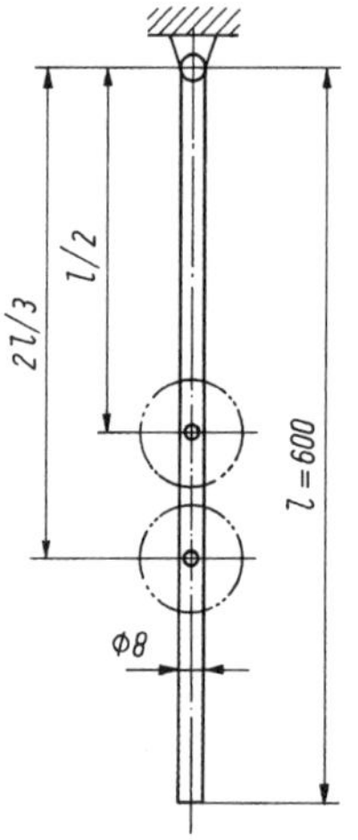

Bild 8.16 Pendelstab

1. Wie groß sind die Eigenkreisfrequenz, die Periodendauer und die Frequenz für kleine Ausschläge?
2. Welche Beträge ergeben sich für diese Größen, wenn eine punktförmig anzunehmende Masse von 300 g in der Stabmitte angebracht wird?
3. Welche Werte erhält man, wenn der Abstand dieser punktförmigen Masse von der Drehachse zwei Drittel der Stablänge beträgt?

8.17

Das in Bild 8.17 skizzierte T-förmige Werkstück aus Stahl wird so angestoßen, dass es mit kleinen Ausschlägen um den Drehpunkt schwingt. Wie groß sind die Eigenkreisfrequenz, die Periodendauer und die Frequenz der Schwingung?

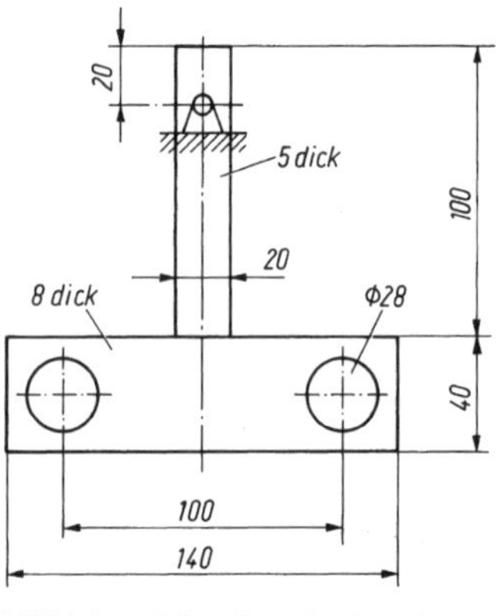

Bild 8.17 T-förmiges Werkstück

8.18

Ein 25 kg schweres Rad eines Kraftfahrzeugs wird nach Bild 8.18 an einem dünnen Seil befestigt und so angestoßen, dass es um den Aufhängepunkt pendelt. Aus mehreren Messungen werden durchschnittlich 26 Schwingungen je Minute ermittelt. Wie groß ist das auf den im Radmittelpunkt liegenden Schwerpunkt bezogene Trägheitsmoment des Rades?

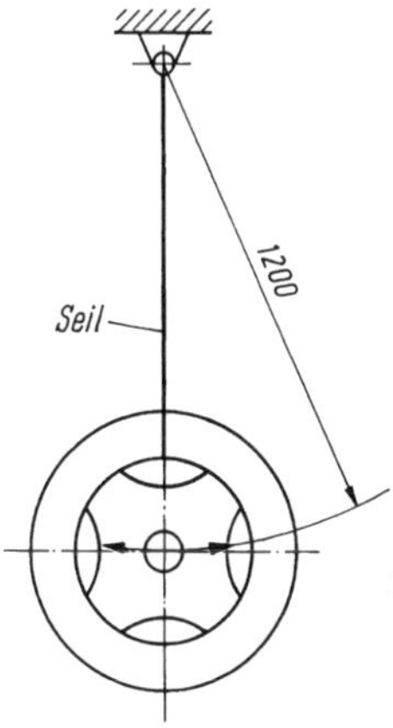

Bild 8.18 Anordnung zur Bestimmung des Trägheitsmomentes eines Rades

Dreh- oder Torsionsschwingungen

8.19

Am freien Ende einer einseitig eingespannten Stahlwelle mit $l = 800$ mm Länge und $d = 40$ mm Durchmesser befindet sich eine Messingscheibe von $D = 250$ mm Durchmesser und $s = 80$ mm Dicke. Wie groß sind die Eigenkreisfrequenz ω_0, die Periodendauer T_0 und die Frequenz f_0 der möglichen ungedämpften Drehschwingung, wenn die Wellenmasse vernachlässigt wird?

8.20

Eine Schwungscheibe mit dem Trägheitsmoment $J = 1{,}5$ kg m^2 ist entsprechend Bild 8.20 an zwei Stahlwellen mit den Abmessungen $l_1 = 800$ mm, $d_1 = 38$ mm, $l_2 = 600$ mm und $d_2 = 36$ mm befestigt. Die Eigenkreisfrequenz dieses Drehschwingsystems ist zu ermitteln.

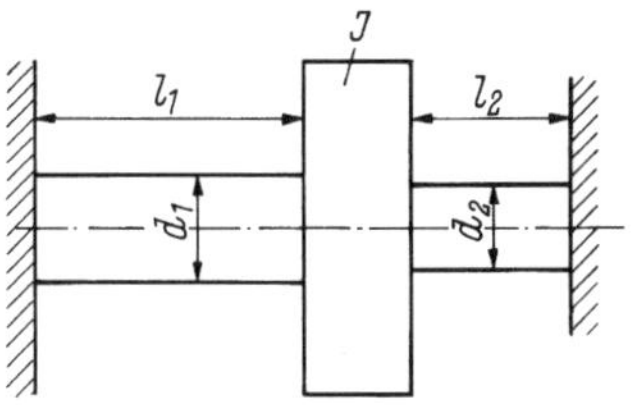

Bild 8.20 Einscheibendrehschwinger

8.21

An der in Bild 8.21 skizzierten Hohlwelle aus Stahl, die als masselos anzusehen ist, soll eine Schwungscheibe befestigt werden. Welche Breite b muss diese Scheibe aus Stahl bei einem Durchmesser $D = 430$ mm haben, damit die mögliche Torsionsschwingung eine Periodendauer von 0,1 s hat?

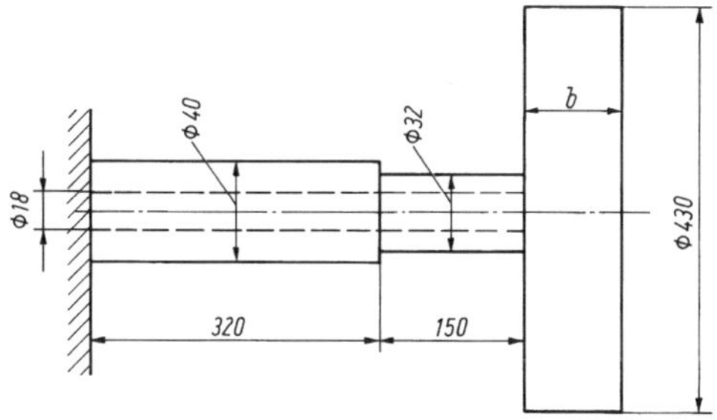

Bild 8.21 Hohlwelle mit Schwungscheibe

8.22

An einer abgesetzten Stahlwelle (Bild 8.22) mit den Durchmessern 20 mm und 30 mm ist eine abgestufte Stahlscheibe mit den Durchmessern 360 mm und 300 mm angebracht. Mit welcher Länge l muss das dünnere Wellenstück ausgeführt werden, damit die Periodendauer dieses Torsionsschwingers 0,15 s beträgt?

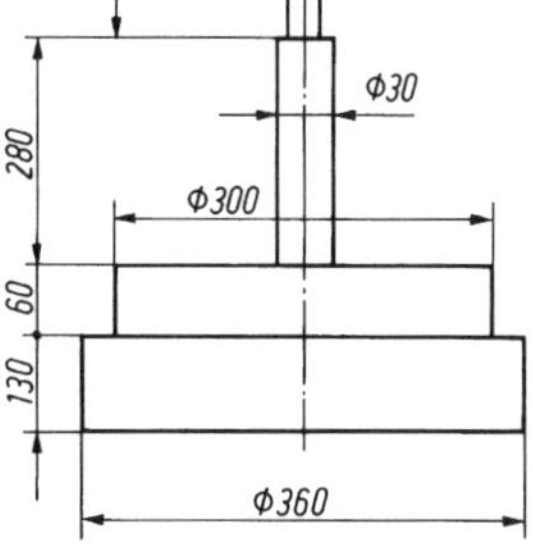

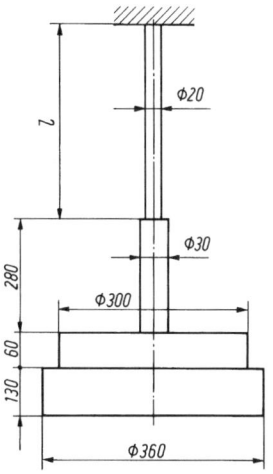

Bild 8.22 Torsionsschwinger

8.23

Das Trägheitsmoment eines Schwungrades soll experimentell bestimmt werden. Dazu wird das Schwungrad an einen Stahlstab angeflanscht und zu Torsionsschwingungen angeregt. Der abgesetzte Torsionsstab (Bild 8.23) hat die Durchmesser $d_1 = 24$ mm, $d_2 = 28$ mm, $d_3 = 32$ mm und die Längen $l_1 = 600$ mm, $l_2 = 400$ mm, $l_3 = 500$ mm. Aus mehreren Messungen ergibt sich eine Periodendauer von 1,2 s. Wie groß ist das Trägheitsmoment des Schwungrades?

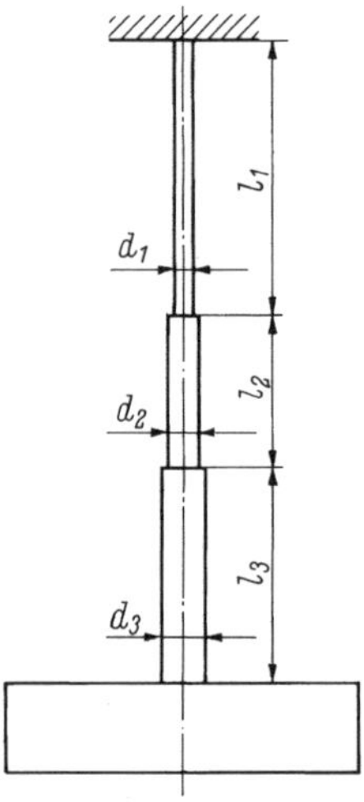

Bild 8.23 Zur Bestimmung des Trägheitsmomentes eines Schwungrades

8.24

Eine Riemenscheibe mit dem Trägheitsmoment $J_1 = 3{,}6$ kg m^2 ist über eine Hohlwelle nach Bild 8.24 mit dem Antriebsmotor verbunden. Das auf die Welle bezogene (reduzierte) Trägheitsmoment des Motors beträgt $J_2 = 2{,}7$ kg m^2. Die Welle aus Stahl hat folgende Abmessungen: $d_1 = 28$ mm, $l_1 = 110$ mm, $d_2 = 32$ mm, $l_2 = 85$ mm, $d_3 = 36$ mm, $l_3 = 65$ mm, $d_4 = 40$ mm, $l_4 = 78$ mm und den Bohrungsdurchmesser $d_i = 16$ mm. Es sind die Eigenkreisfrequenz, die Periodendauer und die Frequenz der möglichen Drehschwingungen dieses Systems zu ermitteln, das als Zweischeibendrehschwinger aufgefasst werden kann.

8.25

In Bild 8.25 ist die aus Stahl gefertigte Welle eines Turboladers mit dem Turbinen- und dem Lüfterrad skizziert. Das Trägheitsmoment des Turbinenrades beträgt $J_1 = 1{,}6$ kg dm^2 und das des Lüfterrades $J_2 = 2{,}1$ kg dm^2. Wie groß sind die Eigenkreisfrequenz, die Periodendauer und die Frequenz der möglichen Drehschwingung dieses als Zweischeibendrehschwinger aufzufassenden Systems?

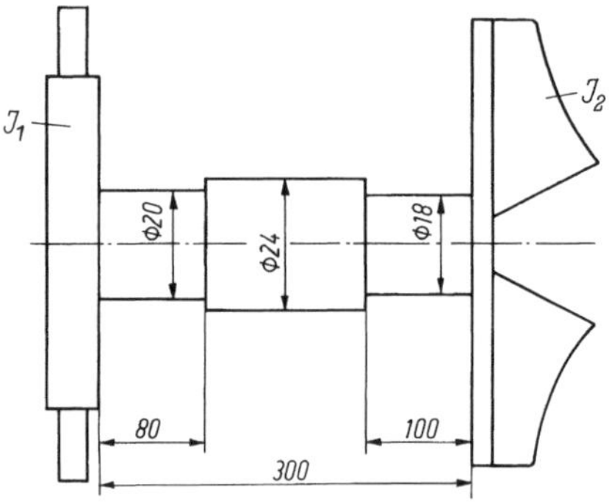

Bild 8.25 Welle eines Turboladers

8.26

Die Kreisfrequenz des Zweischeibendrehschwingers nach Aufgabe 8.25 mit den Trägheitsmomenten $J_1 = 1{,}6$ kg dm^2, $J_2 = 2{,}1$ kg dm^2 und der Torsions-Federrate $k = 4330$ Nm soll auf $\omega_0 = 200\pi$ s^{-1} verändert werden. Am Turbinenrad mit dem Trägheitsmoment J_1 kann dafür eine Stahlscheibe von 165 mm Durchmesser angesetzt werden. Welche Dicke s muss diese Scheibe erhalten?

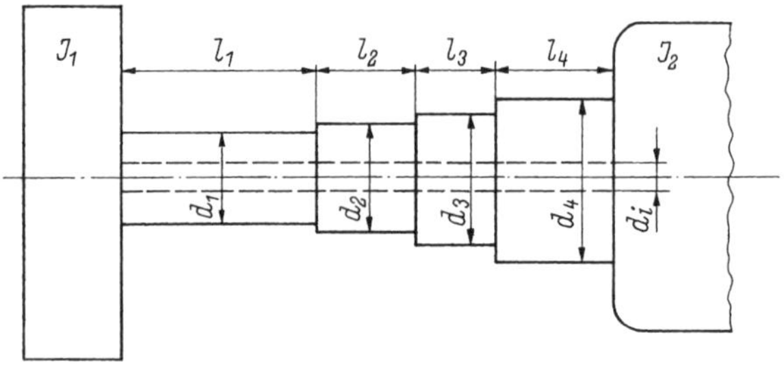

Bild 8.24 Zweischeibendrehschwinger

Diverse freie ungedämpfte Schwingungen

Zur Lösung der Aufgaben dieses Abschnitts ist jeweils die **Bewegungsgleichung** bzw. die linearisierte Bewegungsgleichung aufzustellen und danach die Gleichung für die Eigenkreisfrequenz zu ermitteln (sinngemäß wie die Gleichungen (8.2), (8.3), (8.17), (8.18), (8.20), (8.21), (8.26), (8.27) und (8.29) im Lehrbuch*) und die Erläuterungen zu den Aufgaben am Ende des Buches).

8.27

Für den Kasten eines Wagens wie in Aufgabe 8.7 soll die Eigenkreisfrequenz ω_0, die Periodendauer T_0 und die Frequenz f_0 errechnet werden, die sich bei einer Drehschwingung des Kastens um seinen Schwerpunkt S ergeben (Bild 8.27). Der Wagenkasten hat die Masse $m = 500$ kg und den Trägheitsradius $i = 1{,}1$ m. Er ist auf vier Federn mit je einer Federrate $k = 30$ N/mm abgestützt.

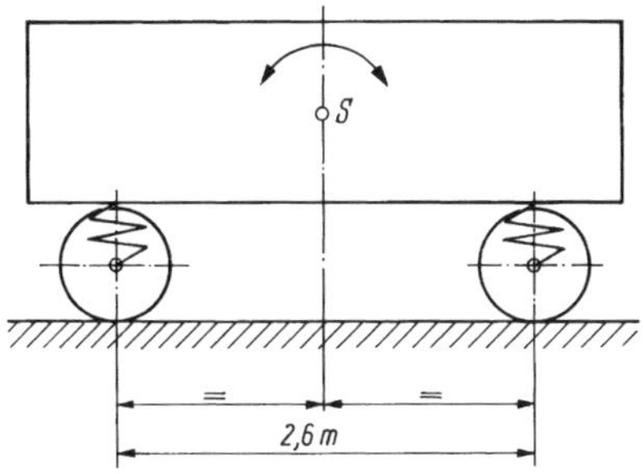

Bild 8.27 Um den Schwerpunkt S schwingender Wagenkasten

*) siehe unter *Hinweise für die Benutzung des Buches*

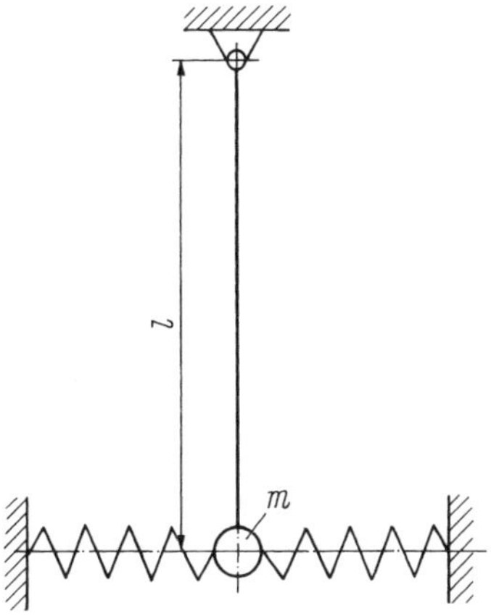

Bild 8.28 Fadenpendel mit Federn

8.28

Das in Bild 8.28 skizzierte Fadenpendel mit der Länge $l = 0{,}6$ m und der Masse $m = 0{,}5$ kg wird durch zwei Federn mit je einer Federrate $k = 5$ N/mm gehalten. Wie groß ist die Eigenkreisfrequenz ω_0?

8.29

Ein schlanker Stab mit der Länge $l = 0{,}6$ m und der Masse $m = 800$ g wird zwischen zwei Federn eingespannt, die je eine Federrate $k = 1{,}2$ N/cm haben (Bild 8.29).

1. Mit welcher Eigenkreisfrequenz führt das System Pendelschwingungen aus, wenn die Federn im Abstand $l/2$ vom Drehpunkt angeordnet sind (Bild 8.29 a)?
2. Wie groß ist die Kreisfrequenz, wenn die Federn sich am unteren Ende des Stabes befinden (Bild 8.29 b)?

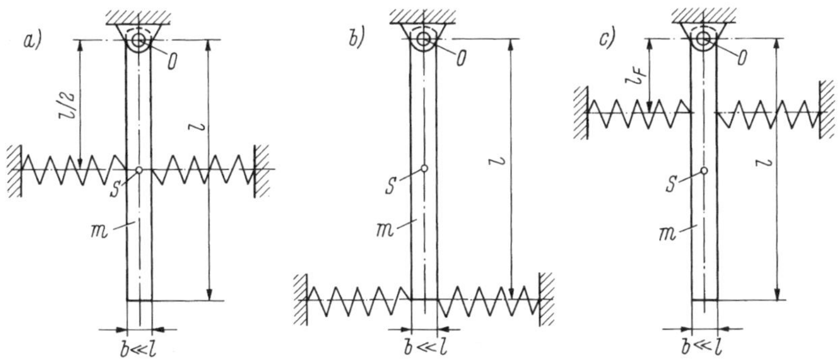

Bild 8.29 Pendelstab mit Federn
a) Federn in Stabmitte, b) am Stabende, c) im Abstand l_F

8.30

Der schlanke Stab nach Aufgabe 8.29 soll Pendelschwingungen mit der Periodendauer $T_0 = 0{,}7$ s ausführen. Er hat die Masse $m = 0{,}8$ kg und die Längen $l = 600$ mm, jede Feder die Federrate $k = 0{,}12$ N/mm. In welchem Abstand l_F vom Drehpunkt (Bild 8.29 c) müssen die beiden Federn angebracht werden?

8.31

Das in Bild 8.31 skizzierte Pendel mit der Masse $m = 4$ kg, dem Eigenträgheitsmoment $J_S = 0{,}1$ kg m^2 und dem Schwerpunktabstand $l_S = 350$ mm wird durch zwei Federn gehalten, die im Abstand $l_F = 400$ mm angeordnet sind und je eine Federrate $k = 6$ N/cm haben. Zu ermitteln sind:

1. Die Kreisfrequenz, mit der das Pendel bei kleinen Ausschlägen schwingt,
2. Der Abstand l_F der Federn, von dem ab das Pendel sich im stabilen Zustand befindet.

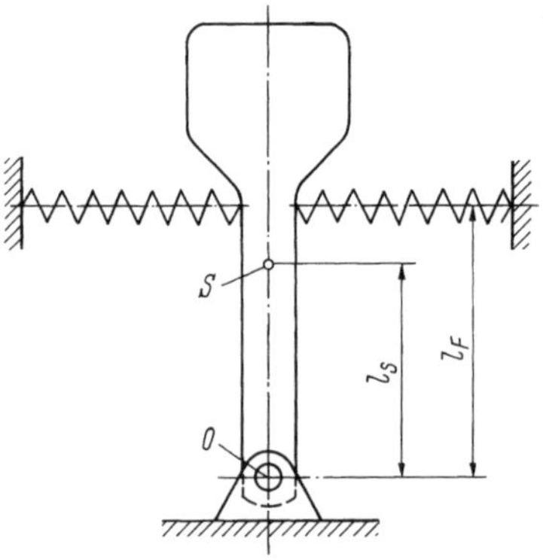

Bild 8.31 Durch Federn gehaltenes Pendel

8.32

Eine dünne Stange mit der Länge $l = 1{,}2$ m und der Masse $m = 5$ kg (Bild 8.32) wird durch zwei Federn gehalten, die im Abstand $l/4$ vom Drehpunkt unter einem Winkel $\alpha = 45°$ angeordnet sind. Wie groß ist die Eigenkreisfrequenz der möglichen Pendelschwingung bei kleinen Ausschlägen, wenn jede Feder eine Federrate $k = 2$ N/mm hat?

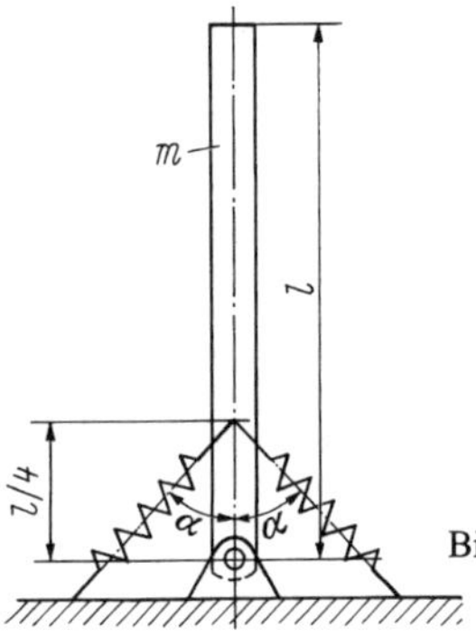

Bild 8.32 Durch Federn gehaltener Stab

8.33

Ein Quader der Länge $l = 300$ mm, der Breite $b = 60$ mm und der Masse $m = 5$ kg ist an einem Ende reibungsfrei drehbar gelagert und wird am anderen Ende durch eine unter dem Winkel $\alpha = 30°$ wirkende Feder mit der Federrate $k = 9$ N/cm gehalten (Bild 8.33). Nach einer Anregung führt das System Schwingungen mit kleiner Amplitude aus. Die Eigenkreisfrequenz und die Periodendauer dieser Schwingung sind zu bestimmen.

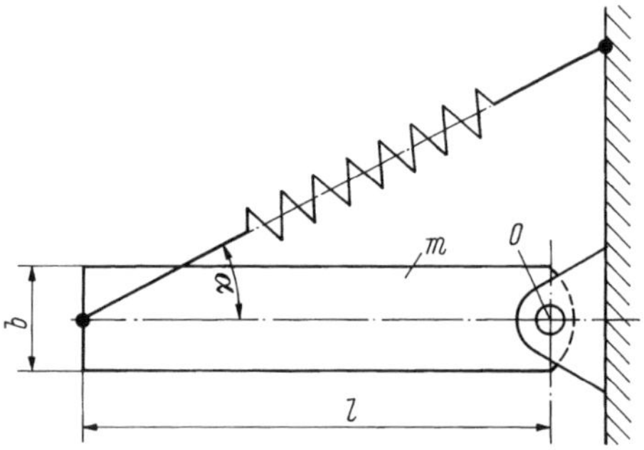

Bild 8.33 Drehbar gelagerter Balken mit Feder

8.34

An einer Stahlscheibe mit 200 mm Durchmesser und 20 mm Breite sind wie in Bild 8.34 skizziert zwei gleichartige Schraubenfedern befestigt. Das System soll bei kleinen Ausschlägen Drehschwingungen mit einer Frequenz von 4 Hz ausführen. Die Lagerreibung ist vernachlässigbar gering. Es ist die erforderliche Federrate jeder Feder zu ermitteln.

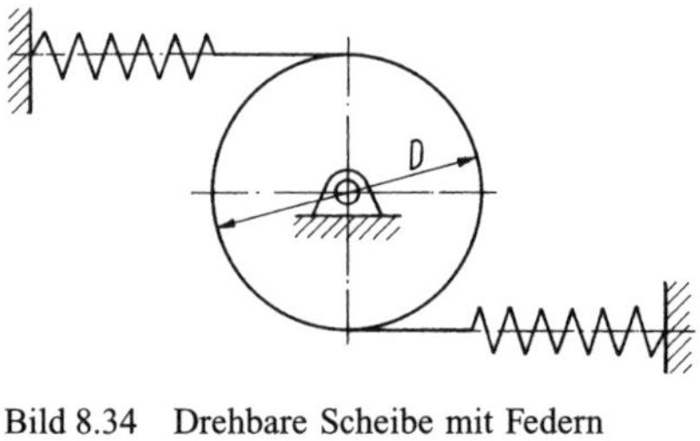

Bild 8.34 Drehbare Scheibe mit Federn

8.35

Ein Messingquader mit den Abmessungen $b = 120$ mm, $h = 200$ mm und $t = 25$ mm ist entsprechend Bild 8.35 mit 4 Schraubenfedern verbunden, die senkrecht auf den Diagonalen stehen und je eine Federrate $k = 2$ N/cm haben. Der Abstand von einem Eckpunkt des Quaders zur Wirklinie der Federkraft beträgt $e = 20$ mm. Mit welcher Frequenz führt das System Drehschwingungen mit kleinem Ausschlag um den Quaderschwerpunkt S_0 aus?

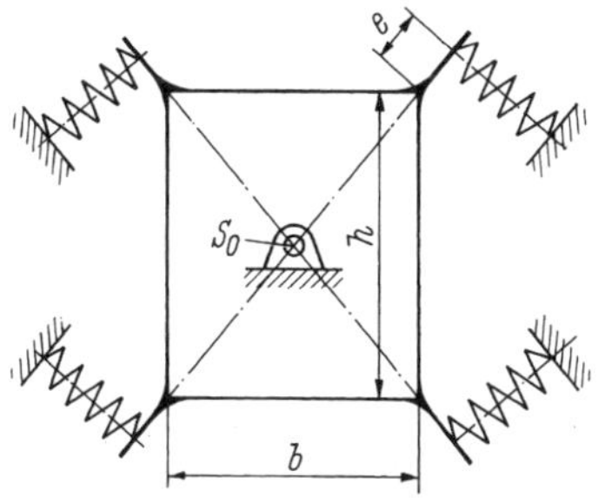

Bild 8.35 Federnd gelagerter Quader

8.36

An einer drehbar gelagerten starren Stange der Länge $L = 380$ mm befindet sich eine punktförmige Masse $m = 4$ kg. Die Stange ist auf drei Federn mit den Federraten $k_1 = 8$ N/cm, $k_2 = 6$ N/cm und $k_3 = 10$ N/cm abgestützt. Vom Drehpunkt haben die Befestigungspunkte der Federn die Abstände $l_1 = 100$ mm, $l_2 = 200$ mm und $l_3 = 300$ mm. Unter Vernachlässigung der Balken- und der Federmassen ist die Eigenkreisfrequenz zu errechnen, mit der das System Schwingungen mit kleinem Ausschlag ausführt.

8.37

Eine Scheibe mit 300 mm Durchmesser und einem Trägheitsmoment von 0,1 kg m^2 ist als feste Rolle eingesetzt, über die ein masselos gedachtes Seil gelegt wird (Bild 8.37). Ein Seilende ist über eine Feder mit einer Federrate von 1,2 N/mm am Boden befestigt, am anderen Ende hängt eine 12 kg schwere Masse. Wegen der Seilreibung kann das Seil auf der Scheibe nicht rutschen. Zu ermitteln sind:

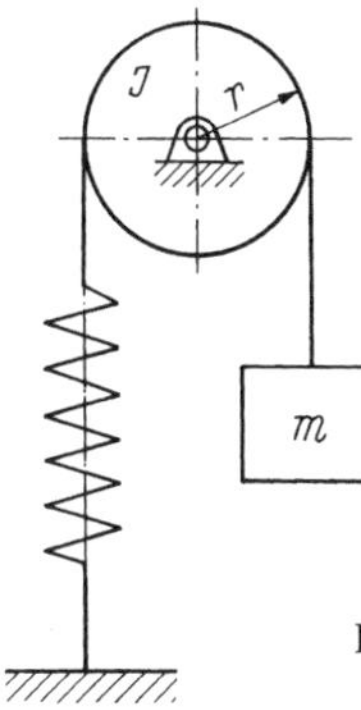

Bild 8.37 Feder-Masse-Schwinger mit Rolle

1. Die Eigenkreisfrequenz der möglichen Schwingung des Systems mit kleinem Ausschlag ohne Berücksichtigung des Trägheitsmoments der Scheibe,
2. Die Eigenkreisfrequenz unter Berücksichtigung der Scheibenträgheit.

8.38

Das in Bild 8.38 dargestellte System besteht aus zwei Scheiben mit je 6,5 kg Masse und 280 mm Durchmesser als lose und als feste Rolle, zwei Federn mit je einer Federrate von 2,2 N/mm, einer 18 kg schweren Belastungsmasse und einem als masselos anzunehmenden Seil, das auf den Scheiben wegen der Seilreibung nicht rutscht. Es ist die Frequenz zu bestimmen, mit der das System bei kleinen Schwingwegen schwingt, und zwar

1. unter Vernachlässigung der Scheibenträgheitsmomente,
2. mit Berücksichtigung der Trägheitsmomente.

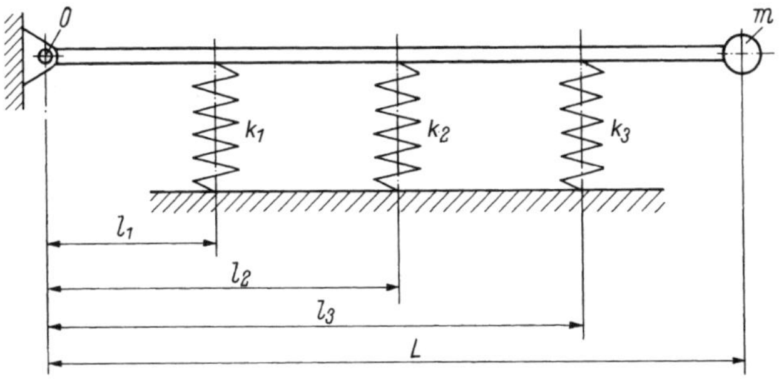

Bild 8.36 Federnd abgestützte Stange

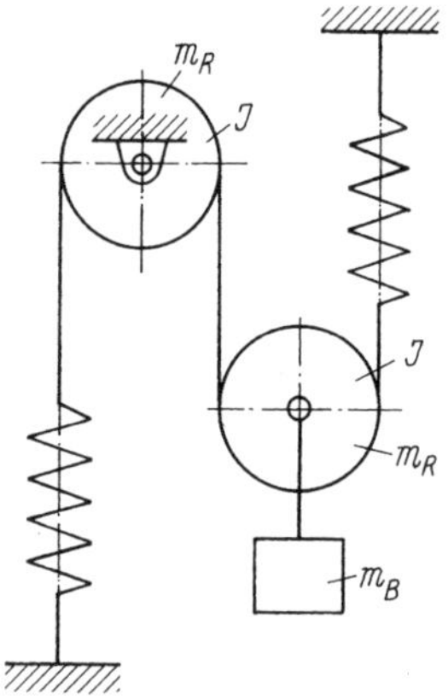

Bild 8.38 Feder-Masse-Schwinger mit fester und loser Rolle

8.39

Ein Vollzylinder aus Aluminium mit 250 mm Durchmesser und 100 mm Länge wird an beiden Enden durch je eine Feder gehalten, wie in Bild 8.39 skizziert. Nach einer kleinen Auslenkung führt das System Schwingungen aus, bei denen der Zylinder auf der Unterlage rollt. Es ist die Federrate einer Feder zu ermitteln, bei der sich für die Schwingung eine Frequenz von 3 Hz ergibt.

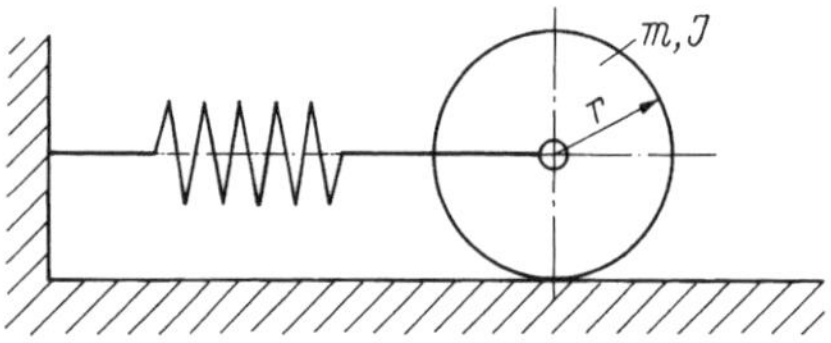

Bild 8.39 Zylinder mit zwei parallel angeordneten Federn als Schwingsystem

8.40

Ein Rollkörper liegt auf einer kreisförmigen Bahn mit dem Radius $R = 180$ mm (Bild 8.40) und führt nach einer kleinen Auslenkung α Rollschwingungen aus. Ermittelt werden soll:

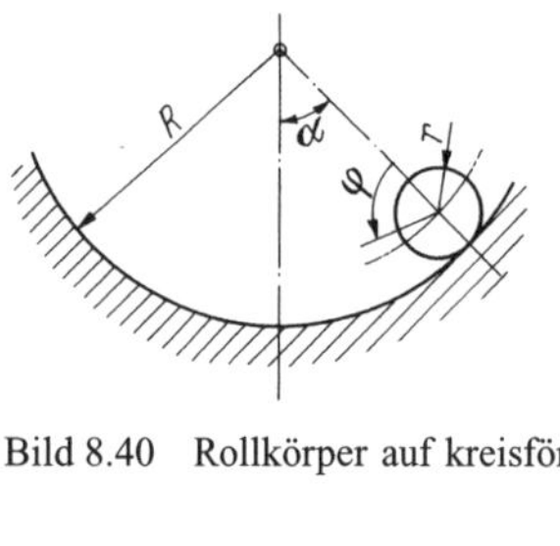

Bild 8.40 Rollkörper auf kreisförmiger Bahn

1. Die Eigenkreisfrequenz der Schwingung, wenn es sich um einen Zylinder mit 30 mm Durchmesser und 30 mm Länge handelt,
2. Die Eigenkreisfrequenz, wenn der Zylinder durch eine Kugel gleicher Masse ersetzt wird.

Freie gedämpfte Schwingungen

8.41

Eine Masse $m = 3$ kg ist an zwei Federn mit den Federraten $k_1 = 400$ N/m und $k_2 = 600$ N/m befestigt (Bild 8.41). Das System wird geschwindigkeitsproportional gedämpft. Nach einer Auslenkung werden Schwingungen mit dem Dämpfungsgrad $\vartheta = 0{,}7$ ausgeführt. Zu bestimmen sind:

1. Der Abklingkoeffizient δ und der Dämpfungskoeffizient d,
2. Die Kreisfrequenz ω_d, die Periodendauer T_d und die Frequenz f_d der gedämpften Schwingung.

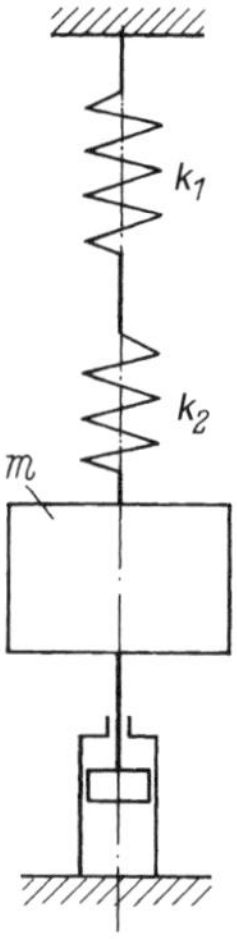

Bild 8.41 Feder-Masse-Schwinger mit Schwingungsdämpfer und zwei Federn in Reihenschaltung

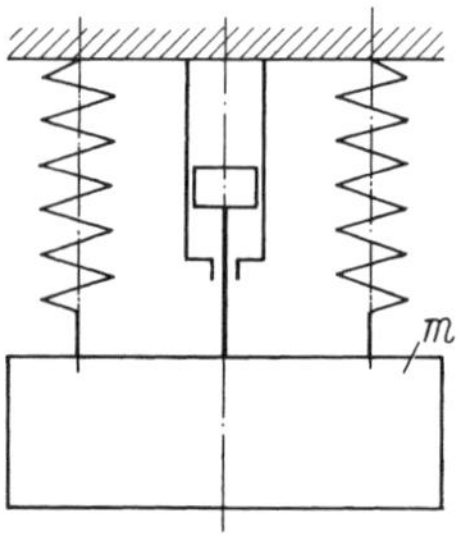

Bild 8.42 Feder-Masse-Schwinger mit Schwingungsdämpfer und zwei Federn in Parallelschaltung

8.42

In Bild 8.42 ist ein System dargestellt, das nach einer Auslenkung gedämpfte Schwingungen mit der Periodendauer $T_d = 0{,}5$ s ausführt. Es besteht aus einer Masse $m = 2$ kg, die an zwei Federn mit je einer Federrate $k = 230$ N/m befestigt ist, und einem geschwindigkeitsproportionalen Dämpfer. Es sind der Dämpfungsgrad ϑ, der Abklingkoeffizient δ und der Dämpfungskoeffizient d zu errechnen.

8.43

Eine Masse $m = 1{,}5$ kg ist durch drei Federn gleicher Federrate und einen geschwindigkeitsproportional wirkenden Dämpfer mit dem Dämpfungsgrad $\vartheta = 0{,}1$ abgestützt (Bild 8.43). Nach einer Auslenkung $\hat{x}_0 = 6$ mm führt das System gedämpfte Schwingungen mit der Kreisfrequenz $\omega_d = 12\ \text{s}^{-1}$ aus. Zu ermitteln sind:

1. Die Federrate einer Feder,
2. Das Amplitudenverhältnis und das logarithmische Dekrement,
3. Der Betrag der vierten Amplitude in Auslenkungsrichtung und die Zeit, die bis dahin vergangen ist.

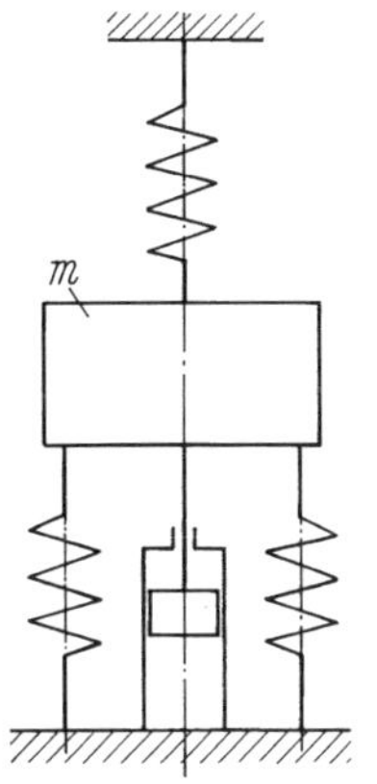

Bild 8.43 Feder-Masse-Schwinger mit Dämpfer und drei Federn

8.44

Ein mathematisches Pendel der Länge $l = 0{,}5$ m wird um $\hat{x}_0 = 40$ mm ausgelenkt und schwingt dann geschwindigkeitsproportional gedämpft. Für die dritte Amplitude in Auslenkungsrichtung wird ein Betrag von 38 mm gemessen. Gesucht sind das Amplitudenverhältnis, das logarithmische Dekrement, der Dämpfungsgrad, der Betrag der 5. Amplitude in Auslenkungsrichtung und die Zeit, bis zu der die Amplitude auf weniger als 2% des Anfangswertes abgeklungen ist.

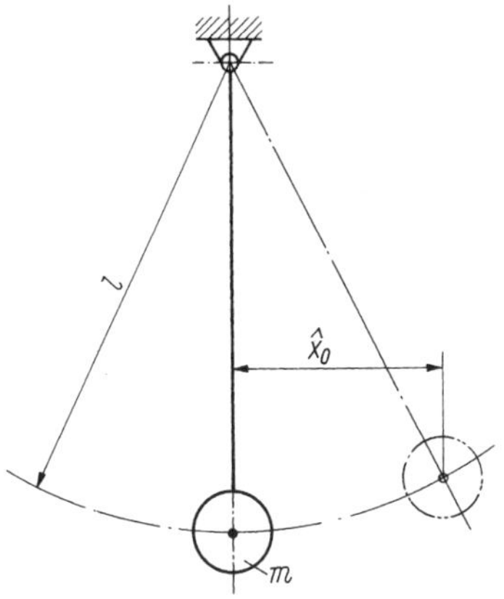

Bild 8.44 Mathematisches Pendel

8.45

Über eine feste Rolle ist entsprechend Bild 8.45 ein masselos anzunehmendes Seil gelegt, das an einem Ende über eine Feder mit einer Federrate von 8 N/cm mit der Unterlage verbunden ist. Am anderen Seilende befindet sich eine Masse von 8 kg, die über einen geschwindigkeitsproportional wirkenden Dämpfer mit einem Dämpfungskoeffizienten von 10 kg/s abgestützt ist. Die Masse wird um 10 mm ausgelenkt. Wie groß sind bei Vernachlässigung der Eigenträgheit der Rolle der Dämpfungsgrad, die Kreisfrequenz und die Periodendauer der gedämpften Schwingung und die dritte Amplitude in Auslenkrichtung?

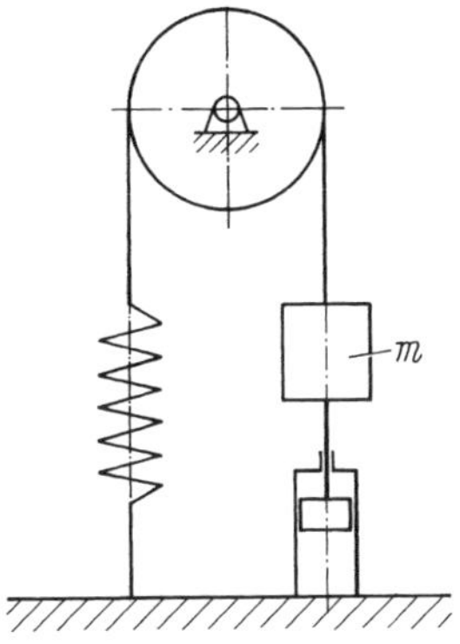

Bild 8.45 Feder-Masse-Schwinger mit Seilrolle und Dämpfer

8.46

Das in Bild 8.45 dargestellte geschwindigkeitsproportional gedämpfte System mit einer 1,2 kg schweren festen Rolle von 260 mm Durchmesser, einer Feder mit der Federrate $k = 800$ N/m, der Masse $m = 8$ kg und dem Dämpfer mit dem Dämpfungskoeffizienten $d = 10$ kg/s wird um 10 mm ausgelenkt. Wie in Aufgabe 8.45, jedoch unter Berücksichtigung des Trägheitsmoments der festen Rolle, die vom masselos gedachten Seil schlupffrei bewegt wird, sind der Dämpfungsgrad, die Kreisfrequenz und die Periodendauer der gedämpften Schwingung sowie die dritte Amplitude in Auslenkungsrichtung zu ermitteln.

Hinweis: Zur Lösung dieser und der nächsten Aufgabe muss die Bewegungsgleichung analog zur Gl. (8.31) aufgestellt und der Abklingkoeffizient sinngemäß zur Gl. (8.32) bestimmt werden (siehe auch die Bemerkung vor Aufgabe 8.27 und die Lösungshinweise zu diesen Aufgaben).

8.47

Eine dünne Stange mit der Länge $l = 200$ mm und der Masse $m = 1{,}2$ kg ist an einem Ende drehbar gelagert (Bild 8.47). In der Stangenmitte wirkt eine geschwindigkeitsproportionale Dämpfung, wodurch die Periodendauer gegenüber der ungedämpften Schwingung um 8% vergrößert wird. Für eine Schwingung mit kleinen Ausschlägen sind die Kreisfrequenz und die Periodendauer der gedämpften Schwingung sowie der Abklingkoeffizient und unter Beachtung des vorstehenden Hinweises der Dämpfungskoeffizient zu bestimmen.

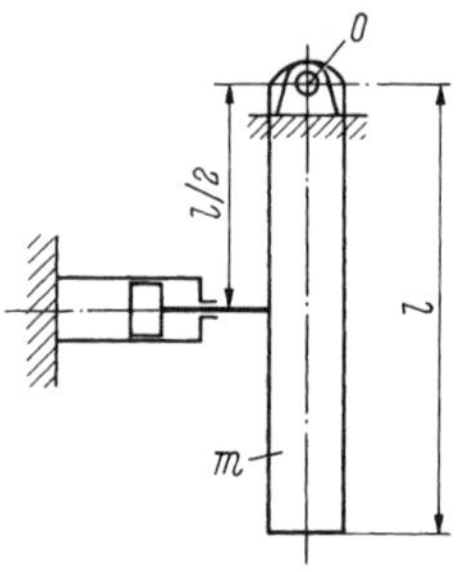

Bild 8.47 Pendelstange mit Schwingungsdämpfer

Erzwungene Schwingungen

8.48

Eine Masse $m = 8$ kg ist auf vier Druckfedern abgestützt, die dadurch um $s_G = 12$ mm statisch verkürzt werden. Über den Boden erfolgt eine Erregung der Federn nach der Erregerfunktion $x_A = x_0 \cdot \cos(\Omega \cdot t)$ mit der Erregeramplitude $x_0 = 6$ mm. Der Dämpfungseinfluss kann vernachlässigt werden.

1. Welcher durch Ω_1 und Ω_2 begrenzte Bereich der Erregerkreisfrequenz Ω ist nicht zulässig, wenn die Federn in jedem Fall als Druckfedern wirken sollen?

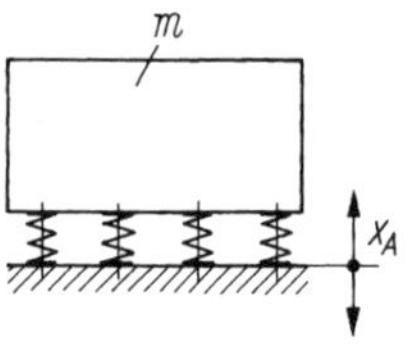

Bild 8.48 Auf Druckfedern abgestützte Masse

2. Wie groß sind die Phasenverschiebungen ζ_1 und ζ_2 der Erregerkreisfrequenzen Ω_1 und Ω_2?

8.49

In den Aufgaben 8.7 und 8.27 wurden für einen Wagenkasten die Eigenkreisfrequenzen $\omega_1 = 15{,}49\ \text{s}^{-1}$ und $\omega_2 = 18{,}31\ \text{s}^{-1}$ errechnet. Bei welchen Fahrgeschwindigkeiten können Resonanzerscheinungen des ungedämpften Systems auftreten, wenn Unebenheiten der Fahrbahn in gleichmäßigen Abständen von 20 m das Fahrzeug periodisch erregen?

8.50

Eine Masse $m = 3$ kg ist über eine Feder mit der Federrate $k = 4$ N/cm an einer Kreuzschubkurbel befestigt (Bild 8.50). Der Kurbelzapfen läuft mit der Drehzahl $n = 90\ \text{min}^{-1}$ um. Das System soll so gedämpft werden, dass der Schwingweg der Masse im eingeschwungenen Zustand nicht größer als 75% des Kurbelkreisdurchmessers ist. Dafür sind zu bestimmen:

1. Der Überhöhungsfaktor α_1 und das Kreisfrequenzverhältnis η,
2. Der erforderliche Dämpfungskoeffizient ϑ,
3. Die Phasenverschiebung ζ der Schwingung gegenüber der Erregung.

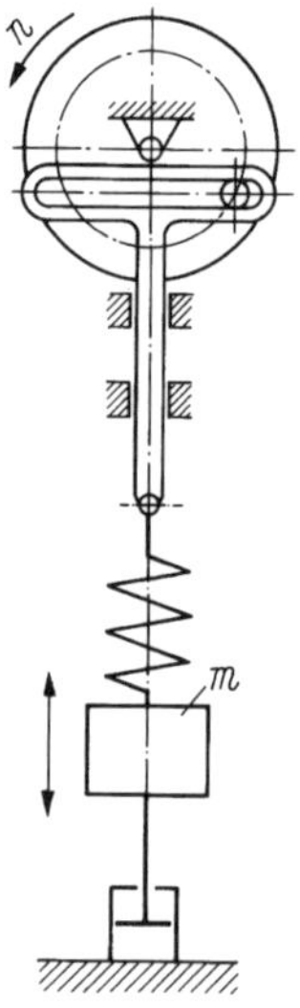

Bild 8.50 Feder-Masse-Schwingsystem mit Dämpfer und Kreuzschubkurbel

8.51

In Bild 8.51 ist ein Feder-Masse-Dämpfer-Schwingsystem skizziert, das durch eine Kreuzschubkurbel erregt wird. Der Kurbelkreis hat den Radius $r = 15$ mm. An der Masse $m = 2$ kg

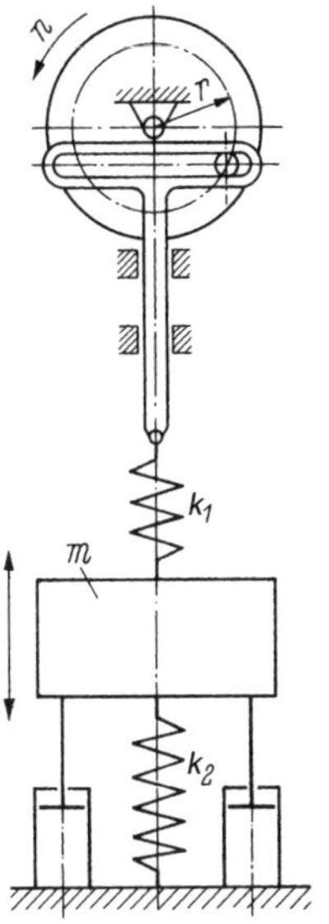

Bild 8.51 Feder-Masse-Schwinger mit zwei Federn, zwei Dämpfern und Kreuzschubkurbel

sind zwei Federn mit den Federraten $k_1 = 0{,}8$ N/mm und $k_2 = 0{,}6$ N/mm und zwei geschwindigkeitsproportionale Dämpfer mit dem Dämpfungskoeffizienten $d = 15$ kg/s befestigt. Für den eingeschwungenen Zustand sind zu ermitteln:

1. Der Abklingkoeffizient δ und der Dämpfungsgrad ϑ,
2. Die Drehzahl n des Kurbelzapfens, bei der der Amplitudenfrequenzgang ein Maximum hat,
3. Der maximale Schwingweg $\hat{x}$, die Phasenverschiebung ζ und die Funktion des Schwingweges.

Hinweis: Zur Lösung von 3. dieser Aufgabe muss die Bewegungsgleichung analog zur Gl. (8.41) aufgestellt und die Funktion des Schwingweges entsprechend den Gln. (8.42) und (8.46) entwickelt werden (siehe auch Lösungshinweis).

8.52

Ein Schwungrad ist entsprechend Bild 8.52 an einem Wellenende befestigt. Das andere Wellenende wird zu periodischen Drehschwingungen angeregt, wobei die Erregung nach der Quellenfunktion $\varphi_A = \varphi_0 \cdot \cos(\Omega \cdot t)$ mit der Erregeramplitude $\varphi_0 = 0{,}05$ rad und dem Kreisfrequenzverhältnis $\eta = 0{,}83$ erfolgt. Für dieses gedämpft schwingende System sind zu bestimmen:

1. Der erforderliche Dämpfungsgrad ϑ, wenn die Schwingungsamplitude im eingeschwungenen Zustand $\hat{\varphi} \leq 0{,}15$ rad betragen soll, und die sich damit ergebende Phasenverschiebung ζ,
2. Der Dämpfungsgrad, die Amplitude und die Phasenverschiebung, wenn das Resonanz-Kreisfrequenzverhältnis gleich dem angegebenen Kreisfrequenzverhältnis ist.

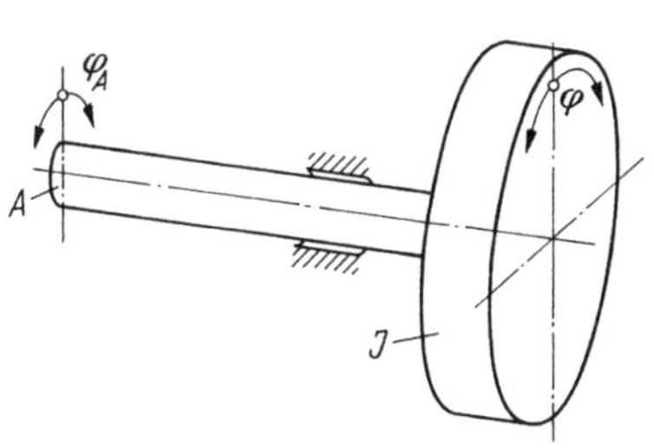

Bild 8.52 Drehschwinger mit Torsionsstab als Vollwelle

8.53

Eine Stahlscheibe mit $D = 400$ mm Durchmesser und $b = 80$ mm Breite ist am Ende einer Hohlwelle aus Stahl mit $d_1 = 32$ mm Außen- und $d_i = 18$ mm Innendurchmesser sowie $l = 950$ mm Länge befestigt (Bild 8.53). Am anderen Wellenende erfolgt eine periodische Erregung nach der Funktion $M_A = M_0 \cdot \cos(\Omega \cdot t)$ mit der Erregeramplitude $M_0 = 650$ Nm. Das System schwingt gedämpft mit dem Dämpfungsgrad $\vartheta = 0{,}2$ und der Amplitude $\hat{\varphi} = 0{,}12$ rad im eingeschwungenen Zustand. Es sind der Überhöhungsfaktor, die möglichen Erregerkreisfrequenzen, die Phasenverschiebungen und die Periodendauern der erzwungenen Schwingungen zu errechnen.

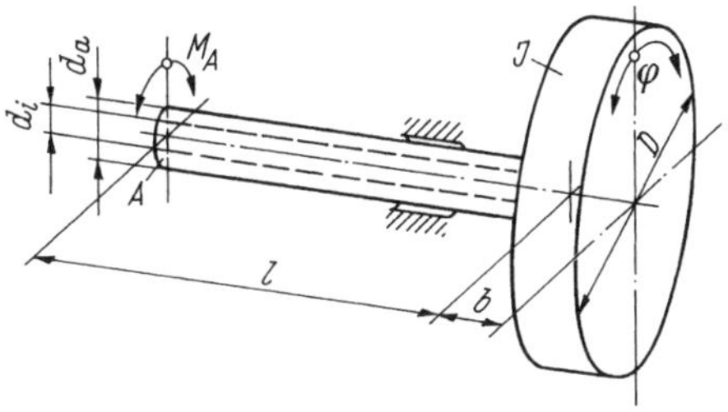

Bild 8.53 Drehschwinger mit Torsionsstab als Hohlwelle

8.54

Ein Gehäuse ist auf vier Federn mit je einer Federrate $k = 12$ kN/m und einem Dämpfer mit dem Dämpfungskoeffizienten $d = 700$ kg/s abgestützt (Bild 8.54). Im Gehäuse läuft ein Motor mit einer exzentrisch am Rotor angeordneten punktförmigen Masse $m_1 = 6$ kg, deren Exzentrizität $e = 50$ mm beträgt. Motor und Gehäuse haben die Gesamtmasse $m_{ges} = 50$ kg.

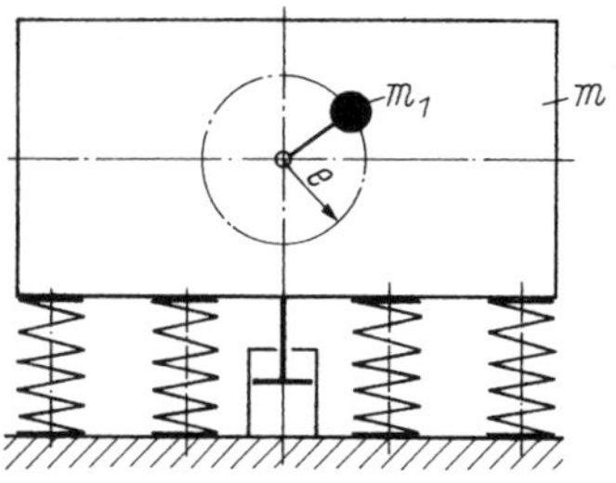

Bild 8.54 Feder-Masse-Dämpfer-Schwinger mit Unwuchterregung

1. Welcher Überhöhungsfaktor α_2 darf nicht überschritten werden, wenn im eingeschwungenen Zustand der maximale Schwingweg $\hat{x} \leq 8$ mm sein soll?
2. In welchem Drehzahlbereich darf dann der Motor nicht laufen?
3. Welche Phasenverschiebungswinkel sind damit ausgeschlossen?

8.55

Ein Unwuchterreger mit zwei gegenläufigen Massen $m = 0{,}5$ kg ist in einem Gehäuse mit $m_G = 6$ kg Masse eingebaut, das von zwei unter dem Winkel $\beta = 20°$ angeordneten Federn mit je einer Federrate $k = 1{,}5$ N/mm und einem Dämpfer mit dem Dämpfungskoeffizienten $d = 60$ kg/s gehalten wird (Bild 8.55). Die Massen m rotieren mit einer Drehzahl $n = 240\ \text{min}^{-1}$ auf Kreisen mit dem Radius $r = 100$ mm. Es ist die Funktion des Schwingweges x für den eingeschwungenen Zustand zu ermitteln.

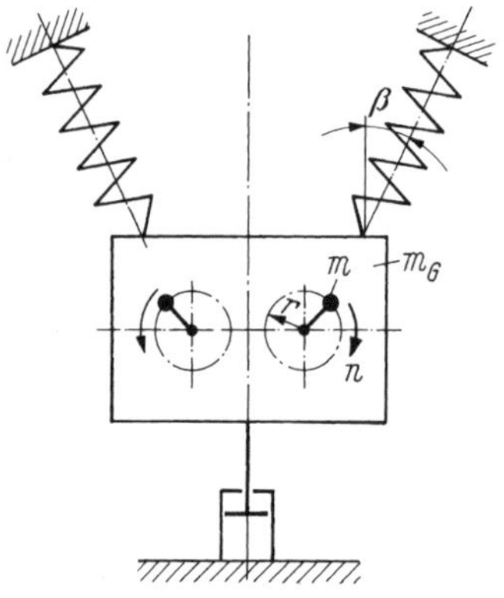

Bild 8.55 Unwuchterreger mit zwei gegenläufigen Massen

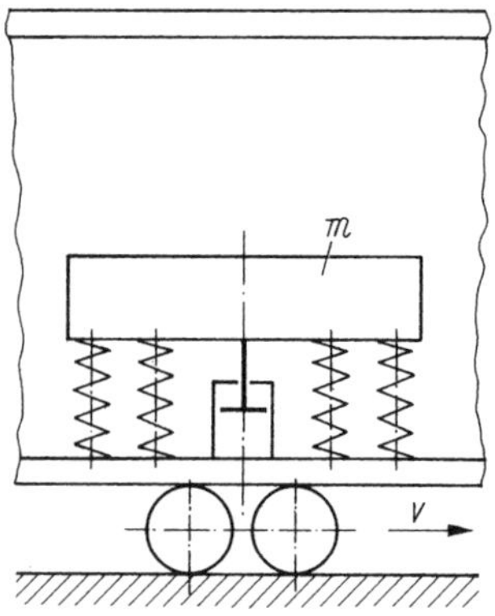

Bild 8.56 Schwingsystem in einem Schienenfahrzeug

8.56

Ein Schienenfahrzeug, das mit einer Geschwindigkeit von 90 km/h fährt, wird durch die in gleichmäßigen Abständen von 20 m auftretenden Schienenstöße periodisch zu Schwingungen angeregt. Im Fahrzeug befindet sich das in Bild 8.56 skizzierte weich abgestimmte Schwingungssystem mit der Masse $m = 140$ kg, einem Dämpfer mit dem Dämpfungsgrad $\vartheta = 0{,}12$ und vier Federn mit je einer Federrate $k = 1{,}6$ N/mm. Der Überhöhungsfaktor und die Phasenverschiebung für die Relativbewegung des Schwingers sind zu errechnen.

8.57

Ein Gehäuse mit der Masse $m_1 = 200$ kg ist auf vier Federn mit je einer Federrate $k_1 = 80$ kN/m und einem Dämpfer mit dem Dämpfungskoeffizienten $d_1 = 2000$ kg/s abgestützt (Bild 8.57).

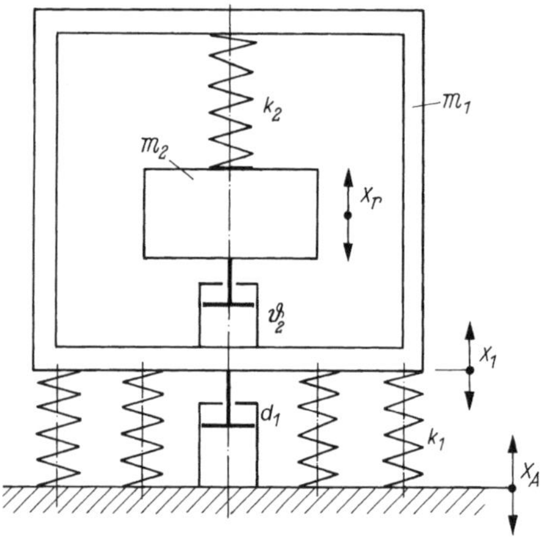

Bild 8.57 Auf Federn abgestütztes Gehäuse mit Schwingsystem

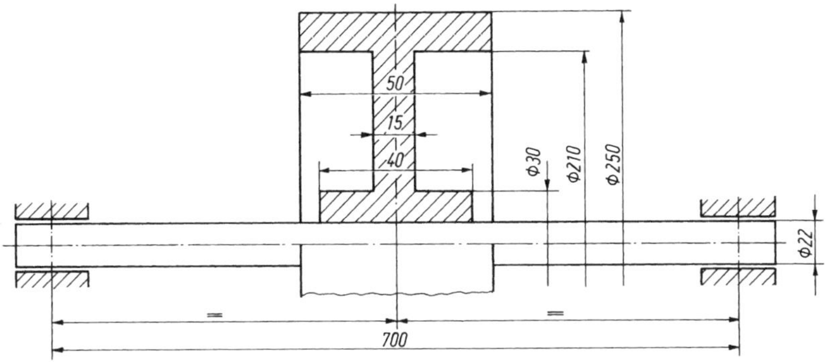

Bild 8.58 Welle mit Schwungrad

Im Gehäuse befindet sich ein Feder-Masse-Dämpfer-Schwingsystem mit der Federrate $k_2 = 1{,}8$ N/mm, der Masse $m_2 = 4$ kg und einem Dämpfer mit dem Dämpfungsgrad $\vartheta_2 = 0{,}08$. Es wirkt eine Federkrafterregung nach der Quellenfunktion $x_A = 2\ \text{mm} \cdot \cos(30\ \text{s}^{-1} \cdot t)$. Unter Vernachlässigung der Feder- und Dämpfermassen sind zu bestimmen:

1. Die Funktion für den Schwingweg x_1 des Gehäuses,
2. Die Amplitude $\hat{x}_r$ der Relativbewegung zwischen dem Gehäuse und Masse m_2.

8.58

Das in Bild 8.58 dargestellte Schwungrad aus Stahl sitzt mittig auf einer waagerecht gelagerten Welle mit $d = 22$ mm Durchmesser und $L = 700$ mm Lagerabstand. Die Betriebsdrehzahl n soll mindestens 33% von der biegekritischen Drehzahl n_{kb} entfernt liegen. In welchem Drehzahlbereich darf die Welle nicht laufen?

8.59

Auf einer Welle sind zwei Riemenscheiben mit den Trägheitsmomenten $J_1 = 1{,}4\ \text{kg}\,\text{m}^2$ und $J_2 = 1\ \text{kg}\,\text{m}^2$ und einem Mittenabstand von 380 mm befestigt. Das System soll bei einer Betriebsdrehzahl von $1500\ \text{min}^{-1}$ unterkritisch mit 25% Abstand von der verdrehkritischen Drehzahl laufen. Welcher kleinste Wellendurchmesser d ist dafür erforderlich?

8.60

Eine Kreiselmaschine mit der Gesamtmasse $m = 120$ kg hat die Drehzahl $n = 996\ \text{min}^{-1}$. Durch eine Unwucht am Laufrad wird eine Fliehkraft $F_z = 15$ N erzeugt. Unter Vernachlässigung von Dämpfungseinflüssen sind zu ermitteln:

1. Die erforderliche Federrate k der Unterlage, damit die auf das Fundament ausgeübte Kraft $F_U \leq 1$ N ist,
2. Die statische Durchsenkung s_G der Unterlage.

8.61

Eine Kolbenmaschine mit einer Gesamtmasse von 350 kg und der Drehzahl $n = 700\ \text{min}^{-1}$ soll auf einer elastischen Unterlage schwingungsisoliert gelagert werden. Periodisch mit der Drehzahl wirkt eine Kolbenkraft von 2,5 kN. Zur Schwingungsisolierung ist eine Grundplatte unter der Maschine vorgesehen. Die statische Durchsenkung der Unterlage ohne die Grundplatte beträgt 12 mm. Dämpfungseinflüsse sind vernachlässigbar gering. Zu bestimmen sind:

1. Die Eigenkreisfrequenz und die im Betrieb auf das Fundament ausgeübte Größtkraft ohne Grundplatte,
2. Die erforderliche Masse der Grundplatte für ein Kreisfrequenzverhältnis $\eta \geq 3$ und die dann verbleibende Größtkraft auf das Fundament sowie die statische Durchsenkung der Unterlage.

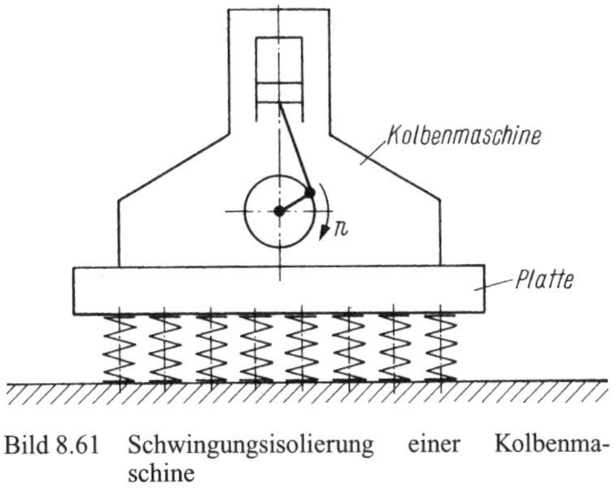

Bild 8.61 Schwingungsisolierung einer Kolbenmaschine

8.62

Ein Messgerät mit der Masse $m_M = 2{,}5$ kg soll schwingungsisoliert auf einem Maschinengehäuse befestigt werden, das sich nach der Erregerfunktion $x_G = 2\ \text{mm} \cdot \cos(100\ \text{s}^{-1} \cdot t)$ bewegt. Für die Isolierung stehen 6 Federn mit je einer Federrate $k = 1$ N/mm und Unterlegplatten mit der Masse $m_{Pl} = 0{,}8$ kg zur Verfügung. Der Dämpfungseinfluss kann vernachlässigt werden. Es sind zu ermitteln:

1. Die erforderliche Plattenanzahl z für ein Kreisfrequenzverhältnis $\eta \geq 3$,
2. Der damit auftretende Schwingungsausschlag $\hat{x}$ des Messgerätes.

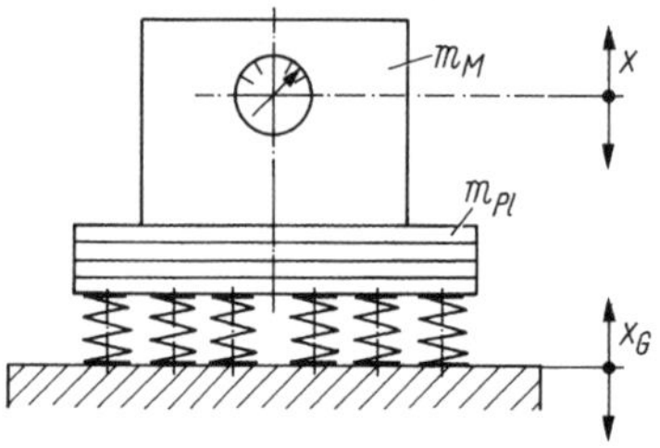

Bild 8.62 Schwingungsisolierung eines Messgerätes

8.63

Die Kreiselmaschine nach Aufgabe 8.60 mit der Gesamtmasse $m = 120$ kg, der Drehzahl $n = 996\ \text{min}^{-1}$ und der Unwucht $F_z = 15$ N wird auf einer elastischen Unterlage mit der Federrate $k = 80$ N/mm gelagert. Wie groß wird die Fundamentkraft F_U bei einem Dämpfungskoeffizienten $d = 1200$ kg/s?

8.64

Eine Kreiselmaschine mit der Gesamtmasse von 38 kg läuft bei einer Drehzahl von $1460\ \text{min}^{-1}$. Durch eine Unwucht wirkt am Laufrad eine Fliehkraft von 12 N. Es sind zu ermitteln:

1. Die erforderliche Federrate k der Unterlage für ein Kreisfrequenzverhältnis $\eta \geq 2{,}3$,
2. Der Dämpfungskoeffizient d, bei dem die Fundamentkraft um maximal 20% größer ist als bei ungedämpfter Betrachtung.

8.65

Eine Kolbenmaschine nach Bild 8.61 mit einer Gesamtmasse von $m = 210$ kg läuft bei einer Drehzahl $n = 1250\ \text{min}^{-1}$. Sie ist auf einer elastischen Unterlage mit der Federrate $k = 2{,}5$ kN/mm gelagert. Das System ist gedämpft mit einem Abklingkoeffizienten $\delta = 20\ \text{s}^{-1}$. Periodisch mit der Drehzahl wirkt eine Kolbenkraft von 2,1 kN.

1. Wie groß ist die statische Durchsenkung der Grundplatte?
2. Welche Kraft wird auf das Fundament ausgeübt?
3. Wie groß wird die Fundamentkraft, wenn die Kolbenmaschine auf eine zusätzliche Grundplatte von 250 kg gesetzt wird und der Dämpfungsgrad gleich bleibt?

8.66

Das Messgerät nach Aufgabe 8.62 mit der Masse $m = 2{,}5$ kg und 6 Federn der Federrate $k = 1$ N/mm wird auf 4 Unterlegplatten der Masse $m = 0{,}8$ kg gesetzt (Bild 8.62). Das Maschinengehäuse wird mit einer Amplitude von 2 mm bei einer Kreisfrequenz von $100\ \text{s}^{-1}$ erregt. Wie groß ist der Schwingungsausschlag $\hat{x}$ des Messgerätes?

9 Festigkeitslehre

Spannung und Formänderung

Schnittkräfte und -momente

9.1

An dem Freiträger nach Bild 9.1 wirkt die Kraft $F = 1{,}2$ kN im Abstand $l = 600$ mm unter dem Winkel $\alpha = 60°$. Das innere Kräftesystem im Einspannquerschnitt ist zu ermitteln.

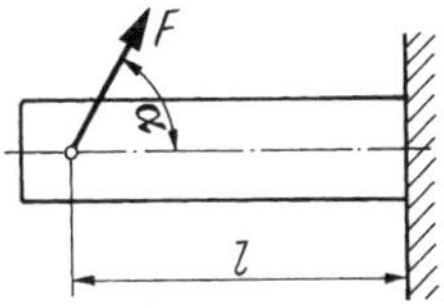

Bild 9.1 Freiträger mit Einzelkraft

9.2

Für den in Bild 9.2 skizzierten Freiträger ist das innere Kräftesystem im Einspannquerschnitt zu bestimmen.

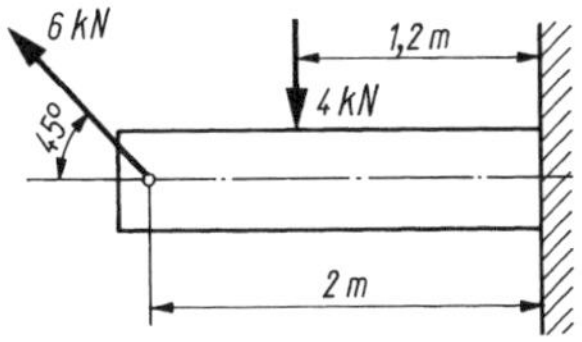

Bild 9.2 Freiträger mit zwei Belastungskräften

9.3

Ein entsprechend Bild 9.3 gekröpfter Flachstahl wird mit der Kraft $F = 500$ N belastet. Es sind zu errechnen:

1. Die Normalkraft F_{N1} im Querschnitt 1,
2. Die Normalkraft F_{N2} und das Biegemoment M_{b2} im Querschnitt 2,
3. Die Normalkraft F_{N3}, die Querkraft F_{q3} und das Biegemoment M_{b3} im Querschnitt 3.

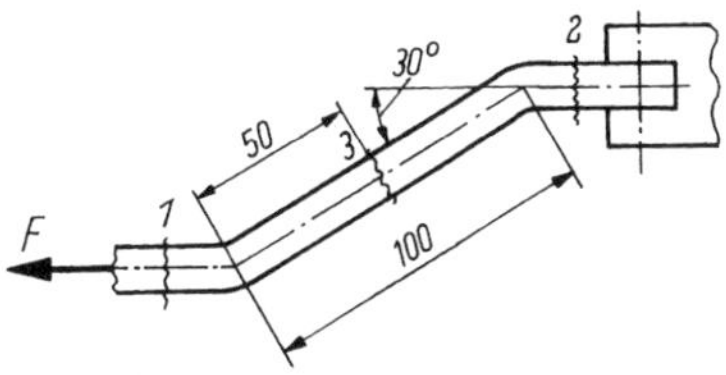

Bild 9.3 Gekröpfter Flachstahl

9.4

Für den in Bild 9.4 skizzierten Hebel betragen $F = 10$ N, $\alpha = 45°$, $F_1 = 5$ N, $L_1 = 30$ mm, $L_2 = 60$ mm, $L_3 = 40$ mm, $L_4 = 20$ mm $= l_1$, $l_2 = 10$ mm und $l_3 = 30$ mm. Gesucht sind:

1. Die Kraft F_2 für den Gleichgewichtszustand,
2. Die Lagerkraft F_A,
3. Die Querkraft F_{q1} und das Biegemoment M_{b1} im Querschnitt 1,
4. Die Querkraft F_{q2} und das Biegemoment M_{b2} im Querschnitt 2,
5. Die Normalkraft F_{N3}, die Querkraft F_{q3} und das Biegemoment M_{b3} im Querschnitt 3.

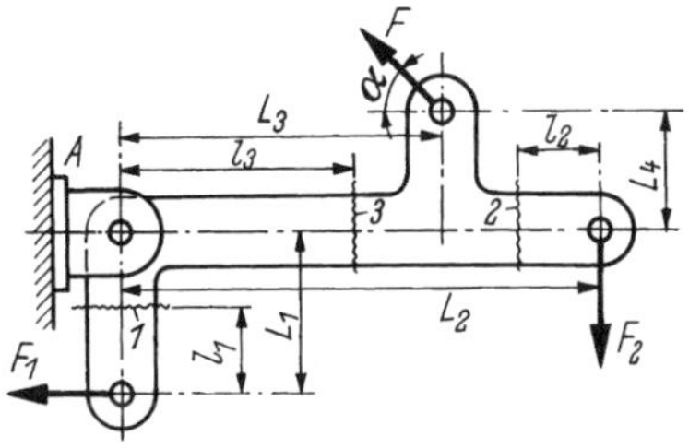

Bild 9.4 Hebel mit drei Kräften

9.5

Wie groß sind in den Querschnitten 1 und 2 des in Bild 9.5 schematisch dargestellten Bauteils:

1. Die Längskräfte F_{l1} und F_{l2},
2. Die Querkräfte F_{q1} und F_{q2},
3. Die Biegemomente M_{b1} und M_{b2}.

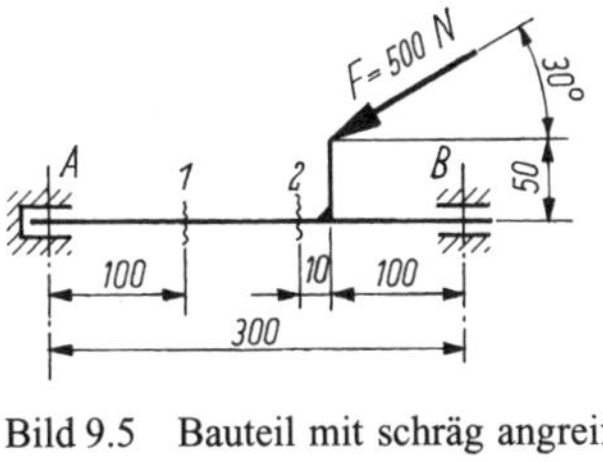

Bild 9.5 Bauteil mit schräg angreifender Kraft

9.6

An einem Bauteil entsprechend Bild 9.6 greifen die Kräfte $F_1 = 3$ kN und $F_2 = 2$ kN an. Wie

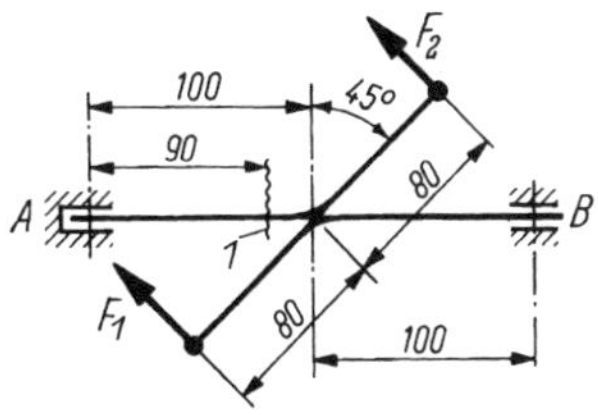

Bild 9.6 Bauteil mit schräg angreifenden Kräften

groß sind im Querschnitt 1 die Querkraft F_q, die Normalkraft F_N und das Biegemoment M_b?

9.7

Für die Querschnitte 1 und 2 des Trägers auf zwei Stützen in Bild 9.7 sind die inneren Kräftesysteme zu ermitteln.

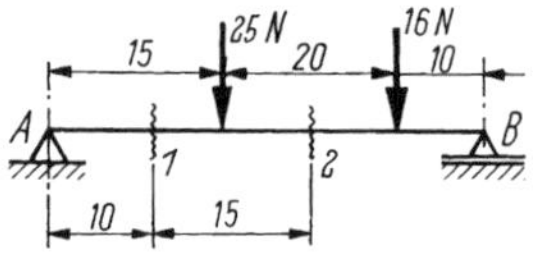

Bild 9.7 Träger auf zwei Stützen

9.8

Welche Kräfte und Momente wirken in den Querschnitten 1, 2 und 3 des in Bild 9.8 skizzierten Stützträgers?

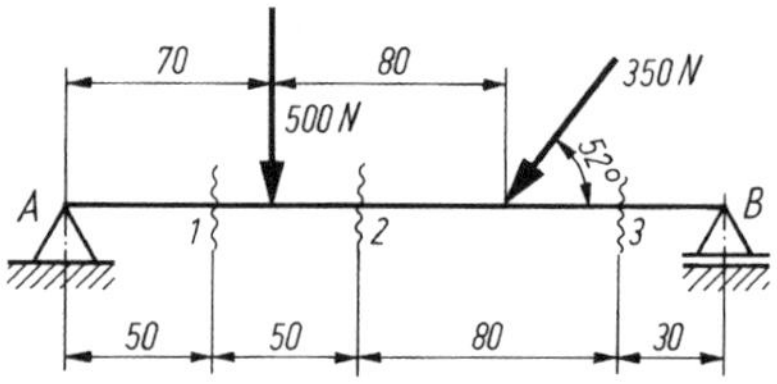

Bild 9.8 Stützträger mit zwei Belastungskräften

9.9

An dem in Bild 9.9 dargestellten Kurbelzapfen greift am Radius $R = 400$ mm im Abstand $l = 200$ mm von der Querschnittsfläche A die Tangentialkraft $F_t = 300$ N an. Welche Querkraft F_q, welches Biegemoment M_b und welches Torsionsmoment T hat der Querschnitt A zu übertragen?

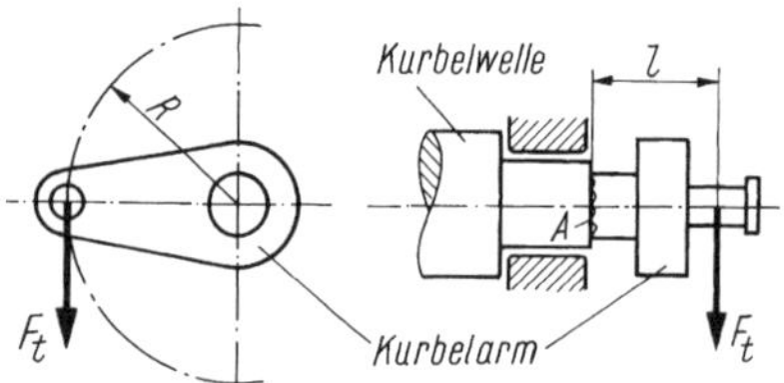

Bild 9.9 Kurbelzapfen an einem Kurbelwellenende

9.10

Auf einem Wellenende (Bild 9.10) sitzt eine Riemenscheibe, an der die Riemenkräfte $F_1 = 3$ kN und $F_2 = 2{,}5$ kN ziehen. Für den Querschnitt A in der Lagermitte ist das innere Kräftesystem zu ermitteln.

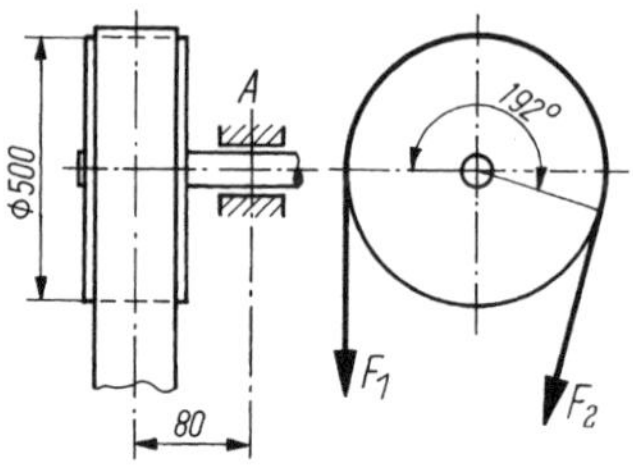

Bild 9.10 Riemenscheibe auf Wellenende

Dehnung und Formänderungsarbeit

9.11

Ein Prüfstab aus Stahl mit $d_0 = 10$ mm Durchmesser und $L_0 = 100$ mm Länge zeigte bei einer Zugbeanspruchung mit der Kraft $F = 10$ kN im Proportionalitätsbereich eine Verlängerung $\Delta L = 0{,}062$ mm. Sein Durchmesser nahm auf $d = 9{,}9982$ mm ab. Zu ermitteln sind:

1. Die Zugnennspannung σ,
2. Die Dehnung ε,
3. Der Elastizitätsmodul E,
4. Die Poisson-Zahl μ,
5. Die Formänderungsarbeit W.

9.12

Ein $L_0 = 5$ m langer Zugstab, bestehend aus zwei U-Profilen DIN 1026 – U 100 – S235JR, hat in einer Stahlkonstruktion eine Kraft $F = 350$ kN zu übertragen. Wie groß ist die Verlängerung ΔL?

9.13

Wieviel mm beträgt die Verlängerung eines 0,2 m langen Stahldrahtes bei einer Zugspannung von 240 N/mm²?

9.14

Für einen Rundstab aus Stahl mit 8 mm Durchmesser und 4 m Länge sind die Nennspannung und die Verlängerung bei einer Zugkraft von 5 kN zu errechnen.

9.15

Ein Prüfstab aus Stahl mit einer Ausgangsmesslänge von 80 mm und 16 mm Durchmesser zerriss im Zugversuch bei einer Länge von 97,2 mm. Die Bruchdehnung in % ist zu bestimmen.

9.16

Eine 0,5 m lange Gummischnur mit 2 mm Durchmesser wird durch die Gewichtskraft einer

Masse von 750 g auf 0,8 m verlängert. Gesucht sind:

1. Die Zugspannung,
2. Die Dehnung,
3. Der Elastizitätsmodul bei dieser Dehnung.

9.17

Ein prismatischer Körper mit Rechteckquerschnitt 20 mm × 40 mm und 100 mm Länge wird in Längsrichtung durch eine Kraft von 30 kN im Proportionalitätsbereich auf Druck beansprucht. Der Elastizitätsmodul des Werkstoffs beträgt 60 000 N/mm². Welche Formänderungsarbeit W wird verrichtet?

9.18

Ein würfelförmiger Körper aus Gusseisen (Grauguss) von 30 mm Kantenlänge wird mit 20 kN druckbeansprucht. Wie groß sind die Stauchung ε_d, die Querdehnung ε_q und die Formänderungsarbeit W, wenn Proportionalität zwischen Spannung und Dehnung vorausgesetzt wird und die Poisson-Zahl $\mu = 0{,}25$ beträgt?

9.19

An einem runden Stahlstab von 400 mm Länge und 5 mm Durchmesser wird durch eine Zugkraft eine Formänderungsarbeit von 0,15 J verrichtet. Wie groß ist die im Stab auftretende Zugspannung?

9.20

Das in Bild 9.20 gezeigte Stahlrohr 40 × 5 mit der Länge 100 mm soll bis auf seine Elastizitätsgrenze $\sigma_E = 180\ \text{N/mm}^2$ auf Druck beansprucht werden. Welche Formänderungsarbeit ist hierfür erforderlich?

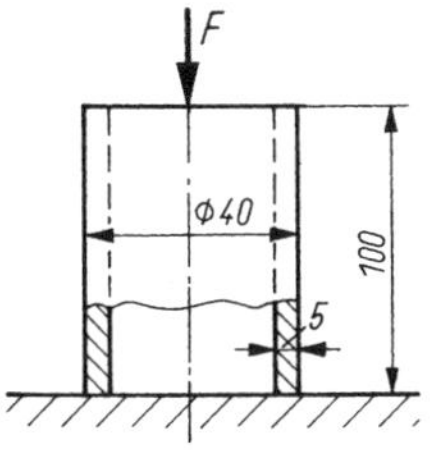

Bild 9.20 Druckbeanspruchtes Rohr

9.21

Ein 0,5 m langes Rohr mit 6 mm Außendurchmesser und 1 mm Wanddicke verlängert sich bei einer Zugkraft von 1975 N um 0,3 mm. Die nach dem Elastizitätsmodul mögliche Werkstoffart (Stahl, Gusseisen, Kupfer oder dgl.) des Rohres ist anzugeben.

9.22

Ein Probestab mit 12 mm Durchmesser beginnt sich bei einer Belastungskraft von 31,1 kN zu strecken. Als Bruchkraft werden 46,6 kN gemessen. Um welche Baustahlsorte nach DIN EN 10 025 könnte es sich bei diesen Messergebnissen handeln?

9.23

Die abgesetzte Kupferschiene in Bild 9.23 wird mit einer Zugkraft $F = 3600$ N belastet. Um welchen Betrag ΔL in mm wird sie länger, und um welchen Betrag Δb nimmt ihre Breite im schmalen Teil ab, wenn mit einer Poisson-Zahl $\mu = 0{,}3$ zu rechnen ist und die Abrundung am Absatz vernachlässigt wird?

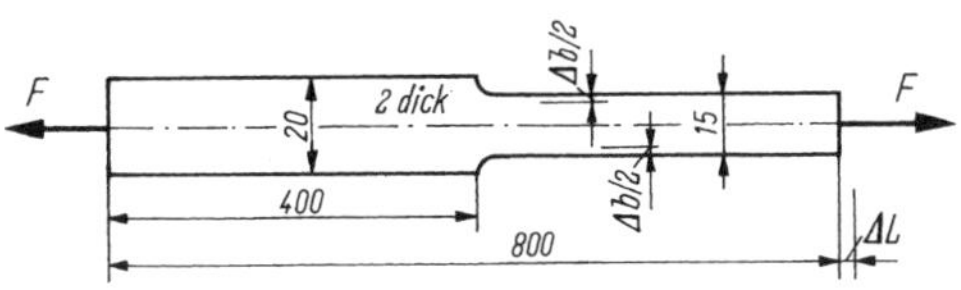

Bild 9.23 Abgesetzte Kupferschiene

9.24

Zwischen zwei Masten (Bild 9.24) ist ein 10 m langes Stahlseil mit 22 mm² Querschnittsfläche befestigt und in der Mitte durch die in der Skizze angegebene Masse belastet. Um etwa welchen Betrag Δh in mm vergrößert sich der Durchhang des Seiles infolge dieser Belastung?

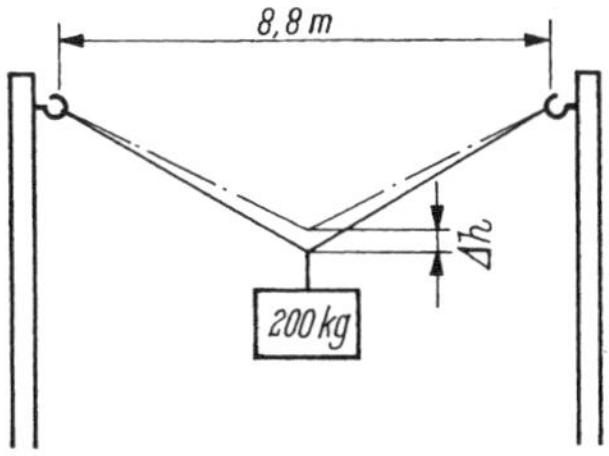

Bild 9.24 Belastetes Stahlseil

Zug-, Druck- und Scherbeanspruchung

Bei der Lösung nachfolgender Aufgaben sind zulässige Spannungen nach Tabelle 20 (siehe *Hinweise für die Benutzung des Buches*) zu wählen, wenn die Aufgabe keine anderen Hinweise enthält, z. B. auf eine erforderliche Sicherheit. Die Werte der Tabelle 21 werden nur bei Aufgaben aus dem Kranbau angewendet, in denen die Lastfälle H oder HZ (siehe MF Seite 214) angegeben sind.

Zug- und Druckbeanspruchung, Flächenpressung

9.25

Die in Bild 9.25 skizzierte Lasche aus 0,8 mm dickem Messingblech wird durch eine Kraft $F = 240$ N belastet. Es sind die in den angegebenen Querschnitten A_1 und A_2 auftretenden Zugspannungen σ_1 und σ_2 zu errechnen.

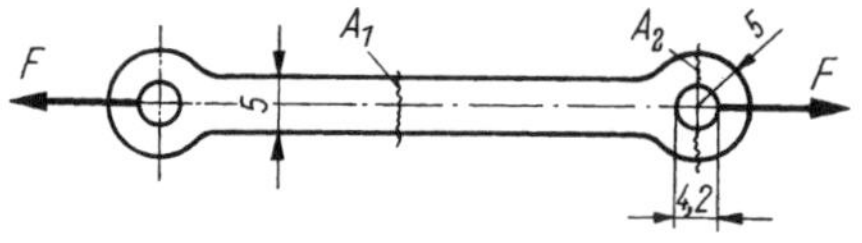

Bild 9.25 Lasche

9.26

Ein als Zuglasche eingesetzter Flachstahl 40 × 12 aus Baustahl S235JR hat eine schwellend wirkende Kraft $F = 25$ kN zu übertragen. Ist die im Laschenquerschnitt auftretende Zugspannung σ_z zulässig?

9.27

Eine Zugstange aus Baustahl S275JR mit Gewinde M 12 wird durch eine Kraft von 10 kN schwellend belastet. Ist die im Spannungsquerschnitt des Gewindes auftretende Zugspannung zulässig, wenn die übliche Mindestsicherheit gegen Fließen nicht unterschritten werden soll?

9.28

Welche Breite b muss ein Flachstahl aus S235JR mit der Dicke $s = 10$ mm haben, wenn er eine Zugkraft $F = 29$ kN übertragen soll und eine Sicherheit $S_F = 2$ gegen Fließen verlangt wird?

9.29

Eine Zugstange aus Rundstahl E295 hat eine ruhende Kraft von 129 kN zu übertragen. Welcher auf volle mm gerundete Stangendurchmesser muss gewählt werden?

9.30

Welche auf volle mm gerundete Dicke d muss das Kettenglied (Bild 9.30) einer Rundstahlkette mindestens erhalten, wenn die zulässige Spannung 80 N/mm² beträgt?

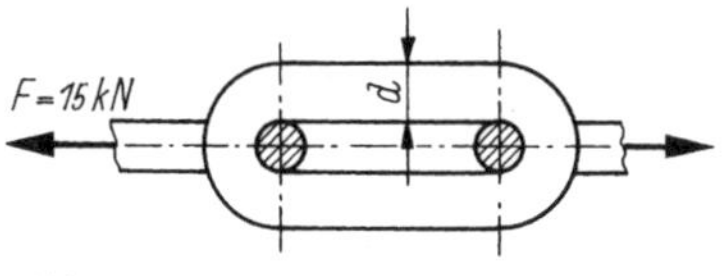

Bild 9.30 Rundstahl-Kettenglied

9.31

Eine Rundstahlkette ist wie in Bild 2.94 an einem Tragbalken angeordnet, der eine Kraft von 6 kN aufzunehmen hat. Gesucht sind:

1. Die in der Kette wirkende Zugkraft F bei Vernachlässigung der Eigenmassen,
2. Der auf volle mm gerundete erforderliche Kettenglieddurchmesser d bei einer zulässigen Zugspannung von 60 N/mm².

9.32

Mit der in Bild 9.32 skizzierten Traverse soll eine Last von 5 t gehoben werden. Die zwei gespreizten Rundstahlketten haben eine Kettenglieddicke $d = 25$ mm (siehe Bild 9.30). Welche Zugspannung tritt in den Kettengliedern auf, wenn die Eigengewichte unberücksichtigt bleiben?

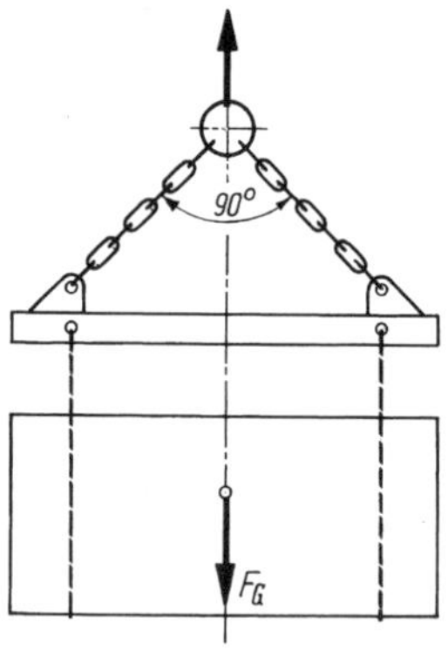

Bild 9.32 Lasttraverse mit Ketten

9.33

In einer Zugstange aus E 295 mit angeschmiedetem Befestigungsauge (Bild 9.33) wirkt eine schwellende Nennkraft $F_N = 25$ kN mit starken Stößen, die durch einen Betriebsfaktor $K_I = 2,5$

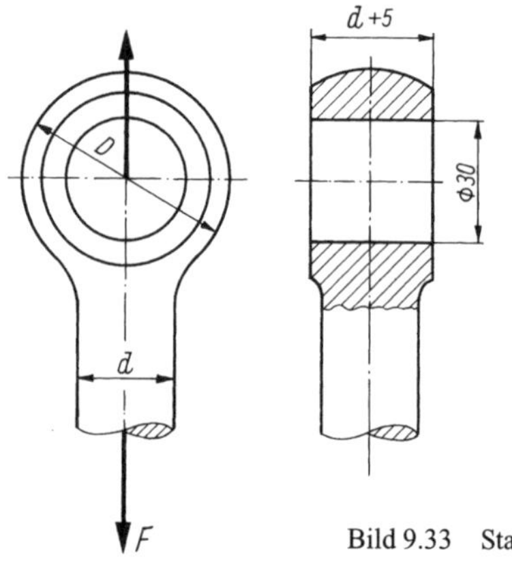

Bild 9.33 Stangenauge

zu berücksichtigen sind. Die Sicherheit gegen Fließen soll mindestens $S_F = 2{,}2$ betragen. Es sind zu ermitteln:

1. Die auftretende Größtkraft F,
2. Der erforderliche Stangendurchmesser d, auf volle mm gerundet,
3. Der gerundete Augendurchmesser D, wobei die auf Zug beanspruchte Querschnittsfläche vereinfacht als Rechteck anzunehmen ist und der Zahlenwert von D ganzzahlig auf null enden soll.

9.34

Welche Zugkraft F kann ein Stahldraht mit $d = 0{,}5$ mm Durchmesser bei einer zulässigen Spannung $\sigma_{z\,zul} = 260\ \text{N/mm}^2$ übertragen?

9.35

Ein Drahtseil für einen Flaschenzug besteht aus 114 Einzeldrähten mit je 0,7 mm Durchmesser. Die Drähte haben eine Zugfestigkeit $R_m = 1570\ \text{N/mm}^2$. Welche Last in kg darf an das Seil höchstens angehängt werden, wenn eine Bruchsicherheit $S_B = 6$ gefordert wird?

9.36

Welche Nennlast kann der in Bild 9.36 skizzierte Lastschäkel aus GS-45 tragen, wenn in den Schrägen eine Sicherheit gegen Fließen von 1,8 verlangt wird? Die beim Anheben der Last möglichen Stöße und die Wichtigkeit des Bauteils sind mit einem Betriebsfaktor 1,5 zu berücksichtigen. Es ist vereinfacht nur mit der anteiligen Zugkraftkomponente der Gewichtskraft F_G im angegebenen Querschnitt zu rechnen unter Vernachlässigung der Biegekraftkomponente.

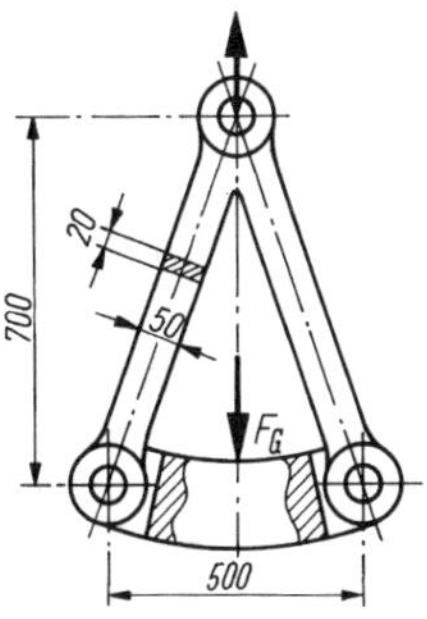

Bild 9.36 Lastschäkel

9.37

Ein Zahnrad wird entsprechend Bild 9.37 mit einem Ringspannelement auf einer Welle aus Vergütungsstahl C35E befestigt. Durch Anziehen der Mutter muss eine axiale Spannkraft mit

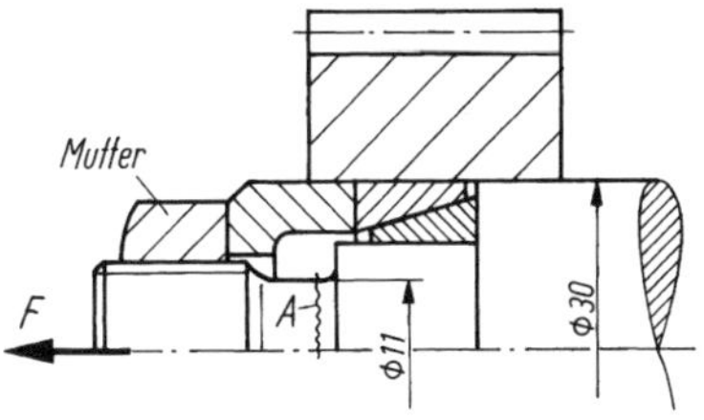

Bild 9.37 Mit Ringspannelement befestigtes Zahnrad

dem Nennbetrag $F_N = 12$ kN erzeugt werden. Wegen der Unsicherheit beim Anziehen ist mit einem Zuschlag von 60% zu rechnen. Für den gefährdeten Querschnitt A sind zu ermitteln:

1. Die maximale Zugkraft F,
2. Die Zugspannung σ_z,
3. Die Sicherheit S_F gegen Fließen.
4. Ist diese Sicherheit erfahrungsgemäß ausreichend?

9.38

Eine Hülse aus Temperguss EN-GJMB-350-10 ($R_e = 200\ \text{N/mm}^2$ und $R_m = 350\ \text{N/mm}^2$) hat an ihrer dünnsten Stelle einen Innendurchmesser von 60 mm und einen Außendurchmesser von 80 mm. Wie groß sind die Bruchsicherheit und die Sicherheit gegen Fließen, wenn dieser Querschnitt eine Zugkraft von 190 kN überträgt?

9.39

In dem in Bild 9.39 gezeigten Hebelsystem ist ein Flachstahl aus S235JR gelenkig angeordnet. Die Kraft 500 N tritt als Größtkraft in der dargestellten ungünstigsten Hebelstellung auf. Es ist zu ermitteln:

1. Die im Flachstahl auftretende Kraft F.
2. Wird im gefährdeten Flachstahlquerschnitt die zulässige Spannung für schwellende Belastung überschritten?

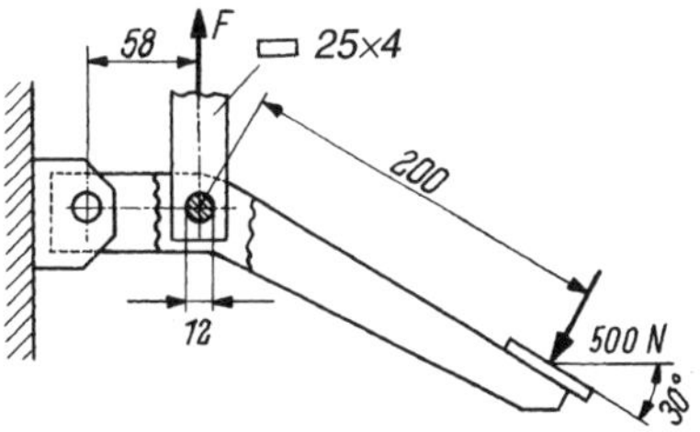

Bild 9.39 Hebelsystem

9.40

In einem Fachwerkträger wird ein 2,5 m langer Zugstab im Lastfall HZ mit 200 kN beansprucht. Der Stab besteht aus einem I-Profil

DIN 1025 – S235JR – IPE 120. Es sind der Spannungsnachweis durchzuführen und die Verlängerung zu errechnen.

9.41

In dem in Bild 9.41 dargestellten Wandschwenkkran besteht die Strebe aus einem Rohr mit 21,3 mm Außendurchmesser und 3,6 mm Wanddicke. Wie groß ist die im Rohrquerschnitt auftretende Zugspannung, wenn am Auslegerende die Gewichtskraft $F_G = 10$ kN angreift und das Eigengewicht des Kranes vernachlässigt wird? Die geschweißten Rohrstabanschlüsse (Knoten) sind wie bei einem Fachwerk vereinfacht als Gelenke aufzufassen.

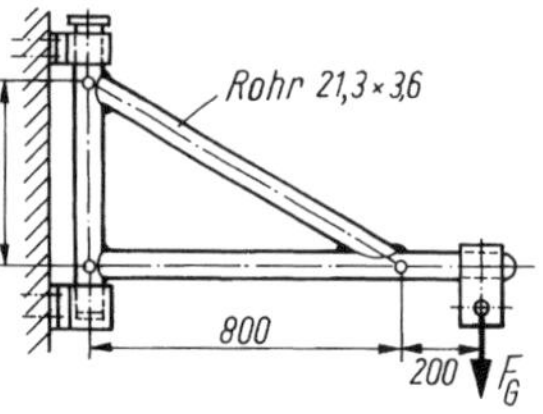

Bild 9.41 Wandschwenkkran aus Stahlrohren

9.42

Bild 9.42 zeigt die Prinzipskizze eines Wandschwenkkrans, dessen obere Strebe aus zwei Winkelprofilen EN 10056-1 – 50 × 50 × 5 – Stahl EN 10025 – S235JR besteht.

1. Welche Last m in t darf im Lastfall H höchstens angehängt werden (Eigengewicht des Krans vernachlässigen)?
2. Um welchen Betrag ΔL wird die obere Strebe bei dieser Belastung verlängert?

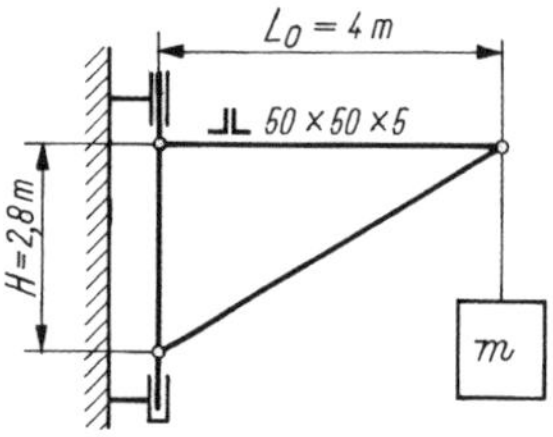

Bild 9.42 Wandschwenkkran aus Winkelprofilen

9.43

Am Auslegerkopf eines Wandschwenkkrans nach Bild 9.43 greift eine maximale Kraft $F = 35$ kN an. Zu errechnen sind:

1. Die Zugspannung σ_z in der Schließe, bestehend aus zwei U-Profilen DIN 1026 – U 100 – S235JR,

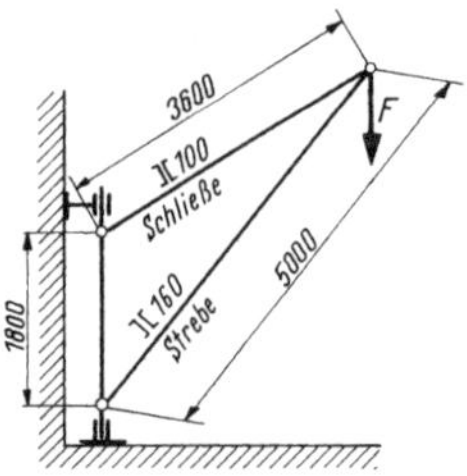

Bild 9.43 Drehkran

2. Die Druckspannung σ_d in der Strebe, die aus zwei U-Profilen DIN 1026 – U 160 – S235JR besteht.

9.44

Der in Bild 9.44 skizzierte Fuß eines Maschinengehäuses aus Gusseisen EN-GJL-200 wird während des Betriebes mit 320 kN schwellend auf Druck beansprucht. Da starke Stöße auftreten, ist mit einem Betriebsfaktor $K_I = 2{,}1$ zu rechnen. Die Bruchsicherheit soll den üblichen oberen Erfahrungswert nicht unterschreiten. Welche Wanddicke s, die aus gießtechnischen Gründen nicht unter 8 mm liegen darf, muss das Gussstück erhalten? Es ist von einer mittleren Wandlänge $l_m = 450$ mm auszugehen.

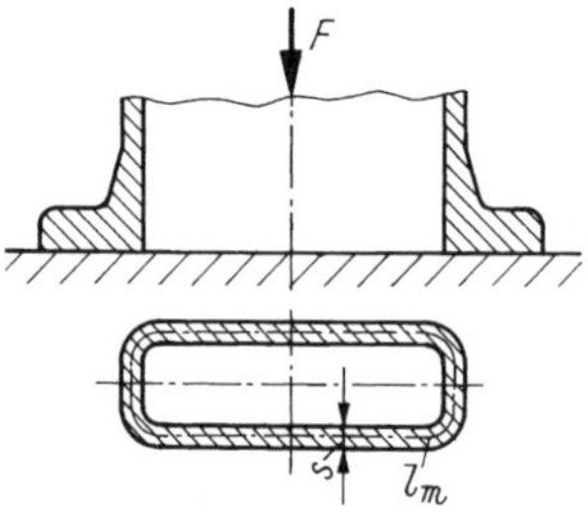

Bild 9.44 Fuß eines Maschinengehäuses

9.45

Ein Maschinengehäuse wird im gefährdeten Querschnitt von 4000 mm² mit 12 mm Wanddicke durch eine maximale Kraft von 380 kN wechselnd beansprucht. Welche Gusseisensorte nach DIN EN 1563 ist mindestens zu wählen, wenn die üblichen Erfahrungswerte für die Mindestsicherheiten gegen Fließen und gegen Bruch nicht unterschritten werden dürfen?

9.46

Die Verlängerungsbuchse aus E295 für eine Dehnschraube (Bild 9.46) wird durch den Schraubenanzug (die Vorspannkraft) und die Betriebskraft zusammen mit der Nennkraft

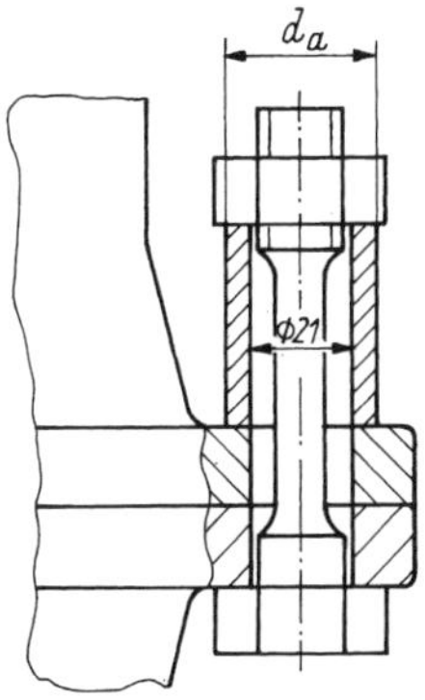

Bild 9.46 Dehnschraubenverbindung

$F_N = 41$ kN ruhend belastet. Wegen der Unsicherheit in der Vorspannkraft, möglichen Überschreitungen der Betriebskraft und der Lebenswichtigkeit des Teiles soll mit einem Zuschlag von 80% zur Nennkraft gerechnet werden.

1. Welchen auf volle mm gerundeten Außendurchmesser d_a muss die Buchse erhalten, wenn die übliche Mindestsicherheit gegen Fließen nicht unterschritten werden darf?
2. Wie groß ist die Flächenpressung p an den Stirnflächen der Buchse?

9.47

Eine gusseiserne Hohlsäule mit 250 mm Außendurchmesser und 4 m Höhe hat eine Last von 52 t zu tragen. Es ist die auf volle mm gerundete Wanddicke für eine zulässige Druckspannung von 120 N/mm^2 zu errechnen, und zwar:

1. bei Vernachlässigung des Eigengewichts der Säule,
2. bei Berücksichtigung des Eigengewichts.

9.48

Welche Kantenlänge a ist für die quadratische Fußplatte der gusseisernen Hohlsäule nach Aufgabe 9.47 mit 238 mm Innendurchmesser erforderlich, wenn wegen der Beschaffenheit des Bodens die zulässige Flächenpressung $p_{zul} = 3$ N/mm^2 beträgt, und zwar:

1. bei Vernachlässigung des Eigengewichts der Säule,
2. bei Berücksichtigung des Eigengewichts ohne Fußplatte?

Die Säulenbohrung geht durch die Fußplatte hindurch.

9.49

Die skizzierte Spindel (Bild 9.49) einer Handwinde mit Trapezgewinde DIN 103-Tr 36 × 6

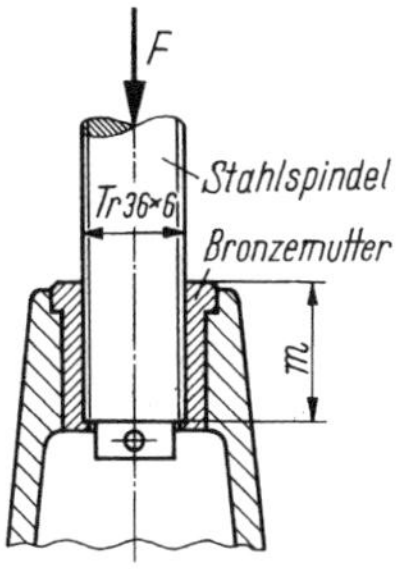

Bild 9.49 Spindel mit Trapezgewinde

und einer Mutternhöhe $m = 50$ mm überträgt eine Druckkraft $F = 30$ kN. Zu ermitteln sind:

1. Die Druckspannung σ_d im Gewindekernquerschnitt A_K,
2. Die Flächenpressung p an den Gewindeflanken.

9.50

Ein I-Träger DIN 1025 – S235JR – I 300 wird auf einem Mauervorsprung abgestützt (Bild 9.50), wo er die Kraft $F = 45$ kN ausübt. Wie groß ist die Auflagerlänge l zu wählen, wenn eine zulässige Flächenpressung $p_{zul} = 1{,}2$ N/mm^2 nicht überschritten werden darf?

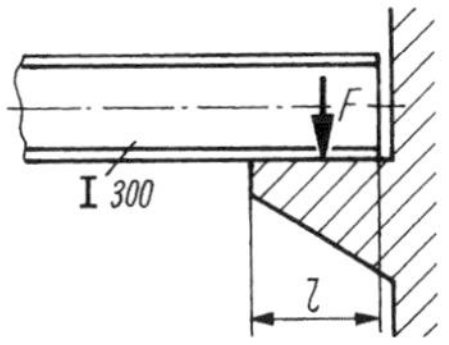

Bild 9.50 Trägerabstützung

9.51

Eine vertikal angeordnete Welle wird durch ein Ringspurlager (Bild 9.51) abgestützt und hat eine axiale Kraft $F = 8{,}5$ kN aufzunehmen. Die an der Stützlagerfläche auftretende Flächenpressung ist zu errechnen.

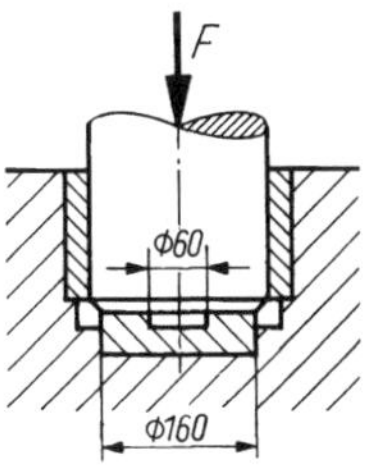

Bild 9.51 Ringspurlager

9.52

Für die Reibbeläge der in Bild 5.35 dargestellten Sicherheits-Rutschkupplung ist die Flächenpressung zu errechnen. Jede der 6 zylindrischen

Schraubendruckfedern drückt mit einer Kraft von 3030 N.

9.53

Welche Flächenpressung wird im Reibbelag der in Bild 5.38 skizzierten Kegelbremse durch die mit einer Federkraft von 80 N pressende Druckfeder erzeugt?

9.54

Das in Bild 9.54 skizzierte Gleitlager hat eine Kraft $F = 3{,}6$ kN aufzunehmen, die unter dem Winkel $\alpha = 50°$ wirkt. Der Wellendurchmesser beträgt $D = 40$ mm, der Lagerzapfendurchmesser $d = 25$ mm und die Lagerbreite $b = 30$ mm. Die Flächenpressungen p_a an der Wellenschulter und p_r am Lagerzapfen sind zu errechnen.

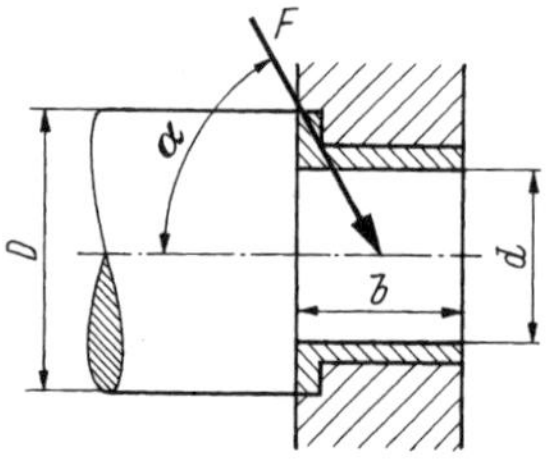

Bild 9.54 Gleitlager

9.55

Welche auf volle mm gerundeten Abmessungen sind für die Durchmesser d und D und für die Lagerbreite b bei dem in Bild 9.54 skizzierten Gleitlager erforderlich, wenn eine Kraft $F = 5{,}1$ kN unter dem Winkel $\alpha = 60°$ zu übertragen ist und die zulässige Flächenpressung $p_{zul} = 5$ N/mm^2 beträgt? Es soll ein Lagerverhältnis $b/d = 1$ eingehalten werden.

9.56

Eine Doppellaschenverbindung aus S235 soll entsprechend Bild 9.56 mit 8 Sechskant-Passschrauben DIN 7968 – M 12 × 50 – 4.6 ausgeführt werden. Die angegebene Kraft tritt im Lastfall HZ auf. Wird die zulässige Leibungsspannung überschritten?

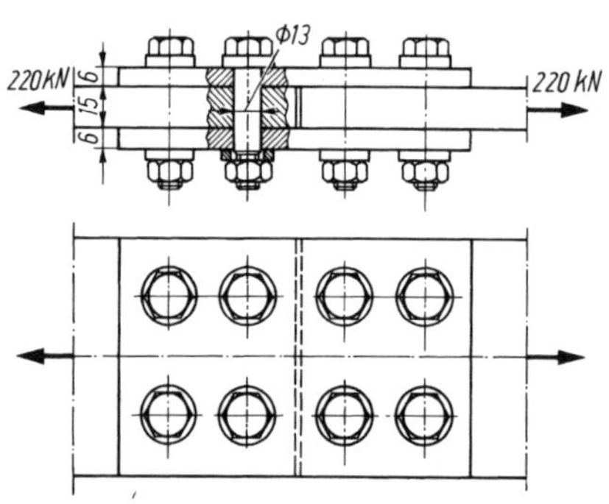

Bild 9.56 Doppellaschenverbindung mit Passschrauben

Reiß- und Traglänge

9.57

Wie groß ist die Reißlänge $L_{reiß}$ in km eines Kupferdrahtes mit der Zugfestigkeit $R_m = 450$ N/mm^2?

9.58

Für ein Hanfseil mit $d = 16$ mm Nenndurchmesser beträgt das Längengewicht $m' = 200$ g/m und die Zugfestigkeit $R_m = 120$ N/mm^2. Es sind zu ermitteln:

1. Die tragende Querschnittsfläche A, die mit rund 2/3 des vollen Kreisquerschnitts angenommen werden kann,
2. Die zulässige Last m in kg, die an ein mit der Länge $L = 150$ m frei herabhängendes Seil bei einer Bruchsicherheit $S_B = 6$ angehängt werden darf,
3. Die Reißlänge $L_{reiß}$ in km.

9.59

Ein aus 6 Litzen mit je 19 Einzeldrähten von 1 mm Durchmesser bestehendes Drahtseil hat ein Längengewicht von 0,9 kg/m. Die Zugfestigkeit beträgt 1800 N/mm^2. Gesucht sind:

1. Die metallische Querschnittsfläche A des Seils,
2. Die Reißlänge $L_{reiß}$.

9.60

Eine vergütete Rundstahlkette nach DIN 766 mit der Kettenglieddicke $d = 20$ mm (siehe Bild 9.30) hat ein Längengewicht von 9 kg/m und eine Zugfestigkeit von 320 N/mm^2. Bei welcher Länge würde im oberen Kettenglied einer frei herabhängenden Kette infolge ihrer Eigengewichtskraft noch vierfache Bruchsicherheit vorhanden sein?

Fliehzugspannungen, Wärmespannungen

9.61

Ein Turbinenlaufrad dreht sich mit $n = 3600$ min^{-1}, wobei sich die Schwerpunkte seiner Schaufeln auf einem Kreis mit dem Radius $r = 160$ mm bewegen. Jede Schaufel wiegt 200 g. Es sind zu errechnen:

1. Die an einer Schaufel wirkende Fliehkraft F_z,
2. Die infolge der Fliehkraft im gefährdeten Querschnitt $A = 1{,}2\ \text{cm}^2$ einer Schaufel auftretende Zugspannung σ_z.

9.62

Die Flügel eines kleinen Ventilators wiegen je 2,5 g. Ihre Schwerpunkte haben von der Wellenmitte (Drehachse) einen Abstand von 30 mm. Für welche maximale Drehzahl ist der Ventilator geeignet, wenn im gefährdeten Querschnitt von $12\ \text{mm}^2$ eines Flügels infolge der Fliehkraft eine Zugspannung von $25\ \text{N/mm}^2$ nicht überschritten werden darf?

9.63

Der in Bild 9.63 skizzierte Flügel eines Lüfterrades aus S235JR wiegt 250 g. Er ist an dem Nabenflansch mit zwei nebeneinander angeordneten Nieten befestigt, deren geschlagener Durchmesser $d_1 = 6{,}4$ mm beträgt. Der Schwerpunkt S_0 des Flügels hat den Abstand $r = 200$ mm von der Drehachse. Mit welcher Drehzahl darf der Lüfter höchstens umlaufen, wenn eine zweifache Sicherheit gegen Fließen nicht unterschritten werden soll? Dabei ist nur die infolge der Fliehkraft im gefährdeten Querschnitt des Flügels auftretende Zugspannung zu berücksichtigen.

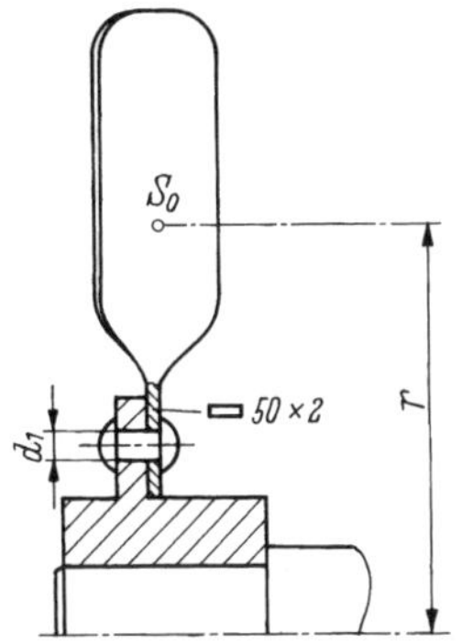

Bild 9.63 Genieteter Flügel eines Lüfterrades

9.64

Wie groß ist in einem Treibriemen aus Leder mit der Dichte $\varrho = 0{,}9\ \text{kg/dm}^3$ bei der Geschwindigkeit $v = 30$ m/s die infolge der Fliehkraft auftretende Zugspannung?

9.65

Der Kranz eines Schwungrades aus Gusseisen EN-GJL-250 hat einen mittleren Durchmesser von 2 m. Durch eine Überschlagsrechnung ist zu prüfen, ob die bei einer Drehzahl von $960\ \text{min}^{-1}$ auftretende Fliehzugspannung zulässig ist, wenn wegen geringer Drehzahlschwankungen ruhende Beanspruchung angenommen werden kann.

9.66

Mit welcher Drehzahl darf ein dünner Stahlring aus S275JR höchstens umlaufen, wenn sein mittlerer Durchmesser 600 mm beträgt und der obere Erfahrungswert für übliche Sicherheiten gegen Fließen bei schwellender Belastung nicht unterschritten werden soll?

9.67

Ein beidseitig fest eingespanntes Messingrohr mit 1 mm Wanddicke und 22 mm Außendurchmesser wird von 25 °C auf 80 °C erwärmt. Zu errechnen sind:

1. Die infolge der Erwärmung auftretende Druckspannung σ,
2. Die dadurch entstehende Druckkraft F.

9.68

Auf einem Lagerplatz wurden die Stahlschienen für einen Kran bei einer Temperatur von 20 °C verlegt und verschweißt. Welche Spannungen treten in den Schienen auf

1. bei einer Umgebungstemperatur von 40 °C,
2. bei einer Umgebungstemperatur von −20 °C?

9.69

Zwei Maschinenteile sollen mit der in Bild 9.69 skizzierten Schraubenverbindung verbunden und mit einer Kraft von 1,2 MN gegeneinander gepresst werden. Dazu wird die Stahlschraube erwärmt, im erwärmten Zustand in das Durchgangsloch der zu verbindenden Bauteile eingeführt und die Mutter bis zur Anlage aufgeschraubt. Beim Erkalten wird die Schraube am Zusammenziehen durch die Maschinenteile, die als starr aufzufassen sind, gehindert und erzeugt so die Presskraft. Der Schraubenbolzen ist auf der gesamten Länge unter Vernachlässigung des Gewindes vereinfacht als Zylinder anzuneh-

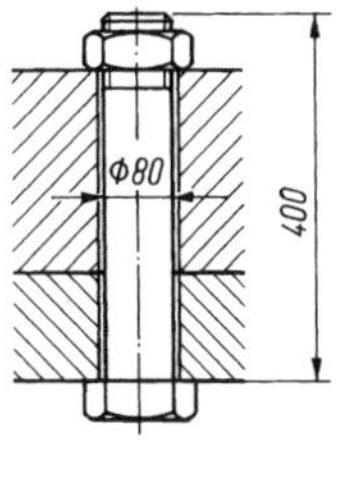

Bild 9.69 Schraubenverbindung

men. Es sind die erforderliche Verlängerung Δl und die Temperatur ϑ_2 zu ermitteln, die der Bolzen kurz vor dem Einsetzen bei einer Raumtemperatur $\vartheta_1 = 20$ °C mindestens noch haben muss.

Walzenpressung

9.70

Auf einer unter $\alpha = 5°$ geneigten Röllchenbahn (Bild 9.70) einer Förderanlage rollen gefüllte Stahlblechbehälter abwärts. Die Stahlröllchen haben $d_1 = 32$ mm Durchmesser und sind $b = 8$ mm breit. Sie sind so angeordnet, dass jeder Behälter von $z = 24$ Röllchen getragen wird. Es sind zu ermitteln:

1. Die Presskraft F je Röllchen,
2. Die Hertzsche Pressung p.

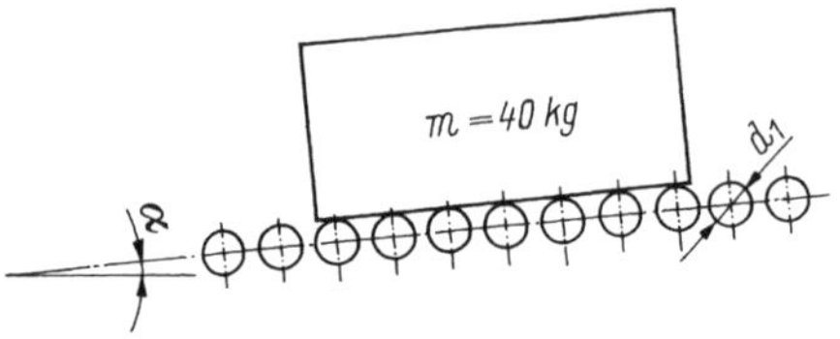

Bild 9.70 Behälter auf Röllchenbahn

9.71

Über einen waagerechten Kugeltisch rollen Behälter aus Kunststoff mit einem Elastizitätsmodul von 12 000 N/mm^2. Ein Behälter wiegt mit Inhalt 12 kg und wird stets von 16 Kugeln getragen. Die im Tisch drehbar eingebauten Stahlkugeln haben 50 mm Durchmesser. Es ist die Hertzsche Pressung p zu errechnen.

9.72

Die Laufräder aus Stahlguss einer Kranlaufkatze für eine Tragfähigkeit von 50 t haben den Durchmesser $d_1 = 630$ mm (Bild 9.72). Das Eigengewicht der Laufkatze beträgt 12 t. Alle vier Räder werden etwa gleich belastet. Am Kopf der Kranschiene aus Stahl ist eine Auflagebreite $b = 45$ mm vorhanden. Wird bei voller Belastung die zulässige Walzenpressung $p_{zul} = 640$ N/mm^2 überschritten?

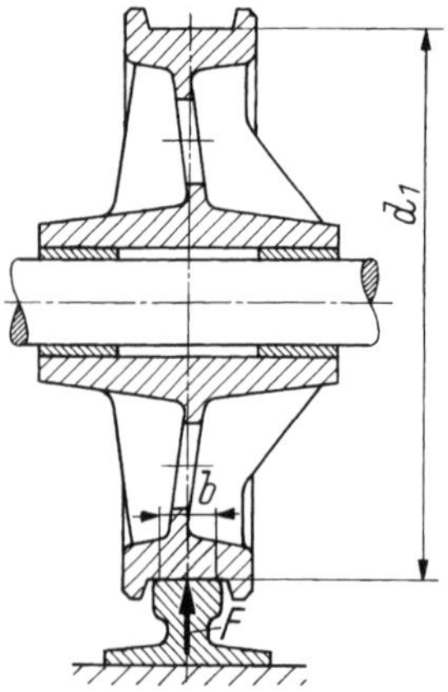

Bild 9.72 Kranlaufrad

9.73

Die in Bild 9.73 skizzierten Räder eines Reibradgetriebes werden mit der Kraft $F = 20$ N gegeneinander gepresst. Das Treibrad mit dem Durchmesser $d_1 = 30$ mm ist aus Stahl, das Abtriebsrad mit $d_2 = 225$ mm ist aus Pressstoff ($E_2 = 8000$ N/mm^2) hergestellt. Welchen Betrag hat die Hertzsche Pressung p bei einer Radbreite $b = 20$ mm?

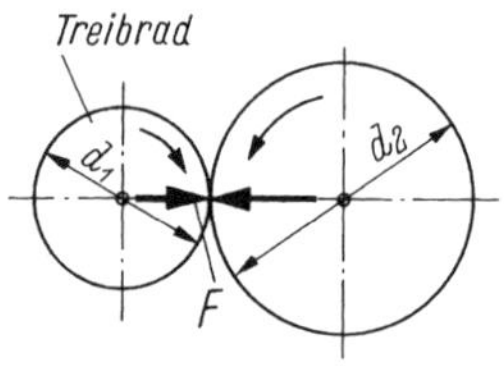

Bild 9.73 Reibräderpaar

9.74

Die Seiltrommel eines Elektro-Seilzuges ist im Gehäuse mit Zylinderrollen gelagert, wie in Bild 9.74 vereinfacht dargestellt. Auf die unterste höchstbelastete Rolle wirkt eine größte Kraft $F = 50$ N. Seiltrommel, Gehäuse und Rollen sind aus Stahl hergestellt. Die Rollenbreite beträgt 25 mm. Wie groß sind:

1. Die Hertzsche Pressung p_1 zwischen Seiltrommel und Rolle,
2. Die Hertzsche Pressung p_2 zwischen Gehäuse und Rolle?

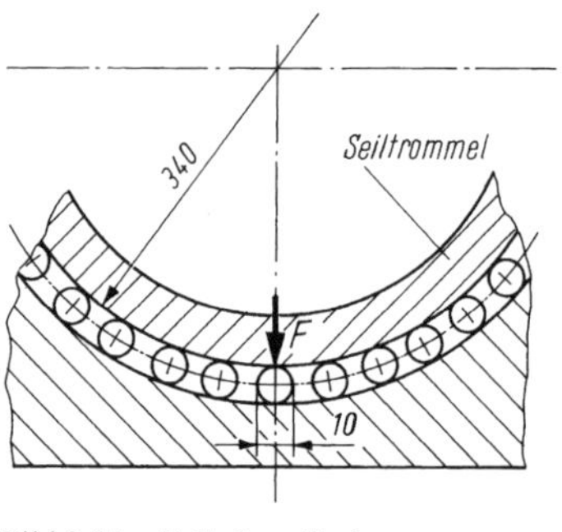

Bild 9.74 Zylinderrollenlagerung

Scherbeanspruchung

9.75

Der Bolzen im skizzierten Gelenk (Bild 9.75) hat eine größte Kraft $F = 18$ kN zu übertragen. Sein Durchmesser beträgt $d = 25$ mm, die Länge $l_1 = 2l_2 = 30$ mm. Es sind gesucht:

1. Die Scherspannung τ_a im Bolzen,
2. Die mittlere Flächenpressung $\bar{p}$ zwischen Bolzen und Bohrung.

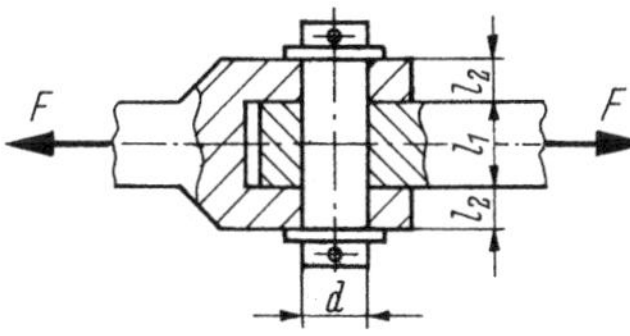

Bild 9.75 Gelenk

9.76

Für ein Gelenk entsprechend Bild 9.75, das eine Kraft $F = 950$ N zu übertragen hat, sind zu errechnen und auf volle mm zu runden:

1. Der erforderliche Bolzendurchmesser d bei einer zulässigen Scherspannung $\tau_{a\,zul} = 52\ \text{N/mm}^2$,
2. Die erforderlichen Längen l_1 und $l_2 = 0{,}5l_1$ mit einer zulässigen Flächenpressung $p_{zul} = 24\ \text{N/mm}^2$.

9.77

Das geradverzahnte Stirnrad nach Bild 9.77 hat eine Leistung von 500 W bei der Drehzahl $250\ \text{min}^{-1}$ zu übertragen. Eine als Querstift angeordnete Spannhülse verbindet Welle und Nabe. Zu errechnen sind:

1. Das Drehmoment M,
2. Die Umfangskraft F_u an der Welle,
3. Die Scherspannung τ_a im Kreisringquerschnitt der Hülse.

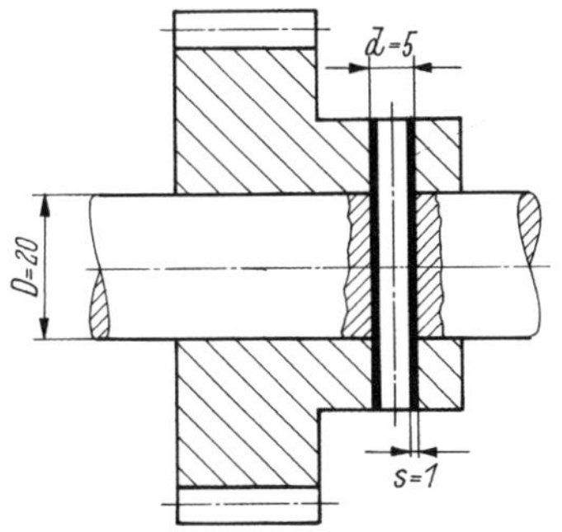

Bild 9.77 Querstiftverbindung

9.78

Bild 9.78 zeigt eine Kurbel, die durch eine Längsstiftverbindung auf der Welle befestigt ist. Welche tragende Länge l muss der Zylinderstift mindestens haben, damit die zulässige Scherspannung von $32\ \text{N/mm}^2$ nicht überschritten wird?

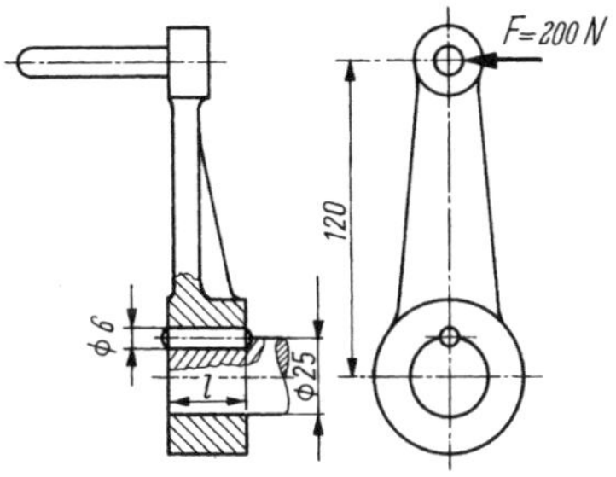

Bild 9.78 Längsstiftverbindung

9.79

Die Blechöse in Bild 9.79 ist zwischen zwei Blechwinkel gelötet und dient zur Aufnahme einer Gelenkstange, in der eine größte Kraft $F = 500$ N wirkt. Welche Breite b muss die Lötfläche mindestens erhalten, wenn das Lot eine Scherfestigkeit $\tau_{aB} = 15\ \text{N/mm}^2$ hat und die Bruchsicherheit $S_B = 6$ betragen soll?

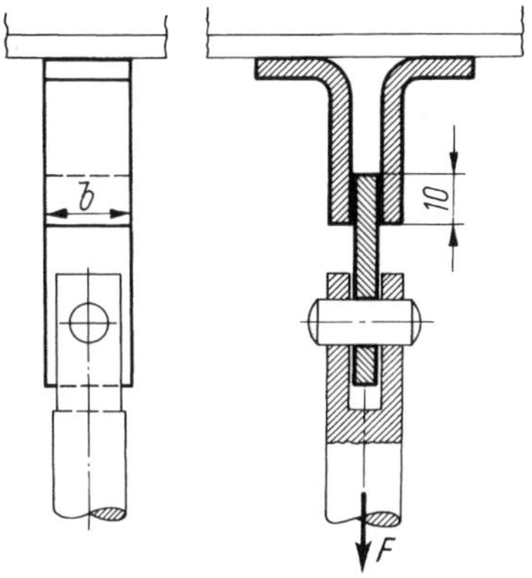

Bild 9.79 Gelötete Blechöse

9.80

In Bild 9.80 ist ein Rillenkugellager dargestellt, das auf dem Lagerzapfen der Welle aus S275JR mit einem Sicherungsring befestigt ist. Die in der Welle schwellend wirkende Axialkraft wird über den Sicherungsring und eine Stützscheibe in das Lager geleitet.

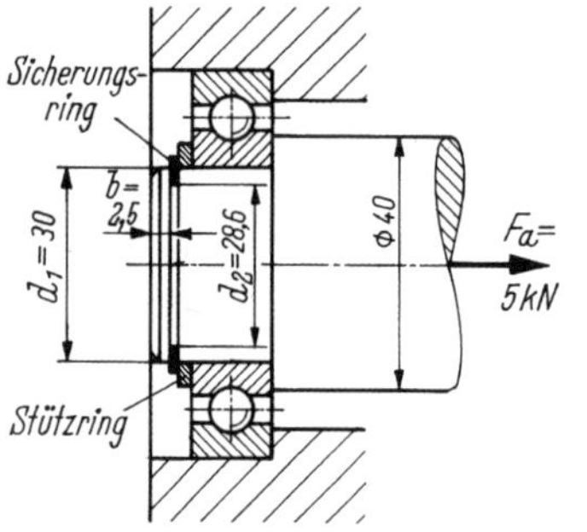

Bild 9.80 Befestigung eines Rillenkugellagers

1. Wird im Ringquerschnitt des Bundes am Zapfenende die zulässige Scherspannung überschritten?
2. Wie groß ist die Flächenpressung an der kreisringförmigen Anlagefläche des Sicherungsringes am Zapfenbund?

9.81

Für den Entwurf eines Zugbolzens (Bild 9.81) aus E335 sind der Bolzendurchmesser d, der Führungszylinderdurchmesser d_1, der Kopfflächendurchmesser D und die Kopfhöhe k überschläglich zu errechnen und auf ganzzahlige Werte mit der Endziffer Null zu runden. Es ist eine schwellende Zugkraft von 65 kN zu übertragen, deren stoßartiges Auftreten durch einen Betriebsfaktor von 2,5 zu berücksichtigen ist. Die zulässige Flächenpressung beträgt 40 N/mm^2.

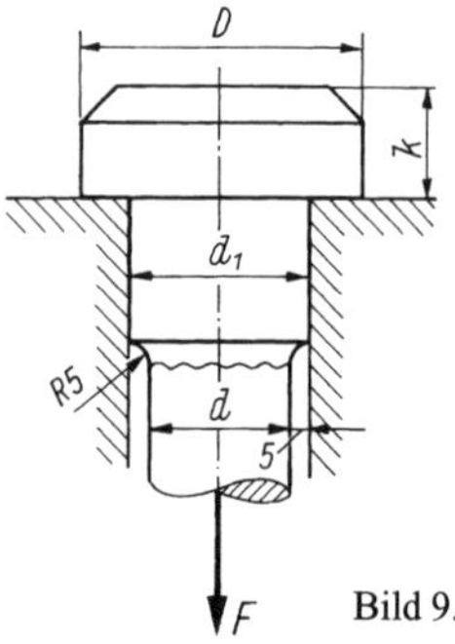

Bild 9.81 Kopf eines Zugbolzens

9.82

In der Scheibenkupplung nach Bild 9.82 sind auf dem Teilkreis mit $d_0 = 140$ mm Durchmesser vier Passschrauben M 12 mit $d_1 = 13$ mm Schaftdurchmesser angeordnet. Der Schraubenwerkstoff hat die Streckgrenze $R_e = 640$ N/mm^2. Die Kupplungshälften sind aus Gusseisen EN-GJL-200 gefertigt. Wird bei Übertragung eines wechselnd wirkenden Drehmoments $M = 1000$ Nm in den

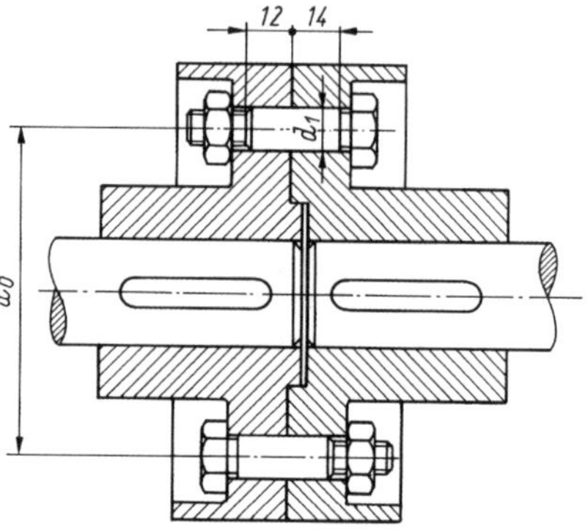

Bild 9.82 Scheibenkupplung

Schraubenschäften die zulässige Scherspannung $\tau_{a\,zul} = R_e/3$ und in den Bohrungen die zulässige Leibungsspannung $\sigma_{1\,zul} = 2\sigma_{zul}$ überschritten?

9.83

Für die in Bild 9.83 skizzierte Nietverbindung ist der Spannungsnachweis durchzuführen. Es ist zu prüfen, ob die zulässige Scherspannung von 100 N/mm^2, die zulässige Leibungsspannung von 280 N/mm^2 und die zulässige Zugspannung von 140 N/mm^2 überschritten werden.

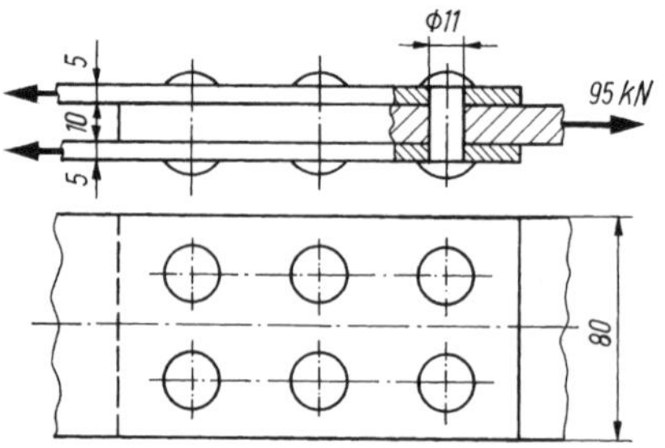

Bild 9.83 Zweischnittige Nietverbindung

9.84

Bild 9.84 zeigt eine Doppellaschennietung, die im Lastfall H eine Kraft $F = 132$ kN zu über-

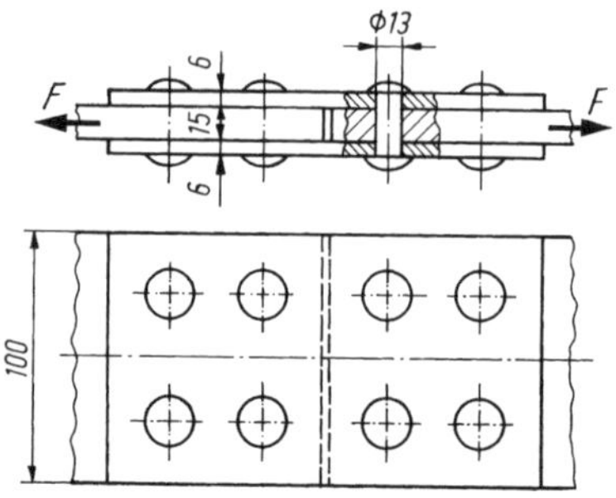

Bild 9.84 Doppellaschennietung

tragen hat, Bauteilwerkstoff: S235JR, Nietwerkstoff: USt 36-1. Es ist der Spannungsnachweis für die Niete und die Bauteile durchzuführen.

9.85

Ein Lüfterflügel aus 2 mm dickem Blech mit einem Gewicht von 200 g ist entsprechend Bild 9.85 mit zwei Nieten an der Nabe befestigt.

1. Welche Zugspannung σ_z tritt infolge der Fliehkraft F_z bei einer Drehzahl von $3500\,\text{min}^{-1}$ im gefährdeten Querschnitt des Flügels auf?
2. Wie groß ist die Scherspannung τ_a in den Nietquerschnitten?
3. Wie groß ist die Leibungsspannung σ_l in den Bohrungen des Flügels?

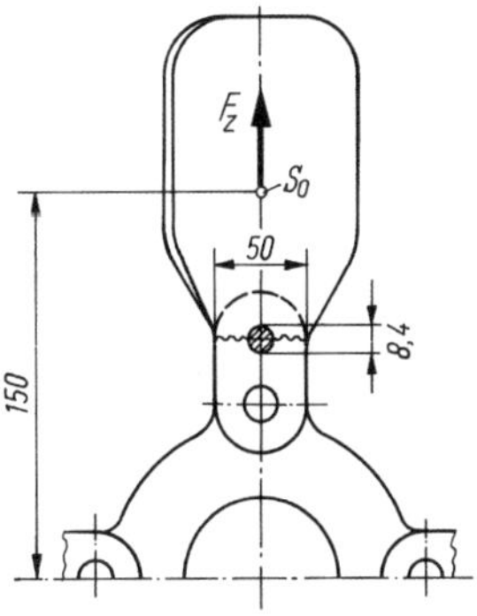

Bild 9.85 Genieteter Lüfterflügel

9.86

Die Schweißpunkte an der Blechöse in Bild 2.102 haben einen Durchmesser $d = 6$ mm. Welche Scherspannung tritt in den Punkten auf, wenn eine Federkraft $F = 560$ N wirkt?

9.87

Ist die in Bild 9.87 skizzierte Passschraubenverbindung ausreichend bemessen für die Übertragung der angegebenen Kraft? Der Schraubenwerkstoff hat die Streckgrenze $R_e = 300\ \text{N/mm}^2$. Die zulässigen Spannungen betragen $\tau_{a\,zul} = R_e/2{,}2$ und $\sigma_{l\,zul} = 2\sigma_{zul}$. Der angeschraubte Flachstahl besteht aus S275, die Anschlusskonstruktion aus E 295.

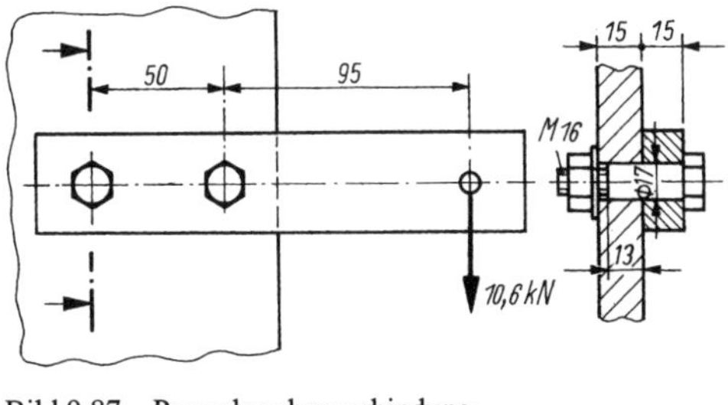

Bild 9.87 Passschraubenverbindung

9.88

Bild 9.88 zeigt die Anordnung von vier Passschrauben in einer Verbindung mit Bauteildicken, Schraubenabmessungen und -werkstoff sowie zulässige Spannungen wie in Aufgabe 9.87 (Bild 9.87). Die Kraft $F = 25$ kN wirkt unter dem Winkel $\alpha = 30°$. Zu ermitteln ist:

1. Die von einer Schraube zu übertragende größte Kraft F_1.
2. Ist die Scherspannung τ_a in den Schraubenschäften zulässig?
3. Ist die Leibungsspannung σ_l in den Bauteilen zulässig?

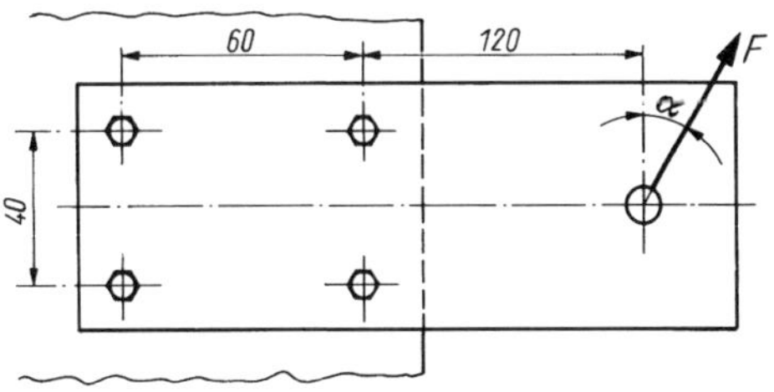

Bild 9.88 Momentenanschluss mit Passschrauben

9.89

In Bild 9.89 ist eine Punktschweißverbindung mit fünf zweischnittigen Schweißpunkten skizziert. Die in einer Schweißlinse auftretende größte Scherspannung τ_a ist zu errechnen.

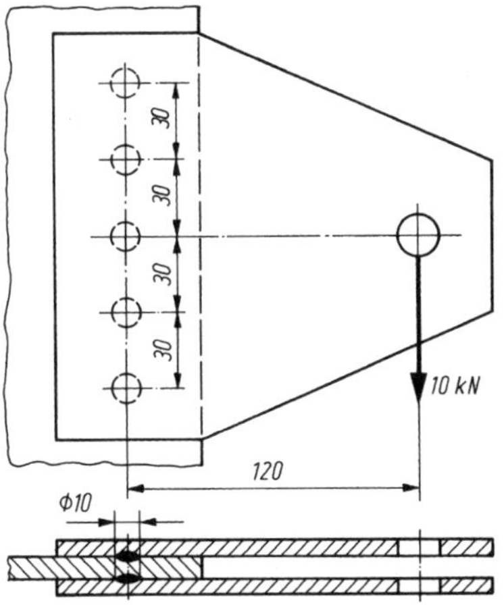

Bild 9.89 Zweischnittige Punktschweißverbindung

9.90

Bild 9.90 zeigt eine Scherbolzenkupplung, die Maschinen vor Überlastung und Beschädigung schützen soll. Die in gehärteten Buchsen (1) geführten Bolzen (2) werden bei Überschreitung des zulässigen Drehmoments abgeschert. Wie groß muss der Bolzendurchmesser d ausgeführt werden bei einer Kupplung mit $z = 3$ Scherbolzen am Teilkreisdurchmesser $d_0 = 100$ mm, wenn der Bolzenwerkstoff eine Scherfestigkeit $\tau_{aB} = 400$ N/mm^2 hat und das Bruch-Drehmoment $M = 760$ Nm betragen soll?

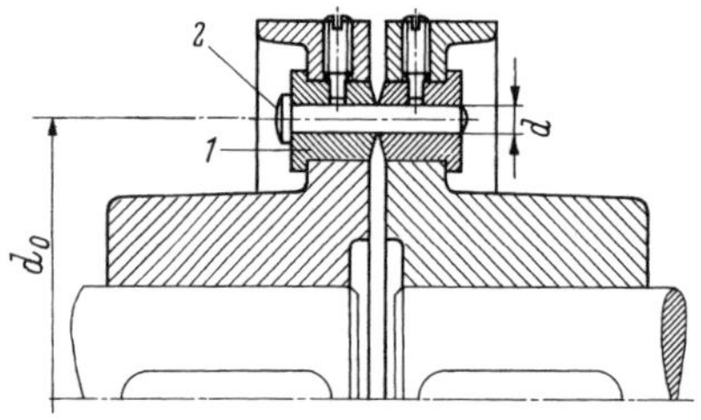

Bild 9.90 Scherbolzenkupplung
1 Buchse, *2* Bolzen

9.91

In einen $s = 0{,}6$ mm dicken Blechstreifen aus S235JR sollen quadratische Löcher mit der Kantenlänge $a = 20$ mm gestanzt werden. Zu errechnen sind die mindestens erforderliche Schnittkraft (Bruchscherkraft) und die Druckspannung im Stempelquerschnitt, der gleich der Lochfläche ist.

9.92

Das in Bild 9.92 skizzierte Blechteil soll aus 0,8 mm dickem Messingblech mit einer Scherfestigkeit von 220 N/mm^2 gestanzt werden. Welche Schnittkraft ist hierfür erforderlich?

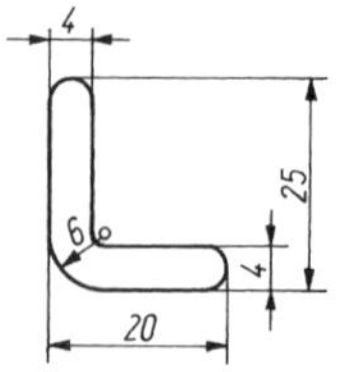

Bild 9.92 Blechteil

Biegebeanspruchung

Die Flächen- und Widerstandsmomente von Kreis- und Kreisringflächen wurden bei den Lösungen der Aufgaben dieses und der folgenden Kapitel teilweise mit den in der Praxis üblichen gerundeten Beträgen der Bruchteile von π errechnet, z. B. mit $\pi/64 \approx 0{,}05$, $\pi/32 \approx 0{,}1$ und $\pi/16 \approx 0{,}2$ (vgl. Tab. 22 u. die Gln. (9.76) bis (9.79)). Die auftretenden Abweichungen sind nur gering und ohne Bedeutung, da in der Regel die ermittelten Abmessungen gerundet und die errechneten Spannungen mit Erfahrungswerten für zulässige Beanspruchungen verglichen werden.

Flächen- und Widerstandsmomente

9.93 bis 9.95

Wie groß sind die axialen Flächenmomente 2. Grades I_x und I_y und die axialen Widerstandsmomente W_x und W_y der in Bild 9.93 gezeigten Querschnittsflächen?

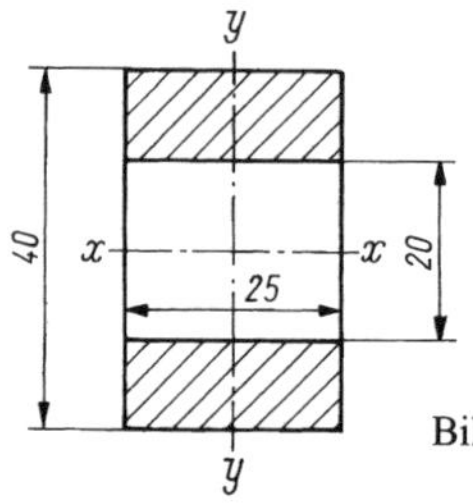

Bild 9.93 Querschnittsflächen
a) Aufgabe 9.93

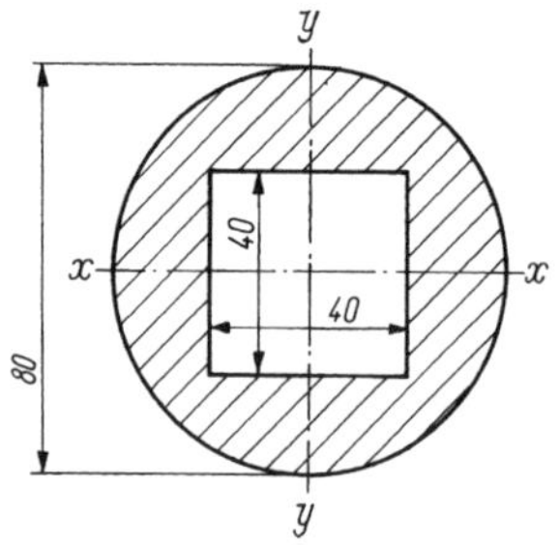

b) Aufgabe 9.94

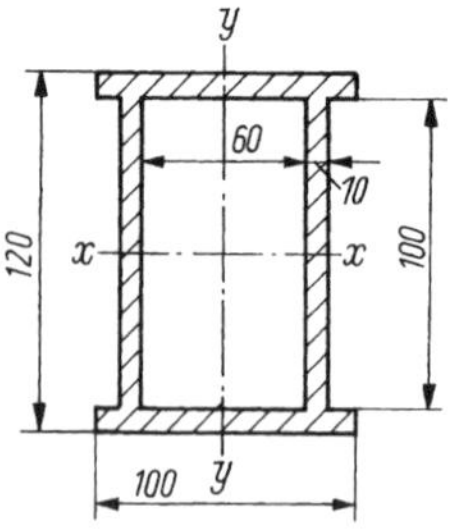

c) Aufgabe 9.95

9.96

Eine Stütze hat die in Bild 9.96 dargestellte H-förmige Querschnittsfläche. Wie groß sind die axialen Flächenmomente 2. Grades I_x und I_y dieser Fläche?

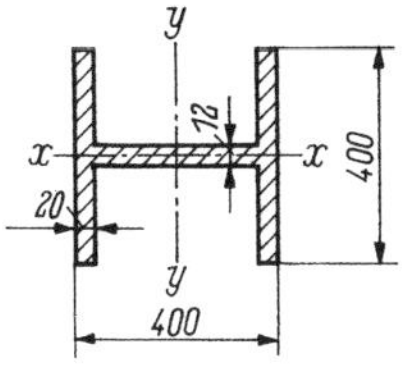

Bild 9.96 Querschnitt einer Stütze

9.97

Die Arme eines Zahnrades haben den in Bild 9.97 skizzierten kreuzförmigen Querschnitt. Welchen Betrag hat das auf die x-Achse bezogene Flächenmoment 2.Grades I_x und das auf diese Achse bezogene Widerstandsmoment W_b gegen Biegung?

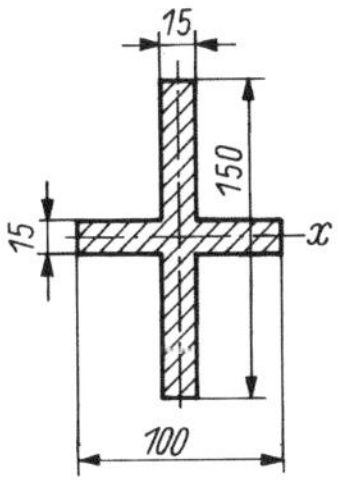

Bild 9.97 Armquerschnitt eines Zahnrades

9.98

Für die U-förmige Querschnittsfläche einer Traverse (Bild 9.98) sind zu ermitteln:

1. Die Randabstände e_1 und e_2,
2. Die Flächenmomente 2. Grades I_x und I_y,
3. Die Widerstandsmomente W_{x1} und W_{x2}.

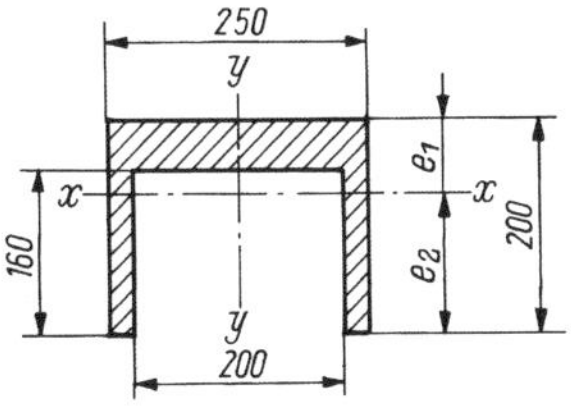

Bild 9.98 Traversenquerschnitt

9.99

Die axialen Flächenmomente 2. Grades I_x und I_y sowie die kleinsten und größten Widerstandsmomente $W_{x\,min}$ und $W_{x\,max}$, $W_{y\,min}$ und $W_{y\,max}$ der in Bild 9.99 skizzierten Querschnittsfläche sind zu errechnen.

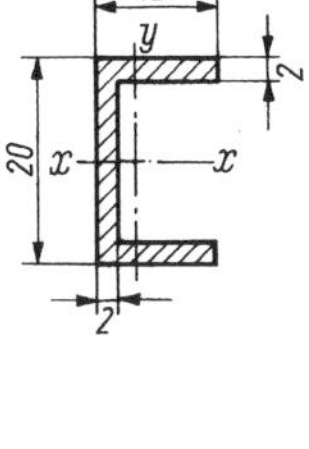

Bild 9.99 Querschnitt eines U-Profils

9.100

Für die in Bild 9.100 dargestellten trapezförmige Querschnittsfläche mit den Abmessungen $B = 100$ mm, $b = 60$ mm, $d = 50$ mm und $h = 120$ mm sind zu errechnen:

1. Die Randabstände e_1 und e_2,
2. Das axiale Flächenmoment 2. Grades I_x,
3. Die Widerstandsmomente W_{x1} und W_{x2}.

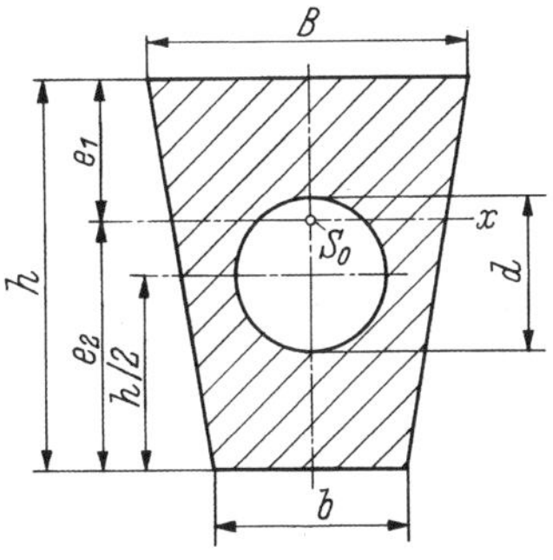

Bild 9.100 Trapezförmiger Querschnitt mit kreisförmigcr Aussparung

9.101

Ein Maschinenrahmen hat die in Bild 9.101 skizzierte Querschnittsfläche. Es sind zu ermitteln:

1. Die Randabstände e_1 und e_2,
2. Das auf die Nulllinie bezogene Flächenmoment 2. Grades I,
3. Die Widerstandsmomente W_{b1} und W_{b2} gegen Biegung.

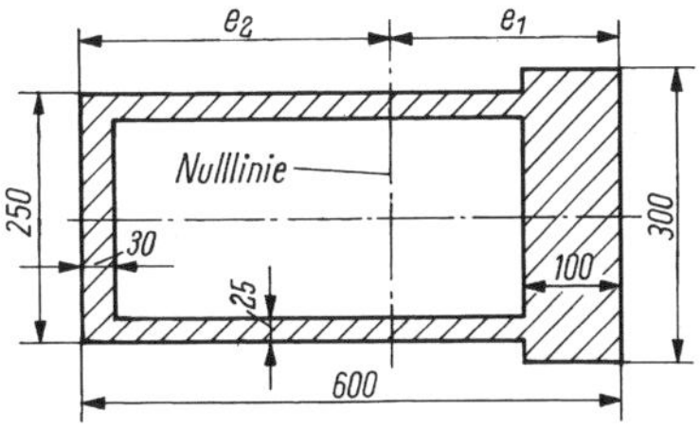

Bild 9.101 Querschnitt eines Maschinenrahmens

9.102

Von dem in Bild 9.102 skizzierten Querschnitt eines Wulstprofils sind die auf die y-Achse bezogenen Widerstandsmomente gegen Biegung zu errechnen.

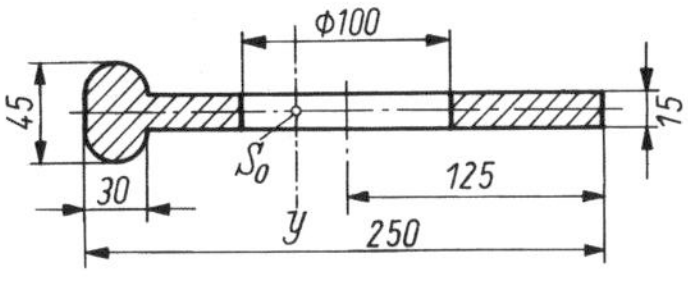

Bild 9.102 Querschnitt eines Wulstprofils

9.103

Wie groß sind die auf die Schwerachsen bezogenen Flächenmomente 2. Grades und Widerstandsmomente der in Bild 9.103 skizzierten Querschnittsfläche eines Hohlprofils?

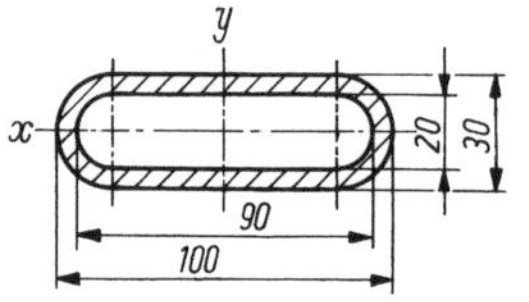

Bild 9.103 Hohlprofilquerschnitt

9.104

In Bild 9.104 ist eine Schweißnahtfläche dargestellt. Die Nahtdicke beträgt $a = 6$ mm. Zu ermitteln sind:

1. Die Nahtfläche A,

2. Die Flächenmomente 2. Grades I_x und I_y.

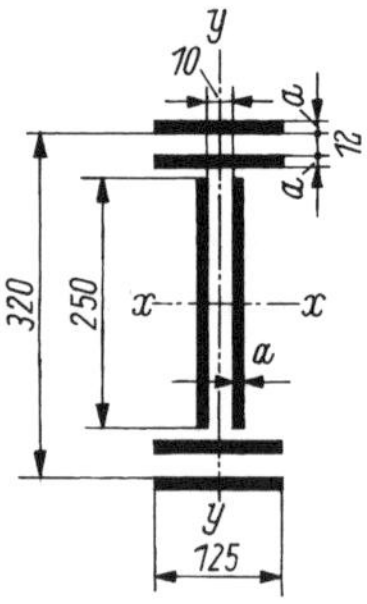

Bild 9.104 Schweißnahtfläche

9.105

Bild 9.105 zeigt den Querschnitt eines geschweißten Trägers. Es sind das kleinste und das größte Widerstandsmoment $W_{b\,min}$ und $W_{b\,max}$ gegen Biegung zu ermitteln, bezogen auf die zur Symmetrielinie senkrechte Nulllinie, wobei die Schweißnahtflächen zu vernachlässigen sind.

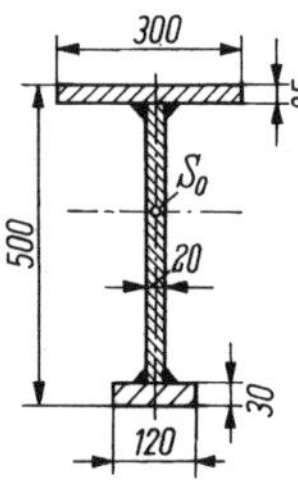

Bild 9.105 Kranträgerquerschnitt

9.106

In Bild 9.106 ist der doppelt-symmetrische Querschnitt eines Kastenträgers dargestellt. Wie

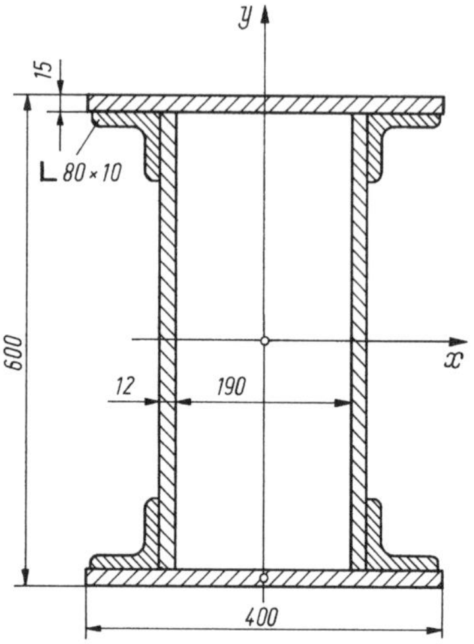

Bild 9.106 Querschnitt eines Kastenträgers

groß sind die auf die Schwerachsen x und y bezogenen axialen Widerstandsmomente W_x und W_y?

9.107

Für die in Bild 4.21 gezeigte Querschnittsfläche eines zusammengesetzten Profilträgers sind die auf die waagerechte Schwerachse bezogenen Widerstandsmomente $W_{b\,max}$ und $W_{b\,min}$ gegen Biegung zu ermitteln.

9.108

Wie groß sind das Widerstandsmoment W_{bz} gegen Biegezug (obere Randschicht) und das Widerstandsmoment W_{bd} gegen Biegedruck (untere Randschicht) der Trägerquerschnittsfläche nach Bild 4.22 unter Berücksichtigung der Nietlöcher?

9.109

Für die in Bild 4.23 dargestellte Querschnittsfläche eines geschweißten Profilträgers sind unter Vernachlässigung der Schweißnahtflächen die Widerstandsmomente W_{bd} gegen Biegedruck (obere Randschicht) und W_{bz} gegen Biegezug (untere Randschicht) zu errechnen.

9.110

Bild 9.110 zeigt den Querschnitt eines genieteten Trägers aus Blechen und Winkelprofilen. Unter Berücksichtigung der Schwächung durch die Nietlöcher ist das auf die waagerechte Null-

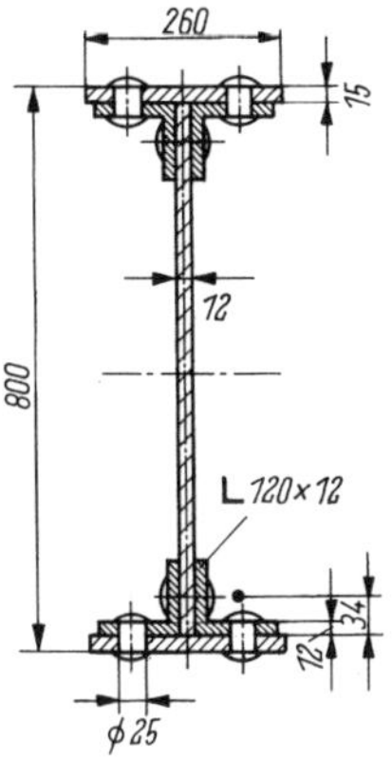

Bild 9.110 Querschnitt eines genieteten Trägers

linie bezogene Widerstandsmoment gegen Biegung zu ermitteln.

9.111

Für eine Vollwelle mit dem Durchmesser $d = 25$ mm sind zu ermitteln:

1. Das axiale Flächenmoment 2. Grades I und das Widerstandsmoment W_b gegen Biegung,
2. Das polare Flächenmoment 2. Grades I_p und das Widerstandsmoment W_t gegen Torsion.
3. Welchen Innendurchmesser d_i muss eine Hohlwelle mit dem Außendurchmesser $d_a = 28$ mm haben, wenn deren Widerstandsmomente W_b gegen Biegung und W_t gegen Torsion ebenso groß sein sollen wie bei der Vollwelle mit $d = 25$ mm Durchmesser?
4. Wie groß ist die Gewichtseinsparung in % bei dieser Hohlwelle gegenüber der Vollwelle?

Biegemomente, Quer- und Längskräfte

9.112

Der in Bild 9.112 skizzierte Freiträger mit den Abmessungen $l_1 = 600$ mm und $l_2 = 800$ mm wird durch die Einzelkräfte $F_1 = 500$ N und $F_2 = 750$ N belastet. Die Querkraft F_q und das größte Biegemoment $M_{b\,max}$ im Einspannquerschnitt sind zu ermitteln.

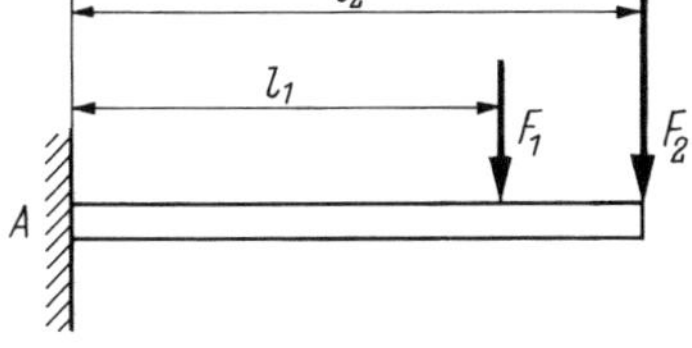

Bild 9.112 Freiträger mit zwei Einzelkräften

9.113

An dem Freiträger in Bild 9.113 wirken die Kräfte $F_1 = 1$ kN, $F_2 = 875$ N und $F_3 = 1625$ N. Es sind zu ermitteln:

1. Das Biegemoment M_{b2} und M_{b3} unter den Kräften F_2 und F_3,
2. Das Biegemoment M_{bA} im Einspannquerschnitt,
3. Die Biegemomentenfläche und der Abstand l_0 vom Einspannquerschnitt, wo das Biegemoment null ist,
4. Die Querkraftfläche und die Stelle, wo die Querkraftlinie durch Null geht.

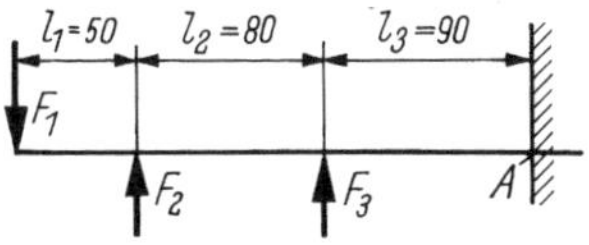

Bild 9.113 Freiträger mit drei Einzelkräften

9.114

Auf dem Tisch einer Bohrmaschine (Bild 9.114) wirken aus der Gewichtskraft des Werkstücks die Streckenkraft $F' = 20$ N/mm und die durch das Bohren lotrechte Belastungskraft $F = 15$ kN. Die Tischplatte hat mit der Rippe eine Gewichtskraft $F_G = 400$ N. Für den angegebenen Querschnitt A sind das Biegemoment M_b und die Querkraft F_q zu errechnen. Außerdem sind die Biegemomenten- und die Querkraftfläche zu skizzieren.

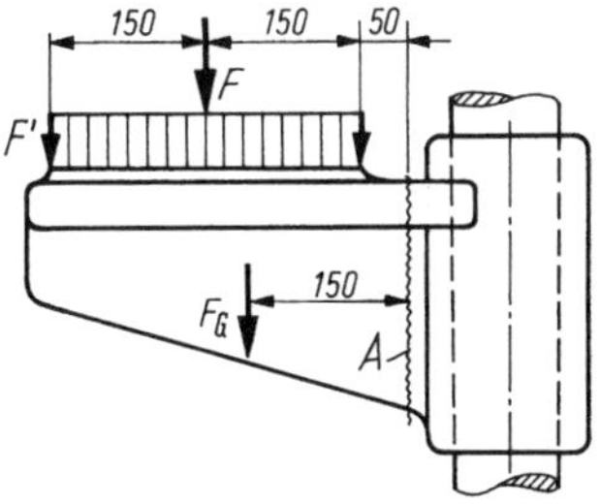

Bild 9.114 Bohrmaschinentisch

9.115

Bild 9.115 zeigt einen einseitig bei A fest eingespannten Träger, der durch zwei Einzelkräfte $F_1 = 80$ N und $F_2 = 250$ N und eine konstante Streckenkraft $F' = 50$ N/m belastet wird. Die Reaktionskraft F_A und das Biegemoment M_{bA} an der Einspannstelle A sind zu errechnen. Außerdem sind der Verlauf des Biegemoments, der Querkraft und der Längskraft über der Trägerlänge $l_1 = 4$ m maßstäblich darzustellen.

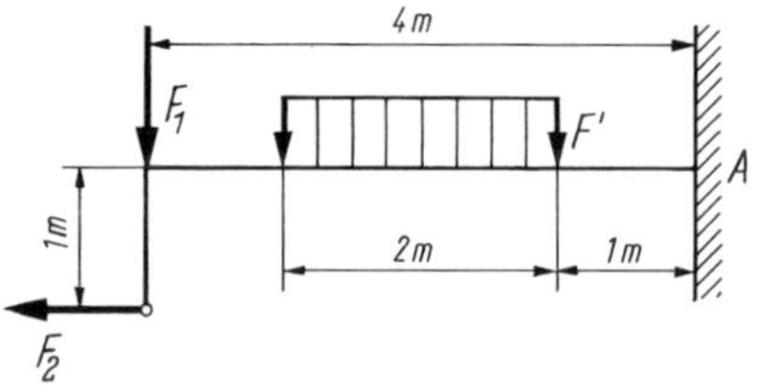

Bild 9.115 Freiträger mit Einzel- und Streckenkräften

9.116

Für den Stützträger in Bild 9.116 ist das größte Biegemoment $M_{b\,max}$ zu errechnen und anzugeben, wo es auftritt. Ferner sind die Biegemomenten- und die Querkraftfläche zu zeichnen.

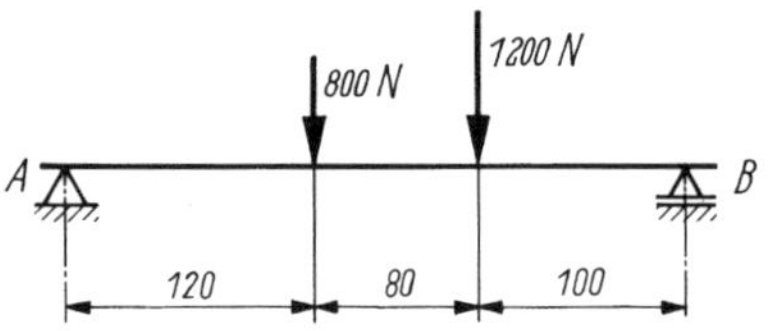

Bild 9.116 Stützträger mit zwei Einzelkräften

9.117

Für die in Bild 9.117 schematisch dargestellte Triebwerkswelle sind das größte Biegemoment $M_{b\,max}$ zu errechnen und die Biegemomentenfläche zu skizzieren.

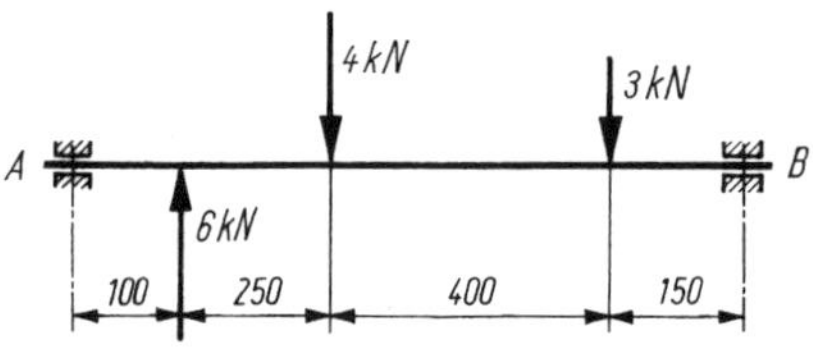

Bild 9.117 Drei Kräfte an einer Triebwerkswelle

9.118

In Bild 9.118 ist ein Träger auf zwei Stützen dargestellt, der zwischen den Lagern A und B durch eine stetig ansteigende Streckenkraft und am Ende durch eine Einzelkraft belastet wird. Zu ermitteln sind:

1. Die Auflagerkräfte F_A und F_B,

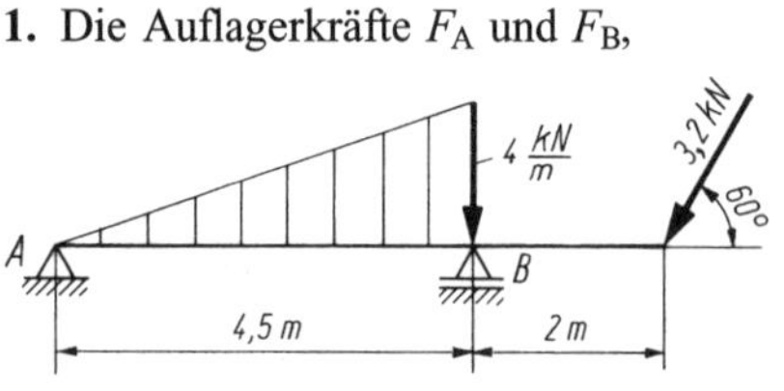

Bild 9.118 Stützträger mit zunehmender Streckenkraft und Einzelkraft

2. Darstellung des Biegemomenten-, Querkraft- und Längskraftverlaufs über der gesamten Trägerlänge.
3. Welchen Betrag hat das größte Biegemoment $M_{b\,max}$ und wo tritt es auf?

9.119

Der in Bild 9.119 dargestellte Kragträger wird durch die Einzelkräfte $F_1 = 12$ kN, $F_2 = 2{,}5$ kN und auf der Länge $l_s = 0{,}4$ m durch die konstante Streckenkraft $F' = 25$ kN/m belastet. Die Längen betragen $L = 1{,}2$ m, $l_1 = 1$ m, $l_2 = 0{,}3$ m und $l_3 = 0{,}16$ m. Zu errechnen sind:

1. Die Stützkräfte F_{Ae} und F_{Be} durch die Einzelkräfte,
2. Die Stützkräfte F_{As} und F_{Bs} durch die Streckenkraft,
3. Die resultierenden Stützkräfte F_A und F_B,
4. Das größte Biegemoment $M_{b\,max}$ und sein Abstand l_0 vom Stützlager A.

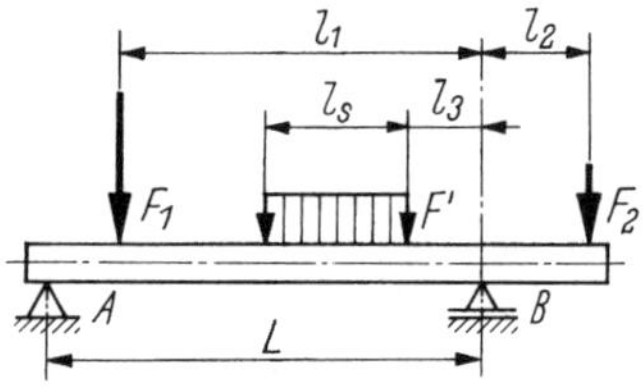

Bild 9.119 Kragträger mit Einzel- und Streckenkräften

9.120

Für den in Bild 9.120 skizzierten Kragträger sind unter Berücksichtigung des Trägereigengewichts die Querkraftfläche maßstäblich zu zeichnen und das größte Biegemoment zu errechnen.

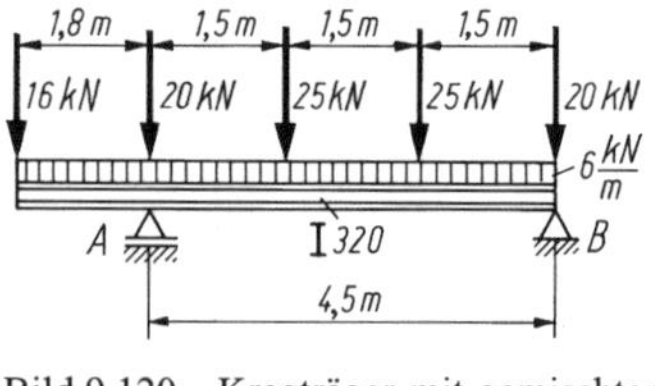

Bild 9.120 Kragträger mit gemischtem Kraftangriff

9.121

Für das in Bild 9.5 skizzierte Bauteil sind mit den in Aufgabe 9.5 errechneten Größen die Biegemomenten-, die Querkraft- und die Längskraftfläche zu skizzieren.

9.122

Von dem in Bild 9.122 skizzierten Stützträger ist die Biegemomentenfläche bekannt. Es be-

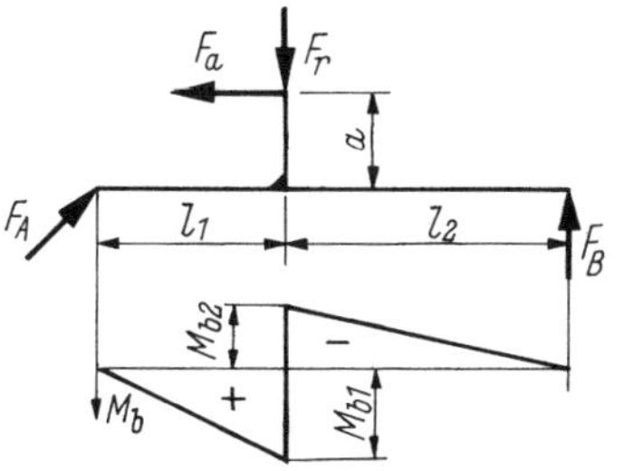

Bild 9.122 Stützträger mit Kräften und Biegemomentenfläche

tragen die Biegemomente $M_{b1} = 440$ Nm, $M_{b2} = -60$ Nm und die Längen $l_1 = 200$ mm, $l_2 = 300$ mm, $a = 100$ mm. Wie groß sind die Stützkräfte F_A und F_B, die Axialkraft F_a und die Radialkraft F_r? Dazu sind auch die Querkraft- und die Längskraftfläche zu zeichnen.

9.123

Über das in Bild 9.123 skizzierte Kegelrad an einer Getriebewelle wird bei der Drehzahl $n = 300\ \text{min}^{-1}$ eine Leistung $P = 8$ kW in die Welle eingeleitet. Am Kegelrad greifen die Umfangs- oder Tangentialkraft F_t und die Normalkraft $F_N = F_t \cdot \tan 20°$ an. Es betragen $\delta = 70°$, $d_m = 100$ mm, $l = 70$ mm. Wie groß sind im Wellenquerschnitt an der Lagerstelle A die Längskraft F_l, die Querkraft F_q und das Biegemoment M_b?

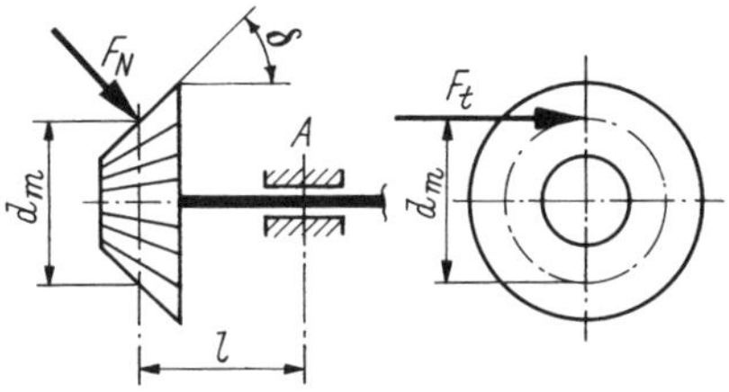

Bild 9.123 Kegelradwelle

9.124

Die in Bild 9.124 dargestellte Getriebewelle hat eine Leistung von 12 kW bei der Drehzahl $1450\ \text{min}^{-1}$ zu übertragen. Dabei entstehen an dem Geradzahn-Stirnrad mit dem Teilkreisdurchmesser 90 mm die Umfangs- oder Tangentialkraft F_t und die Radialkraft $F_r = 0{,}36F_t$, am Kegelrad mit dem mittleren Teilkreisdurchmesser 80 mm die Tangentialkraft F_{tm}, die Radialkraft $F_{rm} = 0{,}6F_{tm}$ und die Axialkraft $F_{am} = 0{,}4F_{tm}$. Es sind der Biegemomenten- und der Längskraftverlauf darzustellen und für die Querschnitte 1, 2 und 3 die Schnittgrößen M_b, F_q und F_l zu errechnen.

Berechnung biegebeanspruchter Bauteile

9.125

Eine Blattfeder mit den Querschnittsmaßen $b = 40$ mm und $h = 6$ mm ist einseitig eingespannt. Sie wird im Abstand $l = 600$ mm von der Einspannstelle durch eine an der Breitseite senkrecht angreifende Kraft $F = 160$ N belastet. Die im Einspannquerschnitt auftretende Biegespannung σ_b ist zu errechnen.

9.126

Bei dem in Bild 9.113 skizzierten Freiträger handelt es sich um einen Rundstab mit $d = 25$ mm Durchmesser, für den ein Biegemoment $M_{bA} = 75$ Nm im Einspannquerschnitt A errechnet wurde. Welche Biegespannung tritt in diesem Querschnitt auf?

9.127

In der glatten Triebwerkswelle mit $d = 50$ mm Durchmesser nach Bild 9.117 tritt ein größtes Biegemoment von 663,5 Nm auf. Die größte Biegespannung ist zu errechnen.

9.128

Für den Kragträger nach Bild 9.119 wurde ein größtes Biegemoment von 2643 Nm ermittelt. Es handelt sich um ein Stahlrohr 108 × 4 (Außendurchmesser $d_a = 108$ mm, Wanddicke $s = 4$ mm). Welche größte Biegespannung tritt im Rohrquerschnitt auf?

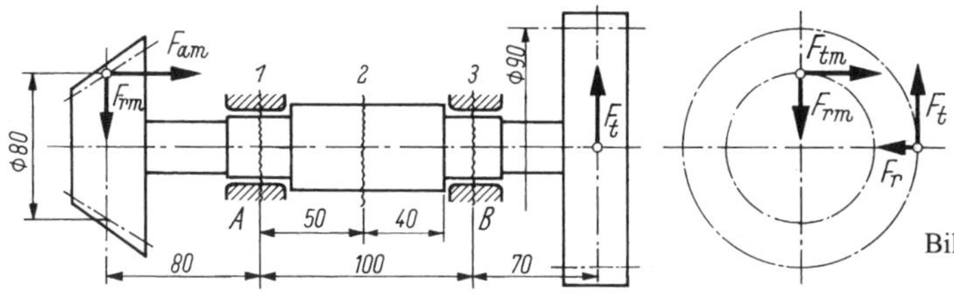

Bild 9.124 Getriebewelle mit Kegelrad und Stirnrad

9.129

Der I-Profilträger DIN 1025 – S235JR – I 320 nach Bild 9.120 hat ein größtes Biegemoment von 39 492 Nm aufzunehmen. Ist die auftretende Biegespannung zulässig, wenn die Belastungskräfte im Lastfall H auftreten?

9.130

Bild 9.130 a zeigt eine Unterflasche (Seilrolle mit Lasthaken) für eine Nenntragkraft von 32 kN. Wegen der im Betrieb auftretenden Stöße ist mit einem Betriebsfaktor von 1,4 zu rechnen. Für die in Bild 9.130 b dargestellte Seilrollenachse dieser Unterflasche sind die Biegespannungen σ_{b1} und σ_{b2} in den Querschnitten 1 und 2 zu ermitteln.

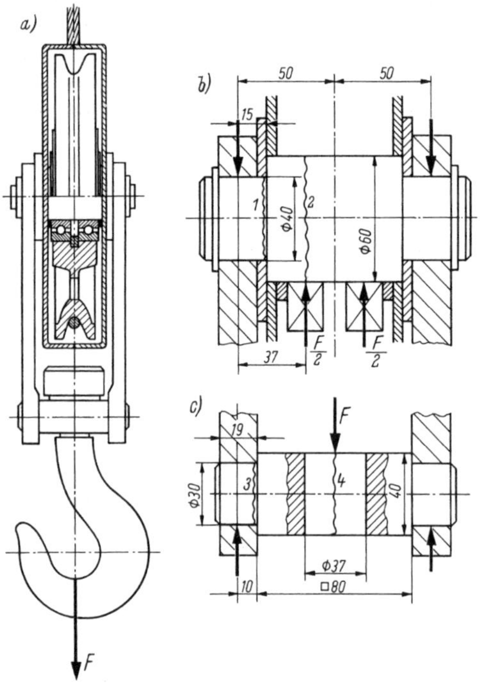

Bild 9.130 Unterflasche
a) Übersicht,
b) Seilrollenachse,
c) Lasthakentraverse

9.131

In Bild 9.130 c ist die Lasthakentraverse der Unterflasche nach Bild 9.130 a dargestellt. Mit der in Aufgabe 9.130 angegebenen Belastungskraft sind die Biegespannungen σ_{b3} und σ_{b4} in den Querschnitten 3 und 4 der Traverse und die mittlere Flächenpressung $\bar{p}$ an den Traversenzapfen zu errechnen.

9.132

Der in Bild 9.132 skizzierte Hebel wird durch ein Drehmoment $M = 120$ Nm gegen einen Anschlag gedrückt. Die Längen betragen $l_1 = 120$ mm, $l_2 = 95$ mm und $l_3 = 30$ mm. Mit einer zulässigen Biegespannung $\sigma_{b\,zul} = 80$ N/mm^2 sind die Antworten auf folgende Fragen zu ermitteln:

1. Welchen Durchmesser d muss der Querschnitt A_1 mindestens erhalten?
2. Welche Breite b ist für den Querschnitt A_2 erforderlich, wenn er $h = 15$ mm hoch ist?

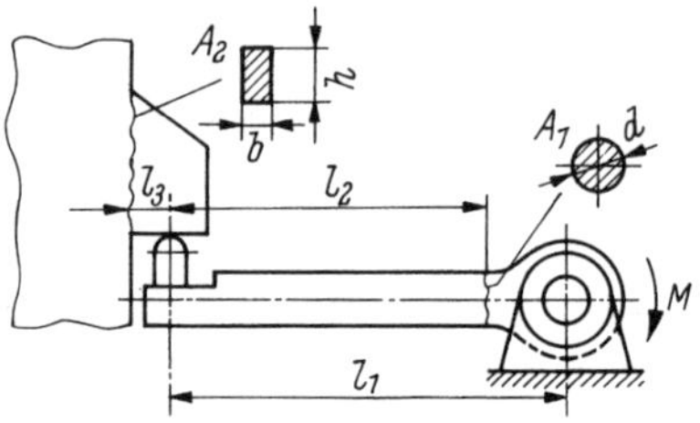

Bild 9.132 Hebel mit Anschlag

9.133

Eine Getriebewelle aus E335 nach Bild 9.133 wird durch zwei in einer Ebene wirkende Kräfte $F_1 = 50$ kN und $F_2 = 45$ kN belastet. Die Längen betragen $L = 400$ mm, $L_1 = 520$ mm, $L_2 = 120$ mm, $l_1 = 50$ mm, $l_2 = 120$ mm, $l_3 = 180$ mm, $l_4 = 35$ mm, $l_A = 60$ mm. Die erforderlichen Durchmesser der angegebenen Querschnitte 1 bis 4 sind zu ermitteln, wobei mit der Hälfte der bei Überschlagsrechnungen üblichen zulässigen Biegespannung bei wechselnder Belastung zu rechnen ist, um die durch ein Drehmoment zusätzlich auftretende Torsionsspannung zu berücksichtigen.

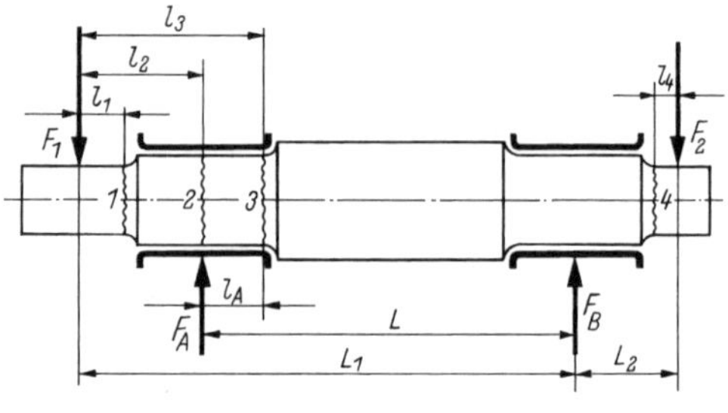

Bild 9.133 Kräfte an einer Getriebewelle

9.134

Eine Achse aus S235JR mit Kreisquerschnitt hat einen Lagermittenabstand $L = 40$ mm. Sie wird in der Mitte zwischen den Lagern durch eine ruhend wirkende Kraft $F = 120$ N belastet. Welcher auf volle mm gerundete Durchmesser d ist erforderlich, wenn die übliche Mindestsicherheit gegen Fließen verlangt wird?

9.135

Welche schwellende Kraft F kann ein Freiträger aus Flachstahl 100 × 20, Werkstoff S235JR, bei einer freitragenden Länge $l = 500$ mm übertragen, und zwar:

1. in Flachkantlage,
2. in Hochkantlage?

9.136

Welche Breite b muss der Flachstahl aus S275JR mit der Dicke $s = 15$ mm nach Bild 9.87 mindestens haben, wenn die Kraft $F = 10{,}6$ kN schwellend wirkt und eine Sicherheit $S_F = 2{,}1$ gegen Fließen nicht unterschritten werden soll?

9.137

Für den Einspannquerschnitt A des T-Trägers nach EN 10055 in Bild 9.137 sind die Biegespannungen wie folgt zu errechnen:

1. Die Randabstände e_z und e_d,
2. Die Widerstandsmomente W_{bz} gegen Biegezug und W_{bd} gegen Biegedruck,
3. Die Biegezugspannung σ_{bz} und die Biegedruckspannung σ_{bd}.

Bild 9.137 Freiträger aus gewalztem T-Profil

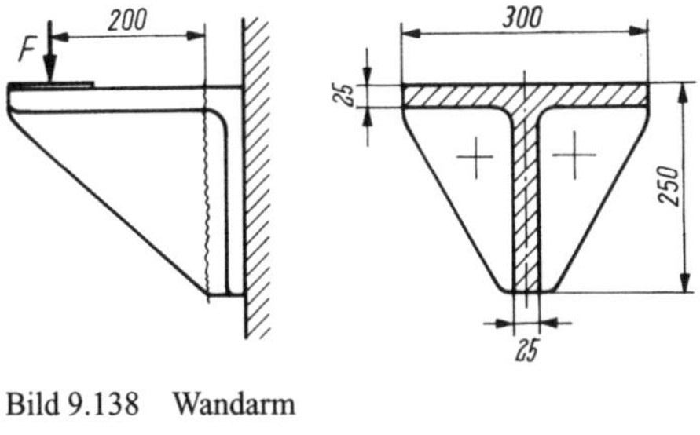

Bild 9.138 Wandarm

9.138

Der in Bild 9.138 skizzierte gegossene Wandarm hat eine Kraft $F = 400$ kN aufzunehmen. Wie groß sind die im angegebenen gefährdeten Querschnitt auftretenden Biegezug- und Biegedruckspannungen? Die Rundungen am Übergang zum Steg sind zu vernachlässigen.

9.139

Wo tritt bei dem Freiträger nach Bild 9.139, der durch eine Kraft $F = 200$ N belastet wird, die größte Biegespannung auf und welchen Betrag hat sie?

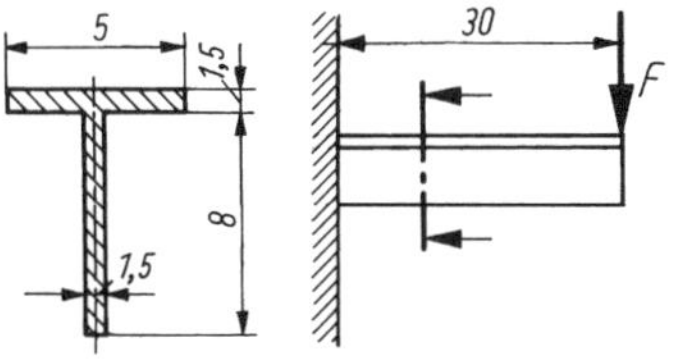

Bild 9.139 Freiträger mit T-Querschnitt

9.140

Für eine geschweißte Konsole aus dem Kranbau (Bild 9.140) sind die im Querschnitt A auftretenden Biegespannungen auf Zulässigkeit zu überprüfen. Es sind zu ermitteln:

1. Die Randabstände e_z und e_d,
2. Das Flächenmoment 2. Grades I,
3. Die Widerstandsmomente W_{bz} und W_{bd},
4. Die Biegespannungen σ_{bz} und σ_{bd}.
5. Wird die für den Lastfall H und den Werkstoff S235 zulässige Biegespannung überschritten?

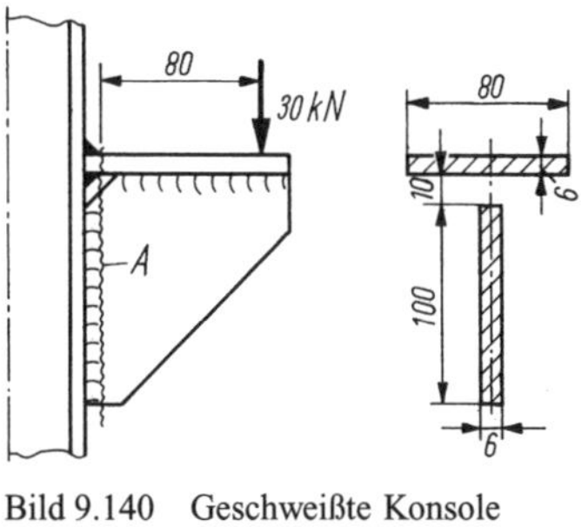

Bild 9.140 Geschweißte Konsole

9.141

Für die in Bild 9.141 skizzierte Konsole aus Gusseisen EN-GJL-300 ist zu prüfen, ob die Bruchsicherheiten auf der Zug- und der Druckseite im gefährdeten Querschnitt A ausreichen,

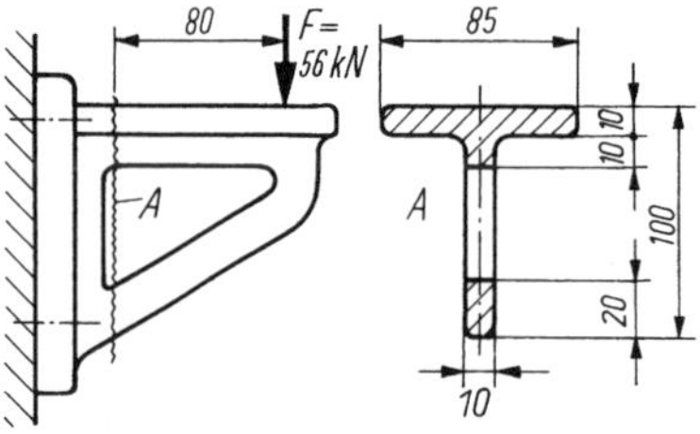

Bild 9.141 Konsole aus Gusseisen

wenn die angegebene Kraft ruhend wirkt. Unter Vernachlässigung der Rundungen sind zu ermitteln:

1. Das Flächenmoment 2. Grades I,
2. Die Widerstandsmomente W_{bz} und W_{bd},
3. Die Biegespannungen σ_{bz} und σ_{bd}.
4. Ist die Bruchsicherheit S_{Bz} auf der Zugseite ausreichend?
5. Genügt die Bruchsicherheit S_{Bd} auf der Druckseite?

9.142

Der gefährdete Querschnitt eines Rohres mit 10 mm Außendurchmesser und 1 mm Wanddicke hat ein Biegemoment von 7 Nm zu übertragen. Wie groß sind die Biegespannung σ_b am Außenrand und die Normalspannung σ am Innenrand des Rohres?

9.143

Ein Hohlprofilträger aus S235JR wird entsprechend Bild 9.143 durch die Kräfte $F_1 = 200$ N, $F_2 = 100$ N und $F_3 = 150$ N schwellend belastet. Die Längen betragen $L = 100$ mm, $l_1 = 60$ mm, $l_2 = 30$ mm und $l_3 = 25$ mm. Die auf der gesamten Länge konstante Querschnittsfläche hat die Höhe $H = 10$ mm und die Wanddicke $s = 0{,}5$ mm. Zu errechnen sind:

1. Die Stützkräfte F_A und F_B,
2. Das größte Biegemoment M_b,
3. Die erforderliche, auf volle mm gerundete Breite B des Profils.

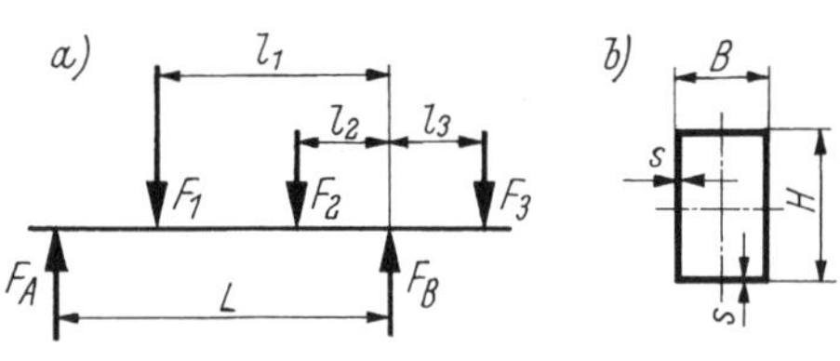

Bild 9.143 Hohlprofilträger
a) Kräfte,
b) Querschnittsfläche

9.144

Nach einer Längsbewegung des Bolzens in Bild 9.144 von rechts nach links um $\Delta s = 6$ mm wird auf die Welle ein Drehmoment $M = 12$ Nm ausgeübt. Zur selbsttätigen Zurückführung in die Ausgangsstellung dient eine Druckfeder mit der ungespannten Länge $L_0 = 30$ mm und der Federrate $R = 1$ N/mm, die in der Ausgangslage auf $L_1 = 20$ mm vorgespannt ist. Gesucht sind:

1. Die Kraft F_b am Bolzen,
2. Die Biegespannung σ_b im Querschnitt A des Hebels aus S275JR,
3. Die in diesem Querschnitt vorhandene Sicherheit S_F gegen Fließen.

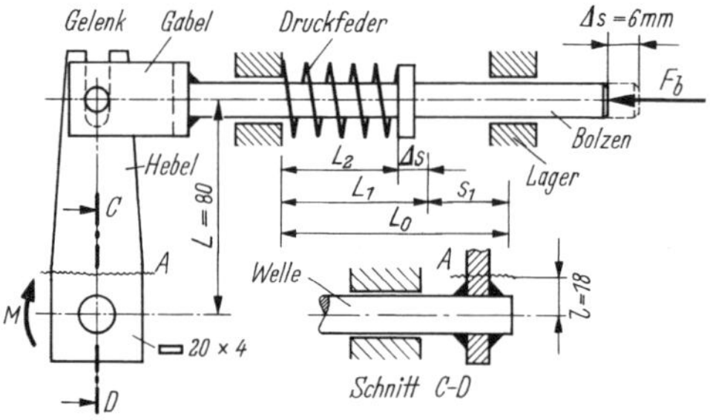

Bild 9.144 Steuerungsteile

9.145

Ein Kurbelzapfen (Bild 9.145) hat eine größte Schubstangenkraft $F = 40$ kN zu übertragen, die auf der Zapfenlänge l gleichmäßig verteilt wirkt. Es ist zu ermitteln:

1. Der erforderliche Zapfendurchmesser d mit $\sigma_{b\,zul} = 60$ N/mm² bei Annahme einer gleichmäßigen Streckenkraft $F' = F/l$.
2. Würde sich ein anderer Durchmesser ergeben, wenn mit F als Einzelkraft gerechnet wird?
3. Wie groß muss d für eine zulässige Flächenpressung $p_{zul} = 8$ N/mm² gewählt werden?

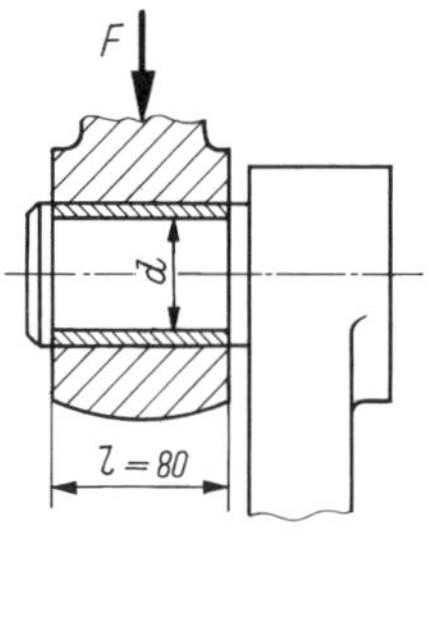

Bild 9.145 Kurbelzapfen

9.146

Ein quadratischer Holzbalken, der entsprechend Bild 9.146 auf zwei Stützen liegt, soll eine gleichmäßige Streckenkraft $F' = 2$ kN/m aufnehmen. Unter Vernachlässigung des Balkengewichts und mit einer zulässigen Biegespannung $\sigma_{b\,zul} = 10$ N/mm^2 ist zu ermitteln und auf einen ganzzahligen Wert mit der Endziffer Null zu runden:

1. Die erforderliche Seitenlänge a des Balkenquerschnitts.
2. Auf welchen Betrag müsste a erhöht werden, wenn die resultierende Streckenkraft als Einzelkraft wirkt?

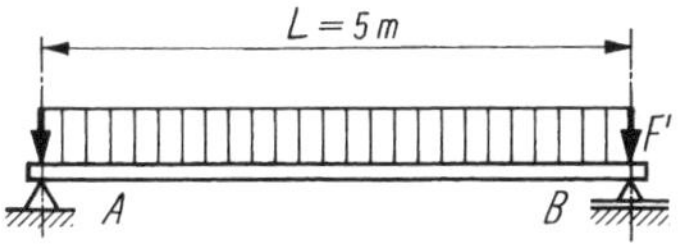

Bild 9.146 Stützträger mit Streckenkraft

9.147

Für den Bolzen des Gelenks nach Bild 9.75 mit $d = 25$ mm Durchmesser und den Längen $l_1 = 2l_2 = 30$ mm ist die größte Biegespannung zu errechnen, und zwar:

1. wenn die Kraft $F = 18$ kN als Einzelkraft wirkt,
2. wenn diese Kraft als gleichmäßig verteilte Streckenkraft $F' = F/l_1$ angesetzt wird.

9.148

Bild 9.148 zeigt eine Seilrolle, die am Kopf eines Kranauslegers angebracht ist, und einen Schnitt durch deren Lagerung. Die Resultierende der unter dem Winkel $\alpha = 60°$ wirkenden Seilkräfte $F_S = 10$ kN muss von der Achse aufgenommen werden. Gesucht sind:

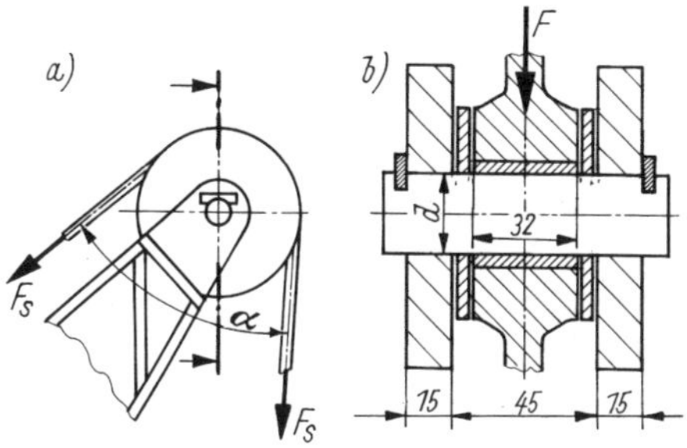

Bild 9.148 Seilrolle mit Gleitlagerung
a) Anordnung, b) Schnitt durch die Lagerung (resultierende Seilkraft F in Bildebene gedreht)

1. Die resultierende Kraft F der Seilkräfte,
2. Der erforderliche, auf volle mm gerundete Achsendurchmesser d mit einer zulässigen Flächenpressung $p_{zul} = 11$ N/mm^2 für Gleitlager,
3. Die größte Biegespannung σ_b in der Achse bei Annahme einer gleichmäßigen Streckenkraft im Gleitlager.

9.149

In die Getriebewelle nach Bild 9.149 wird über eine Kupplung ein größtes Drehmoment von 1500 Nm eingeleitet und über das Zahnrad mit 250 mm Teilkreisdurchmesser und Geradverzahnung ausgeleitet. Das Gegenrad drückt dabei mit der Zahnkraft F unter dem Eingriffswinkel $\alpha = 20°$ jeweils auf einen Zahn des dargestellten Rades (siehe Bild 2.76). Die Welle soll als Träger gleicher Biegebeanspruchung ausgeführt werden. Für den Entwurf sind die erforderlichen Durchmesser der angegebenen Querschnitte 1 bis 5 ohne Berücksichtigung der Torsionsbeanspruchung mit einer zulässigen Biegespannung von 60 N/mm^2 wie folgt zu ermitteln:

1. Die tangentiale Umfangskraft F_t aus dem Drehmoment,
2. Die als Biegekraft an der Welle wirkende Zahnkraft F,
3. Die Lagerkräfte F_A und F_B,
4. Die theoretisch erforderlichen Durchmesser d_1 bis d_5.

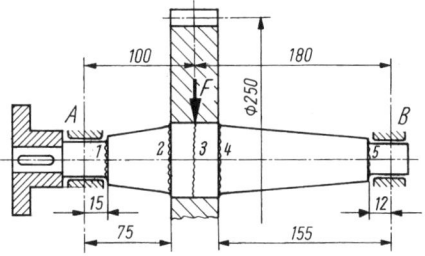

Bild 9.149 Getriebewelle

9.150

Für die geschichtete Blattfeder (Bild 9.150) eines Schienenfahrzeugs soll die erforderliche Blattanzahl errechnet werden. Der Federstahl hat die Zugfestigkeit $R_m = 1300$ N/mm^2. Die Breite eines Federblattes beträgt $b_0 = 100$ mm, seine Dicke $h = 12$ mm. Welche Blattanzahl z ist erforderlich bei einer zulässigen Biegespannung $\sigma_{b\,zul} = 0{,}55 R_m$?

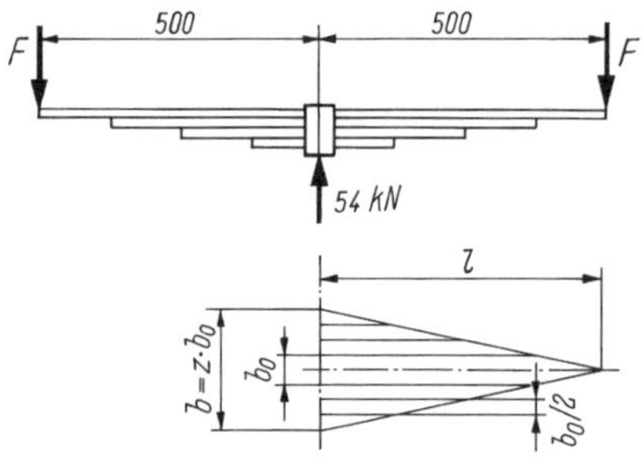

Bild 9.150 Geschichtete Blattfeder

9.151

In Bild 9.151 ist ein geschweißter Konsolträger aus S235JR skizziert, der eine schwellend wirkende Größtkraft $F = 45$ kN aufzunehmen hat. Für den Entwurf als Träger gleicher Biegebeanspruchung sind die erforderlichen Höhen h_1, h_2 und h_3 der Querschnitte 1, 2 und 3 zu errechnen.

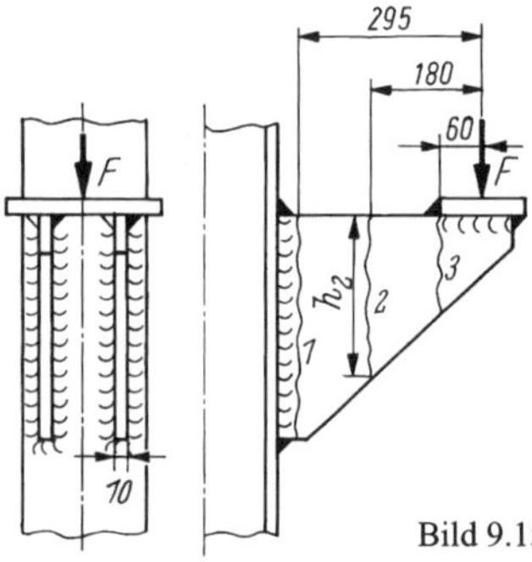

Bild 9.151 Konsolträger

Schubspannungen bei Biegebeanspruchung

9.152

Die Schweißnähte (Doppelkehlnähte) der in Bild 9.152 dargestellten Konsole (siehe auch Bild 9.140) haben die Dicke $a = 4$ mm. Gesucht sind:

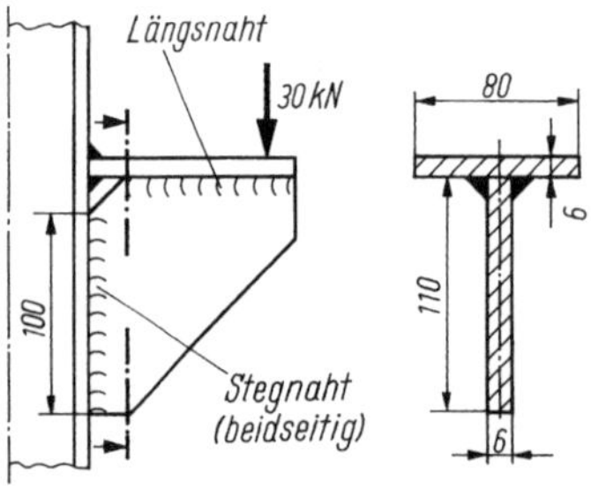

Bild 9.152 Geschweißte Konsole

1. Die Schubspannung τ_l in der Längsnaht an der im Schnittbild liegenden Stelle,
2. Die mittlere Schubspannung τ in der Stegnaht.

9.153

Der mit $F = 45$ kN belastete Konsolträger nach Bild 9.151 soll mit den Höhen $h_1 = 180$ mm, $h_2 = 140$ mm und $h_3 = 85$ mm ausgeführt werden. Die in den Stegblechen auftretende größte Schubspannung $\tau_{q\,max}$ ist zu errechnen.

9.154

Bild 9.154 zeigt den Querschnitt eines geschweißten I-Trägers, der eine Querkraft von 160 kN zu übertragen hat. Wie groß sind die Längsschubspannungen τ_l in den $a = 8$ mm dicken Schweißnähten, die größte Querschubspannung $\tau_{q\,max}$ im Trägerquerschnitt und die mittlere Schubspannung τ im Stegblech?

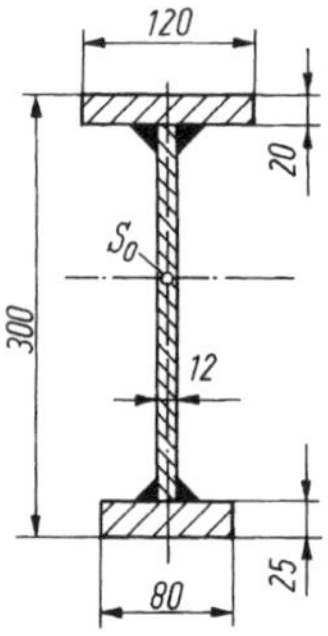

Bild 9.154 Trägerquerschnitt

9.155

Für den Hohlprofilträger nach Bild 9.143 mit den Querschnittsmaßen $H = 10$ mm, $B = 5$ mm und $s = 1$ mm ist unter Verwendung der Angaben und Ergebnisse zur Aufgabe 9.143 die größte Schubspannung zu errechnen.

Durchbiegung

9.156

Der Ausleger eines Wandschwenkkrans (Bild 9.156) besteht aus einem I-Profil DIN 1025 – S235JR – IPE 160. Für die gezeigte Stellung des Kettenflaschenzuges mit einem Eigengewicht von 20 kg sind unter Vernachlässigung des Trägergewichtes zu errechnen:

1. Die größte Belastungskraft F bei einer Last von 250 kg unter Berücksichtigung eines Betriebsfaktors $K_I = 1{,}2$,
2. Die Durchbiegung f des Trägers unter der Kraft F,
3. Die Biegespannung σ_b im Querschnitt A.

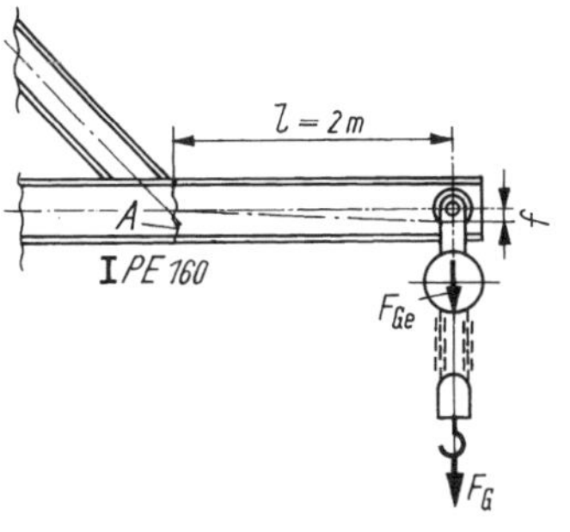

Bild 9.156 Kranausleger mit Kettenflaschenzug

9.157

Eine $l = 100$ mm lange Blattfeder mit der Breite $b = 20$ mm und der Dicke $s = 2$ mm (Bild 9.157) ist am Ende um $f = 5$ mm durchgebogen. Der Federstahl hat eine Zugfestigkeit $R_m = 1800$ N/mm².

1. Wie groß ist die Kraft F?
2. Ist die Biegespannung σ_b im Einspannquerschnitt A zulässig, wenn $\sigma_{b\,zul} = 0{,}6 R_m$ beträgt?

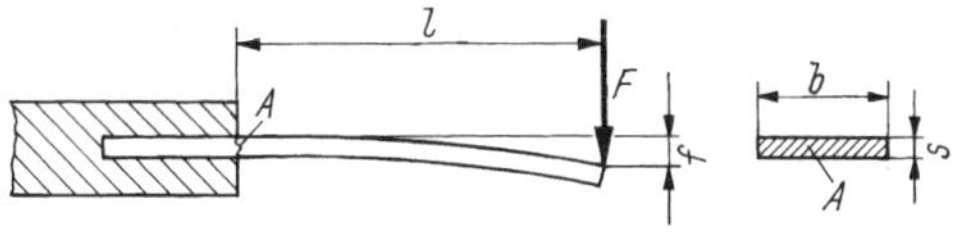

Bild 9.157 Biegeblattfeder

9.158

Ein quadratischer Holzbalken mit der Seitenlänge $a = 160$ mm wird entsprechend Bild 9.146 als Träger auf zwei Stützen mit $L = 5$ m Stützlänge durch eine gleichmäßige Streckenkraft $F' = 2$ kN/m belastet. Welchen Betrag erreicht die größte Durchbiegung f bei Vernachlässigung des Balkengewichtes?

9.159

Eine glatte Triebwerkswelle (Bild 9.159) aus Stahl wird durch die resultierende Kraft F der Riemenkräfte $F_1 = 3$ kN und $F_2 = 2{,}5$ kN auf Biegung beansprucht. Gesucht sind:

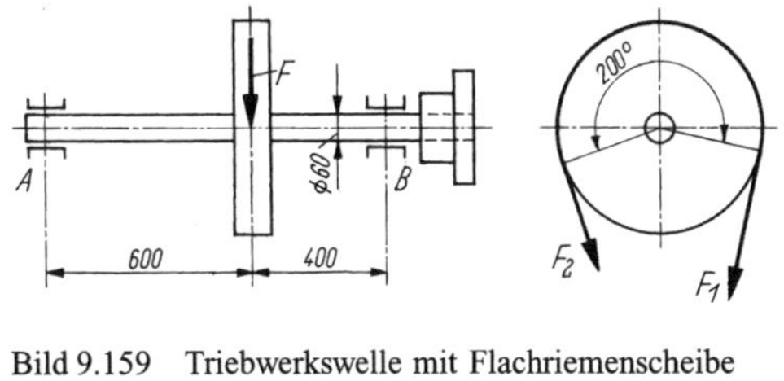

Bild 9.159 Triebwerkswelle mit Flachriemenscheibe

1. Die auf die Welle wirkende Kraft F,
2. Die Durchbiegung f_1 unter der Kraft F,
3. Die größte Durchbiegung f und ihr Abstand l_f vom Lager A,
4. Die Neigungswinkel β_A und β_B an den Lagerstellen.

9.160

Für einen Rundstab mit dem Durchmesser d ist eine Gleichung zur Errechnung der größtzulässigen Stützweite L zu entwickeln, wenn der Stab als Träger auf zwei Stützen infolge seines Eigengewichts eine größte Durchbiegung $f = k \cdot L$ haben darf. Es ist die Funktionsgleichung $L = f\,(d, k, E, \varrho, g)$ als Größengleichung anzugeben.

Verdrehbeanspruchung (Torsion)

Kreisförmige Querschnitte

9.161

Für einen Vollwellenquerschnitt mit dem Durchmesser $d = 100$ mm, der ein Torsionsmoment $T = 4000$ Nm zu übertragen hat, sind zu errechnen:

1. Das Widerstandsmoment W_t gegen Torsion,
2. Die Torsionsspannung τ_t.

9.162

Eine Antriebswelle soll als Vollwelle eine Leistung $P = 11{,}2$ kW bei der Drehzahl $n = 1000$ min^{-1} übertragen. Gesucht sind:

1. Das Torsionsmoment T im Wellenquerschnitt,
2. Der auf volle mm gerundete Durchmesser d, wenn die zulässige Torsionsspannung $\tau_{t\,zul} = 25$ N/mm² beträgt.

9.163

Der Antriebszapfen einer Getriebewelle aus S275JR hat einen Durchmesser $d = 50$ mm und eine Passfedernut mit der Tiefe $t = 5{,}5$ mm. Zu ermitteln sind:

1. Der um die Nuttiefe verringerte Durchmesser d_t,
2. Das Widerstandsmoment W_t gegen Torsion,
3. Das höchstens zulässige Drehmoment M = Torsionsmoment T bei wechselnder Drehrichtung,
4. Welche Leistung P darf diese Welle bei $n = 1460$ min^{-1} und Drehrichtungswechsel übertragen?

9.164

Welchen Innendurchmesser d_i muss eine Hohlwelle mit dem Außendurchmesser $d_a = 780$ mm haben, wenn ihr Widerstandsmoment gegen Torsion ebenso groß sein soll wie das einer Vollwelle mit $d = 600$ mm Durchmesser?

9.165

Für eine glatte Vollwelle aus E335 mit 50 mm Durchmesser ist das zulässige, schwellend wirkende Torsionsmoment zu errechnen. Außerdem sind für dieses Moment die erforderlichen Durchmesser einer Hohlwelle aus gleichem Werkstoff mit einem Durchmesserverhältnis $d_a/d_i = 2$ zu ermitteln.

9.166

Welche Leistung kann eine Welle mit 4 mm Durchmesser bei einer Drehzahl von 1000 min^{-1} übertragen, wenn die zulässige Torsionsspannung 20 N/mm^2 beträgt? Welchen Innendurchmesser dürfte theoretisch eine Hohlwelle mit 5 mm Außendurchmesser unter gleichen Bedingungen haben?

9.167

Eine Hohlwelle mit 50 mm Außen- und 30 mm Innendurchmesser überträgt ein Drehmoment von 600 Nm. Es ist die Torsionsspannung zu errechnen und festzustellen, um wie viel % diese Hohlwelle leichter ist als eine Vollwelle mit gleich großem Widerstandsmoment gegen Torsion.

9.168

Ein Stahlrohr mit 20 mm Außendurchmesser und 2 mm Wanddicke überträgt ein Drehmoment von 80 Nm. Die Torsionsspannung τ_t an der Rohraußenwand und die Schubspannung τ an der Rohrinnenwand sind zu errechnen.

9.169

Welcher Stahlwerkstoff nach DIN EN 10025 ist für eine Vollwelle erforderlich, die einen kleinsten Durchmesser von 75 mm haben soll und ein Torsionsmoment von 7 kNm zu übertragen hat, wenn eine Sicherheit gegen Fließen von 1,8 verlangt wird?

9.170

Wie groß ist die Torsionsspannung in dem skizzierten Querschnitt A einer Getriebewelle nach Bild 9.170, wenn die angegebene Zahnkraft mit leichten Stößen auftritt, die durch einen Betriebsfaktor $K_I = 1{,}5$ zu berücksichtigen sind?

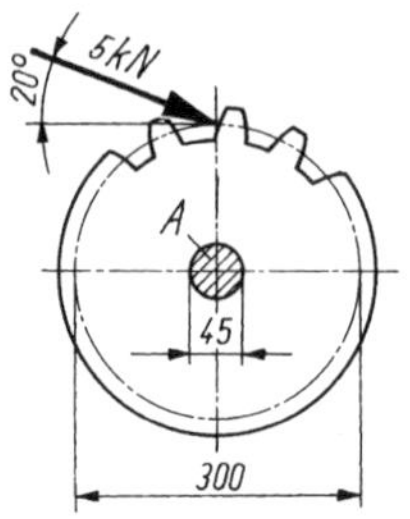

Bild 9.170 Zahnrad auf einer Getriebewelle

Nichtkreisförmige Querschnitte

9.171

Für den Wangenquerschnitt A der in Bild 9.171 skizzierten Kurbelwelle sind zu errechnen:

1. Das Torsionsmoment T,
2. Das Drillwiderstandsmoment W_t,
3. Die größte Torsionsspannung τ_t.

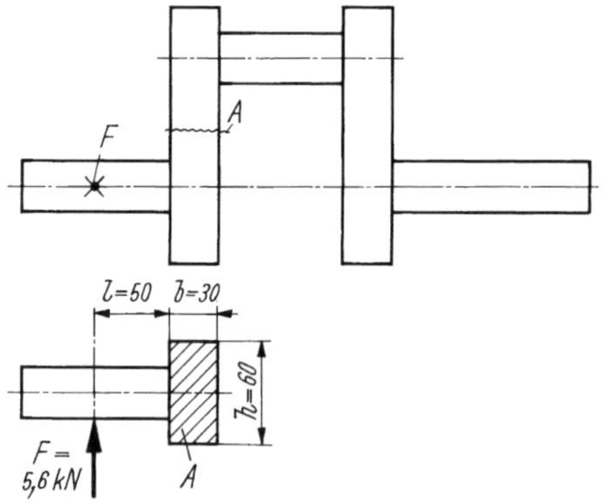

Bild 9.171 Kurbelwelle

9.172

Bild 9.172 zeigt einen dünnwandigen Hohlquerschnitt, für den zu ermitteln sind:

1. Der Inhalt A_m der von der mittleren Umrisslinie begrenzten Fläche,
2. Das Drillwiderstandsmoment W_t,
3. Das zulässige Torsionsmoment T bei einer zulässigen Torsionsspannung von 25 N/mm^2.

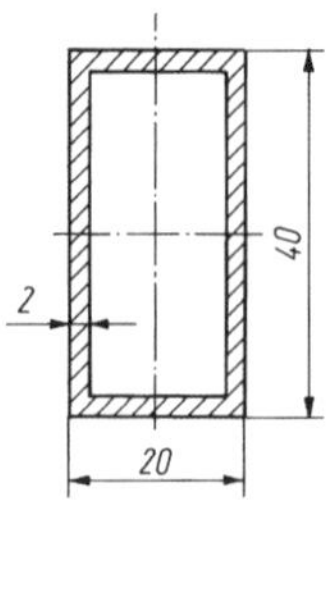

Bild 9.172 Hohlquerschnitt

9.173

Eine quadratische Querschnittsfläche mit $A = 6{,}25\ \mathrm{cm}^2$ Flächeninhalt überträgt ein schwellendes Torsionsmoment $T = 400\ \mathrm{Nm}$. Wird dabei die zulässige Torsionsspannung für den Stahlwerkstoff E295 überschritten?

9.174

Eine Blattfeder mit Rechteckquerschnitt soll ein Drehmoment von 30 Nm aufnehmen. Welche auf volle mm gerundeten Querschnittsmaße b und h sind zu wählen, wenn das Seitenverhältnis $h/b = 3$ betragen soll und eine Torsionsspannung von $300\ \mathrm{N/mm}^2$ zulässig ist?

Verdrehwinkel, Formänderungsarbeit

9.175

Für die in Bild 9.175 dargestellte Drehstabfeder aus Stahl beträgt die zulässige Torsionsspannung $\tau_{\mathrm{t\,zul}} = 600\ \mathrm{N/mm}^2$. Bei einem Federdrehmoment von 100 Nm soll ein Verdrehwinkel $\alpha = 20°$ erreicht sein.

1. Welchen Durchmesser d und welche Schaftlänge l muss die Feder erhalten (Übergangsrundungen vernachlässigen, Maße auf volle mm runden)?
2. Wie groß ist die Formänderungsarbeit W?

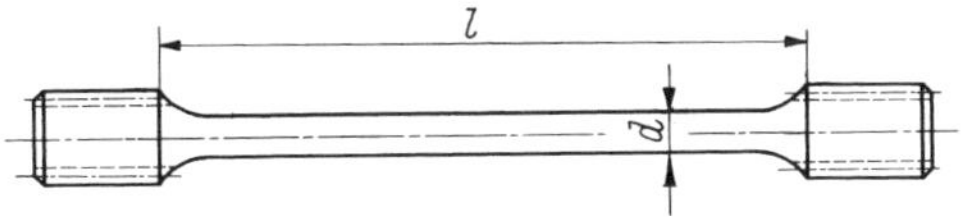

Bild 9.175 Drehstabfeder

9.176

Die Fahrwerkswelle (Werkstoff E295) einer Kranlaufkatze hat die Länge $l = 1{,}5\ \mathrm{m}$ und einen Durchmesser $d = 50\ \mathrm{mm}$. Unter Last ist ein maximales Drehmoment von 200 Nm zu übertragen. Wird dabei der zulässige spezifische Verdrehwinkel $\alpha'_{\mathrm{zul}} = 0{,}25°/\mathrm{m}$ überschritten?

9.177

Bild 9.177 zeigt einen einfachen Drehmomentschlüssel aus Stahl zur Messung des Anzugsdrehmoments bei Schraubenverbindungen. Für ein größtes Drehmoment von 12 Nm sind zu errechnen:

1. Der Verdrehwinkel α,
2. Die Formänderungsarbeit W,
3. Die Torsionsspannung τ_t,
4. Die auf jeder Knebelseite erforderliche Handkraft F_H.

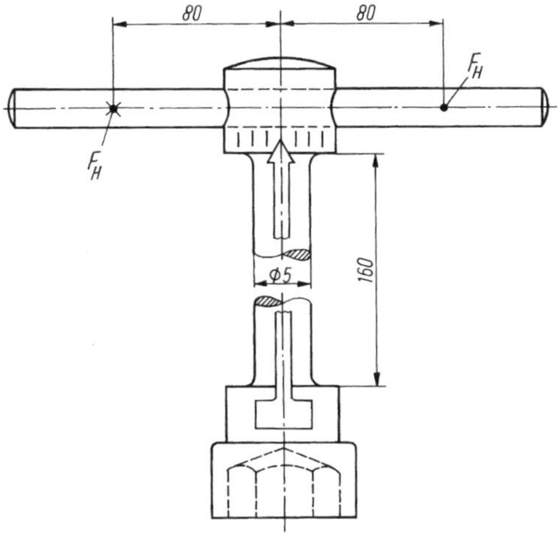

Bild 9.177 Einfacher Drehmomentschlüssel

9.178

Die in Bild 9.178 skizzierte abgestufte Zwischenwelle aus E335 eines Getriebes hat bei der Drehzahl $500\ \mathrm{min}^{-1}$ eine Leistung von 32 kW zu übertragen. Gesucht sind:

1. Das auf der Länge l wirkende Torsionsmoment T,
2. Der Verdrehwinkel α auf dieser Länge,
3. Der spezifische Verdrehwinkel α'.

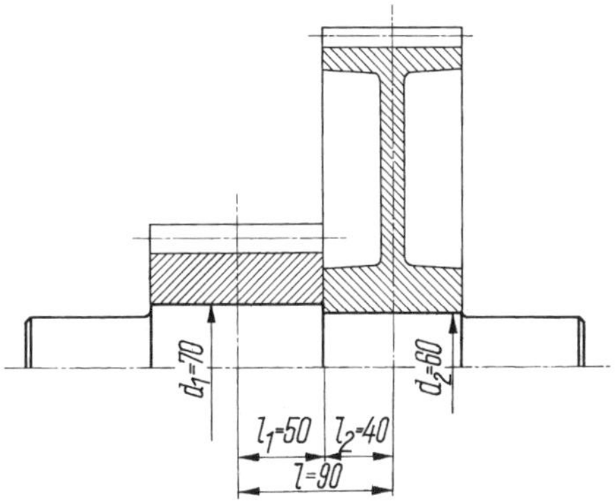

Bild 9.178 Zwischenwelle eines Getriebes

Zusammengesetzte Beanspruchung

Biegung mit Zug oder Druck

9.179

Der geschweißte Halter in Bild 9.179 aus Flachstahl (Werkstoff S235JR) mit der Breite $b = 10\ \mathrm{mm}$ und der Dicke $s = 4\ \mathrm{mm}$ hat eine

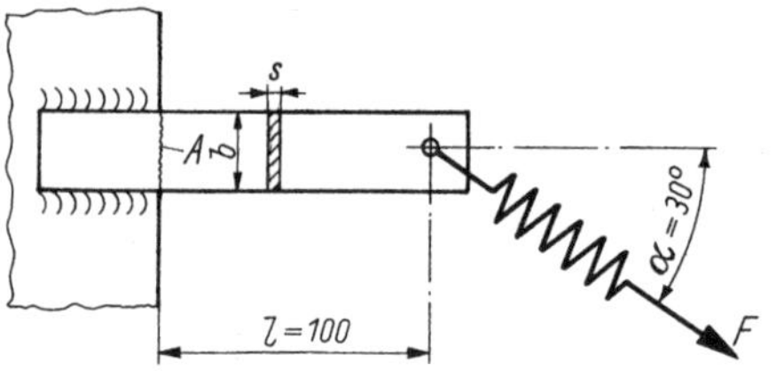

Bild 9.179 Geschweißter Halter für eine Zugfeder

schwellend wirkende Federkraft aufzunehmen, die einen oberen Nennbetrag $F_N = 120$ N erreicht. Mögliche leichte Stöße sind durch einen Betriebsfaktor $K_I = 1{,}5$ zu berücksichtigen. Es sind zu ermitteln:

1. Die Höchstkraft F und ihre Komponenten F_x und F_y,
2. Die Zugspannung σ_z und die Biegespannung σ_b,
3. Die größte resultierende Randspannung σ_{max}.
4. Ist eine ausreichende Sicherheit S_F gegen Fließen vorhanden?

9.180

Bild 9.180 zeigt einen Rohrkrümmer, der durch eine Kraft $F = 8$ kN belastet wird. Für den Querschnitt A mit 40 mm Außendurchmesser und 5 mm Wanddicke sind zu errechnen:

1. Die Druckspannung σ_d und die Biegespannung σ_b,
2. Die größte resultierende Normalspannung σ_{max}.

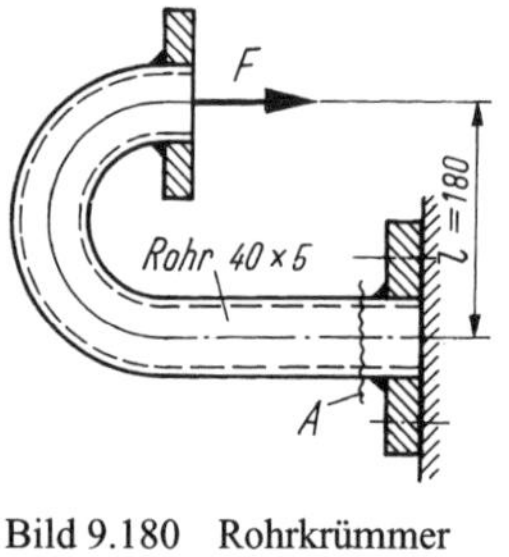

Bild 9.180 Rohrkrümmer

9.181

Welche größte Normalspannung tritt in der gekröpften Flachstahlschiene (Bild 9.181) mit den Querschnittsmaßen 30 mm × 10 mm auf, wenn die Kraft $F = 400$ N und die Längen $l_1 = l_2 = 20$ mm betragen?

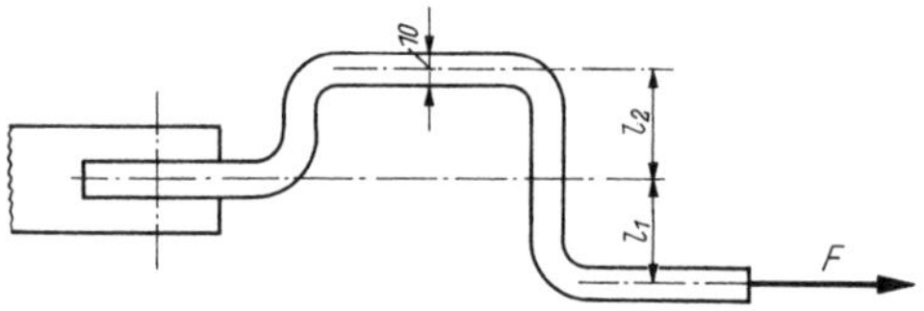

Bild 9.181 Gekröpfter Flachstahl

9.182

In Bild 9.182 ist eine einseitig eingespannte haarnadelförmig gebogene Blattfeder mit den Querschnittsmaßen 10 mm × 1 mm skizziert. Auf die Feder wirkt eine Kraft $F = 10$ N. Welche größten Normalspannungen treten in den Querschnitten 1 und 2 auf?

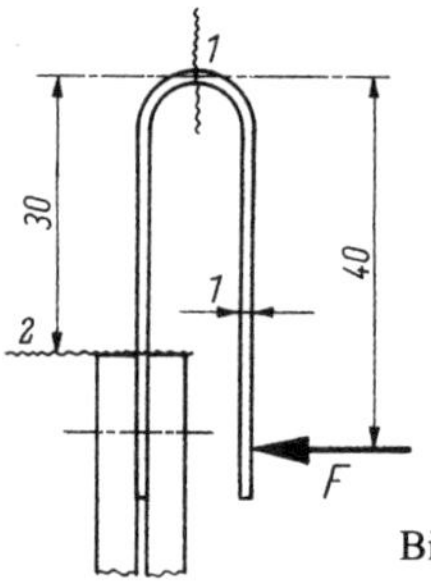

Bild 9.182 Gebogene Blattfeder

9.183

Bild 9.183 zeigt eine aus zwei Stahlrohren 30 × 5 und einem Flachstahl 40 × 10 bestehende Schweißkonstruktion. Es wirkt eine Kraft $F = 3{,}9$ kN. Gesucht sind die in den Querschnitten 1, 2 und 3 auftretenden Normalspannungen.

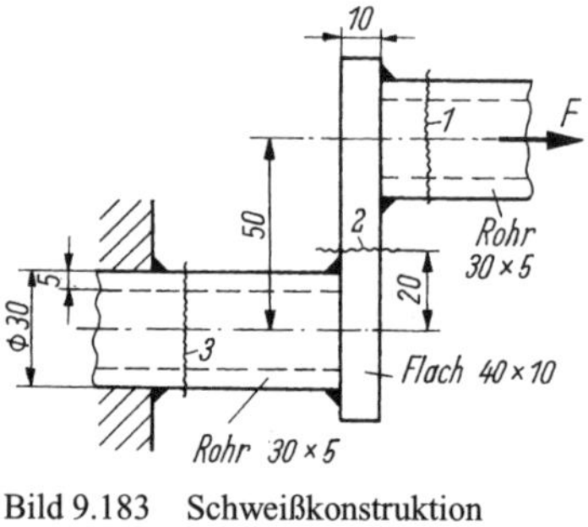

Bild 9.183 Schweißkonstruktion

9.184

An dem in Bild 9.184 skizzierten Ausleger greift eine Kraft $F = 4$ kN an. Es sind zu ermitteln:

1. Die Komponenten F_x und F_y der Kraft F,
2. Das resultierende Biegemoment M_b im Querschnitt A,
3. Die Biegespannung σ_b und die Druckspannung σ_d.
4. Wird im Querschnitt A die zulässige Normalspannung von 80 N/mm² überschritten?

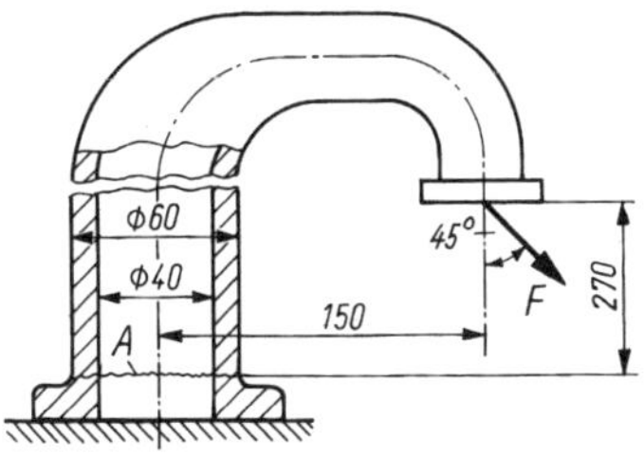

Bild 9.184 Ausleger mit Kreisringquerschnitt

9.185

Der gekröpfte Flügel eines Gebläserades (Bild 9.185) wiegt $m = 0{,}5$ kg (vom gefährdeten Querschnitt A an gerechnet). Das Gebläse läuft mit einer größten Drehzahl $n = 1200\ \text{min}^{-1}$. Die Flügel sind aus $s = 5$ mm dickem Stahlblech S235JR hergestellt mit den Abmessungen $a = 10$ mm, $b = 50$ mm, $c = 200$ mm und $r_A = 100$ mm. Es sind gesucht:

1. Die im Flügelschwerpunkt S_0 angreifende Fliehkraft F_z,
2. Die infolge der Fliehkraft im Querschnitt A auftretende größte Normalspannung σ_{max},
3. Die Sicherheit gegen S_F Fließen im Querschnitt A.

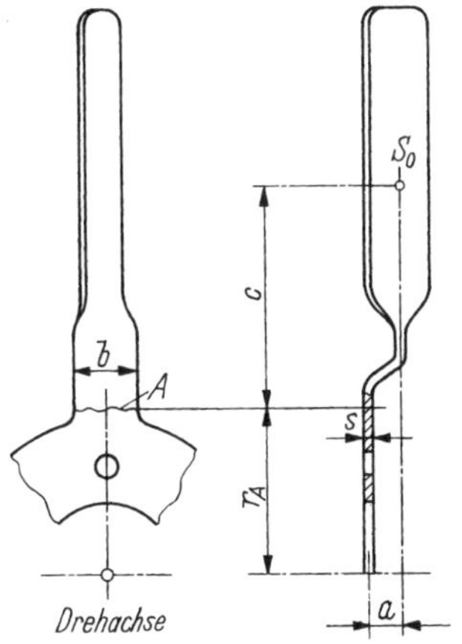

Bild 9.185 Gebläseflügel

9.186

Der in Bild 9.186 skizzierte Winkelhebel hat die Kraft $F_1 = 15$ kN zu übertragen und befindet sich mit der Kraft F_2 im Gleichgewicht. Die zulässige Spannung beträgt 60 N/mm². Es sind zu errechnen:

1. Die unter 35° wirkende Hebelkraft F_2,
2. Die erforderliche Dicke s, wenn beide Hebelarme gleich dick ausgeführt werden sollen.

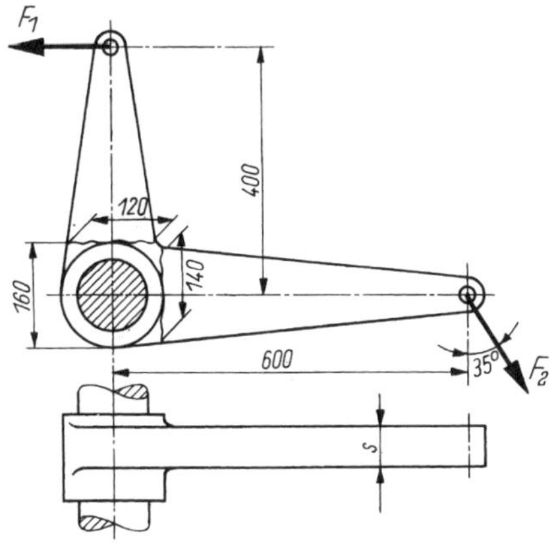

Bild 9.186 Winkelhebel

9.187

An dem in Bild 9.187 skizzierten Steuerhebel greift die Kraft $F_2 = 36$ N unter dem Winkel $\alpha = 45°$ an. Der Hebel ist aus $s = 1$ mm dickem Stahlblech mit der Streckgrenze $R_e = 210$ N/mm² gefertigt und hat in den angegebenen Querschnitten 1 bis 3 die Höhe $h = 5$ mm. Die Längen betragen $L_1 = 36$ mm, $L_2 = 10$ mm, $L_3 = 18$ mm, $l_1 = 14{,}5$ mm, $l_2 = 6{,}5$ mm und $l_3 = 7$ mm. Zu ermitteln sind:

1. Die Kraft F_1 für den Gleichgewichtszustand,
2. Die Biegespannung σ_{b1} im Querschnitt 1,
3. Die Zugspannung σ_{z2}, die Biegespannung σ_{b2} und die größte resultierende Normalspannung σ_2 im Querschnitt 2,
4. Die größte resultierende Normalspannung σ_3 im Querschnitt 3.
5. Sind die Spannungen in allen drei Querschnitten für schwellende Belastung zulässig?

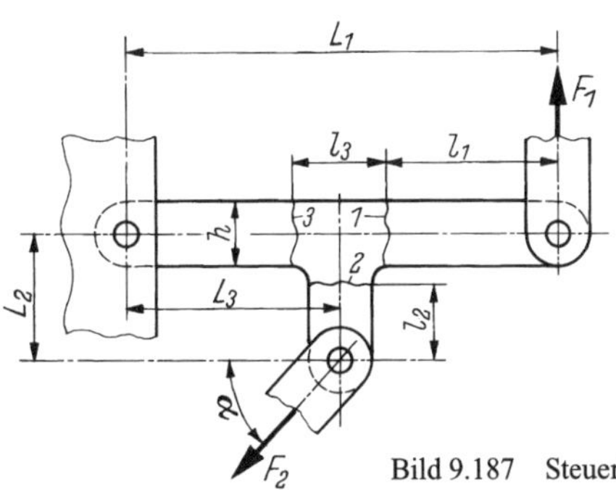

Bild 9.187 Steuerhebel

9.188

Bild 9.188 zeigt einen offenen Rohrschraubstock, dessen Bügel aus Temperguss EN-GJMW-400-5 ($R_m = 400$ N/mm²) hergestellt ist.

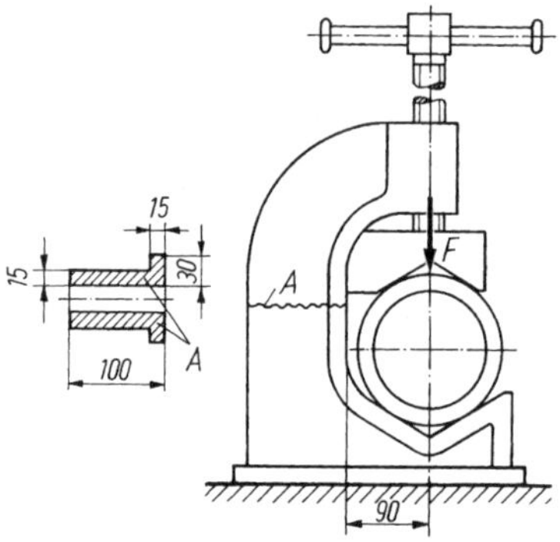

Bild 9.188 Rohrschraubstock

Im gefährdeten Querschnitt A soll die Bruchsicherheit mindestens den üblichen mittleren Erfahrungswert aufweisen. Es sind zu ermitteln:

1. Der Betrag der Querschnittsfläche A, ihr Flächenmoment 2. Grades I und ihr Widerstandsmoment W_{bz} gegen Biegung.
2. Für welche maximale Spindelkraft F ist der Schraubstock geeignet?

9.189

Die Flachstähle aus E 295 zur Aufnahme eines Spannhebels in Bild 9.189 haben eine größte schwellende Kraft $F = 5$ kN zu übertragen. Wird dabei im gefährdeten Querschnitt A die zulässige Spannung überschritten?

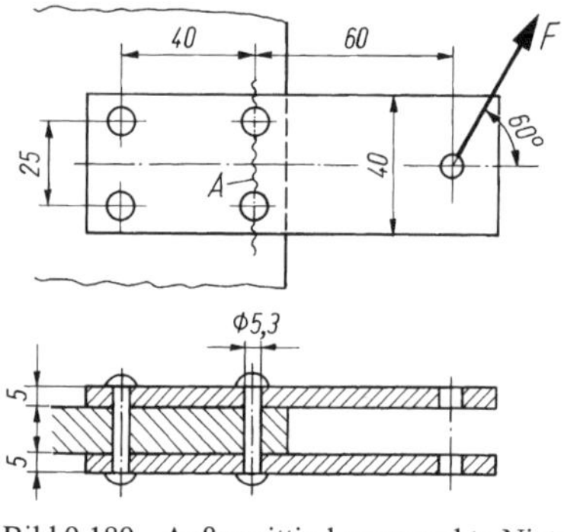

Bild 9.189 Außermittig beanspruchte Nietverbindung

9.190

In einer Vorrichtung sollen zwei Seilrollen entsprechend Bild 9.190 in einem U-Profil DIN 1026 – U 50 – S275JR gelagert werden, das an einer Stütze mittels Schrauben befestigt ist. Die ruhend wirkende Seilkraft beträgt $F_S = 2$ kN. Zu ermitteln sind:

1. Die auf eine Seilrolle wirkende resultierende Seilkraft F_r,

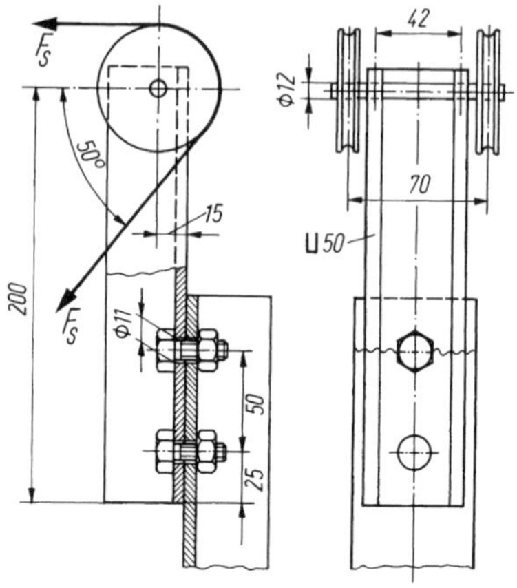

Bild 9.190 Seilrollenanordnung in einer Vorrichtung

2. Die größte Biegespannung $\sigma_{b\,max}$ in der Seilrollenachse aus E295,
3. Die größte resultierende Spannung σ_{max} im gefährdeten Querschnitt A des U-Profils.
4. Werden in der Rollenachse und im U-Profil die zulässigen Spannungen überschritten?
5. Welche Baustahlsorten sind ggf. für die Achse und für das U-Profil zu wählen?

Biegung mit Verdrehung

9.191

Ein Vollwellenquerschnitt mit dem Durchmesser $d = 200$ mm wird durch ein Biegemoment $M_b = 40$ kNm (Wechselbiegung) und ein schwellend wirkendes Torsionsmoment $T = 16$ kNm beansprucht. Für die rechnerische Kontrolle dieses Querschnitts auf zusammengesetzte Beanspruchung mit einer zulässigen Biegespannung $\sigma_{b\,zul} = 60$ N/mm^2 sind zu ermitteln:

1. Die Biegespannung σ_b,
2. Die Torsionsspannung τ_t,
3. Ist die Vergleichsspannung σ_v zulässig?

9.192

Der Antriebszapfen einer Vollwelle wird im gefährdeten Querschnitt durch ein Biegemoment von 80 Nm und ein Torsionsmoment von 18 Nm beansprucht. Die zulässige Biegespannung beträgt 70 N/mm^2 und die zulässige Torsionsspannung 50 N/mm^2. Gesucht sind:

1. Das Anstrengungsverhältnis α_0,
2. Das Vergleichsmoment M_v,
3. Der mindestens erforderliche Querschnittsdurchmesser d_{erf}.

9.193

An dem in Bild 9.193 skizzierten Kurbelzapfen greift am Radius $R = 400$ mm im Abstand $l = 200$ mm von der Querschnittsfläche A eine wechselnde Tangentialkraft $F_t = 300$ N an, wodurch der Wellenquerschnitt auf Biegung und Verdrehung beansprucht wird. Welcher auf volle mm gerundete Durchmesser d ist erforderlich, wenn die zulässige Biegespannung 50 N/mm^2 beträgt?

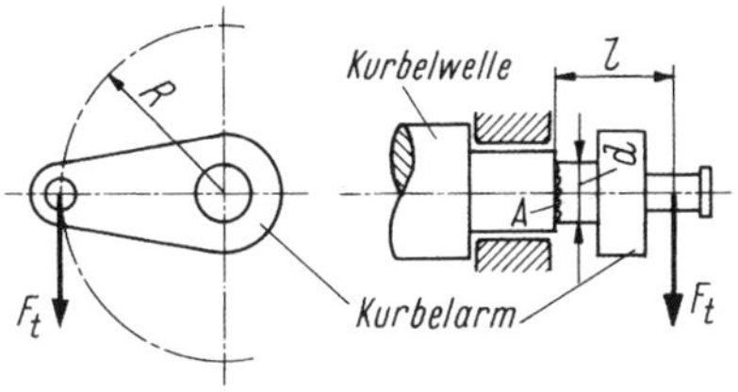

Bild 9.193 Kurbelzapfen einer Kurbelwelle

9.194

Der Querschnitt A an der Lagerstelle der in Bild 9.194 skizzierten Triebwerkswelle aus S275JR mit außen aufgesetzter Riemenscheibe soll auf zusammengesetzte Beanspruchung nachgerechnet werden. Die lotrecht nach unten gerichtete resultierende Riemenzugkraft beträgt $F = 5{,}7$ kN. Die Riemenscheibe wiegt 80 kg. Ist die Vergleichsspannung im Querschnitt A zulässig, wenn ein gleichbleibend wirkendes Drehmoment von 975 Nm übertragen wird?

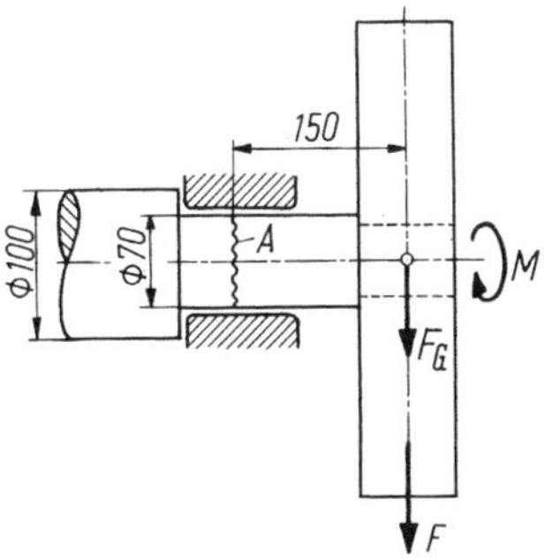

Bild 9.194 Welle mit Riemenscheibe

9.195

Das Rohr in Bild 9.195 mit 12 mm Außendurchmesser und 2 mm Wanddicke wird durch eine ruhende Kraft $F = 100$ N belastet. Die in den Querschnitten 1 und 2 auftretenden Spannungen sind zu errechnen und erforderlichenfalls zur resultierenden bzw. zur Vergleichsspannung zusammenzufassen.

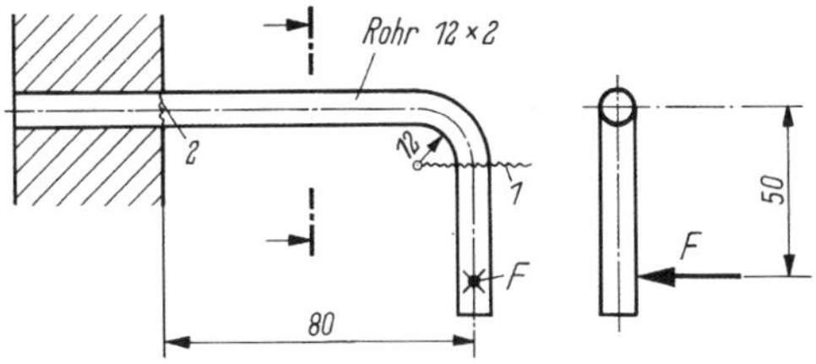

Bild 9.195 Gebogenes Rohr

9.196

In Bild 9.196 ist ein Riemenvorgelege schematisch dargestellt. Die Riemenscheibendurchmesser betragen $D_2 = 400$ mm und $D_3 = 160$ mm. Wie groß sind die Vergleichsmomente in den Querschnitten 1, 2 und 3 bei schwellend wirkendem Drehmoment?

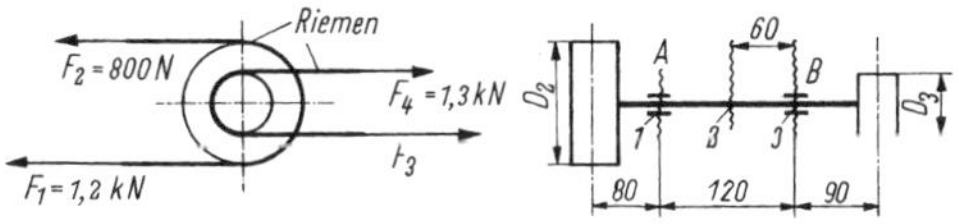

Bild 9.196 Riemenvorgelege

9.197

An einem Kegelrad (Bild 9.197) wirken die Tangentialkraft $F_t = 6$ kN, die Axialkraft $F_a = 2$ kN und die Radialkraft $F_r = 1$ kN. Die Abmessungen betragen $d_m = 120$ mm, $l = 40$ mm und $d = 50$ mm. Für den Querschnitt A sind zu errechnen:

1. Die Druckspannung σ_d,
2. Die Biegespannung σ_b,
3. Die Oberspannung σ_o,
4. Die Torsionsspannung τ_t,
5. Die Vergleichsoberspannung σ_{vo} mit einem Ruhegrad $R = 0{,}5$ und schwellender Torsion.

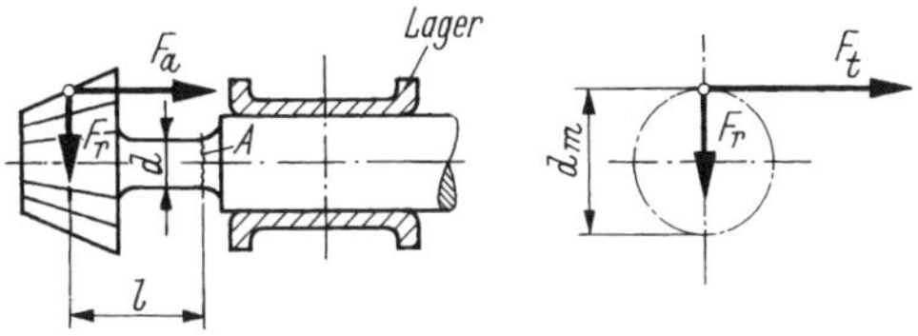

Bild 9.197 Kegelradwelle

9.198

An der in Bild 9.198 skizzierten Schneckenwelle wirken die Tangentialkraft $F_t = 1{,}5$ kN (senkrecht zur Bildebene), die Axialkraft $F_a = 4$ kN

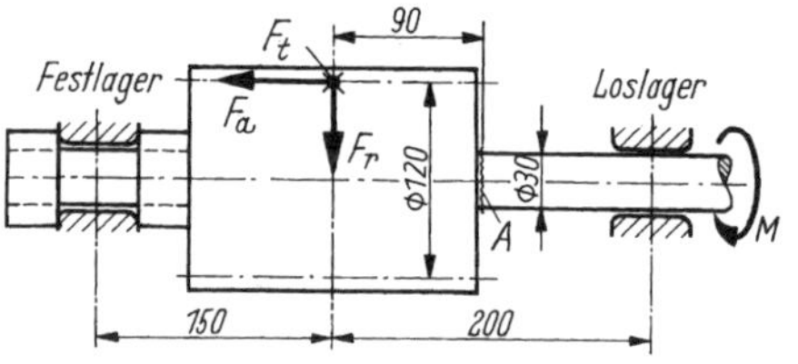

Bild 9.198 Schneckenwelle

und die Radialkraft $F_r = 400$ N. Welchen Betrag hat die Vergleichsspannung im Querschnitt A, wenn das Anstrengungsverhältnis $\alpha_0 = 0{,}7$ zu setzen ist?

9.199

Die in Bild 9.199 skizzierte Zwischenwelle aus E335 mit den Zahnrädern 2 und 3 eines Stirnrädergetriebes hat bei der Drehzahl $n = 600\ \text{min}^{-1}$ eine schwellende Leistung mit dem Größtwert $P = 20$ kW zu übertragen. Dabei werden an den Rädern die Tangentialkräfte F_{t2} und F_{t3} sowie die Radialkräfte $F_{r2} = 0{,}36F_{t2}$ und $F_{r3} = 0{,}36F_{t3}$ hervorgerufen. Es betragen die Teilkreisdurchmesser $d_2 = 200$ mm und $d_3 = 80$ mm, die Längen $l = 100$ mm, $l_1 = 80$ mm, $l_2 = 60$ mm und $l_3 = 70$ mm. Mit dem Vergleichsmoment M_v ist für den Wellenquerschnitt zwischen den Zahnrädern der erforderliche Durchmesser d überschläglich zu errechnen und auf einen ganzzahligen Wert mit der Endziffer Null zu runden.

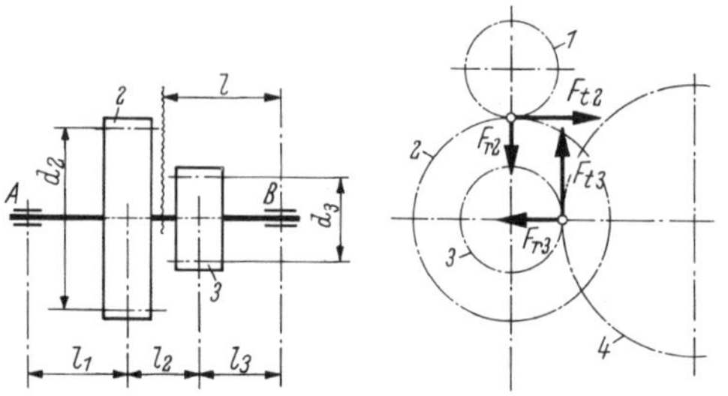

Bild 9.199 Getriebewelle mit Zahnrädern

9.200

Für die Querschnitte 1, 2 und 3 der in Bild 9.124 dargestellten Getriebewelle aus Vergütungsstahl C45E mit den Durchmessern $d_1 = d_3 = 30$ mm und $d_2 = 45$ mm sind die Vergleichsoberspannungen auf Zulässigkeit zu überprüfen, und zwar unter Verwendung der Ergebnisse zur Aufgabe 9.124 und unter der Voraussetzung, dass eine konstante Leistung zu übertragen ist.

Gestaltfestigkeit

Zug- und druckbeanspruchte Bauteile

9.201

Bild 9.201 zeigt einen Flachstahlstab aus S235 mit der Breite $b = 30$ mm, der Dicke $s = 8$ mm und $d = 10$ mm Bohrungsdurchmesser. Die Bohrung ist geschruppt. Es wirkt eine wechselnde Nennkraft $F_N = 6$ kN. Wegen möglicher Stöße ist mit einem Betriebsfaktor $K_I = 1{,}6$ zu rechnen, Häufigkeit der Höchstkraft $H = 75\%$. Für den gefährdeten Querschnitt A sind zu ermitteln:

1. Die Oberspannung σ_o,
2. Die Kerbwirkungszahl β_k,
3. Die Gestalt-Ausschlagsfestigkeit σ_{AG}.
4. Ist die Sicherheit S_D gegen Dauerbruch ausreichend?
5. Wie groß ist die Sicherheit gegen Dauerbruch im ungekerbten Querschnitt des Flachstahls mit gewalzter Oberfläche?
6. Welche Dicke müsste der Flachstahl mindestens haben, um bei geschlichteter Bohrung ($R_z = 16\ \mu$m) im gefährdeten Querschnitt eine ausreichende Sicherheit gegen Dauerbruch zu besitzen?

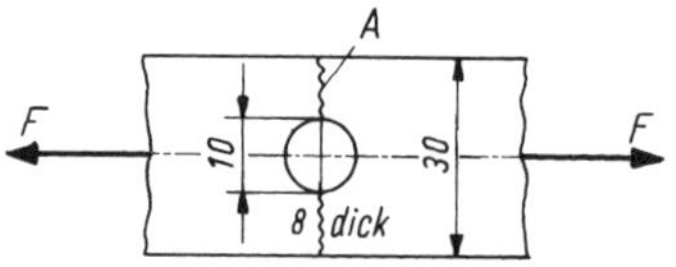

Bild 9.201 Flachstahl mit Bohrung

9.202

Der Rundstab aus Vergütungsstahl 34CrMo4 nach Bild 9.202 wird durch eine stoßfrei wirkende Kraft belastet, die zwischen 200 kN und 120 kN schwankt. Für den angegebenen Querschnitt A sind gesucht:

1. Die Kerbwirkungszahl β_k,
2. Die Gestalt-Ausschlagsfestigkeit σ_{AG},
3. Die Sicherheit S_D gegen Dauerbruch und ggf. die Sicherheit S_F gegen Fließen.
4. Wie groß sind S_D und ggf. S_F in den bohrungsfreien Querschnitten dieses Rundstabes?

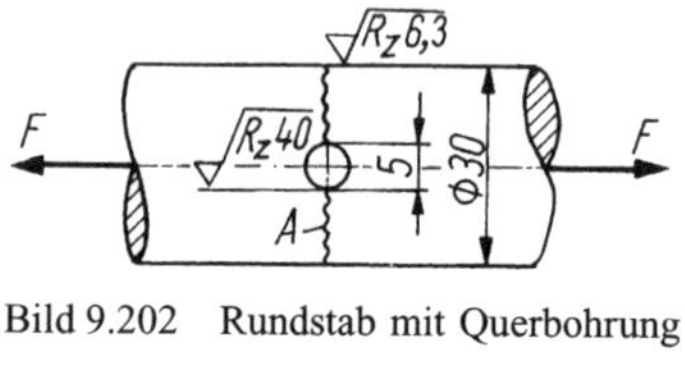

Bild 9.202 Rundstab mit Querbohrung

9.203

In Bild 9.203 ist der gefährdete Querschnitt A eines Zugbolzens aus E295 angegeben. Für eine Häufigkeit der Höchstlast von 100% und einen Ruhegrad von 0,75 sind zu ermitteln:

1. Die zulässige Nenn-Oberkraft F_{oN} unter Berücksichtigung eines Betriebsfaktors $K_I = 2{,}5$,
2. Die Gestalt-Ausschlagsfestigkeit σ_{AG}.
3. Ist die Sicherheit S_D gegen Dauerbruch ausreichend?

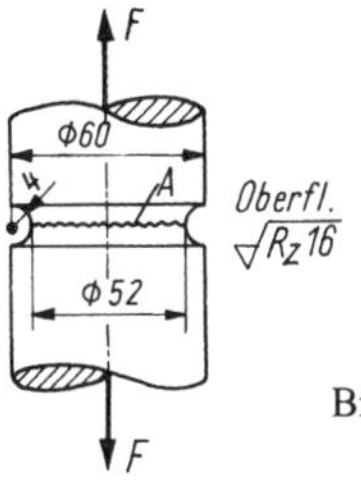

Bild 9.203 Schaft eines Zugbolzens mit Ringrille

9.204

Ein Zugstab aus Vergütungsstahl 42CrMo4 mit Gewindezapfen (Bild 9.204) wird im Kerbquerschnitt A_1 mit einer Nennspannung $\sigma_1 = 100\ \text{N/mm}^2$ beansprucht.

1. Wie hoch ist die Kerbspannung σ_k in diesem Querschnitt?
2. Wie groß ist die Kerbwirkungszahl β_k?
3. Welche Spannung σ_2 tritt im Querschnitt A_2 auf, wenn die Kraft F wegen der Vorspannkraft im Gewinde nur 50% der im Querschnitt A_1 wirkenden Kraft beträgt?

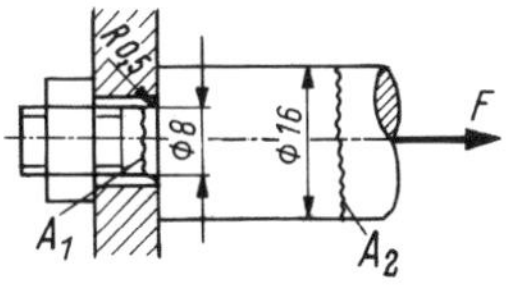

Bild 9.204 Gewindezapfen an einem Zugstab

9.205

Die in Bild 9.205 skizzierte Schraubenverbindung wird mittels Drehmomentschlüssel auf eine Vorspannkraft $F_V = 40$ kN angezogen. Während des Betriebes wirkt am Bolzenschaft eine größte schwellende Kraft $F = 16$ kN, die mit einer Häufigkeit von 100% auftritt und die Scheibe gegen den festen Anschlag drückt. Für den gefährdeten Querschnitt A des Bolzens aus Vergütungsstahl 51CrV4 ($R_{p0,2} = 800\ \text{N/mm}^2$) sind zu ermitteln:

1. Die Oberkraft F_o, die Unterkraft F_u, die Mittelkraft F_m und der Ruhegrad R,
2. Die Kerbwirkungszahl β_k und die Gestalt-Ausschlagsfestigkeit σ_{AG}.
3. Ist die Beanspruchung dieses Querschnitts zulässig?

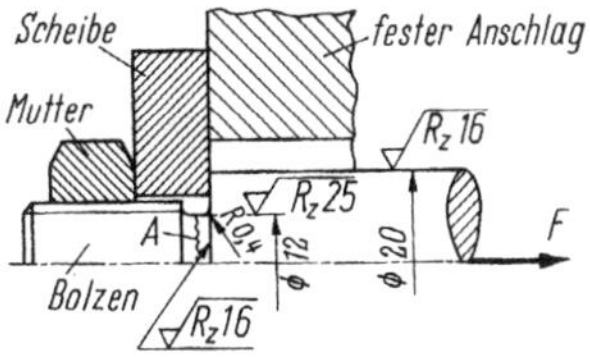

Bild 9.205 Schraubenverbindung an einem Bolzen

9.206

Bild 9.206 zeigt den Nocken an der Bremsbacke aus EN-GJL-150 einer Fliehkraftkupplung. Die Federkraft schwingt zwischen 500 N und 1200 N. Wegen der Federkrafttoleranzen ist die Nennoberkraft um einen Zuschlag von 12,5% zu erhöhen. Ist die Sicherheit gegen Dauerbruch im gefährdeten Querschnitt A ausreichend, wenn die Größtkraft mit 100% Häufigkeit auftritt?

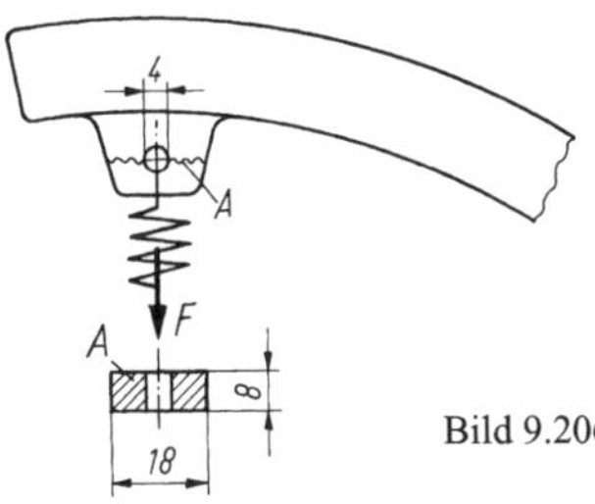

Bild 9.206 Nocken an einer Bremsbacke

9.207

Die Belastungskraft des in Bild 9.207 skizzierten Kettengliedes schwankt zwischen 1000 N und 2250 N bei 100% Häufigkeit der Höchstkraft. Wegen der auftretenden Stöße ist mit einem Betriebsfaktor von 1,6 zu rechnen. Die Sicherheiten gegen Dauerbruch und gegen Fließen im Querschnitt A der Laschen aus Vergütungsstahl C60 sind zu überprüfen.

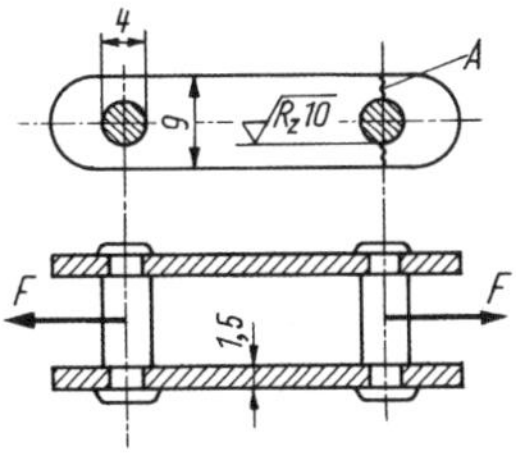

Bild 9.207 Kettenglied

9.208

Zur Aufnahme einer Zugfeder ist eine Lasche aus Flachstahl DIN 1016 – S235 – 20 × 3 entsprechend Bild 9.208 mit geschruppten Bohrungen an einen Maschinenrahmen genietet. Die Federkraft schwingt zwischen 1,8 kN und 0,4 kN. Wegen der Federkrafttoleranzen ist die mit 100% Häufigkeit auftretende Oberkraft um 10% zu erhöhen. Sind die Sicherheiten gegen Dauerbruch und gegen Fließen in den Querschnitten 1 und 2 ausreichend?

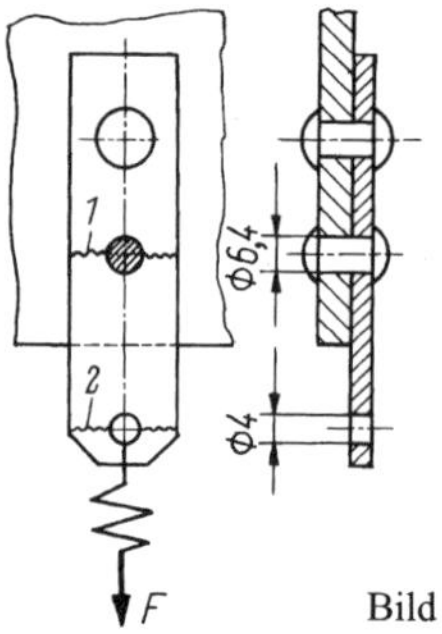

Bild 9.208 Genietete Lasche

9.209

Auf den Zugbolzen aus E335 nach Bild 9.209 wirkt über einen Sicherungsring die zwischen 3,6 kN und 1,2 kN schwingende Kraft einer Druckfeder, Betriebsfaktor 1,2, Häufigkeit der Höchstkraft 100%. Sind die Oberspannung und der Spannungsausschlag im gefährdeten Querschnitt an der geschruppten, scharfkantigen Ringrille (Kerbformzahl $\alpha_k = 5$) zulässig?

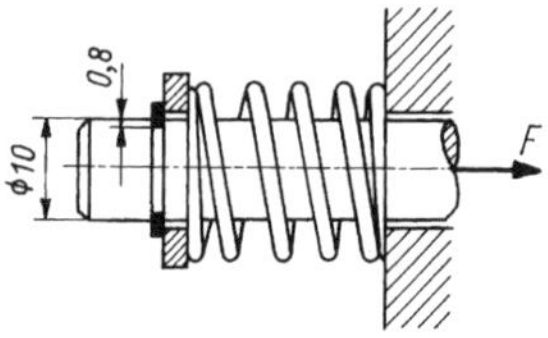

Bild 9.209 Federnd abgestützter Zugbolzen

9.210

Ein Zugstab aus Vergütungsstahl 30CrNiMo8 mit Gewinde M 64, feingeschlichteten Gewindeflanken und 0,87 mm Radius am Gewindegrund hat bei einer Vorspannkraft von 800 kN eine Größtkraft von 1200 kN zu übertragen, die mit einer Häufigkeit von 75% auftritt.

1. Ist die Sicherheit gegen Dauerbruch im Gewindekernquerschnitt ausreichend?
2. Genügt die Sicherheit gegen Fließen im Spannungsquerschnitt des Gewindes?

9.211

Die in Bild 9.211 skizzierte Kreuzkopfnabe aus EN-GJL-250 wird mit der Nennkraft $F_N = -37{,}5 \pm 40$ kN belastet. Die Höchstkraft tritt mit 75% Häufigkeit auf, Betriebsfaktor 1,4. Zwecks Nachprüfung des gefährdeten Querschnitts A auf Gestaltfestigkeit sind zu ermitteln:

1. Die Oberkraft F_o, die Unterkraft F_u, die Mittelkraft F_m, der Kraftausschlag F_a und der Ruhegrad R,
2. Die Kerbwirkungszahl β_k und die Gestalt-Ausschlagsfestigkeit σ_{AG}.
3. Ist die Sicherheit S_D gegen Dauerbruch ausreichend?

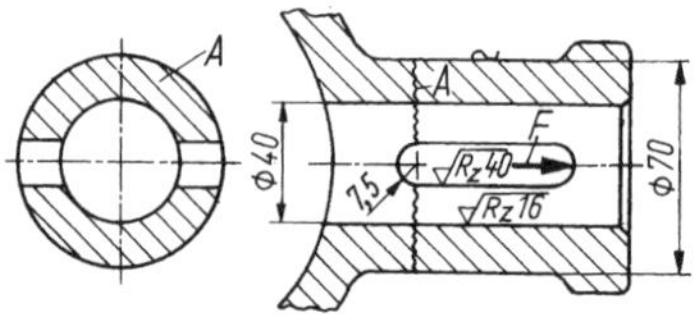

Bild 9.211 Kreuzkopfnabe

9.212

Die an der Nabe eines Kreuzkopfes befestigte Kolbenstange (Bild 9.212) aus E295 wird im Querschnitt A_1 wechselnd mit einer Zugkraft von 15,7 kN und einer Druckkraft von 42 kN belastet, während der durch das Keilloch geschwächte Querschnitt A_2 infolge der Keilanzugskraft eine zwischen 11 kN und 53 kN schwellende Zugkraft zu übertragen hat. Sind beide Querschnitte ausreichend auf Gestaltfestigkeit bemessen?

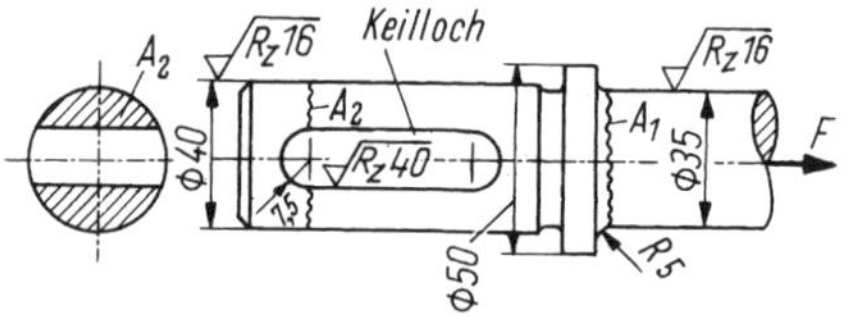

Bild 9.212 Kolbenstangenende

Biegebeanspruchte Bauteile

9.213

Im Querschnitt A der Welle aus S275 mit Querbohrung nach Bild 9.213 wirkt ein größtes wechselndes Biegemoment $M_b = 443$ Nm. Die Durchmesser betragen $d = 50$ mm und $d_1 = 5$ mm. Gesucht sind:

1. Das kleinste axiale Flächenmoment 2. Grades I der Querschnittsfläche A,
2. Die größte Biegespannung σ_b,

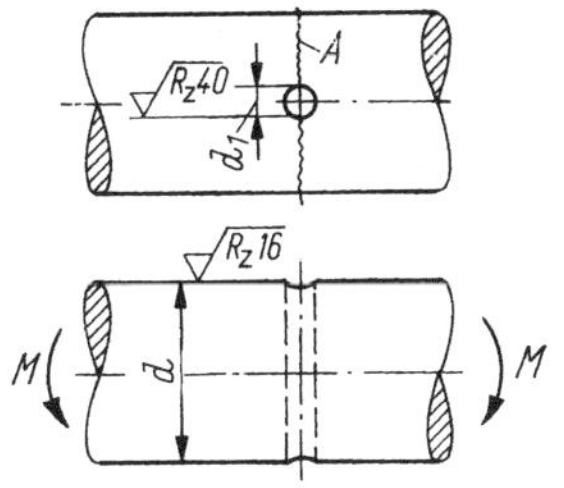

Bild 9.213 Welle mit Querbohrung

3. Die Kerbwirkungszahl β_{kb},
4. Die Gestalt-Ausschlagsfestigkeit σ_{bAG},
5. Die Sicherheit S_D gegen Dauerbruch.

9.214

Die Lagerkraft am Zapfen (Bild 9.214) einer feststehenden Achse aus E335 schwankt bei einer Häufigkeit $H = 75\%$ der Höchstkraft zwischen $F_u = 80$ kN und $F_{oN} = 100$ kN bei einem Betriebsfaktor $K_I = 2{,}5$. Es soll überprüft werden, ob im gefährdeten Querschnitt A eine ausreichende Sicherheit gegen Dauerbruch zu erwarten ist. Dafür sind zu ermitteln:

1. Die Biegemomente M_{bo} und M_{bu},
2. Die Biegespannungen σ_{bo} und σ_{ba} sowie der Ruhegrad R,
3. Die Kerbwirkungszahl β_{kb} und die Gestalt-Ausschlagsfestigkeit σ_{bAG}.
4. Ist die Sicherheit S_D gegen Dauerbruch ausreichend und ggf. auch die Sicherheit S_F gegen Fließen?

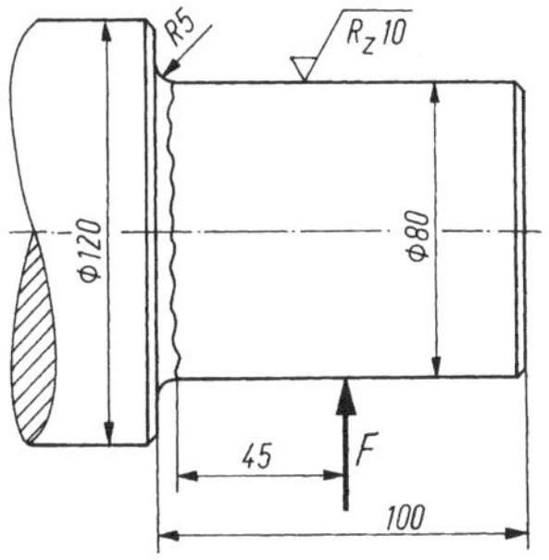

Bild 9.214 Lagerzapfen einer Achse

9.215

Der Rechteckquerschnitt eines biegebeanspruchten Stabes aus S235 ist zur Aufnahme eines Stiftes durchbohrt (Bild 9.215). Das vom Querschnitt A aufzunehmende Biegemoment schwingt zwischen 50 Nm und dem Höchstbetrag von 100 Nm, der mit 100% Häufigkeit auf-

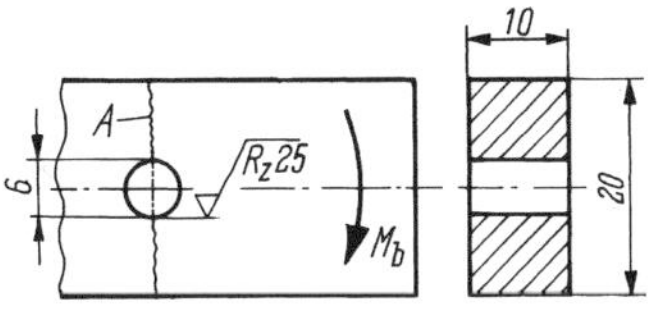

Bild 9.215 Biegebeanspruchter Flachstahl

tritt. Sind die Sicherheiten S_D gegen Dauerbruch und S_F gegen Fließen ausreichend?

9.216

Für die Querschnitte A_1 und A_2 des in Bild 9.216 dargestellten gewalzten Flachstahls aus S275 mit der Höhe $h = 20$ mm, der Breite (Dicke) $b = 5$ mm und dem Bohrungsdurchmesser $d = 5$ mm sind zu errechnen:

1. Die Kerbwirkungszahlen β_{kb1} und β_{kb2},
2. Die Gestalt-Ausschlagsfestigkeiten σ_{bAG1} und σ_{bAG2},
3. Die größtzulässigen wechselnd wirkenden Biegemomente M_{b1} und M_{b2} bei einer Häufigkeit $H = 100\%$.

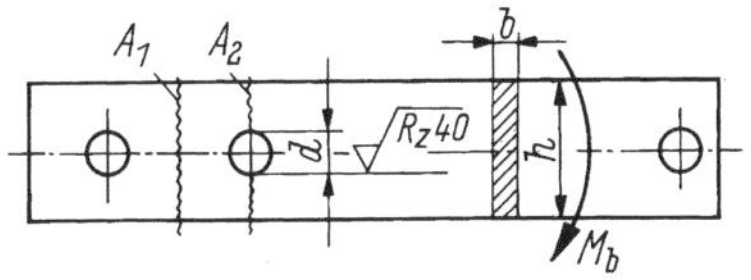

Bild 9.216 Flachstahlschiene mit Querbohrungen

9.217

In einer Vorrichtung werden zwei Zugfedern entsprechend Bild 9.217 gleichzeitig auf je 200 N gespannt und anschließend auf je 100 N entspannt. Die Federtoleranzen sind mit 10% Zuschlag zur Oberkraft zu berücksichtigen. Die Kerbformzahl kann näherungsweise wie bei einem biegebeanspruchten gelochten Flachstab ermittelt werden, Werkstoff: S235. Sind bei dieser

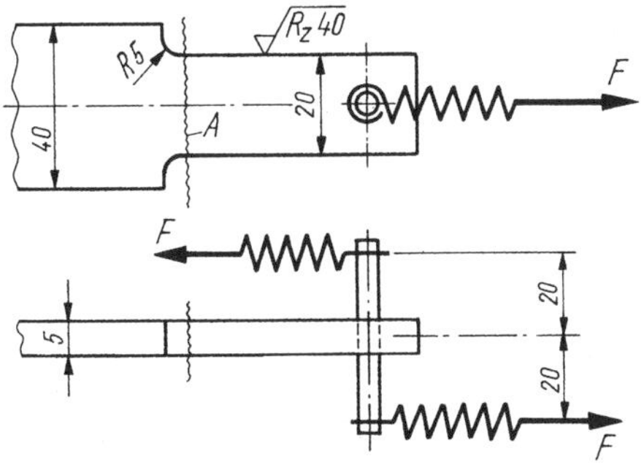

Bild 9.217 Zugfedern in einer Vorrichtung

schwingenden Belastung im Querschnitt A die Sicherheiten S_D gegen Dauerbruch und S_F gegen Fließen ausreichend?

9.218

An dem in Bild 9.218 skizzierten Blechwinkel aus Vergütungsstahl C45 greift eine schwellend wirkende Kraft $F = 500$ N an. Die Sicherheit S_D gegen Dauerbruch im Querschnitt A ist zu errechnen.

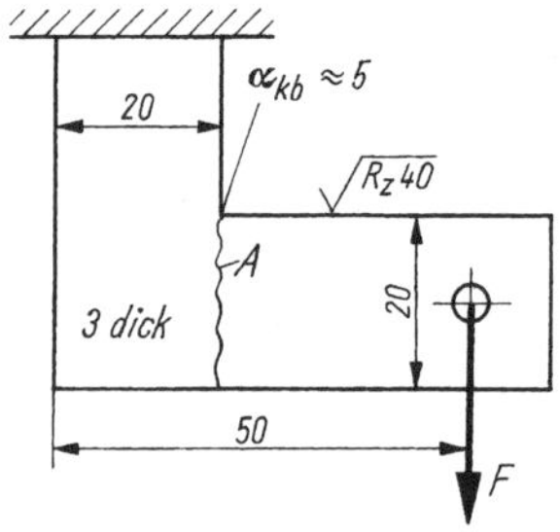

Bild 9.218 Biegebeanspruchter Blechwinkel

9.219

Wie groß ist die Gestalt-Ausschlagsfestigkeit σ_{bAG} im Querschnitt A des in Bild 9.219 gezeigten Hebels aus Gusseisen EN-GJL-200, wenn die Kraft F wechselnd wirkt?

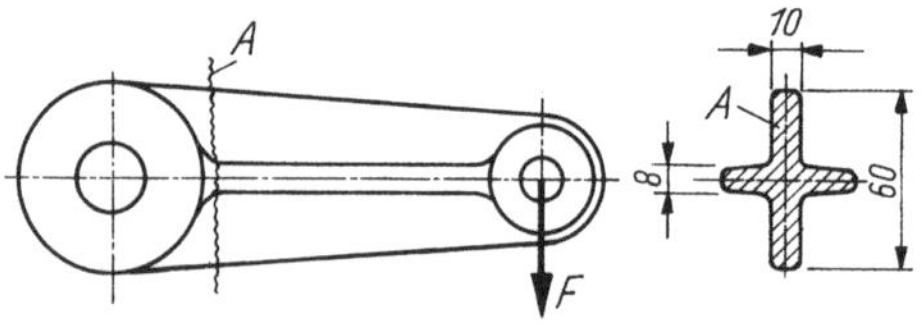

Bild 9.219 Hebel aus Gusseisen

9.220

Die in Bild 9.220 dargestellte Querschnittsfläche einer Konsole aus Gusseisen EN-GJL-250 (siehe auch Aufgabe 9.141) hat die Abmessungen $h = 100$ mm, $s = 10$ mm, $e_z = 20{,}7$ mm und $e_d = 79{,}3$ mm (Querschnittsformzahl $f_q \approx 1{,}1$).

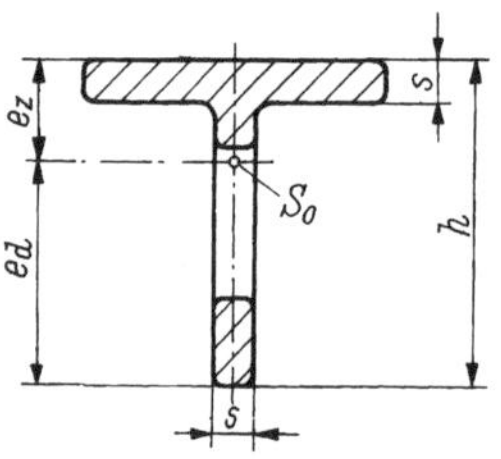

Bild 9.220 Querschnitt einer Konsole

Für den Ruhegrad $R = 0{,}5$ und $H = 100\%$ Häufigkeit der Höchstkraft sind die zulässigen Biegespannungen $\sigma_{bz\,zul}$ und $\sigma_{bd\,zul}$ zu ermitteln.

Torsionsbeanspruchte Bauteile

9.221

Bild 9.221 zeigt den Ausschnitt einer Hohlwelle aus S275, deren Querschnitt A nur durch ein Drehmoment beansprucht wird, das zwischen 1,6 kNm und 2,8 kNm schwingt, wobei der Größtwert mit einer Häufigkeit von 60% auftritt. Mögliche Stöße und die Wichtigkeit des Teiles sind durch einen Betriebsfaktor $K_I = 2{,}5$ zu berücksichtigen. Zu ermitteln sind:

1. Die Torsionsspannungen τ_{to} und τ_{ta} und der Ruhegrad R,
2. Die Kerbwirkungszahl β_{kt} (mit α_{kt} wie bei Vollwellen) und die Gestalt-Ausschlagsfestigkeit τ_{tAG}.
3. Genügen die Sicherheiten S_D gegen Dauerbruch und S_F gegen Fließen?

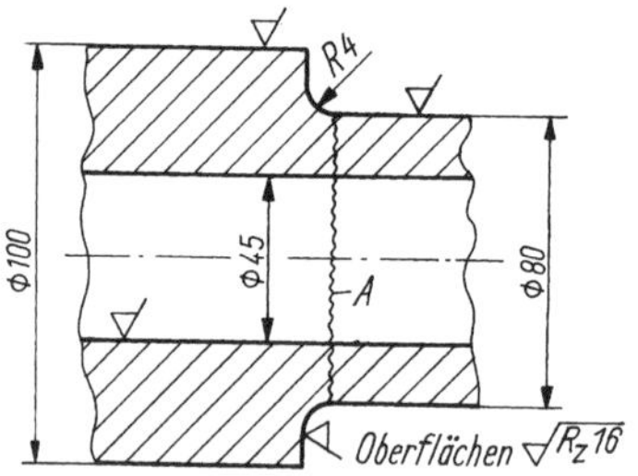

Bild 9.221 Hohlwellenausschnitt

9.222

In Bild 9.222 ist der Ausschnitt eines Rundstabes aus Vergütungsstahl 51CrV4 ($R_m = 900$ N/mm², $R_{p0,2} = 700$ N/mm²) mit geschliffener Ringrille dargestellt, der im Querschnitt A nur auf Torsion beansprucht wird. Wie groß ist die Gestalt-Ausschlagsfestigkeit τ_{tAG} dieses Querschnitts?

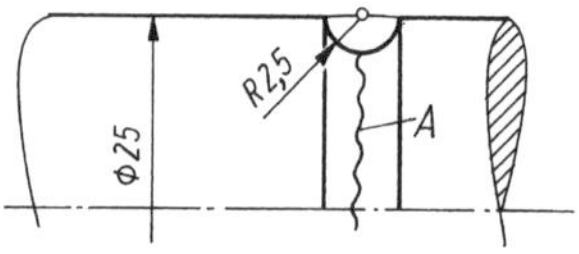

Bild 9.222 Ausschnitt aus einem torsionsbeanspruchten Rundstab

9.223

Für den Querschnitt 1 des in Bild 9.223 skizzierten Antriebszapfens einer Getriebewelle aus

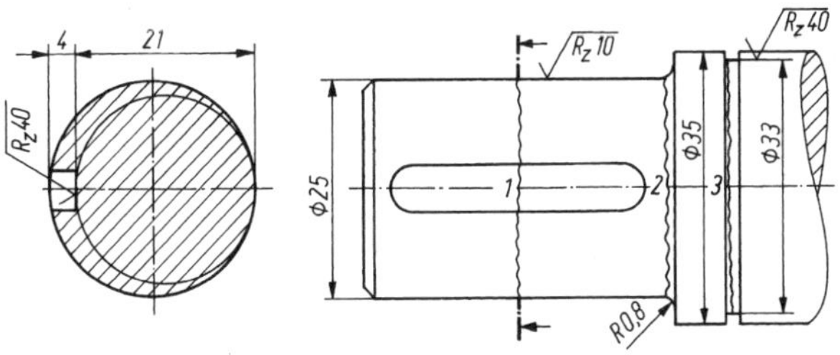

Bild 9.223 Antriebszapfen

E295, in die über eine Kupplung ein Drehmoment eingeleitet wird, sind zu errechnen:

1. Die Gestalt-Ausschlagsfestigkeit τ_{tAG} mit einer Kerbformzahl $\alpha_{kt} = 2{,}8$ als Erfahrungswert für Passfedernuten,
2. Das größte übertragbare Nenndrehmoment M_N bei einer Häufigkeit $H = 75\%$ der Höchstlast, einem Ruhegrad $R = 0{,}25$ und einem Betriebsfaktor $K_I = 2{,}2$,
3. Die bei der Drehzahl $n = 1450\ \text{min}^{-1}$ größte übertragbare Nennleistung P_N.

9.224

In den Antriebszapfen einer Getriebewelle aus E295 nach Bild 9.223 wird ein größtes Drehmoment von 88 Nm eingeleitet. Der Ruhegrad beträgt 0,25. Die Sicherheiten gegen Dauerbruch in den Querschnitten 2 und 3 sind zu errechnen (für die scharfkantige Rille kann die Kerbformzahl näherungsweise mit $\varrho/t = 0{,}005$ wie für Rundstäbe mit Ringrille bei Torsion gewählt werden).

Zusammengesetzt beanspruchte Bauteile

9.225

Ein Rundstab aus E360 mit Ringrille (Bild 9.225) wird durch eine außermittig angreifende schwellende Kraft $F = 800$ N belastet. Gesucht sind:

1. Die Zugspannung σ_z, die Biegespannung σ_b und die größte resultierende Randspannung σ_{max},
2. Die Kerbformzahl α_{kb} und die Kerbwirkungszahl β_{kb},
3. Die Gestalt-Ausschlagsfestigkeit σ_{bAG} und die Sicherheit S_D gegen Dauerbruch.

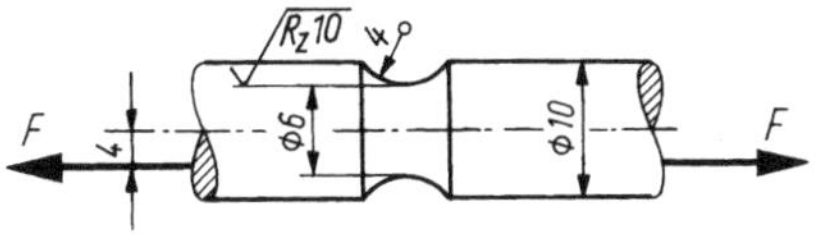

Bild 9.225 Rundstab mit außermittiger Zugkraft

9.226

Die Sicherheit gegen Dauerbruch im Querschnitt A des in Bild 9.179 skizzierten Halters ist zu überprüfen. Es handelt sich um einen gewalzten Flachstahl aus S235 mit der Breite $b = 10$ mm und der Dicke $s = 4$ mm. Er wird durch eine im Abstand $l = 100$ mm unter dem Winkel $\alpha = 30°$ wirkende Federkraft belastet, die zwischen $F_u = 60$ N und $F_{oN} = 120$ N schwingt bei $H = 100\%$ der Höchstkraft, Betriebsfaktor $K_I = 1{,}5$. Zu ermitteln sind:

1. Die Kerbwirkungszahl β_{kb} mit einer Kerbformzahl $\alpha_{kb} = 2{,}5$ und einem Kerbradius $\varrho = 0{,}5$ mm,
2. Die Gestalt-Ausschlagsfestigkeit σ_{bAG},
3. Die Oberspannung σ_o, der Spannungsausschlag σ_a und der Ruhegrad R.
4. Sind die Sicherheiten S_D gegen Dauerbruch und S_F gegen Fließen ausreichend?

9.227

Der nach Bild 9.227 abgewinkelte blanke Flachstahl 32 × 5 aus S275 wird durch eine Kraft belastet, die zwischen $F_u = 300$ N und $F_o = 700$ N schwingt. Am Einspannquerschnitt A ist ein scharfkantiger Übergang anzunehmen. Genügen die Sicherheiten in diesem Querschnitt gegen Dauerbruch und gegen Fließen?

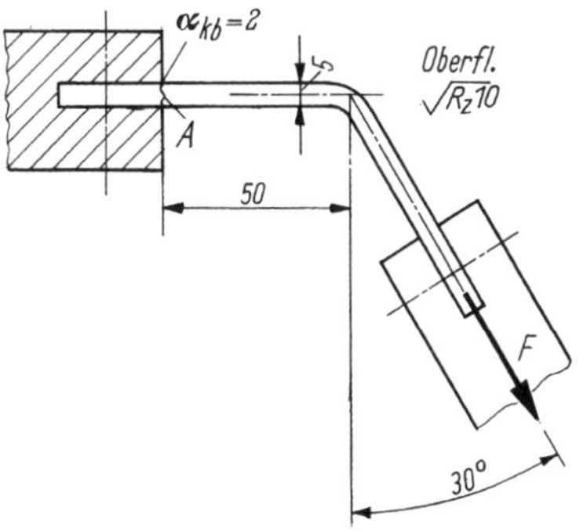

Bild 9.227 Abgewinkelter Flachstahl

9.228

Über den in Bild 9.228 skizzierten Lagerzapfen einer Welle aus C45 wird in das Rillenkugellager eine Radialkraft von 24 kN eingeleitet und eine Axialkraft von 14 kN, die in den Wellenquerschnitten als Zugkraft wirkt. Beide Kräfte wirken ruhend, wegen möglicher Stöße ist mit einem Betriebsfaktor 1,6 zu rechnen. Wie groß ist die Sicherheit gegen Dauerbruch im gefährdeten Querschnitt des Lagerzapfens?

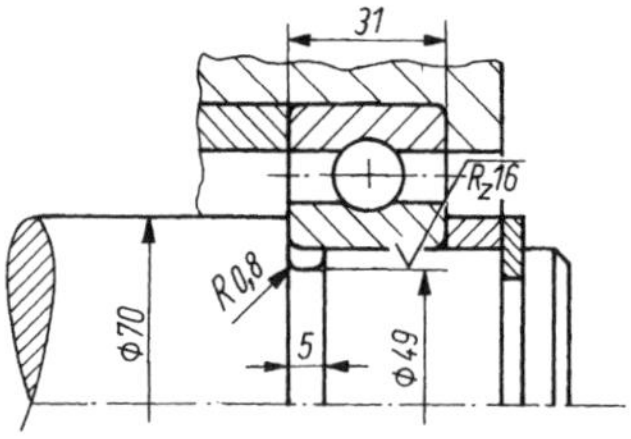

Bild 9.228 Lagerzapfen einer Welle

9.229

An der Riemenscheibe mit $D_R = 500$ mm Durchmesser nach Bild 9.229 wirken die gleichbleibenden Riemenkräfte $F_1 = 5{,}2$ kN und $F_2 = 1{,}38$ kN. Der Umschlingungswinkel beträgt $\beta = 200°$, der Lagerzapfendurchmesser $D = 70$ mm und der Übergangsradius $\varrho = 5$ mm. Die Oberflächen sind geschlichtet, Werkstoff: E295. Gesucht sind:

1. Die im Wellenquerschnitt A mit dem Durchmesser $d = 60$ mm durch die im Abstand $l = 200$ mm wirkende resultierende Riemenkraft F hervorgerufene Biegespannung σ_b,
2. Die durch das Torsionsmoment T in diesem Querschnitt erzeugte Torsionsspannung τ_t,
3. Die Kerbwirkungszahl β_{kb},
4. Die Gestalt-Ausschlagsfestigkeit σ_{bAG},
5. Der Ausschlag der Vergleichsspannung σ_{va},
6. Die Sicherheit S_D gegen Dauerbruch.

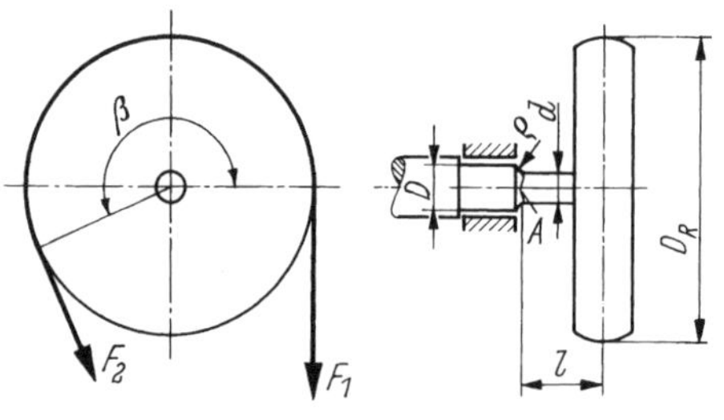

Bild 9.229 Getriebewelle mit Riemenscheibe

9.230

Das auf einer Welle aus S275 befestigte Zahnrad nach Bild 9.230 hat bei der Drehzahl $n = 700\ \text{min}^{-1}$ eine gleichbleibende Leistung $P = 22$ kW zu übertragen. Die Sicherheiten gegen Dauerbruch in den gekennzeichneten Querschnitten 1, 2 und 3 der Welle sind zu errechnen. Die Biegemomente betragen $M_{b1} = 350$ Nm, $M_{b2} = 310$ Nm und $M_{b3} = 290$ Nm. Das Drehmoment M wirkt in den Querschnitten 2 und 3 mit dem vollen Betrag, im Querschnitt 1 nur zur Hälfte, da es über der tragenden Passfederlänge abnimmt. Erfahrungsgemäß kann für die Querschnitte 1 und 2 mit einer Kerbformzahl $\alpha_{kb} \approx 4$ und für den Querschnitt 3 mit $\alpha_{kb} \approx 4{,}6$ gerechnet werden.

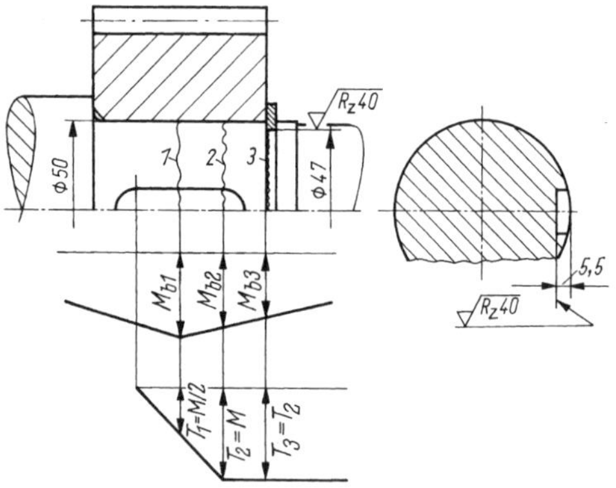

Bild 9.230 Wellenausschnitt mit Zahnrad

9.231

Der in Bild 9.231 gezeigte Querschnitt A einer Kegelradwelle (siehe auch Bild 9.197) aus Vergütungsstahl 42CrMo4 ($R_m = 900$ N/mm²) wird auf Biegung, Druck und Torsion beansprucht. Nach Aufgabe 9.197 betragen die Druckspannung $\sigma_d = 1{,}02$ N/mm² (ruhend), die Biegespannung $\sigma_b = 20{,}24$ N/mm² (wechselnd) und die Torsionsspannung $\tau_t = 14{,}4$ N/mm² (ruhend). Für 100% Häufigkeit der Höchstlast ist eine Nachrechnung auf Gestaltfestigkeit durchzuführen.

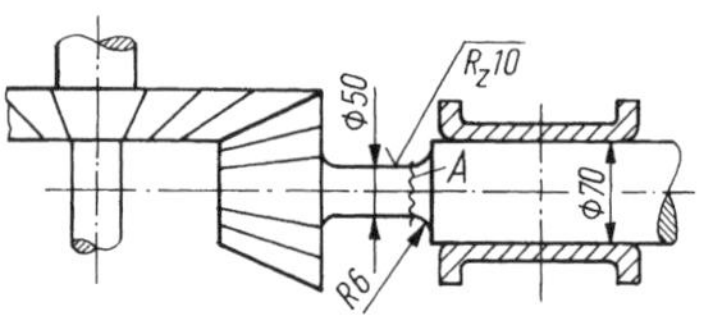

Bild 9.231 Kegelradwelle

Wellen und Achsen nach DIN 743

9.232

Bild 9.232 zeigt den Ausschnitt aus einer umlaufenden Achse aus Stahl S355. Im angegebenen Querschnitt A tritt ein zwischen $M_{bu} = 2500$ Nm und $M_{bo} = 3600$ Nm schwankendes Biegemoment auf. Stöße sind nicht zu erwarten. Zu ermitteln sind:

1. Die Biegespannungen σ_{bm} und σ_{ba},
2. Der Gesamteinflussfaktor K_{σ},
3. Die Bauteil-Ausschlagfestigkeit σ_{bADK} als ertragbare Amplitude.
4. Sind die Sicherheiten S_D gegen Dauerbruch und S_F gegen Fließen ausreichend?

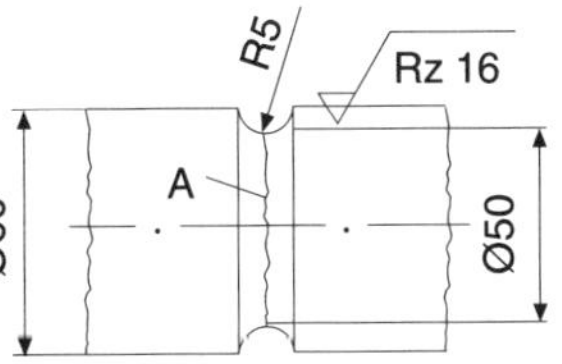

Bild 9.232 Ausschnitt einer Achse

9.233

Auf den in Bild 9.233 skizzierten Lagerzapfen einer Welle aus E 295 wirkt eine ruhende Stützkraft von 16,2 kN. Wegen möglicher Stöße beim Anfahren ist mit einem Stoßfaktor $f_S = 1{,}5$ zu rechnen. Genügen die Sicherheiten S_D gegen Dauerbruch und S_F gegen Fließen?

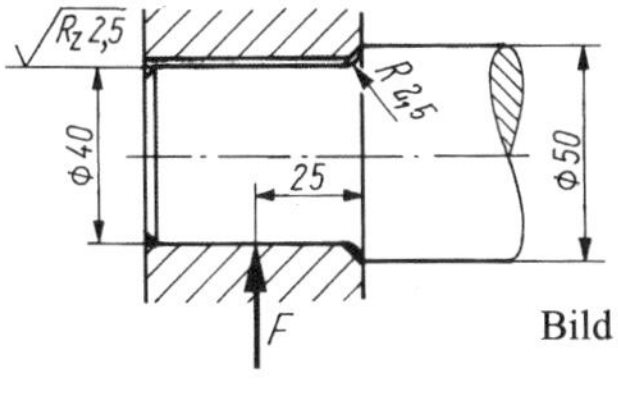

Bild 9.233 Lagerzapfen einer Welle

9.234

In den Antriebszapfen einer Getriebewelle aus E295 nach Bild 9.234 wird über eine Kupplung ein wechselndes Drehmoment eingeleitet, das zwischen +88 Nm und −44 Nm schwingt. Für den Querschnitt A sind zu ermitteln:

1. Die Torsionsspannungen τ_{to}, τ_{tu}, τ_{tm} und τ_{ta},
2. Der Gesamteinflussfaktor K_{τ} und die Bauteil-Torsionswechselfestigkeit τ_{tWK},
3. Die Bauteil-Ausschlagfestigkeit τ_{tADK} als ertragbare Amplitude,
4. Der Dauerfestigkeitsnachweis,
5. Der statische Festigkeitsnachweis.

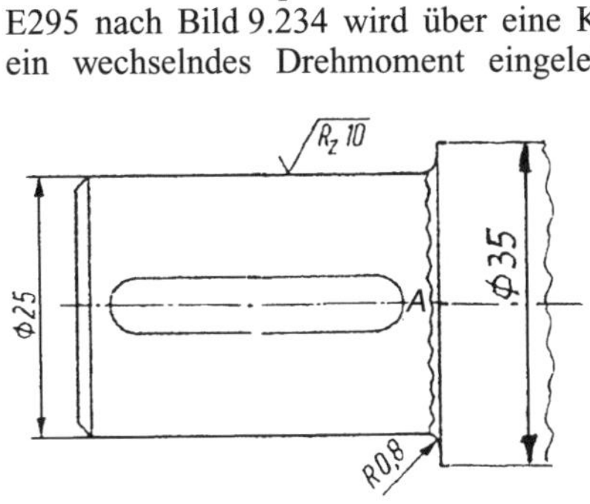

Bild 9.234 Antriebszapfen einer Welle

9.235

Im Querschnitt A des Zapfens an einer umlaufenden Achse aus E335 (Bild 9.235) wirken eine ruhende Zugkraft $F = 60$ kN und ein Biegemoment $M_b = 640$ Nm (Wechselbiegung). Zu ermitteln sind:

1. Die Zugspannung σ_z, die Biegespannung σ_b und die Vergleichsmittelspannung σ_{mv},
2. Der Gesamteinflussfaktor K_{σ} und die Bauteil-Biegewechselfestigkeit σ_{bWK},
3. Der Dauerfestigkeitsnachweis und der statische Festigkeitsnachweis.

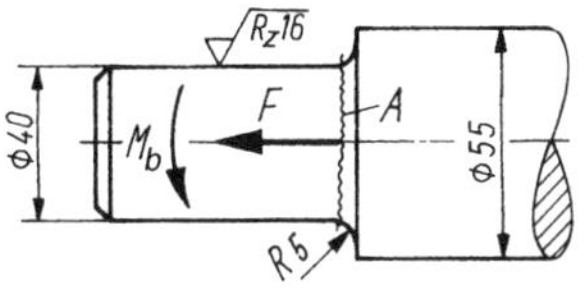

Bild 9.235 Zapfen einer Achse

9.236

Der Querschnitt A am Antriebszapfen einer Kegelradwelle (siehe die Bilder 9.197 und 9.231) aus Vergütungsstahl C 45 mit den Abmessungen $d = 50$ mm, $D = 60$ mm, $r = 5$ mm und der Rautiefe $R_z = 10$ µm wird durch eine gleichbleibende Druckkraft $F_d = 5$ kN, ein Biegemoment $M_b = 600$ Nm (Wechselbiegung) und ein ruhend wirkendes Torsionsmoment $T = 800$ Nm belastet. Bei gelegentlich auftretenden Lastspitzen können die Belastungswerte auf das 1,8fache ansteigen. Die Sicherheit S_D gegen Dauerbruch und die Sicherheit S_F gegen Fließen sind nachzuweisen.

9.237

Bild 9.237 zeigt eine Welle aus E295 mit einer mittig zwischen den Lagern angeordneten Riemenscheibe, die durch eine Passfeder und zwei Sicherungsringe festgelegt ist. Durch den Riemenzug wird die Welle mit einer größten Kraft $F = 4{,}14$ kN belastet. Infolge der Unwucht der Riemenscheibe wirkt zusätzlich eine Fliehkraft $F_z = 1{,}4$ kN. Das zu übertragende Drehmoment

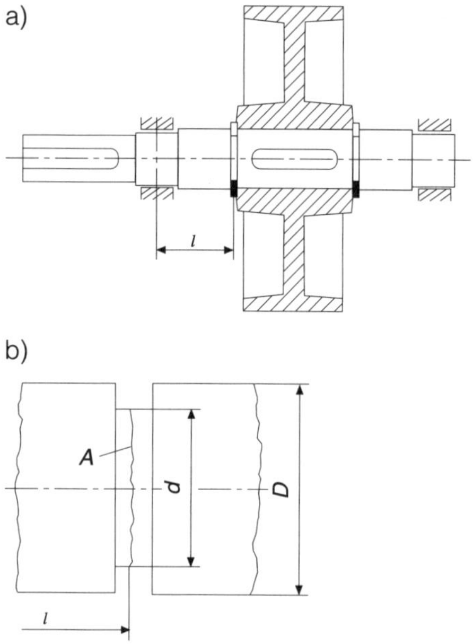

Bild 9.237 Welle mit Riemenscheibe
a) Anordnung, b) gefährdeter Querschnitt

schwankt bei konstanter Drehzahl zwischen 50 Nm und 150 Nm. Die Abmessungen betragen: $D = 34$ mm, $d = 32{,}3$ mm, $l = 50$ mm, Rautiefe $R_z = 10$ µm. Genügen im gefährdeten Querschnitt A die Sicherheiten gegen Dauerbruch und gegen Fließen, wenn für die umlaufende Rechtecknut mit den Kerbwirkungszahlen $\beta_\sigma = 2{,}8$ und $\beta_\tau = 2{,}3$ gerechnet wird?

Knickung

Elastische und unelastische Knickung

9.238

Ein $l = 1{,}25$ m langes Rohr 70×5 (Außendurchmesser $d_a \times$ Wanddicke s in mm) aus Stahl S275 wird mit der Kraft $F = 20$ kN auf Druck beansprucht. Es liegt Knickfall 1 vor. Zu errechnen sind:

1. Das Flächenmoment 2. Grades I,
2. Der Bezugsradius i,
3. Der Schlankheitsgrad λ,
4. Der Mindestschlankheitsgrad λ_{min},
5. Die Knickspannung σ_K,
6. Die Knicksicherheit S_K.

9.239

Ein lotrecht angeordneter Flachstahl 20×3 (Breite $b \times$ Dicke s in mm) aus S235 von $l = 0{,}8$ m Länge wird durch eine Druckkraft belastet. Unter Zugrundelegung des Knickfalls 2 sind zu ermitteln:

1. Das kleinste Flächenmoment 2. Grades I_{min},
2. Der kleinste Bezugsradius i_{min},
3. Der Schlankheitsgrad λ,
4. Die Knickspannung σ_K,
5. Die Knickkraft F_K,
6. Die zulässige Druckkraft F_{zul} bei einer Knicksicherheit $S_K = 6$.

9.240

In einer Hebebühne für eine Tragfähigkeit von 12 t befinden sich vier Hydraulikzylinder nach Bild 9.240. Die Plattform zur Aufnahme der Last ist an Schienen geführt und wiegt 3000 kg. Bei voll ausgefahrener Hubhöhe hat die Kolbenstange aus E335 mit dem Durchmesser $d = 50$ mm die Länge $l = 1{,}8$ m. Es ist zu prüfen, ob die Knicksicherheit der Kolbenstange bei dieser Stellung und größtzulässiger Belastung unter Berücksichtigung des Eigengewichts der Plattform mindestens so groß ist wie der erfahrungsgemäß im Maschinenbau übliche Oberwert.

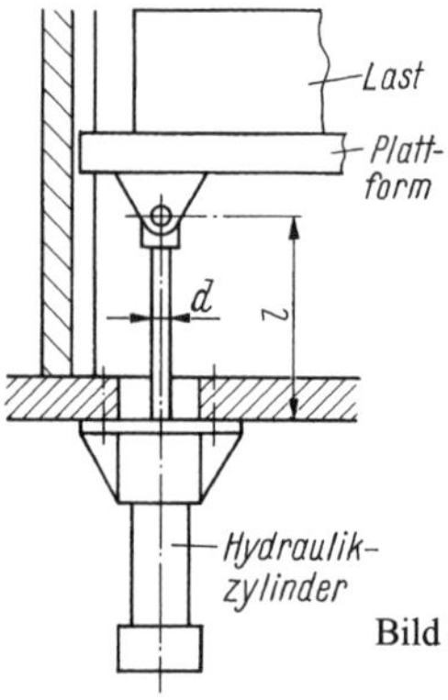

Bild 9.240 Hydraulikzylinder in einer Hebebühne

9.241

Die Stößelstange (4) aus Vergütungsstahl C60E in der Ventilsteuerung (Bild 9.241) eines Verbrennungsmotors ist auf Knicksicherheit nachzurechnen. Auf den Kipphebel (3) mit den Längen $l_1 = 30$ mm und $l_2 = 42$ mm wirkt in der gezeigten ungünstigsten Stellung die durch das Ventil (1) und die Ventilfeder (2) hervorgerufene Kraft $F_2 = 1500$ N. Sie befindet sich mit der vom Nocken an der Nockenwelle (6) auf die

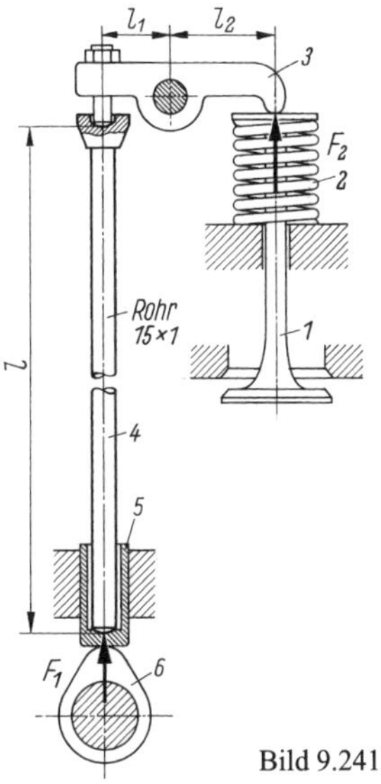

Bild 9.241 Ventilsteuerung

Führungsbuchse (5) ausgeübten und die Stößelstange belastenden Kraft F_1 im Gleichgewicht. Die $l = 420$ mm lange Stößelstange hat in der Buchse ausreichend Spiel, so dass beide Stangenenden als gelenkig aufgefasst werden können. Ist eine mindestens 6fache Sicherheit gegen Knicken vorhanden?

9.242

Für die in Bild 9.242 skizzierte Exzenterstange aus S235 sind zu ermitteln:

1. Welche Druckkraft F kann die Stange übertragen, wenn mindestens 6fache Knicksicherheit nach Euler bzw. 4fache nach Tetmajer verlangt wird?
2. Welche Kürzung ΔL erfährt die Stange unter der Kraft F?
3. Welches Drehmoment M ist an der Exzenterwelle zur Erzeugung der Kraft F erforderlich?

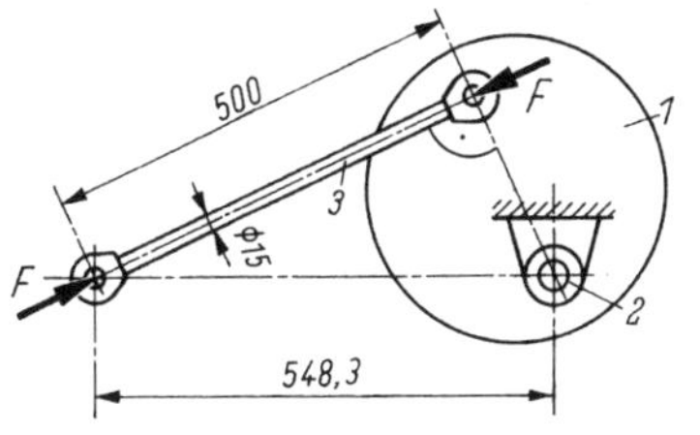

Bild 9.242 Exzenterantrieb
1 Exzenter, *2* Welle, *3* Exzenterstange

9.243

Bild 9.243 zeigt ein Steuergestänge mit einer Verbindungsstange aus Temperguss EN-GJMW-400-5. Die Stange hat eine elliptische Querschnittsfläche, deren Achsen a und b mit dem Verhältnis $a/b = 2$ und mit 8facher Knicksicherheit nach Euler bzw. 5facher nach Tetmajer festgelegt werden sollen. Wegen stoßhafter Wirkung der angegebenen schwellend wirkenden Kraft ist mit einem Betriebsfaktor 1,4 zu rechnen. Es sind zu ermitteln:

1. Die Druckkraft F in der Stange,
2. Das erforderliche kleinste Flächenmoment 2. Grades I_{min},
3. Die auf volle mm gerundeten Abmessungen a und b der Ellipse,
4. Der Schlankheitsgrad λ,
5. Die Knickspannung σ_K und eine Kontrolle der Sicherheit S_K gegen Knicken, wenn $\lambda < \lambda_{min}$ (näherungsweise mit den Werten für S235 nach Tab. 28 oder Kontrolle von S_F, wenn $\lambda < 60$),
6. Das durch die Kraft F bewirkte Drehmoment M.

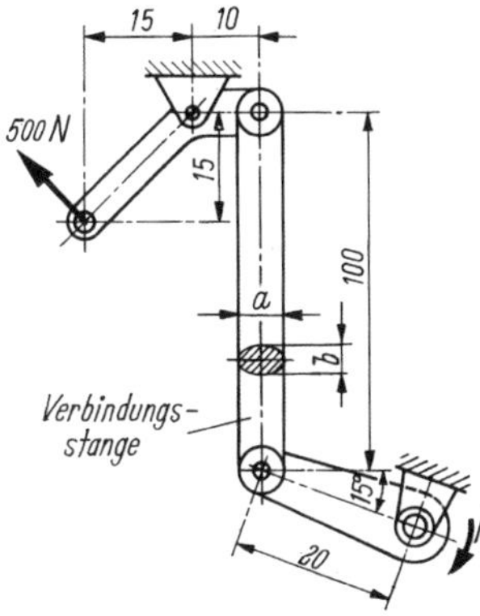

Bild 9.243 Steuergestänge

9.244

Eine $l = 1{,}5$ m lange freistehende Stütze, die am Boden fest eingespannt ist, wird durch eine Druckkraft $F = 500$ kN belastet. Es handelt sich um ein I-Profil DIN 1025 – S235JR – I 400. Wie groß sind:

1. Der Schlankheitsgrad λ,
2. Die Knickspannung σ_K,
3. Die Sicherheit S_K gegen Knicken?

9.245

In einer Steuerung wird die skizzierte Schieberstange (Bild 9.245) aus E295 mit einer Druck-

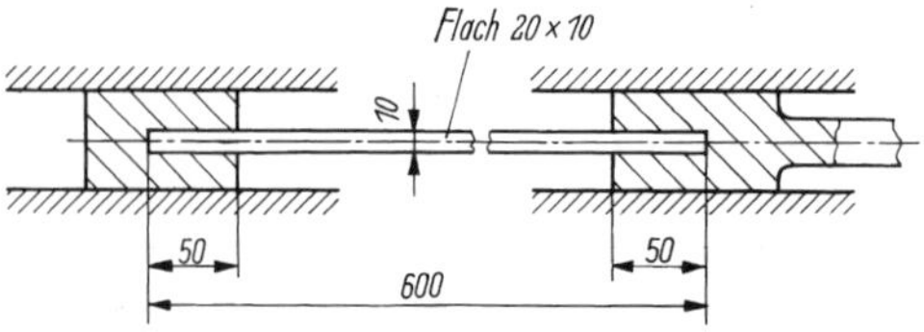

Bild 9.245 Schieberstange

kraft von 11,5 kN belastet. Ist die vorhandene Knicksicherheit nach den üblichen Erfahrungswerten ausreichend?

9.246

Die Schubstange nach Bild 9.246 aus Vergütungsstahl 36CrNiMo4 (Nickelgehalt 1,2%) hat in einer Kolbenmaschine eine mit starken Stößen auftretende größte Nennkraft von 38,5 kN zu übertragen. Unter Berücksichtigung eines Betriebsfaktors 1,8 ist die Sicherheit gegen Knicken zu errechnen.

9.248

Die drei Stützen der in Bild 9.248 skizzierten Schraubenwinde für eine Größtlast von 800 kg

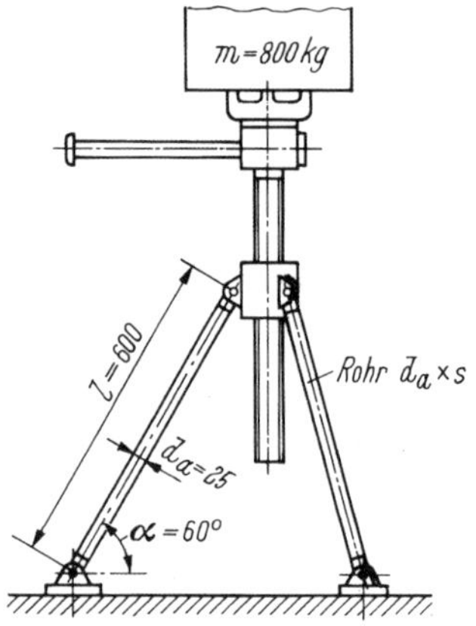

Bild 9.248 Schraubenwinde

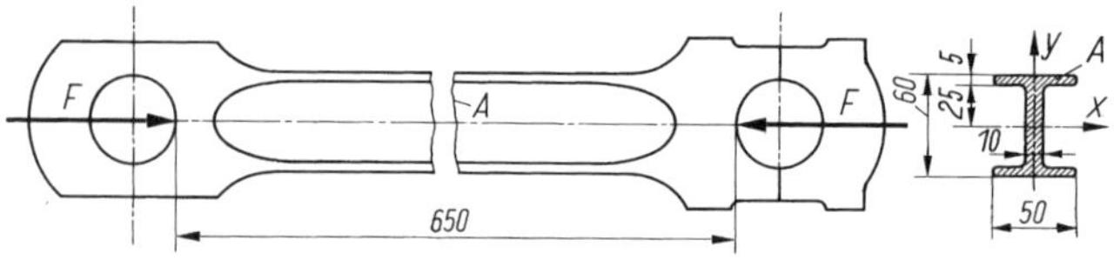

Bild 9.246 Schubstange

9.247

In einer Hubvorrichtung nach Bild 9.247 (siehe auch Aufgabe 2.39) haben die Kniehebel 1 und 2 aus Rundstahl S235 einen Durchmesser von 4 mm. Bei der gezeigten Hebelstellung wirkt eine größte Kraft $F = 700$ N. Es sind zu ermitteln:

1. Die Druckkräfte F_1 und F_2 in den Kniehebeln.
2. Ist in den Hebeln mindestens eine 8fache Knicksicherheit nach Euler bzw. 5fache nach Tetmajer vorhanden?

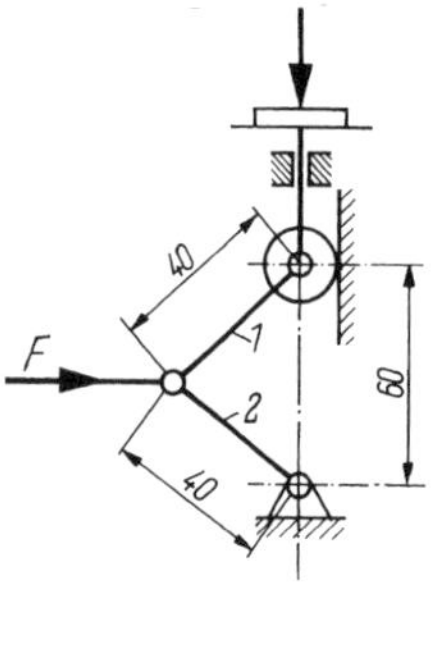

Bild 9.247 Hubvorrichtung

sollen aus geschweißten Stahlrohren mit einem Außendurchmesser von 25 mm hergestellt werden. Die Verbindungslinien der Befestigungspunkte der Rohrenden am Boden und an der Spindelmutter bilden jeweils gleichseitige Dreiecke. Es wird 15fache Knicksicherheit nach Euler oder 10fache nach Tetmajer verlangt. Welche Wanddicke ist für die Rohre aus S235 erforderlich? Dafür sind zu ermitteln:

1. Die Druckkraft F in einem Rohr,
2. Das erforderliche Flächenmoment 2. Grades I_{erf},
3. Die Wanddicke s auf volle mm gerundet,
4. Der Schlankheitsgrad λ,
5. Die Knickspannung σ_K und die Kontrolle der Sicherheit S_K gegen Knicken, wenn $\lambda < \lambda_{min}$ ist.

9.249

An der Spindel einer Schraubenzwinge nach Bild 9.249 wird mittels Schraubenschlüssel ein Anziehmoment $M_A = 20$ Nm aufgebracht, von dem 40% durch Reibung am Stützfuß der Spindel verloren gehen. Im Gewinde ist eine Reibungszahl $\mu = 0,1$ anzunehmen. Zu ermitteln

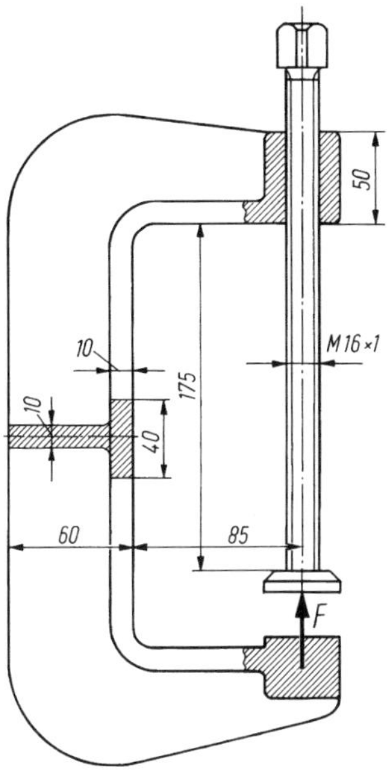

Bild 9.249 Schraubenzwinge

sind:

1. Die erreichbare Druckkraft F,
2. Die Knicksicherheit S_K der Spindel aus E 295 (auf den Gewindekernquerschnitt bezogen),
3. Die Vergleichsspannung σ_v im Kernquerschnitt des Gewindes,
4. Die Flächenpressung p im Gewinde mit der Flankenüberdeckung $H_1 = 0{,}5413P$ nach DIN 13,
5. Die größte resultierende Normalspannung σ_{max} im T-förmigen Querschnitt des Bügels.

Omega-Verfahren

9.250

Ein $l = 4$ m langer Träger I-Profil DIN 1025 – S235 – IPE 360 hat als Stütze im Lastfall HZ eine Druckkraft $F = 500$ kN aufzunehmen. Es sind zu ermitteln:

1. Die Druckspannung σ_d,
2. Der Schlankheitsgrad λ.
3. Wird die zulässige Druckspannung $\sigma_{d\,zul}$ überschritten?

9.251

Der einteilige Vertikalstab V in einer Fachwerkkonstruktion (Bild 9.251) besteht aus einem T-Profil EN 10055 – T 100 – Stahl EN 10025

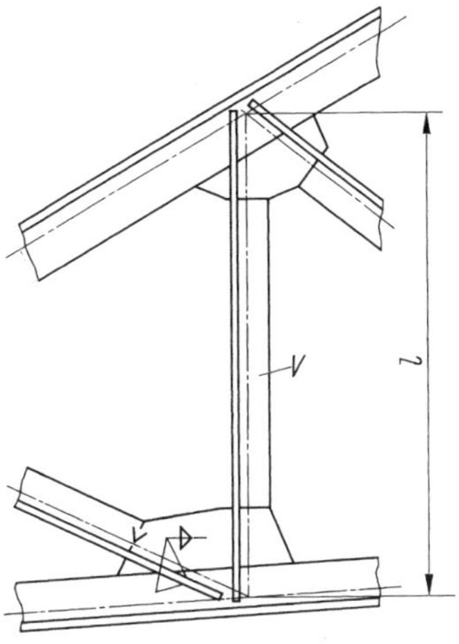

Bild 9.251 Druckstab in einem Fachwerk

– S355 und hat eine als freie Knicklänge einzusetzende Systemlinienlänge $l = 1{,}7$ m. Wird die zulässige Druckspannung überschritten, wenn der Stab im Lastfall H eine Druckkraft von 150 kN zu übertragen hat?

9.252

Der Stab 2 des in Bild 3.7 skizzierten Wandschwenkkrantragwerks besteht aus Rohr 82,5 × 12,5 (Außendurchmesser × Wanddicke). Ist dieses Rohr aus S355 für die im Stab auftretende Druckkraft von 108,8 kN ausreichend bemessen, wenn mit dem Lastfall H zu rechnen ist?

9.253

In einer Stahlkonstruktion hat ein geschweißter Druckstab aus S355 den in Bild 9.253 dargestellten Querschnitt und eine Systemlinienlänge von 1,3 m. Es tritt eine Druckkraft von

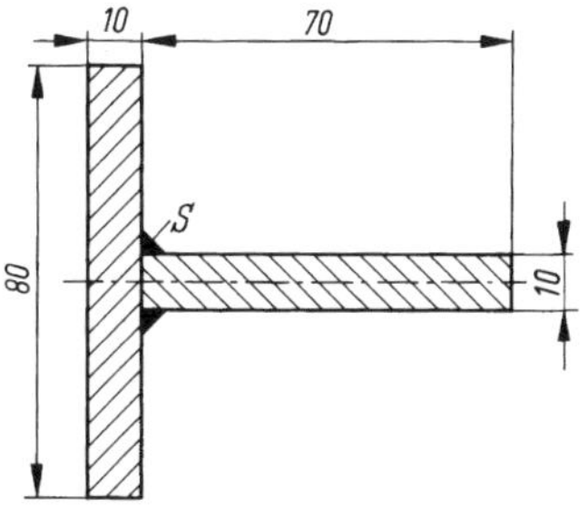

Bild 9.253 Querschnitt eines geschweißten Druckstabes
S Schweißnaht

127 kN im Lastfall HZ auf. Unter Vernachlässigung der Schweißnahtflächen sind gesucht:

1. Die Druckspannung im Stabquerschnitt,

2. Das kleinste Flächenmoment 2. Grades,

3. Die zulässige Druckspannung für diesen Knickstab.

9.254

Die Stützen für ein Tragwerk im Kranbau sollen eine Querschnittsform nach Bild 9.254 erhalten. Die Breite B der 8 mm dicken Verbindungsbleche aus S235 zur Verbindung der zwei U-Profile DIN 1026 – U 200 – S235 ist so zu wählen, dass die auf die x- und die y-Achse bezogenen Flächenmomente 2. Grades der gesamten Querschnittsfläche gleich groß werden, wobei die Schweißnähte S unberücksichtigt bleiben. Es sind zu ermitteln:

1. Die erforderliche Blechbreite B,

2. Die zulässigen Druckkräfte $F_{H\,zul}$ und $F_{HZ\,zul}$ für die Lastfälle H und HZ bei einer Länge $l = 4{,}5$ m.

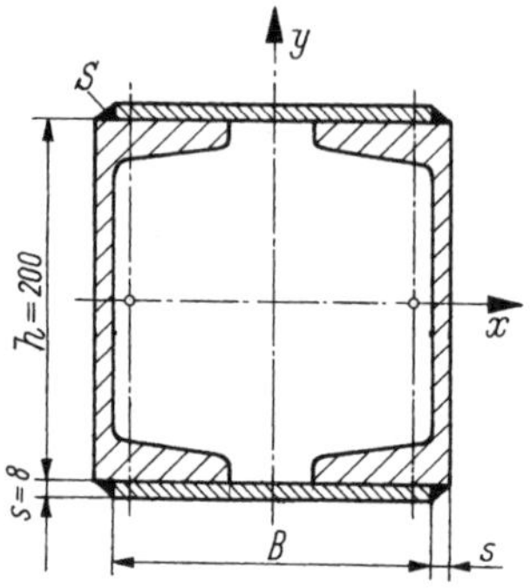

Bild 9.254 Querschnitt einer Stütze
S Schweißnaht

10 Hydromechanik

Hydrostatik

Druckausbreitung in Flüssigkeiten

10.1

Das in Bild 10.1 skizzierte Druckventil mit den Öffnungsdurchmessern $d_a = 80$ mm, $d_i = 50$ mm und einer Druckfeder mit der Federrate $R = 40$ N/mm ist als Sicherheitsventil in eine Druckleitung mit dem Nenndruck $p = 85$ bar eingebaut. Bei einer Überschreitung des Nenndrucks um 10% soll das Ventil öffnen.

1. Mit welcher Vorspannkraft F_1 ist die Feder einzubauen?
2. Wie groß ist die Federkraft F_2 nach der Öffnung des Ventils bei einem Hub $h = 15$ mm?

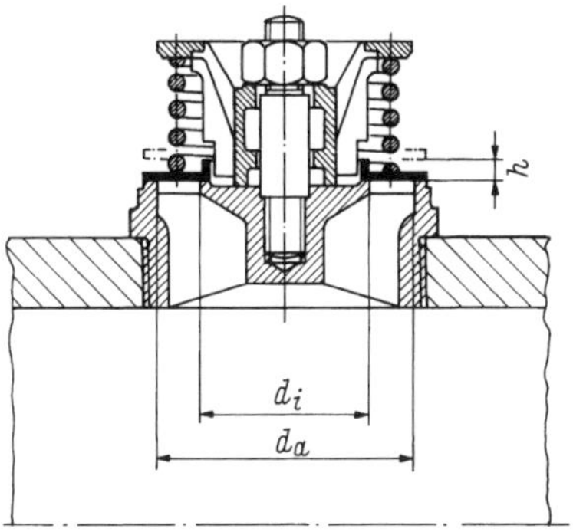

Bild 10.1 Sicherheitsventil

10.2

Ein hydraulischer Hebebock nach Bild 10.2 wird durch eine Handkraft $F_H = 100$ N betätigt. Der Handkolben (Druckkolben DK) hat $d_1 = 41$ mm und der Hubkolben (Arbeitskolben AK) $d_2 = 250$ mm Durchmesser. Die Hebellängen betragen $l_H = 1$ m und $l_1 = 0{,}2$ m. An beiden Kolben befinden sich Dichtungen (am DK nicht dargestellt) von der Länge $l_i = d_i/10$, Reibungszahl $\mu = 0{,}12$. Der Dichtungsdruck p_D ist gleich dem Arbeitsdruck p anzunehmen. Zu ermitteln sind:

1. Der Arbeitsdruck p und die Masse m, die gehoben werden kann, wenn die Reibung an den Dichtflächen vernachlässigt wird,
2. Die Werte für p und m unter Berücksichtigung der Dichtflächenreibung,
3. Der Wirkungsgrad η dieses Hebebocks.

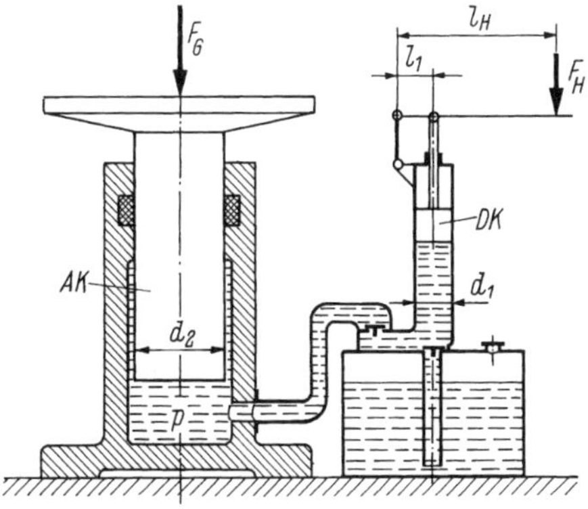

Bild 10.2 Hydraulischer Hebebock

10.3

Eine Presse nach Bild 10.3 wird durch Druckluft von 6 bar Druck betrieben. Der Kolbendurchmesser beträgt auf der Druckluftseite 320 mm, auf der Hydraulikseite 60 mm und beim Arbeitskolben 140 mm.

1. Welcher Druck p ergibt sich in der Hydraulikleitung bei Vernachlässigung der Reibungseinflüsse?
2. Wie groß ist die Presskraft F bei einem Wirkungsgrad von 85%?

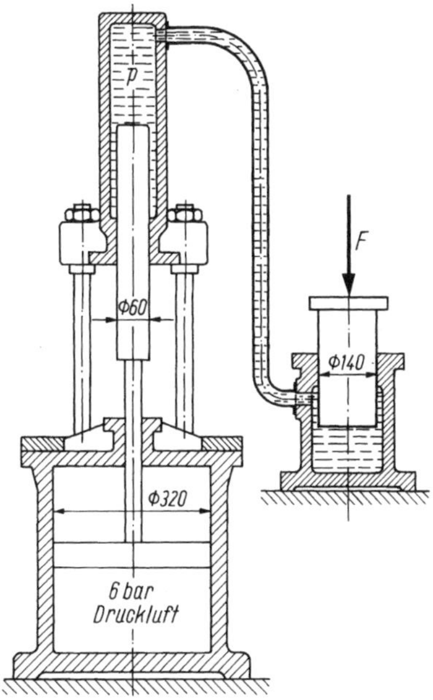

Bild 10.3 Hydraulische Presse mit Druckluftantrieb
H Hydraulikleitung

10.4

Eine Wasserdruckpresse (Bild 10.4) ist an eine Druckwasserleitung mit $p_w = 7$ bar Druck angeschlossen. Der Druckkolben ist als Stufenkolben mit einem Außendurchmesser von 200 mm und einem Kolbenstangendurchmesser von 140 mm ausgeführt, der Arbeitskolben hat 400 mm Durchmesser. Es sind drei Dichtungen von je $l = 15$ mm Länge und einer Reibungszahl $\mu = 0{,}13$ eingebaut. Der Dichtungsdruck ist an den Dichtungen D2 und D3 gleich dem Arbeitsdruck p, an der Dichtung D1 wirkt der Differenzdruck zwischen Arbeits- und Wasserdruck. Gesucht sind:

1. Die Presskraft bei Vernachlässigung der Reibung an den Dichtflächen,
2. Die Presskraft unter Berücksichtigung der Dichtungsreibung,
3. Der Wirkungsgrad dieser Wasserdruckpresse.

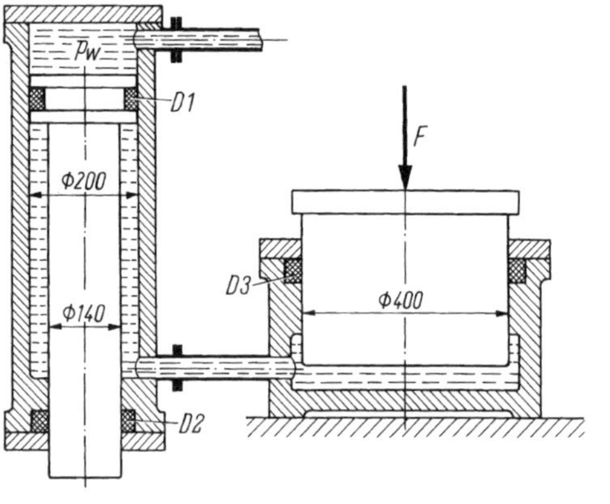

Bild 10.4 Wasserdruckpresse

10.5

Auf einen Hydraulikkolben von $d = 80$ mm Durchmesser (Bild 10.5) wirkt eine Kraft $F = 9{,}5$ kN. Die Dichtung hat eine Länge $l = 15$ mm. Der Dichtungsdruck liegt 15% über dem Arbeitsdruck. Zu ermitteln ist:

1. Der Arbeitsdruck p bei Vernachlässigung der Reibung.

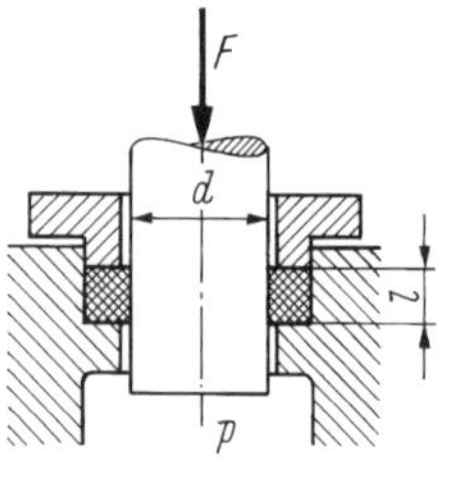

Bild 10.5 Hydraulikkolben mit Dichtung

2. Wie groß wird p unter Berücksichtigung der Reibung bei einer Reibungszahl $\mu = 0{,}14$?
3. Wie hoch sind der prozentuale Energieverlust und der Wirkungsgrad?

10.6

Mit einer hydraulischen Presse nach Bild 10.6 soll durch eine Handkraft von 120 N eine Kraft von 95 kN ausgeübt werden. Es betragen der Durchmesser des Arbeitskolbens $d_2 = 400$ mm, des Druckkolbens (Handkolbens) $d_1 = 25$ mm, die Dichtungslänge am Arbeitskolben $l = 25$ mm, die Handhebellängen $l_H = 0{,}55$ m und $l_1 = 0{,}25$ m. Der Dichtungsdruck am Arbeitskolben liegt 30% über dem Arbeitsdruck, die Reibung an der Dichtung des Handkolbens kann vernachlässigt werden.

1. Wie groß ist die Reibungszahl an der Dichtung des Arbeitskolbens?
2. Welchen Wirkungsgrad hat diese hydraulische Presse?
3. Wie viel Handhübe sind zum Anheben des Arbeitskolbens um 800 mm notwendig, wenn der Handkolbenhub 200 mm beträgt?

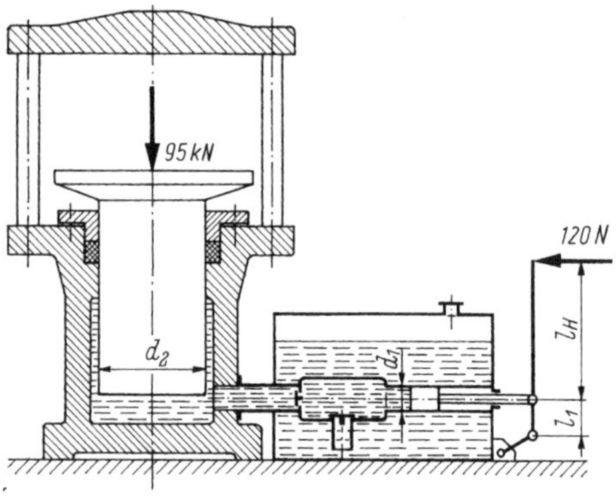

Bild 10.6 Hydraulische Handpresse

10.7

Durch eine Leitung von 400 mm Innendurchmesser und 9 mm Wanddicke strömt Wasserdampf von 82 bar Überdruck. An die Leitung ist ein Reinigungsstutzen mit 100 mm Innendurchmesser angeschweißt, der durch einen mittels 6 Schrauben am Stutzenflansch befestigten Deckel verschlossen wird. Es sind zu ermitteln:

1. Die in der Leitung auftretende Zugspannung σ_z,
2. Die auf volle mm gerundete erforderliche Wanddicke s_1 des Reinigungsstutzens bei gleicher Zugspannung wie in der Leitung,
3. Die Betriebskraft F, mit der jede Deckelschraube belastet wird.

10.8

Ein Druckbehälter hat 1,5 m Innendurchmesser und 6 mm Wanddicke. Für welchen Innendruck ist dieser Behälter bei einer zulässigen Zugspannung von 340 N/mm² ausgelegt?

10.9

Durch eine Rohrleitung von 500 mm Innendurchmesser soll Wasserdampf mit einem Druck von 160 bar strömen. Welche Wanddicke ist erforderlich, wenn die zulässige Zugspannung 320 N/mm² beträgt?

10.10

Auf einem Druckwasserkessel ist ein kugelförmiger Ausgleichsbehälter von 600 mm Innendurchmesser angebracht. Welche auf volle mm gerundete Wanddicke muss der Behälter mindestens haben, damit bei einem Wasserdruck von 26 bar eine Zugspannung von 100 N/mm² nicht überschritten wird?

10.11

In einem Flammrohrkessel (Bild 10.11) soll Sattdampf mit einem Druck von 12 bar erzeugt werden. Das Flammrohr hat einen Innendurchmesser von 900 mm bei einer Wanddicke von 12 mm. Wie groß ist die durch den Wasserdruck entstehende Druckspannung σ_d im Flammrohr?

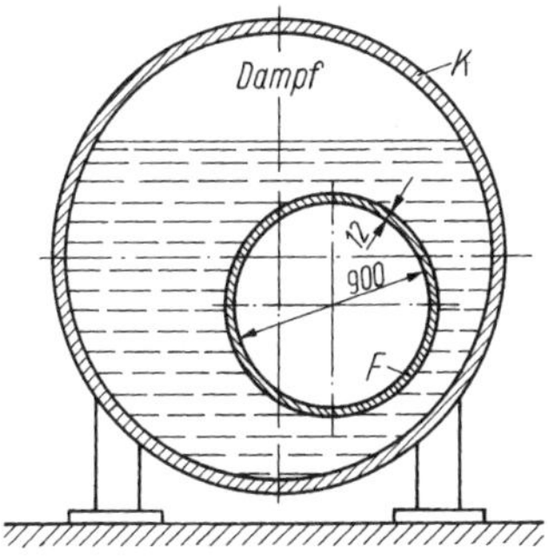

Bild 10.11 Schnitt durch einen Flammrohrkessel K Kesselmantel, F Flammrohr

Hydrostatischer Druck

10.12

In einem Stausee befindet sich in $h = 60$ m Tiefe ein Versorgungsrohr mit 300 mm Außendurchmesser und 2 mm Wanddicke. Gesucht sind:

1. Der auf das Rohr wirkende hydrostatische Druck p in bar,
2. Die Druckspannung σ_d in der Rohrwandung.

10.13

In einer Thomasbirne, die bis zu einer Höhe von 900 mm mit flüssigem Eisen gefüllt ist, wird Sauerstoff durch im Boden liegende Düsen eingeblasen (Bild 10.13). Wie groß muss der Druck in der Sauerstoffleitung mindestens sein, damit die Flüssigkeit nicht in die Düsenöffnungen eindringt?

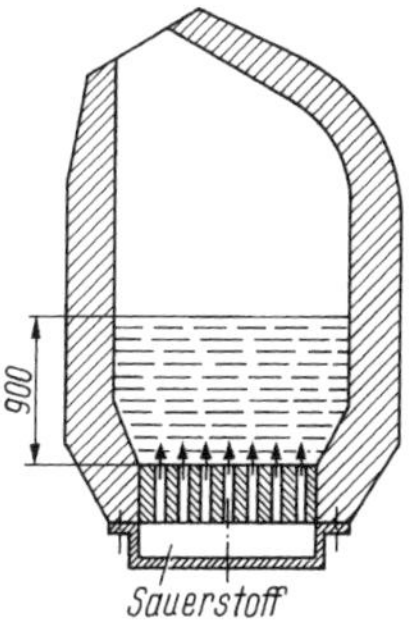

Bild 10.13 Thomasbirne zur Stahlerzeugung

10.14

In dem Druckbehälter nach Bild 10.14 steht Wasser bis zur Höhe $h_1 = 2{,}4$ m. Das am Behälter angebrachte U-Rohrmanometer ist mit Quecksilber (Dichte $\varrho_{Hg} = 13{,}6$ kg/dm³) gefüllt. Die Höhendifferenz in den Schenkeln beträgt $\Delta h = 520$ mm. Welchen Druck p zeigt das $h_2 = 200$ mm über dem Behälterboden angebrachte Manometer an?

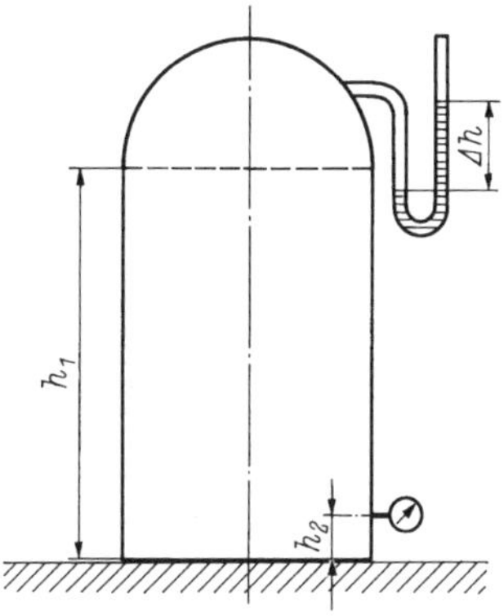

Bild 10.14 Wassergefüllter Druckbehälter

10.15

In Bild 10.15 ist eine Kolbenpumpenanlage schematisch dargestellt. Das Manometer im Saugwindkessel (S) zeigt einen Unterdruck von 0,51 bar an, das im Druckwindkessel einen Überdruck von 8,2 bar. Im Saugwindkessel steht das Wasser 700 mm unter und im Druckwind-

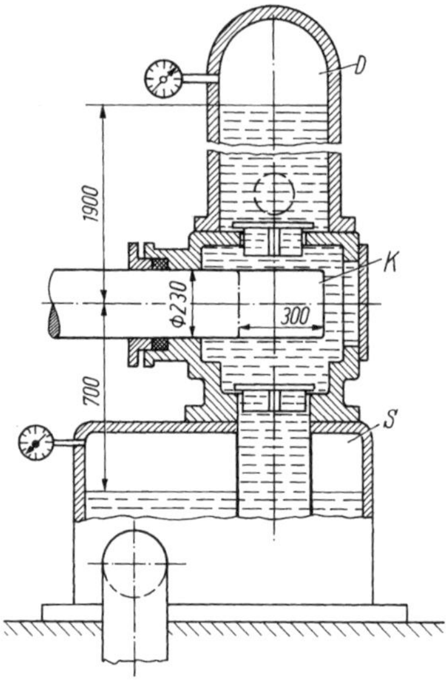

Bild 10.15 Schema einer Kolbenpumpenanlage
S Saugwindkessel, D Druckwindkessel,
K Kolben

kessel (D) 1,9 m über der Mittenachse des Kolbens (K) mit 230 mm Durchmesser. Unter Vernachlässigung sämtlicher Verluste (Ventil-, Strömungs-, Beschleunigungsverluste u. a.) sind zu ermitteln:

1. Die Drücke (Über- bzw. Unter- und Absolutdrücke) im Pumpenraum bei einem Luftdruck von 1000 hPa,
2. Die Kolbenkräfte beim Saug- und beim Druckhub,
3. Die Saug-, die Druck- und die Gesamtarbeit bei einem Kolbenhub von 300 mm.

10.16

Ein Tanklastwagen durchfährt mit einer Geschwindigkeit von 60 km/h eine Kurve mit einem Radius von 100 m. Unter welchen Winkel α zur Waagerechten stellt sich die Flüssigkeitsoberfläche im Tank ein?

10.17

Ein mit Flüssigkeit gefülltes zylindrisches Gefäß (Bild 10.17) rotiert in einer Zentrifuge um seine lotrechte Mittelachse mit einer konstanten Drehzahl von 120 min^{-1}. Gesucht sind:

1. Der Neigungswinkel α_1 der Flüssigkeitsoberfläche an der Wandung,
2. Der Neigungswinkel α_2 beim Durchmesser 200 mm,

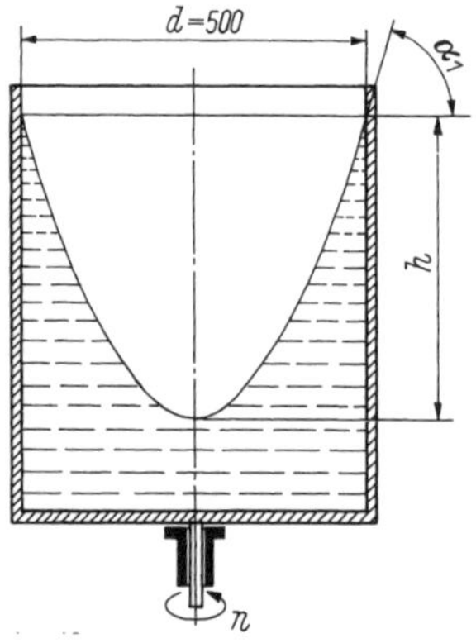

Bild 10.17 Rotierendes Zentrifugengefäß

3. Der Höhenunterschied h zwischen dem Flüssigkeitsstand an der Wandung und in der Behältermitte.

10.18

In einem Zentrifugengefäß entsprechend Bild 10.17 mit einem Innendurchmesser von 40 mm befinden sich 40 cm^3 einer Flüssigkeit.

1. Wie hoch sind der Flüssigkeitsstand am Innendurchmesser und in der Mitte des Gefäßes bei einer Drehzahl von 200 min^{-1}?
2. Bei welcher Drehzahl wäre die Flüssigkeitshöhe in Gefäßmitte gerade null?
3. Wie hoch wäre bei der unter 2. errechneten Drehzahl der Flüssigkeitsstand am Innendurchmesser, und unter welchem Winkel zur Waagerechten würde die Flüssigkeit die Wandung berühren?

10.19

Das Zentrifugengefäß nach Bild 10.19 mit einem Innendurchmesser von 56 mm rotiert mit der Drehzahl 300 min^{-1}. Die Flüssigkeit stellt sich dabei am Gefäßboden mit einem Durchmesser $d_b = 30$ mm ein. Die Flüssigkeitshöhe h an der Gefäßinnenwand ist zu errechnen.

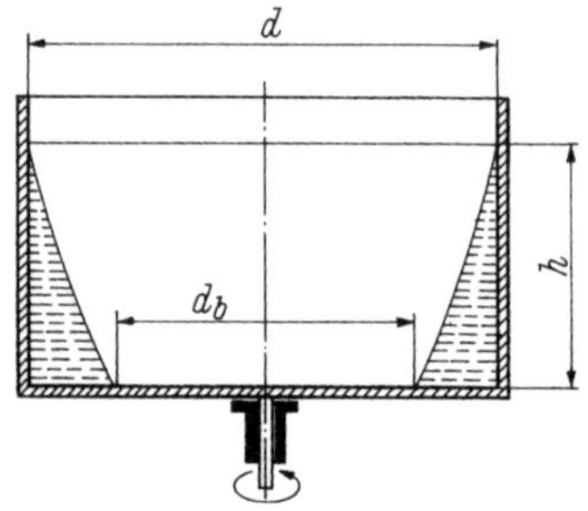

Bild 10.19 Rotierendes Gefäß einer Zentrifuge

10.20

Mit welcher Drehzahl rotiert ein Zentrifugengefäß von 60 mm Innendurchmesser, wenn sich die Flüssigkeit, wie in Bild 10.19 skizziert, mit dem Durchmesser 20 mm am Boden und der Höhe 27 mm an der Innenwand einstellt?

Druckkräfte gegen Gefäßwände

10.21

Am Boden eines Behälters (Bild 10.21), der eine Flüssigkeit mit einer Dichte $\varrho = 1{,}25\ \mathrm{kg/dm^3}$ enthält, befindet sich ein Entleerungsstutzen mit $d = 100$ mm Durchmesser, der durch einen angeschraubten Deckel verschlossen ist. Die Oberfläche der Flüssigkeit hat die Höhe $h = 16$ m über dem Deckel. Welche Kraft muss von den Deckelschrauben aufgenommen werden?

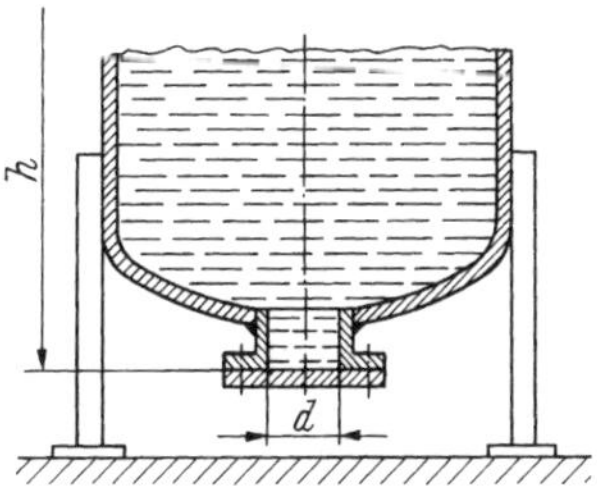

Bild 10.21 Entleerungsstutzen an einem Behälter

10.22

Ein Stauschütz wird nach Bild 10.22 aus Holzbohlen mit den Querschnittsmaßen 30 cm × 10 cm gebildet. Die Bohlen haben eine Stützweite von 2,6 m. Bis zu welcher Höhe H kann das Wasser gestaut werden, wenn die Biegespannung an der höchstbeanspruchten Stelle 12 N/mm² nicht überschreiten darf?

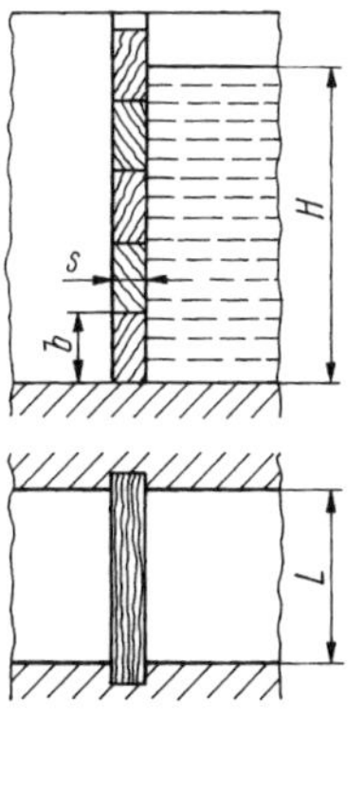

Bild 10.22 Stauschütz mit Holzbohlen

10.23

Das Klappenwehr nach Bild 10.23 schließt einen Kanal von halbkreisförmigem Grundquerschnitt ab. Welches Belastungsgewicht ist im angegebenen Abstand vom Drehpunkt notwendig, wenn das Wehr öffnen soll, sobald das Wasser den Halbkreisquerschnitt ausfüllt? Dafür sind zu errechnen:

1. Die Seitendruckkraft F_S im Schwerpunkt der Halbkreisfläche,
2. Der Abstand h_D des Druckmittelpunktes von der Wasseroberfläche,
3. Die erforderliche Masse m des Belastungsgewichtes.

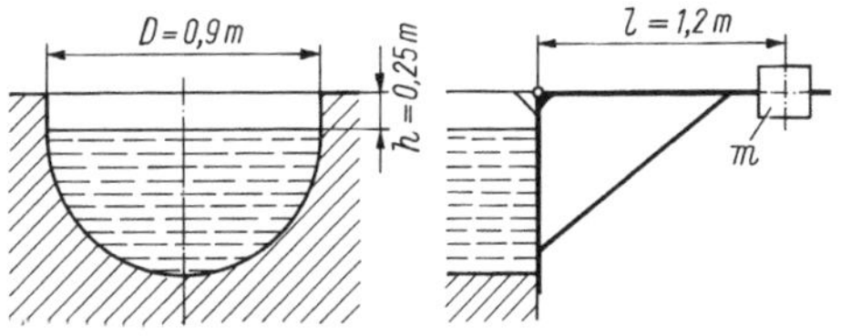

Bild 10.23 Klappenwehr

10.24

Der in Bild 10.24 skizzierte Wasserbehälter hat in einer Seitenwand eine dreieckförmige Öffnung mit der Höhe $h = 400$ mm und der Breite $b = 300$ mm, die durch eine Platte verschlossen

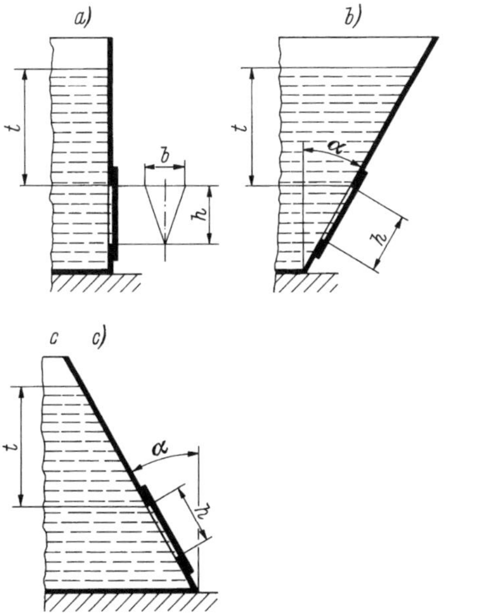

Bild 10.24 Seitenwandöffnung in einem Wasserbehälter a) senkrecht, b) nach außen, c) nach innen geneigt

wird. Die Öffnungsoberkante liegt $t = 1{,}2$ m unter der Wasseroberfläche. Wie groß ist die Seitendruckkraft auf die Öffnungsplatte und welchen Abstand vom Wasserspiegel hat der Druckmittelpunkt, wenn

1. die Seitenwand senkrecht zum waagerechten Boden steht (Bild 10.24 a),
2. unter dem Winkel $\alpha = 55°$ nach außen (Bild 10.24 b),
3. unter 55° nach innen (Bild 10.24 c) geneigt ist?

10.25

Eine Mauer von 0,8 m Dicke und 2,5 m Höhe (Bild 10.25) aus Beton mit der Dichte 2300 kg/m³ staut Wasser auf eine Höhe von 2,3 m. Die Spannungen in den Punkten A und B der Sohlfläche sind unter Berücksichtigung des Mauergewichtes, bezogen auf 1 m Mauerlänge, zu errechnen.

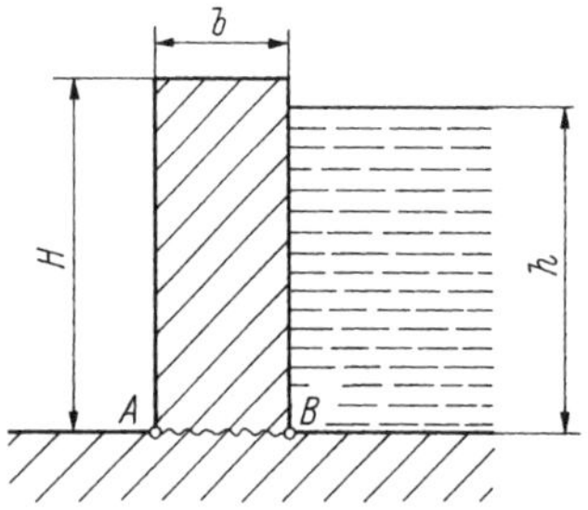

Bild 10.25 Staumauer

10.26

Eine Staumauer aus Beton (Dichte 2,3 kg/dm³) hat einen trapezförmigen Querschnitt mit einer Höhe von 23 m (Bild 10.26). Die Breite beträgt an der Oberkante 3 m und an der Sohle 12 m. Das Wasser wird auf eine Höhe von 20 m gestaut. Es sind zu ermitteln:

1. Die Seitendruckkraft F_s, auf 1 m Mauerlänge bezogen,
2. Die resultierende Belastungskraft F_r aus Seitendruckkraft F_s und Gewichtskraft F_G der Mauer, auf 1 m Mauerlänge bezogen,
3. Der Winkel β, unter dem F_r zur lotrechten Mauermittellinie wirkt,
4. Der Abstand h_M des Schnittpunktes der Wirklinie von F_s mit der lotrechten Mauermittellinie von der Sohle,
5. Die größte Spannung σ_{max}, die in der Sohlfläche auftritt.

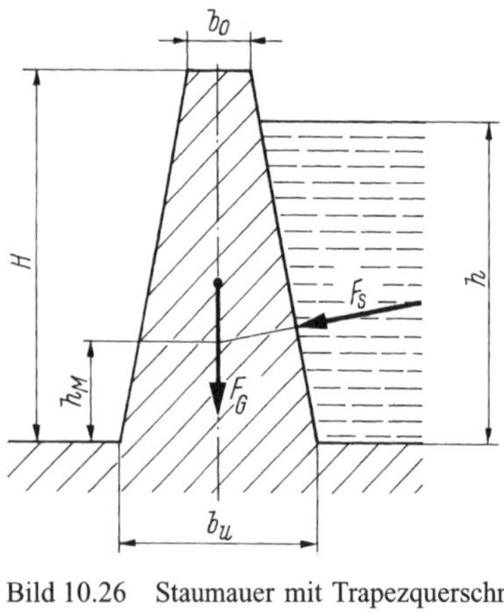

Bild 10.26 Staumauer mit Trapezquerschnitt

Auftrieb und Schwimmen

10.27

Mit welcher Mindestkraft F kann ein Ball von $D = 40$ cm Durchmesser unter Wasser gedrückt werden?

10.28

Eine Schute (Transportschiff in Form eines offenen quaderförmigen Kastens) von 80 m Länge und 12 m Breite hat im unbeladenen Zustand einen Tiefgang von 0,8 m. Gesucht sind:

1. Die Masse m der unbeladenen Schute,
2. Das Volumen V in m³ einer Kiesladung mit der Schüttdichte $\varrho = 1{,}7$ t/m³ für einen zulässigen Tiefgang von 2,1 m.

10.29

Ein Signalkegel aus Kunststoff (Dichte $\varrho_K = 0{,}3$ kg/dm³) von 500 mm Grundflächendurchmesser und 800 mm Höhe soll durch eine am Boden angebrachte Aluminiumplatte (Bild 10.29) so belastet werden, dass die Spitze 250 mm aus dem Wasser ragt. Wie dick muss die Aluminiumplatte sein?

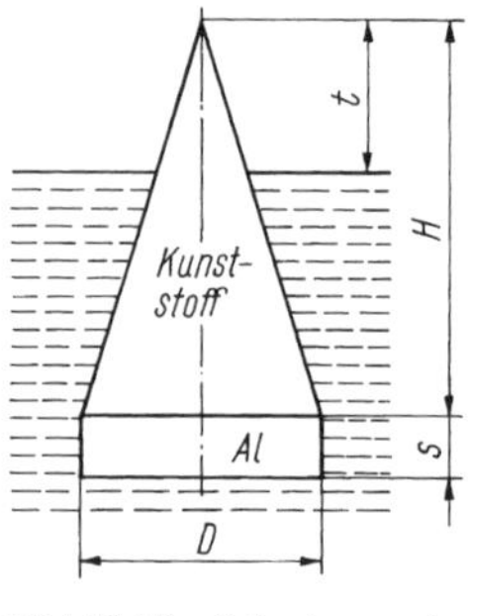

Bild 10.29 Schwimmender Signalkegel

10.30

Ein Holzbrett mit der Länge $l = 2{,}5$ m und den Querschnittsmaßen $b = 20$ cm, $s = 2$ cm ist an einem Ende gelenkig gelagert (Bild 10.30) und schwimmt mit dem anderen Ende in einem wassergefüllten Becken. Der Gelenkbolzen B ist $H = 1$ m über der Wasseroberfläche angeordnet. Die Gelenkkraft F_B ist zu bestimmen.

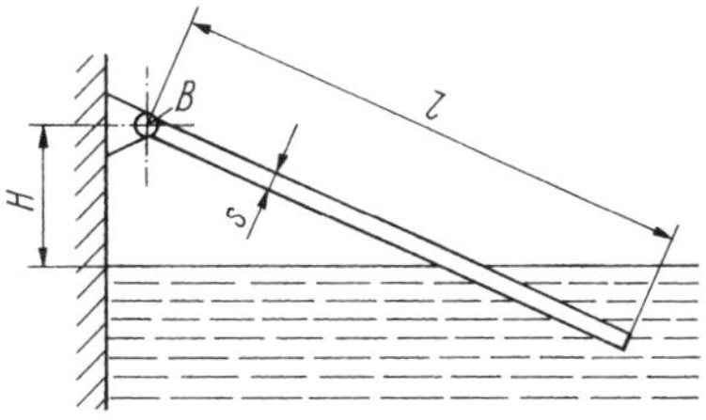

Bild 10.30 Einseitig schwimmendes Brett

10.31

Zur Dichtebestimmung eines Schmuckstückes wurden Messungen mit einer Federwaage vorgenommen. Die Messung in Luft ergab eine Federkraft von 0,6 N, in Wasser von 0,56 N (Bild 10.31). Zu ermitteln sind:

1. Die Dichte ϱ und das Volumen V des Schmuckstückes,
2. Die Massen m_{Ag} des Silberanteils mit der Dichte $\varrho_{Ag} = 10{,}5$ kg/dm^3 und m_{Au} des Goldanteils mit $\varrho_{Au} = 19{,}32$ kg/dm^3,
3. Die auf das Volumen und auf die Masse bezogene prozentuale Verteilung von Gold und Silber in diesem Schmuckstück.

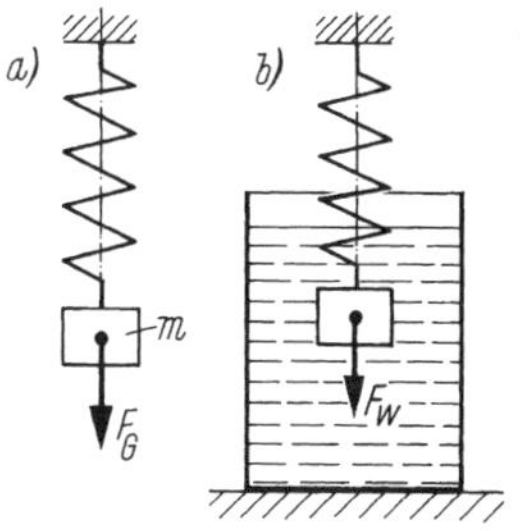

Bild 10.31 Dichtebestimmung mittels Federwaage
a) Messung in Luft, b) in Wasser

10.32

Ein Holzzylinder mit 200 mm Grundflächendurchmesser soll mit der Kreisfläche nach unten in stabiler Schwimmlage in Wasser schwimmen. Welche Länge darf der Zylinder höchstens haben?

10.33

Ein 50 cm langer Holzquader mit quadratischer Grundfläche von 15 cm Kantenlänge schwimmt in Wasser. Ist die Schwimmlage stabil, wenn

1. die Quadratfläche nach unten zeigt,
2. die Quadratfläche senkrecht zur Wasseroberfläche steht?

10.34

Ein Quader mit den Abmessungen $l = 50$ cm und $a = 15$ cm wie in Aufgabe 10.33 soll mit der quadratischen Grundfläche senkrecht zur Wasseroberfläche in stabiler Lage schwimmen. Welche Dichte darf der Quader haben?

10.35

Ein 4 m breiter Flachkahn mit rechteckigem Querschnitt und trapezförmiger Längsschnittfläche (Bild 10.35) hat unbeladen eine Masse von 15 t (Eigengewicht) und einen Schwerpunktabstand $y_s = 0{,}4$ m über der Bodenunterfläche. Wie groß sind

1. der Tiefgang t_0 des unbeladenen Kahns,
2. der zulässige Schwerpunktabstand y_L der Ladung, wenn bei 1 m Tiefgang noch eine stabile Schwimmlage vorliegen soll?

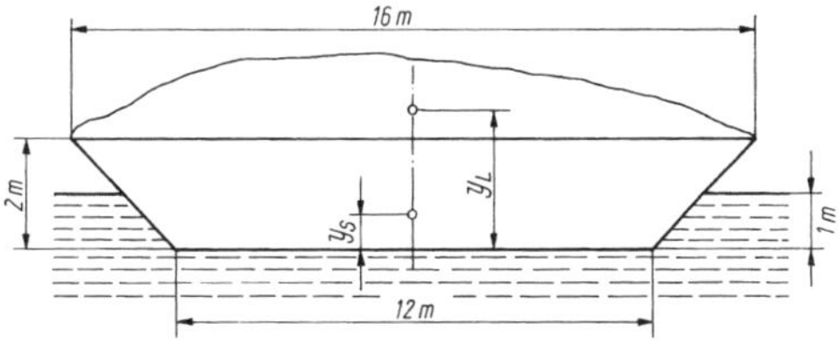

Bild 10.35 Flachkahn für Kiestransport

10.36

Ein Schiff von 150 t Eigenmasse ist mit 550 t Fracht beladen, wobei das 6,3 m breite Schiffsdeck 2 m über der Wasserlinie liegt (Bild 10.36 a). Der Abstand des Eigenschwerpunktes vom Kiel beträgt $y_S = 1{,}7$ m, des Ladungsschwerpunktes $y_L = 3{,}2$ m. Die Schwimmfläche ist als Rechteckfläche von 35 m Länge anzunehmen. Es wird auf dem Deck eine zusätzliche Last von 1 t in 3 m Entfernung von der Schiffsmitte angebracht, so dass eine Krängung von 0,6° entsteht (Neigung um den Winkel $\alpha = 0{,}6°$, Bild 10.36 b). Zu ermitteln sind:

1. Die metazentrische Höhe h_M,
2. Der Schwerpunktabstand y_{F1} des verdrängten Wassers.

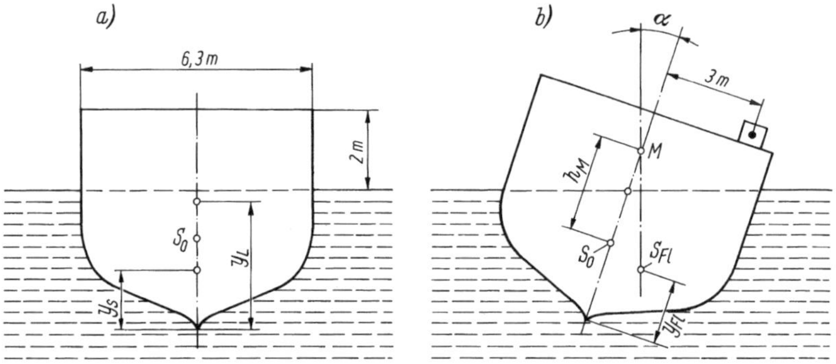

Bild 10.36 Beladenes Schiff
a) in normaler Schwimmlage, b) durch einseitige Last ausgekrängt (in geneigter Schwimmlage)

Hydrodynamik reibungsfreier Strömungen

Kontinuitätsgleichung, Bernoullische Gleichung

10.37

Durch das skizzierte Übergangsstück in einer Rohrleitung mit den Durchmessern $d_1 = 250$ mm und $d_2 = 100$ mm (Bild 10.37) strömt ein Volumenstrom $\dot{V} = 25$ l/s Wasser. Wie groß sind die Strömungsgeschwindigkeiten c_1 und c_2 am Ein- und am Austrittsquerschnitt dieses Übergangsstückes?

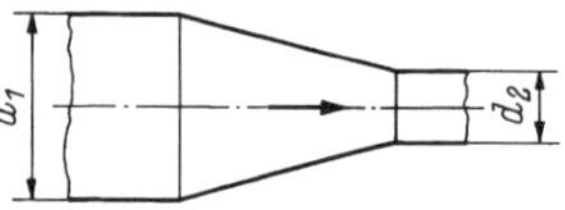

Bild 10.37 Waagerechtes Übergangsstück

10.38

Aus dem in Bild 10.38 skizzierten Rohrstück fließt Wasser mit der Geschwindigkeit $c = 2{,}5$ m/s. Unter Vernachlässigung der Strömungsverluste sind zu bestimmen:

1. Die Strömungsgeschwindigkeiten in den Punkten 1, 2 und 3,
2. Der austretende Massenstrom.

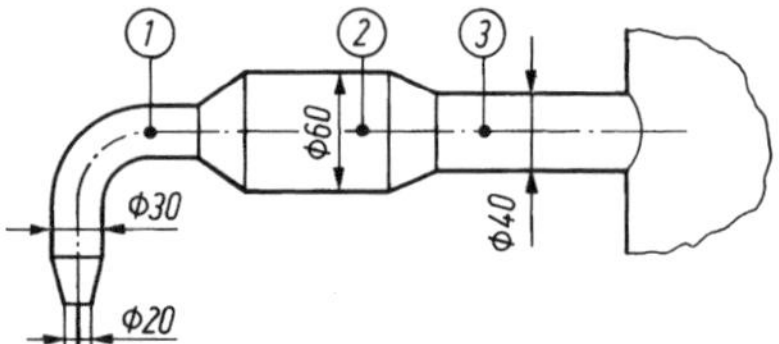

Bild 10.38 Rohrstück

10.39

In einem Wärmetauscher entsprechend Bild 10.39 befinden sich 20 Rohre mit je 30 mm Innendurchmesser, durch die Kühlwasser mit einer Geschwindigkeit von 1,5 m/s strömen soll. Gesucht sind:

1. Die erforderliche Kühlwassermenge in m³/h,
2. Der auf volle 10 mm gerundete Durchmesser d_e des Zulaufrohres, wenn die Zulaufgeschwindigkeit 2 m/s nicht überschritten werden darf,
3. Die Geschwindigkeit des Kühlwassers im Ablaufstutzen mit $d_a = 100$ mm Durchmesser.

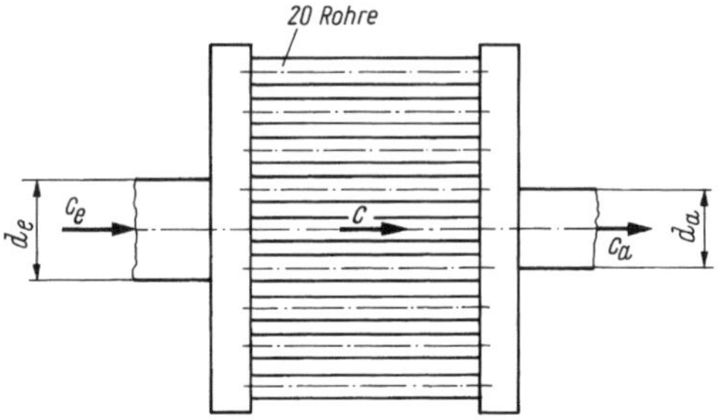

Bild 10.39 Rohrsystem eines Wärmetauschers

10.40

Durch eine Rohrleitung strömen je min ca. 6000 l einer Flüssigkeit mit der Dichte 1,1 kg/dm³. Unter Vernachlässigung der Reibung sind für ein Übergangsstück (Bild 10.40) in dieser Leitung zu ermitteln:

1. Die Strömungsgeschwindigkeiten c_1 und c_2 am Eintritts- und am Austrittsquerschnitt,
2. Die Höhe h für eine Druckdifferenz von 0,1 bar.

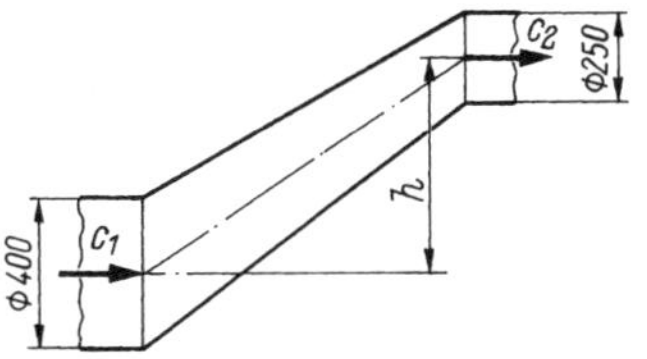

Bild 10.40 Ansteigendes Übergangsstück

10.41

An ein Druckrohr ist eine Ausflussleitung angeschlossen (Bild 10.41), durch die Wasser in die freie Atmosphäre tritt. Am Manometer wird ein Überdruck von 2,8 bar angezeigt. Zu bestimmen sind die Ausflussgeschwindigkeit, der ausströmende Volumenstrom sowie die Geschwindigkeiten und die piezometrischen Drücke an den Stellen 1, 2, 3 und 4.

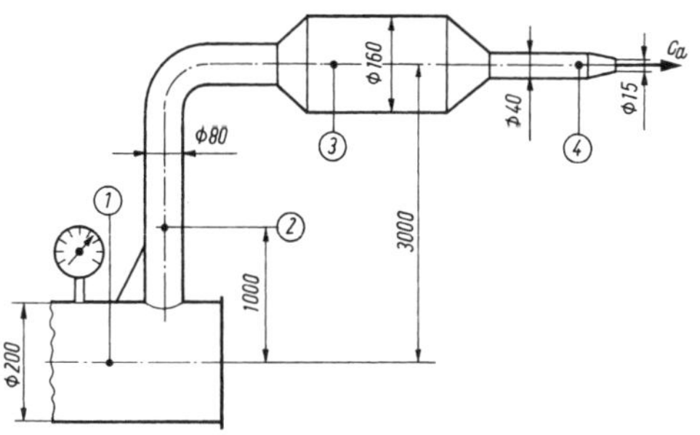

Bild 10.41 Druckrohr mit Ausflussleitung

10.42

Ein Prandtlsches Staurohr (siehe MF Bild 10.38 b) mit einer Gerätekonstanten $K = 0{,}93$ wird zur Messung einer Rohrströmung verwendet, wobei durch ein Rohr mit $d = 160$ mm Innendurchmesser eine Flüssigkeit der Dichte $\varrho = 800$ kg/m^3 strömt. In den Schenkeln des Gerätes werden die Höhen $h_1 = 60$ cm und $h_2 = 68$ cm gemessen.

1. Wie groß ist der piezometrische Druck p an der Messstelle?
2. Mit welcher Geschwindigkeit c strömt die Flüssigkeit an der Messstelle?
3. Welcher Volumenstrom $\dot{V}$ fließt durch das Rohr, wenn die errechnete Geschwindigkeit gleich der mittleren Geschwindigkeit ist?

10.43

Zur Messung der Strömungsgeschwindigkeit in einem Rohr, durch das Gas mit einer Dichte von 0,88 kg/m^3 strömt, wird ein Prandtlsches Staurohr mit einer Gerätekonstanten von 0,95 eingesetzt. Am Gerät ist ein mit gefärbtem Wasser gefülltes U-Rohrmanometer angeschlossen, das bei der Messung eine Höhendifferenz von 6 cm anzeigt. Welche Geschwindigkeit hat das Gas an der Messstelle?

10.44

Die Geschwindigkeit eines Flugzeugs soll mit einem Pitotrohr bestimmt werden (Bild 10.44). Mit welcher Geschwindigkeit bewegt sich das Flugzeug, wenn sich im angeschlossenen U-Rohr eine Höhendifferenz des Quecksilbers (Dichte $\varrho_{Hg} = 13{,}6$ kg/dm^3) von 7 cm einstellt? Es kann mit einer Luftdichte $\varrho_L = 1{,}2$ kg/m^3 gerechnet werden.

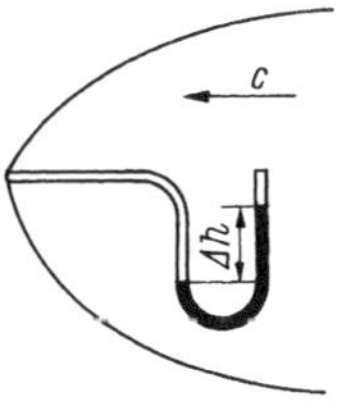

Bild 10.44 Pitotrohr mit U-Rohr zur Geschwindigkeitsmessung

10.45

In ein Wasserrohr von 100 mm lichter Weite wird eine Venturidüse nach DIN EN ISO 5167 mit einem Durchmesserverhältnis $\beta = 0{,}6$ und einem Durchflusskoeffizienten $C = 0{,}9661$ eingebaut. Zur Bestimmung der Druckdifferenz ist ein U-Rohrmanometer angeschlossen, das mit Quecksilber der Dichte 13,6 kg/dm^3 gefüllt wurde. Es wird eine Höhendifferenz von 55 mm gemessen.

1. Mit welcher Geschwindigkeit strömt das Wasser durch die Rohrleitung?
2. Wie groß ist die mittlere Geschwindigkeit im engsten Querschnitt der Venturidüse?
3. Welcher Volumenstrom fließt durch die Rohrleitung?
4. Welchen Durchmesser hat die Einschnürung an der Messstelle?

10.46

In einer Rohrleitung mit $d_1 = 80$ mm Innendurchmesser, durch die Wasser fließt, befindet sich eine Venturidüse mit dem Durchmesserverhältnis $\beta_1 = 0{,}64$ und dem Durchflusskoeffizienten $C = 0{,}9595$. Die Druckdifferenz beträgt 3000 Pa. Nach der Messstelle ist der Rohrdurchmesser auf $d_2 = 50$ mm verringert und eine genormte Blende mit $\beta_2 = 0{,}58$ eingebaut. An dieser Messblende wird eine Druckdifferenz von 76,95 kPa ermittelt.

1. Wie groß sind die Strömungsgeschwindigkeiten in beiden Rohrstücken, und wie groß ist der Volumenstrom?
2. Welcher Durchflusskoeffizient ergibt sich für die Messblende?

Ausfluss aus Behältern

10.47

Am Mantel eines offenen Behälters mit großer Wasserspiegelfläche befindet sich 200 mm über dem Boden ein Rohrstück mit 160 mm Durchmesser, der am Ende auf 50 mm verringert wird (Bild 10.47). Im Rohr ist eine Normdüse mit einem Durchmesserverhältnis von 0,5 eingebaut und ein U-Rohrmanometer angeschlossen mit Quecksilber (Dichte 13,6 kg/dm^3) als Sperrflüssigkeit, deren Höhendifferenz 15 mm beträgt. Unter Vernachlässigung der Reibung sind für einen Luftdruck von 1000 hPa zu errechnen:

1. Die theoretische Ausflussgeschwindigkeit c_a und der Volumenstrom $\dot{V}$,
2. Die Wasserspiegelhöhe z_1 über dem Boden und der piezometrische Druck im Rohr vor der Düse.

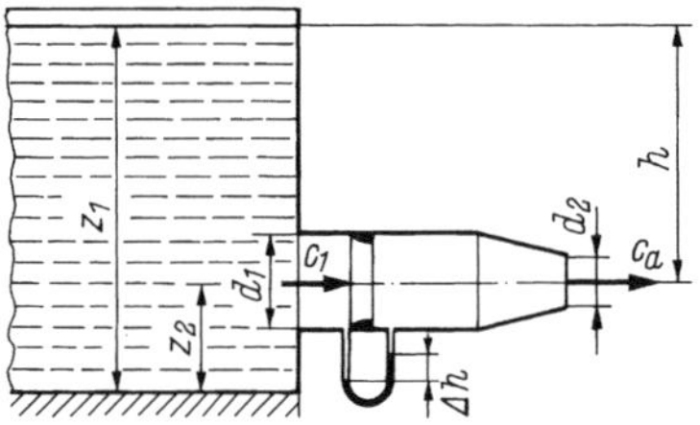

Bild 10.47 Ausflussrohr an einem Wasserbehälter

10.48

Zwei große Wasserbecken sind entsprechend Bild 10.48 durch eine Rohrleitung verbunden. Mit welcher Geschwindigkeit strömt das Wasser bei Vernachlässigung der Reibung in das untere Becken, und welchen Innendurchmesser muss die Rohrleitung haben, wenn der Volumenstrom 100 l/s betragen soll?

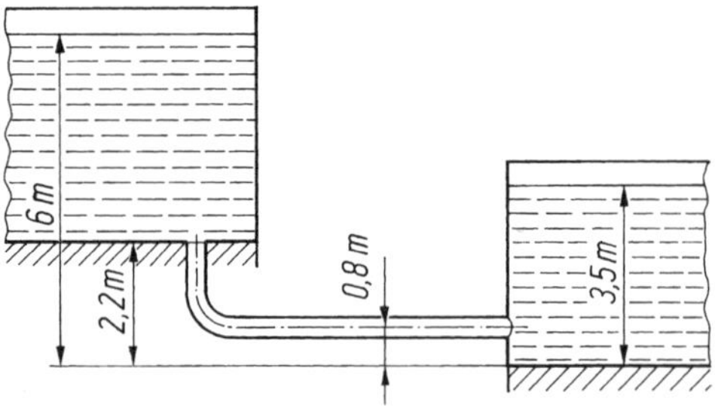

Bild 10.48 Durch Rohrleitung verbundene Wasserbecken

10.49

Eine Peltonturbinenanlage wird aus einem Gebirgssee gespeist (Bild 10.49), dessen Wasserspiegel 350 m über der Austrittsöffnung liegt. Das Fallrohr hat einen Durchmesser von 300 mm und mündet in eine Düse mit 180 mm Austrittsdurchmesser. Unter Vernachlässigung der Rohrreibung sind die Austrittsgeschwindigkeit, der austretende Volumenstrom und der Druck am Fallrohreintritt 40 m unter der Oberfläche des Sees zu bestimmen.

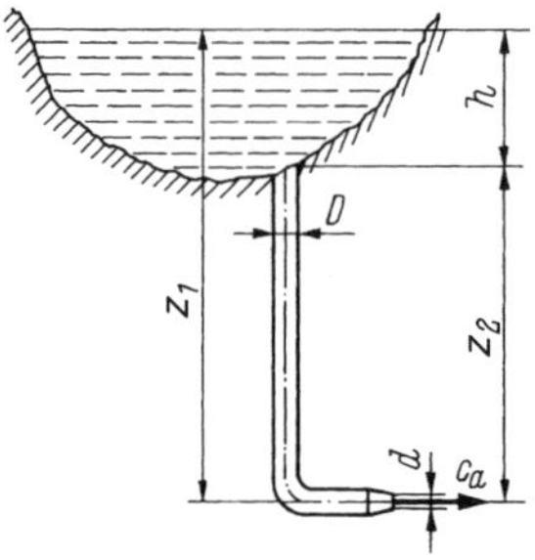

Bild 10.49 Fallrohr für eine Peltonturbinenanlage

10.50

An einen Druckbehälter ist ein Wasserleitungssystem nach Bild 10.50 angeschlossen. Der Behälter steht unter 5 bar Überdruck bei einem Wasserstand von 2 m. Durch einen Zufluss werden Druck und Wasserhöhe konstant gehalten. Der Rohrleitungsdurchmesser verringert sich nach jedem Entnahmeventil (E). Am Ende der Leitung ist eine Düse mit 10 mm Austrittsdurch-

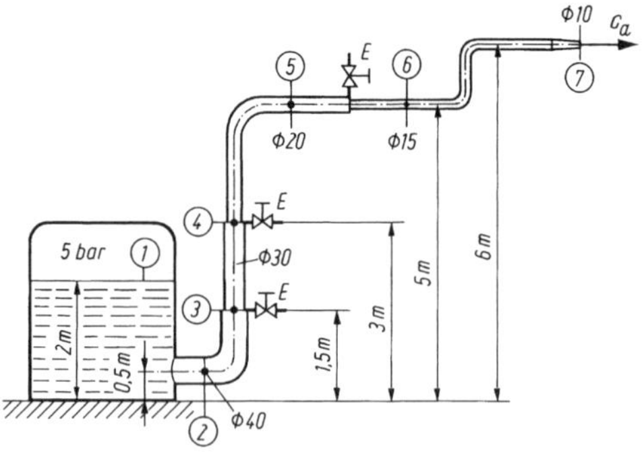

Bild 10.50 Wasserleitungssystem an einem Druckbehälter
E Entnahmeventil

messer in 6 m Höhe angeordnet. Unter Annahme einer reibungsfreien Strömung und geschlossener Entnahmeventile sind zu bestimmen:

1. Die Düsenaustrittsgeschwindigkeit,
2. Der austretende Volumenstrom,
3. Die Strömungsgeschwindigkeiten und die piezometrischen Überdrücke an den Punkten 2 bis 6.

10.51

In Bild 10.51 ist ein Wasserleitungssystem mit 5 Entnahmestellen skizziert, das an einen unter 3 bar Überdruck stehenden Wasserbehälter angeschlossen ist. Die Rohrleitung hat einen konstanten Innendurchmesser von 25 mm. Der Ausflussdurchmesser der Ventile beträgt 10 mm. Im Druckbehälter liegt der Wasserspiegel ständig in 16 m Höhe. Davon ausgehend sind die Verteilungsleitungen jeweils 3 m nach unten verlegt. Die Ausflussöffnungen der Ventile 1 bis 4 liegen 30 cm über der jeweiligen Verteilungsleitung. Reibungseinflüsse sind zu vernachlässigen.

1. Welche Ausflussgeschwindigkeiten und Volumenströme ergeben sich an den geöffneten Entnahmestellen 1 bis 5?
2. Wie groß ist der piezometrische Druck an der Stelle I, wenn nur das Ventil 5 geöffnet ist,
3. wenn die Ventile 5 und 1 geöffnet sind,
4. wenn alle Ventile geöffnet sind?

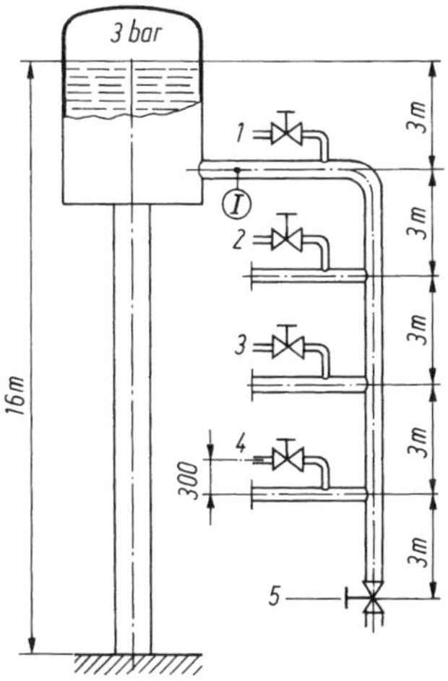

Bild 10.51 Wasserleitungssystem mit Verteilungsleitungen

10.52

An einem Druckbehälter mit $p_1 = 1{,}3$ bar Absolutdruck und einer Wasserhöhe von 0,4 m entsprechend Bild 10.52 befindet sich eine Rohrleitung von 60 mm Innendurchmesser, die am

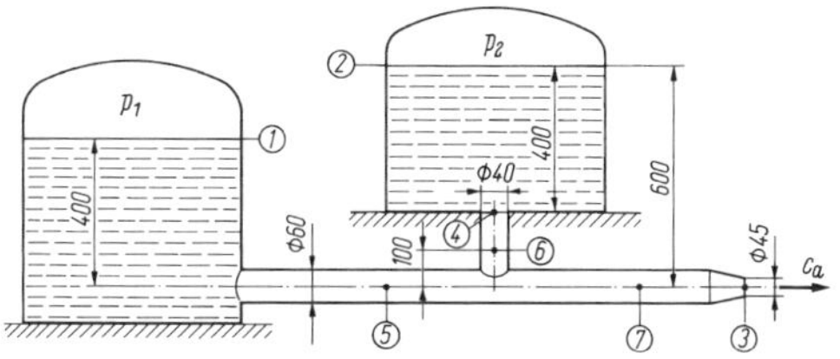

Bild 10.52 Durch Rohrleitung verbundene Wasserbehälter

Ende in eine Düse mit 45 mm Austrittsdurchmesser mündet, aus der das Wasser in die freie Atmosphäre mit 1 bar Luftdruck fließt. Über eine Verbindungsleitung von 40 mm Durchmesser ist ein zweiter Behälter mit $p_2 = 1{,}1$ bar Absolutdruck und einer Flüssigkeitshöhe von 0,6 m angeschlossen. Wegen der Behältergröße kann auf eine Berücksichtigung der geringfügigen Änderung der Flüssigkeitshöhen verzichtet werden. Unter Vernachlässigung der Strömungsverluste sind zu ermitteln:

1. Die Düsenaustrittsgeschwindigkeit und der austretende Volumenstrom.
2. Mit welcher Geschwindigkeit strömt das Wasser in den zweiten Behälter?
3. Welcher Massenstrom gelangt in den zweiten Behälter?
4. Wie groß sind die Geschwindigkeiten und die piezometrischen Drücke an den Punkten 5, 6 und 7?

10.53

Aus einem unter 1,3 bar Absolutdruck stehenden großen Behälter I mit konstanter Wasserspiegelhöhe strömt das Wasser in einen unter 1,1 bar Absolutdruck stehenden, höher gelegenen Behälter II (Bild 10.53). Durch ein Rohrstück mit 6 mm Durchmesser und einer Ausflusszahl

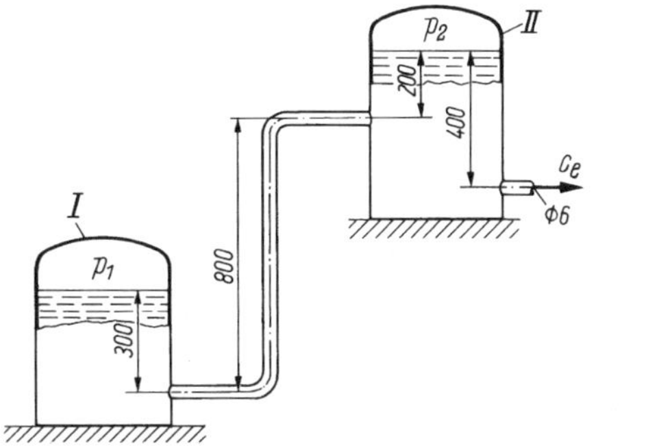

Bild 10.53 Wasserbehälter mit Verbindungsleitung und Ausflussrohr

$\mu = 0{,}82$ (Kontraktionszahl $\alpha_k = 1$) entweicht das Wasser aus dem zweiten Behälter in die freie Atmosphäre mit 1 bar Luftdruck. Unter Vernachlässigung weiterer Strömungsverluste sind zu ermitteln:

1. Die momentane Ausströmgeschwindigkeit aus dem Behälter II,
2. Die Strömungsgeschwindigkeit im Verbindungsrohr vor Eintritt in den Behälter II.
3. Welchen Durchmesser muss das Verbindungsrohr haben, damit sich ein stationärer Zustand einstellt?

Kraftwirkungen stationärer Strömungen

Strömungskräfte

10.54

Durch einen Rohrkrümmer mit $d = 60$ mm Innendurchmesser und $\gamma = 90°$ Biegewinkel (Bild 10.54) fließt unter $p = 4$ bar Überdruck ein Volumenstrom von $\dot{V} = 5$ l/s Wasser. Unter Vernachlässigung der Flüssigkeitsreibung und der Gewichtskraft sind zu errechnen:

1. Die durch das Wasser auf den Krümmer ausgeübte resultierende Kraft F_r und ihr Richtungswinkel β,
2. Der Betrag der Kraft F, der sich aus der Strömung ergibt.

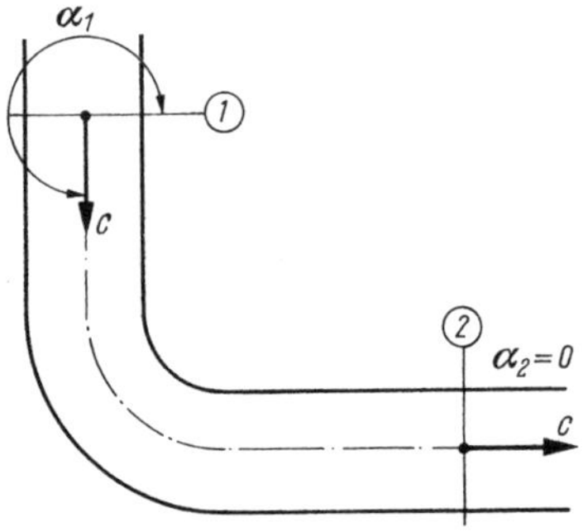

Bild 10.54 Rechtwinkliger Rohrkrümmer

10.55

Durch einen horizontal angeordneten Rohrkrümmer (Bild 10.55) mit 80 mm Innendurchmesser und einem Biegewinkel von 60° fließt Wasser unter 3 bar Überdruck. Welcher Volumenstrom darf bei Vernachlässigung der Flüssigkeitsreibung und ohne Berücksichtigung der Gewichtskraft durch den Krümmer fließen, wenn die auf den Krümmer wirkende resultierende Kraft 3300 N nicht überschreiten soll?

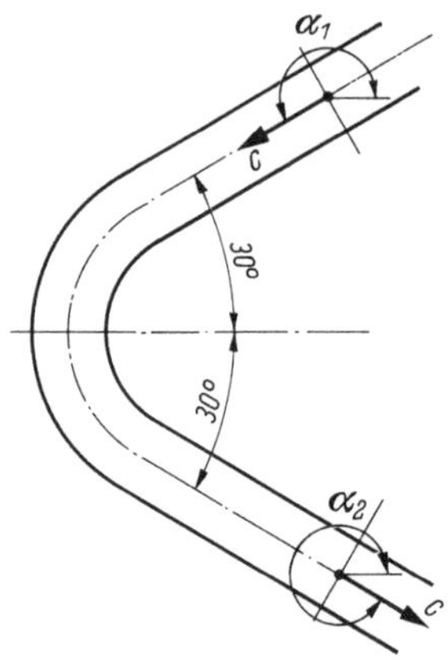

Bild 10.55 Um 60° gebogenes Rohrstück

10.56

In einer Wasserleitung befindet sich ein horizontal angeordnetes Rohrstück mit 120 mm Eintritts- und 80 mm Austrittsdurchmesser (Bild 10.56). Die Richtungsänderung beträgt 130°, die Austrittsgeschwindigkeit 6,4 m/s und der Überdruck 1,2 bar im Austrittsquerschnitt.

1. Wie groß sind die Geschwindigkeit und der Druck am Eintritt in das Rohrstück?
2. Welcher Volumenstrom fließt durch die Leitung?
3. Welche resultierende Kraft wird bei Vernachlässigung der Flüssigkeitsreibung und ohne Berücksichtigung der Gewichtskraft auf das Rohrstück ausgeübt, und unter welchem Winkel wirkt diese Kraft?

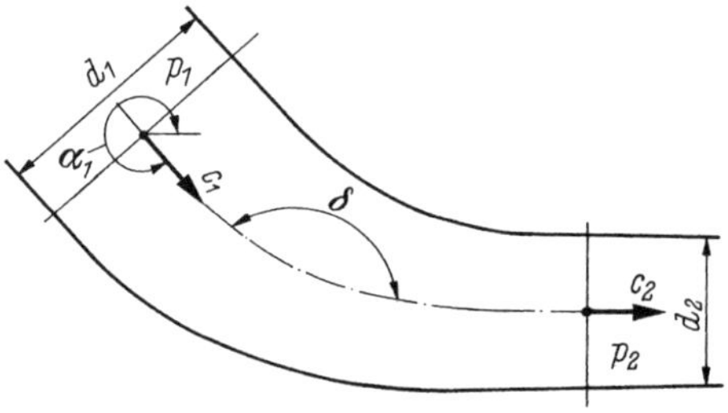

Bild 10.56 Rohrkrümmer mit Biegewinkel $\delta = 130°$

10.57

In die Rohrverzweigung nach Bild 10.57 fließt Wasser mit der Eintrittsgeschwindigkeit $c_e = 5{,}2$ m/s bei einem Überdruck von 1,4 bar. Durch den Abzweigstutzen mit 60 mm Durchmesser gelangen 20% des eintretenden Volumenstromes. Ohne Berücksichtigung der Gewichtskraft und der Flüssigkeitsreibung sind zu ermitteln:

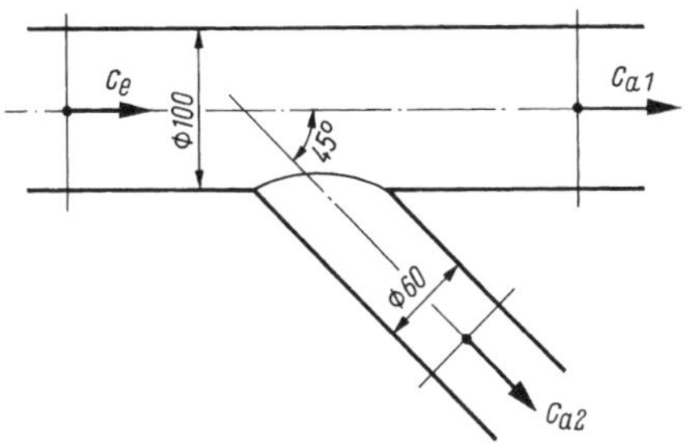

Bild 10.57 Rohrverzweigung

1. Die Strömungsgeschwindigkeiten c_{a1} und c_{a2} und die Drücke p_1 und p_2 an den Austrittsstellen der Rohrverzweigung,
2. Die auf die Rohrverzweigung wirkende resultierende Kraft und ihr Richtungswinkel zur Waagerechten.

Rückstoß- und Stoßkräfte

10.58

Ein zylindrischer Wasserbehälter ist wie in Bild 10.58 skizziert an einer Wand befestigt. Die durch Zufluss konstant gehaltene Flüssigkeitshöhe beträgt $H = 1{,}8$ m. Durch ein kurzes zylindrisches Ansatzrohr mit $d = 100$ mm Durchmesser, das sich $h_1 = 300$ mm über dem Behälterboden befindet, und mit der Geschwindigkeitszahl $\varphi = 0{,}83$ tritt Wasser aus dem Behälter. Die Befestigungspunkte A und B haben den Abstand $h_3 = 1$ m, wobei der untere Punkt $h_2 = 0{,}5$ m über dem Behälterboden liegt. Gesucht sind:

1. Die effektive Austrittsgeschwindigkeit c_e des Wassers,
2. Der effektiv austretende Volumenstrom $\dot{V}_e$,
3. Die Rückstoßkraft F_{Rs} infolge des effektiven Wasseraustritts,

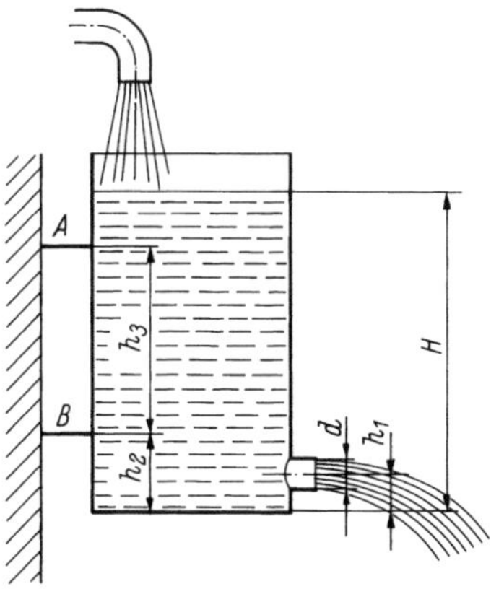

Bild 10.58 Wasserbehälter mit Wandbefestigung

4. Die durch F_{Rs} entstehenden Reaktionskräfte F_A und F_B an den Befestigungspunkten.

10.59

Auf welche Werte ändern sich die Ergebnisse der Aufgabe 10.58, wenn das Wasser in dem Behälter unter 1,8 bar Überdruck steht?

10.60

Ein Behälter mit 100 mm Innendurchmesser ist entsprechend Bild 10.60 mit Wasser gefüllt und an einer gelenkig aufgehängten masselos anzunehmenden Stange befestigt. Der Schwerpunkt des Behälters mit einer Masse von 0,35 kg liegt 90 mm über dem Boden. Die Austrittsöffnung ist klein im Verhältnis zur Bodenfläche. Um welchen Winkel α wird die Stange ausgelenkt, wenn aus der skizzierten Behälteröffnung, deren Ausflussverluste zu vernachlässigen sind, Wasser austritt?

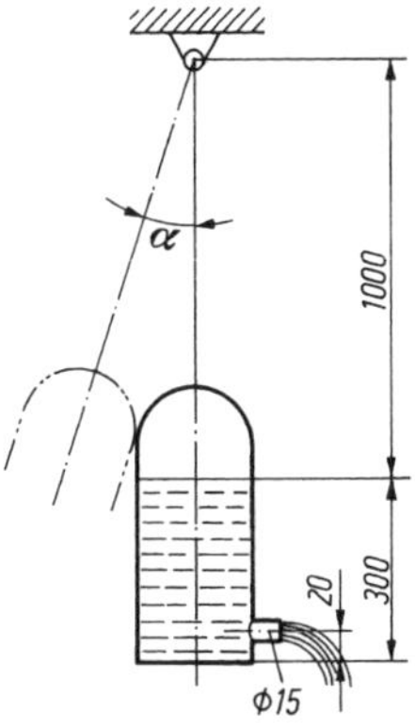

Bild 10.60 An Pendelstange befestigter Wasserbehälter

10.61

In einer Rohrleitung von 120 mm Innendurchmesser strömt Wasser unter 4 bar Überdruck und tritt durch eine Düse von 80 mm Öffnungsdurchmesser in die freie Atmosphäre. Der Wasserstrahl trifft auf eine ebene Platte, die durch zwei Lager A und B entsprechend Bild 10.61

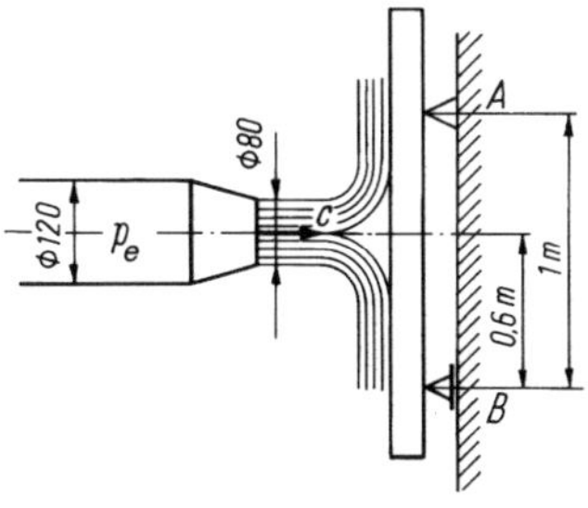

Bild 10.61 Senkrechter Strahl auf eine Platte

gehalten wird. Die Ausflussverluste sind zu vernachlässigen.

1. Mit welcher Geschwindigkeit c trifft der Wasserstrahl auf die Platte?
2. Welcher Volumenstrom $\dot{V}$ tritt aus?
3. Wie groß sind die durch den Flüssigkeitsstrahl hervorgerufenen Lagerkräfte F_A und F_B?

10.62

Ein Wasserstrahl tritt aus einer Rohrleitung von 60 mm Durchmesser bei einem Überdruck von 3 bar durch eine Mündungsdüse von 20 mm Durchmesser in die freie Atmosphäre und trifft in 0,7 m Höhe auf eine Wand (Bild 10.62). Auf die gegenüberliegende Wandseite trifft in 1,8 m Höhe ein weiterer Wasserstrahl aus einer Düse mit 16 mm Austrittsdurchmesser einer Rohrleitung von 40 mm Durchmesser. Welcher Überdruck muss in dieser Leitung herrschen, damit auf die Einspannstelle der Wand kein Moment ausgeübt wird, wie groß ist dann die auf die Wand wirkende resultierende Kraft und welche Wirkrichtung hat sie? Die Ausflussverluste können unberücksichtigt bleiben.

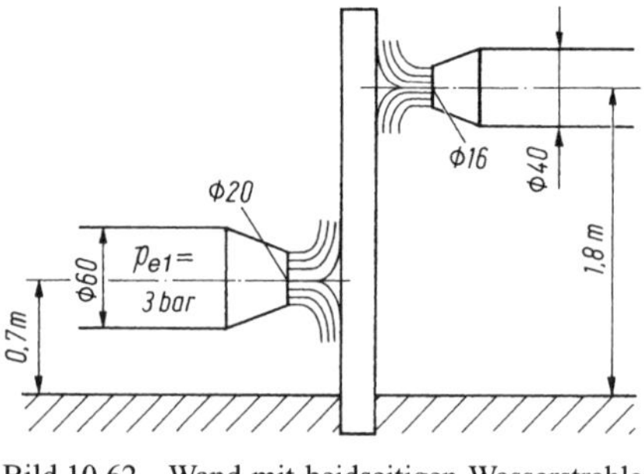

Bild 10.62 Wand mit beidseitigen Wasserstrahlen

10.63

Von einem Wasserwerfer (Bild 10.63), der sich mit einer Geschwindigkeit $v = 30$ km/h bewegt, trifft aus der Düse mit 120 mm Durchmesser ein Wasserstrahl in Fahrtrichtung gegen eine ebene Wand. Im Fahrzeug befindet sich 800 mm unter der Werferdüse eine Pumpe, die in ihrem Austrittsquerschnitt von 180 mm einen Überdruck von 7 bar erzeugt. Die Strömungsverluste können vernachlässigt werden.

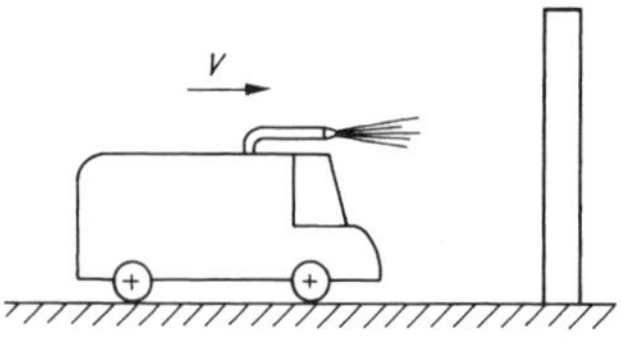

Bild 10.63 Wasserwerfer

1. Mit welcher Geschwindigkeit relativ zum Fahrzeug tritt der Wasserstrahl aus der Düse?
2. Wie groß ist der austretende Volumenstrom?
3. Welche Stoßkraft übt der Flüssigkeitsstrahl auf die Wand aus?

10.64

Eine am Boden drehbar gelagerte ebene Platte mit 1,6 m Länge und einer Masse von 45 kg soll wie in Bild 10.64 skizziert durch einen in 0,6 m Höhe auftreffenden Wasserstrahl unter einem Winkel von 60° gehalten werden. Im Wasserrohr von 60 mm Durchmesser herrschen 2 bar Überdruck. Der Austrittsdüsenquerschnitt ist einstellbar. Die Austrittsverluste sind vernachlässigbar gering. Welcher Austrittsquerschnitt mit welchem Durchmesser ist an der Düse einzustellen, damit die Platte im Gleichgewicht ist? Ferner ist zu erläutern, ob sich die Platte in stabiler Gleichgewichtslage befindet.

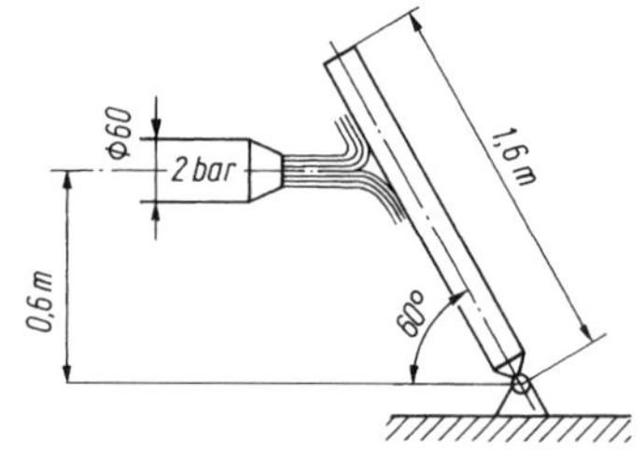

Bild 10.64 Wasserstrahl gegen eine drehbar gelagerte Platte

10.65

Eine Wasserleitung mit 60 mm Rohrinnendurchmesser und 3,3 bar Überdruck mündet in eine 1,2 m tiefer liegende Düse von 28 mm Durchmesser (Bild 10.65). Der durch die Düse in die

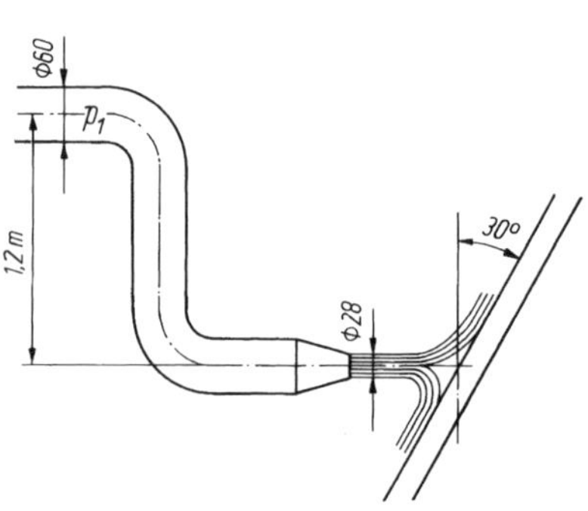

Bild 10.65 Wasserstrahl gegen eine geneigte Platte

freie Atmosphäre austretende Wasserstrahl trifft auf eine unter 30° geneigte ebene Wand. Unter Vernachlässigung der Strömungsverluste sind zu bestimmen:

1. Die Austrittsgeschwindigkeit des Wassers aus der Düse,
2. Der austretende Volumenstrom,
3. Die durch den Wasserstrahl auf die Platte ausgeübte Stoßkraft und deren Richtungswinkel zur Austrittsgeschwindigkeit.

10.66

Der in Aufgabe 10.65 beschriebene Wasserstrahl wird so auf eine um 30° geneigte Wand gelenkt, dass ein Ausweichen nur in einer Richtung möglich ist (Bild 10.66). Es sind zu ermitteln:

1. Die durch die Strömung auf die Wand ausgeübte Kraft,
2. Der Richtungswinkel dieser Kraft zur Strahlrichtung.

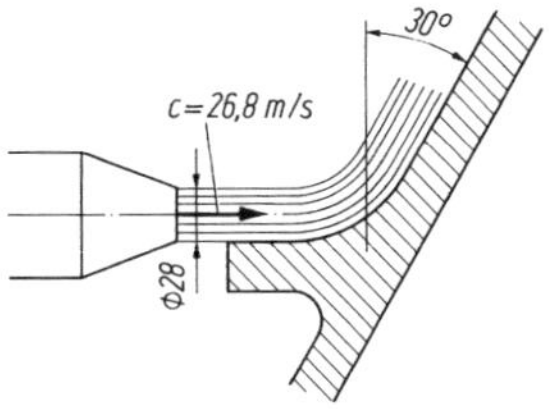

Bild 10.66 Wasserstrahl mit einseitiger Ablenkung

10.67

In das Laufrad einer Peltonturbine strömt Wasser mit einer Düsenaustrittsgeschwindigkeit $c = 80$ m/s. Der mittlere Laufraddurchmesser beträgt $D = 1{,}53$ m, der Austrittswinkel an den Schaufeln $\beta = 6°$. Die Turbine soll bei der Drehzahl $n = 500\ \text{min}^{-1}$ eine Umfangsleistung $P_U = 7$ MW abgeben. Zu errechnen sind:

1. Die erforderliche Umfangskraft F_U,
2. Der durch die Düse austretende Massenstrom m,
3. Die erforderliche Düsenaustrittsfläche A,
4. Die Schaufelkraft F_{Sch}.

Hydrodynamik wirklicher Strömungen

Laminare und turbulente Strömungen

10.68

Durch ein Rohr mit $d = 80$ mm Innendurchmesser strömt Öl mit der Dichte $\varrho = 920\ \text{kg/m}^3$ und einer dynamischen Viskosität $\eta = 0{,}6$ Pa · s mit 40% der kritischen Geschwindigkeit c_k.

1. Wie groß ist die kritische Geschwindigkeit c_k?
2. Welcher Volumenstrom $\dot{V}$ wird gefördert?
3. Welche Druckdifferenz Δp ist je km Rohrlänge notwendig, um die Strömung aufrechtzuerhalten?

10.69

Durch eine Rohrleitung von 380 mm Innendurchmesser sollen 1300 t/h Öl der Dichte 935 kg/m³ und der dynamischen Viskosität 0,7 Pa · s gefördert werden. Es sind die mittlere und die maximale Strömungsgeschwindigkeit im Rohr und die Strömungsform zu bestimmen.

10.70

Durch eine Rohrleitung von 260 mm Innendurchmesser fließt Öl mit der Dichte 910 kg/m³ und der dynamischen Viskosität 0,3 Pa · s. Die mittlere Strömungsgeschwindigkeit beträgt 60% der kritischen.

1. Wie groß ist die maximale Geschwindigkeit im Rohr, und wo tritt sie auf?
2. Wie groß ist die Geschwindigkeit in 60 mm Entfernung von der Rohrmitte?
3. Welcher Volumenstrom wird gefördert?

10.71

Für die Förderung von Öl der Dichte 900 kg/m³ mit einer kinematischen Viskosität von 80 mm²/s ist eine Rohrleitung mit 80 mm Innendurchmesser vorgesehen. Es sollen 10 l/s über eine Länge von 0,6 km gefördert werden. Dafür sind die mittlere Strömungsgeschwindigkeit und ihr prozentualer Anteil von der kritischen Geschwindigkeit zu ermitteln sowie die Reynolds-Zahl, die Strömungsform und die zur Aufrechterhaltung der Strömung erforderliche Druckdifferenz zu bestimmen.

Energieverluste in Rohrleitungsanlagen

10.72

Für die Rohrleitung nach Aufgabe 10.68 mit $d = 80$ mm Innendurchmesser wurden mit einer Öldichte $\varrho = 920\ \text{kg/m}^3$ ein Volumenstrom $\dot{V} = 37{,}7$ l/s und eine mittlere Strömungsgeschwindigkeit $c = 7{,}5$ m/s errechnet. Das sind 40% der kritischen Geschwindigkeit c_k. Wie groß sind die spezifische Verlustarbeit w_{vR} in der Rohrleitung und die erforderliche Pumpenleistung P_P bei einem Pumpenwirkungsgrad $\eta_p = 0{,}91$, wenn der Abstand zwischen zwei Pumpen $l = 200$ m beträgt?

10.73

Nach Aufgabe 10.69 sollen 1300 t/h Öl durch eine Rohrleitung von 380 mm Innendurchmesser gefördert werden. Es wurde eine mittlere Geschwindigkeit von 3,405 m/s und eine Reynolds-Zahl $Re = 1728$ ermittelt. Welche Pumpenleistung ist für eine Rohrlänge von 5 km bei einem Pumpenwirkungsgrad von 91 % erforderlich?

10.74

Für eine geplante Rohrleitung, durch die Öl mit einer Dichte von 0,9 kg/dm³ und einer kinematischen Viskosität von 180 mm²/s strömen soll, sind in Abständen von 800 m Pumpen mit 65 kW Leistung und 86 % Wirkungsgrad vorgesehen. Die Reynolds-Zahl soll ca. 1600 betragen. Zu ermitteln sind:

1. Die mittlere Strömungsgeschwindigkeit in der Rohrleitung,
2. Der erforderliche Rohrdurchmesser, gerundet auf einen ganzzahligen Wert in mm mit der Endziffer Null,
3. Der Volumenstrom,
4. Die pro km Rohrlänge aufzubringende spezifische Arbeit.

10.75

Das Manometer am Saugwindkessel einer Kolbenpumpe ist mit Quecksilber gefüllt und zeigt einen Höhenunterschied von 430 mm an (Bild 10.75). Die Einmündung des Saugrohres in den Saugwindkessel liegt $z_2 = 2{,}7$ m über dem Wasserspiegel im Brunnen. Zwischen diesem Wasserspiegel und dem im Kessel beträgt die Höhendifferenz $z_3 = 3{,}2$ m. Die Strömungs- und Beschleunigungsverluste im Saugrohr mit $d = 80$ mm Durchmesser sind mit einer spezifischen Verlustarbeit $w_v = 20{,}6$ J/kg zu berücksichtigen. Mit welcher Geschwindigkeit c gelangt das Wasser in den Saugwindkessel, und welcher Massenstrom $\dot{m}$ fließt durch die Saugleitung?

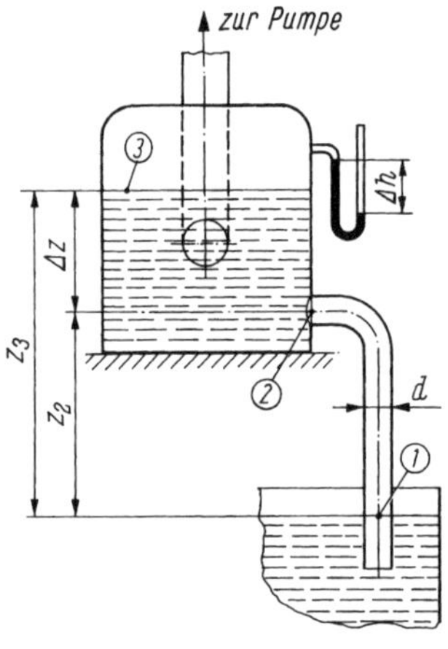

Bild 10.75 Saugwindkessel mit Saugrohr

10.76

Durch das skizzierte Rohrstück mit $d_1 = 32$ mm Innendurchmesser, einem Höhenunterschied $h = 1{,}2$ m und dem Austrittsdurchmesser $d_2 = 20$ mm gelangt ein Volumenstrom $\dot{V} = 3$ l/s Wasser in die freie Atmosphäre (Bild 10.76). Die Ausflusszahl beträgt $\mu = 0{,}94$, die Kontraktionszahl $\alpha_k = 0{,}98$. In der Rohrleitung entstehen Verluste mit der Verlusthöhe $z_{vR} = 120$ mm. Wie groß sind

1. die Geschwindigkeit c_1 und der piezometrische Druck p_1 am Eintritt in das Rohrstück,
2. die Gesamtverluste in diesem Rohrstück als Druckverlust p_v und als Verlusthöhe z_v?

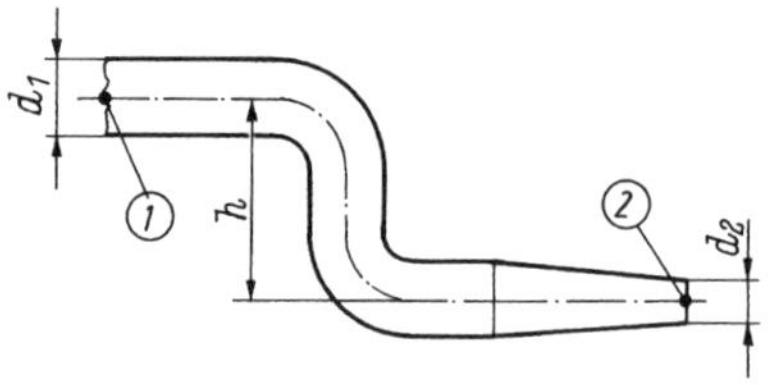

Bild 10.76 Rohrstück mit Austrittsdüse

10.77

In Bild 10.77 ist ein Fallrohr skizziert, durch das Wasser aus einem Behälter strömt, in dem der Wasserstand durch Zufluss konstant gehalten wird. Die Strömungsverluste von der Wasseroberfläche bis zum Saugrohranschluss entsprechen einer Verlusthöhe von 180 mm und vom Saugrohr bis zum Diffusoreintritt einem Druckverlust von 0,01 bar. Für den Diffusor wurde die Ausflusszahl $\mu = 0{,}96$ ermittelt ($\alpha_k = 1$). Der Einfluss des Saugrohres auf die Fallrohrströmung kann vernachlässigt werden.

1. Mit welcher effektiven Geschwindigkeit c_e strömt das Wasser aus dem Diffusor?
2. Welcher Volumenstrom $\dot{V}$ muss zufließen, damit die Strömung stationär bleibt?
3. Mit welcher Höhe h stellt sich die Wassersäule im 1,6 m unter der Oberfläche angebrachten Druckrohr ein, wenn die Strömungsverlusthöhe bis zum Druckrohr 60 mm beträgt?

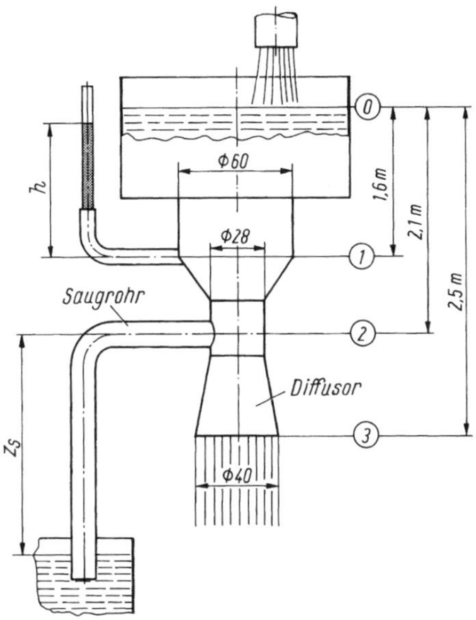

Bild 10.77 Wasserbehälter mit Fallrohr und Diffusor

4. Aus welcher Tiefe z_s kann Wasser angesaugt werden, wenn die Strömungs- und Beschleunigungsverluste im Saugrohr mit einer Verlusthöhe von 1,6 m Wassersäule angenommen werden können?

10.78

Die in Bild 10.78 skizzierte Wasserstrahlpumpe hat die Einlaufdüsenlänge $L_E = 240$ mm, eine Mischdüsenlänge $L_M = 360$ mm und folgende Querschnittsflächen: Einlaufdüseneintrittsfläche $A_0 = 100$ cm^2, -austrittsfläche $A_1 = 0{,}65$ cm^2, Mischdüseneintrittsfläche $A_2 = 16{,}65$ cm^2, -austrittsfläche $A_4 = 100$ cm^2, engste Mischdüsenfläche $A_3 = 10$ cm^2, Saugrohrfläche $A_5 = 42$ cm^2. Bei einem Luftdruck von 1 bar treten 1,5 l/s Druckwasser mit einem Absolutdruck von 3,2 bar in die Pumpe ein. Es soll Schmutzwasser mit einer Dichte von 1100 kg/m^3 aus 3 m Tiefe gefördert werden. Die Strömungsverlusthöhen betragen in der Saugleitung $z_{vS} = 0{,}4$ m, in der Einlaufdüse $z_{vE} = 1{,}35$ m und in der Mischdüse $z_{vM} = 0{,}45$ m. Zu errechnen sind:

1. Die Geschwindigkeit c_1 und der Druck p_1 am Austritt der Einlaufdüse sowie der Schmutzwasser-Volumenstrom $\dot{V}_S$, der mit dieser Pumpe gefördert werden kann,
2. Die Geschwindigkeit c_5 im Saugrohr,
3. Die Geschwindigkeit c_4 am Pumpenaustritt,
4. Die Geschwindigkeit c_3 und der Druck p_3 im engsten Querschnitt der Mischdüse, wobei die Höhendifferenz zwischen diesem Querschnitt und dem Mischdüseneintrittsquerschnitt vernachlässigt werden kann.

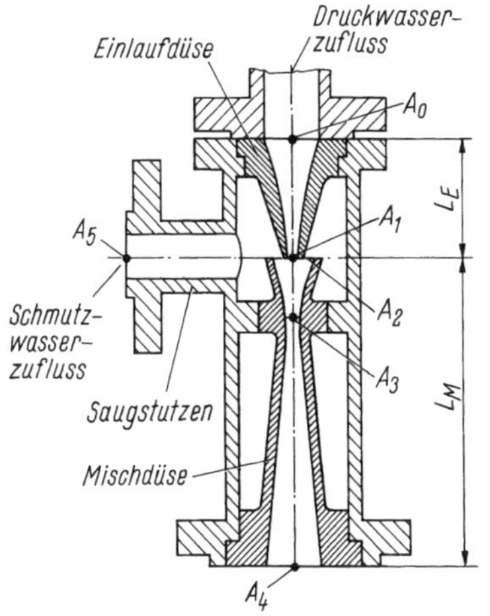

Bild 10.78 Wasserstrahlpumpe

10.79

Mit einer wie in Bild 10.78 dargestellten Wasserstrahlpumpe werden 2 l/s Wasser aus 4 m Tiefe gefördert. Die spezifische Verlustarbeit in der Saugleitung beträgt 8 J/kg einschließlich der Saugverluste innerhalb der Pumpe. Durch die Einlaufdüse mit $d_0 = 30$ mm Eintritts-, $d_1 = 4$ mm Austrittsdurchmesser und $L_E = 100$ mm Länge fließen 0,3 l/s Druckwasser bei einer Strömungsverlusthöhe von 0,6 m. Die Mischdüse hat einen Eintrittsdurchmesser $d_2 = 22$ mm und eine Länge $L_M = 120$ mm.

1. Wie hoch ist der Druck am Eintritt in die Mischdüse?
2. Mit welcher Geschwindigkeit und unter welchem Druck tritt das Druckwasser in die Pumpe ein?
3. Welchen Durchmesser hat die Einschnürung der Mischdüse, wenn die Geschwindigkeit im engsten Querschnitt 11,5 m/s und am Mischdüsenaustritt 1,3 m/s beträgt?
4. Wie groß ist der Druck im engsten Querschnitt der Mischdüse, wenn dieser 100 mm über dem Düsenaustritt liegt und der Druckverlust durch die Strömung innerhalb dieser Strecke 20 mbar beträgt?

10.80

Durch ein $l = 5$ km langes waagerecht verlegtes Gussrohr mit $d = 250$ mm Innendurchmesser soll ein Volumenstrom $\dot{V} = 500\ \mathrm{m^3/h}$ Wasser mit einer Temperatur von 10 °C fließen. Das Rohr hat eine Rauhigkeit $k = 1$ mm, die Einbauten haben eine Gesamtwiderstandszahl $\zeta = 21$. Zu bestimmen sind:

1. Die erforderliche Pumpenleistung P_p bei einem Pumpenwirkungsgrad $\eta_\mathrm{p} = 0{,}87$,
2. Die Pumpenleistung bei Verdoppelung des Rohrdurchmessers.

10.81

Durch einen Rohrkrümmer aus Gusseisen mit $d = 300$ mm Innendurchmesser, $R = 1{,}2$ m Krümmungsradius, $\delta = 130°$ Biegewinkel und $k = 1{,}2$ mm Rauigkeit sollen 20 m³/min Wasser von 30 °C fließen. Wie groß ist die spezifische Verlustarbeit w_v im Krümmer, und welche Gesamtwiderstandszahl ζ_ges würde sich theoretisch bei Einbeziehung der Rohrreibung ergeben? Außerdem ist der prozentuale Anteil des Strömungsverlustes und des Umlenkverlustes am Gesamtverlust anzugeben.

10.82

Eine Kreiselpumpe soll 7 m³/min Wasser von 20 °C aus einem offenen Gefäß durch eine Stahlrohrleitung mit 0,05 mm Rauigkeit um 15 m höher in einen Behälter fördern (Bild 10.82), der unter einem Überdruck von 5 bar steht. Die Rohrleitung 1 besteht aus einem 1,2 km langen Rohr von 260 mm Durchmesser mit vier Krümmern von 500 mm Krümmungsradius. Nach einer unstetigen Verengung ist das 900 m lange Rohrstück 2 angeschlossen mit 180 mm Durchmesser und drei Krümmern von 700 mm Radius. Es ist die erforderliche Pumpenleistung mit einem Pumpenwirkungsgrad von 89% zu ermitteln, und zwar

1. ohne Berücksichtigung der Reibungsverluste in der Rohrleitung,
2. unter Berücksichtigung der Strömungsverluste.

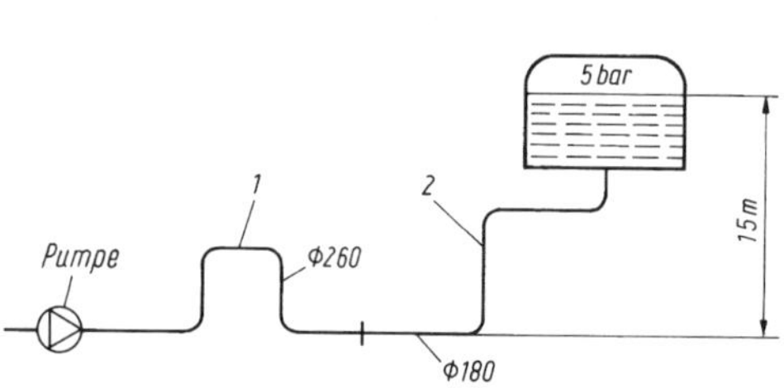

Bild 10.82 Wasserleitung mit Pumpe und Druckbehälter

10.83

Einer Peltonturbinenanlage fließt Wasser von 15 °C aus einem Fallrohr mit $d_1 = 300$ mm Innendurchmesser zu (Bild 10.83). Das Rohr hat eine Gesamtlänge von 310 m und mündet am Ende in eine Düse mit $d_2 = 150$ mm Austrittsdurchmesser und der Kontraktionszahl $\alpha_\mathrm{k} = 0{,}9$. In das Stahlrohr mit der Rauigkeit $k = 0{,}06$ mm sind ein Schieber mit der Verlustzahl $\zeta_\mathrm{S} = 0{,}3$ sowie zwei Krümmer mit 30° und einer mit 60° Biegewinkel eingebaut, die je einen Krümmungsradius von 900 mm haben. Der Fallrohreinlauf ist scharfkantig. Die Turbine gibt bei mechanischen Verlusten von 2,5% und einer Umfangsgeschwindigkeit von 50% der Düsenaustrittsgeschwindigkeit eine effektive Leistung $P_\mathrm{e} = 780$ kW ab. Der Schaufelaustrittswinkel beträgt $\beta = 8°$ (siehe MF Bild 10.54). Zu errechnen sind:

1. Die Gefällehöhe z_0, aus der das Wasser zufließt,
2. Die Nutzleistung P_n der Turbine für die errechnete Höhe z_0 unter Vernachlässigung der Strömungsverluste und der Strahleinschnürung.

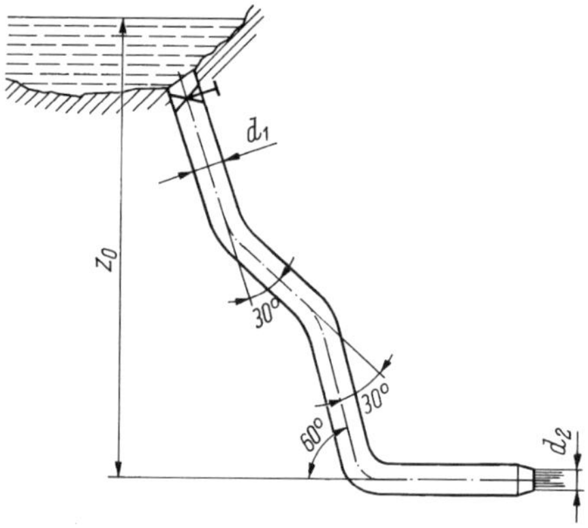

Bild 10.83 Fallrohr für eine Peltonturbinenanlage

10.84

Der Peltonturbinenanlage nach Bild 10.83 fließt Wasser von 10 °C aus einer Höhe $z_0 = 200$ m zu. Das Fallrohr hat eine Gesamtlänge von 290 m, einen Durchmesser $d_1 = 750$ mm und eine Rauigkeit $k = 0{,}06$ mm. Der Düsenaustrittsdurchmesser beträgt $d_2 = 200$ mm bei einer Kontraktionszahl $\alpha_\mathrm{k} = 0{,}96$. Es sind ein Schieber mit der Widerstandszahl $\zeta_\mathrm{S} = 0{,}3$ und drei Krümmer mit 3 m Krümmungsradius eingebaut, und zwar zwei mit 30° und einer mit 60° Biegewinkel. Der Einlauf des Fallrohres ist gerundet. Am Laufrad betragen der Schaufelaustrittswinkel $\beta = 6°$ und die Umfangsgeschwindigkeit 50% der Düsenaustrittsgeschwindigkeit. Gesucht sind:

1. Die Umfangsleistung ohne Berücksichtigung der Strömungsverluste und der Strahleinschnürung,
2. Die Umfangsleistung der Turbine unter Berücksichtigung der Strömungs- und Einschnürverluste.

10.85

Für eine Wasserversorgungsanlage ist eine Leitung aus gewalztem Stahlrohr von 8 km Länge geplant, durch die 15 m^3/min Wasser mit einer Temperatur von 10 °C gefördert werden sollen. Es steht ein Gefälle von 10 m zur Verfügung. Die vorgesehenen Rohrleitungseinbauten haben eine Gesamtwiderstandszahl $\zeta_{ges} = 12$. Welcher Rohrinnendurchmesser ist erforderlich, wenn die spezifische Pumpenarbeit 200 J/kg nicht überschreiten soll?

Ergebnisse

1 Einführung

1.1
$R_z = 0{,}004$ mm.

1.2
$a = 1{,}47$ m ($V = 2$ m^3).

1.3
$m = 12{,}5$ mg.

1.4
$m_1 = 6800$ kg, $m_2 = 3{,}5 \cdot 10^9$ kg.

1.5
$t = 6{,}8$ min $= 408$ s.

1.6
$t = 8769{,}6$ s $\approx 8{,}77 \cdot 10^3$ s.

1.7
$m_A = 32$ m^2/cm.

1.8
$l = 17$ m.

1.9
$s_{gez} = 65$ mm.

1.10
$m_s = 0{,}25$ km/cm $= 250$ m/cm.

1.11
$m_l = 25$ m/cm.

1.12
$l_{gez} = 25$ mm ($m_l = 0{,}5$ m/cm).

1.13
$m_v = 2$ (km/h)/mm.

1.14
$v = 6{,}67$ m/s ($m_v = 10$ km $\cdot$ h^{-1}/cm).

1.15
$F_{gez} = 4{,}1$ cm.

1.16
$F = 1{,}68$ kN ($m_F = 600$ N/cm).

1.17
$F_G = 735{,}75$ N.

1.18
$F_{G1} = 13{,}42$ N, $F_{G2} = 441{,}5$ N,
$F_{G3} = 122\,625$ N $\approx 122{,}6$ kN.

1.19
$F_G = 353{,}2$ kN, $F_{G\,gez} = 2{,}94$ cm.

1.20
$m = 58{,}1$ kg ($m_F = 100$ N/cm, $F_G = 570$ N).

2 Statik starrer Körper

2.1 bis **2.14**
siehe die Bilder E 2.1 bis E 2.14.

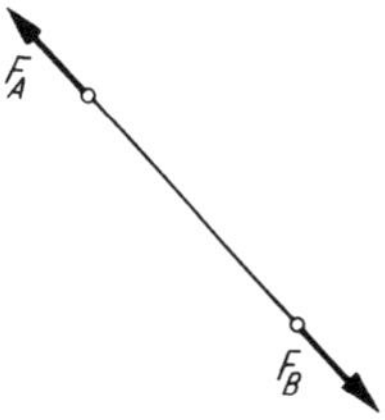

Bild E 2.1 Freigemachte Pendelstange

Bild E 2.2 Freigemachter Ventilhebel

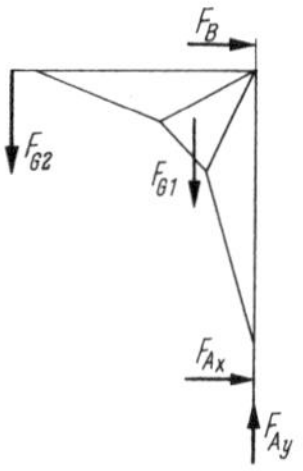

Bild E 2.3 Freigemachter Wandschwenkkran

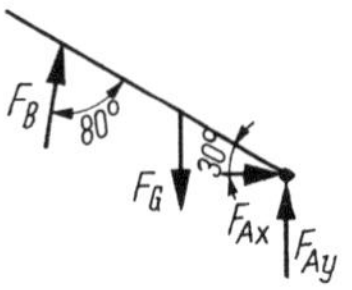

Bild E 2.4 Freigemachte Bühne

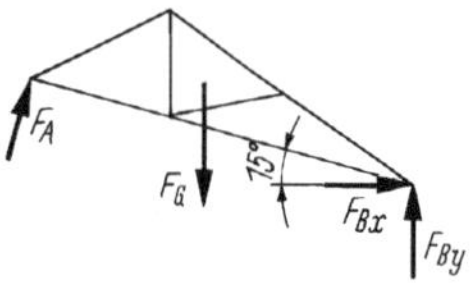

Bild E 2.5 Freigemachter Fachwerkträger

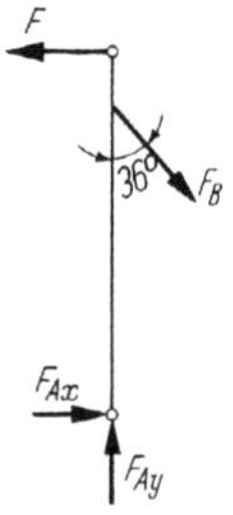

Bild E 2.6 Freigemachte Stütze

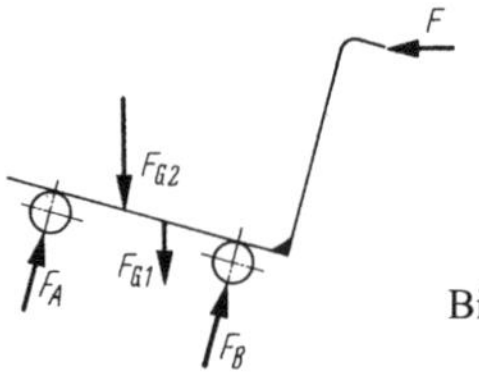

Bild E 2.7 Freigemachter Karren

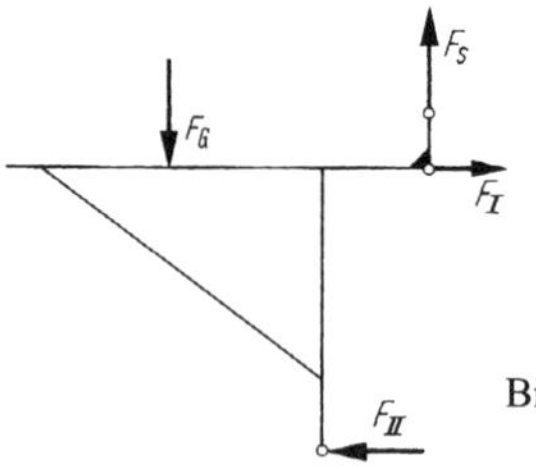

Bild E 2.8 Freigemachter Hubtisch

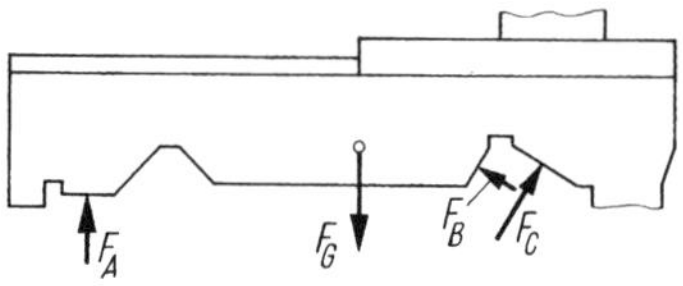

Bild E 2.9 Freigemachter Maschinenschlitten

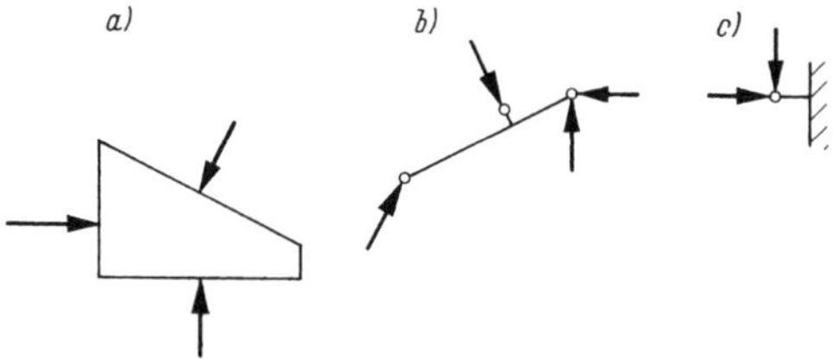

Bild E 2.10 Freigemachte Systemteile
a) Keil, b) Rollenhebel, c) Hebellager

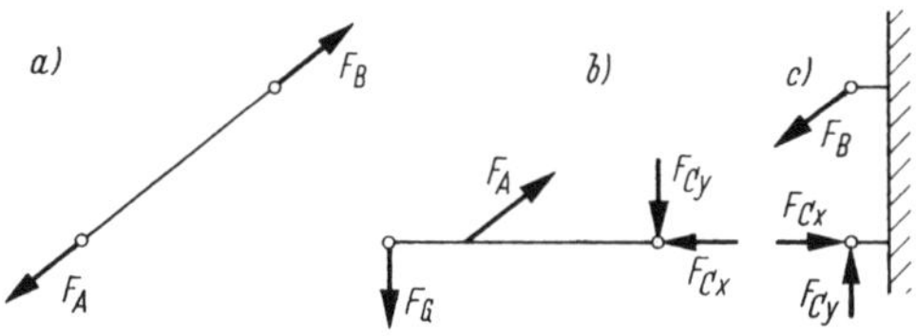

Bild E 2.11 Freigemachte Bauteile
a) Halteseil, b) Tragbalken,
c) Befestigungen

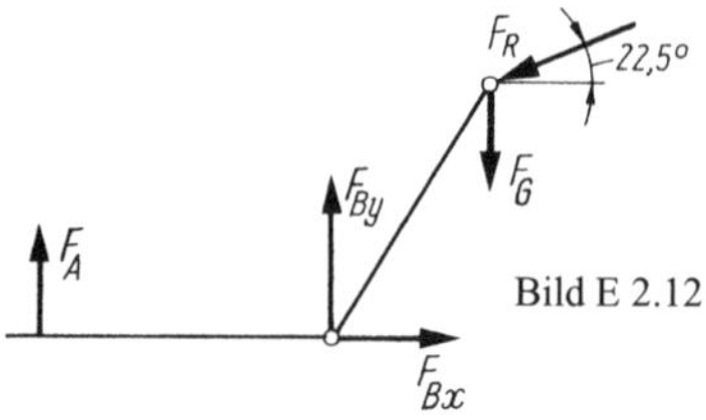

Bild E 2.12 Kräfte am Spannrollenhebel

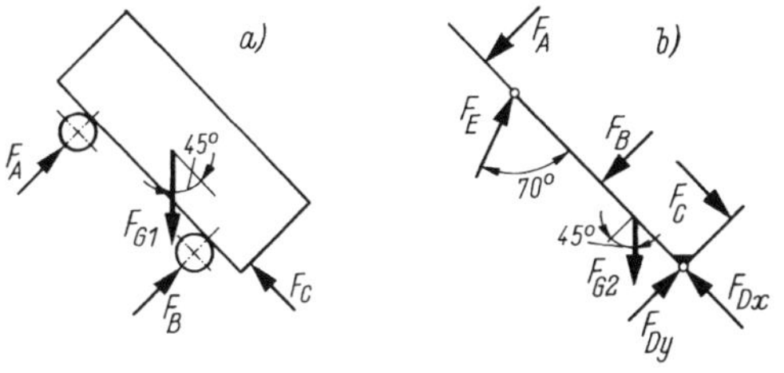

Bild E 2.13 Freimachskizzen zur Kippvorrichtung
a) Waggon, b) Bühne

2.16

$F_r = 3{,}36$ kN, $\alpha_r = 31{,}7°$.

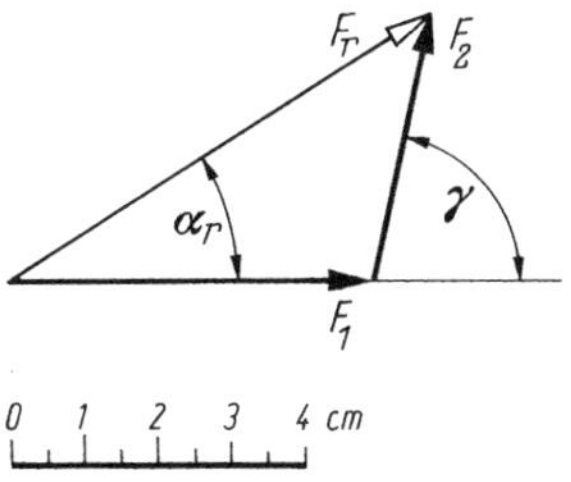

Bild E 2.16 Zeichnerische Lösung mit $m_F = 0{,}5$ kN/cm: $F_{1\,gez} = 5$ cm, $F_{2\,gez} = 3{,}6$ cm, $F_{r\,gez} = 6{,}7$ cm

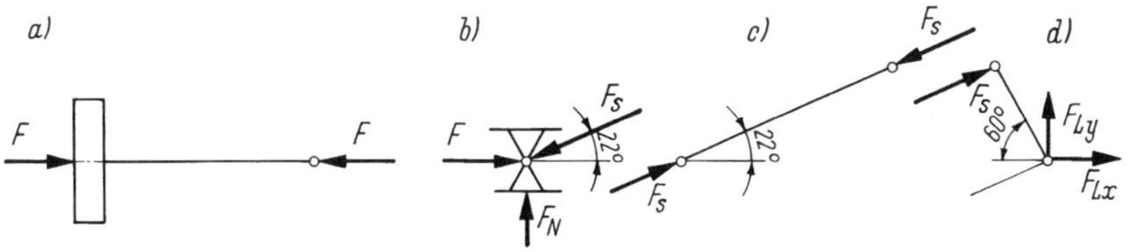

Bild E 2.14 Freigemachte Bauteile eines Kurbeltriebs
a) Kolbenstange mit Kolben, b) Kreuzkopf, c) Schubstange, d) Kurbel

2.15

1. $F_r = 144$ N.
2. $\alpha_r = 33{,}7°$.

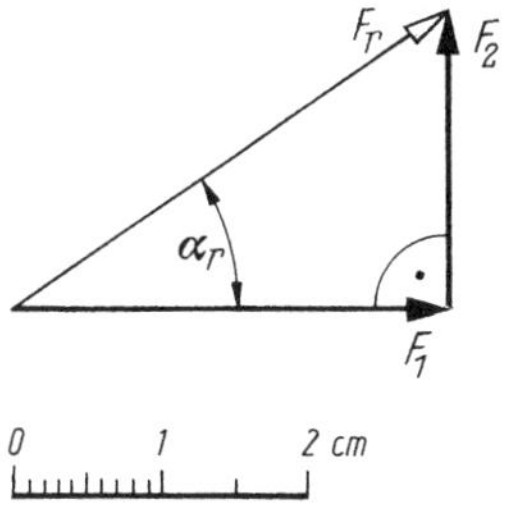

Bild E 2.15 Zeichnerische Lösung mit $m_F = 40$ N/cm: $F_{1\,gez} = 3$ cm, $F_{2\,gez} = 2$ cm, $F_{r\,gez} = 3{,}6$ cm

2.17

$F_r = 97{,}4$ N, $\alpha_r = 41{,}85°$.

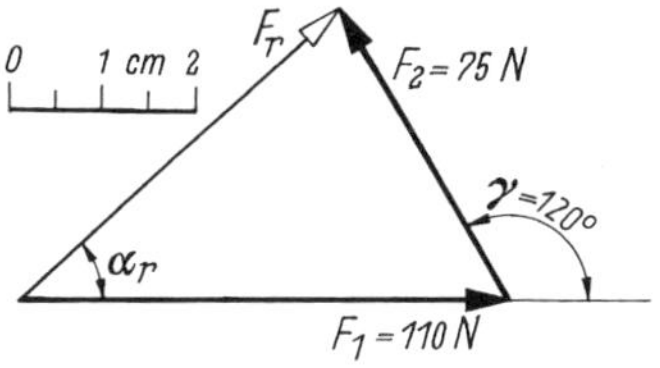

Bild E 2.17 Zeichnerische Lösung mit $m_F = 20$ N/cm: $F_{1\,gez} = 5{,}5$ cm, $F_{2\,gez} = 3{,}75$ cm, $F_{r\,gez} = 4{,}85$ cm

2.18

$F_r = 8{,}5$ kN, $\beta = 30°$.

2.19

$F_z = 1128$ N.

2.20

$F_r = 9{,}7$ kN lotrecht abwärts gerichtet.

2.21

1. $F_{A1} = 3{,}77$ kN, $\alpha_1 = 7{,}2°$.
2. $F_{A2} = 3{,}58$ kN, $\alpha_2 = 14{,}9°$.
3. $F_3 = 1{,}42$ kN, $\alpha_3 = 11°$.

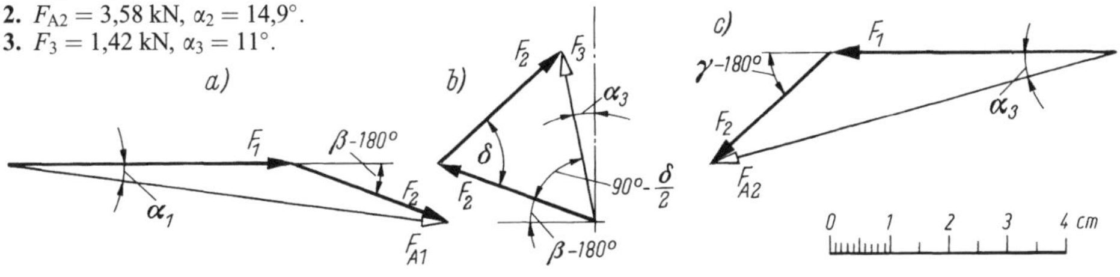

Bild E 2.21 Zeichnerische Lösung mit $m_F = 0{,}5$ kN/cm: a) zu 1., b) zu 3., c) zu 2.

2.22

$F_r = 1{,}5$ kN, $\alpha_r = 53°$ im I. Quadranten
($F_{1\,gez} = 3{,}25$ cm, $F_{2\,gez} = 6$ cm, $F_{3\,gez} = 4{,}5$ cm,
$F_{r\,gez} = 7{,}5$ cm).

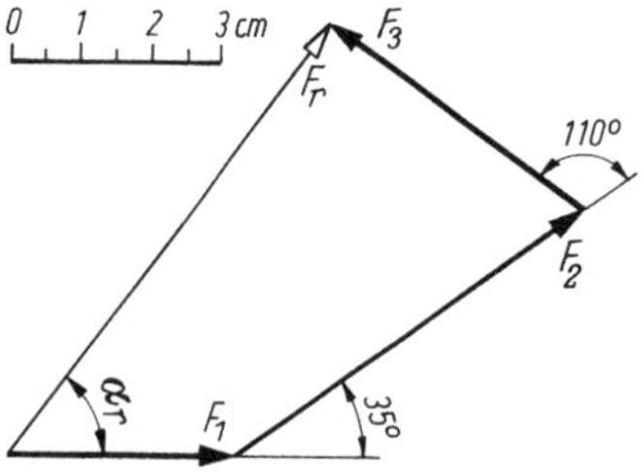

Bild E 2.22 Zeichnerische Lösung

2.23

1. $F_r = 2330$ N ($F_{r\,gez} = 11{,}65$ cm).
2. $\alpha_r = 103°$.

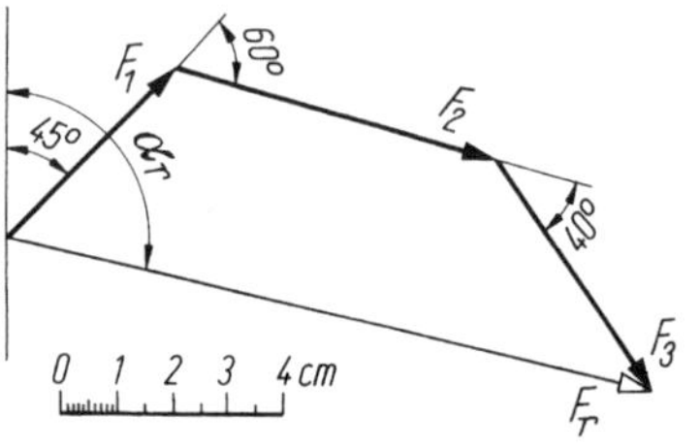

Bild E 2.23 Zeichnerische Lösung mit $m_F = 200$ N/cm

2.24

$F_r = 31$ N, $\alpha_r = 44°$ im IV. Quadranten.

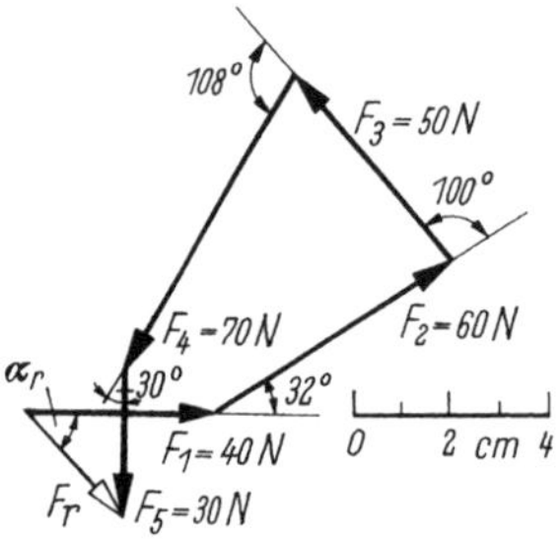

Bild E 2.24 Zeichnerische Lösung mit $m_F = 10$ N/cm

2.25

$F_x = 10{,}83$ kN, $F_y = 6{,}25$ kN.

2.26

$F_x = 770{,}4$ N, $F_y = 359{,}2$ N.

2.27

$F_{ax} = 2065$ N, $F_{ra} = 2950$ N.

2.28

$F_K = 38{,}15$ kN ($F_G = 49{,}05$ kN, $m = 5$ t).

2.29

$\alpha = 89{,}8°$, $F_S = 6925$ N ($F_G = 9{,}81$ kN).

2.30

$F_x = 1297$ N, $F_y = -1391$ N ($F = 1902$ N im IV. Quadranten, $\gamma = 20°$; $\alpha \approx 47°$, s. Bild L 2.30).

2.31

1. $F_{1x} = 650$ N, $F_{2x} = 983$ N, $F_{3x} = -737{,}2$ N.
2. $F_{1y} = 0$, $F_{2y} = 688{,}3$ N, $F_{3y} = 516{,}2$ N.
3. $F_{rx} = 895{,}8$ N, $F_{ry} = 1205$ N.
4. $F_r = 1501$ N.
5. $\alpha_r = 53{,}36°$ im I. Quadranten.

2.32

$F_r = 31{,}18$ N ($F_{rx} = 22{,}42$ N, $F_{ry} = -21{,}67$ N),
$\alpha_r = 44{,}03°$ im IV. Quadranten.

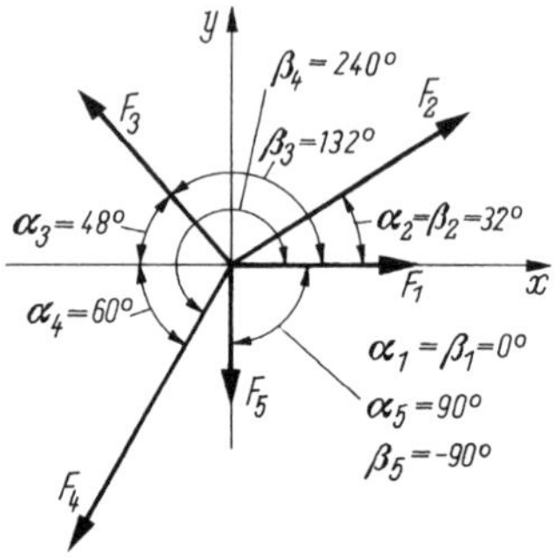

Bild E 2.32 Berechnungsskizze

2.33

$F_r = 1112$ N ($F_{rx} = -1071$ N, $F_{ry} = -299{,}6$ N),
$\alpha_r = 15{,}63°$ im III. Quadranten ($\alpha_1 = 0°$, $\alpha_2 = 60°$,
$\alpha_3 = 15°$, $\alpha_4 = 60°$).

2.34

$F_z = 1466$ N ($F_x = 483$ N).

2.35

$F \approx 96$ kN ($F_{rS} = 84{,}85$ kN).

2.36

$F = 3{,}97\ \text{N} \approx 4$ N.

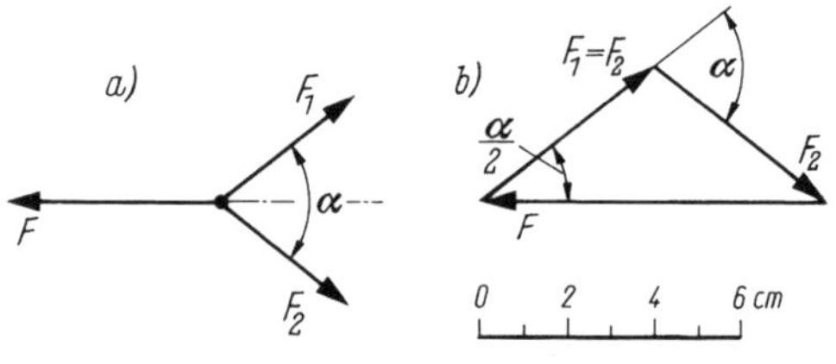

Bild E 2.36 Zeichnerische Lösung
a) Lageplan,
b) Krafteck, $m_F = 0{,}5$ N/cm

2.37

$F_z = 34{,}64$ kN.

2.38

$F_1 = F_2 = 24{,}05$ kN.

2.39

1. $F_N = 88{,}2$ N ($\beta = 41{,}4°$).
2. $F_1 = F_2 = 133{,}3$ N.
3. $F = 176{,}3$ N.

2.40

$F_1 = 589{,}3$ N, $F_2 = 676{,}8$ N.

2.41

$F_1 = 1{,}46$ N, $F_2 = 1{,}16$ N ($\alpha = 58°$, $\beta = 42°$).

2.42

1. $F_1 = 60$ N ($\alpha = 28{,}7°$).
2. $F_2 = 65{,}6$ N ($\beta = 36{,}7°$).

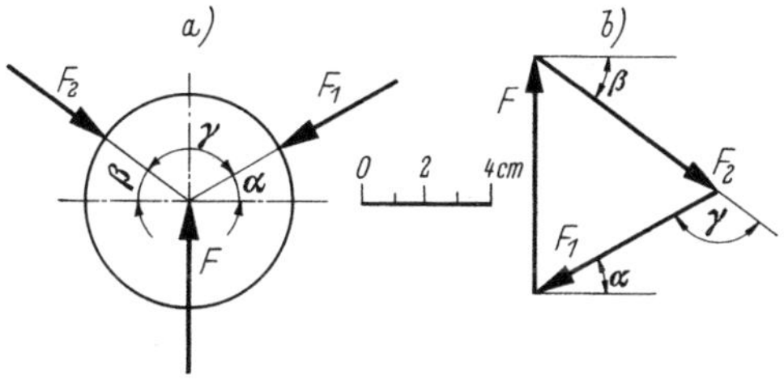

Bild E 2.42 Zeichnerische Lösung
a) freigemachtes Zwischenrad 3 (Lageplan), b) Krafteck ($m_F = 10$ N/cm)

2.43

1. $F_F = 60{,}4$ N ($F_r = 56{,}14$ N, $\alpha = 45°$, $\beta = 23{,}3°$, $\gamma = 63{,}4°$).
2. $F = 11{,}8$ N.

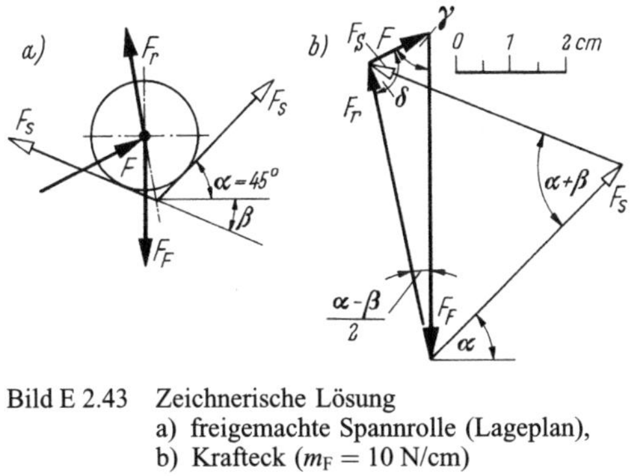

Bild E 2.43 Zeichnerische Lösung
a) freigemachte Spannrolle (Lageplan),
b) Krafteck ($m_F = 10$ N/cm)

2.44

1. $F_x = -257$ N, $F_y = -2881$ N ($\alpha_1 = 15°$, $\alpha_2 = \alpha_3 = 60°$).
2. $F = 2892$ N $\approx 2{,}9$ kN.
3. $\alpha = 84{,}9°$ im III. Quadranten (s. Bild E 2.44).
4. $\beta = 264{,}9°$.

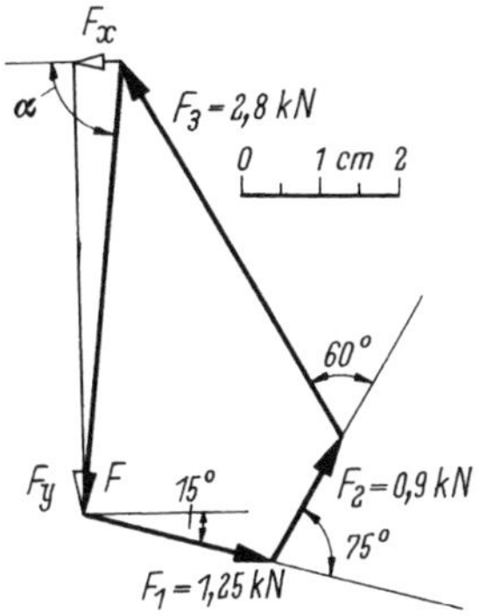

Bild E 2.44 Zeichnerische Lösung mit $m_F = 0{,}5$ kN/cm: $F_{gez} = 5{,}8$ cm

2.45

$F = 433{,}2$ N ($F_{1x} = F_1 = 400$ N, $\alpha_1 = 0°$, $F_x = 328{,}4$ N, $F_y = -282{,}5$ N), $\alpha = 40{,}7°$ im IV. Quadranten, $\beta = 319{,}3°$.

2.46

$F_3 = 21{,}2$ kN entgegen der angenommenen Wirkrichtung, $F_4 = 47$ kN in der angenommenen Wirkrichtung, zeichn. Lösung s. Bild E 2.46.

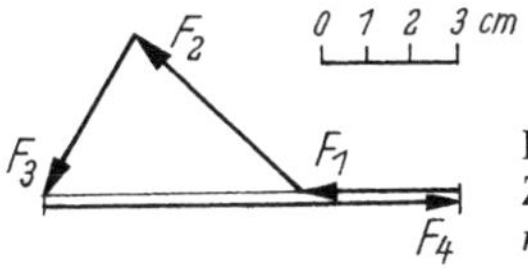

Bild E 2.46 Zeichnerische Lösung mit $m_F = 5$ kN/cm

2.47

$F_2 = 7{,}45$ kN, $F_3 = 14{,}67$ kN.

2.48

$F_1 = F_4 = 5{,}9$ kN, $F_2 = F_5 = 5{,}05$ kN, $F_3 = 1{,}25$ kN.

2.49

Lösungszeichnung s. Bild E 2.49:
$F_1 = F_2 = 1{,}8$ kN, $F_3 = 0{,}6$ kN, $F_4 = 2{,}25$ kN, $F_5 = 1{,}2$ kN, $F_6 = 3{,}1$ kN, $F_7 = 0$, $F_8 = 3{,}95$ kN, $F_9 = 3{,}1$ kN.

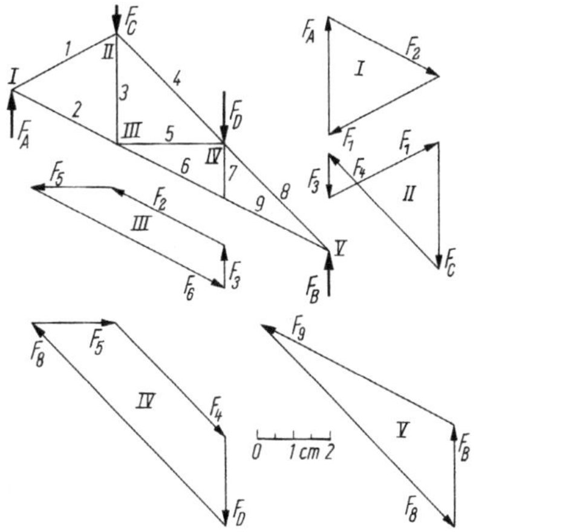

Bild E 2.49 Zeichnerische Lösung mit $m_F = 0{,}5$ kN/cm

2.50
$M = 1437{,}5$ Nm.

2.51
$M = 7357{,}5$ Nm ($F_G = 24{,}53$ kN).

2.52
$M = 80$ Nm.

2.53
$F = 453$ N ($l = 44{,}15$ mm).

2.54
1. $F = 12{,}5$ N.
2. $M_b = 375$ Nmm ($l = 30$ mm).

2.55
1. $M = 6{,}3$ Nm ($F_x \approx 105$ N).
2. $F_u = 840$ N.
3. $M_b = 4{,}2$ Nm ($l = 40$ mm).
4. $F_d = 60{,}5$ N.

2.56
$M_r = 4{,}385$ Nm linksdrehend ($l_1 = 30$ mm, $l_2 = 14{,}64$ mm, $l_3 = 61{,}88$ mm).

2.57
1. $M_r = -810$ Nmm (rechtsdrehend).
2. $F = 67{,}5$ N.

2.58
$F_L = 33{,}6$ N ($F_{Lx} = 16{,}14$ N, $F_{Ly} = 29{,}42$ N), $\alpha = 61{,}25°$ im I. Quadranten.

2.59
1. $F_t = 20$ kN.
2. $F_r = 7{,}3$ kN.
3. $M_1 = 800$ Nm, $M_2 = 1200$ Nm.

2.60
$F = 80$ N ($F_t = 75$ N).

2.61
1. $F = 18\,850$ N ($A = 31\,416$ mm^2).
2. $F_S = 20\,330$ N.
3. $F_N = 7616$ N.
4. $F_t = 20\,132$ N.
5. $M = 6442$ Nm.
6. $F_{Lx} = F$, $F_{Ly} = F_N$ ($F_L = F_S$).

2.62
1. $F_r = 7{,}77$ kN ($F_{rx} = -1274$ N, $F_{ry} = -7664$ N), zeichn. Lösung s. Bild E 2.62.
2. $l_r = 0{,}59$ m.
3. $\alpha_r = 80{,}6°$.

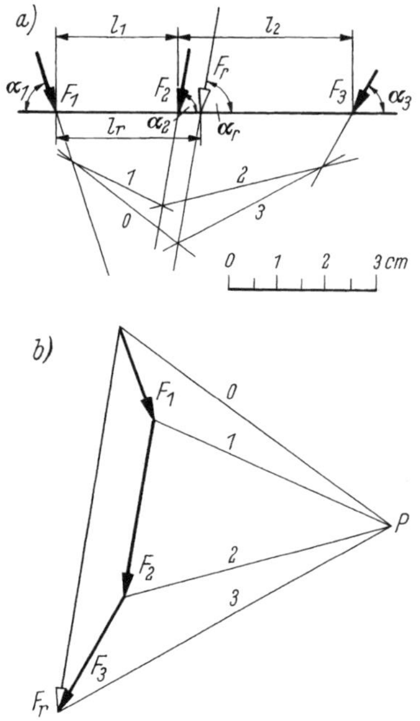

Bild E 2.62 Zeichnerische Lösung nach dem Seileckverfahren
a) Lageplan, $m_L = 0{,}2$ m/cm,
b) Kräfteplan, $m_F = 1$ kN/cm

2.63
$F = 7$ kN, $l = 178{,}6$ mm.

2.64
1. $F = 2{,}12$ kN.
2. $l_2 = 374{,}2$ mm ($F_G = 392{,}4$ N).
3. $F_L = 1{,}73$ kN.

2.65
1. $F_{1x} = F_{1y} = 14{,}14$ N.
2. $F_{2x} = 7{,}5$ N, $F_{2y} = 12{,}99$ N.
3. $F_{Lx} = 21{,}64$ N, $F_{Ly} = 27{,}13$ N.
4. $F_L = 34{,}7$ N.
5. $\alpha = 51{,}4°$.
6. $l = 20{,}8$ mm.

2.66
1. $l = 13{,}5$ mm ($F_{1x} = 0{,}338$ N, $F_{1y} = 0{,}725$ N), Berechnungsskizze s. Bild E 2.66.

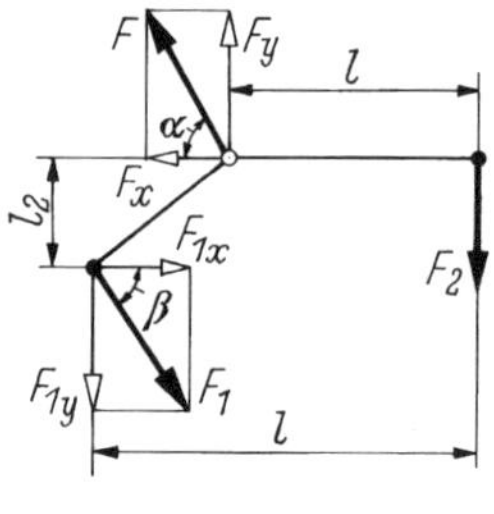

Bild E 2.66 Berechnungsskizze mit freigemachtem Hebel

2. $F = 1{,}27$ N ($F_x = F_{1x}$, $F_y = 1{,}225$ N).
3. $\alpha = 74{,}6°$.

2.67

$F_A = 5{,}34$ N ($F_{2x} = 0{,}423$ N, $F_{2y} = 0{,}906$ N), $F_B = 5{,}93$ N ($F_{Bx} = -4{,}92$ N, $F_{By} = 3{,}31$ N), $\alpha = 33{,}9°$ (im II. Quadranten).

2.68

$l = 1{,}3$ m, zeichn. Lösung s. Bild E 2.68.

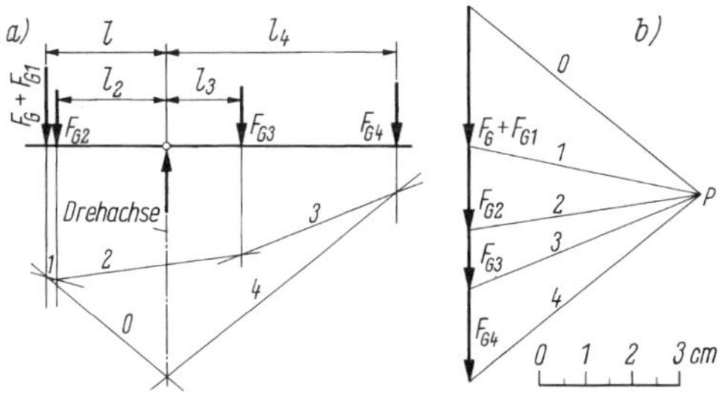

Bild E 2.68 Zeichnerische Lösung
a) Lageplan, $m_L = 0{,}5$ m/cm,
b) Kräfteplan, $m_F = 20$ kN/cm

2.69

$F_A = 819$ N, $F_B = 1181$ N.

2.70

$F_A = 117{,}4$ N ($F_G = 196{,}2$ N), $F_B = 78{,}8$ N.

2.71

$F_A = 4115$ N, $F_B = 2485$ N.

2.72

$F_A = -2{,}39$ N (abwärts wirkend), $F_B = 3{,}39$ N (aufwärts).

2.73

$F_{AI} = 64{,}35$ kN, $F_{BI} = 61{,}25$ kN, $F_{AII} = 79{,}15$ kN, $F_{BII} = 46{,}45$ kN, $F_{AIII} = 95{,}35$ kN, $F_{BIII} = 30{,}25$ kN, zeichn. Lösung für Auslegerstellung I s. Bild E 2.73.

2.74

1. $F_{R1} = F_{R3} = 50{,}93$ kN, $F_{R2} = F_{R4} = 92{,}3$ kN.
2. $F_{R1} = F_{R2} = 121{,}2$ kN, $F_{R3} = F_{R4} = 22$ kN.

2.75

1. $M = 5886$ Nm ($F_G = 29{,}43$ kN).
2. $F_A = 24{,}1$ kN, $F_B = 5{,}3$ kN.
3. $F_A = 4{,}5$ kN, $F_B = 24{,}9$ kN.

2.76

1. $F_t = 11$ kN.
2. $F = 11{,}7$ kN.
3. $F_A = 7{,}5$ kN, $F_B = 4{,}2$ kN.

2.77

1. $F_A = 465$ N ($F_{Ax} = F_{2x} = 215{,}5$ N, $F_{Ay} = 412$ N, $F_{2y} = 276$ N), $\alpha = 62{,}4°$.
2. $F_B = 364$ N.

2.78

1. $F_A = 2573$ N ($F_{1x} = F_{1y} = 3{,}4$ kN, $F_{2y} = 3{,}2$ kN).
2. $F_B = 9356$ N ($F_{2x} = 1{,}85$ kN, $F_{Bx} = 1{,}55$ kN, $F_{By} = 9227$ N), $\beta = 80{,}46°$.

2.79

1. $F = 7{,}9$ N ($F_{2y} = 12{,}6$ N).
2. $F_A = 19{,}9$ N ($F_{Ax} = F_{2x} = 9{,}85$ N, $F_{Ay} = 17{,}3$ N), $\alpha = 60{,}3°$ im II. Quadranten. Zeichn. Lösung s. Bild E 2.79.

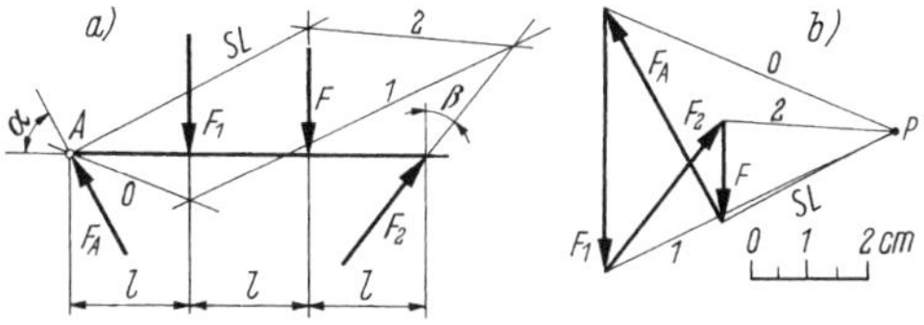

Bild E 2.79 Zeichnerische Lösung
a) Lageplan, $m_L = 10$ mm/cm,
b) Kräfteplan, $m_F = 5$ N/cm

2.80

1. $F_B = 5373$ N ($F_{Bx} = 3158$ N).
2. $F_A = 4397$ N ($F_{Ax} = 658$ N, $F_{Ay} = 4347$ N), $\alpha = 81{,}4°$ im II. Quadranten.

2.81

1. $F = 1{,}3$ kN ($F_y = 1$ kN).
2. $F_A = 0{,}86$ kN ($F_{Ax} = F_x = 0{,}84$ kN, $F_{Ay} = 0{,}2$ kN), $\alpha = 13{,}4°$.

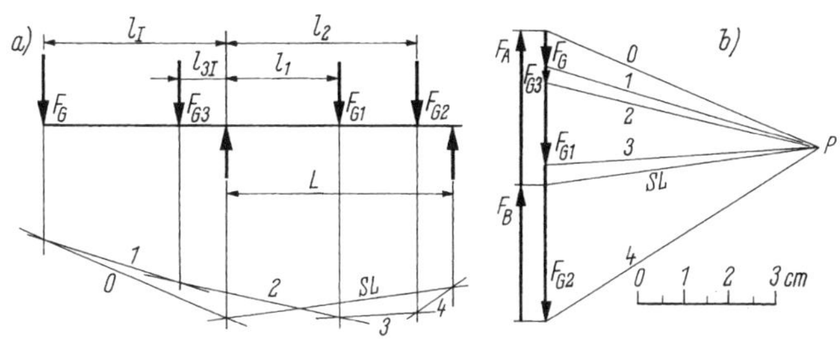

Bild E 2.73 Zeichnerische Lösung für Auslegerstellung I
a) Lageplan, $m_L = 0{,}5$ m/cm,
b) Kräfteplan, $m_F = 20$ kN/cm

2.82
$F_A = 1{,}47$ kN ($F_{Gs} = 8829$ N, $F_G = 5886$ N),
$F_B = 13{,}24$ kN.

2.83
$F_A = 3065$ N ($F_{Gs} = 5{,}1$ kN, $F_x = 2314$ N, $F_y = 2758$ N, $F_{Ay} = 2654$ N, $F_{Ax} = 1532$ N), $F_B = 6472$ N ($F_{Bx} = 3846$ N, $F_{By} = 5205$ N), $\beta = 53{,}54°$.

2.84
$F_A = 19{,}68$ kN ($F_G = 35{,}32$ kN, $F_{Ay} = 19{,}01$ kN), $\alpha = 75°$, $F_B = 17{,}09$ kN ($F_{Bx} = F_{Ax} = 5{,}09$ kN, $F_{By} = 16{,}31$ kN), $\beta = 72{,}67°$.

2.85
1. $F_A = 697$ N ($F_r = 833$ N).
2. $F_B = F_C = 481$ N.
3. $\alpha_B = \alpha_C = 60°$.

2.86
$F_A = 2{,}69$ kN ($F_G = 2{,}4$ kN, $F_{Ay} = 1{,}73$ kN, $F_{Ax} = 2{,}06$ kN), $F_B = 0{,}77$ kN ($F_{By} = 0{,}67$ kN, $F_{Bx} = 0{,}39$ kN), $F_C = 1{,}67$ kN.

2.87
$F_B = 1847$ N, $F_A = 1536$ N, $\alpha = 8{,}6°$ ($F_{Ax} = F_x = 229{,}4$ N, $F_y = 327{,}7$ N, $F_{Ay} = 1519$ N).

2.88
1. $F = 6103$ N ($F_{1x} = F_{1y} = 1273$ N, $F_G = 20$ N, $l_x = 363{,}7$ mm, $l_y = 210$ mm, $l_G = 103{,}9$ mm).
2. $F_A = 5$ kN, $\alpha \approx 15°$ ($F_{Ax} = 4830$ N, $F_{Ay} = 1293$ N).
3. $F = 6086$ N, $F_A = 4{,}98$ N, $\alpha = 14{,}82°$.

2.89
$F_B = 62$ N ($F_t = F_{Bx} = 60$ N, $F_r = F_{By} = 15{,}6$ N).

2.90
1. $F_A = 30$ N ($F_{Ax} = F_{2x} = 12{,}8$ N, $F_{Ay} = 27{,}2$ N, $F_{2y} = 19{,}2$ N, $\alpha = 33{,}7°$).
2. $F_B = 23$ N ($F_2 = 23{,}08$ N).
3. $M = 416$ Nmm ($r_2 = 18{,}03$ mm).

2.91
1. $F = 612$ N ($\beta = 22{,}5°$).
2. $F_F = 300$ N ($F_x = 566$ N, $F_y = 234$ N).
3. $F_L = 573$ N, $\alpha = 9{,}13°$ ($F_{Lx} = F_x$, $F_{Ly} = 91$ N).

2.92
1. $F_B = 400$ N ($F_G = 1$ kN).
2. $F_{Ax} = 400$ N, $F_{Ay} = 1000$ N.
3. $F_A = 1077$ N, $\alpha = 21{,}8°$.

2.93
$F_B = 14{,}29$ kN, $F_A = 17{,}44$ kN, $\alpha = 55°$ ($F_{Ax} = F_B$, $F_{Ay} = F$).

2.94
$F_A = 13{,}15$ kN, $\alpha = 5{,}24°$, $F_B = 14{,}94$ kN, $\beta = 28{,}8°$ ($F_{By} = 7{,}2$ kN, $F_{Bx} = F_{Ax} = 13{,}09$ kN, $F_{Ay} = 1{,}2$ kN).

2.95
$F_S = 14{,}72$ kN ($= F_G$), $F_I = F_{II} = 12{,}26$ kN.

2.96
$F_A = F_{Bx} = 48{,}23$ kN, $F_{By} = 152$ kN, $F_B = 159{,}5$ kN.

2.97
1. $F_B = 30$ kN ($\alpha = 31{,}9°$, $l = 2{,}64$ m).
2. $F_A = 39{,}1$ kN, $F_{Ax} = F_B$, $F_{Ay} = F$.
3. $F_1 = 69{,}4$ kN, $F_2 = 49{,}9$ kN ($\beta = 15{,}35°$, $\gamma = 132{,}75°$).

2.98
$F_A = F_B = 1{,}13$ kN, $F_z = 1{,}89$ kN.

2.99
$F = 17{,}4$ kN ($F_x = F_{Gx} = 17{,}1$ kN), $F_B = 16{,}8$ kN ($F_y = 3$ kN, $F_{Gy} = 47$ kN), $F_A = 27{,}2$ kN.

2.100
$F_1 = 25{,}4$ kN, $F_2 = 5{,}23$ kN.

2.101
$F_1 = 409$ N, $F_2 = 94$ N.

2.102
$F_1 = 1154$ N ($F_q = 280$ N, $F_b = 1120$ N).

2.103
$F_1 = 5{,}5$ kN, $F_2 = 2{,}5$ kN.

2.104
$F_1 = 5{,}41$ kN ($F_b = 3$ kN, $F_q = 1{,}5$ kN).

2.105
1. $F_x = 2{,}5$ kN, $F_y = 4{,}33$ kN.
2. $F_a = 1946$ N, $F_b = 3114$ N.
3. $F_1 = 625$ N.
4. $F_q = 1083$ N.
5. $F_1 = 4{,}92$ kN.

Berechnungsskizze s. Bild L 2.105.

2.106
1. $F_1 = 2667$ N ($F_q = 167$ N, $F_{b1} = 2500$ N).
2. $F_2 = 2506$ N ($a_2 = 250$ mm, $F_{q2} = F_{q1}$, $F_{b2} = F_{b1}$).

2.107
1. $F_A = 71{,}9$ kN, $F_B = 130{,}3$ kN, $F_C = 202{,}2$ kN ($= F_{G1x} = F_{G1y}$).
2. $F_E = 135{,}1$ kN ($F_{Ey} = 127$ kN, $F_{G2x} = F_{G2y} = 87{,}7$ kN).
3. $F_D \approx 293$ kN ($F_{Dx} = 243{,}7$ kN, $F_{Dy} = 162{,}9$ kN).

Berechnungsskizzen s. Bild E 2.107.

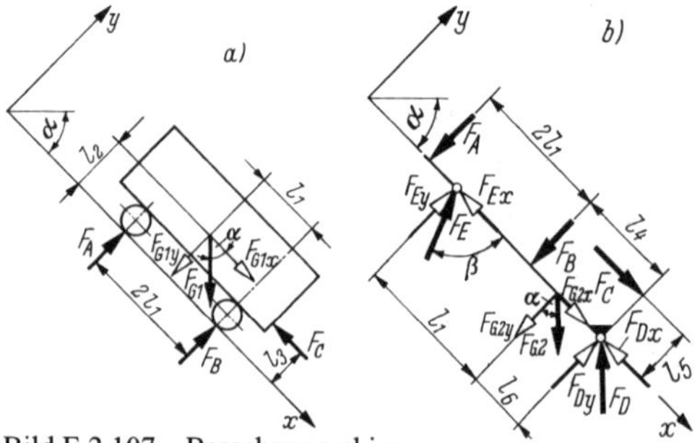

Bild E 2.107 Berechnungsskizzen
a) freigemachter Waggon,
b) freigemachte Bühne

2.108

$F_B = 435$ N ($\beta = 26{,}23°$, $\gamma = 18{,}77°$, $c = 18{,}2$ mm, $F_{By} = 192{,}3$ N), $F_A = 415$ N ($F_{Ax} = F_{Bx} = 390{,}3$ N, $F_{Ay} = 142{,}3$ N).

2.109

1. $F_B = 17$ kN.
2. $F_A = 1{,}7$ kN.
3. $F_D = 6{,}9$ kN.

2.110

$F_A = 18{,}33$ kN, $F_B = 111{,}5$ kN ($F_{Bx} = F_A$, $F_{By} = F_G/2$), $F_C = F_A$, $F_D = 50{,}8$ kN ($F_{Dx} = 48{,}85$ kN, $F_{Dy} = 13{,}8$ kN), $F_E = 33{,}5$ kN ($F_{Ex} = 30{,}5$ kN, $F_{Ey} = F_{Dy}$), $F_H = F_D$, $F_K = 68{,}9$ kN, $F_L = 118{,}6$ kN ($F_{Lx} = 117{,}75$ kN, $F_{Ly} = F_{Hy} = F_{Dy}$), $F_M = F_K$, $F_N = 473$ kN ($F_{Nx} = F_{Ny} = 334{,}5$ kN), $F_0 = 461{,}7$ kN ($F_{0x} = 403{,}4$ kN, $F_{0y} = 224{,}5$ kN), $F_P = F_N$.

2.111

$F_r \approx 2080$ N, $\alpha_r = 61{,}12°$, $\beta_r = 48{,}33°$, $\gamma_r = 54{,}43°$ ($\gamma_1 = 46{,}73°$, $\beta_2 = 67{,}34°$, $\alpha_3 = 66{,}17°$, $F_{1x} = -578{,}5$ N, $F_{1y} = 307{,}8$ N, $F_{1z} = 616{,}9$ N, $F_{2x} = 1269$ N, $F_{2y} = 539{,}4$ N, $F_{2z} = 243{,}1$ N, $F_{3x} = 282{,}8$ N, $F_{3y} = 536{,}2$ N, $F_{3z} = 350$ N, $F_{rx} = 973{,}3$ N, $F_{ry} = 1383$ N, $F_{rz} = 1210$ N).

2.112

$F_1 = 9{,}43$ kN, $F_2 = F_3 = F_1/2 = 4{,}715$ kN ($\alpha_1 = 71{,}57°$, $\alpha_2 = \alpha_3 = 83{,}79°$, $\beta_1 = \beta_2 = \beta_3 = 18{,}43°$, $\gamma_1 = 0$, $\gamma_2 = \gamma_3 = 72{,}71°$, $a = 0{,}342$ m, $b = 0{,}94$ m, $c = 3{,}144$ m, $d = 3{,}019$ m, s. Bild E 2.112a, $F_{1x} + F_{2x} + F_{3x} = F$, $F_{2y} + F_{3y} = F_{1y}$, $F_{2z} = F_{3z}$, s. Bild E 2.112b).

2.113

$F_1 = -6{,}15$ kN, $F_2 = -2{,}9$ kN, $F_3 = -11{,}17$ kN ($F_x = 8{,}66$ kN, $F_y = 5$ kN, $F_z = 0$, $\beta_1 = 135°$, $\alpha_2 = 90°$, $\beta_3 = 45°$).

2.114

$F_C = 148{,}9$ N ($\alpha = 58{,}06°$, $\beta = 42{,}65°$, $\gamma = 59{,}72°$), $F_B = 138{,}4$ N ($F_{Bz} = 69$ N, $F_{By} = 120$ N), $F_{aA} = F_{Ax} = 78{,}8$ N, $F_{rA} = 12{,}1$ N ($F_{Ay} = 10{,}5$ N, $F_{Az} = 6$ N).

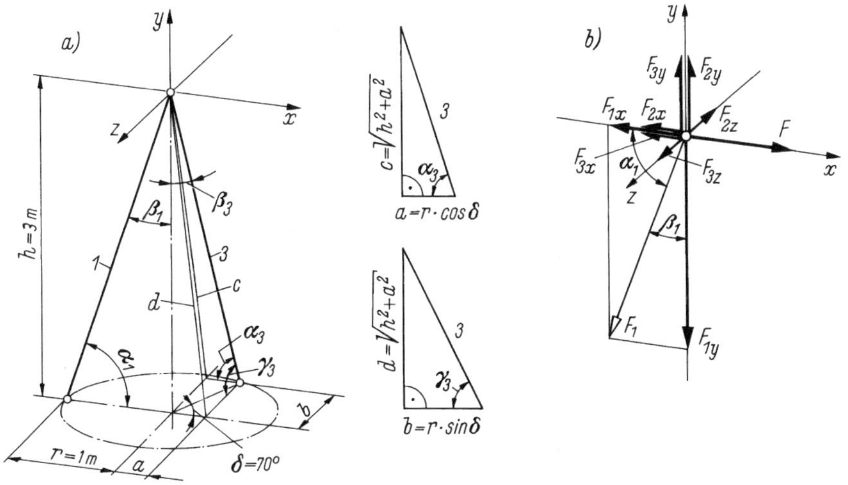

Bild E 2.112 Berechnungsskizzen
a) zur Winkelberechnung (Stütze 2 nicht eingezeichnet),
b) zur Kräfteberechnung (von F_2 und F_3 nur Komponenten eingetragen)

2.115

$F_A \approx 19{,}3$ kN ($F_{Ax} = 10\,635$ N, $F_{Ay} = 16\,076$ N), $F_{B1} = F_{B2} = 1542$ N ($F_C = 2607$ N, $F_D = F_G = 9{,}81$ kN, $F_{Dx} = 8162$ N, $F_{Dy} = 5442$ N, $\alpha = 30{,}96°$, $\beta = 32{,}29°$, $\gamma = 18{,}43°$, $\delta = 33{,}69°$, $f = 2{,}5$ m), Berechnungsskizze mit Kräften s. Bild E 2.115.

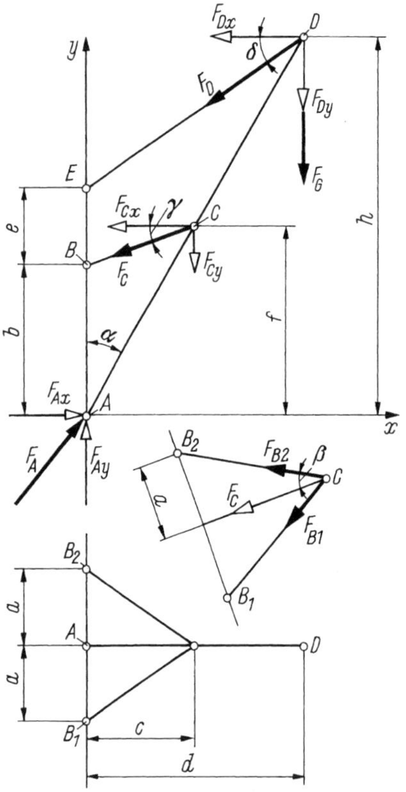

Bild E 2.115 Berechnungsskizze

2.116

$F_{rA} = 663$ N ($F_{Ay} = 171{,}3$ N, $F_{Az} = 640{,}5$ N),
$F_{rB} = 381$ N ($F_{By} = -31{,}3$ N, $F_{Bz} = 379{,}5$ N),
$F_{aA} = F_a = 345$ N, $M = 53$ Nm.

2.117

$F_{rA} = 8{,}97$ kN ($F_{Ay} = 2{,}74$ kN, $F_{Az} = 8{,}54$ kN),
$F_{rB} = 2{,}52$ kN ($F_{By} = 0{,}64$ kN, $F_{Bz} = 2{,}44$ kN),
$F_{aB} = F_a = 0{,}75$ kN, $M = 160{,}4$ Nm.

2.118

$F_{rA} = 124{,}5$ N, $F_{rB} = 94{,}1$ N ($F_{t2} = 100$ N, $F_{t3} = 160$ N, $F_{r2} = 36{,}4$ N, $F_3 = 170{,}3$ N, $F_{3y} = 154{,}3$ N, $F_{3z} = 72$ N, $F_{Ay} = 94{,}7$ N, $F_{By} = 23{,}2$ N, $F_{Az} = 80{,}8$ N, $F_{Bz} = 91{,}2$ N).

2.119

$F_{rA} = 11{,}67$ kN, $F_{rB} = 17{,}18$ kN ($F_{t2} = 8333$ N, $F_{t3} = 20$ kN, $F_{r2} = 3033$ N, $F_{r3} = 7279$ N, $F_{Ay} = 11\,666$ N, $F_{By} = 16\,667$ N, $F_{Az} = 76$ N, $F_{Bz} = 4170$ N).

2.120

1. $F_{t2} = 1305$ N, $F_{r2} = 524$ N ($\alpha_{t2} = 21{,}88°$), $F_{a2} = 608{,}5$ N, $F_{t3} = 6368$ N, $F_{r3} = 2466$ N ($\alpha_{t3} = 21{,}17°$), $F_{a3} = 2318$ N.
2. $F_{Ax} = 1710$ N, $F_{Ay} = 717$ N, $F_{Az} = 3088$ N, $F_{By} = 2273$ N, $F_{Bz} = 1795$ N.
3. $F_{aA} = F_{Ax} = 1{,}71$ kN, $F_{rA} = 3{,}17$ kN, $F_{rB} = 3{,}01$ kN.

3 Ebene Fachwerke

3.1

1. $F_A = 23{,}75$ kN, $F_B = 21{,}25$ kN.
2. $F_{S1} = -33{,}6$ kN, $F_{S2} = +23{,}75$ kN, $F_{S3} = +5{,}3$ kN, $F_{S4} = -27{,}5$ kN, $F_{S5} = +8{,}8$ kN, $F_{S6} = +21{,}25$ kN, $F_{S7} = -30{,}05$ kN, Cremonaplan s. Bild E 3.1.

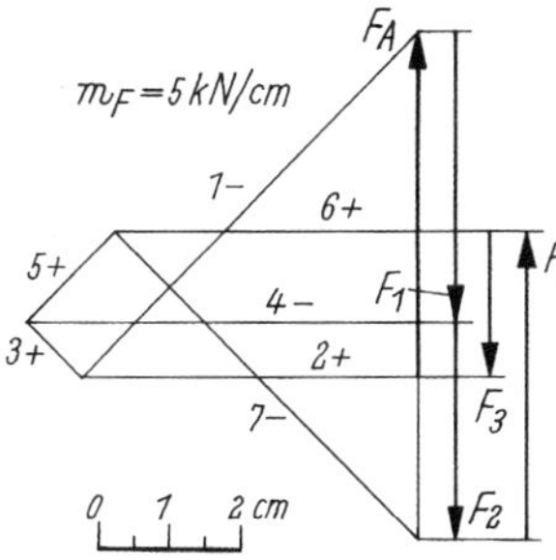

Bild E 3.1 Cremonaplan

3.2

$F_{S1} = F_{S10} = -5$ kN, $F_{S2} = F_{S11} = +6{,}3$ kN, $F_{S3} = F_{S9} = -2{,}5$ kN, $F_{S4} = F_{S8} = -5$ kN, $F_{S5} = F_{S7} = -2{,}1$ kN, $F_{S6} = +6{,}7$ kN ($F_A = F_B = 5$ kN).

3.3

$F_{S1} = F_{S17} = 0$, $F_{S2} = F_{S16} = -40$ kN, $F_{S3} = F_{S15} = +46$ kN, $F_{S4} = F_{S6} = F_{S10} = F_{S14} = -38$ kN, $F_{S5} = F_{S13} = -20$ kN, $F_{S7} = F_{S11} = -10{,}8$ kN, $F_{S8} = F_{S12} = +46{,}5$ kN, $F_{S9} = 0$ ($F_A = F_B = 40$ kN).

3.4

$F_{S1} = F_{S19} = -14$ kN, $F_{S2} = F_{S18} = 0$, $F_{S3} = F_{S17} = -126{,}2$ kN, $F_{S4} = F_{S16} = +105$ kN, $F_{S5} = F_{S15} = +75{,}7$ kN, $F_{S6} = F_{S8} = F_{S12} = F_{S14} = -168$ kN, $F_{S7} = F_{S13} = -28$ kN, $F_{S9} = F_{S11} = -25{,}2$ kN, $F_{S10} = +189$ kN ($F_A = F_B = 84$ kN).

3.5

1. $F_A = 38$ kN, $\alpha = 70°$, $F_B = 26$ kN ($F_{2x} = 12{,}5$ kN, $F_{2y} = 21{,}65$ kN).
2. $F_{S1} = +57{,}2$ kN, $F_{S2} = -57$ kN, $F_{S3} = -36$ kN, $F_{S4} = +44$ kN, $F_{S5} = -7$ kN, $F_{S6} = -51{,}5$ kN, $F_{S7} = 0$, $F_{S8} = +33{,}5$ kN, $F_{S9} = +7$ kN, $F_{S10} = F_{S6}$, $F_{S11} = -26$ kN, $F_{S12} = +42$ kN, $F_{S13} = -33{,}5$ kN, Cremonaplan s. Bild E 3.5. Kräfte zeichnerisch ermittelt.

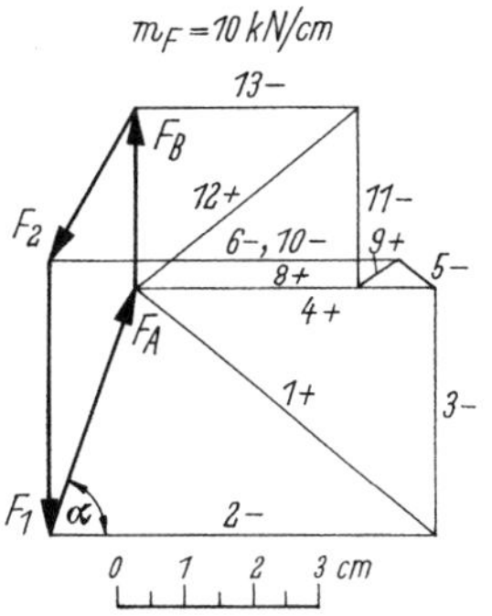

Bild E 3.5 Cremonaplan

3.6

$F_{S1} = +14{,}9$ kN, $F_{S2} = -14{,}8$ kN, $F_{S3} = -3{,}3$ kN, $F_{S4} = -14{,}2$ kN, $F_{S5} = +9{,}5$ kN, $F_{S6} = +6{,}6$ kN, $F_{S7} = +7{,}8$ kN, $F_{S8} = -14$ kN, $F_{S9} = -2{,}3$ kN, $F_{S10} = -15{,}8$ kN, $F_{S11} = +13{,}4$ kN ($F_{Ax} = 3$ kN, $F_{Ay} = 5{,}4$ kN, $F_B = 6{,}6$ kN).

3.7

$F_{S2} = -108{,}8$ kN, $F_{S3} = +12{,}9$ kN, $F_{S4} = +100$ kN.

3.8

1. $F_{S2} = +2{,}3$ kN, $F_{S3} = -F_{S4} = +4{,}6$ kN, $F_{S4} = -2F_{S2} = -4{,}6$ kN.
2. $F_{S6} = +9{,}2$ kN, $F_{S7} = F_{S6}$, $F_{S8} = -1{,}5F_{S6} = -13{,}8$ kN.

3.9

$F_{S4} = +66{,}7$ kN ($F_A = 25$ kN), $F_{S5} = -48{,}5$ kN, $F_{S6} = -F_A = -25$ kN, $F_{S8} = +71{,}1$ kN, $F_{S9} = -14{,}2$ kN, $F_{S10} = -53{,}3$ kN.

3.10

$F_{S4} = -54{,}2$ kN ($F_{S4x} = -52{,}59$ kN, $F_{S4y} = 0{,}25F_{S4x}$, $F_{1x} = F_{1y} = F_{Ax} = 21{,}21$ kN, $F_{Ay} = 40{,}71$ kN), $F_{S5} = -7{,}1$ kN ($F_{S5x} = -3{,}19$ kN, $F_{S5y} = 2F_{S5x}$), $F_{S6} = 55{,}8$ kN.

4 Schwerpunkt

4.1

1. $V_1 = 202{,}5\ cm^3$, $V_2 = 339{,}3\ cm^3$.
2. $y_1 = 15\ mm$, $y_2 = 90\ mm$.
3. $y_0 = 62\ mm$.

4.2

$y_0 = 56{,}2\ mm$ ($V_3 = 63{,}62\ cm^3$, $y_3 = 105\ mm$, $h_4 = 8{,}66\ mm$, $V_4 = 2{,}04\ cm^3$, $y_4 = 57{,}84\ mm$).

4.3

$x_0 = 396\ mm$ ($V = 14{,}52\ dm^3$, $x_1 = 60\ mm$, $x_2 = 205\ mm$, $x_3 = 360\ mm$, $x_4 = 572\ mm$, $x_5 = 800\ mm$).

4.4

$y_0 = 29{,}5\ mm$ ($V = 56{,}5\ cm^3$, $y_1 = 12{,}5\ mm$, $y_2 = 30\ mm$, $y_3 = 47{,}9\ mm$).

4.5

$x_0 = 68{,}88\ mm$, $y_0 = 32{,}42\ mm$, $z_0 = 108{,}3\ mm$ ($V_1 = 1875\ cm^3$, $x_1 = 75\ mm$, $y_1 = 25\ mm$, $z_1 = 125\ mm$, $V_2 = 375\ cm^3$, $x_2 = z_2 = 50\ mm$, $x_2 = 66{,}7\ mm$, $V_3 = -141{,}4\ cm^3$, $x_3 = 100\ mm$, $y_3 = 25\ mm$, $z_3 = 175\ mm$).

4.6

$x_0 = 79\ mm$, $y_0 = 19{,}8\ mm$, $z_0 = 40{,}2\ mm$ ($V = 414{,}6\ cm^3$).

4.7

$y_0 = 220{,}3\ mm$ ($y_1 = 2{,}5\ mm$, $y_2 = y_3 = 205\ mm$, $y_4 = 407{,}5\ mm$, $y_5 = 452{,}5\ mm$, $y_6 = 477{,}5\ mm$, s. Bild E 4.7, $\varrho_{St} = 7{,}85\ kg/dm^3$, $m_1 = 8{,}018\ kg$, $m_2 = 98{,}96\ kg$, $m_3 = 24{,}91\ kg$, $m_4 = 5{,}934\ kg$, $m_5 = 5{,}876\ kg$, $m_6 = 4{,}559\ kg$).

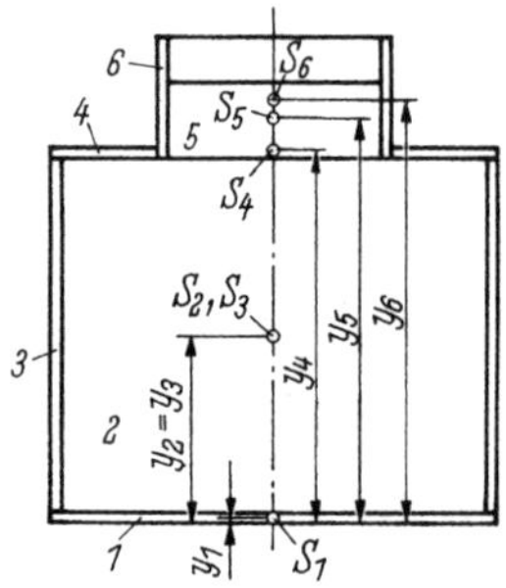

Bild E 4.7 Aufteilung in Teilkörper

4.8

1. $h_1 = 215{,}5\ mm$, $h_2 = 82{,}6\ mm$.
2. $x_0 = 225{,}9\ mm$, $y_0 = 93{,}9\ mm$ (Wassermenge $m_1 = 18{,}18\ kg$, $x_1 = 213{,}1\ mm$, $y_1 = 81{,}44\ mm$, s. Bild E 4.8, $\varrho_{Ms} = 8{,}4\ kg/dm^3$, $m_2 = 5{,}04\ kg$, $m_3 = 2{,}066\ kg$, $m_4 = m_5 = 1{,}232\ kg$).

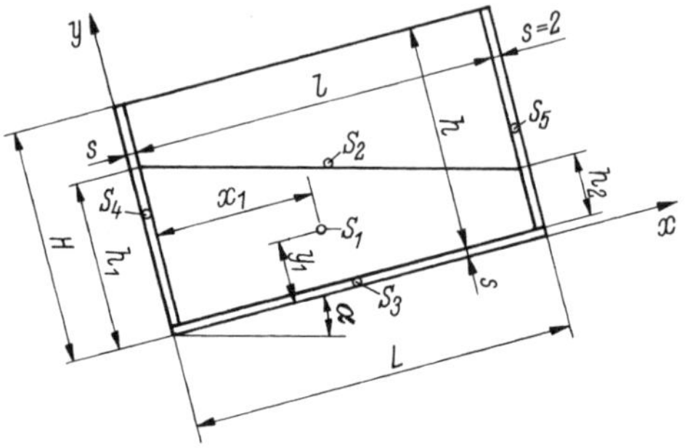

Bild E 4.8 Behälter in Teilkörper aufgeteilt

4.9

$y_0 = 13{,}6\ mm$ ($A_1 = 4\ cm^2$, $A_2 = 3\ cm^3$, $y_1 = 5\ mm$, $y_2 = 25\ mm$).

4.10

$y_0 = 17{,}7\ mm$ ($A = 12{,}9\ cm^2$).

4.11

$y_0 = 31{,}4\ mm$ ($A = 6{,}42\ cm^2$).

4.12

$y_0 = 13{,}7\ mm$ ($A = 5{,}15\ cm^2$, Halbkreisfl. $A_3 = 0{,}57\ cm^2$, $y_3 = 10{,}5\ mm$).

4.13

$y_0 = 40{,}4\ mm$ ($A = 121{,}1\ cm^2$, Halbkreisfl. $A_2 = 25{,}12\ cm^2$, $y_2 = 2{,}3\ mm$).

4.14

$x_0 = 18{,}3\ mm$ ($A = 6\ cm^2$).

4.15

$x_0 = 20{,}9\ mm$ ($A = 9{,}82\ cm^2$).

4.16

$x_0 = 10{,}22\ mm$ ($A = 9{,}03\ cm^2$, $x_1 = 10{,}6\ mm$, $x_2 = 15\ mm$).

4.17

$x_0 = 30{,}8\ mm$, $y_0 = 59{,}4\ mm$ ($A = 43\ cm^2$).

4.18

$x_0 = 32{,}1\ mm$, $y_0 = 15{,}8\ mm$ ($A = 12{,}5\ cm^2$).

4.19

$x_0 = 6\ mm$, $y_0 = 8{,}6\ mm$ ($y_{03} = x_{04} = 0{,}85\ mm$, $y_{05} = 3{,}9\ mm$, $x_5' = y_5' = y_{05}/\sqrt{2}$, s. Bild E 4.19).

i	A_i mm^2	x_i mm	$A_i \cdot x_i$ mm^3	y_i mm	$A_i \cdot y_i$ mm^3
1	68,00	2,00	136,00	14,50	986,00
2	48,00	12,00	576,00	2,00	96,00
3	6,28	2,00	12,56	23,85	149,78
4	6,28	18,85	118,38	2,00	12,56
5	25,12	3,24	81,39	3,24	81,39
Σ	153,68	–	924,33	–	1325,73

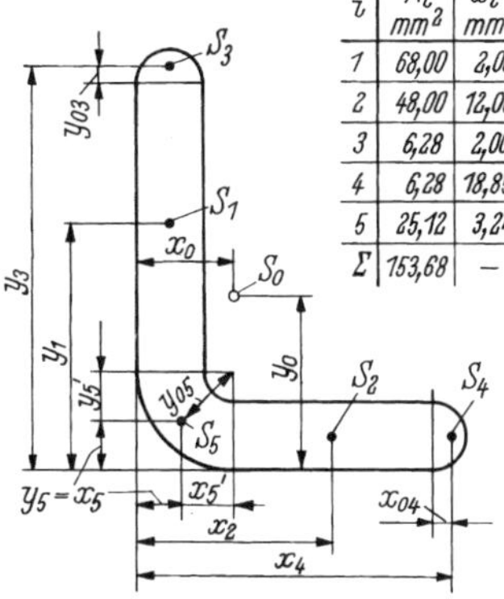

Bild E 4.19 Berechnungsskizze und Zwischenergebnisse

4.20
$x_0 = 69{,}5$ mm, $y_0 = 36{,}1$ mm ($A = 93$ cm^2).

4.21
$y_0 = 119{,}4$ mm ($A_1 = 39{,}9$ cm^2, $y_1 = 102$ mm, $A_2 = 9{,}03$ cm^2, $y_2 = 157{,}7$ mm).

4.22
$y_0 = 88{,}5$ mm ($A_1 = 25$ cm^2, $y_1 = 5$ mm, $A_2 = 2 \cdot 32{,}2$ cm^2, $y_2 = 110$ mm, $A_3 = 2 \cdot (-4{,}515)$ cm^2, $y_3 = 10{,}75$ mm).

4.23
$y_0 = 166{,}1$ mm ($A = 67{,}34$ cm^2).

4.24
1. $A = 157$ cm^2.
2. $x_0 = 542{,}4$ mm.
3. $V \approx 53{,}5$ dm^3.

4.25
1. $A = 10{,}5$ cm^2 ($A_1 = 0{,}393$ cm^2, $A_2 = 5{,}5$ cm^2, $A_3 = 5$ cm^2, $A_4 = -0{,}393$ cm^2, s. Bild L 4.25).
2. $x_0 = 75{,}6$ mm ($x_1 = 122{,}1$ mm, $x_2 = 92{,}5$ mm, $x_3 = 52{,}5$ mm, $x_4 = 62{,}88$ mm).
3. $V = 499$ cm^3.
4. $m = 1{,}35$ kg ($\varrho_{Al} = 2{,}7$ kg/dm^3).

4.26
1. $A = 688$ cm^2.
2. $x_0 = 107$ mm.
3. $V = 4{,}63$ dm^3, $m = 33{,}3$ kg ($\varrho_{Ge} = 7{,}2$ kg/dm^3).

4.27
1. $A = 131{,}57$ dm^2.
2. $y_0 = 299$ mm ($y_1 = 300$ mm, $y_2 = 250$ mm, $y_3 = 542{,}4$ mm).
3. $V = 2472$ dm^3 = 24,72 hl.

4.28
1. $A = 795{,}21$ dm^2 ($A_2 = 657{,}21$ dm^2, $\alpha = 60{,}74°$).
2. $x_0 = 1108$ mm ($x_1 = 708$ mm, $x_2 = 1192$ mm).
3. $V = 55\,360$ l = 55,36 kl.

4.29
$V = 171{,}7$ m^3 ($A_1 = 8$ m^2, $x_1 = 2{,}4$ m, $A_2 = 3{,}45$ m^2, $x_2 = 2{,}357$ m, $x_0 = 2{,}387$ m).

4.30
$y_0 = 14{,}4$ mm ($l = 16$ mm).

4.31
$y_0 = 28{,}84$ mm ($l = 208$ mm).

4.32
$y_0 = 15{,}5$ mm ($l = 158{,}8$ mm, Halbkreisbogen: $y_5 = 9{,}2$ mm).

4.33
$y_0 = 45{,}8$ mm ($l = 685{,}6$ mm, 2 Viertelkreisbögen = Halbkreisbogen: $y_2 = 14{,}5$ mm).

4.34
$x_0 = 20{,}8$ mm ($l = 150{,}8$ mm).

4.35
$x_0 = 26{,}8$ mm ($l = 189{,}5$ mm, Halbkreisbogen: $x_4 = 45{,}5$ mm).

4.36
$x_0 = 10{,}8$ mm ($l = 159{,}9$ mm, Halbkreisbogen: $x_2 = 15{,}9$ mm).

4.37
$x_0 = 33$ mm, $y_0 = 49{,}3$ mm ($l = 460$ mm).

4.38
$x_0 = 32$ mm, $y_0 = 14{,}7$ mm ($l = 166$ mm).

4.39
$x_0 = 6{,}3$ mm, $y_0 = 8{,}9$ mm ($l = 83{,}12$ mm, s. Bild E 4.39).

i	l_i mm	x_i mm	$l_i \cdot x_i$ mm^2	y_i mm	$l_i \cdot y_i$ mm^2
1	12,00	12,00	144,00	0	0
2	12,00	12,00	144,00	4,00	48,00
3	17,00	0	0	14,50	246,50
4	17,00	4,00	68,00	14,50	246,50
5	6,28	19,27	121,02	2,00	12,56
6	6,28	2,00	12,56	24,27	152,42
7	3,14	4,73	14,85	4,73	14,85
8	9,42	2,18	20,54	2,18	20,54
Σ	83,12	–	524,97	–	741,37

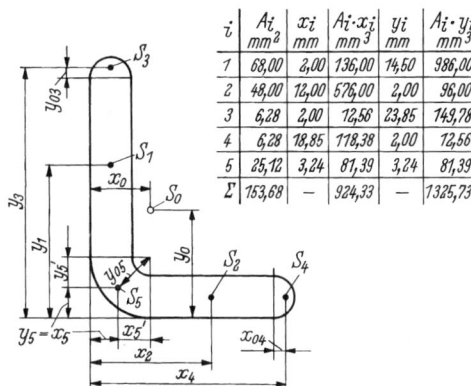

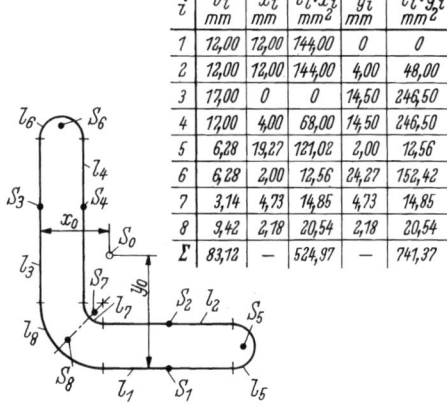

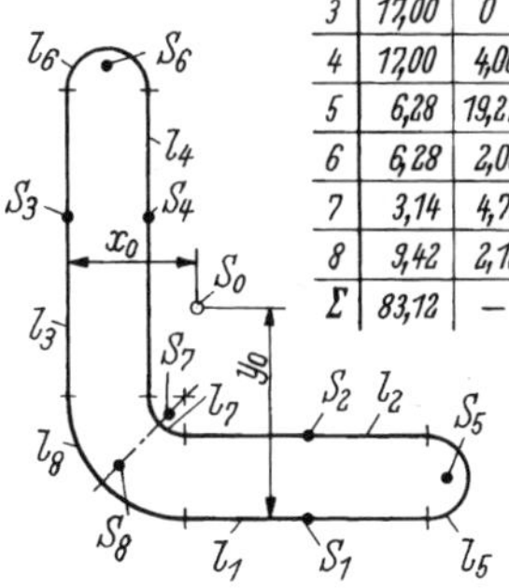

Bild E 4.39 Berechnungsskizze und Zwischenergebnisse

4.40
$x_0 = 1{,}48$ m ($\Sigma l_i = 21{,}92$ m).

4.41
$x_0 = 0{,}984$ m ($\Sigma l_i = 17{,}34$ m).

4.42
$x_0 = 2{,}26$ m ($\Sigma l_i = 14{,}7$ m).

4.43
$x_0 = 1{,}99$ m ($\Sigma l_i = 30{,}4$ m).

4.44
1. $l = 604{,}67$ mm, $x_0 = 162{,}5$ mm.
2. $A = 0{,}6174$ m^2.

4.45
1. $l = 141{,}4$ mm ($l_1 = l_4 = 15{,}7$ mm, $l_2 = l_3 = 110$ mm).
2. $x_0 = 92{,}5$ mm ($x_1 = 123{,}2$ mm, $x_2 = x_3 = 92{,}5$ mm, $x_4 = 61{,}8$ mm).
3. $A = 8{,}22$ dm^2.

4.46
1. $l = 1083$ mm, $x_0 = 106{,}5$ mm.
2. $A = 0{,}725$ m^2.
3. $m = 7{,}25$ kg.

4.47
1. $l = 102{,}9$ mm, $x_0 = 34{,}8$ mm ($l_2 = 12{,}9$ mm, $l_3 = 55$ mm, $l_4 = 10$ mm, $\alpha = 73{,}74°$, $\beta = 26{,}56°$, $\gamma = 79{,}7°$, $\delta = 16{,}26°$, s. Bild E 4.47).
2. $A = 225$ cm^2.
3. $D \approx 170$ mm.

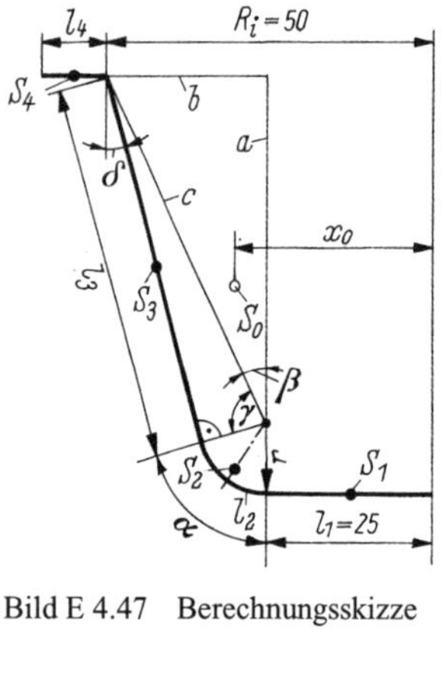

Bild E 4.47 Berechnungsskizze

4.48
1. $l = 5{,}536$ m, $x_0 = 1{,}806$ m ($\alpha = 63{,}44°$).
2. $A = 62{,}82$ m^2.

4.49
$m = 11\,544$ kg ($l = 9{,}9$ m, $x_0 = 2{,}38$ m, $A = 148$ m^2).

4.50
1. $F_A = 26{,}8$ kN, $F_B = 51{,}7$ kN ($F_{GE} = 49{,}05$ kN, $F_G = 29{,}43$ kN).
2. $S_{St} = 2{,}7$.

4.51
$m = 2977$ kg ≈ 3 t.

4.52
1. $\Sigma M_{St} = 1298{,}5$ kNm ($l_1 = 0{,}3$ m, $l_2 = 4{,}6$ m).
2. $\Sigma M_{Ki} = 494{,}4$ kNm ($l_3 = 6$ m).
3. $S_{St} = 2{,}63$.

4.53
$S_{St} = 1{,}03$ ($\Sigma M_{St} = 387$ kNm, $\Sigma M_{Ki} = 374{,}2$ kNm).

4.54
1. $S_{St} \approx 3$ ($M_{St} = 3139$ Nm, $M_{Ki} = 1049$ Nm).
2. $S_{St} = 1{,}34$ ($M_{Ki} = 2342$ Nm).

4.55
1. $F = 198$ N (Rohrlänge $L = 21{,}05$ m, Tuchfläche $A = 12{,}584$ m^2, Höhe des Kraftangriffspunktes $h = 1{,}42$ m).
2. $p = 15{,}7$ Pa.

5 Reibung

5.1
1. $\mu_0 = 0{,}1325$, $\mu = 0{,}107$ ($F_N = F_G = 196{,}2$ N).
2. $\varrho_0 = 7{,}548°$, $\varrho = 6{,}109°$.

5.2
1. $\mu = 0{,}1$ ($F_N = F_G = 98{,}1$ N).
2. $\mu = 0{,}114$.
3. $\mu = 0{,}16$.

5.3
$\mu_0 = 0{,}3$ ($\varrho_0 = \alpha_0 = 16{,}7°$), $\mu = 0{,}153$ ($\varrho = \alpha = 8{,}7°$).

5.4
$F \approx 491$ N ($\mu_0 = 0{,}5$).

5.5
1. $F_1 = 353{,}2$ N ($F_N = F_G = 1177{,}2$ N), $h_1 = 1{,}67$ m.
2. $F_2 = 294{,}3$ N, $h_2 = 2$ m.

5.6
$F_H = 19{,}06$ N ($F_R = 4$ N).

5.7
1. $F_K = 19{,}62$ kN ($F = F_G = 19{,}62$ kN).
2. $F_B = 84{,}43$ kN ($F_N = 67{,}44$ kN).
3. $S_H = 2{,}06$.

5.8
1. $F_A = 44{,}6$ N.
2. $F_C = 26{,}16$ N.
3. $F_B \approx 71$ N ($F_{Bx} = 6{,}25$ N, $F_{By} = 70{,}76$ N).

5.9
1. $F = 75$ N ($F_N = 250$ N).
2. Bei Rechtsdrehung $M_r = 885{,}4$ Nmm $\approx 0{,}9$ Nm, bei Linksdrehung $M_l = 1004{,}5$ Nmm ≈ 1 Nm.

5.10
$M = 1000$ Nm.

5.11
$M = 5538$ Nm.

5.12
1. $h_1 = 2{,}44$ m ($\mu_A = \mu_B = \mu = 0{,}3$).
2. $h_2 = 3{,}16$ m ($\mu_A = 0{,}28$, $\mu_B = 0{,}4$).

5.13
1. $\alpha = 16{,}7°$.
2. $F_0 = -18{,}78$ N abwärts gerichtet ($\varrho_0 = 21{,}8°$).

5.14
1. $F_1 = 274{,}7$ N ($F_G = 588{,}6$ N, $\alpha = 38°$, $\beta = -12°$, $\varrho_0 = 10{,}2°$).
2. $F_2 = 473{,}9$ N.
3. $F_3 = 305{,}8$ N ($\varrho = 6{,}84°$).

5.15
$F_1 = 766{,}5$ N ($\alpha = 45°$, $\varrho = 16{,}7°$), $F_2 = 412{,}7$ N.

5.16
1. $F_1 = 943$ N ($F_G = 1668$ N, $\alpha = 30°$, $\beta = 25°$, $\varrho = 1{,}15°$).
2. $F_2 = 872$ N ($\varrho_0 = 2{,}29°$).

5.17
$F = 533{,}8$ N ($F_G = 735{,}75$ N, $\varrho_0 = 6{,}84°$).

5.18
$S_H = 1{,}22$.

5.19
1. $F_1 = 8{,}1$ N als Druckkraft ($\varrho = 4{,}57°$).
2. $F_2 = 6{,}5$ N als Druckkraft.

5.20
1. $F_1 = 30{,}7$ N ($\alpha = 40°$, $\varrho = 5{,}71°$).
2. $F_2 = 37{,}6$ N.

5.21
$F_R = 120{,}6$ N ($F_A = 682{,}3$ N, $F_B = 552{,}5$ N, $\mu_k = 0{,}104$).

5.22
1. $F_R = 11{,}63$ kN ($F_{GE} = 39{,}24$ kN, $F_G = 98{,}1$ kN).
2. $F_{an} = 35{,}63$ kN.

5.23
1. $S_H = 2{,}87$ ($h = 400$ mm, $l = 139{,}6$ mm).
2. $\mu = 0{,}21$.

5.24
$S_H = 1{,}53$ ($h = 57{,}5$ mm, $l = 15$ mm).

5.25
1. $l = 10$ mm ($h = 50$ mm).
2. $l = 6{,}4$ mm.

5.26
1. $F_1 = 3{,}3$ kN ($F_{NA} = F_{NB} = 3348$ N).
2. $F_2 = 1{,}48$ kN ($F_{NA} = F_{NB} = 4261$ N).
3. Ja, da $l > 2(a + b) \cdot \mu = 192$ mm.

5.27
1. $M_{GH} = 1842$ Nm (α u. ϱ_G s. 3., $d_2 = 75$ mm), $M_{GS} = -560{,}5$ Nm.
2. $\eta_H = 0{,}346$, $\eta_S = -0{,}88$.
3. Ja, da $\alpha = 2{,}43° < \varrho_G = 4{,}57°$.

5.28
$F = 86{,}1$ kN ($d_2 = 44$ mm, $\alpha = 6{,}6°$, $\beta_N = 14{,}9°$, $\varrho_G = 4{,}73°$).

5.29
$F = 565{,}7$ N ($d_2 = 9$ mm, $\alpha = 4{,}046°$, $\beta_N = 14{,}96°$, $\varrho_G = 5{,}322°$).

5.30
$F_V = 79{,}18$ kN ($P = 2$ mm, $d_2 = 14{,}701$ mm, $R_m = 10{,}375$ mm), $M_L = 124{,}3$ Nm.

5.31
$M_A = 404{,}9$ Nm ($P = 2{,}5$ mm, $d_2 = 18{,}376$ mm).

5.32
1. $F_V = 4349$ N ($P = 1{,}75$ mm, $d_2 = 10{,}863$ mm, $R_m = 8{,}125$ mm).
2. $F_B = 3439$ N.
3. $F = 634{,}9$ N.

5.33
1. $F = 1942{,}5$ N ($M_{an} = 5$ Nm, $P = 2$ mm, $d_2 = 14{,}701$ mm, $\alpha = 2{,}48°$, $\varrho_G = 7{,}92°$, $R_L = 8{,}75$ mm).
2. $F_k = 4485$ N ($\varrho = 5{,}71°$).
3. $M_{rü} = 764{,}4$ Nmm ≈ 764 Nm ($\varrho_0 = 8{,}53°$, $F = 397{,}1$ N).

5.34
$F_z = 5$ kN ($r = r_m = 130$ mm, $F = 4{,}81$ kN).

5.35
$F_1 = 3030$ N ($z = 4$, $r = 110$ mm, $F = 18\,182$ N).

5.36
$F = 190{,}5$ N ($z = 3$, $r = 20$ mm).

5.37
1. $M_s = 1637$ Nm ($z = 4$, $\alpha = 20°$, $r = r_m = 280$ mm).
2. $M_ü = 1964$ Nm.

5.38
1. $M_H = 1{,}464$ Nm ($\alpha = 35°$, $r = r_m = 25$ mm).
2. $M_B = 1{,}15$ Nm.

5.39
1. $M_{BI} = 36{,}36$ Nm ($F_{NI} = 606{,}1$ N), $F_{AI} = 445$ N ($F_{AIx} = 181{,}8$ N, $F_{AIy} = 406{,}1$ N).
2. $M_{BII} = 44{,}46$ Nm ($F_{NII} = 740{,}7$ N), $F_{AII} = 585$ N ($F_{AIIx} = 222{,}2$ N, $F_{AIIy} = 540{,}7$ N).
3. $l_1 \leq 90$ mm.

5.40
1. $M_B = 3060$ Nm ($z = 2$, $l = 750$ mm, $l_1 = 300$ mm).
2. $M_H = 3774$ Nm.

5.41
1. $F_{NA} = 7{,}78$ kN, $F_{NB} = 7{,}5$ kN ($l = 400$ mm, $l_1 = 220$ mm, $l_2 = 10$ mm).
2. $M_B = 916{,}8$ Nm ($r = 150$ mm).
3. Nein.
4. $F_A = 8{,}38$ kN, $F_B = 8{,}08$ kN, $F_C = 4{,}74$ kN, $F_D = 4{,}46$ kN ($F_{Ax} = F_{NA}$, $F_{Ay} = F_{RA} = F_{Cy} = 3112$ N, $F_{Bx} = F_{NB}$, $F_{By} = F_{RB} = F_{Dy} = 3$ kN, $F_{Cx} = 3{,}58$ kN, $F_{Dx} = 3{,}3$ kN).
5. $F_H = 4{,}32$ kN, $F_K = 1{,}25$ kN.

5.42
$M_B = 2$ kNm.

5.43
$\mu_L = 0{,}005$ ($M_R = 2{,}4$ Nm).

5.44
1. $F_A = 101{,}23$ kN, $F_B = 67{,}5$ kN.
2. $M_{RA} = 32{,}4$ Nm, $M_{RB} = 16{,}9$ Nm.
3. $M_R = 49{,}3$ Nm.

5.45
1. $F = 2450$ N ($\gamma = 20°$).
2. $M_R = 4{,}41$ Nm.
3. $M_{an} = 239{,}41$ Nm.
4. $V_R = 1{,}84\%$ ($M_{an} \mathrel{\widehat{=}} 100\%$).

5.46
$M_{an} = 408{,}16$ Nm ($r = r_m = 40$ mm, $M_R = 8{,}16$ Nm), $V_R = 2\%$.

5.47
$\mu_L = 0{,}05$ ($M_R = 1{,}2$ Nm, $r = 15$ mm).

5.48
1. $F_A = 43{,}2$ kN $= F_{Bx}$, $F_{By} = 49{,}05$ kN ($= F_G$).
2. $M_R = 443{,}4$ Nm.
3. $F_t = 147{,}8$ N.

5.49
$F = 361$ N ($F_G = 343{,}4$ N).

5.50
$M = 671{,}3$ Nm ($F = 5{,}37$ kN).

5.51
$\eta_F = 0{,}922$ ($z = 2$).

5.52
1. $\eta_F = 0{,}87$ ($z = 6$).
2. $F = 188$ N.

5.53
1. $\alpha = 21{,}99$ rad.
2. $e^{\mu\alpha} = 244{,}15$.
3. $F_2 = 410$ N.

5.54
$z = 2{,}5$ ($\alpha_{erf} = 12{,}64$ rad, $z_{erf} = 2{,}012$).

5.55
$F_2 = 7{,}59$ kN ($\alpha = 18{,}85$ rad).

5.56
1. $F_1 = 8434$ N ($\alpha = 25{,}13$ rad).
2. $F_R = 8184$ N.

5.57
1. $\alpha = 210° = 3{,}6652$ rad.
2. $F = 1{,}53$ N ($l = 70$ mm, $r = l_2$).

5.58
1. $M_H = 109{,}6$ Nm ($\alpha = 270° = 4{,}7124$ rad, $r = 200$ mm, $l = 600$ mm, $l_1 = l_2 = 100$ mm).
2. $M_B = 79{,}1$ Nm ($e^{\mu\alpha} = 2{,}5663$).

5.59
1. $M_B = 40{,}6$ Nm ($F = F_G = 49{,}05$ N, $\alpha = 210° = 3{,}6652$ rad, $l = 425$ mm).
2. $a = 1426$ mm.

5.60
1. $l_1 = 30$ mm, $l_2 = 75{,}7$ mm, $\alpha = 220° = 3{,}8397$ rad.
2. $M_{BI} = 628$ Nm.
3. $M_{BII} = 52$ Nm.

5.61

$M_1 = 208$ Nm ($e^{\mu\alpha} = 3{,}0028$), $M_2 = 500$ Nm.

5.62

1. $\alpha = 164{,}2° = 2{,}866$ rad.
2. $F_u = 1920$ N.
3. $F_1 = 3032$ N, $F_2 = 1112$ N.

5.63

$F_R = 1492$ N, $\mu = 0{,}5$ ($\alpha = 160° = 2{,}7925$ rad).

5.64

$F_1 = 114{,}5$ kN ($F = 66{,}67$ kN, $e^{\mu\alpha} = 2{,}393$).

5.65

$F_u = 97{,}65$ kN ($e^{\mu\alpha} = 2{,}5663$).

5.66

1. $F = 4{,}25$ kN ($F_G = 49{,}05$ kN).
2. $F_z = 4{,}39$ kN.

5.67

$f = 0{,}44$ mm, $\mu_R = 0{,}0035$.

5.68

$F = 49$ N.

5.69

1. $F = 736$ N ($F_G = 24\,525$ N, $D = 50$ mm).
2. Das 4fache ($F_R = 2943$ N).

5.70

$M_R = 48$ Nm ($F_R = 80$ N).

5.71

1. $F = 1259$ N ($F_G = 47{,}1$ kN, $F_1 = 428{,}7$ kN).
2. $\mu_F = 0{,}00265$ ($m_{ges} = 48{,}5$ t).
3. $F_z = 10\,072$ N $\approx 10{,}1$ kN.

5.72

1. $F_f = 852$ N ($F_{G\,ges} = 245{,}25$ kN), $\mu_F = 0{,}0035$.
2. $F_z = 10{,}66$ kN ($F_{Gx} = 9{,}81$ kN).

5.73

$M = 1218{,}4$ Nm ($F_f = 2256{,}3$ N).

5.74

$F_f = 2124$ N ($F_G = 8{,}83$ kN, $F_1 = 123{,}6$ kN),
$M = 531$ Nm.

5.75

1. $F_f = 2583$ N.
2. $\mu_F = 0{,}031$.
3. $M = 323$ Nm.

6 Kinematik

6.1
1. $v_1 = 144$ km/h.
2. $s_2 = 1{,}25$ km.

6.2
$v = 15{,}38$ m/s $= 55{,}37$ km/h.

6.3
$t = 127{,}5$ s.

6.4
$v = 27{,}78$ km/h, $t = 420$ h $= 17{,}5$ d.

6.5
$v = 343$ mm/min ($P = 19{,}05$ mm).

6.6
$t = 197$ min ($s = 2{,}1$ m je Schnitt).

6.7
$z = 45$ Geräte.

6.8
$v \approx 1{,}77$ m/s ($V = 2500$ m^3).

6.9
$s = 60$ km.

6.10
$t = 26{,}7$ min, $s = 48{,}9$ km.

6.11
$t = 3{,}27$ min ($t_P = 24$ min, $t_S = 15{,}27$ min).

6.12
1. $\Delta t_A = 17{,}5$ min ($s_1 = 40$ km, $t_{G1} = 37{,}5$ min, $t_{D1} = 20$ min).
2. $\Delta t_D = 9$ min ($s_2 = 32$ km, $t_{G2} = 30$ min, $t_{D2} = 16$ min).
   s,t-Diagramm s. Bild E 6.12 ($\alpha_G = 46{,}85°$, $\alpha_D = 63{,}43°$, s. auch MF Bild 6.3).

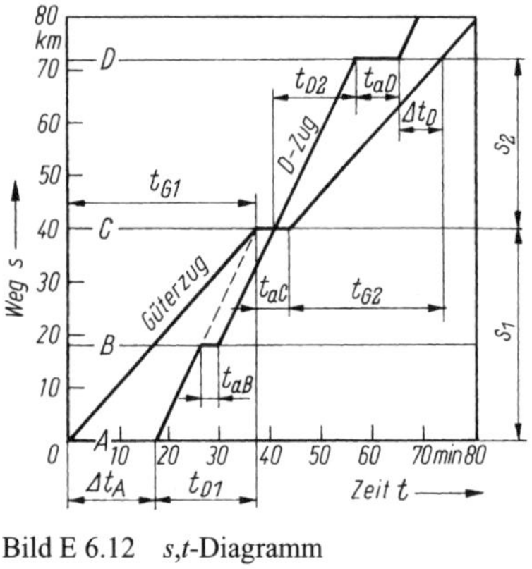

Bild E 6.12 s,t-Diagramm

6.13
1. $a = 2{,}778$ m/s^2.
2. $s = 138{,}9$ m.

6.14
1. $v = 0{,}4$ m/s.
2. $s = 40$ mm.

6.15
$t = 2{,}17$ min, $s = 1{,}356$ km.

6.16
1. $s_1 = 50$ mm.
2. $s_2 = 200$ mm.

6.17
1. $a = 0{,}0161$ m/s^2.
2. $v_m = 2{,}575$ m/s $= 9{,}27$ km/h.
3. $s = 0{,}494$ km.

6.18
$v = 4{,}36$ m/s, $a = 1{,}753$ m/s^2.

6.19
$v = 120$ km/h.

6.20
$a = -5{,}74$ m/s^2.

6.21
$a = -0{,}094$ m/s^2 (bzw. $a_v = 0{,}094$ m/s^2), $t = 3{,}2$ min.

6.22
$a = -3{,}7$ m/s^2 (bzw. $a_v = 3{,}7$ m/s^2), $s = 101$ m ($s_1 = 33{,}33$ m, $s_2 = 66{,}67$ m).

6.23
1. $a_1 = 4{,}41$ m/s^2 ($v_1 = 7{,}37$ m/s).
2. $a_2 = -6{,}14$ m/s^2, $s_2 = 4{,}42$ m.

6.24
1. $s = 7625$ m, v,t-Diagramm s. Bild E 6.24 ($s_1 = 1625$ m).
2. $v_m = 127{,}1$ m/s.

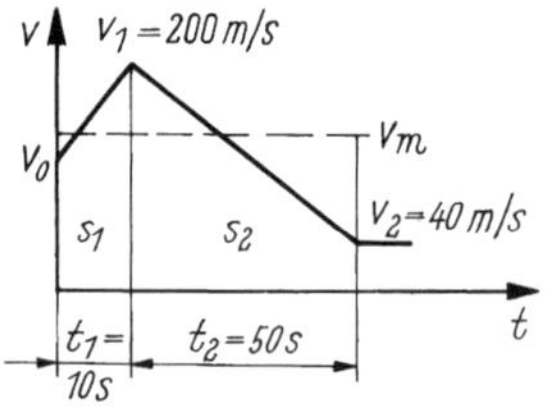

Bild E 6.24 v,t-Diagramm der Raketenbewegung

6.25
1. $t_1 = 64{,}8$ s $= 1{,}08$ min, $s_1 = 0{,}63$ km.
2. $t_3 = 38{,}88$ s $= 0{,}648$ min, $s_3 = 0{,}378$ km.
3. $t_B = 15{,}65$ min ($s_2 = 17$ km, $t_2 = 14{,}57$ min), $t = 16{,}3$ min.

6.26
$a = 0{,}556$ m/s², $a_v = 0{,}25$ m/s², $t = 12{,}9$ s ($s_2 = 7{,}1$ m, $t_2 = 7{,}1$ s).

6.27
$t = 13$ s, v,t-Diagramme s. Bild E 6.27
($t_H = t_{H1} + t_{H2} + t_{H3} = (0{,}5 + 1{,}5 + 0{,}5)$ s,
$t_h = t_{h1} + t_{h2} + t_{h3} = 3 \cdot 0{,}5$ s, $t_{s1} = t_{s3} = 1{,}2$ s,
$t_{s2} = 1{,}8$ s).

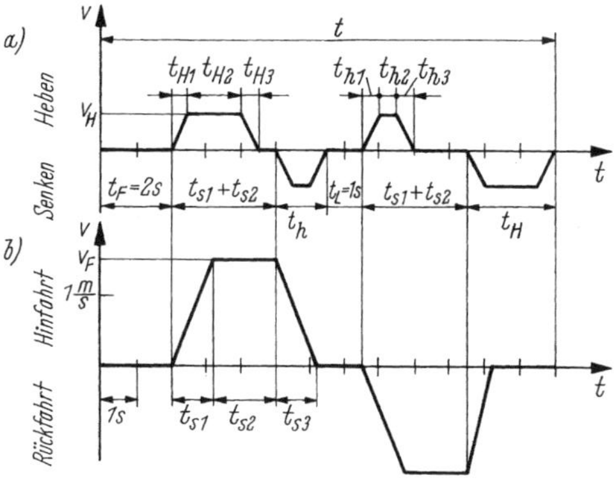

Bild E 6.27 v,t-Diagramme
a) vertikale Bewegung,
b) horizontale Bewegung

6.28
1. $t = 297{,}5$ s ≈ 5 min.
2. $s = 4545$ m $\approx 4{,}55$ km.

6.29
1. $t = 29{,}92$ s $\approx 0{,}5$ min ($t_2 = 3{,}97$ s ≈ 4 s, $t_4 = 6$ s, s. v,t-Diagramm Bild L 6.29).
2. $s = 448{,}8$ m $\approx 0{,}45$ km ($s_1 = 44{,}44$ m, $s_2 = 71{,}65$ m).
3. Beide etwa gleichzeitig, da $t_1 + t_2 \approx 6$ s $= t_4$ ist.

6.30
$t \approx 11{,}6$ s, $s \approx 247$ m ($t_1 = 3{,}7$ s, $s_1 = 72$ m, $t_2 = 7{,}87$ s).

6.31
1. $h = 122{,}6$ m.
2. $v = 49{,}05$ m/s $= 176{,}6$ km/h.

6.32
$v = 15{,}34$ m/s, $t = 1{,}56$ s.

6.33
$h = 40{,}63$ m.

6.34
$t = 3$ s, $v = 41{,}43$ m/s.

6.35
1. $v = 10{,}7$ m/s ($t = 0{,}48$ s).
2. $t_1 = 0{,}68$ s, $t_2 = 5$ s.
3. $z = 6{,}9 \approx 7$.

6.36
$v_0 = 29{,}43$ m/s ($t = t_1 = 3$ s), $h_1 = 44{,}15$ m.

6.37
$v_0 = 19{,}81$ m/s.

6.38
1. $v_0 = 21{,}53$ m/s.
2. $v = 27{,}52$ m/s.
3. $h = 38{,}6$ m.

6.39
$t = 2{,}45$ s, $h = 70{,}56$ m.

6.40
$v = 3{,}14$ m/s.

6.41
$n = 132{,}7$ min^{-1}.

6.42
1. $v_S = 62{,}8$ m/min.
2. $\omega = 2{,}617$ rad/s.
3. $v = 3{,}79$ m/s ($r_a = 1{,}45$ m).

6.43
$\omega = 314$ rad/s, $v = 314$ m/s.

6.44
Minutenzeiger: $\omega_1 = 0{,}001745$ rad/s, $v_1 = 0{,}002094$ m/s,
Stundenzeiger: $\omega_2 = 1{,}45 \cdot 10^{-4}$ rad/s,
$v_2 = 1{,}53 \cdot 10^{-4}$ m/s.

6.45
$n = 1{,}53$ s^{-1} $= 91{,}7$ min^{-1}, $\omega = 9{,}6$ rad/s.

6.46
1. $v = 27{,}78$ m/s.
2. $n = 13{,}9$ s^{-1} $= 834{,}2$ min^{-1}.
3. $\omega = 87{,}36$ rad/s.

6.47
$Z = 535$.

6.48
1. $\omega = 0{,}196$ rad/s ($\varphi = 2{,}356$ rad), $n = 0{,}0312$ s^{-1} $= 1{,}87$ min^{-1}.
2. $v = 3{,}92$ m/s ($r = 20$ m).

6.49
1. $v_a = 94{,}2$ m/min, $v_e = 76{,}2$ m/min ($d_1 = 0{,}202$ m).
2. $v_s = 72$ mm/min.
3. $t = 31{,}11$ min (Schnittanzahl $z = 7$).

6.50
$v_H = 10$ m/min.

6.51
1. $n = 35{,}37$ s^{-1} $= 2122$ min^{-1}.
2. $d_1 = 306$ mm, $n_1 = 41{,}61$ s^{-1} $= 2497$ min^{-1}.
3. $d_2 = 241$ mm, $n_2 = 52{,}83$ s^{-1} $= 3170$ min^{-1}.

6.52
1. $\omega = 293$ rad/s, $\alpha = 14{,}65$ rad/s^2.
2. $v = 76{,}18$ m/s, $a_t = 3{,}81$ m/s^2.

6.53
1. $n_1 = 7{,}17$ s^{-1} = 430 min^{-1}.
2. $n_2 = 4{,}89$ s^{-1} = 293 min^{-1}.

6.54
$\alpha = 26{,}17$ rad/s^2, $a_t = 3{,}27$ m/s^2.

6.55
$a_t = 1{,}852$ m/s^2, $\alpha = 0{,}0023$ rad/s^2, $s = 133{,}3$ m.

6.56
$\alpha = 6{,}81$ rad/s^2 ($\omega_0 = 43{,}57$ rad/s).

6.57
$\alpha = 1{,}33$ rad/s^2 ($a_t = 0{,}6$ m/s^2),
$n = 6{,}36$ s^{-1} = 381 min^{-1}, $v \approx 18$ m/s.

6.58
$t = 24{,}43$ s ($\omega_0 = 293{,}2$ rad/s).

6.59
$n_0 = 5{,}777$ s^{-1} = 346,6 min^{-1}, $Z = 63{,}6$.

6.60
1. $\omega = 314{,}2$ rad/s, $t_1 = 26{,}17$ s.
2. $\alpha_2 = -15{,}71$ rad/s^2.

6.61
$t = 0{,}4$ min, $\alpha_v = 6{,}54$ rad/s^2 ($\omega = 157{,}1$ rad/s).

6.62
$\alpha = 2{,}62$ rad/s^2, $Z = 32{,}5$.

6.63
$\alpha = -0{,}921$ rad/s^2, $\omega_0 = 4{,}21$ rad/s ($\varphi = 7{,}453$ rad),
$n_0 = 0{,}67$ s^{-1} = 40,2 min^{-1}.

6.64
1. $h = 301{,}6$ m ($Z = 24$).
2. $\alpha_1 = 0{,}358$ rad/s^2, $t_1 = 16{,}76$ s ($\varphi_1 = 50{,}27$ rad).
3. $\omega = 6$ rad/s.
4 $\alpha_3 = -0{,}477$ rad/s^2, $t_3 = 12{,}57$ s ($\varphi_3 = 37{,}7$ rad).
5. $t = 39{,}8$ s ($\varphi_2 = 62{,}83$ rad).

6.65
$t = 19{,}1$ s, $Z = 15{,}3$ ($t_1 = 1{,}33$ s, $\omega = 5{,}33$ rad/s,
$t_3 = 0{,}833$ s, $\varphi = 96$ rad, $\varphi_1 = 3{,}55$ rad, $\varphi_3 = 2{,}22$ rad),
ω,t-Diagramm s. Bild E 6.65.

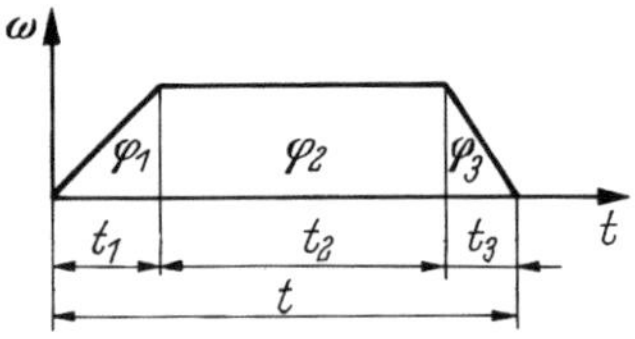

Bild E 6.65 ω,t-Diagramm der Hubbewegung

6.66
1. $i = 3{,}12$.
2. $d_1 = 160$ mm.
3. $v = 12{,}14$ m/s.

6.67
$d_2 = 225$ mm, $n_2 = 128$ min^{-1}.

6.68
$i = 1{,}346$, $d_2 = 35$ mm.

6.69
1. $n_2 = 0{,}573$ s^{-1} = 34,4 min^{-1}.
2. $i = 1{,}462$.
3. $n_1 = 50{,}3$ min^{-1}.

6.70
1. $n_2 = 31{,}83$ s^{-1} = 1910 min^{-1}.
2. $d_2 = 125{,}7$ mm ≈ 125 mm.
3. $i = 0{,}5$ (Übersetzung ins Schnelle).

6.71
1. $a_I = 0{,}393$ m/s^2.
2. $i_I = 3{,}15$, $i_{II} = 3{,}57$.
3. $n_2 = n_3 = 285{,}7$ min^{-1}, $n_4 = 80$ min^{-1}.
4. $a_{II} = 0{,}174$ m/s^2.

6.72
1. $i_g = 27{,}3$, gew. $i_g = 27$ und $i_I = i_{II} = i_{III} = 3$
($n_{gtr} = n_6 = 55{,}56$ min^{-1}).
2. $n_2 = 500$ min^{-1}, $n_4 = 166{,}7$ min^{-1}.
3. $z_2 = 57$, $z_4 = 51$, $z_6 = 45$.

6.73
$z_6 = 39$ ($d_6 = 624$ mm), $z_5 = 15$ ($i_I = 2{,}391$, $i_{II} = 5{,}067$,
$i_{III\,erf} = 2{,}614$, $i_g = 31{,}5$, $n_6 = 30{,}16$ min^{-1}).

6.74
$z_4 = 46$ ($n_{4\,erf} = 15{,}9$ min^{-1}, $i_{II\,erf} = 2{,}412$,
$z_{4\,erf} = 45{,}83$).

6.75
$v_1 = 30$ km/h, $v_2 = 51$ km/h, $v_3 = 83$ km/h,
$v_4 = 117$ km/h.

6.76
1. $t = 7{,}5$ s.
2. $v = 0{,}69$ m/s ($\omega_2 = 22{,}26$ rad/s, $d_2 = 62$ mm).
3. $a = 0{,}092$ m/s^2.

6.77
$i_{II} = 24$ ($i_{II\,erf} = 23{,}7$, $n_{4\,erf} = 14{,}92$ min^{-1}, $L = 2{,}34$ m,
$l = 0{,}51$ m, $\delta_1 = 42{,}86°$, $\delta_2 = 13{,}31°$, s. Bild L 6.77).

6.78
1. $v_1 = 80$ m/min.
2. $v_2 = 32$ m/min.
3. $v = 86{,}16$ m/min.
4. $s = 53{,}85$ m.
5. $\alpha = 21{,}8°$.

6.79

1. $t_H = 48{,}83$ s $= 0{,}81$ min ($s = 329{,}7$ m, $\alpha = 37{,}35°$, $v_H = 6{,}752$ m/s $= 24{,}3$ km/h).
2. $\beta_R = 19{,}7°$.
3. $t_R = 118{,}7$ s $= 1{,}98$ min ($v_R = 2{,}78$ m/s $= 10$ km/h).

6.80

1. $\alpha = 10{,}62°$, $v_\alpha = 325{,}5$ km/h.
2. $\beta = 10{,}81°$, $v_\beta = 314{,}3$ km/h.

6.81

1. $u = 201$ m/s.
2. $w_1 = 615$ m/s.
3. $\beta_1 = 26{,}42°$.
4. $w_2 = 492$ m/s.
5. $c_2 = 324{,}6$ m/s ($\beta_2 = \beta_1$).
6. $\alpha_2 = 42{,}41°$.

6.82

1. $v_0 = 3{,}98$ m/s ≈ 4 m/s.
2. $v = 6{,}74$ m/s.
3. $\alpha = 53{,}6°$.

6.83

1. $t = 23{,}89$ s ≈ 24 s.
2. $s = 3318$ m $\approx 3{,}3$ km.
3. $v = 272{,}4$ m/s $= 980{,}8$ km/h.

6.84

1. $h_{max} = 796$ m.
2. $s_{max} = 5517$ m.
3. $t_w = 25{,}5$ s.

6.85

$v_0 = 22{,}48$ m/s, $\alpha_0 = 52°$, $t_w = 3{,}61$ s.

6.86

$v_0 = 2{,}279$ m/s ($\alpha_0 = -45°$, $h = -20$ m), $t = 1{,}862$ s, $v = 19{,}94$ m/s $= 71{,}79$ km/h.

6.87

$\alpha_0 = 82°$, $t = 1{,}525$ s, $s = 254$ m, $v = 1185$ m/s.

6.88

$a = 0{,}54$ m/s^2, $t = 2{,}78$ s.

6.89

$a_r = 76{,}92$ m/s^2 ($v = 5$ m/s, $R = 0{,}375$ m), $v_1 = 6{,}137$ m/s ($v_t = 1{,}137$ m/s), $v_2 = v_4 = 5{,}128$ m/s, $v_3 = 3{,}863$ m/s.

6.90

$a_r = 118{,}7$ m/s^2 ($n_2 = 150$ min^{-1}, $\omega_2 = 15{,}71$ rad/s).

6.91

$a_r = 0{,}76$ m/s^2 ($v_0 = 22{,}22$ m/s), $a = 3{,}02$ m/s^2 ($v = 27{,}78$ m/s, $a_t = 2{,}778$ m/s^2, $a_r = 1{,}187$ m/s^2).

6.92

$a_1 = 701{,}9$ m/s^2 ($\alpha = 25{,}13$ rad/s^2, $a_t = 10{,}05$ m/s^2, $a_{r1} = 701{,}8$ m/s^2), $a_2 = 4386{,}5$ m/s^2 ($= a_{r2}$, da a_t von unbedeutendem Einfluss).

6.93

1. $v = 0{,}849$ m/s ($r = 0{,}203$ m, $\omega_1 = 3{,}142$ rad/s, $v_1 = 0{,}6377$ m/s, $\beta = 52°$), $\gamma = 27{,}55°$.
2. $a = 1{,}634$ m/s^2 ($a_r = 2{,}004$ m/s^2, $a_C = 1{,}5708$ m/s^2, $a_x = -0{,}0082$ m/s^2, $a_y = 1{,}634$ m/s^2), $\delta = 0{,}288°$.

6.94

$\omega_1 = 1{,}468$ rad/s ($\omega = 5{,}236$ rad/s, $v = 1{,}047$ m/s, $a = 5{,}483$ m/s^2, $R = 0{,}608$ m, $\beta = 31{,}55°$, $v_1 = 0{,}8924$ m/s), $\alpha_1 = 2{,}072$ rad/s^2 ($v_2 = 0{,}548$ m/s, $a_C = 1{,}609$ m/s^2, $a_{r2} = 1{,}31$ m/s^2, $a_x = 2{,}869$ m/s^2, $a_{1x} = 1{,}26$ m/s^2).

7 Kinetik

7.1
$F = 120$ N ($a = 3$ m/s^2).

7.2
$F = 846{,}7$ N ($m = 470{,}4$ kg, $a = 1{,}8$ m/s^2).

7.3
1. $F = 2{,}78$ kN ($a = 1{,}11$ m/s^2).
2. $F_a = 3{,}47$ kN ($F_f = 0{,}69$ kN).

7.4
1. $a = 1{,}93$ m/s^2.
2. $F_f = 331{,}1$ N, $F_a = 2937$ N.

7.5
$a = -1{,}54$ m/s^2, $\mu_F = 0{,}036$.

7.6
$v = 4{,}47$ m/s ($a = 5{,}554$ m/s^2), $t \approx 0{,}8$ s.

7.7
1. $v = 5{,}33$ m/s ($a = 4{,}055$ m/s^2).
2. $s_1 = 7{,}095$ m $\approx 7{,}1$ m ($v_1 = 3{,}731$ m/s).

7.8
1. $h_1 = h_3 = 0{,}2$ m, $h_2 = 5{,}6$ m.
2. Aufw.: $F_{S1} = 14{,}77$ kN, $F_{S2} = 11{,}77$ kN, $F_{S3} = 8{,}77$ kN, abw.: $F_{S1} = 8{,}77$ kN, $F_{S2} = 11{,}77$ kN, $F_{S3} = 14{,}77$ kN.
3. Siehe Bild E 7.8.

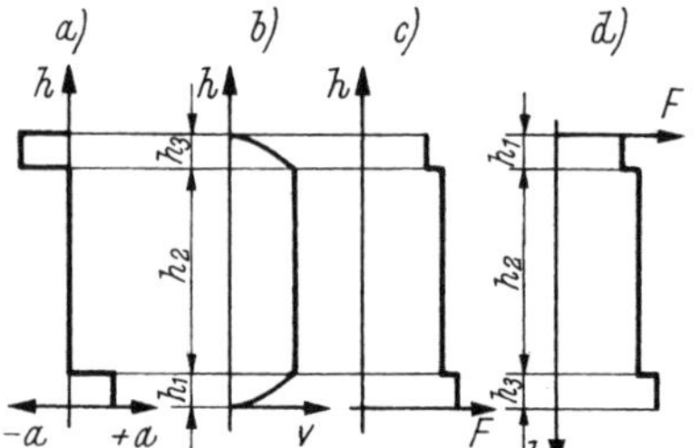

Bild E 7.8 Diagramme zu 3.
a) a,h-Diagramm, b) v,h-Diagramm,
c) F,h-Diagramm (aufwärts),
d) F,h-Diagramm (abwärts)

7.9
$F_b \approx 19{,}1$ kN ($a_v = 0{,}833$ m/s^2).

7.10
1. $F_{S1} = F_{S6} = 25\,525$ N, $F_{S2} = F_{S5} = 24\,525$ N, $F_{S3} = F_{S4} = 23\,525$ N.
2. $F_{S1} = 25\,925$ N, $F_{S2} = 24\,925$ N, $F_{S3} = 23\,925$ N, $F_{S4} = 23\,125$ N, $F_{S5} = 24\,125$ N, $F_{S6} = 25\,125$ N.

7.11
$F = 444$ N ($a_v = 5{,}556$ m/s^2).

7.12
$\alpha \approx 8{,}7°$ entgegen der Fahrtrichtung.

7.13
1. $a = 2{,}26$ m/s^2.
2. $S_{St} = 2{,}89$.

7.14
1. $F = 8085$ N ($a = 0{,}857$ m/s^2), $F_1 = 2943$ N.
2. $F_2 = F/2$, $F_3 = F_1/2$.

7.15
$a = 2{,}75$ m/s^2.

7.16
1. $a = 1{,}984$ m/s^2 ($v = 27{,}78$ m/s), $s = 194{,}5$ m.
2. $F_V = 7403$ N, $F_H = 8784$ N.
3. $F_a = 3630$ N.
4. $a_s = 0{,}531$ m/s^2 ($\alpha = 8{,}53°$, $F_{Gx} = 2401$ N, $F_{Gy} = 16\,007$ N), $F_{Vs} = 7312$ N, $F_{Hs} = 8695$ N.

7.17
1. $a = 0{,}216$ m/s^2 ($\mu_F \approx 0{,}003$).
2. $v = 5{,}06$ m/s.
3. $t = 14{,}16$ s.

7.18
1. $F_{z1} = 15\,764$ N.
2. $F_{z2} = 14\,264$ N.
3. $s = 7{,}5$ m.

7.19
1. $v = 3{,}1$ m/s ($a = 0{,}3224$ m/s^2), $t = 9{,}646$ s.
2. $F_2 = 100$ N.

7.20
1. $F_1 = 26\,437$ N ($p = 0{,}6$ N/mm^2), $F_R = 1057$ N.
2. $a_1 = 7{,}11$ m/s^2.
3. $F_2 = 29\,452$ N.
4. $a_2 = 28{,}74$ m/s^2.
5. $v = 8{,}31$ m/s, $t = 0{,}29$ s.

7.21
$p = 14{,}4$ N · s.

7.22
$t = \Delta t = 3$ s.

7.23
$t = 6{,}03$ s ≈ 6 s ($F_a = 3750$ N, $F_f = 294{,}3$ N).

7.24
$v_0 = 5{,}51$ m/s $\approx 19{,}8$ km/h, $s = 20{,}75$ m.

7.25
$F_a = 11{,}22$ kN ($F_f = F_{f1} + F_{f2} = 1962$ N, $\mu_F \approx 0{,}01$), $F_z = 4{,}49$ kN ($F_{f2} = 785$ N).

7.26
1. $t = \Delta t = 3{,}34$ s ($F_f = 4905$ N).
2. $s = 60{,}3$ m.

7.27
$F_a = 3{,}1$ kN.

7.28
$v = 698{,}9$ m/s, $s = 25\,134$ m.

7.29
$v = 3{,}75$ km/h.

7.30
1. $F_1 = 53$ N, $W_1 = 26{,}5$ kJ.
2. $F_2 = 60{,}16$ N, $W_2 = 26{,}05$ kJ.

7.31
1. $W_R = 3{,}74$ kJ, $W_h = 10{,}9$ kJ ($h = 1{,}307$ m).
2. $W_a = 4{,}08$ kJ, $W_{ges} = 18{,}72$ kJ.
3. $W = 14{,}64$ kJ, $F = 390{,}4$ N.

7.32
$W_h = 3623{,}8$ J ($h = 6{,}157$ m), $W_R = 231{,}9$ J ($F_N = 463{,}8$ N), $W_a = 1144{,}2$ J ($a = 1{,}907$ m/s^2), $W_{ges} = 5$ kJ.

7.33
$s = 4{,}9$ mm.

7.34
$R = 20$ N/mm, $s_1 = 25$ mm, $s_2 = 40$ mm, $W_F = 9{,}75$ J.

7.35
1. $s = 19{,}62$ mm.
2. $s_0 = 9{,}81$ mm.
3. Von $a = g = 9{,}81$ m/s^2 linear über $a = 0$ bis $a = -g$, grafische Darstellung s. Bild E 7.35.

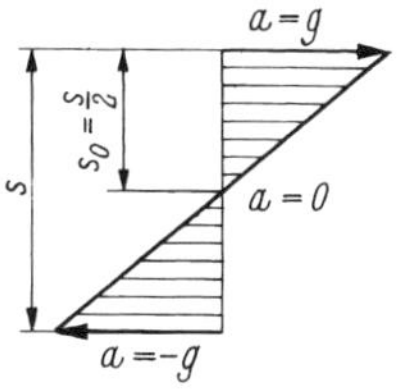

Bild E 7.35 *a,s*-Diagramm

7.36
$h = 1{,}297$ m.

7.37
1. $h = 183{,}9$ mm.
2. $s_0 = 0{,}981$ mm ≈ 1 mm.
3. Von $a = g = 9{,}81$ m/s^2 linear über $a = 0$ bei s_0 bis $a = -190{,}2$ m/s^2 (s. Bild E 7.37).

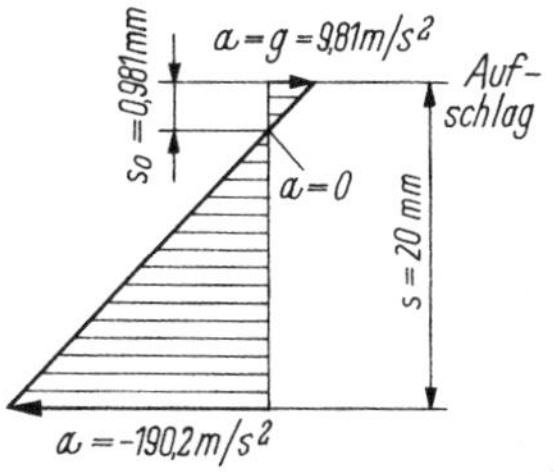

Bild E 7.37 Verlauf von *a* über *s* im *a,s*-Diagramm

7.38
$s = 5{,}6$ mm.

7.39
1. $t = 1{,}106$ s, $v = 10{,}85$ m/s.
2. $E_k = 294{,}3$ kJ.

7.40
1. $H = 4{,}08$ m.
2. $v = 8{,}72$ m/s.

7.41
1. $F = 100$ N.
2. $v = \sqrt{v_0^2 + 2a \cdot s}$, $a = (v^2 - v_0^2)/2s$ ($v = 0$), Diagramme s. Bild E 7.41.
3. $s = 5{,}13$ mm.

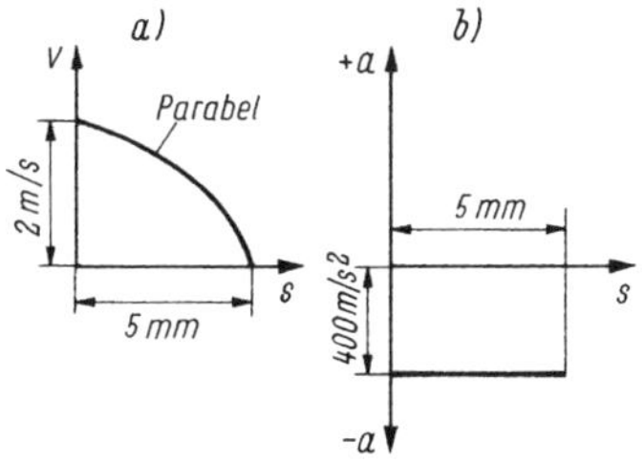

Bild E 7.41 Diagramme
a) *v,s*-Diagramm, b) *a,s*-Diagramm

7.42
$v = 4$ m/s.

7.43
$E_b = 261$ kJ.

7.44
$h = 25$ mm.

7.45
1. $t_1 \approx 0{,}1$ s ($h_1 = 0{,}051$ m).
2. $v_2 = 9{,}81$ m/s.
3. $t_3 = 3{,}65$ s ($a_v = 2{,}69$ m/s^2).
4. $t = 4{,}75$ s.

7.46
1. $t = 4{,}05$ s ($a = 2{,}43$ m/s^2).
2. $v = 9{,}84$ m/s.
3. $E_k = 484$ J.

7.47
$E_k = 638{,}3$ J.

7.48
$v = 5{,}34$ m/s ($h_0 = 1{,}455$ m), $E_S = 167$ J ($h_1 = 0{,}32$ m).

7.49
1. $v_1 = 2{,}68$ m/s.
2. $v_2 = 3{,}132$ m/s.
3. $a_t = g \cdot \sin\varphi$.

7.50
$P = 984{,}6$ W.

7.51
$P_M = 11{,}11$ kW ($P_n = 10$ kW).

7.52
1. $P_1 = 320$ W ($P_n = 196{,}2$ W).
2. $P_2 = 282$ W.
3. $P_3 = 231$ W.

7.53
$t = 134{,}7$ min $\approx 2{,}25$ h ($W_n = 23{,}52$ MJ).

7.54
$P_m = 36$ kW ($P_h = 29{,}43$ kW).

7.55
$F_L = 1{,}48$ kN ($F_a = 1{,}98$ kN).

7.56
$\eta = 0{,}257 = 25{,}7\%$ ($W = 1{,}29 \cdot 10^6$ kJ, $P_z = 358{,}3$ kW).

7.57
$P = 31{,}86$ kW ($\alpha = 7{,}97°$, $F_a = 2676$ N).

7.58
1. $P_1 = 55{,}54$ kW ($F_{z1} = 15\,764$ N).
2. $P_2 = 50{,}34$ kW ($F_{z2} = 14\,264$ N).
3. $P_m = 25{,}17$ kW.

7.59
$P = 5{,}55$ kW ($m = 400$ kg, $F = 2775$ N).

7.60
1. $P_1 = 5{,}38$ kW ($a = 2{,}629$ m/s^2, $F_1 = 9357$ N).
2. $P_m = 2{,}69$ kW.
3. $P = 0{,}846$ kW ($F = 1471{,}5$ N).

7.61
$P_M = 7976$ W ≈ 8 kW ($P_h = 6{,}54$ kW, $\eta_{ges} = 0{,}82$).

7.62
1. $t = 11{,}06$ s ($t_1 = t_3 = 3{,}16$ s, $v = 0{,}632$ m/s).
2. $W = 49{,}05$ kJ.
3. $P_0 = 0$, $P_1 = 6326$ W, $P_2 = 6200$ W, $P_3 = 6074$ W.

7.63
1. $F_1 = 14{,}17$ kN, $F_2 = 11{,}77$ kN, $F_3 = 9{,}73$ kN.
2. $P_1 = 7085$ W, $P_2 = 5885$ W, $P_3 = 4685$ W.
3. $h_1 = h_3 = 0{,}0625$ m, $h_2 = 9{,}875$ m.
4. $W = 117{,}72$ kJ.
5. $W_1 = 0{,}886$ kJ ($t_1 = 0{,}25$ s), $W_2 = 116{,}23$ kJ ($t_2 = 19{,}75$ s), $W_3 = 0{,}586$ kJ ($t_3 = t_1$).

7.64
$P = 0$, $P_1 = 19{,}35$ kW ($F = 13\,548$ N), $P_2 = 11{,}21$ kW.

7.65
$\eta = 0{,}748 \approx 0{,}75$ ($P_n = 8$ kW).

7.66
$u_1 = 1{,}92$ m/s, $u_2 = 3{,}52$ m/s.

7.67
1. $v_1 = 4{,}38$ m/s ($h_1 \approx 0{,}98$ m).
2. $u_1 = -2{,}87$ m/s, $u_2 = 1{,}51$ m/s.
3. $h_2 = 0{,}42$ m.
4. $s = 3{,}87$ m.

7.68
1. $u_1 = 0{,}375$ m/s, $u_2 = 1{,}875$ m/s.
2. $s_{max} = 54$ mm, $F_{max} = 194{,}4$ kN.
3. $\Delta s = 6$ m ($s_1 \approx 1{,}3$ m, $s_2 \approx 7{,}3$ m).

7.69
1. $t = 4{,}17$ s.
2. $v_1 = 5{,}92$ m/s ($a = 0{,}461$ m/s^2), $v_2 = 3{,}52$ m/s.
3. $u_1 = 4{,}51$ m/s, $u_2 = 6{,}91$ m/s.

7.70
1. $h = 1{,}44$ m.
2. $\eta_S = 0{,}886 \approx 89\%$.
3. $E_a = 2{,}85$ kJ.

7.71
$s = 22{,}4$ mm ($v_1 = 7$ m/s, $v = 5{,}6$ m/s), $\eta_R = 0{,}8$.

7.72
$v_1 = 547$ m/s ($h = 0{,}0055$ m, $v = 0{,}328$ m/s).

7.73
$k = 0{,}49$.

7.74
$k = 0{,}89$.

7.75
1. $v_1 = 6{,}264$ m/s, $E_{k1} = 31{,}39$ kJ.
2. $u_1 = -3{,}4$ m/s ($v = 0{,}298$ m/s), $u_2 = 0{,}483$ m/s.
3. $h_1 = 589$ mm, $\eta_S = 0{,}586 \approx 59\%$.

7.76
$M = 31{,}4$ Nm ($\omega = 52{,}36$ rad/s).

7.77
$J = 47{,}75$ kg m^2 ($\alpha_v = -\alpha = 2{,}093$ rad/s^2).

7.78
$J = 220$ kg m^2 ($\alpha_v = -\alpha = 0{,}727$ rad/s^2).

7.79
1. $J = 13{,}17$ kg m^2 ($\alpha = 15{,}18$ rad/s^2).
2. $M_B = 400$ Nm.

7.80
1. $M = 130{,}9$ Nm ($\alpha = 13{,}09$ rad/s^2).
2. $\alpha_v = 5{,}8$ rad/s^2.
3. $Z = 150$.

7.81
$M_R = 4{,}6$ Nm ($\alpha = 6{,}283$ rad/s^2).

7.82
1. $M_{an} = 56{,}98$ Nm ($\alpha = 18{,}85$ rad/s^2, $M_R = 0{,}43$ Nm).
2. $t_v = 659$ s $= 10{,}98$ min ($\alpha_v = -\alpha = 0{,}143$ rad/s^2), $Z = 4942$.

7.83
$J = 0{,}089$ kg m^2 ($M = M_R = 0{,}08$ Nm).

7.84
$J \approx 8$ kg m^2 ($M_R = 0{,}98$ Nm, $\alpha_v = -\alpha = 2{,}618$ rad/s^2).

7.85
$F_N = 3436$ N ($\alpha_v = -\alpha = 157{,}1$ rad/s^2).

7.86
1. $F_N = 23{,}64$ N ($l = 26$ mm, $l_1 = 11$ mm).
2. $M_B = 94{,}55$ Nmm ($r = 10$ mm).
3. $t = 5{,}54$ s ($\omega = 104{,}72$ rad/s).

7.87
1. $a = -0{,}55$ m/s^2.
2. $t = 0{,}9$ s.
3. $h = 0{,}23$ m.

7.88
1. $a_1 = 0{,}9$ m/s^2, $a_2 = 0{,}3$ m/s^2.
2. $M = 1{,}662$ Nm.
3. $J = 0{,}554$ kg m^2.

7.89
1. $a_4 = 4{,}736$ m/s^2 ($\alpha_2 = 7{,}893$ rad/s^2).
2. $t = 0{,}92$ s.

7.90
1. $J = 1$ kg m^2.
2. $a = 2{,}308$ m/s^2.
3. $v = 5{,}77$ m/s.
4. $a = 2{,}294$ m/s^2, $v = 5{,}734$ m/s.

7.91
1. $d_1 = 205$ mm, $d_2 = 60$ mm.
2. $J_1 = 816{,}6$ kg cm^2, $J_2 = 9{,}0$ kg cm^2 ($\varrho = 7{,}85$ kg/dm^3).
3. $J_3 = 0{,}6$ kg cm^2 ($l_3 = 30$ mm).
4. $J_4 = 0{,}21$ kg cm^2 ($l_4 = 70$ mm).
5. $J = 826{,}41$ kg cm^2 $\approx 0{,}083$ kg m^2.

7.92
1. $m_1 = 5{,}55$ kg, $m_2 = 4{,}86$ kg, $m_3 = 13{,}32$ kg ($\varrho = 7{,}85$ kg/dm^3).
2. $J_1 = 86{,}7$ kg cm^2, $J_2 = 440{,}4$ kg cm^2, $J_3 = 2440{,}4$ kg cm^2.
3. $J = 2967$ kg cm^2 $\approx 0{,}297$ kg m^2.

7.93
1. $m = 82{,}11$ kg ($\varrho = 7{,}85$ kg/dm^3).
2. 67,58% ($m_4 = 55{,}49$ kg).
3. $J = 3{,}268$ kg m^2.
4. 87,03% ($J_4 = 2{,}844$ kg m^2).
5. $m_{red} = 52{,}29$ kg ($r = 0{,}25$ m), $i = 199{,}5$ mm.

7.94
1. $J_1 = 13{,}94$ kg dm^2 ($m_1 = 3{,}574$ kg, $\varrho = 7{,}2$ kg/dm^3), $J_2 = 1{,}138$ kg dm^2 ($m_2 = 5{,}386$ kg).
2. $J_3 = 0{,}831$ kg dm^2 ($c_3 = 115$ mm).
3. $J = 18{,}4$ kg dm^2 $= 0{,}184$ kg m^2.

7.95
1. $J_1 = 0{,}165$ kg m^2 ($c_1 = 0{,}44$ m), $J = 19{,}45$ kg m^2.
2. $\alpha = 50{,}9$ rad/s^2 ($M = 990$ Nm), $t = 10{,}29$ s.
3. $i = 304$ mm ($m = 210{,}5$ kg).

7.96
1. $M = 0{,}1047$ Nm ($L = 0{,}1047$ kg m^2/s).
2. $M_{an} = 0{,}11$ Nm.

7.97
$F = 1{,}48$ kN ($\Delta\omega = 75{,}4$ rad/s, $L = 754$ kg m^2/s, $M_B = 377$ Nm).

7.98
$F_r = 628{,}4$ N ($M_B = 41{,}89$ Nm), $F_1 = 349{,}1$ N.

7.99
1. $n = 300$ min^{-1}.
2. $M_K = 62{,}83$ Nm ≈ 63 Nm.

7.100
1. $M_1 = 2{,}12$ Nm ($i = 4$, $J_{1\,red} = 0{,}2$ kg m^2, $L = 6{,}283$ kg m^2/s).
2. $Z_1 = 30$.

7.101
1. $F_u = 163{,}5$ N.
2. $Z = 15{,}9$.
3. $W = 4{,}9$ kJ.

7.102
$E_{rot} = 165{,}8$ J ($\omega = 62{,}83$ rad/s).

7.103
1. $m = 25$ kg, $J = 0{,}125$ kg m^2.
2. $i = 70{,}7$ mm, $m_{red} = 12{,}5$ kg.
3. $E_{rot} = 6{,}25$ J.

7.104
1. $W = 1824$ J.
2. $M \approx 132$ Nm.

7.105
$s = 0{,}357$ m ($m = 3{,}67$ kg, $J = 0{,}00367$ kg m^2), $t = 7{,}1$ s.

7.106
1. $s = 50{,}4$ mm ($h = 12{,}23$ mm, $\beta = 14{,}036°$).
2. $s = 48{,}5$ mm.
3. $s = 45{,}3$ mm.

7.107
1. $E_{k1} = 2$ J.
2. $E_{k2} = 0{,}6$ J.
3. $v_2 = 1{,}75$ m/s.

7.108
1. $v_2 = 21{,}26$ m/s $= 76{,}5$ km/h.
2. $v_1 = 0$ (Talfahrt aus dem Stillstand, da $E_{k1} = E_{k2} - m \cdot g \cdot s \cdot \sin\beta \approx 0$).

7.109

1. Ja, $v_1 = 13{,}83$ km/h ($E_{k0} = 3376$ J).
2. $v_2 = 25{,}02$ km/h.

7.110

1. $J_{1\,red} = 17{,}5$ kg mm^2 $= 17{,}5 \cdot 10^{-6}$ kg m^2 ($J_1 = 2{,}5$ kg mm^2, $J_2 = 93{,}75$ kg mm^2, $i = 2{,}5$).
2. $\alpha = 114{,}3$ rad/s^2 ($M_1 = 0{,}002$ Nm), $t = 1{,}83$ s.
3. $E_{rot\,1} = 1{,}535$ J, $E_{rot\,2} = 0{,}384$ J.

7.111

1. $J_2 = 0{,}39$ kg m^2, $m_2 = 19{,}5$ kg.
2. $M_1 = 2{,}27$ Nm ($J_{1\,red} = 0{,}0284$ kg m^2).

7.112

$$a = M_1 \cdot r_1 / J_{1\,red} = M_1 \cdot 0{,}5 d_1 / [J_1 + J_2 (d_1/d_2)^2 + m(0{,}5 d_1)^2].$$

7.113

1. $F = 10{,}7$ N.
2. $M = 0{,}535$ Nm, $\alpha = 17{,}83$ rad/s^2.
3. $a = 0{,}89$ m/s^2, $t = 1{,}34$ s.
4. $v = 1{,}193$ m/s, $E_k = 0{,}85$ J.
5. $E_{rot} = 8{,}57$ J.
6. $E_0 = 9{,}42$ J $= E$.

7.114

1. $b_1 = 125{,}8$ mm, $b_2 = 40{,}8$ mm, $b_3 = 15{,}7$ mm ($\varrho = 2{,}7$ kg/dm^3).
2. $J_1 = 0{,}003125$ kg m^2, $J_2 = 0{,}007025$ kg m^2, $J_3 = 0{,}01625$ kg m^2.
3. $t_1 = 1{,}66$ s ($a_1 = 0{,}727$ m/s^2), $t_2 = 2{,}44$ s ($a_2 = 0{,}337$ m/s^2), $t_3 = 3{,}67$ s ($a_3 = 0{,}1486$ m/s^2).
4. $E_{k1} = 0{,}073$ J ($v_1 = 1{,}207$ m/s), $E_{k2} = 0{,}034$ J ($v_2 = 0{,}822$ m/s), $E_{k3} = 0{,}015$ J ($v_3 = 0{,}5454$ m/s).
5. $E_{rot\,1} = 0{,}91$ J ($\omega_1 = 24{,}14$ rad/s), $E_{rot\,2} = 0{,}95$ J ($\omega_2 = 16{,}44$ rad/s), $E_{rot\,3} = 0{,}97$ J ($\omega_3 = 10{,}91$ rad/s).
6. $M_1 = 0{,}754$ Nm, $M_2 = 1{,}155$ Nm, $M_3 = 1{,}773$ Nm.

7.115

1. $\alpha = 2{,}37$ rad/s^2.
2. $a_2 = 0{,}095$ m/s^2.
3. $a_3 = 0{,}142$ m/s^2.
4. $t = 3{,}75$ s.
5. $h_2 = 0{,}67$ m.
6. $E_0 = 29{,}43$ J $= E$.

7.116

1. $P = 13{,}33$ kW.
2. $n = 424{,}4$ min^{-1}, $n_M = 1400$ min^{-1}.
3. $P_M = 17{,}78$ kW.

7.117

1. $v = 75{,}4$ m/min.
2. $n_M = 960$ min^{-1}.
3. $\eta = 0{,}8$.

7.118

$v = 117{,}8$ m/min ($F = 4{,}8$ kN), $P = 9{,}42$ kW, $P_M = 11{,}78$ kW.

7.119

$\eta = 0{,}91$.

7.120

1. $M_1 = 758$ Nm ($F = 9{,}7$ kN).
2. $P_1 = 5052$ W.

7.121

1. $n_1 = 2400$ min^{-1} ($i_g = 20$), $n_2 = n_3 = 600$ min^{-1} ($i_{II} = 5$).
2. $M_1 = 112{,}6$ Nm, $M_2 = M_3 = 423{,}4$ Nm, $M_4 = 1990$ Nm.
3. $P_1 = 28{,}3$ kW.

7.122

1. $\eta_{ges} = 0{,}885$.
2. $\eta = 0{,}96$.
3. $i_g = 100$.
4. $i = 4{,}642$.
5. $M_1 = 85{,}94$ Nm ($n_1 = 46{,}67$ s^{-1}), $M_6 = 7605$ Nm.

7.123

1. $M_m = 0{,}068$ Nm ($P_2 = 10{,}8$ W).
2. $M_{min} = 0{,}0344$ Nm.
3. $M_{max} = 3{,}44$ Nm.

7.124

1. $P_M \approx 22{,}5$ kW ($M_M = 148{,}15$ Nm, $\eta_{ges} \approx 0{,}9$).
2. $P_{an} \approx 33$ kW ($J_{M\,red} = 1{,}233$ kg m^2, $\alpha_M = 50{,}6$ rad/s^2).

7.125

1. $v_H = 14{,}66$ m/min ($i_g = 120$), $P = 14{,}6$ kW.
2. $t_1 = 2{,}075$ s ($J_{1\,red} = 0{,}02739$ kg m^2, $P_b = 1{,}4$ kW).
3. $t_2 = 0{,}09$ s.
4. $t_3 = 1{,}016$ s.

7.126

1. $F = 4607$ N ($M_1 = 123{,}4$ Nm, $i_g = 14$, $M_2 = 1382$ Nm).
2. Bei ca. 16,8% Steigung.

7.127

$F_z = 4112$ N ($\omega = 10{,}472$ rad/s).

7.128

$r = 126{,}7$ mm ($\omega = 12{,}566$ rad/s).

7.129

$n_1 = 23{,}18$ min^{-1}, $n_2 = 18{,}92$ min^{-1}.

7.130

$n = 4{,}594$ s^{-1} $= 275{,}7$ min^{-1}.

7.131

1. $r = 799$ mm.
2. $F = 1943$ N ($\omega = 15{,}708$ rad/s).

7.132

1. $F_A = 83$ N, $F_B = 143$ N.
2. $\Delta F_A = 179$ N, $\Delta F_B = 336$ N ($F_z \approx 516$ N).
3. $F_{A\,max} = 262$ N, $F_{B\,max} = 479$ N.

7.133

$F_{max} = 7992$ N und $F_{min} = 3781$ N, beide aufwärts gerichtet ($F_z = 4211$ N).

7.134

1. $v_1 = 71{,}3$ km/h.
2. $v_2 = 111{,}5$ km/h $> v_1$, somit Abheben der inneren Räder nicht möglich, Fahrzeug rutscht vorher seitlich weg.

7.135

$v = 73$ km/h.

7.136

$v = 27{,}62$ km/h, $\beta = 31°$.

7.137

$v = 3{,}77$ m/s.

7.138

1. $v_1 = v_5 = 3{,}74$ m/s, $v_2 = v_4 = 3{,}47$ m/s, $v_3 = 3{,}18$ m/s.
2. Ja, da $v_{3\,\mathrm{erf}} = 1{,}17$ m/s $< v_3$ ist.

7.139

$n = 92\ \mathrm{min}^{-1}$.

7.140

$F = 2111$ N ($F_z = 1819$ N, $F_G = 19{,}62$ N).

8 Mechanische Schwingungen

8.1

1. $s_G = 14{,}01$ mm.
2. $\hat{x} = 12{,}14$ mm.
3. $\omega_0 = 26{,}46\ \text{s}^{-1}$, $T_0 = 0{,}2375$ s, $f_0 = 4{,}21$ Hz.
4. $\dot{x} = -0{,}284$ m/s, $\ddot{x} = -3{,}978$ m/s^2.
5. $x = -10{,}04$ mm.

8.2

1. $\omega_0 = 9{,}592\ \text{s}^{-1}$, $T_0 = 0{,}655$ s, $f_0 = 1{,}527$ Hz.
2. $\dot{x} = 0{,}3117$ m/s, $\ddot{x} = -3{,}496$ m/s^2.
3. $\hat{v} = 0{,}4796$ m/s, $\hat{a} = 4{,}6$ m/s^2.
4. $k = 276$ N/m $= 0{,}276$ N/mm, $s_G = 106{,}6$ mm.
5. $F = 13{,}8$ N.

8.3

1. $\omega_0 = 28{,}59\ \text{s}^{-1}$ ($k = 3107$ N/m), $T_0 = 0{,}22$ s, $f_0 = 4{,}55$ Hz.
2. $F = 24{,}86$ N.
3. $x = 6{,}713$ mm, $\dot{x} = -0{,}1244$ m/s, $\ddot{x} = -5{,}487$ m/s^2.

8.4

$\omega_0 = 7{,}83\ \text{s}^{-1}$, $T_0 = 0{,}8025$ s.

8.5

$\omega_0 = 13{,}33\ \text{s}^{-1}$ ($k_T = 15{,}98$ N/mm, $k_{ges} = 3{,}199$ N/mm), $T_0 = 0{,}471$ s, $s_G = 55{,}2$ mm.

8.6

$m = 37{,}5$ kg, $T_0 = 0{,}25$ s, $\omega_0 = 25{,}13\ \text{s}^{-1}$ ($k_{ges} = 23{,}68$ N/mm).

8.7

$\omega_0 = 15{,}49\ \text{s}^{-1}$ ($k_{ges} = 1{,}2 \cdot 10^5$ N/m), $T_0 = 0{,}4056$ s, $f_0 = 2{,}465$ Hz.

8.8

1. $m = 211{,}4$ kg ($k_T = 1597$ N/mm, $k_{F\,ges} = 240$ N/mm, $k_{ges} = 208{,}6$ N/mm).
2. $s_G = 9{,}942$ mm, $T_0 = 0{,}2$ s, $\omega_0 = 31{,}42\ \text{s}^{-1}$.
3. $\hat{x} = 3{,}835$ mm, $\hat{v} = 0{,}1205$ m/s, $\hat{a} = 3{,}786$ m/s^2.

8.9

$s_G = 3{,}617$ mm ($k_T = 42{,}92$ N/mm, $k_{ges} = 94{,}92$ N/mm), $\omega_0 = 52{,}08\ \text{s}^{-1}$, $T_0 = 0{,}1206$ s.

8.10

1. $s_G = 12{,}37$ mm ($k_T = 116{,}7$ N/mm, $k_{ges} = 39{,}66$ N/mm).
2. $\omega_0 = 28{,}16\ \text{s}^{-1}$, $f_0 = 4{,}482$ Hz.

8.11

$\omega_0 = 19{,}36\ \text{s}^{-1}$ ($k_{ges} = 1{,}5$ N/mm), $T_0 = 0{,}3245$ s, $f_0 = 3{,}082$ Hz.

8.12

1. $k_{ges} = 1{,}446$ N/mm.
2. $\omega_0 = 19{,}01\ \text{s}^{-1}$, $T_0 = 0{,}3305$ s, $f_0 = 3{,}026$ Hz.

8.13

1. $\omega_0 = 4{,}223\ \text{s}^{-1}$, $T_0 = 1{,}488$ s.
2. $k = 2{,}854$ N/m.
3. ω_0 und T_0 bleiben gleich, $k_1 = 4{,}459$ N/m.

8.14

1. $\omega_0 = 4{,}488\ \text{s}^{-1}$, $l_{red} = 0{,}487$ m.
2. $m_2 = 152{,}7$ g, $J_{S2} = 6{,}872 \cdot 10^{-5}$ kg m^2.
3. $m_1 = 205{,}4$ g.

8.15

1. $\omega_0 = 10{,}68\ \text{s}^{-1}$ ($m = 1{,}425$ kg, $J_S = 0{,}002565$ kg m^2, $J_0 = 0{,}006128$ kg m^2), $T_0 = 0{,}588$ s, $f_0 = 1{,}7$ Hz.
2. $\omega_0 = 10{,}44\ \text{s}^{-1}$ ($m = 1{,}267$ kg, $J_S = 0{,}002534$ kg m^2, $J_0 = 0{,}005702$ kg m^2), $T_0 = 0{,}602$ s, $f_0 = 1{,}66$ Hz.

8.16

1. $\omega_0 = 4{,}952\ \text{s}^{-1}$ ($m = 0{,}2368$ kg, $J_0 = 0{,}02842$ kg m^2, $l_S = l/2$), $T_0 = 1{,}269$ s, $f_0 = 0{,}788$ Hz.
2. $\omega_0 = 5{,}339\ \text{s}^{-1}$ ($m = 0{,}5368$ kg, $J_0 = 0{,}05542$ kg m^2, $l_S = 0{,}3$ m), $T_0 = 1{,}177$ s, $f_0 = 0{,}85$ Hz.
3. $\omega_0 = 4{,}952\ \text{s}^{-1}$ ($J_0 = 0{,}07642$ kg m^2, $l_S = 0{,}3559$ m), $T_0 = 1{,}269$ s, $f_0 = 0{,}788$ Hz (Ergebnisse wie unter 1.).

8.17

$\omega_0 = 9{,}142\ \text{s}^{-1}$ ($m_1 = 78{,}5$ g, $m_2 = 351{,}7$ g, $m_3 = 38{,}7$ g, $m = 352{,}8$ g, $y_S = 104{,}4$ mm, $J_{S1} = 6{,}803 \cdot 10^{-5}$ kg m^2, $J_{S2} = 6{,}213 \cdot 10^{-4}$ kg m^2, $J_{S3} = 3{,}793 \cdot 10^{-6}$ kg m^2, $c_1 = 54{,}4$ mm, $c_2 = c_3 = 15{,}6$ mm, $J_S = 9{,}817 \cdot 10^{-4}$ kg m^2, $J_0 = 3{,}495 \cdot 10^{-3}$ kg m^2, $l_S = 84{,}4$ mm, s. Bild L 8.17), $T_0 = 0{,}687$ s, $f_0 = 1{,}456$ Hz.

8.18

$J_S = 3{,}71$ kg m^2 ($T_0 = 2{,}308$ s).

8.19

$\omega_0 = 312{,}3\ \text{s}^{-1}$ ($k = 25{,}13 \cdot 10^3$ Nm, $J = 0{,}2577$ kg m^2), $T_0 \approx 0{,}02$ s, $f_0 = 49{,}7$ Hz.

8.20

$\omega_0 = 168\ \text{s}^{-1}$ ($k_1 = 20{,}47 \cdot 10^6$ Nmm, $k_2 = 21{,}99 \cdot 10^6$ Nmm).

8.21

$b = 261$ mm ($k_{ges} = 27{,}15 \cdot 10^6$ Nmm, $\omega_0 = 62{,}83\ \text{s}^{-1}$, $J = 6{,}878$ kg m^2).

8.22

$l = 292{,}8$ mm ($J = 2{,}057$ kg m^2, $k_{ges} = 3610$ Nm, $I_{p1} = 7{,}952 \cdot 10^4$ mm^4, $I_{p2} = 1{,}571 \cdot 10^4$ mm^4).

8.23

$J = 97{,}57$ kg m^2 ($k_{ges} = 2{,}675 \cdot 10^6$ Nmm, $\omega_0 = 5{,}236\ \text{s}^{-1}$).

8.24

$\omega_0 = 119{,}2\ \text{s}^{-1}$ ($I_{p1} = 5{,}391 \cdot 10^4$ mm^4, $I_{p2} = 9{,}651 \cdot 10^4$ mm^4, $I_{p3} = 15{,}85 \cdot 10^4$ mm^4, $I_{p4} = 24{,}49 \cdot 10^4$ mm^4, $k = 2{,}192 \cdot 10^7$ Nmm), $T_0 \approx 0{,}053$ s, $f_0 \approx 19$ Hz.

8.25
$\omega_0 = 691\ \text{s}^{-1}$ ($k = 4330$ Nm), $T_0 \approx 0{,}009$ s, $f_0 \approx 110$ Hz.

8.26
$s = 38{,}28$ mm ($J_{1\ \text{erf}} = 2{,}296\ \text{kg dm}^2$).

8.27
$\omega_0 = 18{,}31\ \text{s}^{-1}$ ($J_\text{S} = 605\ \text{kg m}^2$), $T_0 = 0{,}343$ s, $f_0 = 2{,}915$ Hz.

8.28
$\omega_0 = 14{,}71\ \text{s}^{-1}$.

8.29
1. $\omega_0 = 15{,}8\ \text{s}^{-1}$.
2. $\omega_0 = 30{,}4\ \text{s}^{-1}$.

8.30
$l_\text{F} = 149{,}7$ mm ($\omega_0 = 8{,}976\ \text{s}^{-1}$).

8.31
1. $\omega_0 = 17{,}38\ \text{s}^{-1}$ ($J_0 = 0{,}59\ \text{kg m}^2$).
2. $l_\text{F} = 107$ mm.

8.32
$\omega_0 = 7{,}92\ \text{s}^{-1}$.

8.33
$\omega_0 = 11{,}56\ \text{s}^{-1}$, $T_0 = 0{,}544$ s.

8.34
$k = 778{,}7$ N/m ($J = 0{,}02466\ \text{kg m}^2$, $\omega_0 = 25{,}13\ \text{s}^{-1}$).

8.35
$f_0 = 4{,}068$ Hz ($J = 0{,}02285\ \text{kg m}^2$, $l = 136{,}6$ mm, $\omega_0 = 25{,}56\ \text{s}^{-1}$).

8.36
$\omega_0 = 14{,}53\ \text{s}^{-1}$.

8.37
1. $\omega_0 = 10\ \text{s}^{-1}$.
2. $\omega_0 = 8{,}54\ \text{s}^{-1}$.

8.38
1. $f_0 = 2{,}13$ Hz ($\omega_0 = 13{,}4\ \text{s}^{-1}$).
2. $f_0 = 2$ Hz ($\omega_0 = 12{,}6\ \text{s}^{-1}$).

8.39
$k = 3531$ N/m ($m = 13{,}25$ kg).

8.40
1. $\omega_0 = 6{,}3\ \text{s}^{-1}$.
2. $\omega_0 = 6{,}77\ \text{s}^{-1}$.

8.41
1. $\delta = 6{,}261\ \text{s}^{-1}$ ($k_\text{ges} = 240$ N/m, $\omega_0 = 8{,}944\ \text{s}^{-1}$), $d = 37{,}57$ kg/s.
2. $\omega_\text{d} = 6{,}387\ \text{s}^{-1}$, $T_\text{d} = 0{,}9837$ s, $f_\text{d} = 1{,}017$ Hz.

8.42
$\vartheta = 0{,}56$ ($k_\text{ges} = 460$ N/m, $\omega_0 = 15{,}17\ \text{s}^{-1}$, $T_0 = 0{,}4142$ s), $\delta = 8{,}495\ \text{s}^{-1}$, $d = 33{,}98$ kg/s.

8.43
1. $k = 72{,}73$ N/m ($\omega_0 = 12{,}06\ \text{s}^{-1}$, $k_\text{ges} = 218{,}2$ N/m).
2. $q = 1{,}88$ ($T_\text{d} = 0{,}5236$ s, $\delta = 1{,}206\ \text{s}^{-1}$), $\Lambda = 0{,}6315$.
3. $\hat{x}_4 = 0{,}48$ mm, $t = 2{,}094$ s.

8.44
$q = 1{,}017$, $\Lambda = 0{,}0171$, $\vartheta = 0{,}002722$ ($\omega_0 = 4{,}429\ \text{s}^{-1}$), $\hat{x}_5 = 36{,}77$ mm, $t = 324{,}4\ \text{s} \approx 5{,}4$ min.

8.45
$\vartheta = 0{,}0625$ ($\omega_0 = 10\ \text{s}^{-1}$, $\delta = 0{,}625\ \text{s}^{-1}$), $\omega_\text{d} = 9{,}98\ \text{s}^{-1}$, $T_\text{d} = 0{,}6296$ s, $\hat{x}_3 = 3{,}072$ mm ($q = 1{,}482$).

8.46
$\vartheta = 0{,}06028$ ($\omega_0 = 9{,}645\ \text{s}^{-1}$, $\delta = 0{,}5814\ \text{s}^{-1}$), $\omega_\text{d} = 9{,}627\ \text{s}^{-1}$, $T_\text{d} = 0{,}6527$ s, $\hat{x}_3 = 3{,}2$ mm ($q = 1{,}462$).

8.47
$\omega_\text{d} = 7{,}943\ \text{s}^{-1}$ ($\omega_0 = 8{,}578\ \text{s}^{-1}$, $\vartheta = 0{,}3777$), $T_\text{d} = 0{,}791$ s, $\delta = 3{,}24\ \text{s}^{-1}$, $d = 10{,}37$ kg/s.

8.48
1. Unzulässiger Bereich:
   $\Omega_1 = 20{,}22\ \text{s}^{-1} < \Omega < \Omega_2 = 35{,}04\ \text{s}^{-1}$
   ($\alpha_1 = 2$, $\eta_1 = 0{,}7071$, $\eta_2 = 1{,}225$, $\omega_0 = 28{,}6\ \text{s}^{-1}$).
2. $\zeta_1 = 0° = 0$ rad, $\zeta_2 = 180° = \pi$ rad.

8.49
$v_1 = 177{,}5$ km/h ($T_1 = 0{,}4056$ s), $v_2 = 210$ km/h ($T_2 = 0{,}3432$ s).

8.50
1. $\alpha_1 = 1{,}5$, $\eta = 0{,}816$ ($\Omega = 9{,}425\ \text{s}^{-1}$, $\omega_0 = 11{,}55\ \text{s}^{-1}$).
2. $\vartheta = 0{,}3535$.
3. $\zeta = 59{,}92° = 1{,}046$ rad.

8.51
1. $\delta = 7{,}5\ \text{s}^{-1}$, $\vartheta = 0{,}2834$ ($\omega_0 = 26{,}46\ \text{s}^{-1}$).
2. $n = 3{,}858\ \text{s}^{-1} = 231{,}5\ \text{min}^{-1}$ ($\eta_\text{R1} = 0{,}9162$, $\Omega = 24{,}24\ \text{s}^{-1}$).
3. $\hat{x} = 15{,}77$ mm ($\alpha_1 = 1{,}84$), $\zeta = 72{,}82° = 1{,}271$ rad,
   $x = 15{,}77\ \text{mm} \cdot \cos(24{,}24\ \text{s}^{-1} \cdot t - 1{,}271)$.

8.52
1. $\vartheta = 0{,}0721$ ($\alpha_1 = 3$), $\zeta = 21{,}04° = 0{,}3673$ rad.
2. $\vartheta = 0{,}3944$, $\hat{\varphi} = 0{,}069$ rad ($\alpha_1 = 1{,}38$), $\zeta = 64{,}58° = 1{,}127$ rad.

8.53
$\alpha_1 = 1{,}44$ ($J_1 = 1{,}578\ \text{kg m}^2$, $k = 7{,}8 \cdot 10^3$ Nm, $\omega_0 = 70{,}31\ \text{s}^{-1}$), $\Omega_1 = 85{,}92\ \text{s}^{-1}$, $\Omega_2 = 41{,}4\ \text{s}^{-1}$ ($\eta_1 = 1{,}222$, $\eta_2 = 0{,}5888$), $\zeta_1 = 135{,}3° = 2{,}36$ rad, $\zeta_2 = 19{,}82° = 0{,}346$ rad, $T_1 = 0{,}0731$ s, $T_2 = 0{,}1518$ s.

8.54
1. $\alpha_2 = 1{,}333$ ($x_\text{z} = 6$ mm).
2. $241\ \text{min}^{-1} \leq n \leq 549\ \text{min}^{-1}$
   ($\omega_0 = 30{,}98\ \text{s}^{-1}$, $\delta = 7\ \text{s}^{-1}$, $\vartheta = 0{,}226$, $\eta_1 = 1{,}856$, $\eta_2 = 0{,}8149$).
3. $46{,}7° \leq \zeta \leq 161°$.

8.55

$x = \alpha_2 \cdot x_z \cdot \cos(\Omega \cdot t - \zeta)$
$= 1{,}9 \cdot 14{,}29\ \text{mm} \cdot \cos(25{,}13\ \text{s}^{-1} \cdot t - 2{,}437)$
$= 2{,}715\ \text{cm} \cdot \cos(25{,}13\ \text{s}^{-1} \cdot t - 2{,}437)$
($k_{ges} = 2649$ N/m, $m_{ges} = 7$ kg, $\delta = 4{,}286\ \text{s}^{-1}$, $\vartheta = 0{,}2204$, $\eta = 1{,}292$).

8.56

$\alpha_2 = 3{,}016$ ($T = 0{,}8$ s, $\Omega = 7{,}854\ \text{s}^{-1}$, $\omega_0 = 6{,}761\ \text{s}^{-1}$, $\eta = 1{,}162$), $\zeta = 141{,}5° = 2{,}469$ rad.

8.57

1. $x_1 = \alpha_1 \cdot x_0 \cdot \cos(\Omega \cdot t - \zeta)$
$= 2{,}148 \cdot 2\ \text{mm} \cdot \cos(30\ \text{s}^{-1} \cdot t - 0{,}4147)$
$= 4{,}296\ \text{mm} \cdot \cos(30\ \text{s}^{-1} \cdot t - 0{,}4147)$
($\omega_{01} = 39{,}6\ \text{s}^{-1}$, $\eta_1 = 0{,}7576$, $\delta_1 = 4{,}902\ \text{s}^{-1}$, $\vartheta_1 = 0{,}1238$).

2. $\hat{x}_r = 8{,}381$ mm ($\omega_{02} = 21{,}21\ \text{s}^{-1}$, $\eta_2 = 1{,}414$, $\alpha_2 = 1{,}951$).

8.58

Nicht zulässiger Drehzahlbereich:
$1190\ \text{min}^{-1} \leq n \leq 2362\ \text{min}^{-1}$ ($m = 9{,}77$ kg, $k = 337{,}9$ N/mm, $n_{kb} = 29{,}6\ \text{s}^{-1} = 1776\ \text{min}^{-1}$).

8.59

$d = 33{,}35$ mm ($n_{kt} = 33{,}33\ \text{s}^{-1}$, $k = 2{,}558 \cdot 10^4$ Nm).

8.60

1. $k = 81{,}62$ N/mm ($\alpha_3 = 0{,}06667$, $\eta = 4$, $\Omega = 104{,}3\ \text{s}^{-1}$, $\omega_0 = 26{,}08\ \text{s}^{-1}$).

2. $s_G = 14{,}42$ mm.

8.61

1. $\omega_0 = 28{,}59\ \text{s}^{-1}$ ($k = 286{,}1$ N/mm), $F_U = 448{,}5$ N ($\eta_1 = 2{,}564$).

2. $m_{PI} = 129{,}4$ kg ($\omega_0 = 24{,}43\ \text{s}^{-1}$, $m = 479{,}4$ kg), $F_U = 312{,}5$ N ($\alpha_3 = 0{,}125$), $s_G = 16{,}44$ mm.

8.62

1. $z = 4$ ($\omega_{01} = 33{,}33\ \text{s}^{-1}$, $m_{erf} = 5{,}4$ kg, $z_{erf} = 3{,}625$).

2. $\hat{x} = 0{,}235$ mm ($m = 5{,}7$ kg, $\omega_{02} = 32{,}44\ \text{s}^{-1}$, $\eta_2 = 3{,}083$, $\alpha_3 = 0{,}1176$).

8.63

$F_U = 1{,}808$ N ($\delta = 5\ \text{s}^{-1}$, $\vartheta = 0{,}1936$, $\omega_0 = 25{,}82\ \text{s}^{-1}$, $\Omega = 104{,}3\ \text{s}^{-1}$, $\eta = 4{,}04$, $\alpha_3 = 0{,}1205$).

8.64

1. $k = 167{,}9$ N/mm ($\Omega = 152{,}9\ \text{s}^{-1}$, $\omega_0 = 66{,}48\ \text{s}^{-1}$).

2. $d = 758{,}9$ kg/s (ungedämpft: $\alpha_3 = 0{,}2331$, $F_U = 2{,}797$ N, gedämpft: $F_U = 3{,}356$ N, $\vartheta = 0{,}1502$, $\delta = 9{,}985\ \text{s}^{-1}$).

8.65

1. $s_G = 0{,}824$ mm.

2. $F_U = 3{,}688$ kN ($\Omega = 130{,}9\ \text{s}^{-1}$, $\omega_0 = 109{,}1\ \text{s}^{-1}$, $\eta = 1{,}2$, $\vartheta = 0{,}1833$, $\alpha_3 = 1{,}756$).

3. $F_U = 1{,}113$ kN ($\omega_0 = 73{,}72\ \text{s}^{-1}$, $\eta = 1{,}776$, $\alpha_3 = 0{,}5302$).

8.66

$\hat{x} = 0{,}4138$ mm ($k_{ges} = 6$ N/mm, $\omega_0 = 32{,}44\ \text{s}^{-1}$, $\eta = 3{,}083$, $\alpha_3 = 0{,}2069$).

9 Festigkeitslehre

9.1
$F_N = F_x = -600$ N, $F_q = F_y = 1039$ N, $M_b = 623{,}4$ Nm.

9.2
$F_N = F_{1x} = 4243$ N, $F_q = 243$ N, $M_b = 3686$ Nm.

9.3
1. $F_{N1} = 500$ N.
2. $F_{N2} = 500$ N, $M_{b2} = 25$ Nm.
3. $F_{N3} = 433$ N, $F_{q3} = 250$ N, $M_{b3} = 12{,}5$ Nm.

9.4
1. $F_2 = 4{,}57$ N ($F_x = F_y = 7{,}07$ N).
2. $F_A = 12{,}33$ N ($F_{Ax} = 12{,}07$ N, $F_{Ay} = -2{,}5$ N).
3. $F_{q1} = F_1 = 5$ N, $M_{b1} = 100$ Nmm.
4. $F_{q2} = F_2 = 4{,}57$ N, $M_{b2} = -45{,}7$ Nmm.
5. $F_{N3} = F_x = -7{,}07$, $F_{q3} = F_{Ay} = -2{,}5$ N, $M_{b3} = 75$ Nmm.

9.5
1. $F_{l1} = F_{l2} = F_x = 433$ N.
2. $F_{q1} = F_{q2} = F_{Ay} = 155{,}5$ N.
3. $M_{b1} = 15{,}55$ Nm, $M_{b2} = 29{,}55$ Nm.

9.6
$F_q = F_{Ay} = -2168$ N, $F_N = F_{Ax} = -3535$ N, $M_b = -195{,}1$ Nm.

9.7
$F_{N1} = F_{N2} = 0$, $F_{q1} = F_A = 20{,}2$ N, $F_{q2} = -4{,}8$ N, $M_{b1} = 202$ Nmm, $M_{b2} = 255$ Nmm.

9.8
$F_{N1} = F_{N2} = F_{Ax} = 215{,}5$ N, $F_{N3} = 0$, $F_{q1} = F_{Ay} = 412$ N, $F_{q2} = 88$ N, $F_{q3} = F_B = 364$ N, $M_{b1} = 20{,}6$ Nm, $M_{b2} = 26{,}2$ Nm, $M_{b3} = 10{,}92$ Nm.

9.9
$F_q = F_t = 300$ N, $M_b = -60$ Nm, $T = 120$ Nm.

9.10
$F_q = -5{,}47$ kN, $M_b = 437{,}6$ Nm, $T = 125$ Nm.

9.11
1. $\sigma = 127{,}3$ N/mm^2.
2. $\varepsilon = 0{,}00062 = 0{,}062\%$.
3. $E = 205\,323$ N/mm^2.
4. $\mu = 0{,}29$ ($\varepsilon_q = -0{,}00018$).
5. $W = 0{,}31$ J.

9.12
$\Delta L = 3{,}09$ mm ($A = 2700$ mm^2).

9.13
$\Delta L = 0{,}229$ mm.

9.14
$\sigma = 99{,}47$ N/mm^2, $\Delta L = 1{,}895$ mm.

9.15
$A_5 = 21{,}5\%$ ($L_0/d_0 = 5$).

9.16
1. $\sigma = 2{,}34$ N/mm^2 ($F_N = F_G = 7{,}36$ N).
2. $\varepsilon = 0{,}6 = 60\%$.
3. $E = 3{,}9$ N/mm^2.

9.17
$W = 0{,}938$ J.

9.18
$\varepsilon_d = -\varepsilon = 0{,}000222 = 0{,}0222\%$ ($\sigma_d = 22{,}22$ N/mm^2), $\varepsilon_q = 0{,}0000555 = 5{,}55 \cdot 10^{-5}$, $W = 66{,}6$ mJ ($\Delta L = 0{,}00666$ mm).

9.19
$\sigma = 89{,}6$ N/mm^2.

9.20
$W = 4{,}24$ J ($V = 55$ cm^3).

9.21
Stahl mit $E = 209\,600$ N/mm^2 $\approx 2{,}1 \cdot 10^5$ N/mm^2.

9.22
S 275 JR mit $R_e = 275$ N/mm^2 und $R_m = 412$ N/mm^2.

9.23
$\Delta L = 0{,}7$ mm ($E = 120\,000$ N/mm^2, $\sigma_1 = 90$ N/mm^2, $\Delta L_1 = 0{,}3$ mm, $\sigma_2 = 120$ N/mm^2, $\Delta L_2 = 0{,}4$ mm), $|\Delta b| = 0{,}0045$ mm.

9.24
$\Delta h = 4{,}7$ mm ($\beta \approx \alpha = 28{,}36°$ s. Bild L 9.24, $F = 2065$ N, $\Delta L = 2{,}235$ mm).

9.25
$\sigma_1 = 60$ N/mm^2, $\sigma_2 = 51{,}7$ N/mm^2 ($A_2 = 4{,}64$ mm^2).

9.26
Ja, $\sigma_z = 52{,}1$ N/mm^2 $< \sigma_{z\,zul} = 106$ N/mm^2 ($R_e = 235$ N/mm^2).

9.27
Ja, $\sigma_z = 118{,}6$ N/mm^2 $< \sigma_{z\,zul} = 152{,}8$ N/mm^2 ($R_e = 275$ N/mm^2).

9.28
$b = 24{,}68$ mm ≈ 25 mm ($\sigma_{zul} = 117{,}5$ N/mm^2).

9.29
$d = 30$ mm ($d_{erf} = 29{,}9$ mm, $\sigma_{zul} = 183{,}8$ N/mm^2).

9.30
$d = 11$ mm ($d_{erf} = 10{,}93$ mm).

9.31
1. $F = 14{,}94$ kN.
2. $d = 13$ mm ($d_{erf} = 12{,}59$ mm).

9.32
$\sigma = 35{,}3$ N/mm^2 ($F = 34\,684$ N).

9.33
1. $F = 62{,}5$ kN.
2. $d = 25$ mm ($d_{erf} = 24{,}78$ mm, $R_e = 285$ N/mm^2).
3. $D = 50$ mm ($D_{erf} = 46{,}09$ mm, $A_{erf} = 482{,}5$ mm^2).

9.34
$F = 51$ N.

9.35
$m = 1170$ kg ($A = 43{,}87$ mm^2, $\sigma_{zul} = 261{,}7$ N/mm^2).

9.36
$m = 16{,}36$ t ($F_{zul} = 127{,}8$ kN).

9.37
1. $F = 19{,}2$ kN.
2. $\sigma_z = 202$ N/mm^2 ($A = 95{,}03$ mm^3).
3. $S_F = 1{,}88$ ($R_e = 380$ N/mm^2).
4. Ja, $S_F > S_{Ferf} = 1{,}2 \ldots 1{,}5$.

9.38
$S_B = 4{,}05$, $S_F = 2{,}3$ ($A = 2199$ mm^2, $\sigma = 86{,}4$ N/mm^2).

9.39
1. $F = 2157$ N.
2. Nein, $\sigma = 41{,}5$ N/mm^2 $< \sigma_{zul} = 106$ N/mm^2 ($R_e = 235$ N/mm^2, $A = 52$ mm^2).

9.40
Ausreichend bemessen, da $\sigma = 151{,}5$ N/mm^2 $< \sigma_{zul} = 180$ N/mm^2; $\Delta L = 1{,}8$ mm.

9.41
$\sigma = 125{,}3$ N/mm^2 ($F = 25{,}08$ kN, $F_y = 12{,}5$ kN).

9.42
1. $m = 10{,}96$ t ($\sigma_{zul} = 160$ N/mm^2, $F_{zul} = 153{,}6$ kN).
2. $\Delta L = 3{,}05$ mm.

9.43
1. $\sigma_z = 26$ N/mm^2 ($F_z = 70$ kN).
2. $\sigma_d = 20{,}3$ N/mm^2 ($F_d = 97{,}2$ kN).

9.44
$s = 8$ mm $> s_{erf} = 6{,}9$ mm ($F = 672$ kN, $S_{B\,erf} = 5$, $\sigma_{d\,zul} = 216$ N/mm^2, $R_m = 270$ N/mm^2).

9.45
EN-GJS-500-7 mit $R_{p\,0,2} = 290$ N/mm^2 > 285 N/mm^2 und $R_m = 500$ N/mm^2 > 475 N/mm^2 ($S_{F\,erf} = 3$, $S_{B\,erf} = 5$).

9.46
1. $d_a = 29$ mm ($d_{a\,erf} = 28{,}92$ mm, $R_e = 285$ N/mm^2, $\sigma_{zul} = 237{,}5$ N/mm^2, $A_{erf} = 310{,}7$ mm^2).
2. $p = 234{,}9$ N/mm^2 ($A = 314{,}2$ mm^2).

9.47
1. $s = 6$ mm ($d_{i\,erf} = 238{,}93$ mm).
2. $s = 6$ mm ($d_{i\,erf} = 238{,}9$ mm).

9.48
1. $a = 463{,}2$ mm ≈ 464 mm.
2. $a = 463{,}6$ mm ≈ 464 mm.

9.49
1. $\sigma_d = 45{,}4$ N/mm^2 ($A_K = 660{,}5$ mm^2).
2. $p = 11{,}6$ N/mm^2 ($A_{proj} = 2591$ mm^2).

9.50
$l = 300$ mm.

9.51
$p = 0{,}49$ N/mm^2 ($A = 17280$ mm^2).

9.52
$p = 0{,}44$ N/mm^2 ($A = 41470$ mm^2).

9.53
$p = 0{,}051$ N/mm^2 ($A_{proj} = 1571$ mm^2).

9.54
$p_a = 3{,}02$ N/mm^2 ($F_a = 2314$ N), $p_r = 3{,}68$ N/mm^2 ($F_r = 2758$ N).

9.55
$d = b = 30$ mm ($d_{erf} = 29{,}7$ mm, $F_r = 4417$ N), $D = 40$ mm ($D_{erf} = 39{,}4$ mm, $F_a = 2550$ N).

9.56
Nein, $\sigma_{l\,zul} = 360$ N/mm^2 $> \sigma_l = 352{,}6$ N/mm^2 ($F = 55$ kN, $s = 12$ mm).

9.57
$L_{reiß} = 5119{,}6$ m $\approx 5{,}12$ km ($\varrho = 8{,}96$ kg/dm^3).

9.58
1. $A = 134$ mm^2.
2. $m = 243{,}2$ kg.
3. $L_{reiß} = 8196$ m $\approx 8{,}2$ km.

9.59
1. $A = 89{,}53$ mm^2.
2. $L_{reiß} = 18\,254$ m $\approx 18{,}3$ km.

9.60
$L_{trag} = 569{,}3$ m ($A = 628{,}3$ mm^2).

9.61
1. $F_z = 4548$ N ($\omega = 377$ rad/s).
2. $\sigma_z = 37{,}9$ N/mm^2.

9.62
$n_{max} = 19\,100$ min^{-1} ($F_z = 300$ N).

9.63
$n_{zul} = 3993$ min^{-1} ($A = 74{,}4$ mm^2, $\sigma_{zul} = 117{,}5$ N/mm^2, $\omega_{zul} = 418{,}1$ rad/s).

9.64
$\sigma = 0{,}81$ N/mm^2.

9.65
Zulässig, da $\sigma = 72{,}8$ N/mm^2 $< \sigma_{zul} = 75$ N/mm^2 ($\varrho = 7{,}2$ kg/dm^3, $R_m = 250$ N/mm^2).

9.66
$n = 64{,}1$ s^{-1} $= 3846$ min^{-1} ($\sigma_{zul} = 114{,}6$ N/mm^2).

9.67

1. $\sigma = 79{,}2\ \text{N/mm}^2$ ($\Delta\vartheta = 55$ K).
2. $F = 5225$ N ($A = 65{,}97\ \text{mm}^2$).

9.68

1. $\sigma_d = 50{,}4\ \text{N/mm}^2$ ($\Delta\vartheta = 20$ K).
2. $\sigma_z = 100{,}8\ \text{N/mm}^2$ ($\Delta\vartheta = 40$ K).

9.69

$\Delta l = 0{,}456\ \text{mm} \approx 0{,}5\ \text{mm}$, $\vartheta_2 \approx 115\ °\text{C}$
($\sigma = 238{,}7\ \text{N/mm}^2$, $\Delta\vartheta = 94{,}7\ \text{K} \approx 95$ K).

9.70

1. $F = 16{,}3$ N.
2. $p = 68{,}3\ \text{N/mm}^2$.

9.71

$p = 70{,}8\ \text{N/mm}^2$ ($F = 7{,}36$ N, $E = 2{,}27 \cdot 10^4\ \text{N/mm}^2$).

9.72

Nein, $p = 627{,}3\ \text{N/mm}^2 < p_{zul}$ ($F = 152{,}1$ kN).

9.73

$p = 14{,}25\ \text{N/mm}^2$ ($E = 1{,}54 \cdot 10^4\ \text{N/mm}^2$).

9.74

1. $p_1 = 122{,}9\ \text{N/mm}^2$ ($d_1 = 10$ mm, $d_2 = 340$ mm).
2. $p_2 = 119{,}4\ \text{N/mm}^2$ ($d_2 = -360$ mm).

9.75

1. $\tau_a = 18{,}3\ \text{N/mm}^2$.
2. $\bar{p} = 24\ \text{N/mm}^2$.

9.76

1. $d = 4$ mm ($d_{erf} = 3{,}4$ mm).
2. $l_1 = 10$ mm ($l_{1\,erf} = 9{,}9$ mm), $l_2 = 5$ mm.

9.77

1. $M = 19{,}1$ Nm.
2. $F_u = 1910$ N.
3. $\tau_a = 76\ \text{N/mm}^2$ ($A = 25{,}13\ \text{mm}^2$).

9.78

$l = 10$ mm.

9.79

$b = 10$ mm.

9.80

1. Nein, $\tau_a = 22{,}3\ \text{N/mm}^2 < \tau_{a\,zul} = 106\ \text{N/mm}^2$.
2. $p = 77{,}6\ \text{N/mm}^2$ ($A = 64{,}43\ \text{mm}^2$).

9.81

$d = 40$ mm ($d_{erf} = 39{,}5$ mm, $\sigma_{z\,zul} = 132{,}8\ \text{N/mm}^2$), $d_1 = 50$ mm, $D = 90$ mm ($D_{erf} = 87{,}6$ mm), $k = 10$ mm ($k_{erf} = 8{,}77$ mm, $\tau_{a\,zul} = 118\ \text{N/mm}^2$).

9.82

Nein, $\tau_a = 26{,}9\ \text{N/mm}^2 < \tau_{a\,zul} = 213\ \text{N/mm}^2$ ($F_u = 14{,}29$ kN, $A_1 = 132{,}7\ \text{mm}^2$), $\sigma_l = 22{,}9\ \text{N/mm}^2 < \sigma_{l\,zul} = 72\ \text{N/mm}^2$.

9.83

Niete: Nein, $\tau_a = 83{,}3\ \text{N/mm}^2 < \tau_{a\,zul} = 100\ \text{N/mm}^2$ ($n = 6$, $m = 2$, $A_1 = 95\ \text{mm}^2$), $\sigma_l = 143{,}9\ \text{N/mm}^2 < \sigma_{l\,zul} = 280\ \text{N/mm}^2$ ($s = 10$ mm).
Bauteile: Ja, $\sigma = 163{,}8\ \text{N/mm}^2 > \sigma_{zul} = 140\ \text{N/mm}^2$.

9.84

Ausreichend bemessen,
$\tau_a = 124{,}3\ \text{N/mm}^2 < \tau_{a\,zul} = 140\ \text{N/mm}^2$ ($n = 4$, $m = 2$, $A_1 = 132{,}7\ \text{mm}^2$), $\sigma_l = 211{,}5\ \text{N/mm}^2 < \sigma_{l\,zul} = 320\ \text{N/mm}^2$ ($s = 12$ mm), $\sigma = 148{,}6\ \text{N/mm}^2 < \sigma_{zul} = 160\ \text{N/mm}^2$.

9.85

1. $\sigma_z = 48{,}4\ \text{N/mm}^2$ ($F_z = 4030$ N).
2. $\tau_a = 36{,}4\ \text{N/mm}^2$ ($n = 2$, $m = 1$, $A_1 = 55{,}4\ \text{mm}^2$).
3. $\sigma_l = 119{,}9\ \text{N/mm}^2$.

9.86

$\tau_a = 40{,}8\ \text{N/mm}^2$ ($F_1 = 1154$ N).

9.87

Ja, $\tau_a = 135{,}4\ \text{N/mm}^2 < \tau_{a\,zul} = 136{,}4\ \text{N/mm}^2$ ($F_1 = 30{,}74$ kN),
Bauteil aus E295:
$\sigma_l = 139{,}1\ \text{N/mm}^2 < \sigma_{l\,zul} = 265{,}5\ \text{N/mm}^2$,
Bauteil aus S275:
$\sigma_l = 120{,}6\ \text{N/mm}^2 < \sigma_{l\,zul} = 247{,}5\ \text{N/mm}^2$.

9.88

1. $F_1 = 23{,}37$ kN ($F_1 = 3125$ N, $F_q = 5413$ N, $F_a = 12{,}49$ kN, $F_b = 18{,}74$ kN).
2. Ja, $\tau_a = 103\ \text{N/mm}^2 < \tau_{a\,zul} = 136{,}4\ \text{N/mm}^2$.
3. Ja, Bauteil aus E295:
$\sigma_l = 105{,}7\ \text{N/mm}^2 < \sigma_{l\,zul} = 265{,}5\ \text{N/mm}^2$,
Bauteil aus S275:
$\sigma_l = 91{,}65\ \text{N/mm}^2 < \sigma_{l\,zul} = 247{,}5\ \text{N/mm}^2$.

9.89

$\tau_a = 52{,}5\ \text{N/mm}^2$ ($F_1 = 8246$ N).

9.90

$d = 4$ mm.

9.91

$F_B = 18{,}05$ kN ($R_m = 470\ \text{N/mm}^2$), $\sigma_d = 45{,}1\ \text{N/mm}^2$.

9.92

$F_B = 14{,}63$ kN ($l = 83{,}12$ mm).

9.93

$I_x = 11{,}67\ \text{cm}^4$, $I_y = 2{,}6\ \text{cm}^4$, $W_x = 5{,}83\ \text{cm}^3$, $W_y = 2{,}08\ \text{cm}^3$.

9.94

$I_x = I_y = 179{,}73\ \text{cm}^4$, $W_x = W_y = 44{,}93\ \text{cm}^3$.

9.95

$I_x = 773{,}33\ \text{cm}^4$, $I_y = 413{,}33\ \text{cm}^4$, $W_x = 128{,}89\ \text{cm}^3$, $W_y = 82{,}67\ \text{cm}^3$.

9.96

$I_x = 21\,340\ \text{cm}^4$, $I_y = 62\,480\ \text{cm}^4$.

9.97

$I_x = 424{,}3\ \text{cm}^4$, $W_b = 56{,}6\ \text{cm}^3$.

9.98

1. $e_1 = 6{,}44$ cm, $e_2 = 13{,}56$ cm.
2. $I_x = 6284{,}4\ \text{cm}^4$, $I_y = 15375\ \text{cm}^4$.
3. $W_{x1} = 975{,}8\ \text{cm}^3$, $W_{x2} = 463{,}5\ \text{cm}^3$.

9.99

$I_x = 4587\ \text{mm}^4$, $I_y = 1067\ \text{mm}^4$,
$W_{x\,\min} = W_{x\,\max} = 458{,}7\ \text{mm}^3$, $W_{y\,\min} = 133{,}35\ \text{mm}^3$,
$W_{y\,\max} = 266{,}7\ \text{mm}^3$.

9.100

1. $e_1 = 53{,}7$ mm, $e_2 = 66{,}3$ mm ($A_1 = 9600\ \text{mm}^2$, $A_2 = 1963{,}5\ \text{mm}^2$).
2. $I_x = 1091\ \text{cm}^4$ ($I_{01} = 1128\ \text{cm}^4$, $I_{02} = 30{,}68\ \text{cm}^4$).
3. $W_{x1} = 203{,}1\ \text{cm}^3$, $W_{x2} = 164{,}6\ \text{cm}^3$.

9.101

1. $e_1 = 225{,}6$ mm, $e_2 = 374{,}4$ mm.
2. $I = 26{,}33\ \text{dm}^4$.
3. $W_{b1} = 11671\ \text{cm}^3$, $W_{b2} = 7032\ \text{cm}^3$.

9.102

$W_{y\,\max} = 251{,}6\ \text{cm}^3$, $W_{y\,\min} = 164{,}1\ \text{cm}^3$ ($e_{\min} = 9{,}87$ cm, $e_{\max} = 15{,}13$ cm, $I_y = 2483\ \text{cm}^4$).

9.103

$I_x = 14{,}274\ \text{cm}^4$, $I_y = 102{,}05\ \text{cm}^4$, $W_x = 9{,}516\ \text{cm}^3$,
$W_y = 20{,}41$ cm.

9.104

1. $A = 60\ \text{cm}^2$.
2. $I_x = 8703\ \text{cm}^4$, $I_y = 410{,}7\ \text{cm}^4$.

9.105

$W_{b\,\min} = 2428\ \text{cm}^3$, $W_{b\,\max} = 3582\ \text{cm}^3$ ($I = 72360\ \text{cm}^4$,
$e_{\min} = e_1 = 202$ mm, $e_{\max} = e_2 = 298$ mm).

9.106

$W_x = 6047{,}1\ \text{cm}^3$, $W_y = 2029{,}6\ \text{cm}^3$ ($I_x = 181413\ \text{cm}^4$,
$I_y = 40592\ \text{cm}^4$).

9.107

$W_{b\,\max} = 137\ \text{cm}^3$, $W_{b\,\min} = 92{,}5\ \text{cm}^3$ ($e_{\max} = 119{,}4$ mm,
$I = 1104\ \text{cm}^4$).

9.108

$W_{bz} = 437{,}3\ \text{cm}^3$, $W_{bd} = 600{,}4\ \text{cm}^3$ ($e_d = 88{,}5$ mm,
$I = 5314\ \text{cm}^4$).

9.109

$W_{bd} = 743{,}1\ \text{cm}^3$, $W_{bz} = 599\ \text{cm}^3$ ($e_z = 166{,}1$ mm,
$I = 9950\ \text{cm}^4$, $\Sigma I_{0i} = 1490{,}7\ \text{cm}^4$).

9.110

$W_b = 6562\ \text{cm}^3$ ($I = 262480\ \text{cm}^4$).

9.111

1. $I = 19175\ \text{mm}^4$, $W_b = 1534\ \text{mm}^3$.
2. $I_p = 38350\ \text{mm}^4$, $W_t = 3068\ \text{mm}^3$.
3. $d_i = 20{,}5$ mm.
4. $\delta = 41{,}8\%$.

9.112

$F_q = 1250$ N, $M_{b\,\max} = -900$ Nm.

9.113

1. $M_{b2} = -50$ Nm, $M_{b3} = -60$ Nm.
2. $M_{bA} = 75$ Nm.
3. Bild E 9.113a, $l_0 = 50$ mm.
4. Bild E 9.113b, Nulldurchgang von F_q bei F_3.

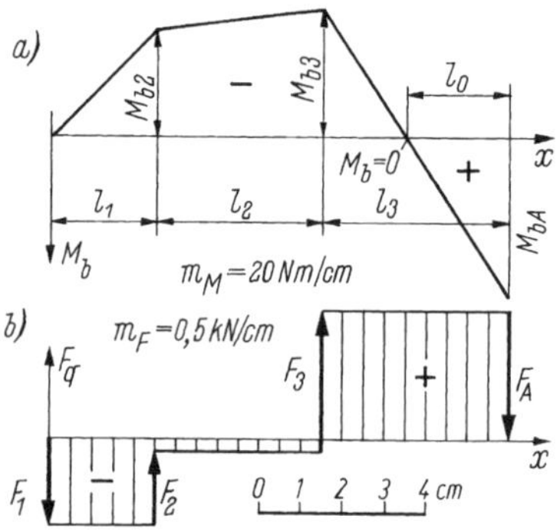

Bild E 9.113 Maßstäbliche Darstellung des Schnittgrößenverlaufs
a) Biegemomentenfläche,
b) Querkraftfläche

9.114

$M_b = -4260$ Nm, $F_q = -21{,}4$ kN, s. Bild E 9.114

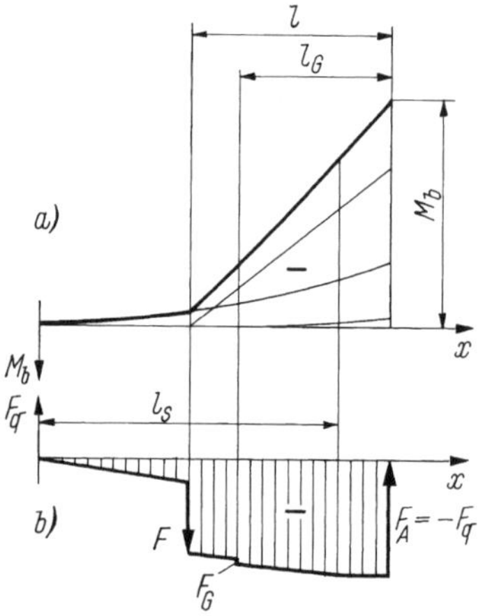

Bild E 9.114 Skizze des Schnittgrößenverlaufs
a) Biegemoment,
b) Querkraft

9.115

$F_A = 308$ N ($F_{Ay} = 180\ \text{N} = -F_q$, $F_{Ax} = F_1 = 250$ N),
$M_{bA} = -270$ Nm ($M_{b2} = 250$ Nm, $M_{b1} = -320$ Nm,
$M_{bs} = -200$ Nm), s. Bild E 9.115.

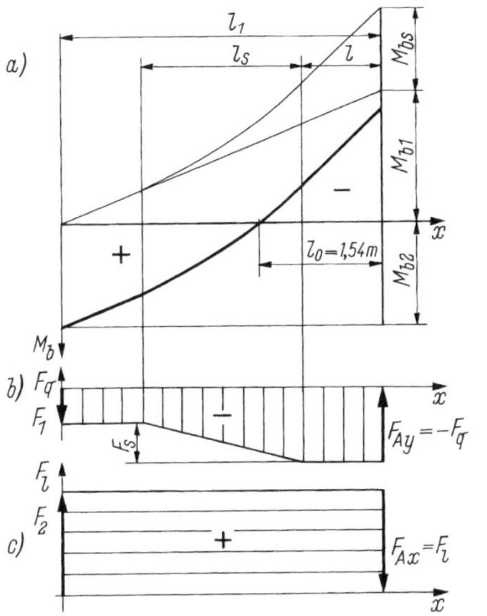

Bild E 9.115 Darstellung des Schnittgrößenverlaufs
a) Biegemomentenfläche,
b) Querkraftfläche, c) Längskraftfläche

9.116

$M_{b\,max} = M_{b2} = 112$ Nm $> M_{b1} = 105{,}6$ Nm ($F_A = 880$ N, $F_B = 1120$ N), s. Bild E 9.116.

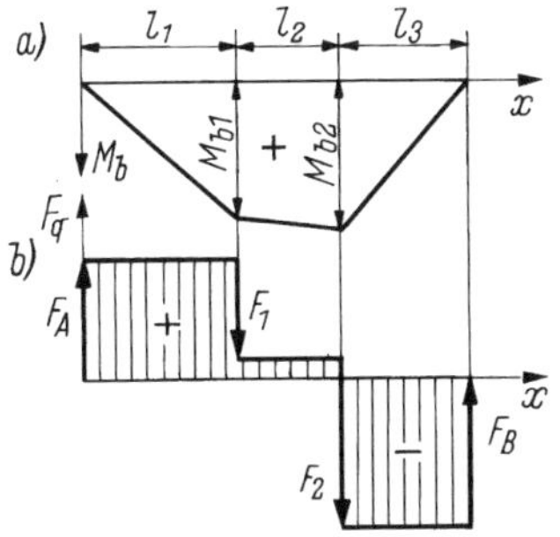

Bild E 9.116 Schnittgrößenverlauf
a) M_b-Fläche, b) F_q-Fläche

9.117

$M_{b\,max} = M_{b2} = 663{,}5$ Nm ($F_A = -2{,}39$ kN, $F_B = 3{,}39$ kN, $M_{b1} = -239$ Nm, $M_{b3} = 508$ Nm), s. Bild E 9.117.

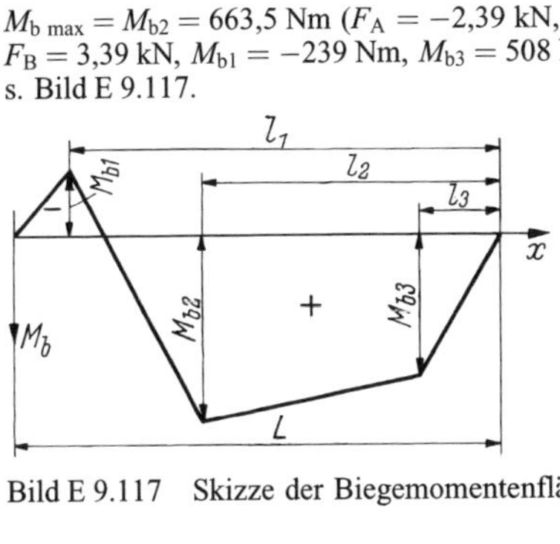

Bild E 9.117 Skizze der Biegemomentenfläche

9.118

1. $F_A = 2{,}386$ kN, $F_B = 10$ kN ($F_{Ax} = F_x = 1{,}6$ kN, $F_{Ay} = 1{,}77$ kN, $F_s = 9$ kN, $F_y = 2{,}77$ kN).
2. Bild E 9.118.
3. $M_{b\,max} = -5540$ Nm bei F_B.

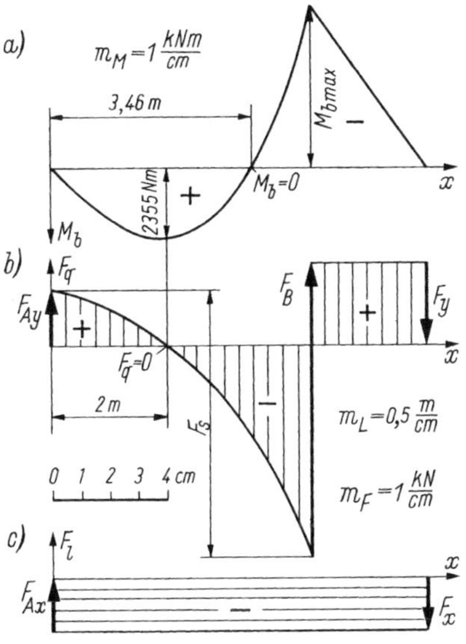

Bild E 9.118 Maßstäblicher Schnittgrößenverlauf
a) M_b-Fläche, b) F_q-Fläche, c) F_l-Fläche

9.119

1. $F_{Ae} = 9375$ N, $F_{Be} = 5125$ N.
2. $F_{As} = 3$ kN, $F_{Bs} = 7$ kN ($F_s = 10$ kN).
3. $F_A = 12375$ N, $F_B = 12\,125$ N.
4. $M_{b\,max} = 2643$ Nm bei $l_0 = 0{,}655$ m.

9.120

Bild E 9.120, $M_{b\,max} = M_{b1} = -39{,}49$ kNm bei F_A ($M_{b2} = 39{,}18$ kNm im Abstand $l = 1{,}5$ m von F_B, $F_{Ae} = 67{,}4$ kN, $F_{Be} = 38{,}6$ kN, $F_s = 41{,}58$ kN, $F' \approx 6{,}6$ kN/m, $F_{As} = 29{,}11$ kN, $F_{Bs} = 12{,}47$ kN).

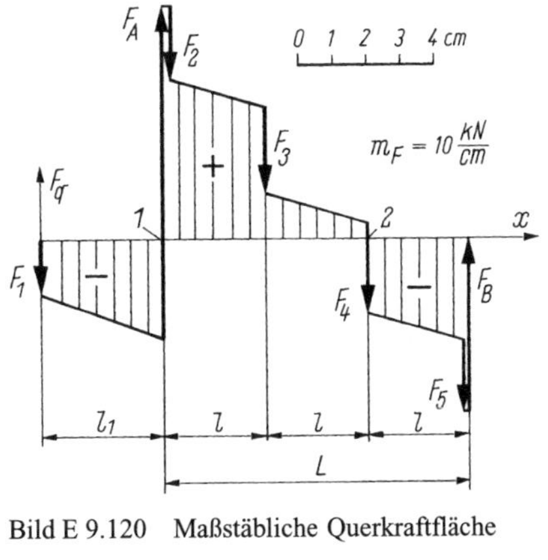

Bild E 9.120 Maßstäbliche Querkraftfläche

9.121

Bild E 9.121 ($M_{bB} = 9{,}45$ Nm).

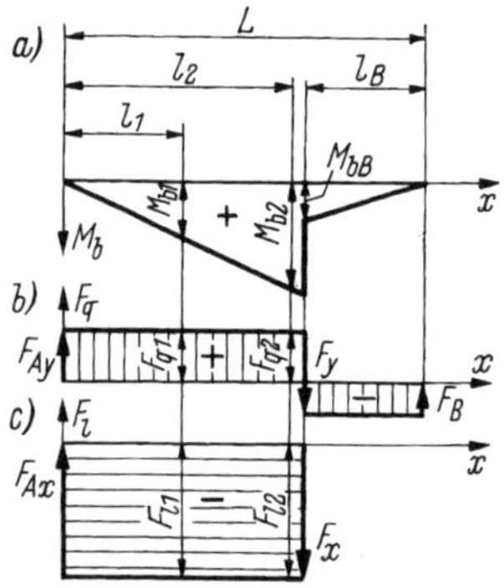

Bild E 9.121 Skizze des Schnittgrößenverlaufs
a) M_b-Fläche,
b) F_q-Fläche,
c) F_l-Fläche

9.122

$F_A = 5463$ N, $F_B = -200$ N, $F_a = 5000$ N $= F_{ax}$, $F_r = 2000$ N ($F_{Ay} = 2200$ N).

9.123

$F_l = -1742$ N, $F_q = 5132$ N ($F_{qy} = -634{,}1$ N $= -F_r$, $F_{qz} = F_t = 5093$ N, $M = 254{,}65$ Nm, $F_N = 1854$ N), $M_b = 359$ Nm ($M_{by} = 42{,}71$ Nm, $M_{bz} = 356{,}5$ Nm).

9.124

$M_{b1} = 170{,}3$ Nm ($M_{by\,1} = -63{,}28$ Nm, $M_{bz\,1} = -158{,}1$ Nm), $M_{b2} = 64{,}27$ Nm ($M_{by\,2} = 29{,}82$ Nm, $M_{bz\,2} = -56{,}93$ Nm), $M_{b3} = 130{,}6$ Nm ($M_{by\,3} = 122{,}9$ Nm, $M_{bz\,3} = 44{,}24$ Nm), $F_{q1} = 2305$ N ($F_{qy\,1} = -F_{rm} = -1186$ N, $F_{qz\,1} = F_{tm} = 1976$ N), $F_{q2} = 2749$ N ($F_{qy\,2} = 1862$ N, $F_{Ay} = 3048$ N, $F_{qz\,2} = -2023$ N, $F_{Az} = 3999$ N), $F_{q3} = 1866$ N ($F_{qy\,3} = -F_t = -1756$ N, $F_{qz\,3} = F_r = 632$ N, $F_{By} = -3618$ N, $F_{Bz} = -2655$ N), $F_{l1} = F_{l2} = -790$ N ($F_{Bx} = -F_{am} = -790$ N), $F_{l3} = 0$, s. Bild E 9.124 ($M_{by\,0} = 31{,}6$ Nm).

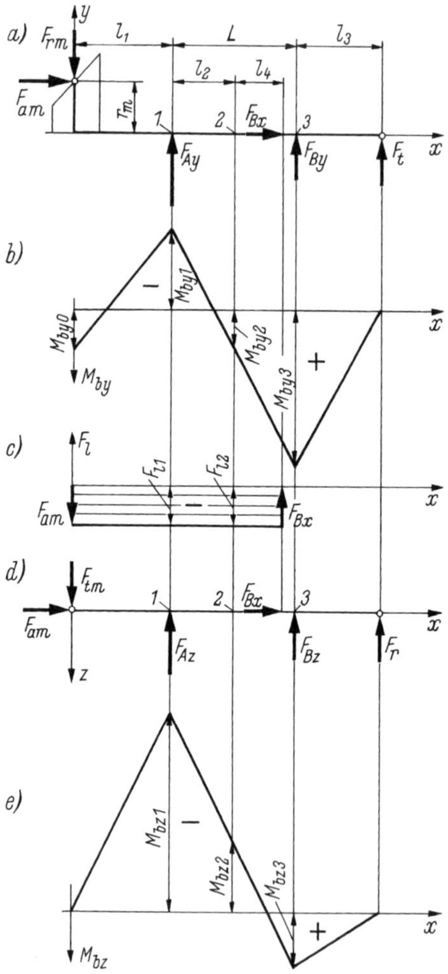

Bild E 9.124 Getriebewelle mit Kräften und Schnittgrößenverlauf
a) freigemachte Welle in der x,y-Ebene,
b) M_{by}-Fläche,
c) F_l-Fläche,
d) freigemachte Welle in der x,z-Ebene,
e) M_{bz}-Fläche

9.125

$\sigma_b = 400$ N/mm^2 ($W_b = 240$ mm^3).

9.126

$\sigma_b = 48$ N/mm^2 ($W_b = 1562{,}5$ mm^3).

9.127

$\sigma_b = 53{,}1$ N/mm^2 ($W_b = 12{,}5$ cm^3).

9.128

$\sigma_b = 80{,}7$ N/mm^2 ($W_b = 32\,770$ mm^3).

9.129
Ja, $\sigma_{b\,zul} = 160\ N/mm^2 > \sigma_b = 50{,}5\ N/mm^2$ ($W_b = 782\ cm^3$).

9.130
$\sigma_{b1} = 52{,}5\ N/mm^2$ ($F = 44{,}8\ kN$, $W_{b1} = 6{,}4\ cm^3$), $\sigma_{b2} = 38{,}4\ N/mm^2$ ($W_{b2} = 21{,}6\ cm^3$).

9.131
$\sigma_{b3} = 83\ N/mm^2$ ($W_{b3} = 2{,}7\ cm^3$), $\sigma_{b4} = 97{,}7\ N/mm^2$ ($W_{b4} = 11467\ mm^3$), $\bar{p} = 39{,}3\ N/mm^2$.

9.132
1. $d = 22{,}8\ mm$ ($F = 1000\ N$, $M_b = 95\ Nm$).
2. $b = 10\ mm$ ($M_b = 30\ Nm$).

9.133
$d_1 = 75{,}1\ mm$ ($M_{b1} = 2500\ Nm$, $\sigma_{b\,zul} = 59\ N/mm^2$), $d_2 = 100{,}6\ mm$ ($M_{b2} = 6000\ Nm$), $d_3 = 100\ mm$ ($M_{b3} = 5910\ Nm$, $F_A = 51{,}5\ kN$), $d_4 = 64{,}4\ mm$ ($M_{b4} = 1575\ Nm$).

9.134
$d = 4\ mm$ ($d_{erf} = 3{,}63\ mm$, $M_b = 1{,}2\ Nm$, $\sigma_{bF} = 301\ N/mm^2$, $\sigma_{b\,zul} \approx 250\ N/mm^2$).

9.135
1. $F = 1650\ N$ ($W_b = 6666\ mm^3$, $\sigma_{b\,zul} = 123{,}8\ N/mm^2$).
2. $F = 8253\ N$ ($W_b = 33333\ mm^3$).

9.136
$b = 51{,}6\ mm \approx 52\ mm$ ($\sigma_{bF} = 330\ N/mm^2$, $\sigma_{b\,zul} = 157\ N/mm^2$, $W_{b\,erf} = 6414\ mm^3$).

9.137
1. $e_z = 22{,}2\ mm$, $e_d = 57{,}8\ mm$.
2. $W_{bz} = 33{,}2\ cm^3$, $W_{bd} = 12{,}75\ cm^3$ ($I = 73{,}7\ cm^4$).
3. $\sigma_{bz} = 36{,}1\ N/mm^2$, $\sigma_{bd} = 94{,}1\ N/mm^2$ ($M_b = 1{,}2\ kNm$).

9.138
$\sigma_{bz} = 71{,}1\ N/mm^2$, $\sigma_{bd} = 198\ N/mm^2$ ($M_b = 80\ kNm$, $e_z = 66{,}1\ mm$, $e_d = 183{,}9\ mm$, $I = 7434{,}4\ cm^4$).

9.139
Am unteren Rand des Einspannquerschnitts als $\sigma_{bd} = 206{,}2\ N/mm^2$ ($e_d = 5{,}83\ mm$, $e_z = 3{,}67\ mm$, $I = 169{,}54\ mm^4$, $W_{bd} = 29{,}1\ mm^3 < W_{bz} = 46{,}2\ mm^3$).

9.140
1. $A = 10{,}8\ cm^2$, $e_d = 78\ mm$, $e_z = 38\ mm$.
2. $I = 156\ cm^4$ ($I_{01} = 0{,}144\ cm^4$, $c_1 = 3{,}5\ cm$, $I_{02} = 50\ cm^4$, $c_2 = 2{,}8\ cm$).
3. $W_{bz} = 41{,}05\ cm^3$, $W_{bd} = 20\ cm^3$.
4. $\sigma_{bz} = 58{,}5\ N/mm^2$, $\sigma_{bd} = 120\ N/mm^2$.
5. Nein, $\sigma_{b\,zul} = 160\ N/mm^2 > \sigma_{bd}$.

9.141
1. $I = 118{,}8\ cm^4$ ($e_z = 2{,}07\ cm$, $e_d = 7{,}93\ cm$, $A = 11{,}5\ cm^2$, $\Sigma I_{0i} = 1{,}458\ cm^4$, $\Sigma c_i^2 \cdot A_i = 117{,}327\ cm^4$).
2. $W_{bz} = 57{,}38\ cm^3$, $W_{bd} = 14{,}98\ cm^3$.
3. $\sigma_{bz} = 78{,}08\ N/mm^2$, $\sigma_{bd} = 299{,}1\ N/mm^2$.
4. Ja, $S_{Bz} = 3{,}84 > 2$ ($R_m = 300\ N/mm^2$).
5. Ja, $S_{Bd} = 4{,}01 > 3{,}5$ ($\sigma_{dB} = 1200\ N/mm^2$).

9.142
$\sigma_b = 120{,}8\ N/mm^2$ ($I = 289{,}8\ mm^4$), $\sigma = 96{,}6\ N/mm^2$ ($r_i = 4\ mm$).

9.143
1. $F_A = 112{,}5\ N$, $F_B = 337{,}5\ N$.
2. $M_b = 4{,}5\ Nm$.
3. $B = 5\ mm$ ($\sigma_{b\,zul} = 129{,}25\ N/mm^2$, $W_{b\,erf} = 34{,}82\ mm^3$).

9.144
1. $F_b = 166\ N$ ($F = 150\ N$).
2. $\sigma_b = 34{,}9\ N/mm^2$ ($M_b = 9{,}3\ Nm$).
3. $S_F = 9{,}5$ ($\sigma_{bF} = 330\ N/mm^2$).

9.145
1. $d = 64{,}4\ mm$ ($M_b = 1600\ Nm$).
2. Nein, da ebenfalls $M_b = 1600\ Nm$.
3. $d = 62{,}5\ mm$.

9.146
1. $a = 155{,}4\ mm \approx 160\ mm$ ($M_{b\,max} = 6250\ Nm$).
2. $a = 195{,}7\ mm \approx 200\ mm$ ($M_{b\,max} = 12500\ Nm$).

9.147
1. $\sigma_{b\,max} = 129{,}6\ N/mm^2$ ($M_{b\,max} = 202{,}5\ Nm$, $W_b = 1562{,}5\ mm^3$).
2. $\sigma_{b\,max} = 86{,}4\ N/mm^2$ ($M_{b\,max} = 135\ Nm$).

9.148
1. $F = 17{,}32\ kN$.
2. $d = 50\ mm$ ($d_{erf} = 49{,}2\ mm$).
3. $\sigma_b = 15{,}2\ N/mm^2$ ($M_b = 190{,}52\ Nm$).

9.149
1. $F_t = 12\ kN$.
2. $F = 12{,}77\ kN$.
3. $F_A = 8{,}21\ kN$, $F_B = 4{,}56\ kN$.
4. $d_1 = 27{,}4\ mm$ ($C_A = 1368{,}3\ mm^2$), $d_2 = 46{,}8\ mm$, $d_3 = 51{,}5\ mm$, $d_4 = 49\ mm$ ($C_B = 760\ mm^2$), $d_5 = 20{,}9\ mm$.

9.150
$z = 8$ ($z_{erf} = 7{,}87$, $b = 786{,}7\ mm$).

9.151
$h_1 = 175{,}5\ mm$ ($b = 20\ mm$, $\sigma_{b\,zul} = 129{,}25\ N/mm^2$, $C_b = 104{,}45\ mm$), $h_2 = 137{,}1\ mm$, $h_3 = 79{,}2\ mm$.

9.152
1. $\tau_1 = 37{,}8\ N/mm^2$ ($H_1 = 16{,}12\ cm^3$, $I = 160{,}2\ cm^4$, $e_1 = 3{,}66\ cm$, $y_1 = 3{,}36\ cm$).
2. $\tau = 37{,}5\ N/mm^2$.

9.153
$\tau_{q\,max} = 39{,}7\ N/mm^2$ im Querschnitt 3.

9.154
$\tau_{l1} = 31{,}1\ N/mm^2$ in der oberen Naht, $\tau_{l2} = 29\ N/mm^2$ in der unteren Naht ($e_1 = 140{,}8\ mm$,

$I = 101 \cdot 10^6$ mm^4, $y_1 = 130{,}8$ mm,
$H_1 = 313{,}9 \cdot 10^3$ mm^3, $y_2 = 146{,}7$ mm,
$H_2 = 293{,}4 \cdot 10^3$ mm^3), $\tau_{q\,max} = 53$ N/mm^2
($H_0 = 401{,}5 \cdot 10^3$ mm^3), $\tau = 52{,}3$ N/mm^2.

9.155

$\tau_{l\,max} = \tau_{q\,max} = 12{,}5$ N/mm^2 ($F_q = 187{,}5$ N,
$I = 288{,}7$ mm^4, $y_0 = 2{,}96$ mm, $H = 38{,}48$ mm^3).

9.156

1. $F = 3178$ N.
2. $f = 4{,}64$ mm ($I = 869$ cm^4).
3. $\sigma_b = 58{,}5$ N/mm^2.

9.157

1. $F = 42$ N.
2. Ja, $\sigma_b = 315$ N/mm$^2 < \sigma_{b\,zul} = 1080$ N/mm^2.

9.158

$f = 27{,}1$ mm.

9.159

1. $F = 5417$ N.
2. $f_1 = 0{,}7785$ mm.
3. $f = 0{,}801$ mm, $l_f = 529{,}15$ mm.
4. $\beta_A = 0{,}002271$ rad $= 0{,}13°$,
   $\beta_B = 0{,}002595$ rad $= 0{,}149°$.

9.160

$L = \sqrt[3]{4{,}8k \cdot E \cdot d^2/(\varrho \cdot g)}$.

9.161

1. $W_t = 196{,}35$ cm$^3 \approx 2 \cdot 10^5$ mm^3.
2. $\tau_t = 20{,}37$ N/mm$^2 \approx 20$ N/mm^2.

9.162

1. $T = 107$ Nm.
2. $d = 28$ mm ($d_{erf} = 27{,}76$ mm).

9.163

1. $d_t = 44{,}5$ mm.
2. $W_t = 17624$ mm^3.
3. $M = 898{,}8$ Nm ($\tau_{t\,zul} = 51$ N/mm^2, $R_e = 255$ N/mm^2).
4. $P = 137{,}4$ kW.

9.164

$d_i = 670$ mm.

9.165

$T_{zul} = 2362{,}5$ Nm ($\tau_{t\,zul} = 94{,}5$ N/mm^2),
$d_i = 25{,}55$ mm ≈ 26 mm, $d_a = 52$ mm.

9.166

$P = 26{,}8$ W ($T_{zul} = 256$ Nmm), $d_i = 4{,}179$ mm.

9.167

$\tau_t = 27{,}6$ N/mm^2 ($W_t = 21\,760$ mm^3), $\delta = 30{,}55\%$
($d = 48$ mm).

9.168

$\tau_t = 84{,}7$ N/mm^2, $\tau = 67{,}8$ N/mm^2 ($I_p = 9446$ mm^4).

9.169

E 295 mit $R_e = 255$ N/mm$^2 > R_{e\,erf} = 248{,}9$ N/mm^2.

9.170

$\tau_t = 58$ N/mm^2 ($F_t = 7{,}05$ kN, $T = 1057$ Nm).

9.171

1. $T = 364$ Nm.
2. $W_t = 13\,311$ mm^3 ($c_1 = 0{,}493$).
3. $\tau_t = \tau_{t1} = 27{,}35$ N/mm^2.

9.172

1. $A_m = 684$ mm^2.
2. $W_t = 2736$ mm^2.
3. $T = 68{,}4$ Nm.

9.173

Ja, $\tau_{t\,zul} = 85{,}5$ N/mm$^2 < \tau_{t1} = \tau_{t2} = 123{,}1$ N/mm^2
($h = b = 25$ mm, $c_1 = 0{,}208$).

9.174

$b = 5$ mm ($c_1 = 0{,}801$), $h = 15$ mm.

9.175

1. $d = 10$ mm ($d_{erf} = 9{,}41$ mm),
   $l = 279{,}3$ mm ≈ 280 mm.
2. $W = 17{,}45$ J.

9.176

Nein, $\alpha' = 0{,}229°/\text{m} < \alpha'_{zul} = 0{,}25°/\text{m}$
($\alpha = 0{,}006$ rad $= 0{,}3438°$).

9.177

1. $\alpha = 0{,}384$ rad $= 22°$.
2. $W = 2{,}3$ J.
3. $\tau_1 = 480$ N/mm^2.
4. $F_H = 75$ N.

9.178

1. $T = M = 611{,}2$ Nm.
2. $\alpha = 0{,}000395$ rad $= 0{,}0226°$.
3. $\alpha' = 0{,}2514°$/m.

9.179

1. $F = 180$ N, $F_x = 156$ N, $F_y = 90$ N.
2. $\sigma_z = 3{,}9$ N/mm^2, $\sigma_b = 135$ N/mm^2
   ($W_b = 66{,}67$ mm^3).
3. $\sigma_{max} = 138{,}9$ N/mm^2.
4. Ja, $S_{F\,erf} = 1{,}8 < S_F = 2{,}03$ ($\sigma_{bF} = 282$ N/mm^2).

9.180

1. $\sigma_d = 14{,}6$ N/mm^2, $\sigma_b = 335{,}3$ N/mm^2
   ($W_b = 4295$ mm^3).
2. $\sigma_{max} = -349{,}9$ N/mm^2.

9.181

$\sigma_{max} = 33{,}3$ N/mm^2 ($M_b = 16$ Nm, $W_b = 500$ mm^3,
$\sigma_z = 1{,}3$ N/mm^2).

9.182

Querschnitt 1: $\sigma_{max} = -241$ N/mm^2 ($M_{b1} = 400$ Nmm,
$\sigma_d = 1$ N/mm^2).
Querschnitt 2: $\sigma_b = 60$ N/mm^2 ($M_{b2} = 100$ Nmm).

9.183
Querschnitt 1: $\sigma_z = 9{,}93\ \text{N/mm}^2$.
Querschnitt 2: $\sigma_b = 175{,}5\ \text{N/mm}^2$ ($W_b = 666{,}7\ \text{mm}^3$).
Querschnitt 3: $\sigma_{max} = 99{,}9\ \text{N/mm}^2 \approx 100\ \text{N/mm}^2$ ($M_b = 195\ \text{Nm}$, $W_b = 2167\ \text{mm}^3$, σ_z wie Querschn. 1).

9.184
1. $F_x = F_y = 2828\ \text{N}$.
2. $M_b = 1188\ \text{Nm}$.
3. $\sigma_b = 68{,}6\ \text{N/mm}^2$ ($W_b = 17{,}33\ \text{cm}^3$), $\sigma_d = 1{,}8\ \text{N/mm}^2$.
4. Nein, $\sigma_{max} = 70{,}4\ \text{N/mm}^2 < \sigma_{zul} = 80\ \text{N/mm}^2$.

9.185
1. $F_z = 2370\ \text{N}$ ($r = 0{,}3\ \text{m}$, $\omega = 125{,}7\ \text{rad/s}$).
2. $\sigma_{max} = 123{,}3\ \text{N/mm}^2$ ($\sigma_z = 9{,}5\ \text{N/mm}^2$, $W_b = 208{,}3\ \text{mm}^3$).
3. $S_F \approx 2{,}3$ ($\sigma_{bF} = 282\ \text{N/mm}^2$).

9.186
1. $F_2 = 12{,}2\ \text{kN}$.
2. $s = s_{1\,erf} = 33{,}3\ \text{mm} > s_{2\,erf} = 27{,}4\ \text{mm}$ ($l_1 = 320\ \text{mm}$, $l_2 = 520\ \text{mm}$).

9.187
1. $F_1 = 19{,}8\ \text{N}$ ($F_{2x} = F_{2y} = 25{,}46\ \text{N}$).
2. $\sigma_{b1} = 68{,}9\ \text{N/mm}^2$ ($W_b = 4{,}167\ \text{mm}^3$).
3. $\sigma_{z2} = 5{,}09\ \text{N/mm}^2$, $\sigma_{b2} = 39{,}71\ \text{N/mm}^2$, $\sigma_2 = 44{,}8\ \text{N/mm}^2$.
4. $\sigma_3 = -24{,}8\ \text{N/mm}^2$ ($M_{b3} = 82\ \text{Nmm}$, $\sigma_{d3} = 5{,}09\ \text{N/mm}^2$).
5. Ja, $\sigma_{b\,zul} = 115{,}5\ \text{N/mm}^2 > \sigma_{b1} > \sigma_{2,3}$.

9.188
1. $A = 3450\ \text{mm}^2$, $I = 321{,}5\ \text{cm}^4$, $W_{bz} = 72320\ \text{mm}^3$ ($e_z = 44{,}46\ \text{mm}$).
2. $F = 53{,}04\ \text{kN}$ ($S_{B\,erf} = 3{,}5$, $\sigma_{zul} = 114\ \text{N/mm}^2$).

9.189
Nein, $\sigma_{b\,zul} = 162{,}3\ \text{N/mm}^2 > \sigma_{max} = 150{,}9\ \text{N/mm}^2$ ($F_x = 2{,}5\ \text{kN}$, $F_y = 4{,}333\ \text{kN}$, $A = 147\ \text{mm}^2$, $I = 18261\ \text{mm}^4$, $W_b = 913\ \text{mm}^3$).

9.190
1. $F_r = 3625\ \text{N}$.
2. $\sigma_{b\,max} = 293{,}7\ \text{N/mm}^2$ ($M_{b\,max} = 50{,}75\ \text{Nm}$).
3. $\sigma_{max} = -245\ \text{N/mm}^2$ ($F_x = 6571\ \text{N}$, $F_y = 3064\ \text{N}$, $A = 657\ \text{mm}^2$, $e_z = 14{,}64\ \text{mm}$, $I = 84372\ \text{mm}^4$, $W_{bd} = 3611\ \text{mm}^3$, $M_b = 867{,}3\ \text{Nm}$).
4. Ja, Achse: $\sigma_{b\,zul} = 251\ \text{N/mm}^2 < \sigma_{b\,max}$, Profil: $\sigma_{b\,zul} = 233{,}8\ \text{N/mm}^2 < \sigma_{max}$.
5. Achse: E 360 mit $R_e = 365\ \text{N/mm}^2 > R_{e\,erf} = 345{,}5\ \text{N/mm}^2$, Profil: E 295 mit $R_e = 295\ \text{N/mm}^2 > R_{e\,erf} = 288{,}2\ \text{N/mm}^2$.

9.191
1. $\sigma_b = 50\ \text{N/mm}^2$ ($W_b = 800\ \text{cm}^3$).
2. $\tau_t = 10\ \text{N/mm}^2$.
3. Ja, $\sigma_v = 51{,}45\ \text{N/mm}^2 < \sigma_{b\,zul}$ ($\alpha_0 = 0{,}7$).

9.192
1. $\alpha_0 \approx 0{,}81$.
2. $M_v = 81\ \text{Nm}$.
3. $d_{erf} = 22{,}6\ \text{mm} \approx 23\ \text{mm}$.

9.193
$d = 29\ \text{mm}$ ($d_{erf} = 28{,}8\ \text{mm}$, $\alpha_0 = 1$, $M_v = 120\ \text{Nm}$).

9.194
Ja, $\sigma_{b\,zul} = 94\ \text{N/mm}^2 > \sigma_v = 30\ \text{N/mm}^2$ ($M_b = 972720\ \text{Nmm}$, $\tau_t = 14{,}21\ \text{N/mm}^2$, $\alpha_0 = 0{,}4$).

9.195
Querschnitt 1: $\sigma_{b1} = 23{,}1\ \text{N/mm}^2$ ($M_{b1} = 3200\ \text{Nmm}$).
Querschnitt 2: $\sigma_{v2} = 65{,}6\ \text{N/mm}^2$ ($\sigma_{b2} = 57{,}7\ \text{N/mm}^2$, $\tau_{t2} = 18\ \text{N/mm}^2$, $\alpha_0 = 1$).

9.196
$M_{v1} = 167{,}2\ \text{Nm}$ ($M_{b1} = 160\ \text{Nm}$, $T = 80\ \text{Nm}$, $\alpha_0 = 0{,}7$), $M_{v2} = 95{,}3\ \text{Nm}$ ($F_3 = 2{,}3\ \text{kN}$, $F_B = 7633\ \text{N}$, $M_{b2} = 82{,}02\ \text{Nm}$), $M_{v3} = 327{,}6\ \text{Nm}$ ($M_{b3} = 324\ \text{Nm}$).

9.197
1. $\sigma_d = 1{,}02\ \text{N/mm}^2$.
2. $\sigma_b = 20{,}24\ \text{N/mm}^2$ ($M_b = 253\ \text{Nm}$, $M_{by} = 80\ \text{Nm}$, $M_{bz} = 240\ \text{Nm}$).
3. $\sigma_o = -21{,}26\ \text{N/mm}^2$.
4. $\tau_t = 14{,}4\ \text{N/mm}^2$ ($T = 360\ \text{Nm}$).
5. $\sigma_{vo} = 32{,}8\ \text{N/mm}^2$ ($\alpha_0 = 1$).

9.198
$\sigma_v = 39{,}2\ \text{N/mm}^2$ ($F_B = 823{,}3\ \text{N}$, $M_b = 90{,}56\ \text{Nm}$, $W_b = 2700\ \text{mm}^3$, $T = 90\ \text{Nm}$, $\sigma_{z,d} = 0$).

9.199
$d = 30\ \text{mm}$ ($d_{erf} = 29{,}88\ \text{mm}$, $\sigma_{b\,zul} = 118\ \text{N/mm}^2$, $M_v = 314{,}8\ \text{Nm}$, $T = M = 318{,}3\ \text{Nm}$, $\alpha_0 = 0{,}7$, $M_b = 248{,}7\ \text{Nm}$, $M_{by} = 248{,}16\ \text{Nm}$, $F_{By} = -4869\ \text{N}$, $M_{bz} = 16{,}25\ \text{Nm}$, $F_{Bz} = 697{,}4\ \text{N}$, $F_{t2} = 3183\ \text{N}$, $F_{r2} = 1146\ \text{N}$, $F_{t3} = 7958\ \text{N}$, $F_{r3} = 2865\ \text{N}$).

9.200
$\sigma_{vo1} = 65\ \text{N/mm}^2 < \sigma_{b\,zul} = 128\ \text{N/mm}^2$ ($T = 79{,}03\ \text{Nm}$, $\sigma_{d1} = 1{,}12\ \text{N/mm}^2$, $\sigma_{b1} = 63{,}07\ \text{N/mm}^2$, $R_1 = 0{,}02$, $\alpha_{01} \approx 0{,}412$, $\sigma_{o1} = -64{,}19\ \text{N/mm}^2$, $\tau_{t1} = 14{,}64\ \text{N/mm}^2$), $\sigma_{vo2} = 8{,}2\ \text{N/mm}^2 < \sigma_{b\,zul}$ ($\sigma_{d2} = 0{,}5\ \text{N/mm}^2$, $\sigma_{b2} = 7{,}05\ \text{N/mm}^2$, $\sigma_{o2} = -7{,}55\ \text{N/mm}^2$, $R_2 = 0{,}07$, $\alpha_{02} \approx 0{,}442$, $\tau_{t2} = 4{,}34\ \text{N/mm}^2$), $\sigma_{v3} = 49{,}4\ \text{N/mm}^2 < \sigma_{b\,zul}$ ($\sigma_{b3} = 48{,}37\ \text{N/mm}^2$, $\tau_{t3} = \tau_{t1}$), zulässige Spannung wird in keinem Querschnitt überschritten.

9.201
1. $\sigma_o = 60\ \text{N/mm}^2$ ($F_o = 9{,}6\ \text{kN}$).
2. $\beta_k = 2{,}045$ ($\alpha_k \approx 2{,}25$, $\chi = 0{,}4\ \text{mm}^{-1}$, $\eta_\chi \approx 1{,}1$).
3. $\sigma_{AG} = 69{,}4\ \text{N/mm}^2$ ($R_m = 340\ \text{N/mm}^2$, $b_o \approx 0{,}86$).
4. Nein, $S_{D\,erf} = 1{,}6 > S_D = 1{,}16$ ($\sigma_a = \sigma_o$).
5. $S_D = 3{,}18$ ($\sigma_{AG} = 127\ \text{N/mm}^2$, $b_o \approx 0{,}77$, $\sigma_a = 40\ \text{N/mm}^2$).
6. $s_{erf} = 10{,}6\ \text{mm}$ ($\alpha_{AG} = 72{,}6\ \text{N/mm}^2$, $b_o \approx 0{,}9$).

9.202

1. $\beta_k = 2{,}64$ ($\alpha_k \approx 2{,}83$, $\chi = 0{,}8\ \text{mm}^{-1}$, $\eta_\chi \approx 1{,}07$, $R_{p0,2} = 650\ \text{N/mm}^2$).
2. $\sigma_{AG} = 94{,}1\ \text{N/mm}^2$ ($R_m = 900\ \text{N/mm}^2$, $b_o \approx 0{,}69$).
3. $S_D = 1{,}31$ ($\sigma_o = 359\ \text{N/mm}^2$, $\sigma_a = 71{,}8\ \text{N/mm}^2$), $S_F = 1{,}81$ ($R = 0{,}8 > 0{,}5$).
4. $S_D = 5{,}47$ ($\sigma_{AG} = 309{,}6\ \text{N/mm}^2$, $b_o \approx 0{,}86$, $\sigma_o = 282{,}9\ \text{N/mm}^2$, $\sigma_a = 56{,}55\ \text{N/mm}^2$), $S_F = 2{,}3$.

9.203

1. $F_{oN} = 194{,}67\ \text{kN}$ ($F_o = 468{,}68\ \text{kN}$, $S_{F\,erf} = 1{,}2$).
2. $\sigma_{AG} = 86{,}1\ \text{N/mm}^2$ ($R_m = 470\ \text{N/mm}^2$, $b_o \approx 0{,}88$, $\alpha_k \approx 2{,}55$, $\chi = 0{,}5\ \text{mm}^{-1}$, $n_\chi \approx 1{,}11$, $\beta_k = 2{,}3$).
3. Ja, $S_{D\,erf} = 1{,}45 < S_D = 1{,}5$ ($F_m = 365\ \text{kN}$, $F_a = 121{,}7\ \text{kN}$, $\sigma_a = 57{,}3\ \text{N/mm}^2$).

9.204

1. $\sigma_k = 260\ \text{N/mm}^2$ ($\alpha_k \approx 2{,}6$).
2. $\beta_k = 2{,}41$ ($R_{p\,0,2} = 900\ \text{N/mm}^2$, $n_\chi \approx 1{,}08$).
3. $\sigma_2 = 12{,}5\ \text{N/mm}^2$.

9.205

1. $F_o = 56\ \text{kN}$, $F_u = 40\ \text{kN}$, $F_m = 48\ \text{kN}$, $R = 0{,}86$.
2. $\beta_k = 2{,}79$ ($\alpha_k \approx 3{,}15$, $n_\chi \approx 1{,}13$), $\sigma_{AG} = 103{,}2\ \text{N/mm}^2$ ($R_m = 1000\ \text{N/mm}^2$, $b_o \approx 0{,}72$).
3. Ja, $S_{D\,erf} \approx 1{,}4 < S_D = 1{,}46$ ($F_a = 8\ \text{kN}$) und $S_{F\,erf} = 1{,}2 < S_F = 1{,}6$ ($\sigma_o = 495{,}1\ \text{N/mm}^2$).

9.206

Ja, $S_{D\,erf} = 2 < S_D = 5{,}66$ ($R = 0{,}685$, $F_o = 1350\ \text{N}$, $F_a = 425\ \text{N}$, $\sigma_o = 12{,}05\ \text{N/mm}^2$, $\sigma_a = 3{,}8\ \text{N/mm}^2$, $R_m = 220\ \text{N/mm}^2$, $\sigma_{WG} = 27{,}3\ \text{N/mm}^2$, $\sigma_{AG} = 21{,}5\ \text{N/mm}^2$).

9.207

$S_D = 1{,}63 > S_{D\,erf} \approx 1{,}6$ ($F_o = 3600\ \text{N}$, $F_a = 1300\ \text{N}$, $R \approx 0{,}64$, $\alpha_k \approx 2{,}15$, $R_m = 850\ \text{N/mm}^2$, $R_{p\,0,2} = 580\ \text{N/mm}^2$, $n_\chi \approx 1{,}09$, $b_o \approx 0{,}82$, $\beta_k = 1{,}97$, $\sigma_{AG} = 141{,}5\ \text{N/mm}^2$, $\sigma_a = 86{,}7\ \text{N/mm}^2$), $S_F = 2{,}4 > 1{,}2$ ($\sigma_o = 240\ \text{N/mm}^2$), somit ausreichend bemessen.

9.208

Ja, Querschnitt 1: $S_{D\,erf} \approx 1{,}6 < S_D = 3{,}68$ ($F_o = 1{,}98\ \text{kN}$, $F_a = 790\ \text{N}$, $R = 0{,}6$, $\alpha_k \approx 2{,}27$, $R_m = 340\ \text{N/mm}^2$, $b_o \approx 0{,}86$, $n_\chi \approx 1{,}14$, $\beta_k = 1{,}99$, $\sigma_{AG} = 71{,}3\ \text{N/mm}^2$, $\sigma_a = 19{,}63\ \text{N/mm}^2$), $S_F = 4{,}85 > 1{,}2$ ($\sigma_o = 48{,}5\ \text{N/mm}^2$),
Querschnitt 2: $S_D = 4{,}2 > 1{,}6$ ($\alpha_k \approx 2{,}46$, $n_\chi \approx 1{,}2$, $\beta_k = 2{,}05$, $\sigma_{AG} = 69{,}2\ \text{N/mm}^2$, $\sigma_a = 16{,}5\ \text{N/mm}^2$), $S_F = 5{,}7 > 1{,}2$ ($\sigma_o = 41{,}3\ \text{N/mm}^2$).

9.209

Ja, da $S_D = 2{,}22 > S_{D\,erf} \approx 1{,}56$ und $S_F = 4{,}29 > 1{,}2$ ($F_o = 4{,}32\ \text{kN}$, $F_a = 1{,}56\ \text{kN}$, $R = 0{,}64$, $R_m = 570\ \text{N/mm}^2$, $b_o \approx 0{,}79$, $n_\chi \approx 1{,}47$, $\beta_k = 3{,}4$, $\sigma_{AG} = 62{,}7\ \text{N/mm}^2$, $\sigma_a = 28{,}2\ \text{N/mm}^2$, $\sigma_o = 78\ \text{N/mm}^2$).

9.210

1. Nein, $S_{D\,erf} \approx 1{,}34 > S_D = 1{,}24$ ($b_w = 0{,}5$, $t_w = 1{,}84\ \text{mm}$, $\alpha_k \approx 4{,}5$, $R_{p\,0,2} = 900\ \text{N/mm}^2$, $n_\chi \approx 1{,}06$, $\beta_k = 4{,}25$, $R_m = 1100\ \text{N/mm}^2$, $b_o \approx 0{,}84$, $\sigma_{AG} = 98{,}8\ \text{N/mm}^2$, $R = 0{,}83$, $F_a = 200\ \text{kN}$, $\sigma_a = 79{,}4\ \text{N/mm}^2$).
2. Ja, $S_F = 2 > 1{,}2$ ($\sigma_o = 448{,}4\ \text{N/mm}^2$).

9.211

1. $F_o = -108{,}5\ \text{kN}$, $F_u = 3{,}5\ \text{kN}$, $F_m = -52{,}5\ \text{kN}$, $F_a = 56\ \text{kN}$, $R = 0{,}484$.
2. $\beta_k = 1{,}54$ ($\varrho/d = 0{,}11$, $\alpha_k \approx 1{,}93$, $n_\chi = 1{,}25$), $\sigma_{AG} \approx 170\ \text{N/mm}^2$ ($\sigma_{WG} = 48{,}7\ \text{N/mm}^2$, $\sigma_{Sch} \approx 120\ \text{N/mm}^2$, s. Bild E 9.211).
3. Ja, $S_{D\,erf} \approx 2{,}7 < S_D = 6{,}5$ ($\sigma_a = |26{,}1|\ \text{N/mm}^2$).

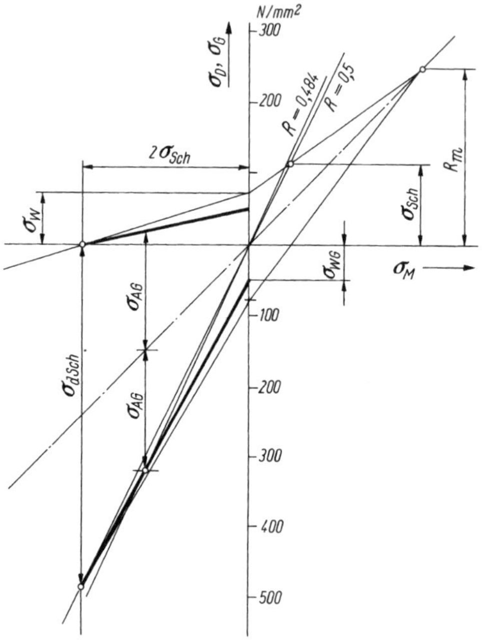

Bild E 9.211 Gestaltfestigkeitsschaubild für den Druck-Mittelspannungsbereich bis $R = 0{,}5$

9.212

Querschnitt $A_1 = 962{,}1\ \text{mm}^2$: $S_{D\,erf} \approx 1{,}53 < S_D = 2{,}8$ ($F_o = -58{,}8\ \text{kN}$, $F_m = -21{,}6\ \text{kN}$, $F_a = 37{,}2\ \text{kN}$, $R = 0{,}366$, $\alpha_k \approx 2$, $n_\chi \approx 1{,}09$, $\beta_k = 1{,}83$, $b_o \approx 0{,}88$, $\sigma_{AG} = 108{,}2\ \text{N/mm}^2$, $\sigma_a = 38{,}7\ \text{N/mm}^2$).
Querschnitt $A_2 = 656{,}6\ \text{mm}^2$: $S_{D\,erf} \approx 1{,}48 < S_D = 2{,}17$ ($F_o = 74{,}2\ \text{kN}$, $F_a = 31{,}6\ \text{kN}$, $R = 0{,}574$, $\alpha_k = 1{,}89$, $n_\chi \approx 1{,}07$, $\beta_k = 1{,}77$, $b_o \approx 0{,}82$, $\sigma_{AG} = 104{,}2\ \text{N/mm}^2$, $\sigma_a = 48{,}1\ \text{N/mm}^2$), $S_F = 2{,}43 > 1{,}2$ ($\sigma_o = 113\ \text{N/mm}^2$).
Beide Querschnitte ausreichend bemessen.

9.213

1. $I = 25{,}47\ \text{cm}^4$.
2. $\sigma_b = 43{,}5\ \text{N/mm}^2$ ($W_b = 10{,}19\ \text{cm}^3$).
3. $\beta_{kb} = 1{,}99$ ($\varrho = 2{,}5\ \text{mm}$, $\alpha_{kb} \approx 2{,}35$, $\chi_b = 0{,}84\ \text{mm}^{-1}$, $n_\chi \approx 1{,}18$, $R_m = 410\ \text{N/mm}^2$, $R_e = 255\ \text{N/mm}^2$).
4. $\sigma_{bAG} = 84{,}4\ \text{N/mm}^2$ ($b_o \approx 0{,}84$).
5. $S_D = 1{,}94$.

9.214

1. $M_{bo} = 11250\ \text{Nm}$ ($F_o = 250\ \text{kN}$), $M_{bu} = 3600\ \text{Nm}$.

2. $\sigma_{bo} = 219{,}7\ N/mm^2$, $\sigma_{ba} = 74{,}7\ N/mm^2$ ($W_b = 51{,}2\ cm^3$, $M_{ba} = 3825\ Nm$), $R = 0{,}66$ ($M_{bm} = 7425\ Nm$).
3. $\beta_{kb} = 2{,}02$ ($\alpha_{kb} \approx 2{,}2$, $\chi_b = 0{,}425$, $n_\chi \approx 1{,}09$, $R_e = 295\ N/mm^2$), $\sigma_{bAG} = 116{,}3\ N/mm^2$ ($R_m = 570\ N/mm^2$, $b_o \approx 0{,}87$).
4. Ja, $S_D = 1{,}56 > S_{D\,erf} = 1{,}45$ und $S_F = 1{,}88 > 1{,}2$ ($\sigma_{bF} = 413\ N/mm^2$).

9.215

Ja, $S_{D\,erf} = 1{,}45 < S_D = 3{,}37$ ($W_b = 648{,}7\ mm^3$, $\sigma_{bo} = 154{,}2\ N/mm^2$, $\alpha_{ba} = 38{,}5\ N/mm^2$, $R = 0{,}75$, $\varrho = 0$, $\alpha_{kb} = 1$, $\chi_b = 0{,}1\ mm^{-1}$, $n_\chi \approx 1{,}02$, $\beta_{kb} = 0{,}98$, $b_o \approx 0{,}77$, $\sigma_{bAG} = 129{,}6\ N/mm^2$), $S_F = 1{,}83 > 1{,}2$ ($\sigma_{bF} = 282\ N/mm^2$).

9.216

1. $\beta_{kb1} = \beta_{kb2} = 0{,}99$ ($\varrho = 0$, $\alpha_{kb} = 1$, $\chi_b = 0{,}1\ mm^{-1}$, $n_\chi \approx 1{,}01$).
2. $\sigma_{bAG1} = \sigma_{bAG2} = 145{,}5\ N/mm^2$ ($b_o \approx 0{,}72$).
3. $M_{b1} = 26{,}94\ Nm$ ($W_{b1} = 333{,}3\ mm^3$, $S_{D\,erf} = 1{,}8$), $M_{b2} = 26{,}52\ Nm$ ($W_{b2} = 328{,}1\ mm^3$).

9.217

Ja, $S_{D\,erf} \approx 1{,}5 < S_D = 3{,}47$ ($M_{bo} = 8{,}8\ Nm$, $\sigma_{bo} = 105{,}6\ N/mm^2$, $\sigma_{ba} = 28{,}8\ N/mm^2$, $R = 0{,}727$, $\chi_b = 0{,}8\ mm^{-1}$, $n_\chi = 1{,}18$, $\varrho/h = 1$, $\varrho/b = 0{,}167$, $\alpha_{kb} \approx 1{,}5$, $\beta_{kb} = 1{,}27$, $b_o \approx 0{,}77$, $\sigma_{bAG} = 100\ N/mm^2$), $S_F = 2{,}67 > 1{,}2$ ($\sigma_{bF} = 282\ N/mm^2$).

9.218

$S_D = 1{,}54$ ($\varrho = 0{,}25\ mm$, $\chi_b = 8\ mm^{-1}$, $n_\chi \approx 1{,}33$, $\beta_{kb} = 3{,}76$, $R_{p\,0{,}2} = 500\ N/mm^2$, $b_o \approx 0{,}75$, $\sigma_{bAG} = 57{,}8\ N/mm^2$, $\sigma_{bo} = 75\ N/mm^2$, $R = 0{,}5$, $\sigma_{ba} = 37{,}5\ N/mm^2$).

9.219

$\sigma_{bAG} = \sigma_{bWG} = \sigma_W = 60\ N/mm^2$ ($\varrho = 0$, $\alpha_{kb} = 1$, $n_\chi \approx 1$, $\beta_{kb} = 1$, $R = 0$).

9.220

$\sigma_{bz\,zul} = 63{,}7\ N/mm^2$ ($S_{D\,erf} = 2$, $\sigma_{bz\,SchG} = 2\sigma_{bAG} = 127{,}4\ N/mm^2$, $\varrho = 0$, $\chi_b = 0{,}048\ mm^{-1}$, $n_\chi \approx 1{,}05$, $\alpha_{kb} = 1$, $\beta_{kb} = 0{,}95$, $\sigma_{bWG} = 78{,}9\ N/mm^2$, $\sigma_{bB} = 330\ N/mm^2$), $\sigma_{bd\,zul} = 182\ N/mm^2$ ($S_{D\,erf} = 2{,}8$, $\sigma_{bd\,SchG} = 509{,}6\ N/mm^2$).

9.221

1. $\tau_{to} = 76\ N/mm^2$ ($T_o = 7\ kNm$, $W_t = 92{,}15\ cm^3$), $\tau_{ta} = 29{,}3\ N/mm^2$ ($T_a = 2{,}7\ kNm$), $R = 0{,}61$ ($T_m = 4{,}3\ kNm$).
2. $\beta_{kt} = 1{,}5$ ($\alpha_{kt} \approx 1{,}6$, $\chi_t = 0{,}275\ mm^{-1}$, $n_\chi \approx 1{,}07$), $\tau_{tAG} = 71{,}2\ N/mm^2$ ($\tau_{tW} = 120\ N/mm^2$, $b_o \approx 0{,}89$).
3. Ja, $S_{D\,erf} \approx 1{,}4 < S_D = 2{,}43$ und $S_F = 1{,}86 > 1{,}2$ ($\tau_{tF} = 141\ N/mm^2$).

9.222

$\tau_{tAG} = 148{,}3\ N/mm^2$ ($\varrho/t = 1$, $\alpha_{kt} \approx 1{,}5$, $\chi_t = 0{,}48\ mm^{-1}$, $n_\chi \approx 1{,}04$, $b_o \approx 0{,}89$, $\beta_{kt} = 1{,}44$, $\tau_{tW} = 240\ N/mm^2$).

9.223

1. $\tau_{tAG} = 55{,}4\ N/mm^2$ ($\varrho = 0{,}25\ mm$, $\chi_t = 4{,}08\ mm^{-1}$, $n_\chi \approx 1{,}4$, $\beta_{kt} = 2$, $\tau_{tW} = 135\ N/mm^2$, $b_o \approx 0{,}82$).
2. $M_N = 40{,}11\ Nm$ ($S_{D\,erf} = 1{,}55$, $W_t = 1852\ mm^3$, $T_{a\,zul} = 66{,}19\ Nm$, $T_{o\,zul} = 88{,}25$).
3. $P_N = 6{,}09\ kW$.

9.224

Querschnitt 2: $S_D = 3{,}72$ ($\alpha_{kt} \approx 1{,}85$, $\beta_{kt} = 1{,}53$, $b_o \approx 0{,}89$, $\tau_{tAG} = 78{,}5\ N/mm^2$, $T_a = 66\ Nm$, $\tau_{ta} = 21{,}1\ N/mm^2$).
Querschnitt 3: $S_D = 3{,}6$ ($\alpha_{kt} \approx 4{,}7$, $\chi_t = 4{,}06\ mm^{-1}$, $n_\chi \approx 1{,}4$, $\beta_{kt} = 3{,}36$, $b_o \approx 0{,}82$, $\tau_{tAG} = 32{,}9\ N/mm^2$, $\tau_{ta} = 9{,}2\ N/mm^2$).

9.225

1. $\sigma_z = 28{,}3\ N/mm^2$, $\sigma_b = 148{,}1\ N/mm^2$ ($M_b = 3{,}2\ Nm$), $\sigma_{max} = 176{,}4\ N/mm^2$.
2. $\alpha_{kb} \approx 1{,}3$ ($d/D = 0{,}6$, $\varrho/t = 2$), $\beta_{kb} = 1{,}14$ ($y_0 = -0{,}57\ mm$, $\chi_b = 0{,}78\ mm^{-1}$, $n_\chi \approx 1{,}14$).
3. $\sigma_{bAG} = 234{,}8\ N/mm^2$ ($b_o \approx 0{,}85$), $S_D = 2{,}66$ ($\sigma_a = 88{,}2\ N/mm^2$).

9.226

1. $\beta_{kb} = 1{,}74$ ($y_0 = -0{,}144\ mm$, $\chi_b = 4{,}19\ mm^{-1}$, $n_\chi \approx 1{,}44$).
2. $\sigma_{bAG} = 73\ N/mm^2$ ($b_o \approx 0{,}77$).
3. $\sigma_o = 138{,}9\ N/mm^2$, $\sigma_a = 46{,}3\ N/mm^2$, $R = 0{,}67$.
4. Ja, $S_{D\,erf} \approx 1{,}53 < S_D = 1{,}58$ und $S_F = 2{,}03 > 1{,}2$ ($\sigma_{bF} = 282\ N/mm^2$).

9.227

Ja, $S_{D\,erf} \approx 1{,}5 < S_D = 2{,}13$ ($y_0 = -0{,}024\ mm$, $\chi_b = 8{,}4\ mm^{-1}$, $n_\chi \approx 1{,}54$, $\beta_{kb} = 1{,}29$, $b_o \approx 0{,}9$, $\sigma_{bAG} = 139{,}5\ N/mm^2$, $\sigma_{bo} = 227{,}3\ N/mm^2$, $\sigma_{zo} = 2{,}2\ N/mm^2$, $\sigma_o = 229{,}5\ N/mm^2$, $\sigma_u = 98{,}4\ N/mm^2$, $\sigma_a = 65{,}55\ N/mm^2$) und $S_F = 1{,}44 > 1{,}2$ ($\sigma_{bF} = 330\ N/mm^2$).

9.228

$S_D = 1{,}7$ ($\alpha_{kb} \approx 3{,}3$, $y_0 = -5{,}2\ mm$, $\chi_b = 2{,}53\ mm^{-1}$, $n_\chi \approx 1{,}26$, $\beta_{kb} = 2{,}62$, $b_o \approx 0{,}86$, $\sigma_{bAG} = 95{,}2\ N/mm^2$, $M_b = 660{,}48\ Nm$, $\sigma_b = \sigma_a = 56{,}1\ N/mm^2$, $\sigma_z = \sigma_m = 11{,}9\ N/mm^2$, $\sigma_o = 68\ N/mm^2$, $R = 0{,}175$).

9.229

1. $\sigma_b = 60{,}3\ N/mm^2$ ($F = 6514\ N$).
2. $\tau_t = 22{,}1\ N/mm^2$ ($T = 955\ Nm$).
3. $\beta_{kb} = 1{,}7$ ($\alpha_{kb} \approx 1{,}8$, $\chi_b = 0{,}433\ mm^{-1}$, $n_\chi \approx 1{,}06$).
4. $\sigma_{bAG} = \sigma_{bWG} = 115{,}1\ N/mm^2$ ($R = 0$, $b_o \approx 0{,}87$).
5. $\sigma_{va} = \sigma_{vo} = 62{,}6\ N/mm^2$ ($\sigma_{b0G} = \sigma_{bWG}$, $\tau_{t0G} = \tau_{tF} = 153\ N/mm^2$, $\alpha_0 = 0{,}435$).
6. $S_D = 1{,}84$.

9.230

$S_{D1} = 2{,}35$ ($M \approx 300\ Nm$, $\varrho = 0{,}25\ mm$, $b_o \approx 0{,}84$, $\chi_b \approx 8{,}04\ mm^{-1}$, $n_\chi \approx 1{,}58$, $\beta_{kb1} = \beta_{kb2} = 2{,}53$, $\sigma_{bAG1} = \sigma_{bAG2} = 66{,}4\ N/mm^2$, $\sigma_{b1} = 28\ N/mm^2$, $\tau_{t1} = 8{,}5\ N/mm^2$, $\alpha_{01} = \alpha_{02} = 0{,}261$, $\tau_{t0G} = 147\ N/mm^2$, $\sigma_{va1} = 28{,}3\ N/mm^2$).
$S_{D2} = 2{,}55$ ($\sigma_{b2} = 24{,}8\ N/mm^2$, $\tau_{t2} = 17\ N/mm^2$, $\sigma_{va2} = 26\ N/mm^2$).
$S_{D3} = 2{,}02$ ($\beta_{kb3} = 2{,}91$, $\sigma_{bAG3} = 57{,}7\ N/mm^2$, $\sigma_{b3} = 27{,}9\ N/mm^2$, $\alpha_{03} = 0{,}227$, $\sigma_{va3} = 28{,}5\ N/mm^2$).

9.231

Ausreichend bemessen, da $S_{D\,erf} \approx 1{,}8 \ll S_D = 9{,}3$ ($\alpha_{kb} \approx 1{,}75$, $y_0 = 1{,}26$ mm, $\chi_b \approx 0{,}71$ mm, $n_\chi \approx 1{,}07$, $\beta_{kb} = 1{,}64$, $b_o \approx 0{,}81$, $\sigma_W = 405$ N/mm^2, $\sigma_{bAG} = 200$ N/mm^2, $\sigma_o = -21{,}26$ N/mm^2, $R = 0{,}05$, $\sigma_{b0G} = 210{,}5$ N/mm^2, $\tau_{t0G} = 390$ N/mm^2, $\alpha_0 = 0{,}312$, $\sigma_{vo} = 22{,}64$ N/mm^2, $\sigma_{va} = 21{,}5$ N/mm^2).

9.232

1. $\sigma_{bm} = 248{,}5$ N/mm^2, $\sigma_{ba} = 44{,}82$ N/mm^2 ($M_{bm} = 3050$ Nm, $M_{ba} = 550$ Nm, $W_b = 12272$ mm^2).
2. $K_\sigma = 2{,}337$ ($K_1 = 1$ für $R_m = 510$ N/mm^2, $K_1 = 0{,}92$ für $R_e = 355$ N/mm^2, $K_2 = 0{,}87$, $\alpha_\sigma = \alpha_{kb} \approx 2{,}1$, $G' = 0{,}4668$, $n \approx 1{,}11$, $\beta_\sigma = 1{,}892$, $K_{F\sigma} = b_o \approx 0{,}86$, $K_V = 1$).
3. $\sigma_{bADK} = 79{,}28$ N/mm^2 ($\sigma_{bW} = 255$ N/mm^2, $\sigma_{bWK} = 109{,}1$ N/mm^2, $K_{2F} = 1{,}2$, $\psi_{b\sigma K} = 0{,}12$, $\sigma_{bFK} = 391{,}9$ N/mm^2, $\sigma_{mv} = \sigma_{bm} < 320{,}3$ N/mm^2).
4. Ja, $S_D = 1{,}77 > S_{min} = 1{,}3$ und $S_F = 1{,}34 > S_{min} = 1{,}3$ ($\sigma_{bo} = \sigma_{b\,max} = 293{,}35$ N/mm^2).

9.233

Ja, $S_D = 2{,}19 > S_{min} = 1{,}3$ und $S_F = 3{,}86 > S_{min} = 1{,}3$ ($M_{ba} = M_b = 364{,}5$ Nm, $\sigma_{ba} = \sigma_b = 58{,}01$ N/mm^2, $\sigma_{bm} = 0$, $K_1 = 1$ für $R_m = 490$ N/mm^2, $K_1 = 0{,}95$ für $R_e = 295$ N/mm^2, $K_2 = 0{,}89$, $\alpha_\sigma = \alpha_{kb} = 2$, $G' = 1{,}04$, $n \approx 1{,}185$, $\beta_\sigma = 1{,}688$, $K_V = 1$, $K_{F\sigma} = b_o \approx 0{,}97$, $K_\sigma = 1{,}928$, $\sigma_{bWK} = 127{,}1$ N/mm^2, $\psi_{b\sigma K} = 0{,}149$, $K_{2F} = 1{,}2$, $\sigma_{bFK} = 336{,}3$ N/mm^2, $\sigma_{bADK} = \sigma_{bWK}$, $M_{b\,max} = 546{,}75$ Nm).

9.234

1. $\tau_{to} = 28{,}68$ N/mm^2, $\tau_{tu} = -14{,}34$ N/mm^2, $\tau_{tm} = 7{,}17$ N/mm^2, $\tau_{ta} = 21{,}51$ N/mm^2 ($T_m = 22$ Nm, $T_a = 66$ Nm, $W_t = 3068$ mm^3).
2. $K_\tau = 1{,}765$ ($K_1 = 1$ für $R_m = 490$ N/mm^2, $K_1 = 0{,}99$ für $R_e = 295$ N/mm^2, $K_2 = 0{,}92$, $\alpha_\tau = \alpha_{kt} \approx 1{,}85$, $G' = 1{,}438$, $n \approx 1{,}225$, $\beta_\tau = 1{,}51$, $K_{F\tau} = b_o \approx 0{,}89$, $K_V = 1$).
3. $\tau_{tADK} = 82{,}62$ N/mm^2 ($\psi_{\tau K} = 0{,}0929$, $K_{2F} = 1{,}2$, $\tau_{tFK} = 202{,}3$ N/mm^2).
4. $S_D = 3{,}84 > S_{min} = 1{,}3$.
5. $S_F = 7{,}05 > S_{min} = 1{,}3$.

9.235

1. $\sigma_z = 47{,}75$ N/mm^2 ($A = 1256{,}6$ mm^2), $\sigma_b = 101{,}9$ N/mm$^2 = \sigma_{ba}$ ($W_b = 6283{,}2$ mm^3), $\sigma_{mv} = \sigma_{zm} = \sigma_z$ ($\sigma_{bm} = 0$).
2. $K_\sigma = 1{,}933$ ($K_1 = 1$ für $R_m = 590$ N/mm^2, $K_1 = 0{,}94$ für $R_e = 335$ N/mm^2, $K_2 = 0{,}89$, $\alpha_\sigma = \alpha_{kb} \approx 1{,}75$, $G' = 0{,}527$, $n \approx 1{,}12$, $\beta_\sigma = 1{,}563$, $K_{F\sigma} = b_o \approx 0{,}85$, $K_V = 1$), $\sigma_{bWK} = 152{,}6$ N/mm^2 ($\sigma_{bW} = 295$ N/mm^2).
3. $S_D = 1{,}428 > S_{min} = 1{,}3$ ($\psi_{b\sigma K} = 0{,}1485$, $K_{2Fb} = 1{,}2$, $\sigma_{bFK} = 377{,}9$ N/mm^2, $\sigma_{bADK} = 145{,}5$ N/mm^2), $S_F = 2{,}347 > S_{min} = 1{,}3$ ($\sigma_{z\,max} = \sigma_z$, $\sigma_{b\,max} = \sigma_b$, $K_{2Fz} = 1$, $\sigma_{zFK} = 314{,}9$ N/mm^2).

9.236

$S_D = 2{,}87 > S_{min} = 1{,}3$ und $S_F = 3{,}58 > S_{min} = 1{,}3$ ($\sigma_d = 2{,}55$ N/mm$^2 = \sigma_{dm}$, $\sigma_b = 48{,}89$ N/mm$^2 = \sigma_{ba}$, $\tau_t = 32{,}59$ N/mm$^2 = \tau_{tm}$, $K_1 = 0{,}84$ für $R_m = 700$ N/mm^2 und $R_e = R_{p0,2} = 490$ N/mm^2, $K_2 = 0{,}87$, $K_{F\sigma} = b_o \approx 0{,}84$, $K_V = 1$, $\alpha_\sigma = \alpha_{kb} \approx 1{,}7$, $G' = 0{,}537$, $n \approx 1{,}09$, $\beta_\sigma = 1{,}56$, $K_\sigma = 1{,}984$, $\sigma_{mv} = 56{,}5$ N/mm^2, $\sigma_{bWK} = 148{,}2$ N/mm^2, $\psi_{b\sigma K} = 0{,}144$, $K_{2Fb} = K_{2Ft} = 1{,}2$, $\sigma_{bFK} = 493{,}9$ N/mm^2, $\sigma_{bADK} = 140{,}1$ N/mm^2, $\sigma_{d\,max} = 4{,}59$ N/mm^2, $\sigma_{b\,max} = 88$ N/mm^2, $\tau_{t\,max} = 58{,}66$ N/mm^2, $K_{2Fd} = 1$, $\sigma_{dFK} = 411{,}6$ N/mm^2, $\tau_{tFK} = 285{,}2$ N/mm^2).

9.237

Ja, $S_D = 2{,}23 > S_{min} = 1{,}3$ und $S_F = 6{,}11 > S_{min} = 1{,}3$ ($M_{b1} = 104$ Nm, $M_{b2} = 35$ Nm, $W_b = 3308{,}3$ mm^3, $W_t = 6616{,}6$ mm^3, $\sigma_{b1} = 31{,}44$ N/mm$^2 = \sigma_{ba}$, $\sigma_{b2} = 10{,}58$ N/mm$^2 = \sigma_{bm}$, $\sigma_{bo} = 42{,}02$ N/mm$^2 = \sigma_{b\,max}$, $\tau_{to} = 22{,}67$ N/mm$^2 = \tau_{t\,max}$, $\tau_{tm} = 15{,}11$ N/mm^2, $\tau_{ta} = 7{,}56$ N/mm^2, $\sigma_{mv} = 28{,}23$ N/mm^2, $\tau_{mv} = 16{,}3$ N/mm^2, $K_1 = 1$ für $R_m = 490$ N/mm^2, $K_1 = 0{,}99$ für $R_e = 295$ N/mm^2, $K_2 = 0{,}905$, $K_{F\sigma} = K_{F\tau} = b_o \approx 0{,}89$, $K_\sigma = 3{,}218$, $K_\tau = 2{,}665$, $\sigma_{bWK} = 76{,}13$ N/mm^2, $\tau_{tWK} = 55{,}16$ N/mm^2, $\psi_{b\sigma K} = 0{,}0842$, $\psi_{\tau K} = 0{,}0596$, $K_{2F} = 1{,}2$, $\sigma_{bFK} = 350{,}5$ N/mm^2, $\tau_{tFK} = 202{,}3$ N/mm^2, $\sigma_{bADK} = 73{,}74$ N/mm^2, $\tau_{tADK} = 54{,}19$ N/mm^2).

9.238

1. $I = 542\,400$ mm^4.
2. $i = 23$ mm.
3. $\lambda = 108{,}7$.
4. $\lambda_{min} = 92{,}9$ ($\sigma_{dP} = 240$ N/mm^2).
5. $\sigma_K = 175{,}4$ N/mm^2.
6. $S_K = 8{,}95$.

9.239

1. $I_{min} = 45$ mm^4.
2. $i_{min} = 0{,}866$ mm.
3. $\lambda = 923{,}8$.
4. $\sigma_K = 2{,}43$ N/mm^2 ($\lambda > \lambda_{min} = 105$ oder 102,3 mit $\sigma_{dP} = 198$ N/mm^2).
5. $F_K = 145{,}8$ N.
6. $F = 24{,}3$ N.

9.240

Knicksicher, da $S_{K\,erf} < S_K = 8$ ($l_K = 1{,}26$ m, $i = 12{,}5$ mm, $\lambda = 100{,}8 > \lambda_{min} = 80$, $\sigma_{dP} = 324$ N/mm^2, $F_K = 400{,}5$ kN, $F = 36{,}8$ kN).

9.241

Ja, $S_K = 6{,}07$ ($F = F_1 = 2{,}1$ kN, $I = 1083$ mm^4, $\sigma_{dP} = 408$ N/mm^2, $\lambda_{min} = 71{,}3 < \lambda = 84{,}7$, $F_K = 12{,}72$ kN).

9.242

1. $F = 3428$ N ($I = 2485$ mm^4, $i = 3{,}75$ mm, $\lambda = 133{,}3$, $\sigma_K = 116{,}6$ N/mm^2 nach Euler).
2. $\Delta L = 0{,}0462$ mm.
3. $M = 771{,}3$ Nm.

9.243

1. $F = 1485$ N.
2. $I_{min} = 70{,}81$ mm^4.
3. $a = 6$ mm, $b = 3$ mm ($b_{erf} = 2{,}59$ mm).
4. $\lambda = 66{,}67$ ($i_{min} = b/2$).
5. $\sigma_K = 233{,}9$ N/mm^2, $S_K = 8{,}9 > 5$ ($\lambda_{min} = 105 > \lambda > 60$, $\sigma_d = 26{,}3$ N/mm^2).
6. $M = 28{,}69$ Nm.

9.244

1. $\lambda = 95{,}8$ ($i_{min} = 31{,}3$ mm).
2. $\sigma_K = 200{,}7$ N/mm² (nach Tetmajer).
3. $S_K = 4{,}73$ ($\sigma_d = 42{,}4$ N/mm²).

9.245

Ja, $S_K = 4{,}89$, $S_{K\,erf} = 3 \ldots 6$ (nach Tetmajer, $\sigma_K = 281{,}4$ N/mm², $\lambda = 86{,}5$, $l_K = 250$ mm, $i_{min} = 2{,}89$ mm).

9.246

$S_K = 4{,}7$ ($I_{min} = 10{,}83$ cm⁴, $i_{min} = 10{,}4$ mm, $\lambda = 62{,}5$, $\sigma_K = 326$ N/mm² nach Tetmajer, $F = 69{,}3$ kN, $\sigma_d = 69{,}3$ N/mm²).

9.247

1. $F_1 = F_2 = 529$ N.
2. Ja, $S_K = 6{,}3$ ($\lambda = 40$, $\sigma_K = 264{,}4$ N/mm² nach Tetmajer).

9.248

1. $F = 3021$ N.
2. $I_{erf} = 7871$ mm⁴ (nach Euler).
3. $s = 2$ mm ($d_{i\,erf} = 21{,}9$ mm).
4. $\lambda = 73{,}5$ ($I = 9628{,}2$ mm⁴, $i = 8{,}16$ mm).
5. $\sigma_K = 226{,}1$ N/mm² (nach Tetmajer, da $\lambda < \lambda_{min} = 105$), $S_K = 10{,}8 > 10$.

9.249

1. $F = 11{,}45$ kN ($\alpha = 1{,}188°$, $\varrho_G = 6{,}587°$).
2. $S_K = 3{,}44$ ($\sigma_K = 230{,}6$ N/mm² nach Euler, $\lambda = 94{,}8 > \lambda_{min}$, $l_K = 350$ mm, $\sigma_d = 67$ N/mm²).
3. $\sigma_v = 70{,}4$ N/mm² ($T = 8$ Nm, $W_t = 644{,}8$ mm³, $\tau_t = 12{,}4$ N/mm², $\alpha_0 = 1$).
4. $p = 8{,}8$ N/mm².
5. $\sigma_{max} = -139{,}4$ N/mm² ($I = 30{,}75$ cm⁴, $\sigma_{bd} = 152{,}1$ N/mm², $\sigma_z = 12{,}7$ N/mm²).

9.250

1. $\sigma_d = 68{,}78$ N/mm².
2. $\lambda = 105{,}8$ ($i_{min} = 3{,}78$ mm).
3. Nein, $\sigma_d < \sigma_{d\,zul} = 79{,}2$ N/mm² ($\omega = 2{,}02$).

9.251

Nein, $\sigma_{d\,zul} = 112{,}9$ N/mm² $> \sigma_d = 71{,}8$ N/mm² ($i_{min} = 2{,}055$, $\lambda = 82{,}7$, $\omega = 1{,}86$).

9.252

Nein, $\sigma_d = 39{,}6$ N/mm² $> \sigma_{d\,zul} = 35{,}9$ N/mm² ($I = 173{,}7$ cm⁴, $i = 2{,}51$ cm, $l_K = 3{,}81$ m, $\lambda = 152$, $\omega = 5{,}856$).

9.253

1. $\sigma_d = 84{,}7$ N/mm².
2. $I_{min} = 43{,}25$ cm⁴.
3. $\sigma_{d\,zul} = 139{,}7$ N/mm² ($i_{min} = 1{,}698$ cm, $\lambda = 76{,}56$, $\omega = 1{,}718$).

9.254

1. $B = 216$ mm.
2. $F_{H\,zul} = 1133$ kN, $F_{HZ\,zul} = 1294$ kN ($I = 7560$ cm⁴, $i = 8{,}74$ cm, $\lambda = 51{,}49$, $\omega = 1{,}223$).

10 Hydromechanik

10.1
1. $F_1 = 28{,}64$ kN ($A = 3063$ mm^2).
2. $F_2 = 29{,}24$ kN.

10.2
1. $p = 378\,700$ Pa $\approx 3{,}79$ bar ($F_1 = 500$ N), $m = 1895$ kg ($F_2 = 18\,590$ N).
2. $p = 361\,400$ Pa $\approx 3{,}61$ bar ($F_{d1} = 500$ N), $m = 1722$ kg ($F_2 = 17\,740$ N, $F_{n2} = 16\,890$ N).
3. $\eta = 0{,}9085 \approx 91\%$.

10.3
1. $p = 170{,}7$ bar.
2. $F = 223{,}3$ kN ($F_{d1} = 48{,}25$ kN).

10.4
1. $F = 172{,}5$ kN ($p = 13{,}73$ bar).
2. $F = 155{,}5$ kN ($F_{d1} = 21{,}99$ kN, $p = 12{,}62$ bar, $F_3 = 158{,}6$ kN).
3. $\eta = 0{,}9016 \approx 90\%$.

10.5
1. $p = 1\,890\,000$ Pa $= 18{,}9$ bar.
2. $p = 1\,686\,000$ Pa $= 16{,}86$ bar.
3. 10,79% Energieverlust, $\eta = 0{,}8921 \approx 89\%$.

10.6
1. $\mu \approx 0{,}1$ ($F_{d1} = 384$ N, $p = 7{,}823$ bar, $F_2 = 98\,310$ N).
2. $\eta = 0{,}966 = 96{,}6\%$.
3. $z = 1024$.

10.7
1. $\sigma = 182{,}2$ N/mm^2.
2. $s_1 = 3$ mm ($s_{1\,\mathrm{erf}} = 2{,}25$ mm).
3. $F = 10{,}73$ kN.

10.8
$p = 27{,}2$ bar.

10.9
$s = 12{,}5$ mm.

10.10
$s = 4$ mm ($s_{\mathrm{erf}} = 3{,}9$ mm).

10.11
$\sigma_d = 46{,}2$ N/mm^2.

10.12
1. $p = 5{,}886$ bar.
2. $\sigma_d = 44{,}15$ N/mm^2.

10.13
$p_e = 0{,}693$ bar.

10.14
$p = 0{,}91$ bar Überdruck ($\Delta p = 0{,}694$ bar).

10.15
1. $p_{us} = 0{,}5787$ bar, $p_{abss} = 0{,}4213$ bar, $p_{ed} = 8{,}386$ bar, $p_{absd} = 9{,}386$ bar.
2. $F_s = 2404$ N, $F_d = 34{,}84$ kN.
3. $W_s = 721{,}2$ J, $W_d = 10{,}45$ kJ, $W_{ges} = 11{,}17$ kJ.

10.16
$\alpha = 15{,}82°$ ($v = 16{,}67$ m/s).

10.17
1. $\alpha_1 = 76{,}04°$ ($\omega = 12{,}57$ rad/s).
2. $\alpha_2 = 58{,}15°$.
3. $h = 503$ mm.

10.18
1. Außen $h_1 = 36{,}3$ mm, innen $h_2 = 27{,}36$ mm ($h_0 = 31{,}83$ mm, $\omega = 20{,}94$ rad/s, $h = 8{,}94$ mm).
2. $n = 8{,}894$ s^{-1} $= 534$ min^{-1} ($\omega = 55{,}88$ rad/s).
3. $h = 63{,}66$ mm, $\alpha = 81°$.

10.19
$h = 28{,}13$ mm ($\omega = 31{,}42$ rad/s).

10.20
$n = 4{,}095$ s^{-1} ≈ 246 min^{-1} ($\omega = 25{,}73$ rad/s).

10.21
$F_b = 1541$ N.

10.22
$H = 2{,}563$ m $\approx 2{,}6$ m ($h_0 = 2{,}413$ m, $W_b = 500$ cm^3).

10.23
1. $F_s = 596$ N ($A = 0{,}3181$ m^2, $y_0 = 191$ mm).
2. $h_D = 265$ mm ($I_S = 45{,}01 \cdot 10^8$ mm^4, $c = 74{,}08$ mm).
3. $m = 26{,}07$ kg.

10.24
1. $F_s = 784{,}6$ N ($h_0 = 1{,}333$ m, $A = 0{,}06$ m^2), $h_D = 1{,}34$ m ($I_S = 5{,}333 \cdot 10^{-4}$ m^4).
2. $F_s = 751{,}1$ N ($h_0 = 1{,}276$ m), $h_D = 1{,}279$ m ($y_0 = 2{,}225$ m, $y_D = 2{,}229$ m).
3. F_s und h_D wie 2., jedoch Wirklinie von F_s um 2α nach unten geneigt (s. Bild L 10.24).

10.25
$\sigma_A = -0{,}243$ N/mm^2, $\sigma_B = 0{,}13$ N/mm^2 ($F_s = 25{,}95$ kN, $h_D = 1{,}533$ m, $W_b = 0{,}107$ m^3, $\sigma_b = 0{,}1866$ N/mm^2, $\sigma_d = 0{,}0564$ N/mm^2).

10.26
1. $F_s = 1999$ kN ($h_0 = 10$ m, $A = 20{,}38$ m^2).
2. $F_r = 4704$ kN ($F_G = 3892$ kN).
3. $\beta = 24{,}65°$.
4. $h_M = 5{,}746$ m ($c = 3{,}397$ m, $y_D = 13{,}59$ m).
5. $\sigma_{max} = -0{,}826$ N/mm^2 ($M_b = 11\,273$ kNm, $W_b = 24$ m^3, $\sigma_d = 0{,}3563$ N/mm^2).

10.27
$F = 328{,}7$ N.

10.28
1. $m = 768$ t ($F_{A1} = 7534$ kN).
2. $V = 734{,}1$ m^3 ($F_{A2} = 19{,}78$ MN, $m_K = 1248$ t).

10.29
$s = 105$ mm ($\varrho_{Al} = 2{,}7$ kg/dm³).

10.30
$F_B = 24{,}3$ N ($F_G = 68{,}67$ N, $F_A = 44{,}37$ N).

10.31
1. $\varrho = 15$ kg/dm³, $V = 4{,}077$ cm³ ($m = 61{,}16$ g).
2. $m_{Ag} = 20{,}97$ g, $m_{Au} = 40{,}19$ g.
3. $V_{Au} = 2{,}08$ cm³ $\hat{=}$ 51,02%, $m_{Au} \hat{=}$ 65,71%,
   $V_{Ag} = 1{,}997$ cm³ $\hat{=}$ 48,98%, $m_{Ag} \hat{=}$ 34,29%.

10.32
$l = 154{,}3$ mm.

10.33
1. Nein, da $e = 75$ mm $> I_{0\,min} / V_{Fl} = 5{,}357$ mm.
2. Nein, da $e = 22{,}5$ mm $> I_{0\,min} / V_{Fl} = 17{,}86$ mm.

10.34
$\varrho > 788{,}7$ kg/m³ oder $\varrho < 211{,}3$ kg/m³,
jedoch $\varrho < \varrho_W = 1000$ kg/m³.

10.35
1. $t_0 = 304{,}8$ mm ($A = 3{,}75$ m²).
2. $y_L = 2{,}577$ m ($e = 1{,}436$ m, $y_{Fl} = 0{,}5128$ m,
   $m_L = 37$ t).

10.36
1. $h_M = 412{,}1$ mm.
2. $y_{Fl} = 2{,}251$ m ($I_{0\,min} = 729{,}3$ m⁴, $e = 0{,}6283$ m,
   $y_0 = 2{,}879$ m).

10.37
$c_1 = 0{,}509$ m/s, $c_2 = 3{,}183$ m/s.

10.38
1. $c_1 = 1{,}11$ m/s, $c_2 = 0{,}278$ m/s, $c_3 = 0{,}625$ m/s.
2. $\dot{m} = 0{,}785$ kg/s.

10.39
1. $\dot{V} = 76{,}34$ m³/h.
2. $d_e = 120$ mm ($A_{erf} = 0{,}0106$ m²).
3. $c_a = 2{,}7$ m/s.

10.40
1. $c_1 = 0{,}796$ m/s ($\dot{V} = 0{,}1$ m³/s), $c_2 = 2{,}04$ m/s.
2. $h = 747$ mm.

10.41
$c_a = 22{,}39$ m/s, $\dot{V} = 3{,}96 \cdot 10^{-3}$ m³/s, $c_1 = 0{,}126$ m/s,
$c_2 = 0{,}787$ m/s, $c_3 = 0{,}197$ m/s, $c_4 = 3{,}15$ m/s,
$p_1 = 2{,}8$ bar, $p_2 = 2{,}699$ bar, $p_3 = 2{,}51$ bar, $p_4 = 2{,}46$ bar.

10.42
1. $p = 0{,}0471$ bar Überdruck.
2. $c = 1{,}165$ m/s.
3. $\dot{V} = 23{,}42$ l/s.

10.43
$c = 34{,}75$ m/s.

10.44
$c = 124{,}8$ m/s $= 449$ km/h.

10.45
1. $c_{1e} = 1{,}375$ m/s.
2. $c_2 = 3{,}82$ m/s.
3. $\dot{V} = 10{,}8 \cdot 10^{-3}$ m³/s.
4. $d_2 = 60$ mm.

10.46
1. $c_{1e.1} = 1{,}055$ m/s, $c_{1e.2} = 2{,}7$ m/s,
   $\dot{V} = 5{,}3 \cdot 10^{-3}$ m³/s.
2. $C_2 = 0{,}6093$.

10.47
1. $c_a = 5{,}09$ m/s ($c_1 = 0{,}497$ m/s), $\dot{V} = 10$ l/s.
2. $z_1 = 1{,}52$ m ($h = 1{,}32$ m), $p_{e1} = 0{,}128$ bar
   ($p_{e1} = 1128$ hPa).

10.48
$c_a = 7$ m/s ($h = 2{,}5$ m), $d = 135$ mm.

10.49
$c = 82{,}87$ m/s, $\dot{V} = 2109$ l/s, $p_{e2} = -0{,}525$ bar (Unterdruck, $c_2 = 29{,}83$ m/s).

10.50
1. $c_a = 30{,}36$ m/s ($h = -4$ m).
2. $\dot{V} = 2{,}384$ l/s.
3. $c_2 = c_3 = 1{,}898$ m/s, $c_4 = 3{,}373$ m/s, $c_5 = 7{,}59$ m/s,
   $c_6 = 13{,}49$ m/s, $p_2 = 5{,}13$ bar, $p_3 = 5{,}032$ bar,
   $p_4 = 4{,}846$ bar, $p_5 = 4{,}419$ bar, $p_6 = 3{,}797$ bar.

10.51
1. $c_1 = 25{,}55$ m/s, $\dot{V} = 2$ l/s, $c_2 = 26{,}68$ m/s,
   $\dot{V}_2 = 2{,}1$ l/s, $c_3 = 27{,}76$ m/s, $\dot{V}_3 = 2{,}18$ l/s,
   $c_4 = 28{,}8$ m/s, $\dot{V}_4 = 2{,}26$ l/s, $c_5 = 29{,}9$ m/s,
   $\dot{V}_5 = 2{,}35$ l/s.
2. $p_I = 3{,}18$ bar (Überdruck, $c_I = 4{,}783$ m/s).
3. $p_I = 2{,}9$ bar ($\dot{V} = 4{,}35$ l/s, $c_I = 8{,}862$ m/s).
4. $p_I = 0{,}835$ bar ($\dot{V} = 10{,}89$ l/s, $c_I = 22{,}18$ m/s).

10.52
1. $c_a = 8{,}237$ m/s, $\dot{V} = 13{,}1$ l/s.
2. $c_4 = 6{,}01$ m/s ($p_4 = 1{,}139$ bar).
3. $\dot{m} = 7{,}55$ kg/s ($\dot{V}_4 = 7{,}55$ l/s).
4. $c_5 = 7{,}303$ m/s, $p_5 = 1{,}073$ bar, $c_6 = c_4$,
   $p_6 = 1{,}149$ bar, $c_7 = 4{,}633$ m/s, $p_7 = 1{,}232$ bar.

10.53
1. $c_e = 4{,}327$ m/s ($c_a = c_3 = 5{,}277$ m/s).
2. $c_4 = 5{,}118$ m/s ($p_4 = 1{,}12$ bar).
3. $d = 5{,}52$ mm ($\dot{V}_e = 0{,}1223$ l/s).

10.54
1. $F_r = 1612$ N, $\beta = 225°$ ($c = 1{,}768$ m/s,
   $F_{rx} = -1140$ N, $F_{ry} = -1140$ N).
2. $F = 12{,}5$ N ($F_x = -8{,}84$ N, $F_y = -8{,}84$ N).

10.55
$\dot{V} = 44{,}7$ l/s ($c = 8{,}89$ m/s).

10.56

1. $c_1 = 2{,}844$ m/s, $p_1 = 1{,}364$ bar.
2. $\dot{V} = 32{,}17$ l/s.
3. $F_r = 1275$ N, $\beta = 280{,}9°$ ($\alpha_1 = 310°$, $F_{rx} = 241{,}3$ N, $F_{ry} = -1252$ N).

10.57

1. $c_{a1} = 4{,}16$ m/s ($\dot{V}_{a1} = 32{,}67$ l/s), $c_{a2} = 2{,}89$ m/s ($\dot{V}_{a2} = 8{,}17$ l/s), $p_{a1} = 1{,}449$ bar, $p_{a2} = 1{,}493$ bar.
2. $F_r = 419{,}8$ N, $\beta = 131{,}3°$ ($\alpha_e = \alpha_1 = 0$, $\alpha_2 = 315°$, $F_{rx} = -277{,}2$ N, $F_{ry} = 315{,}2$ N).

10.58

1. $c_e = 4{,}503$ m/s ($c_a = 5{,}425$ m/s, $h = 1{,}5$ m).
2. $\dot{V}_e = 35{,}37$ l/s.
3. $F_{Rs} = 159{,}3$ N.
4. $F_A = -31{,}9$ N, $F_B = 191{,}2$ N.

10.59

$c_e = 16{,}38$ m/s, $\dot{V}_e = 128{,}6$ l/s, $F_{Rs} = 2106$ N, $F_A = -421$ N, $F_B = 2527$ N.

10.60

$\alpha = 2{,}32°$ ($h = 0{,}28$ m, $F_{Rs} = 0{,}97$ N, $m_W = 2{,}356$ kg, $L = 128$ cm, $L_1 = 121$ cm, $L_2 = 115$ cm, s. Bild L 10.60).

10.61

1. $c = 31{,}57$ m/s.
2. $\dot{V} = 158{,}7$ l/s.
3. $F_A = 3$ kN, $F_B = 2$ kN ($F_{St} = 5$ kN).

10.62

$p_2 = 1{,}8$ bar ($c_1 = 24{,}65$ m/s, $F_{St1} = 190{,}9$ N, $F_{St2} = 74{,}24$ N), $F_r = 116{,}7$ N in Richtung von c_1.

10.63

1. $c = 41{,}53$ m/s.
2. $\dot{V} = 470$ l/s.
3. $F_{St} = 28{,}12$ kN.

10.64

$A = 691{,}7\ \text{mm}^2 \mathrel{\hat{=}} d = 29{,}7$ mm ($F_{St} = 294{,}3$ N). Die Platte befindet sich nicht in stabiler, sondern in labiler (instabiler) Gleichgewichtslage: Mit zunehmender Strahlkraft wird der Neigungswinkel größer und das rückstellende Moment der Gewichtskraft kleiner, so dass die Platte nach rechts kippt; wird die Strahlkraft geringer, so wird der Winkel kleiner und infolge des größeren Moments der Gewichtskraft kippt die Platte nach links.

10.65

1. $c = 26{,}8$ m/s.
2. $\dot{V} = 16{,}5$ l/s.
3. $F_{St} = 383$ N ($\alpha = 120°$), $\beta = 30°$ (Wirkrichtung senkrecht zur Platte).

10.66

1. $F_{St} = 442$ N ($F_{Stx} = 221$ N, $F_{Sty} = -382{,}8$ N).
2. $\beta = 300°$.

10.67

1. $F_u = 174{,}7$ kN ($u = 40{,}06$ m/s).
2. $\dot{m} = 2193$ kg/s.
3. $A = 2{,}741 \cdot 10^4\ \text{mm}^2$.
4. $F_{Sch} = 87{,}21$ kN.

10.68

1. $c_k = 18{,}75$ m/s.
2. $\dot{V} = 37{,}7$ l/s ($c = 7{,}5$ m/s).
3. $\Delta p = 225$ bar.

10.69

$c = 3{,}405$ m/s, $c_{max} = 6{,}81$ m/s, laminare Strömung, da $Re = 1728 < Re_k = 2300$.

10.70

1. $c_{max} = 3{,}5$ m/s in Rohrmitte ($c_k = 2{,}916$ m/s, $c = 1{,}75$ m/s).
2. $c_x = 2{,}754$ m/s.
3. $\dot{V} = 92{,}9$ l/s.

10.71

$c = 1{,}99$ m/s $\mathrel{\hat{=}}$ 86,5% von $c_k = 2{,}3$ m/s, $Re = 1990 < Re_k = 2300$, laminare Strömung, $\Delta p = 4{,}3$ bar.

10.72

$w_{vR} = 4891$ J/kg ($Re = 920$), $P_p = 186{,}4$ kW ($\dot{m} = 34{,}68$ kg/s).

10.73

$P_p = 1121$ kW ($w_{vR} = 2825$ J/kg).

10.74

1. $c = 4{,}143$ m/s ($\eta = 0{,}162$ Pa · s).
2. $d = 70$ mm ($d_{erf} = 69{,}5$ mm).
3. $\dot{V} = 15{,}94$ l/s.
4. $w_v = 4904$ J/kg.

10.75

$c = 3{,}269$ m/s ($p_{e3} = -0{,}5733$ bar, $p_{e2} = -0{,}5243$ bar, $p_{e1} = 0$ bar), $\dot{m} = 16{,}43$ kg/s.

10.76

1. $c_1 = 3{,}73$ m/s, $p_{e1} = 0{,}3406$ bar Überdruck ($\varphi = 0{,}9592$, $c_e = 9{,}744$ m/s, $c_a = 10{,}16$ m/s, $w_{vD} = 4{,}14\ \text{m}^2/\text{s}^2$, $w_{vR} = 1{,}177\ \text{m}^2/\text{s}^2 = 1{,}177$ J/kg, $w_v = 5{,}317$ J/kg, $p_2 = 0$, $z_2 = 0$, $z_1 = 1{,}2$ m).
2. $p_v = 5317$ Pa $= 0{,}05317$ bar, $z_v = 0{,}542$ m.

10.77

1. $c_e = 6{,}333$ m/s ($c_3 = 6{,}597$ m/s, $w_{v3} = 2{,}766\ \text{m}^2/\text{s}^2$).
2. $\dot{V} = 7{,}96$ l/s.
3. $h = 1{,}136$ m ($c_1 = 2{,}815$ m/s, $w_{v1} = 0{,}5886\ \text{m}^2/\text{s}^2$, $p_{e1} = 0{,}1115$ bar Überdruck).
4. $z_S = 5$ m ($c_2 = 12{,}93$ m/s, $w_{v2} = 1{,}766\ \text{m}^2/\text{s}^2$, $p_{e2} = -0{,}6476$ bar Unterdruck).

10.78

1. $c_1 = 23{,}08$ m/s ($c_0 = 0{,}15$ m/s), $p_1 = 0{,}428$ bar Absolutdruck, $\dot{V}_S = 9{,}77$ l/s ($c_{1S} = 6{,}107$ m/s, $A_S = 16\ \text{cm}^2$).
2. $c_5 = 2{,}326$ m/s.

3. $c_4 = 1{,}127$ m/s ($\dot{V}_{ges} = 11{,}27$ l/s).
4. $c_3 = 11{,}27$ m/s, $p_3 = 0{,}326$ bar.

10.79

1. $p_{e1s} = -0{,}62$ bar ($A_S = 367{,}6\ mm^2$, $c_{1S} = 5{,}441$ m/s, $z_{1S} = 4$ m, $w_{vS} = 8\ m^2/s^2$).
2. $c_0 = 0{,}4244$ m/s ($c_1 = 23{,}87$ m/s), $p_0 = 2{,}227$ bar ($p_1 = p_{e1s}$, $z_1 = 0$, $z_0 = L_E$, $z_{vE} = 0{,}6$ m).
3. $d_3 = 15{,}96\ mm \approx 16$ mm ($A_4 = 1{,}77 \cdot 10^{-3}\ m^2$, $A_3 = 2 \cdot 10^{-4}\ m^2$).
4. $p_{e3} = -0{,}643$ bar Unterdruck ($p_4 = 0$, $z_4 = 0$, $z_3 = 0{,}1$ m, $p_{v4} = 0{,}02$ bar).

10.80

1. $P_P = 384$ kW ($\dot{m} = 138{,}9$ kg/s, $c = 2{,}829$ m/s, $\eta = 1{,}31 \cdot 10^{-3}$ Pa · s, $Re = 5{,}4 \cdot 10^5 > 2300$, $k/d = 4 \cdot 10^{-3}$, $\lambda \approx 0{,}029$, $w_v = 2405$ J/kg).
2. $P_p = 10{,}6$ kW ($c = 0{,}707$ m/s, $Re = 2{,}7 \cdot 10^5$, $\lambda \approx 0{,}0245$).

10.81

$W_v = 6{,}732$ J/kg ($c = 4{,}716$ m/s, $\eta = 0{,}8 \cdot 10^{-3}$ Pa · s, $Re = 1{,}77 \cdot 10^6$, $\lambda \approx 0{,}0285$, $\zeta = 0{,}3467$), $\zeta_{ges} = 0{,}6054$; 57,27% Umlenkverluste, 42,73% Strömungsverluste.

10.82

1. $P_P = 84{,}84$ kW ($w_{fP1} = 647{,}2$ J/kg, $\dot{m} = 116{,}7$ kg/s).
2. $P_P = 214{,}9$ kW ($c_1 = 2{,}197$ m/s, $c_2 = 4{,}584$ m/s, $Re_1 = 5{,}66 \cdot 10^5$, $Re_2 = 8{,}17 \cdot 10^5$, $\lambda_1 \approx 0{,}015$, $\lambda_2 \approx 0{,}0155$, $A_2/A_1 \approx 0{,}48$, $\zeta \approx 0{,}31$, $R_1/d_1 = 1{,}92$, $\zeta_1 \approx 0{,}2$, $R_2/d_2 = 3{,}89$, $\zeta_2 \approx 0{,}18$, $\Sigma w_{vR} = 981{,}3\ m^2/s^2$, $\Sigma w_{vE} = 10{,}9\ m^2/s^2$, $w_{fP2} = 1{,}64$ kJ/kg).

10.83

1. $z_0 = 227{,}1$ m ($P_u = 800$ kW, $\eta_m = 0{,}975$, $c = c_2 = 46{,}58$ m/s, $c_1 = 11{,}65$ m/s, $\eta \approx 1{,}16 \cdot 10^{-3}$ Pa · s, $Re \approx 3 \cdot 10^6$, $k/d_1 = 2 \cdot 10^{-4}$, $\lambda \approx 0{,}0145$, $\xi \approx 0{,}45$, $R/d_1 = 3$, $\zeta_{K1} = 0{,}067$, $\zeta_{K2} = 0{,}133$, $\Sigma \zeta_E = 1{,}062$, $\zeta_D \approx 0{,}05$, $w_v = 1143\ m^2/s^2$).
2. $P_n = 2550$ kW ($c = 66{,}75$ m/s, Anmerkung: Die Strömungsverluste sind sehr hoch, weshalb man in der Praxis einen größeren Rohrdurchmesser wählen würde, s. Aufg. 10.84).

10.84

1. $P_u = 3850$ kW ($c = 62{,}64$ m/s).
2. $P_u = 3305$ kW ($c = c_2 = 60{,}35$ m/s durch Iteration mit Annahme von $c_2 = 60$ m/s im 2. Iterationsschritt: $c_1 = 4{,}267$ m/s, $Re = 2{,}44 \cdot 10^6$, $\lambda \approx 0{,}0125$, $R/d_1 = 4$, $\zeta_{K1} = 0{,}0567$, $\zeta_{K2} = 0{,}113$, $\zeta \approx 0{,}065$, $\Sigma \zeta_E = 0{,}5914$, $\zeta_D = 0{,}05$).

10.85

$d \approx 463$ mm ($k \approx 0{,}0725$ mm, $\eta = 1{,}31 \cdot 10^{-3}$ Pa · s, durch Iteration ermittelt mit $d = 0{,}463$ m: $c_{erf} = 1{,}485$ m/s, $Re \approx 5{,}3 \cdot 10^5$, $k/d = 1{,}57 \cdot 10^{-4}$, $\lambda \approx 0{,}015$, $c = 1{,}483\ m/s \approx c_{erf}$).

Erläuterungen und Hinweise zu den Lösungen

Bei der Angabe von Gleichungen wurde aus Platzgründen vorzugsweise der schräge Bruchstrich im Sinne von DIN 1338 verwendet. Folgende Beispiele sollen dazu dienen, Missverständnisse bei der Schreibweise von Gleichungen mit schrägem Bruchstrich auszuschließen:

$$F = F_1 \cdot \cos \alpha/2 = 0{,}5F_1 \cdot \cos \alpha = \frac{F_1 \cdot \cos \alpha}{2},$$

$$F = 2F_1 \cdot \cos(\alpha/2) = 2F_1 \cdot \cos \frac{\alpha}{2},$$

$$F = 0{,}5m \cdot g/\cos \alpha = \frac{m \cdot g}{2 \cdot \cos \alpha},$$

$$F = F_1 \cdot \sin \alpha/\sin \beta = F_1 \frac{\sin \alpha}{\sin \beta},$$

$$F = F_1 \cdot \sin[(\alpha - \beta)/2]/\sin \gamma = F_1 \frac{\sin \frac{\alpha - \beta}{2}}{\sin \gamma},$$

$$p = F \cdot \sin(\alpha/2)/(d \cdot l) = \frac{F \cdot \sin(\alpha/2)}{d \cdot l},$$

$$L_R = A \cdot R_m/(m_1 \cdot g) = \frac{A \cdot R_m}{m_1 \cdot g},$$

$$\sigma = F/2A = \frac{F}{2A},$$

$$A_{erf} = F/0{,}75R_e = \frac{F}{0{,}75R_e},$$

$$\sigma = \varphi \cdot F_N/(b - 2d_1)\,s = \frac{\varphi \cdot F_N}{(b - 2d_1)\,s},$$

$$a = \sqrt{m \cdot g/p_{zul} + d_i^2 \cdot \pi/4} = \sqrt{\frac{m \cdot g}{p_{zul}} + \frac{d_i^2 \cdot \pi}{4}}.$$

1 Einführung

1.1
Wie MF Beisp. 1.1.

1.2
Sinngemäß wie MF Beisp. 1.2, jedoch $V = A \cdot h = a^2 \cdot h$ nach a auflösen.

1.3
Wie MF Beisp. 1.3.

1.4
Wie MF Beisp. 1.4.

1.5
Wie MF Beisp. 1.5.

1.6
Umrechnung nach Tab. 3.

1.7
Sinngemäß wie MF Beisp. 1.6 entspr. Gl. (1.1): $m_A = A/A_{gez}$.

1.8
Entspr. Gl. (1.3) ist $l = l_{gez} \cdot m_l$.

1.9
Entspr. Gl. (1.2).

1.10
Entspr. Gl. (1.1).

1.11
Entspr. Gl. (1.1) mit $l = 25$ m und $l_{gez} = 1$ cm sinngemäß wie Aufg. 1.10.

1.12
Wie MF Beisp. 1.7 entspr. Gl. (1.2) mit m_l sinngemäß wie Aufg. 1.11.

1.13
Entspr. Gl. (1.1) mit $v = 20$ km/h und $v_{gez} = 10$ mm.

1.14
Wie MF Beisp. 1.8.

1.15
Wie MF Beisp. 2.1.

1.16
Wie MF Beisp. 2.2.

1.17
Nach Gl. (7.4) (s. auch MF S. 17).

1.18
Wie MF Beisp. 2.3.

1.19
Wie die Aufgn. 1.17 und 1.15.

1.20
F_G entspr. Gl. (1.3) und damit m aus Gl. (7.4).

2 Statik starrer Körper

2.1
Wie MF Beisp. 2.4, jedoch F_A und F_B als Zugkräfte.

2.2
Wie MF Beisp. 2.5.

2.3
Sinngemäß wie MF Bild 2.21b, jedoch mit den Gewichtskräften F_{G1} und F_{G2}.

2.4
Wie MF Bild 2.20b.

2.5
Wie Aufg. 2.4, Wirklinie der Stützkraft F_A am Loslager A senkrecht zur Lagerführungsebene.

2.6
Sinngemäß wie MF Bild 2.9b, jedoch in vertikaler Lage und ohne Gewichtskraft.

2.7
Gewichtskräfte F_{G1} und F_{G2} vertikal abwärts gerichtet, die Wirklinien der Stützkräfte F_A und F_B an den Rädern gehen durch die Radmittelpunkte.

2.8
Ähnlich Aufg. 2.7.

2.9
Stützkräfte senkrecht zu den Führungsflächen und Gewichtskraft am Maschinenschlitten antragen wie in MF Bild 2.12b.

2.10
Wirklinie der Rollenkraft steht senkrecht auf der geneigten Keilfläche und geht durch den Rollenmittelpunkt, das Hebellager ist ein Festlager.

2.11
Sinngemäß wie in Aufgn. 2.1 und 2.6.

2.12
Die Druckfederkraft F_A wirkt am Hebel vertikal aufwärts gerichtet, die Wirklinie der resultierenden Riemenkraft F_R an der Rolle geht durch den Rollenmittelpunkt unter 22,5° zur Waagerechten (Winkelhalbierende des Umschlingungswinkels 45°).

2.13
Waggon entspr. MF Bild 2.75.

2.14
Wegen Druck p s. MF Beisp. 2.5, Kolbenkraft entspr. MF Bild 2.18, Kreuzkopf entspr. MF Bild 2.59a, Schubstange wie MF Bild 2.18b.

2.15
Zeichn. wie MF Beisp. 2.9, rechn. wie MF Beisp. 2.14.

2.16
Zeichn. wie Aufg. 2.15, jedoch entspr. MF Bild 2.41, rechn. nach den Gln. (2.6) und (2.7).

2.17
Wie Aufg. 2.16, jedoch entspr. MF Bild 2.22c.

2.18
Die Seilkräfte (vgl. MF Bild 2.29) sind gleich der Gewichtskraft $F_G = m \cdot g$ der Masse m. Im Kräfteparallelogramm (hier Rhombus) ist die Wirklinie von F_r Winkelhalbierende des Winkels $\alpha = 60°$. Aus dem Krafteck (gleichschenkliges Dreieck, s. Bild L 2.18) folgt für $F_r = 2 \cdot F_G \cdot \cos\beta = 2 \cdot m \cdot g \cdot \cos(\alpha/2)$.

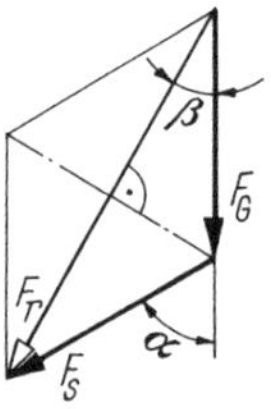

Bild L 2.18 Berechnungsskizze mit Krafteck

2.19
Sinngemäß wie Aufg. 2.18; die Zugkraft F_z ist Resultierende der Seilkräfte.

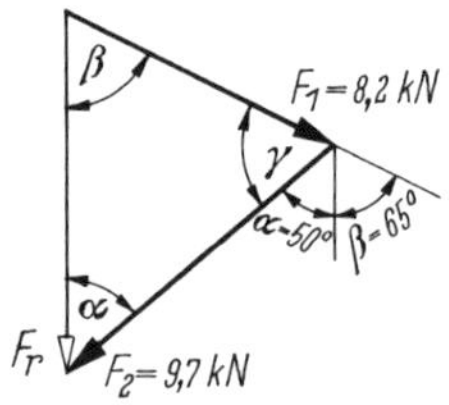

Bild L 2.20 Krafteck als Berechnungsskizze

2.20
Krafteck als Berechnungsskizze s. Bild L 2.20; daraus folgt $F_r = F_2$, da $\beta = \gamma$.

2.21
Zeichn. Lösung mittels Krafteck, F_{A1} und F_{A2} sind jeweils Resultierende der Trumkräfte F_1 und F_2 (schiefwinklige Kräftedreiecke, s. Bild E 2.21a und c), F_3 ist Resultierende der Leertrumkräfte F_2 (gleichschenkliges Kräftedreieck); rechn. nach den Gln. (2.6) und (2.7) bzw. $F_3 = 2F_2 \cdot \sin(\delta/2)$ und $\alpha_3 = 180° - \beta + \delta/2$ (s. Bild E 2.21b).

2.22
Wie MF Beisp. 2.13.

2.23
Sinngemäß wie Aufg. 2.22.

2.24
Die Kräfte sind auf ihren Wirklinien so zu verschieben, dass alle Kraftvektoren vom Schnittpunkt ausgehen, dann sinngemäß wie Aufg. 2.22.

2.25
Zeichn. wie MF Beisp. 2.10, rechn. nach den Gln. (2.8) und (2.9) (ohne Index i).

2.26
Wie Aufg. 2.25.

2.27
Sinngemäß wie Aufg. 2.25.

2.28
Die gleichgroßen Kettenkräfte F_K sind Komponenten der Gewichtskraft $F_G = (m_E + m_L)g$ der Eigenmasse m_E des Magneten und der Masse m_L der Last (des Stahlblocks), das Krafteck ist ein gleichschenkliges Dreieck (vgl. auch MF Beisp. 2.11).

2.29
Winkel α aus $\sin(\alpha/2) = 0{,}5l/L_1$ mit $L_1 = 0{,}5(L - l) - s = 0{,}85$ m, damit F_S sinngemäß wie F_K in Aufg. 2.28.

2.30
Nach den Gln. (2.8) u. (2.9) (ohne Index i) mit $F = F_r$ als Resultierende von F_1 und F_2 nach Gl. (2.6) und α mit $\delta = \alpha_r$ nach Gl. (2.7) (s. Bild L 2.30).

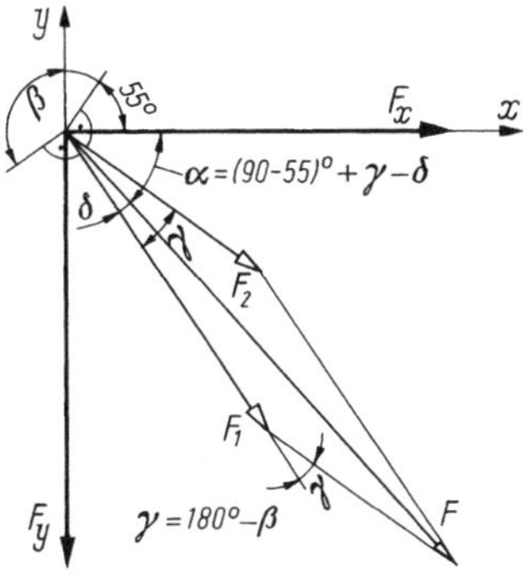

Bild L 2.30 Berechnungsskizze mit Kräften im Koordinatensystem

2.31
Wie MF Beisp. 2.16.

2.32
Wie MF Beisp. 2.16.

2.33
Zeichn. wie MF Beisp. 2.13, rechn. wie MF Beisp. 2.16.

2.34
Es ist $F_z = F_{rx}$ nach Gl. (2.10) mit $F_1 = F_2 = F_3 = 500$ N und $F_{1x} = F_1$ sowie $F_{2x} = F_{3x}$ nach Gl. (2.8), $\alpha_2 = \alpha_3 = 15°$.

2.35
Resultierende der Seilkräfte $F_{rS} = F_S \cdot \sqrt{2}$ (Krafteck ist gleichschenklig-rechtwinkliges Dreieck), damit $F = F_r$ nach Gl. (2.6) mit $F_{rS} = F_1$, $F_G = F_2$ und $\gamma = 70° - 45°$.

2.36
Zeichn. wie MF Beisp. 2.11, rechn. sinngemäß wie die Aufgn. (2.18) u. (2.19); $F = 2F_1 \cdot \cos(\alpha/2)$.

2.37
Die Kraft im Zugseil ist Gleichgewichtskraft aller Komponenten von F in Richtung des Seils (Gl. (2.8)), somit $F_z = (80/2) \cdot F \cdot \cos\alpha$.

2.38
Krafteck (Bild L 2.38b) ist gleichschenkliges Dreieck, da $F_1 = F_2$ wegen Symmetrie, daraus $F_1 = F_2 = 0{,}5F/\sin(\alpha/2)$.

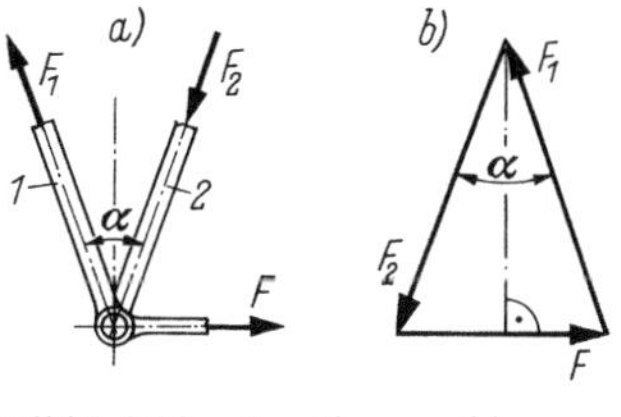

Bild L 2.38 Berechnungsskizze
a) Rundstäbe freigemacht,
b) Krafteck

2.39
1. und **2.** F_N wirkt senkrecht zu F_K, beide sind mit F_1 im Gleichgewicht (s. Bild L 2.39a), Winkel β aus $\cos\beta = 30/40$, wegen Symmetrie ist $F_2 = F_1$, **3.** Folgt aus Bild L 2.39b.

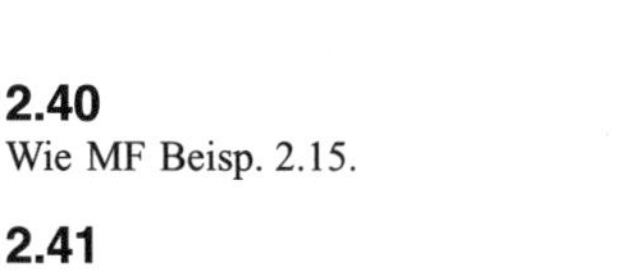

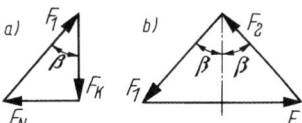

Bild L 2.39 Kraftecke
a) Kräfte an der Führungsrolle,
b) an der Stange

2.40
Wie MF Beisp. 2.15.

2.41
Wie MF Beisp. 2.12 u. 2.15.

2.42
Am Zwischenrad 3 ist F mit F_1 und F_2 im Gleichgewicht, zeichn. Lösung s. Bild E 2.42, rechn. mit Sinussatz entspr. Gl. (2.7): $F_1 = F \cdot \sin(90° - \gamma)/\sin(\alpha + \gamma)$, $F_2 = F \cdot \sin(90° - \alpha)/\sin(\alpha + \gamma)$, $\gamma = 180° - (\alpha + \beta)$, Bestimmung der Winkel nach Bild L 2.42: $\sin\alpha = b/(r_1 + r_3)$, $\cos\beta = (a - c)/(r_2 + r_3)$.

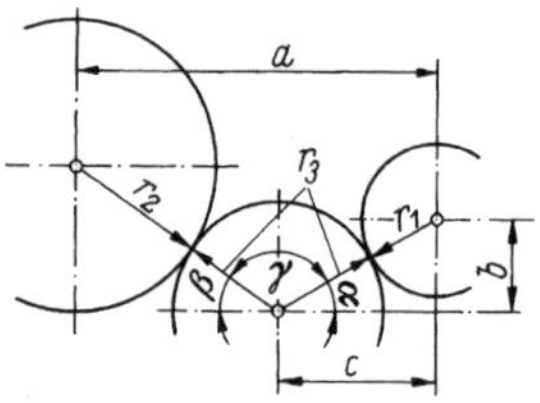

Bild L 2.42 Skizze zur Winkelbestimmung

2.43

Die Resultierende F_r der Spannkräfte F_S befindet sich mit F_F und F an der Spannrolle im Gleichgewicht, zeichn. Lösung s. Bild E 2.43, rechn. mit Sinussatz entspr. Gl. (2.7): $F_F = F_r \cdot \sin\delta/\sin\gamma$, $F_r = 2F_S \times \sin[(\alpha+\beta)/2]$, $\delta = 180° - \gamma - (\alpha - \beta)/2$, $F = F_r \times \sin[(\alpha-\beta)/2]/\sin\gamma$. Winkel α, β u. γ nach Bild L 2.43.

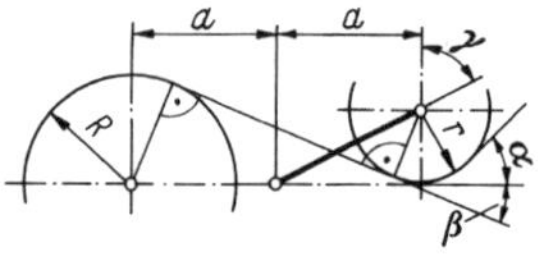

Bild L 2.43 Skizze zur Bestimmung der Winkel α, β und γ

2.44

Zeichn. s. Bild E 2.44, rechn. wie MF Beisp. 2.17.

2.45

Wie MF Beisp. 2.17.

2.46

Wie MF Beisp. 2.18.

2.47

Sinngemäß wie MF Beisp. 2.15: $F_2 = F_1 \cdot \sin 30°/\sin 70°$, $F_3 = F_1 \cdot \sin 80°/\sin 70°$.

2.48

In der Aufgabenskizze (Bild 2.48) sind die Stäbe vereinfacht durch Strecken dargestellt, die mit den Wirklinien der Kräfte zusammenfallen. An den Verbindungsstellen der Stäbe, den so genannten Knoten, schneiden sich die Wirklinien in einem Punkt, dem Knotenpunkt (s. auch die Bilder 2.46 u. 2.47). Die Stabkräfte und die äußeren Belastungskräfte bilden an jedem Knoten ein zentrales Kräftesystem, das sich im Gleichgewicht befindet (s. auch Kap. 3).
Zeichn. ergeben sich schiefwinklige Dreiecke als Kraftecke, rechn. Lösung mit Cosinus- und Sinussatz möglich (Gln. (2.6) u. (2.7)). Wegen der Symmetrie sind die Stützkräfte F_A und F_B gleich groß, ebenso die Kräfte F_1 und F_4 sowie F_2 und F_5.

2.49

Die Erläuterung zur Aufg. 2.48 betreffs der Stabkräfte trifft auch hier zu. Für jeden Knotenpunkt ist ein maßstäbliches Krafteck zu zeichnen. Dabei ergibt sich, dass $F_7 = 0$, d. h. der Stab 7 ein Nullstab ist (s. MF S. 52).

2.50

Nach Gl. (2.18) mit $l = D/2$.

2.51

Nach Gl. (2.18) mit $F = F_G$ und $l = (D_r + d)/2$.

2.52

Nach Gl. (2.20) mit $a = 400$ mm (s. auch MF Bild 2.54a).

2.53

Sinngemäß wie MF Beisp. 2.19, jedoch Gl. (2.18) nach F auflösen.

2.54

1. Aus Gl. (2.20) mit $a = 40$ mm. **2.** Nach Gl. (2.18) mit $l = a - D/2$ und $D = 20$ mm (Biegemoment M_b s. MF S. 207, Bild 9.15b, u. MF S. 234).

2.55

1. Entspr. Gl. (2.20) mit F_x nach Gl. (2.8) und $a = R$ (s. Bild L 2.55). **2.** Aus Gl. (2.20) mit $a = r$. **3.** Nach Gl. (2.18) mit F_x (wegen M_b s. Erl. zu Aufg. 2.54). **4.** $F_d = F_y$ nach Gl. (2.9).

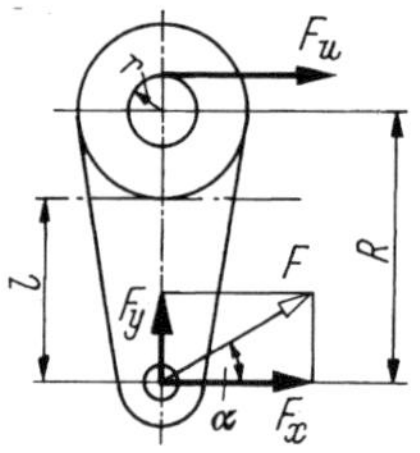

Bild L 2.55 Berechnungsskizze

2.56

Nach Gl. (2.19) mit $l_2 = a \cdot \sin\beta/\cos\alpha$ und $l_3 = (a+b) \times \cos(\gamma - \alpha)/\cos\alpha$ (s. Bild L 2.56).

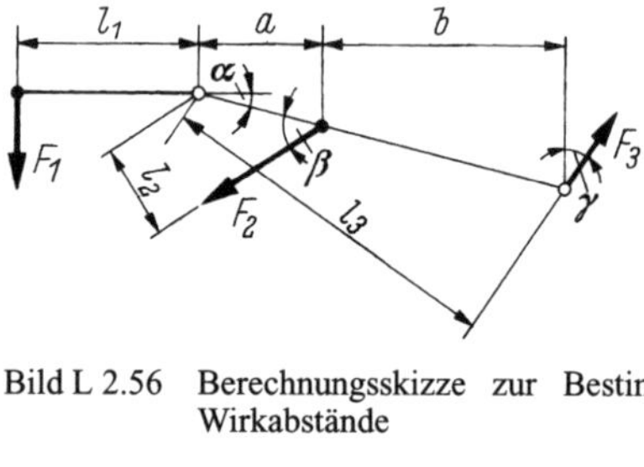

Bild L 2.56 Berechnungsskizze zur Bestimmung der Wirkabstände

2.57

1. Nach Gl. (2.19). **2.** Aus $M_r + F \cdot l = 0$ (Gl. (2.23)).

2.58

Nach den Gln. (2.14) und (2.17), in denen F_L für F zu setzen ist.

2.59

1. u. **2.** sinngemäß nach den Gln. (2.8) u. (2.9). **3.** Entspr. Gl. (2.20): $M_1 = F_t \cdot r_1$ und $M_2 = F_t \cdot r_2$.

2.60

Aus Gl. (2.8) folgt sinngemäß $F = F_t/\cos\alpha$ mit $F_t = M/r$ (s. auch Aufg. 2.59).

2.61

1. Aus Gl. (10.1) folgt $F = p \cdot A$ mit Kolbenfläche $A = D^2 \cdot \pi/4$, 1 bar = 0,1 N/mm² (s. Tab. 1). **2.** bis **5.** wie MF Beisp. 2.21. **6.** Nach Bild E 2.14d.

2.62

Rechn. wie MF Beisp. 2.22. Zeichn. wie MF Beisp. 2.26.

2.63

Rechn. aus Gl. (2.22): $F = F_1 + F_2$ und aus Gl. (2.23): $l = F_2 \cdot L/F$. Zeichn. wie MF Beisp. 2.27.

2.64

1. Wie unter 1. in Aufg. 2.61. **2.** u. **3.** Rechn. mit den Gln. (2.23) u. (2.22), Freimachskizze s. Bild E 2.2. Zeichn. sinngemäß wie MF Beisp. 2.27.

2.65

1. $F_{1x} = F_{1y}$ nach Gl. (2.8). **2.** Nach den Gln. (2.8) u. (2.9) mit $\alpha_2 = 90° - 30°$. **3.** Aus den Gln. (2.21) u. (2.22). **4.** Nach Gl. (2.16). **5.** Nach Gl. (2.17). **6.** Aus Gl. (2.23).

2.66

1. Aus Gl. (2.23) (auf den Lagermittelpunkt bezogen) mit F_{1x} und F_{1y} nach den Gln. (2.8) u. (2.9). **2.** Nach Gl. (2.16) mit F_x und F_y aus den Gln. (2.21) u. (2.22). **3.** Nach Gl. (2.17).

2.67

Rechn. mit den Gln. (2.8), (2.9), (2.23) (auf B bezogen), (2.21), (2.22), (2.16) u. (2.17). Bei zeichn. Lösung ist mit der Bestimmung von F_r aus den zwei geg. Kräften nach dem Seileckverfahren zu beginnen. Danach ergibt die Verbindung des Schnittpunktes der Wirklinien von F_r und F_A mit Punkt B die Wirklinie von F_B; die Kräfte befinden sich im Gleichgewicht (geschlossenes Krafteck mit gleichem Umfahrungssinn).

2.68

Die Gewichtskräfte befinden sich in Bezug auf die Drehachse (Säulenmitte) im Gleichgewicht, wenn die Last den gesuchten Abstand l hat.

Bei der rechn. Lösung folgt l aus Gl. (2.23) (auf die Drehachse bezogen): $l = (F_{G4} \cdot l_4 + F_{G3} \cdot l_3 - F_{G2} \cdot l_2)/(F_G + F_{G1})$.

Bei der zeichn. Lösung nach dem Seileckverfahren ist im Lageplan (s. Bild E 2.68) mit dem Seilstrahl 1 zu beginnen, der die Wirklinie von F_{G2} an beliebiger Stelle schneidet. Abschließend ist der Seilstrahl 0 aus dem Kräfteplan in den Schnittpunkten des Seilstrahls 4 mit der Krandrehachse (sie ist Wirklinie der Reaktionskraft auf alle Gewichtskräfte) im Lageplan zu verschieben. Durch den Schnittpunkt der Seilstrahlen 0 und 1 geht die gesuchte Wirklinie von F_G und F_{G1} der Massen m und m_1.

2.69

Rechn. nach den Gleichgewichtsbedingungen mit Gl. (2.23) (auf B bezogen, s. Bild L 2.69) und Gl. (2.22) (Gl. (2.21) ist erfüllt, da keine Kräfte in x-Richtung vorhanden): $F_A = (F_1 \cdot l_1 + F_2 \cdot l_2)/L$, $F_B = F_1 + F_2 - F_A$. Zeichn. sinngemäß nach MF Bild 2.73.

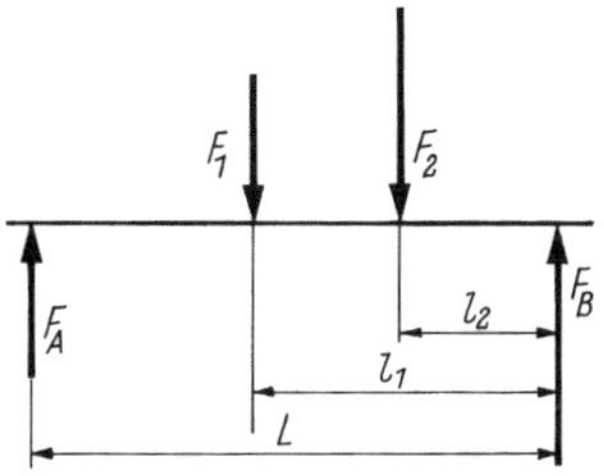

Bild L 2.69 Berechnungsskizze

2.70

Aus den Gln. (2.23) u. (2.22), F_G wirkt in der Mitte des Läuferblechpakets von 140 mm Länge.

2.71

Rechn. aus den Gln. (2.23) u. (2.22): $F_A = (F_1 \cdot l_1 - F_2 \cdot l_2 + F_3 \cdot l_3)/L$ (s. Bild L 2.71), $F_B = F_1 - F_A - F_2 + F_3$. Zeichn. wie MF Beisp. 2.28.

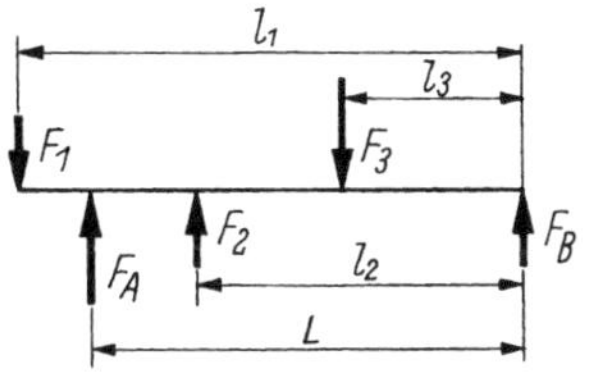

Bild L 2.71 Berechnungsskizze

2.72

Sinngemäß wie Aufg. 2.71. Ein negatives Ergebnis besagt, dass die Stützkraft der angenommenen Richtung entgegenwirkt.

2.73

Das System kann wie ein Träger auf zwei Stützen mit parallelen Belastungskräften behandelt werden (s. Bild E 2.73).

Lösung sinngemäß wie Aufg. 2.71 jeweils für die Auslegerstellungen I, II und III.

2.74

Wie Aufg. 2.73. Zwei Radkräfte sind jeweils gleich groß, und zwar gleich der Hälfte der betr. Stützkraft.

2.75

1. Nach Gl. (2.20) mit $F = F_G = m \cdot g$ und $a = D/2 = 0{,}2$ m. **2.** u. **3.** Aus den Gln. (2.23) u. (2.22).

2.76

1. Aus Gl. (2.20) folgt $F_t = M/a$ mit $a = d/2$. **2.** Entspr. Gl. (2.5) ist $F = F_1/\cos\alpha$. **3.** Wie Aufg. 2.70 mit F als Belastungskraft.

2.77

Rechn. wie MF Beisp. 2.23. Zeichn. wie MF Beisp. 2.29.

2.78

Sinngemäß wie MF Beisp. 2.23, jedoch Loslager bei A und Festlager bei B.

2.79

1. Aus Gl. (2.23) (auf A bezogen) mit $F_{2y} = F_2 \cdot \cos\beta$ (s. Bild L 2.79). **2.** F_{Ax} aus Gl. (2.21) mit $F_{2x} = F_2 \cdot \sin\beta$, F_{Ay} aus Gl. (2.22), damit F_A nach Gl. (2.16) u. α nach Gl. (2.17). Zeichn. Lösung sinngemäß wie MF Beisp. 2.29.

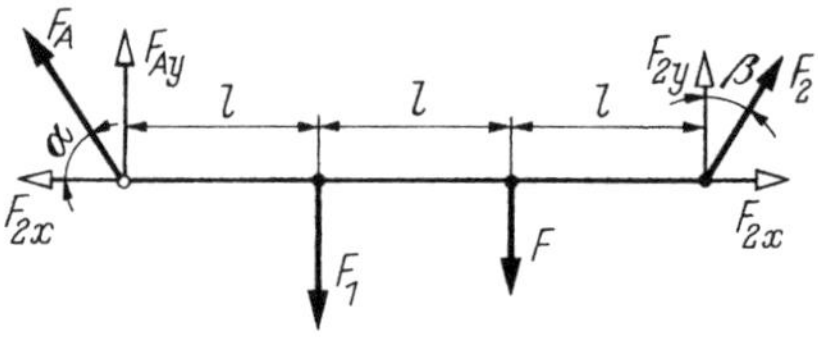

Bild L 2.79 Berechnungsskizze

2.80

1. $F_B = F_{Bx}/\sin\beta$ mit F_{Bx} aus Gl. (2.23) (auf A bezogen). **2.** Nach den Gln. (2.16) u. (2.17) mit F_{Ax} aus Gl. (2.21) und $F_{Ay} = F_{By} = F_{Bx}/\tan\beta$, Freimachskizze s. Bild E 2.6.

2.81

Sinngemäß wie Aufg. 2.80.

2.82

Eine Streckenlast ist eine längenbezogene Masse m', deren resultierende Gewichtskraft F_{Gs} sich mit der Länge l_s, auf die sich die Streckenlast verteilt, wie folgt errechnet: $F_{Gs} = m' \cdot l_s \cdot g$ (s. auch MF S. 241, danach $F'_G = m' \cdot g$ und $F_{Gs} = F'_G \cdot l_s$). Berechnung von F_A und F_B mit F_{Gs} und F_G als parallele Belastungskräfte nach den Gln. (2.23) u. (2.22) wie Aufg. 2.69.

2.83

Mit der resultierenden Gewichtskraft F_{Gs} der Streckenlast m' (s. Hinweis zur Aufg. 2.82, wobei hier $l_s = L/2$ nach Bild L 2.83) sinngemäß wie MF Beisp. 2.23 bzw. Aufg. 2.79. Nach Ermittlung von F_{Gs}, F_x und F_y Rechnungsgang mit Gl. (2.23) (auf B bezogen) fortsetzen, woraus F_{Ay} folgt, danach weiter mit den Gln. (2.21) u. (2.22) sowie entspr. den Gln. (2.16) u. (2.17).

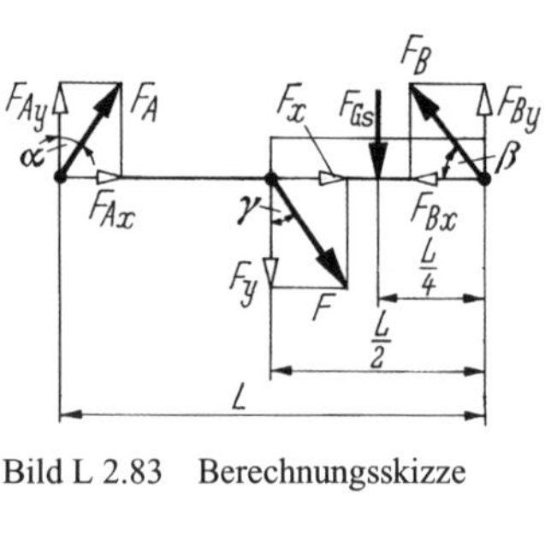

Bild L 2.83 Berechnungsskizze

2.84

Mit den Gln. (2.23) (auf B bezogen), (2.22) u. (2.21) sowie den Gln. (2.16) u. (2.17), Freimachskizze s. Bild E 2.5.

2.85

1. Zweckmäßig wird erst die Resultierende F_r von F_B und F_C (s. Bild L 2.85) aus Gl. (2.23) (auf A bezogen) errechnet und damit F_A aus Gl. (2.22), **2.** u. **3.** folgen aus dem Krafteck (s. Bild L 2.85b).

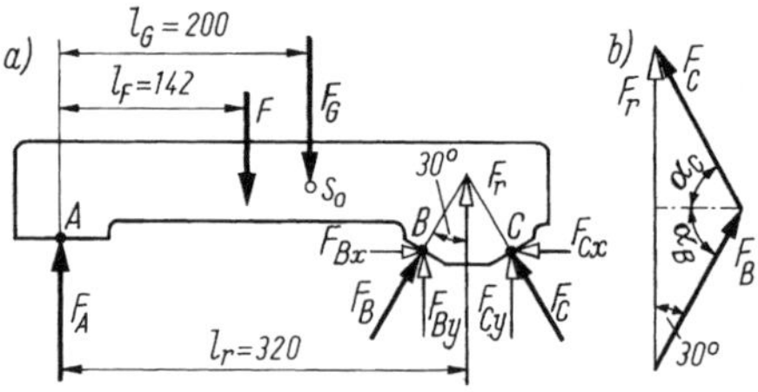

Bild L 2.85 Berechnungsskizze
a) Freigemachter Schlitten, b) Krafteck für F_B und F_C

2.86

Mit den Gln. (2.21), (2.22) u. (2.23) (auf C bezogen) sowie $\tan\alpha = F_{Ax}/F_{Ay}$ u. $\tan\beta = F_{Bx}/F_{By}$ (s. Bild L 2.86) ergibt sich ein System von fünf Gln. mit den fünf Unbekannten F_{Ax}, F_{Ay}, F_{Bx}, F_{By} und F_C. Nach mehrfacher Substitution und Umformung folgt für $F_{Ay} = F_G(a + b + c \cdot \tan\beta)/[c(\tan\alpha + \tan\beta) - a]$, damit F_{By} aus Gl. (2.22), F_A u. F_B nach Gl. (2.16) und F_C aus Gl. (2.21).

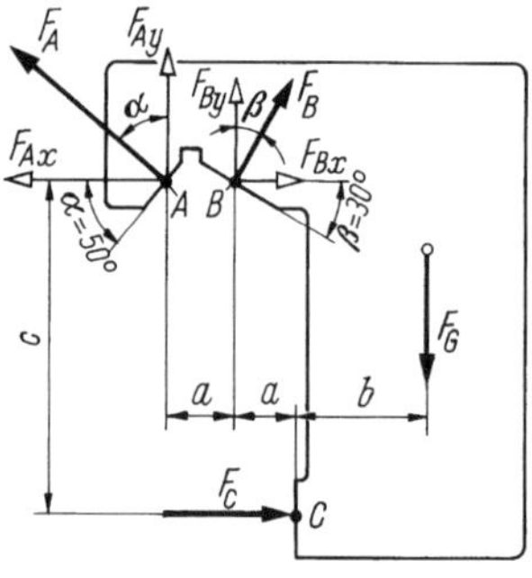

Bild L 2.86 Freigemachter Maschinenschlitten

2.87

Wie MF Beisp. 2.24, jedoch F für F_C und α nicht zur x-, sondern zur y-Komponente (s. Bild L 2.87).

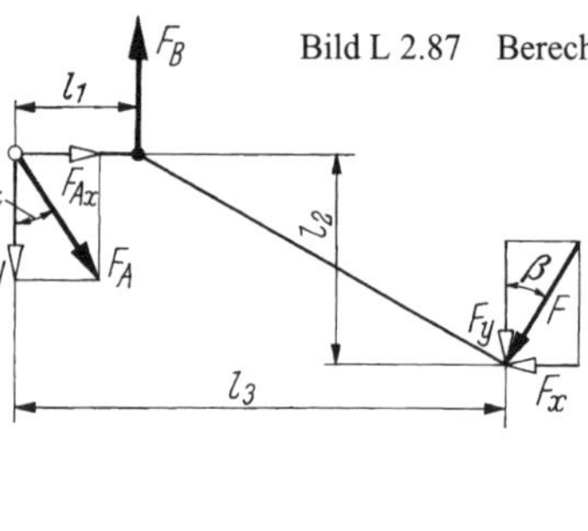

Bild L 2.87 Berechnungsskizze

2.88

1. $F_{1x} = F_{1y}$ nach den Gln. (2.8) und (2.9) mit $\alpha_1 = 180° - \beta - \gamma = 45°$ und $l_x = L \cdot \sin\beta$, $l_y = L \cdot \cos\beta$, F_G nach Gl. (7.4) und $l_G = (a+b)/\tan\beta$, damit F aus Gl. (2.23) (auf A bezogen): $F = (F_G \cdot l_G + F_{1y} \cdot l_y + F_{1x} \cdot l_x)/a$. **2.** Nach den Gln. (2.16) und (2.17) mit F_{Ax} u. F_{Ay} aus den Gln. (2.21) u. (2.22). **3.** Wie unter 1. und 2., jedoch ohne F_G und l_G.

2.89

Beim Freimachen der Klinke ist zu beachten, dass außer der am mittleren Radius der Zähne $r_m = 15$ mm angreifenden Tangentialkraft $F_t = M/r_m$ eine vertikal aufwärts gerichtete radiale Stützkraft F_r auftritt, die aus Gl. (2.23) (auf B bezogen) folgt. F_B nach Gl. (2.16) mit F_{Bx} aus Gl. (2.21) und F_{By} aus Gl. (2.22).

2.90

1. Nach Gl. (2.16) mit $F_{Ax} = F_{2x}$ (Gl. (2.21)) und $F_{Ay} = F_1 + F_{2y}$ (Gl. (2.22)), $F_{2x} = F_{2y} \cdot \tan\alpha$ mit $\tan\alpha = c/b$ (s. Bild L 2.90), $F_{2y} = F_1 \cdot a/(b - c \cdot \tan\alpha)$ aus Gl. (2.23) (auf A bezogen). **2.** $F_B = F_2$ nach Gl. (2.16). **3.** Nach Gl. (2.20) mit $a = r_2 = c/\sin\alpha$.

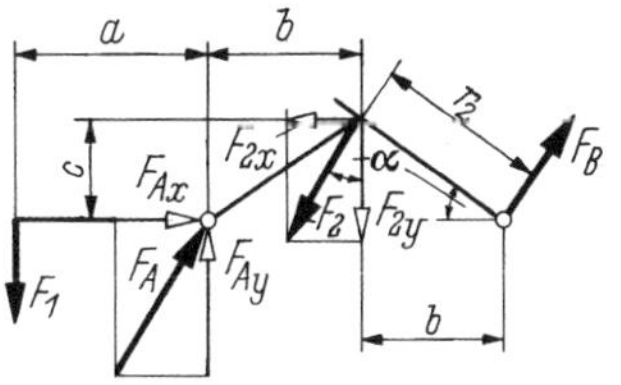

Bild L 2.90 Berechnungsskizze

2.91

1. F ist Resultierende der Spannkräfte F_S (s. Bild L 2.91). **2.** Aus Gl. (2.23) mit F_G sowie F_x u. F_y entspr. den Gln. (2.8) u. (2.9). **3.** Nach den Gln. (2.16) u. (2.17) mit F_{Lx} u. F_{Ly} aus den Gln. (2.21) u. (2.22).

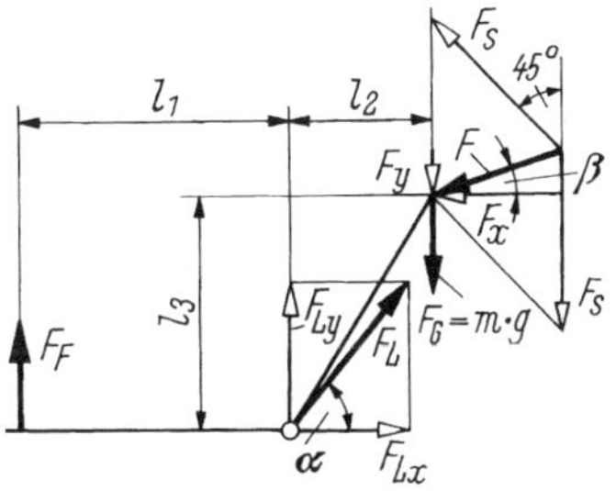

Bild L 2.91 Berechnungsskizze

2.92

1. Aus Gl. (2.23) (auf A bezogen, Freimachskizze entspr. MF Bild 2.21b). **2.** Aus den Gln. (2.21) u. (2.22). **3.** Nach Gl. (2.16) und entspr. Gl. (2.17): $\tan\alpha = F_{Ax}/F_{Ay}$.

2.93

Sinngemäß wie Aufg. 2.92.

2.94

Zweckmäßiger Rechnungsgang: $F_B = F_{By}/\sin\beta$ mit F_{By} aus Gl. (2.23) (auf A bezogen) und β aus $\tan\beta = l_2/l_1$ (s. Bild L 2.94), F_A nach Gl. (2.16) u. α aus Gl. (2.17).

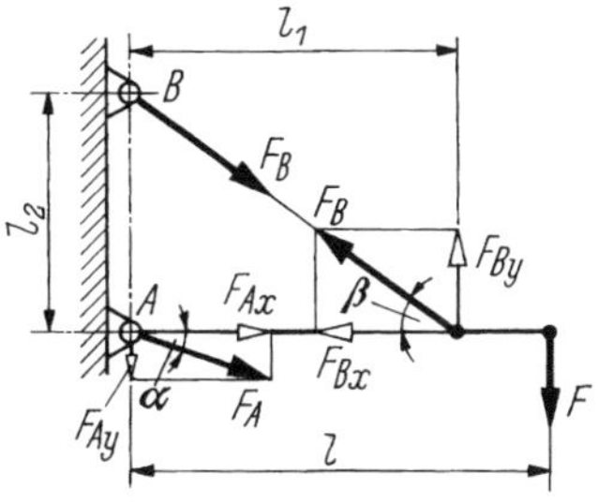

Bild L 2.94 Berechnungsskizze

2.95

Mit den Gln. (7.4), (2.23) (auf I bezogen), (2.22) u. (2.21), Freimachskizze s. Bild E 2.8.

2.96

Mit den Gln. (2.21) bis (2.23) u. Gl. (2.16).

2.97

1. Aus Gl. (2.23) (auf A bezogen): $F_B = F \cdot l/h$ (s. Bild L 2.97) mit $l = l_1 \cdot \sin\alpha$ ($l_1 = 5$ m, α nach Cosinussatz). **2.** Mit den Gln. (2.21), (2.22) u. (2.16). **3.** Die Kräfte F, F_1 und F_2 bilden ein zentrales Kräftesystem, das sich im Gleichgewicht befindet, und ergeben ein geschlossenes Krafteck als schiefwinkliges Dreieck, Lösung mit Cosinussatz und Sinussatz entspr. den Gln. (2.6) u. (2.7).

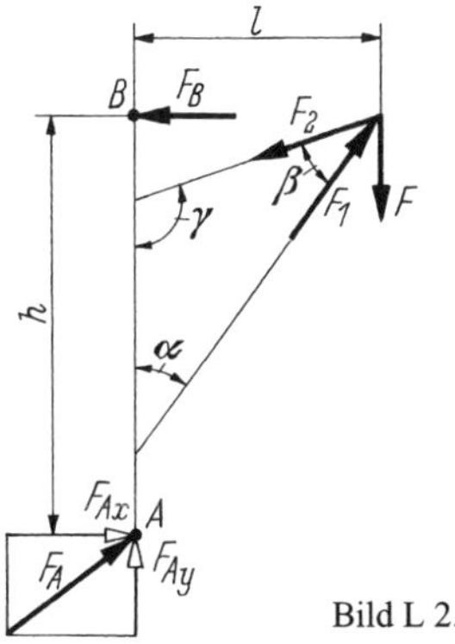

Bild L 2.97 Berechnungsskizze

2.98

Gewichtskraft F_G in Komponenten F_{Gx} (auf Wirklinie von F_z) und F_{Gy} zerlegen (Gln. (2.8) u. (2.9)), damit $F_A = F_B = F_{Gy}/2$ (Gl. (2.22)) und $F_z = F_{Gx}$ (Gl. (2.21)).

2.99

Komponenten von F_G entspr. den Gln. (2.8) u. (2.9) mit $\alpha = 70°$ und x-Achse in der Stützfläche, $F_x = F_{Gx}$ (Gl. (2.21)), $F_y = F_x \cdot \tan\beta$ und $F = F_x/\cos\beta$ mit

$\beta = 10°$, F_B aus Gl. (2.23) (auf A bezogen) und F_A aus Gl. (2.22) (s. auch MF Beisp. 2.25).

2.100

Aus Gl. (2.23) (auf A bezogen) mit $F_2 = F_1 \cdot l_2/l_1$. Der Träger U 120 ist als zweiarmiger Hebel aufzufassen, der sich um A drehen will. Die Schraubenkräfte F_1 u. F_2, die sich wie die Abstände l_1 u. l_2 verhalten (s. Bild L 2.100), stellen das Gleichgewicht her.

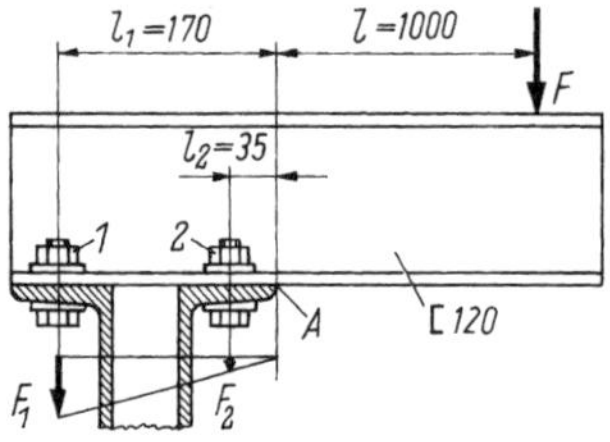

Bild L 2.100 Berechnungsskizze mit Schraubenkräften

2.101

Sinngemäß wie Aufg. 2.100 mit der Annahme, dass der Halter sich um seine Unterkante drehen will und durch die Zugkräfte F_1 und F_2 in den Nieten im Gleichgewicht gehalten wird.

2.102

Die in den Schweißpunkten auftretenden Kräfte befinden sich mit F im Gleichgewicht. Aus den Gln. (2.21) u. (2.23) folgen die Querkraftkomponente $F_q = F/2$ und die Biegekraftkomponente $F_b = F \cdot l/b$ (s. Bild L 2.102), somit $F_1 = \sqrt{F_b^2 + F_q^2}$.

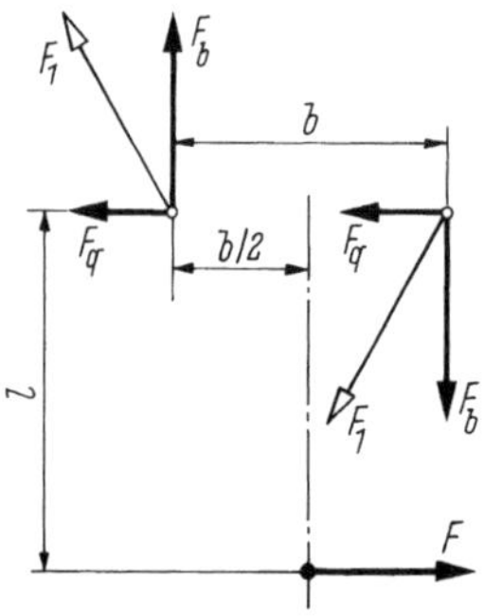

Bild L 2.102 Berechnungsskizze mit Kräften an den Schweißpunkten

2.103

Sinngemäß wie Aufg. 2.102 mit den Gln. (2.22) u. (2.23). Von den Schweißpunkten ist nur $F_S/2$ zu übertragen: $F_1 = F_S/2 + F_2$, $F_2 = 0{,}5F_S \cdot 37{,}5\ \text{mm}/45\ \text{mm}$.

2.104

Sinngemäß nach Bild L 2.105, $F_q = F/4$, $F_b = F_a = F \cdot l/(4b)$, $F_l = 0$ und $F_1 = \sqrt{(F_b + F_q)^2 + F_b^2}$.

2.105

1. Nach den Gln. (2.8) u. (2.9) mit $\alpha = 60°$. **2.** Aus Gl. (2.23) (auf S_0 bezogen, s. Bild L 2.105), F_a und F_b verhalten sich wie die Abstände a und b, somit $F_a = F_b \cdot a/b$. **3.** Aus Gl. (2.21) folgt $F_l = F_x/4$. **4.** Aus Gl. (2.22): $F_q = F_y/4$. **5.** Aus Bild L 2.105 geht hervor, dass F_1 am unteren rechten Niet auftritt (s. auch *Momentenanschluss* MF Bild 9.48), wo die auf einer Linie wirkenden Komponenten gleichgerichtet sind:

$$F_1 = \sqrt{(F_a + F_l)^2 + (F_b + F_q)^2}.$$

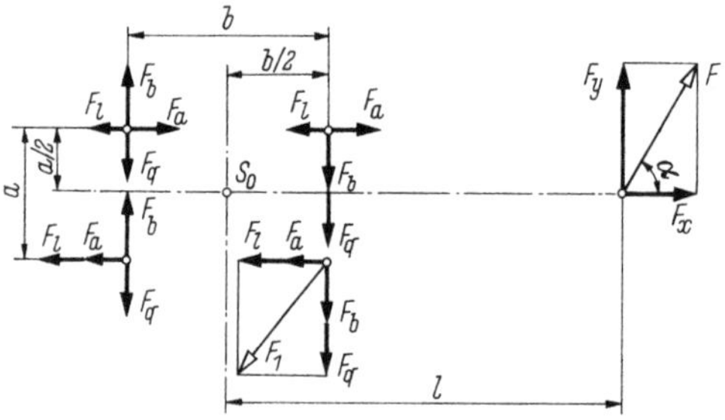

Bild L 2.105 Darstellung der Kraftkomponenten an den Nieten für den Gleichgewichtszustand

2.106

Sinngemäß wie die Aufgn. 2.102 und 2.103 (vgl. auch mit 1. in MF Beisp. 9.22). Jedes Knotenblech hat nur $F/2$ aufzunehmen!

2.107

1. Wie MF Beisp. 2.25 (Berechnungsskizze s. Bild E 2.107a). **2.** F_{Ey} aus Gl. (2.23) (auf D bezogen), damit $F_E = F_{Ey}/\sin\beta$ (Ber.-Skizze s. Bild E 2.107b, Freimachskizze wie Bild E 2.13b). **3.** Nach Gl. (2.16) mit F_{Dx} u. F_{Dy} aus den Gln. (2.21) u. (2.22).

2.108

Zweckmäßiger Lösungsgang: Berechnungsskizze anfertigen (Bild L 2.108), Winkel β und Abstand c nach Si-

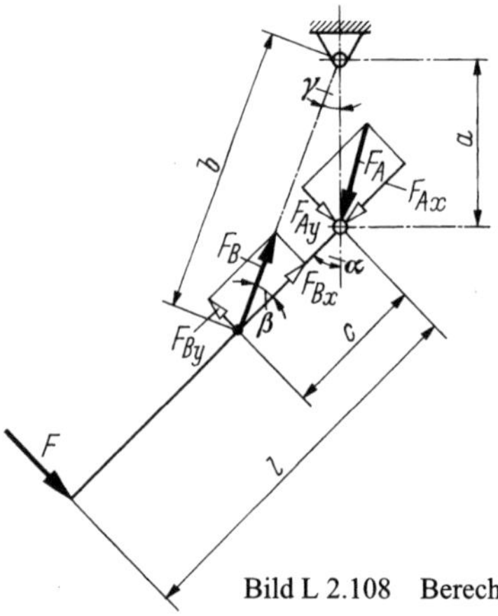

Bild L 2.108 Berechnungsskizze

nussatz: $\sin\beta = \sin\alpha \cdot a/b$, $c = b \cdot \sin\gamma/\sin\alpha$. Damit F_{By} aus Gl. (2.23), $F_{Bx} = F_{By}/\tan\beta = F_{Ax}$ (Gl. (2.21)), F_{Ay} aus Gl. (2.22), F_A und F_B nach Gl. (2.16).

2.109

1. Aus Gl. (2.23) folgt $F_B = F(l_B + l_C)/l_B$ mit $l_B = 300$ mm u. $l_C = 450$ mm. **2.** Am Winkelhebel 5 ist $F_A \cdot l_A = F \cdot l_D$ (Gl. (2.23)) mit $l_A = 400$ mm u. $l_D = 100$ mm. **3.** An der Druckstange 6 ist $F_D = F_C = F/\cos\alpha$ und $\tan\alpha = l_D/l_E$ mit $l_E = 600$ mm.

2.110

Die zwei Hubarme sind parallel nebeneinander am Fahrzeug symmetrisch angeordnet, so dass alle Bauteile paarweise vorhanden sind und ein Hubarm nur $0{,}5F_G = 110$ kN aufzunehmen hat. Jeder Hubarm besteht aus dem Träger B–0, den Hebeln E–C und H–K, den Lenkerstangen A–C und K–M und den Hydraulikzylindern H–D und P–N. Zur Lösung der Aufgabe sind folgende Bauteile nacheinander freizumachen (s. Bild L 2.110): Schaufel, Hebel C–E, Hebel H–K, Träger B–0. Danach kann man die Kräfte in der Reihenfolge F_A, F_B, F_C, F_D, F_E, F_H, F_K, F_L, F_M, F_N, F_O, F_P bzw. deren Komponenten nach den Gleichgewichtsbedingungen (Gln. (2.21) bis (2.23)) und entspr. Gl. (2.16) errechnen.

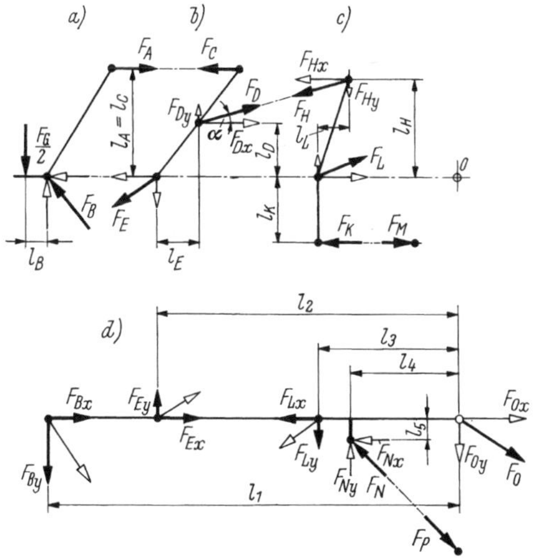

Bild L 2.110 Freigemachte Bauteile eines Hubarms
a) Schaufelhälfte,
b) Hebel C–E,
c) Hebel H–K,
d) Träger B–0

2.111

Wie MF Beisp. 2.30, jedoch für Komponentenerrechnung die Winkel β_2 und α_3 ermitteln.

2.112

Sinngemäß wie MF Beisp. 2.31. Lösung auch als ebenes zentrales Kräftesystem möglich mit F_r als Resultierender von F_2 u. F_3, die mit F und F_1 in der x,y-Ebene liegt; $F_2 = F_3$, dann sinngemäß wie Aufg. 2.28.

2.113

Die Kraft F und die Stabkräfte F_1, F_2, F_3 bilden am Knoten (s. auch Hinweis zur Aufg. 2.48) ein zentrales räumliches Kräftesystem, das sich im Gleichgewicht befindet. Lösungsgang: Komponenten von F nach den Gln. (2.24) bis (2.26), Winkel β_1, α_2 u. β_3 aus Gl. (2.34), mit den Gln. (2.35), (2.36) u. (2.37) (alle Komponenten positiv einsetzen, da Wirkrichtungen noch unbekannt) ergibt sich ein System von 3 Gln. mit den 3 Unbekannten F_1, F_2 u. F_3, nach denen aufzulösen ist (negative Ergebnisse besagen, dass die betr. Kräfte im Bereich der negativen Koordinatenachsen wirken).

2.114

Sinngemäß wie MF Beisp. 2.32 mit Stützpunkt D auf der z-Achse des Koordinatensystems.

2.115

Es handelt sich um ein allgemeines räumliches Kräftesystem, das wie ein ebenes System berechnet werden kann mit F_C als Resultierenden der Kräfte F_{B1} und F_{B2}, die wegen der Symmetrie gleich groß sind (s. Bild E 2.115).

2.116

Ermittlung der Lagerkräfte sinngemäß wie in MF Beisp. 2.33 unter 2. u. 3. nach Projektion der Kräfte bzw. deren Komponenten auf zwei Ebenen (s. Bild L 2.116). Entspr. Gl. (2.20) ist $M = F_t \cdot r_m = F_t \cdot d_m/2$.

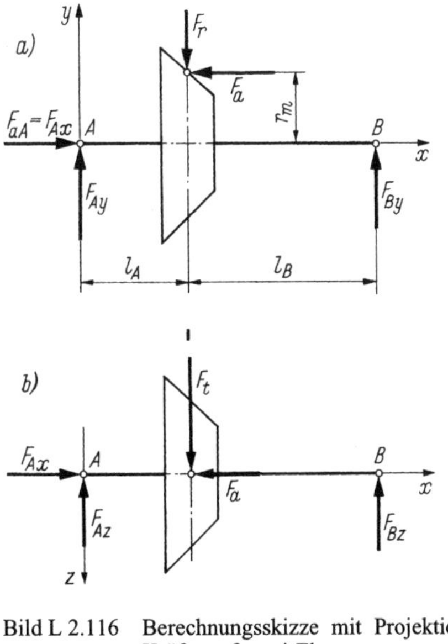

Bild L 2.116 Berechnungsskizze mit Projektionen der Kräfte auf zwei Ebenen
a) x,y-Ebene, b) x,z-Ebene

2.117

Sinngemäß wie Aufg. 2.116 nach Bild L 2.117.

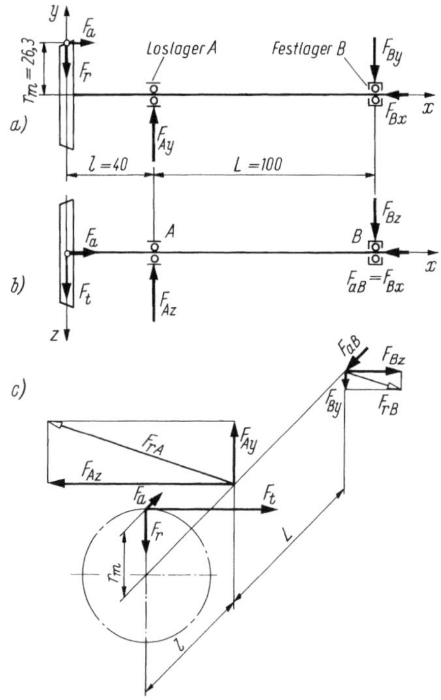

Bild L 2.117 Kräfte an der Kegelradwelle
a) *x,y*-Ebene, b) *x,z*-Ebene, c) Perspektivdarstellung

2.118

Bei Geradzahnrädern treten keine Axialkräfte auf. Die Zahnkraft F_3 am Rad 3 ist in eine Vertikalkomponente F_{3y} und in eine Horizontalkomponente F_{3z} zu zerlegen (s. Bild L 2.118a) sowie auf die *x,y*-Ebene (Bild L 2.118b) bzw. auf die *x,z*-Ebene (Bild L 2.118c) zu projizieren. Zweckmäßiger Lösungsgang: Aus Drehmoment M die tangential zu den Teilkreisen wirkenden Umfangskräfte F_{t2} u. F_{t3}, Radialkraft F_{r2}, Zahnkraft F_3, Komponenten F_{3y} u. F_{3z}, vertikale Lagerkraftkomponenten F_{Ay} u. F_{By}, horizontale Komponenten F_{Az} u. F_{Bz}, resultierende Lagerkräfte F_{rA} und F_{rB}.

2.119

Sinngemäß wie Aufg. 2.118. Aus der in Bild 2.119 gezeigten Lage der Gegenräder geht hervor, dass die tangentialen Komponenten F_{t2} u. F_{t3} der Zahnkräfte F_2 u. F_3 und deren radiale Komponenten F_{r2} u. F_{r3} in zwei senkrecht zueinander stehenden Ebenen auf die Welle wirken. Somit erübrigt sich eine weitere Zerlegung von Zahnkräften in Horizontal- und Vertikalkomponenten.

2.120

Wie MF Beisp. 2.33, jedoch ohne Kegelrad, sondern mit zwei Schrägzahnrädern; Ermittlung der Winkel α_{t2} u. α_{t3} und der Zahnkraftkomponenten wie für Rad 2 unter 1. in MF Beisp. 2.33, Kräfte in den Koordinatenebenen s. Bild L 2.120.

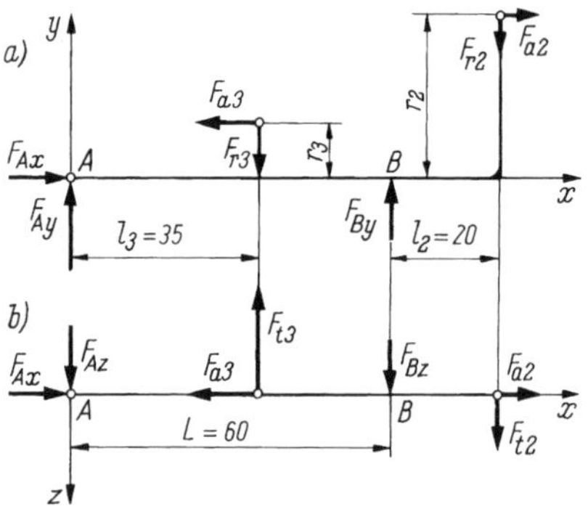

Bild L 2.120 Kräfte in den Koordinatenebenen
a) *x,y*-Ebene, b) *x,z*-Ebene

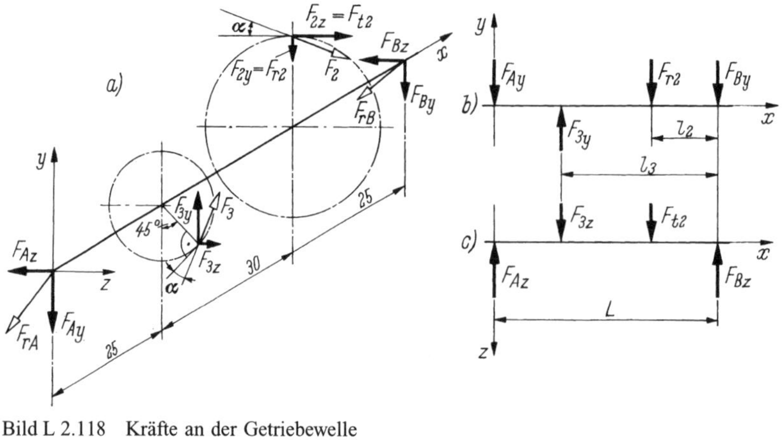

Bild L 2.118 Kräfte an der Getriebewelle
a) in Perspektivdarstellung, b) in der *x,y*-Ebene, c) in der *x,z*-Ebene

3 Ebene Fachwerke

3.1

1. Zeichn. nach dem Schlusslinienverfahren, rechn. nach den Gln. (2.22) u. (2.23). **2.** Zeichn. mit Cremonaplan (s. Bild E 3.1) wie in MF S. 55/56 beschrieben, rechn. nach Ritterschem Schnittverfahren beginnend bei A mit Schnitt durch Stäbe 1 u. 2, weiter Schnitt durch 2–3–4, danach durch 4–5–6 (dabei zweckmäßig, Schnittufer wechseln und Abschnitt mit Stützkraft F_B betrachten, da dort weniger Kräfte), abschließend Schnitt 6–7.

3.2

Wie Aufg. 3.1 bzw. MF Beisp. 3.1 u. 3.2. Wegen Symmetrie brauchen nur die Stabkräfte F_{S1} bis F_{S6} ermittelt zu werden, und es ist $F_A = F_B = 4F/2$.

3.3

Sinngemäß wie Aufg. 3.2. Die Stäbe 1, 9 u. 17 ergeben sich als Nullstäbe (wie Stab 7 in MF Beisp. 3.1).

3.4

Wie Aufg. 3.1 bzw. 3.2. Die Stäbe 2 u. 18 sind Nullstäbe.

3.5

1. Wie MF Beisp. 2.23 u. 2.29. **2.** Zeichn. mit Cremonaplan (s. Bild E 3.5), rechn. nach Ritterschem Schnittverfahren sinngemäß wie unter 2. in Aufg. 3.1, jedoch mit den Komponenten F_{2x} u. F_{2y} sowie F_{Ax} u. F_{Ay}.

3.6

Ähnlich Aufg. 3.5.

3.7

Sinngemäß wie MF Beisp. 3.2.

3.8

Wie MF Beisp. 3.2. Beim Schnitt 6–7–8 zu 2. ist Schnittuferwechsel nicht zweckmäßig, da sonst Stützkraftermittlung erforderlich.

3.9

Für Schnitt 4–5–6 Stützkraftermittlung für Festlager erforderlich, für Schnitt 8–9–10 Abschnitt mit Belastungskräften betrachten, so dass sich Stützkraftermittlung für Loslager erübrigt, Lösungen wie MF Beisp. 3.2.

3.10

Komponenten der Kraft 30 kN und der Stützkraft im Festlager A ermitteln, dann Rittersches Schnittverfahren anwenden, wobei mit den Komponenten der Stabkräfte F_{S4} und F_{S5} gerechnet werden kann.

4 Schwerpunkt

4.1
Wie MF Beisp. 4.1, jedoch ohne Teilkörper 3 (Kegel).

4.2
Wie MF Beisp. 4.1, jedoch 4 Teilkörper, so dass Volumen $V = V_1$ (Quader) + V_2 (Zylinder) – V_3 (Bohrungszylinder) – V_4 (Kegel als Bohrungsspitze, Kegelhöhe h_4 muss errechnet werden).

4.3
Nach Gl. (4.4) mit 5 Teilkörpern: 3 Zylinder und 2 Kegelstümpfe (s. Tab. 5).

4.4
Nach Gl. (4.5) mit 3 Teilkörpern: Halbkugel 1 + Zylinder 2 + Kegelstumpf 3.

4.5
Nach den Gln. (4.4) bis (4.6) und MF Bild 4.3 als Berechnungsskizze, Volumen $V = V_1$ (Quader) + V_2 (Prisma) – V_3 (Zylinder).

4.6
Sinngemäß wie Aufg. 4.5 mit 5 Teilkörpern: Quadratsäule 1 + Quader 2 + Dreikantprisma 3 – Quadratsäule 4 – Zylinder 5.

4.7
Wegen der verschiedenen Dichten liegt kein homogener Körper vor, so dass mit Gl. (4.2) zu rechnen ist, aus der die Fallbeschleunigung g herausgekürzt werden kann: $y_0 = \Sigma(m_i \cdot y_i)/m$. Aufteilung in Teilkörper s. Berechnungsskizze Bild E 4.7.

4.8
1. Aus $V_1 = b \cdot l \cdot h/2 = (h_1 + h_2) \cdot l/2$ und $\tan\alpha = (h_1 - h_2)/l$ (Berechnungsskizze s. Bild E 4.8). **2.** Sinngemäß wie Aufg. 4.7 mit den Gln. (4.1) u. (4.2).

4.9
Nach Gl. (4.8) mit 2 Teilflächen als Rechteckflächen.

4.10
Nach Gl. (4.8) mit 3 Teilflächen als Rechteckfl. (die beiden Bohrungsflächen können zu einem Rechteck zusammengefasst werden, da ihre Schwerpunktabstände gleich sind). Der Flächenschwerpunkt S_0 ist nicht identisch mit dem Körperschwerpunkt bei gleicher Querschnittsfläche.

4.11
Wie Aufg. 4.9 mit 3 Teilflächen als Rechteckflächen.

4.12
Nach Gl. (4.8) mit 3 Teilflächen: Außenrechteckfl. 1 – Innenrechteckfl. 2 – Halbkreisfl. 3.

4.13
Nach Gl. (4.8) mit 3 Teilflächen: Rechteckfl. $(4 \times 12)\ \text{cm}^2$ + 2 Viertelkreisfl. zur Halbkreisfl. mit $R = 4$ cm zusammengefasst (s. Tab. 6) + Rechteckfl. 2 $(4 \times 6)\ \text{cm}^2$.

4.14
Nach Gl. (4.7) mit 3 Teilflächen: Rechteckfl. – Halbkreisfl. – Rechteckfl.

4.15
Nach Gl. (4.7) mit 3 Teilfl.: Rechteckfl. + Halbkreisfl. – Kreisfl.

4.16
Nach Gl. (4.7) mit 2 Teilflächen.

4.17
Nach den Gln. (4.7) u. (4.8) mit 3 Teilflächen.

4.18
Wie Aufg. 4.17, positive y-Achse nach unten.

4.19
Nach den Gln. (4.7) u. (4.8) sowie Tab. 6 (Halbkreisfl. u. Viertel-Kreisringstück mit $\alpha = 45°$), Ber.-Skizze s. Bild E 4.19.

4.20
Sinngemäß wie MF Beisp. 4.2.

4.21
Wie MF Beisp. 4.3.

4.22
Nach Gl. (4.8), Profilquerschnitt aus Tab. 33.

4.23
Nach Gl (4.8), Querschnittfl. der L $60 \times 40 \times 6$ nach Tab. 31, der L $40 \times 40 \times 5$ nach Tab. 30.

4.24
1. $A = R^2 \cdot \pi/2$ mit $R = 100$ mm. **2.** $x_0 = r_i + 0{,}424R$ (s. Tab. 6) mit $r_i = 500$ mm. **3.** Volumenberechnung von Rotationskörpern nach Guldinscher Regel (s. auch Praxishinweis MF S. 64): *Das Volumen V ist gleich seiner erzeugenden Fläche A multipliziert mit dem Weg $2\pi \cdot x_0$ ihres Schwerpunktes bei einer Umdrehung.*

4.25
1. Zweckmäßige Aufteilung s. Bild L 4.25, die 2 abzuziehenden Viertelkreisfl. zur Halbkreisfl. 4 zusammenfassen. **2.** Nach Gl. (4.7) u. Tab. 6. **3.** Wie 3. in Aufg. 4.24. **4.** Nach Gl. (7.2).

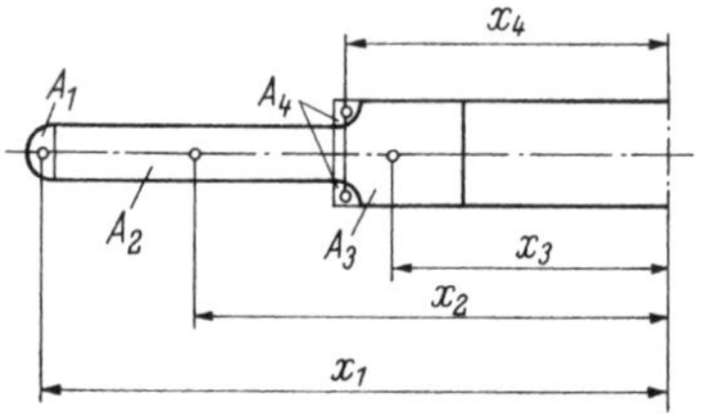

Bild L 4.25 Berechnungsskizze mit Flächenaufteilung

4.26

1. Aus 3 Rechteckfl. u. einer Parallelogrammfl. zusammensetzen. **2.** Nach Gl. (4.7). **3.** Wie unter 3. u. 4. in Aufg. 4.25.

4.27

1. Fläche A besteht aus Rechteckfl. $A_1 = (2{,}0 \times 0{,}6)\ \mathrm{m}^2$ + Rechteckfl. $A_2 = 2(0{,}1 \times 0{,}6)\ \mathrm{m}^2$ + Halbkreisfl. (2 Viertelkreisfl.) $A_3 = (0{,}1\ \mathrm{m})^2 \cdot \pi/2$. **2.** Nach Gl. (4.8). **3.** Wie 3. in Aufg. 4.24.

4.28

1. Flächenaufteilung in Dreieckfl. A_1 und Kreisausschnitt A_2 mit $\alpha = (180° - \beta)/2$ sowie $\cos\beta = h_1/R$ entspr. Ber.-Skizze Bild L 4.28 ($x_{02} = y_0$ nach Tab. 6, $R = 2{,}49$ m, $h_1 = 1{,}3$ m). **2.** Nach Gl. (4.7). **3.** Wie 3. in Aufg. 4.24.

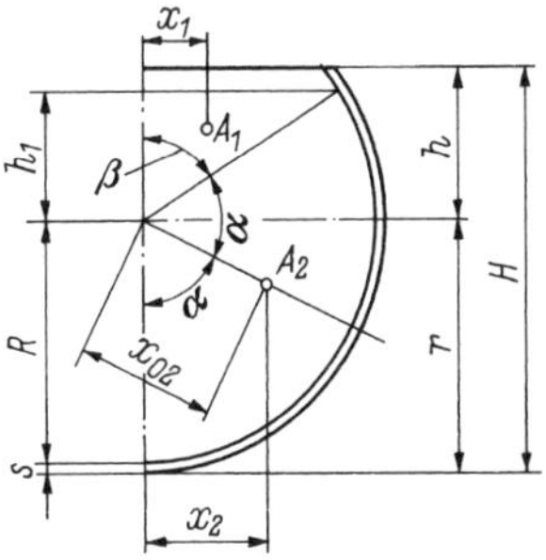

Bild L 4.28 Berechnungsskizze zur Flächenaufteilung und Winkelbestimmung (auch für Aufg. 4.48)

4.29

Fläche A in Rechteckfl. A_1 und Trapezfl. A_2 aufteilen (s. Ber.-Skizze Bild L 4.29), x_0 nach Gl. (4.7), Volumen V wie 3. in Aufg. 4.24.

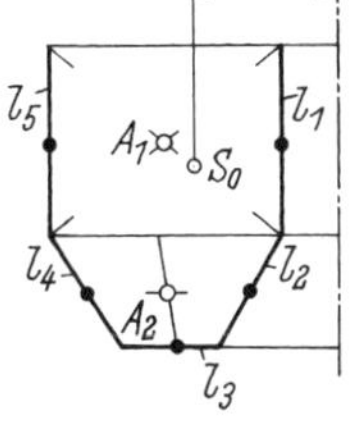

Bild L 4.29 Berechnungsskizze mit Teilflächen und Teillängen (auch für Aufg. 4.49)

4.30

Nach Gl. (4.10) mit 5 Teillängen, wobei gleich lange Strecken mit gleichem Schwerpunktabstand zusammengefasst werden.

4.31 bis 4.39

Nach den Gln. (4.9) u. (4.10) sowie Tab. 7 und entspr. MF Beisp. 4.4. Gleich lange Teillängen l_i mit gleichem Schwerpunktabstand x_i bzw. y_i können zusammengefasst werden, z. B. auch 2 Viertelkreisbögen zum Halbkreisbogen (Aufg. 4.33). Der Schwerpunktabstand von Teillängen auf den Koordinatenachsen ist null.

4.40

Wie MF Beisp. 4.5.

4.41

Nach Gl. (4.9) sinngemäß wie Aufg. 4.40; die Stablängen links von x_0, d. h. links von der Drehachse als y-Achse, haben negative Schwerpunktabstände.

4.42

Wie Aufg. 4.40.

4.43

Wie MF Beisp. 4.5.

4.44

1. Mantellinienlänge $l = \sqrt{(D-d)^2/4 + h^2}$, Schwerpunktabstand $x_0 = (D+d)/4$. **2.** Oberflächen- und Mantelberechnung von Rotationskörpern nach Guldinscher Regel (s. auch Praxishinweis MF S. 64): *Die Oberfläche bzw. Mantelfläche A ist gleich ihrer erzeugenden Linie l multipliziert mit dem Weg* $2\pi \cdot x_0$ *ihres Schwerpunktes bei einer Umdrehung.*

4.45

1. Zusammensetzen aus äußerem Halbkreisbogen l_1 mit 5 mm Radius, den 2 Strecken $l_2 = l_3$ (können zusammengefasst werden, da $x_2 = x_3$) und dem inneren Halbkreisbogen l_4 (die 2 Viertelkreisbögen zusammengefasst) mit 5 mm Radius. **3.** Wie 2. in Aufg. 4.44.

4.46

1. Begrenzungslinie l aus 12 Teilstrecken zusammensetzen, x_0 nach Gl. (4.9). **2.** Wie 2. in Aufg. 4.44. **3.** Erforderliche Farbmenge (Masse) $m = 100 \cdot A \cdot m''$ mit $m'' = 0{,}1\ \mathrm{kg/m^2}$.

4.47

1. Länge l aus 4 Teillängen (3 Strecken + 1 Kreisbogen, s. Ber.-Skizze Bild E 4.47) zusammensetzen und x_0 nach Gl. (4.9). **2.** Wie 2. in Aufg. 4.44. **3.** Aus $A = D^2 \cdot \pi/4$.

4.48

1. Länge l des Kreisbogens mit Radius $r = 2{,}5$ m, $\alpha = (180° - \beta)/2$ sowie $\cos\beta = h/r$ mit $h = H - r$ (s. auch Bild L 4.28), $x_0 = \sin\alpha \cdot (r \cdot \sin\alpha/\alpha)$, s. Tab. 7. **2.** Wie 2. in Aufg. 4.44.

4.49

Erzeugende Linie l besteht aus 5 Teilstrecken (s. Bild L 4.29), x_0 nach Gl. (4.9), Fläche A wie 2. in Aufg. 4.44, Gewicht = Masse $m = A \cdot m''$ mit $m'' = 78\ \mathrm{kg/m^2}$.

4.50

1. Mit den Gln. (2.23) u. (2.22) ähnl. Aufg. 2.69. **2.** Nach Gl. (4.11) mit $M_{\mathrm{St}} = F_{\mathrm{GE}} \cdot l_{\mathrm{E}}$ und $M_{\mathrm{Ki}} = F_{\mathrm{G}} \cdot l$.

4.51

Sinngemäß wie MF Beisp. 4.6.

4.52

Nach Gl. (4.11) ähnl. MF Beisp. 4.6.

4.53

Sinngemäß wie Aufg. 4.52.

4.54

1. Entspr. Gl. (4.11) mit $M_{St} = F_{GE} \cdot l_E$ und $M_{Ki} = F_G \cdot l' = m' \cdot L \cdot g \cdot l'$, wobei $l' = l - L/2 \cdot \cos\alpha$.
2. Wie 1. mit $M_{Ki} = m' \cdot l/\cos\alpha \cdot g \cdot l/2$.

4.55

1. Aus $F \cdot h = F_G \cdot l$ mit $F_G = (m' \cdot L + m'' \cdot A) \cdot g$.
2. Es ist $p = F/A$ (Gl. (10.1)) und $1\ \mathrm{Pa} = 1\ \mathrm{N/m^2}$ (s. Tab. 1).

5 Reibung

5.1
Reibungszahlen wie MF Beisp. 5.1, Reibungswinkel nach den Gln. (5.5) u. (5.6).

5.2
Nach Gl. (5.4) mit $F = F_R$ und $F_N = F_G$.

5.3
Wie MF Beisp. 5.3.

5.4
Wegen der 2 Reibflächen am mittleren Brett wird entspr. Gl. (5.1) die erforderl. Kraft $F = 2 \cdot F_{R0} = 2 \cdot \mu_0 \cdot F_N$ mit $F_N = F_G = m \cdot g$ und μ_0 nach Tab. 8.

5.5
Wie MF Beisp. 5.2.

5.6
Mit Gl. (5.2) und $F_N = F$ folgt aus $\Sigma M = 0$ an der freigemachten Sperrklinke (Bild L 5.6) für $F_H = (F \cdot l + F_R \cdot l_2 + F_F \cdot l_1)/l_3$.

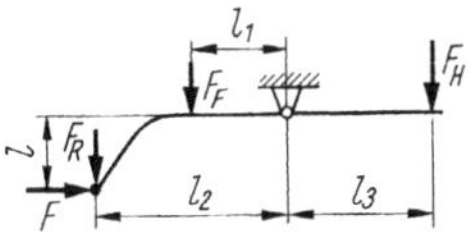

Bild L 5.6 Sperrklinke mit Lagerung und Kräften

5.7
Wie MF Beisp. 5.4.

5.8
1. Wegen der 2 Reibflächen am Werkstück (s. Bild L 5.8a) folgt mit $F_N = F_A$ aus Gl. (5.9) für $F_A = S_H \cdot F/2\mu_0$. **2.** Aus $\Sigma M_{(B)} = 0$ an der freigemachten Zangenhälfte (Bild L 5.8b). **3.** F_{Bx} u. F_{By} nach den Gln. (2.21) u. (2.22), F_B nach Gl. (2.12) mit $F_r = F_B$.

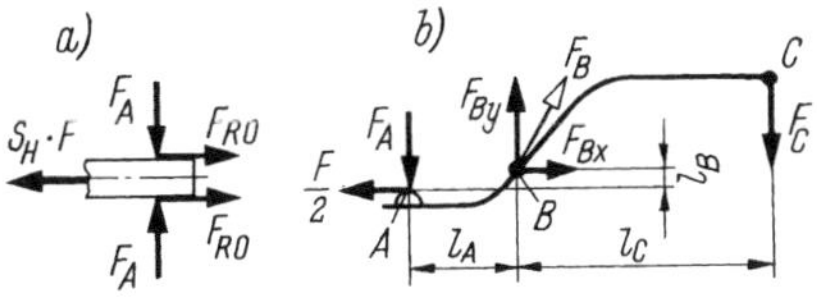

Bild L 5.8 Freimachskizzen
a) Werkstück, b) Zangenhälfte

5.9
1. Es ist $F = 2 \cdot F_{R0}$ mit F_{R0} nach Gl. (5.1), worin $F_N = F_{NA} = F_{NB} = F_H \cdot l_H / l$ (s. Bild L 5.9).
2. $M = \mu_0 (F_{NA} + F_{NB}) d/2$ mit F_{NA} wie unter 1. und $F_{NB} = F_H \cdot l_H / (l \pm \mu_0 \cdot d)$, wobei + für Rechts- und − für Linksdrehung gilt. (Die Reaktionsmomente sind in dieser Aufgabe nicht zu berechnen.)

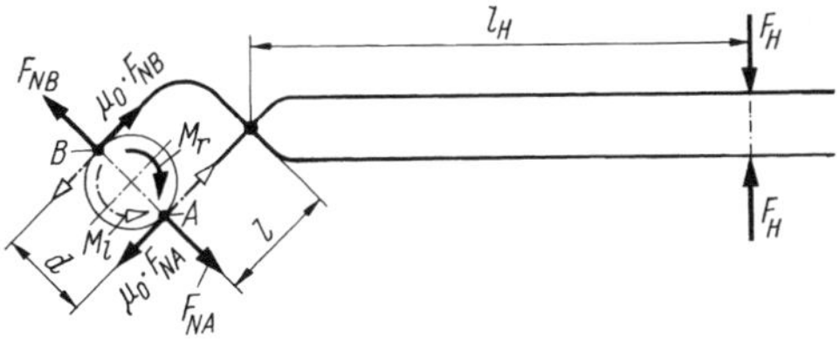

Bild L 5.9 Skizze zur Kraft- und Momentenberechnung

5.10
Aus Gl. (5.9) folgt $F = \mu_0 \cdot F_N / S_H$, damit $M = 2 \cdot F \times d/2$.

5.11
Wie Aufg. 5.10 mit $F_N = F_V$ und $M = 6F \cdot d/2$, wobei $d = 160$ mm.

5.12
1. Wie MF Beisp. 5.5. **2.** Sinngemäß wie 1., jedoch mit den Reibzahlen μ_A und μ_B, so dass $h_2 = l \cdot \sin\alpha \cdot \mu_B \times (\tan\alpha + \mu_A)/(1 + \mu_A \cdot \mu_B)$.

5.13
Wie MF Beisp. 5.6.

5.14
Wie MF Beisp. 5.7, jedoch F_3 nach Gl. (5.11).

5.15
Nach Gl. (5.12) mit + für F_1 und − für F_2.

5.16
1. Nach Gl. (5.10). **2.** Nach Gl. (5.11) mit ϱ_0 (s. MF S. 73).

5.17
Nach Gl. (5.10) mit ϱ_0.

5.18
Nach Gl. (5.9) mit F_N aus $\Sigma M_{(A)} = 0$ (s. Bild L 5.18) und $F = F_{Gx}$. Da sich F_G herauskürzen lässt, wird $S_H = (l/\tan\alpha - h)\,\mu_0/L$.

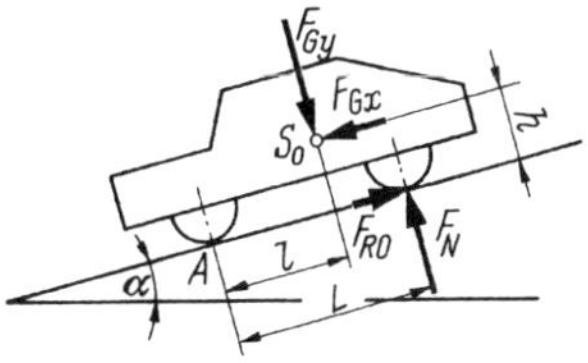

Bild L 5.18 Skizze zur Kräfteermittlung

5.19
1. Nach Gl. (5.12) für Aufwärtsbewegung mit Belastungskraft F anstelle F_G, positives Ergebnis bedeutet Druckkraft. **2.** Nach Gl. (5.13) für Abwärtsbewegung, bei positivem Ergebnis ebenfalls Druckkraft.

Beide Ergebnisse sind Momentanwerte der Schubstangenkraft für die angegebenen Stellungen 1 und 2, die jedoch keine Totpunktstellungen (Umkehr der Bewegungsrichtung) sind.

5.20

1. Nach Gl. (5.13) für Aufwärtsbewegung mit F_H anstelle F_G. **2.** Aus dem Krafteck in Bild L 5.20a folgt für die Resultierende aus Reibungs- und Normalkraft nach dem Sinussatz und durch Umformung $F_r = F_H \cdot \cos\varrho/\cos(\alpha + 2\varrho)$, damit aus Bild L 5.20b ebenfalls nach dem Sinussatz und Umformung $F_2 = F_H \cdot \tan(\alpha + 2\varrho)$.

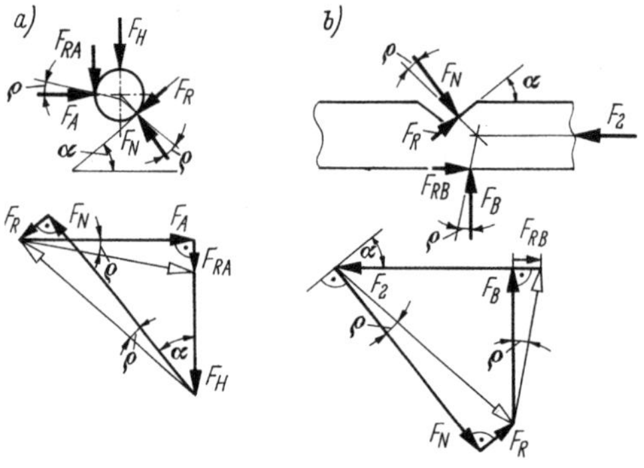

Bild L 5.20 Berechnungsskizzen
a) freigemachte Rastkugel mit Krafteck,
b) freigemachtes Sperrstück mit Krafteck

5.21

Wie MF Beisp. 5.8.

5.22

1. Nach Gl. (5.14) mit $F = F_{GE} + F_G + F_{Sy}$, worin $F_{Sy} = 8$ kN. **2.** $F_{an} = F_R + F_{Sx}$.

5.23

Nach Gl. (5.19) mit $h = c + a/2$ und

$l = \sqrt{(b+d)^2 - (a+d)^2}$.

5.24

Nach Gl. (5.19).

5.25

1. Entspr. Gl. (5.17) ist $l = 1{,}25 \cdot 2h \cdot \mu$. **2.** Aus Gl. (5.19) mit $S_H = 1{,}25$.

5.26

1. Sinngemäß wie Herleitung zu MF Bild 5.20 auf MF S. 75 folgen aus den Gleichgewichtsbedingungen $\Sigma F_x = 0$, $\Sigma F_y = 0$ und $\Sigma M_{(C)} = 0$ (s. Bild L 5.26): $F_{NA} = F_{NB}$, $F_1 = F_{RA} + F_{RB} + F_G = \mu \cdot 2F_{NA} + F_G$ und $F_{NA} = F_G \cdot b/[\mu(h_A + h_B) + 1]$ mit $h_A = a + d/2$ und $h_B = a - d/2$. **2.** Wie unter 1. mit entgegengesetzten Richtungen für F_{RA} und F_{RB}, so dass $F_2 = F_G - \mu \cdot 2F_{NA}$ und $F_{NA} = F_G \cdot b/[l - \mu(h_A + h_B)]$. **3.** Nach Gl. (5.17) mit $h = a + b$.

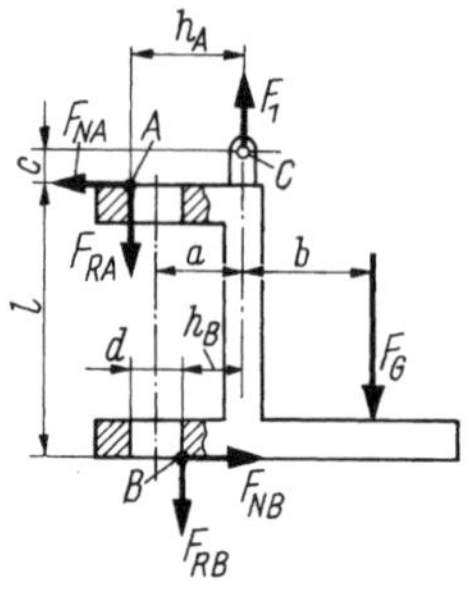

Bild L 5.26 Freigemachter Hubtisch

5.27

1. Nach Gl. (5.27) mit + für M_{GH} und − für M_{GS} sowie den Gln. (5.20) und (5.24) (P_h u. d_2 nach Tab. 10); ein negatives Ergebnis für M_{GS} besagt entgegengesetzten Drehsinn zu M_{GH}. **2.** Nach den Gln. (5.25) u. (5.26). **3.** Ja, wenn $\alpha < \varrho_G$ ist (s. MF S. 78).

5.28

Wie MF Beisp. 5.10.

5.29

Aus Gl. (5.27) mit + und $M_G = 0{,}7 M_{an}$.

5.30

Wie MF Beisp. 5.11, jedoch Gl. (5.32) nach F_V auflösen.

5.31

Nach Gl. (5.32) mit P und d_2 nach Tab. 9.

5.32

1. Aus Gl. (5.32) mit P, d_2, D_A und D_I nach Tab. 9. **2.** Aus $\Sigma M_{(A)} = 0$ (s. Bild L 5.32) folgt $F_B = F_V \cdot l_1/[l_2(\sin\alpha + \mu_0 \cdot \cos\alpha)]$. **3.** Aus Gl. (5.9) mit $F_{R0} = 2 \cdot \mu_0 \cdot F_N$ und $F_N = F_B = F_C$, da 2 Reibflächen (B u. C).

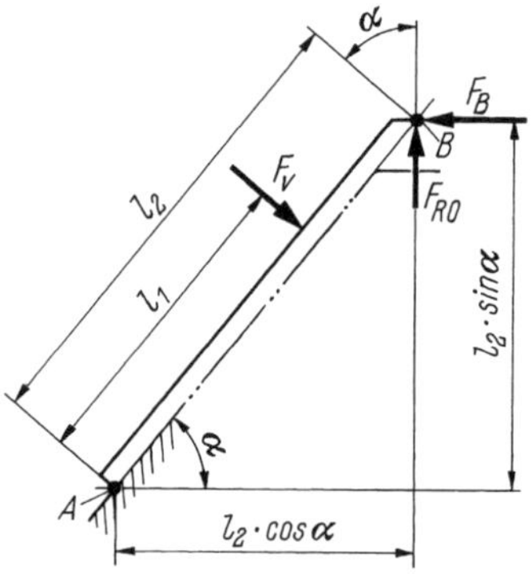

Bild L 5.32 Skizze zur Berechnung von F_B

5.33

1. Aus Gl. (5.28) mit $M_{an} = F_H \cdot D_H/2$ und $D_H = 100$ mm, α nach Gl. (5.20) und $P_h = P$ sowie d_2 nach Tab. 9, ϱ_G nach Gl. (5.30). **2.** Sinngemäß zur Herleitung von F_2 in Aufg. 5.20 ergibt sich für $F_k = F/\tan(\gamma + 2\varrho)$ mit $\gamma = 12°$ und ϱ aus $\tan\varrho = \mu = 0{,}1$ (Gl. (5.6)). **3.** Nach Gl. (5.29) mit $F = F_k \cdot \tan(2\varrho_0 - \gamma)$.

5.34
Aus Gl. (5.34) folgt F mit $z = 1$ und $r = (d_a + d_i)/4$, damit $F_z = F + F_F$.

5.35
Mit $i = 6$, $z = 4$ und $\mu_0 = 0{,}5$ anstelle μ folgt $F_1 = F/i = M_K/(i \cdot z \cdot \mu_0 \cdot r)$ aus Gl. (5.34).

5.36
Aus Gl. (5.34).

5.37
1. Nach Gl. (5.35) mit $\alpha = 20°$ und $M_s = M_K$. **2.** Wie 1. mit $M_ü = M_K$ und μ_0, so dass $M_ü = M_s \cdot \mu_0/\mu$ (s. auch 2. in MF Beisp. 5.12).

5.38
1. Nach Gl. (5.35) mit $M_H = M_K$ und μ_0. **2.** Nach Gl. (5.35) mit $M_B = M_K$.

5.39
1. M_{Bl} nach Gl. (5.36) mit F_{Nl} nach Gl. (5.37) (+), F_{Al} entspr. Gl. (2.12) mit $F_{Alx} = F_R$ aus Gl. (2.21) und F_{Aly} aus Gl. (2.22). **2.** Sinngemäß wie 1. mit Minus-Zeichen in Gl. (5.37). **3.** Nach MF S. 80/81.

5.40
1. Nach Gl. (5.36) mit $z = 2$ und $F_N = F \cdot l/l_1$ (Gl. (5.37)) mit $l_2 = 0$, s. Bild 2.109 und MF Bild 5.31c. **2.** Wie 1. mit $M_H = M_B$ und μ_0.

5.41
1. Nach Gl. (5.37) mit Minus-Zeichen für F_{NA} und + für F_{NB}. **2.** Nach Gl. (5.36) mit $z = 1$ und $F_N = F_{NA} + F_{NB}$ oder $M_B = M_{BA} + M_{BB}$. **3.** Da $M_{BAr} = M_{BBl}$ und $M_{BAl} = M_{BBr}$ sind (r für Rechts-, l für Linkslauf), keine Änderung von M_B bei Drehrichtungswechsel. **4.** Entspr. Gl. (2.16) mit Komponenten nach den Gln. (5.1), (2.21) u. (2.22). **5.** Mit α aus $\sin\alpha = l_H/l_3$ ($l_H = 65$ mm, $l_3 = 280$ mm) wird $F_H = F/\cos\alpha$, damit $F_K = F_H \cdot l_H/l_K$ ($l_K = 225$ mm).

5.42
Nach Gl. (5.34) mit $M_B = M_K$.

5.43
Wie MF Beisp. 5.13.

5.44
1. Nach den Gln. (2.23) u. (2.21) wie Aufg. 2.70. **2.** Nach Gl. (5.38) mit $r_A = d_A/2 = 160$ mm und $r_B = 125$ mm. **3.** $M_R = M_{RA} + M_{RB}$.

5.45
1. Nach Gl. (2.6). **2.** Nach Gl. (5.38) (s. auch MF Beisp. 5.13). **3.** $M_{an} = M + M_R$. **4.** $V_R = M_R/M_{an} \times 100\%$.

5.46
Wie MF Beisp. 5.14.

5.47
Aus Gl. (5.38) mit $r = r_m = d/4$.

5.48
1. Nach den Gln. (2.21) bis (2.23) werden $F_A = F_{Bx} = (m_E \cdot l_E + m_L \cdot l_L)g/L$ mit $L = 2{,}5$ m u. $F_{By} = (m_E + m_L)\,g$. **2.** $M_R = M_{RA} + M_{RBx} + M_{RBy} = \mu_L(2 \cdot F_A \cdot d/2 + F_{By} \cdot d/4)$ entspr. Gl. (5.38), da $F_A = F_{Bx}$ ist. **3.** Aus $M_R = M = F_t \cdot l_L$ entspr. Gl. (2.18) mit $l_L = 3$ m.

5.49
Aus Gl. (5.39).

5.50
Nach Gl. (2.18) mit $a = D/2$ und $F = F_G/(2\eta_{R1} \cdot \eta)$ entspr. Gl. (5.42) unter Berücksichtigung des Seiltrommelwirkungsgrades η.

5.51
Aus Gl. (5.44) folgt $\eta_F = m \cdot g/(z \cdot F)$.

5.52
Wie MF Beisp. 5.15.

5.53
Aus Gl. (5.45) mit $\alpha = z \cdot 2\pi$ und $z = 3{,}5$.

5.54
Aus $z \cdot 2\pi = \alpha$ mit α aus $\ln(F_G/F_{Gs}) = \mu \cdot \alpha$ (s. MF S. 84/85) und der Gewichtskraft $F_{Gs} = m' \cdot l \cdot g$ des $l = 3$ m langen Seilendes ($m = 0{,}12$ kg/m).

5.55
Wie Aufg. 5.53 mit $z = 3$.

5.56
1. Nach Gl. (5.46) mit $\alpha = z \cdot 2\pi$ und $z = 4$. **2.** Nach Gl. (5.47).

5.57
1. Aus Bild L 5.57 folgt $\alpha = 180° + \beta$ und $\sin\beta = r/h$. **2.** Aus Gl. (5.48).

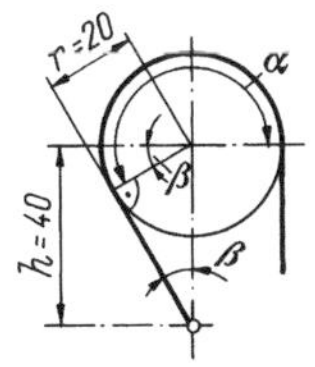

Bild L 5.57 Skizze zur Berechnung von α und β

5.58
Nach Gl. (5.49), zu 1. mit μ_0.

5.59
1. Nach Gl. (5.50) mit $l = l_2 + a$ und $\alpha = 180° + \beta$ sowie $\sin\beta = (r - l_1)/h$ (s. Bild L 5.59). **2.** Aus Gl. (5.51).

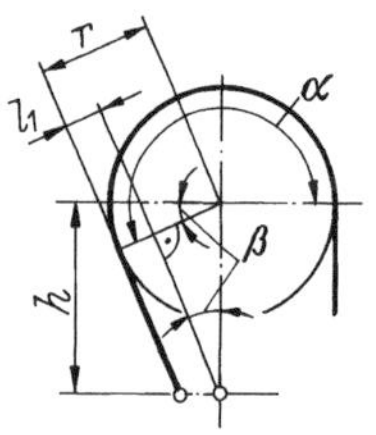

Bild L 5.59 Skizze zur Winkelberechnung

5.60

1. Aus $\sin\beta_1 = (r - l_1)/h$ (s. Bild L 5.59) und $\sin\beta_2 = (r - l_2)/h$ mit $\beta_1 = 30°$ und $\beta_2 = 10°$, damit $\alpha = 180° + \beta_1 + \beta_2$. **2.** Nach Gl. (5.50). **3.** Nach Gl. (5.51).

5.61

Wie MF Beisp. 5.18.

5.62

1. Aus Bild L 5.62 folgt $\cos(\alpha/2) = (d_2 - d_1)/2a$. **2.** Aus Gl. (5.52) mit $r = d_1/2$ und $F_u = F$. **3.** Aus Gl. (5.47) mit $F_u = F_R$.

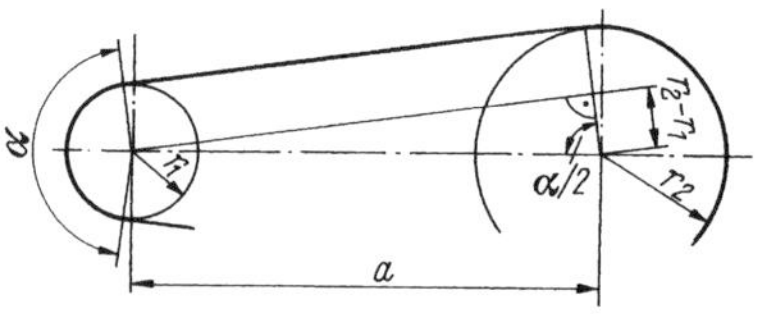

Bild L 5.62 Berechnungsskizze für α

5.63

F_R nach Gl. (5.47) oder aus $M = F_R \cdot d/2$ und μ aus $\ln(F_1/F_2) = \mu \cdot \alpha$ (s. MF S. 84/85) mit $\alpha = (180 - 20)°$ nach Bild 5.45.

5.64

Wie MF Beisp. 5.19.

5.65

Aus Gl. (5.53) mit $F_u = F$.

5.66

1. Nach Gl. (5.55). **2.** Aus $\Sigma M_{(K)} = F_G \cdot f - F_z \cdot \sin\alpha \times f - F_z \cdot \cos\alpha \cdot R = 0$ (s. Bild L 5.66).

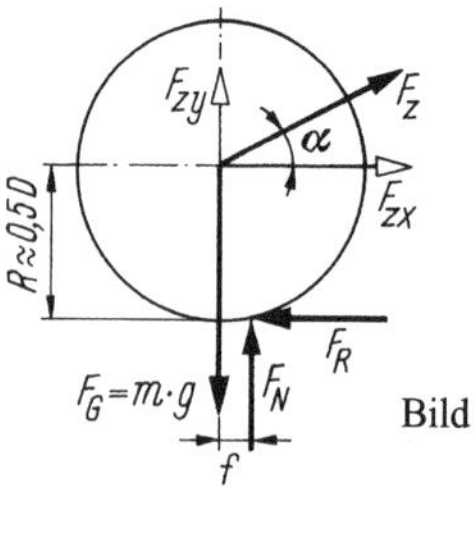

Bild L 5.66 Berechnungsskizze für F_z

5.67

Wie MF Beisp. 5.20.

5.68

Aus $\Sigma M = F_G(f_1 + f_2) - F \cdot D = 0$ (s. Bild L 5.68) folgt mit $f_1 = f_2 = f$ für $F = F_G \cdot 2f/D$.

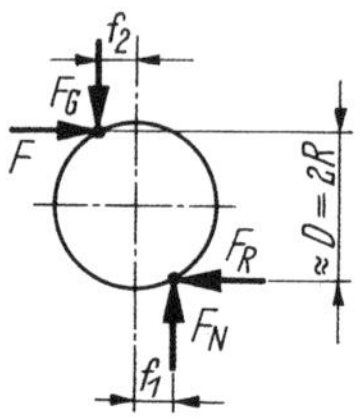

Bild L 5.68 Kräfte an der Walze

5.69

1. Aus $\Sigma M = 0$ wie in Aufg. 5.68, da die Gewichtskraft der Maschine auf eine Rolle bezogen werden kann. **2.** Verhältnis bilden mit F_R nach Gl. (5.2), worin $F_N = F_G$ ist.

5.70

Mit $F_R = F \cdot 2f/D$ (s. die Aufgn. 5.68 u. 5.69) wird $M_R = F_R \cdot D_L/2$.

5.71

1. Nach Gl. (5.59) mit $F_G = 4 \cdot m_1 \cdot g$ und $F_1 = (m_{ges} - 4m_1)g$, da die Belastung auf ein Rad bezogen werden kann. **2.** Aus Gl. (5.61) mit $F_f = F$ (wie unter 1. errechnet). **3.** $F_z = 8 \cdot F$.

5.72

Sinngemäß wie MF Beisp. 5.21, jedoch $F_z = F_f + F_{Gx}$.

5.73

Es ist $M = F_f \cdot R$ mit F_f nach Gl. (5.61).

5.74

Fahrwiderstand $F_f = 1{,}15 \cdot F$ mit F nach Gl. (5.59), worin $F_G = m_R \cdot g$ und $F_1 = (m_L + m_E - m_R)g$, damit $M = F_f \cdot D/2$.

5.75

1. F_f nach Gl. (5.60) mit $z \cdot F_1 = 1{,}1(m_L + m_E)g$. **2.** Aus Gl. (5.61) mit $m_{ges} = m_L + m_E$. **3.** $M = F_f \cdot D/2$.

6 Kinematik

6.1
Wie MF Beisp. 6.1.

6.2
Nach Gl. (6.1).

6.3
Aus Gl. (6.1) folgt $t = s/v$.

6.4
Aus Gl. (6.1) mit $s = 6300 \cdot 1{,}852$ km und $v = 15 \cdot 1{,}852$ km/h (1 d = 24 h, s. Tab. 3).

6.5
Nach Gl. (6.1) mit $s = P = 3/4 \cdot 25{,}4$ mm und $t = (1/18)$ min.

6.6
Aus Gl. (6.1) folgt als Zeit für einen Schnitt $t_S = s/v_S$ mit $s = (2 + 2 \cdot 0{,}05)$ m; wegen $v_R = 2v_S$ ist die Rücklaufzeit $t_R = t_S/2 = 0{,}5t_S$. Damit wird $t = z(t_S + t_R) = z \cdot 1{,}5t_S$, wobei $z = b/b_s$ (Blechbreite $b = 1000$ mm, Spanbreite $b_s = 1$ mm).

6.7
Gerätezahl $z = s/s_1$ mit s nach Gl. (6.2) für $t = 1$ h $= 60$ min und Abstand $s_1 = 2{,}4$ m.

6.8
Nach Gl. (6.1) mit $s = V/A$ und $A = d^2 \cdot \pi/4$.

6.9
Mit $\Delta t = 0{,}25$ h gilt für die Entfernung A–B nach dem Weg-Zeit-Gesetz (Gl. (6.2)): $s = v_1(t - \Delta t) = v_2(t + \Delta t)$, woraus $t = \Delta t(v_1 + v_2)/(v_1 - v_2)$ folgt, so dass s errechnet werden kann.

6.10
Nach Gl. (6.2) ist $s = v_M \cdot t = v_0(\Delta t + t)$, woraus $t = v_0 \cdot t/(v_M - v_0)$ folgt (s. auch Bild L 6.10) mit $v_0 = 80$ km/h, $v_M = 110$ km/h und $\Delta t = 10$ min.

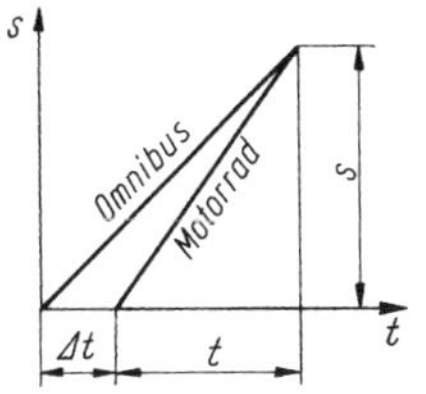

Bild L 6.10 *s,t*-Diagramm

6.11
Aus Bild L 6.11 folgt $t = \Delta t + t_D - t_P$ mit $\Delta t = 12$ min, $t_D = s/v_D$ und $t_P = s/v_P$ (Gl. (6.1)).

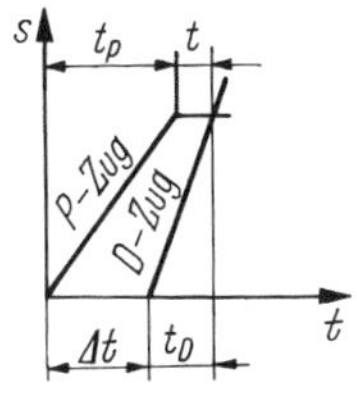

Bild L 6.23 *v,t*-Diagramm der

6.12
1. Wie MF Beisp. 6.2. **2.** Aus Bild E 6.12 folgt $\Delta t_D = (t_{G1} + t_{G2} + t_{aC}) - (\Delta t_A + t_{D1} + t_{D2} + t_{aB} + t_{aD})$.

6.13
1. Nach Gl. (6.6). **2.** Nach Gl. (6.9).

6.14
1. Nach Gl. (6.7). **2.** Nach Gl. (6.9).

6.15
Zeit t aus Gl. (6.6) und s nach Gl. (6.9).

6.16
1. Nach Gl. (6.9) mit $v = v_S$. **2.** Wie 1., jedoch mit $v = v_R = 2v_S$.

6.17
1. Nach Gl. (6.12). **2.** Nach Gl. (6.13). **3.** Nach Gl. (6.14).

6.18
Wie MF Beisp. 6.3.

6.19
Aus Gl. (6.14) folgt v wie in Aufg. 6.17.

6.20
Aus Gl. (6.15) folgt $a = (v^2 - v_0^2)/2s$; mit der Endgeschwindigkeit $v = 0$ wird a negativ.

6.21
Verzögerung a aus Gl. (6.15) wie in Aufg. 6.19 oder mit positivem Betrag $a_v = (v_0^2 - v^2)/2s$, Verzögerungszeit $t = 2s/(v_0 + v)$ aus Gl. (6.14).

6.22
Sinngemäß wie MF Beisp. 6.4, jedoch mit a nach Gl. (6.12) (bzw. $a_v = v/t_2$) und $s = s_1 + s_2 + 1$ m.

6.23
1. Wie MF Beisp. 6.3 u. Aufg. 6.18. **2.** Entspr. Gl. (6.12) folgt aus dem *v,t*-Diagramm (Bild L 6.23) mit $t_2 = t - t_1$ und $v_2 = 0$ die Verzögerung $a_2 = (v_2 - v_1)/t_2$ mit negativem Betrag (oder $a_{v2} = v_1/t_2 = -a_2$), s_2 entspr. Gl. (6.9).

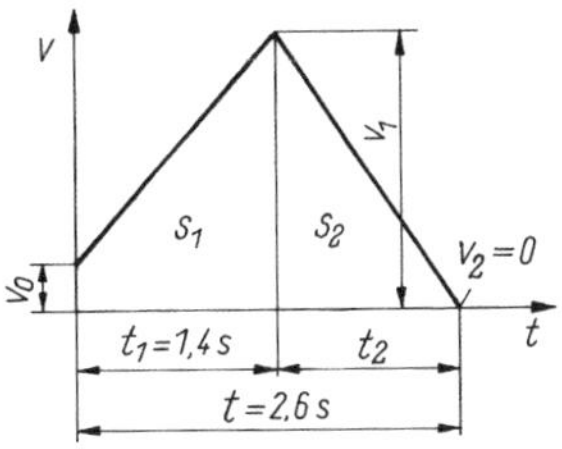

Bild L 6.11 *s,t*-Diagramm

6.24
1. Aus dem *v,t*-Diagramm (s. Bild E 6.24) folgt $s = s_1 + s_2$ mit s_1 und s_2 nach Gl. (6.14). **2.** Aus Gl. (6.14) mit $t = t_1 + t_2$.

6.25

Wie MF Beisp. 6.5.

6.26

Beschleunigung a mit $t_1 = 1{,}8$ s und Verzögerung a_v mit $t_3 = 4$ s nach Gl. (6.6), Fahrzeit $t = t_1 + t_2 + t_3$ mit $t_2 = s_2/v$ (aus Gl. (6.1)) und $s_2 = s - s_1 - s_3$ (s_1 u. s_3 nach Gl. (6.9)).

6.27

Ein Lastspiel umfasst die Zeit vom Beginn des Fassens eines Werkstücks bis zum Beginn des Fassens des nächsten Werkstücks. Die dafür erforderliche Zeit t setzt sich zusammen aus den Zeiten t_F für das Fassen, t_H für das Heben bzw. Senken um die Höhe H, t_h für das Senken bzw. Heben um h und t_L für das Lösen, jedoch unter Berücksichtigung der Zeit t_s für das Zurücklegen des Weges s. Es empfiehlt sich, mit dem Skizzieren der v,t-Diagramme (s. Bild E 6.27) zu beginnen und die Zeiten für die beschleunigten, gleichförmigen und verzögerten Bewegungen jeweils mit den Indizes 1, 2 und 3 zu versehen. Aus den Diagrammen folgt $t = 2(t_{s1} + t_{s2}) + t_h + t_H + t_F + t_L$.

6.28

Aus dem v,t-Diagramm (Bild L 6.28) folgt $s = v_G \cdot t = v_S \cdot t_1/2 + v_S \cdot t_2$ mit $t_2 = t - t_1$ und daraus $t = (v_S/2)\, t_1/(v_S - v_G)$.

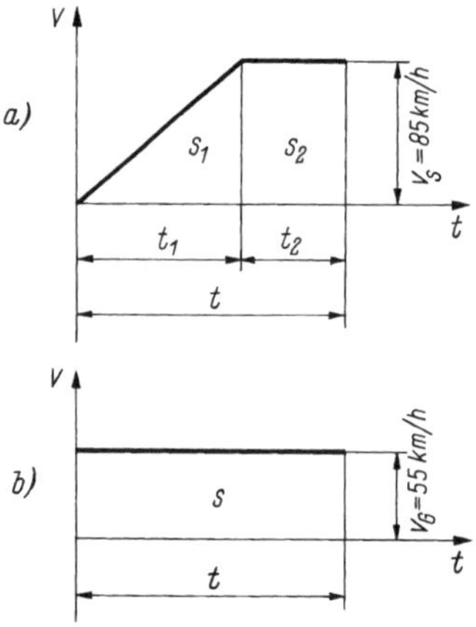

Bild L 6.28 Paketbewegung
v,t-Diagramme der Züge
a) Schnellzug,
b) Güterzug

6.29

1. Auflösung der aus den v,t-Diagrammen (Bild L 6.29) folgenden Gleichungen ergibt $t = [s_1 + s_2 - v_A(t_1 + t_2) + v_B \cdot t_4 - s_4]/(v_B - v_A)$ mit $s_1 = v_0 \cdot t_1$ (Gl. (6.2)), $s_2 = (v_A^2 - v_0^2)/2a$ (aus Gl. (6.15)), $t_2 = 2s_2/(v_0 + v_A)$ (aus Gl. (6.14)) und $t_4 = 2s_4/v_B$ (Gl. (6.9)). **2.** $s = s_1 + s_2 + s_3$ mit $s_3 = v_A \cdot t_3$ (Gl. (6.2)). **3.** Vergleich von $t_1 + t_2$ mit t_4.

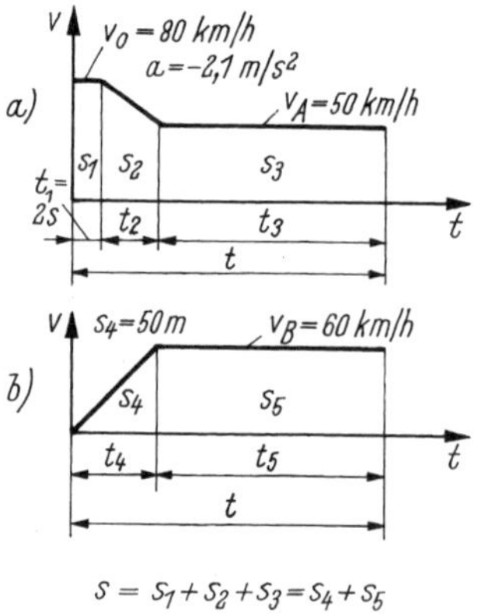

Bild L 6.29 v,t-Diagramme
a) Fahrzeug A, b) Fahrzeug B

6.30

Nach Bild L 6.30 ist $s = s_0 + (16 + 8 + 20 + 10) \cdot \text{m} = s_1 + s_2$ sowie $t = t_1 + t_2$ mit s_1 nach Gl. (6.14), s_0 u. s_2 nach Gl. (6.2), t_1 aus Gl. (6.12); Auflösung der Gln. ergibt $t_2 = (v_0 \cdot t_1 - s_1 + 54\ \text{m})/(v - v_0)$.

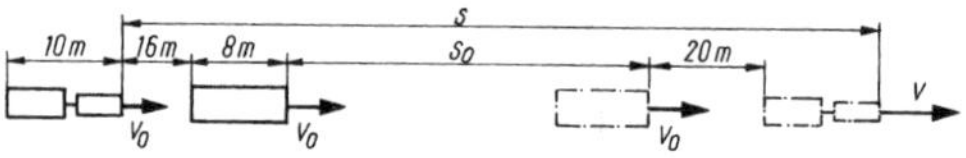

Bild L 6.30 Berechnungsskizze

6.31

1. Nach Gl. (6.17). **2.** Nach Gl. (6.19).

6.32

Nach den Gln. (6.19) u. (6.18).

6.33

Die Zeit t setzt sich zusammen aus der Fallzeit $t_F = \sqrt{2h/g}$ (Gl. (6.18)) und der Steigzeit der Schallwellen $t_S = h/v_S$ (als gleichförmige Bewegung angenommen); daraus $t - h/v_S = \sqrt{2h/g}$, nach Quadrieren und Umstellen ergibt sich die gemischt-quadratische Gleichung $h^2 - 2v_S(t + v_S/g)\, h + (t \cdot v_S)^2 = 0$ mit der Auflösung $h = v_S(t + v_S/g) \pm \sqrt{[v_S(t + v_S/g)]^2 - (t \cdot v_S)^2}$. Das mit dem Pluszeichen vor der Wurzel errechnete Ergebnis ist ohne praktische Bedeutung.

6.34

Der Vorgang entspricht einem senkrechten Wurf abwärts, Lösung wie MF Beisp. 6.6.

6.35

1. Nach Gl. (6.15) mit $a = g$ und t nach Gl. (6.16) ($s = h = 4$ m). **2.** Zeiten $t_1 = t + 0{,}2$ s und $t_2 = H/v$ mit $H = h + 2$ m. **3.** Schlagzahl $z = 60\ \text{s}/(t_1 + t_2 + 2 \cdot 1{,}5\ \text{s})$.

6.36

Nach den Gln. (6.19) u. (6.17) (v,t-Diagramm wie MF Bild 6.13).

6.37
Nach Gl. (6.19).

6.38
Wie MF Beisp. 6.7.

6.39
Aus Bild L 6.39 folgen $H = h_1 + h_2 + h_3$ und $h = h_2 + h_3$, worin $h_1 = g \cdot t^2/2$ (Gl. (6.71)) und $h_2 = v_0 \cdot t - g \cdot t^2/2$ (Gl. (6.14) mit $s = h_2$ und $a = -g$), Auflösung ergibt $t = (H - h_3)/v_0$.

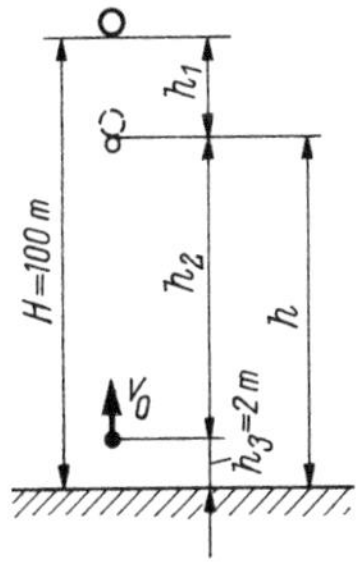

Bild L 6.39 Skizze mit Fall- und Steighöhen

6.40
Nach Gl. (6.22).

6.41
Aus Gl. (6.22).

6.42
Wie MF Beisp. 6.8.

6.43
Nach den Gln. (6.27) u. (6.22) oder (6.26).

6.44
Wie Aufg. 6.43 für Minutenzeiger mit $r_1 = 1{,}2$ m und $n_1 = 1/\text{h} = 1\ \text{h}^{-1} = (1/60)$ min $= 1/3600$ s, für Stundenzeiger mit $r_2 = 1{,}05$ m und $n_2 = n_1/12$.

6.45
Wie MF Beisp. 6.9 und ω nach Gl. (6.27).

6.46
Wie MF Beisp. 6.10.

6.47
Mit $\varphi = 2\pi \cdot Z$ und ω nach Gl. (6.24) folgt aus Gl. (6.26) für $Z = v \cdot t/(2\pi \cdot r)$.

6.48
1. Nach Gl. (6.24) und aus Gl. (6.27). **2.** Nach Gl. (6.26). – Die Ausladung ist der Abstand des Lasthakens von der Krandrehachse, somit Radius r der Kreisbahn.

6.49
1. Nach Gl. (6.22), u. zwar v_a mit $d = 0{,}25$ m, v_e mit $d_1 = 0{,}202$ m. **2.** Vorschubgeschwindigkeit $v_s = s_v \cdot n$ mit $s_v = 0{,}6$ mm. **3.** Mit der erforderlichen Schnittzahl $z = [(d - d_1)/2 - 1\ \text{mm}]/4\ \text{mm} + 1$ wird $t = z \cdot l/v_s$ (l = Schnittlänge = Zylinderlänge).

6.50
Wegen der zwei tragenden Seilstränge ist die Umfangsgeschwindigkeit v (Gl. (6.22)) an der Trommel das Doppelte der Hubgeschwindigkeit v_H.

6.51
1. Aus Gl. (6.22). **2.** Aus $V \cdot 2/3 = b(d^2 - d_0^2)\,\pi/4 \cdot 2/3 = b(d_1^2 - d_0^2)\,\pi/4$ folgt $d_1 = \sqrt{(2d^2 + d_0^2)/3}$, da sich b herauskürzt. **3.** Sinngemäß aus $V/3$ für $d_2 = \sqrt{(d^2 + 2d_0^2)/3}$.

6.52
1. Nach den Gln. (6.27) u. (6.30). **2.** Nach den Gln. (6.22) u. (6.29).

6.53
1. Aus Gl. (6.30) mit ω nach Gl. (6.27). **2.** Mit $\varphi = 2\pi \cdot Z$ und den Gln. (6.27), (6.30), (6.32) folgt $2\pi \cdot Z = \omega_2 \cdot t/2 = \omega_2^2/2\alpha = (2\pi \cdot n_2)^2/2\alpha$, daraus $n_2 = \sqrt{\alpha \cdot Z/\pi}$.

6.54
Nach den Gln. (6.27), (6.30) u. (6.29).

6.55
Wie MF Beisp. 6.11.

6.56
Nach Gl. (6.33) mit ω und ω_0 aus Gl. (6.26) (Fahrgeschwindigkeit = Umfangsgeschwindigkeit am Rollradius, s. MF S. 101).

6.57
Da Fahrzeugbeschleunigung a = Tangentialbeschleunigung a_t am Radumfang, folgt α aus Gl. (6.29), damit n aus Gl. (6.27) mit ω nach Gl. (6.31), v nach Gl. (6.22).

6.58
Aus Gl. (6.33) mit $\omega = 0$ und ω_0 nach Gl. (6.27).

6.59
Wie MF Beisp. 6.12.

6.60
1. Nach Gl. (6.27) und aus Gl. (6.30). **2.** Nach Gl. (6.33) mit $\omega = 0$ und negativem Ergebnis für α oder α_v nach Gl. (6.30) positiv.

6.61
Auslaufzeit $t = 2Z/n$ aus n,t-Diagramm (s. MF Bild 6.23), α_v nach Gl. (6.30) mit ω nach Gl. (6.27).

6.62
Nach Gl. (6.33) mit ω und ω_0 nach Gl. (6.27), Umlaufzahl $Z = (n_0 + n)\,t/2$ aus n,t-Diagramm.

6.63
Mit den Gln. (6.36), (6.33) u. (6.27).

6.64
Höhe h = Weg auf der Kreisbahn $s = D \cdot \pi \cdot Z$, im übrigen sinngemäß wie MF Beisp. 6.13 und mit $t = t_1 + t_2 + t_3$.

6.65

Sinngemäß wie Aufg. 6.64 und mit $v = 2v_H$ sowie $a_t = 2a$ wegen des zweisträngigen Seiltriebs (s. auch Aufg. 6.50).

6.66

Wie MF Beisp. 6.14, jedoch d_1 errechnen.

6.67

Aus Gl. (6.38).

6.68

Aus Gl. (6.38).

6.69

1. Aus Gl. (6.22). **2.** u. **3.** Nach bzw. aus Gl. (6.38).

6.70

1. Aus Gl. (6.22) mit $D = 0{,}4$ m. **2.** Aus Gl. (6.38) mit $d_1 = 0{,}25$ m. **3.** Nach Gl. (6.38).

6.71

1. Es ist $a_I = a_{t1}$ nach Gl. (6.29) mit α_1 nach Gl. (6.30) und ω_1 nach Gl. (6.27). **2.** Entspr. Gl. (6.38): $i_I = d_2/d_1$ und $i_{II} = d_4/d_3$. **3.** Aus Gl. (6.38). **4.** Wie 1. mit $a_{II} = a_{t3}$.

6.72

1. Gesamtübersetzung i_g nach Gl. (6.39), woraus mit $i_I = i_{II} = i_{III} = i$ folgt: $i = \sqrt[3]{i_g}$. **2.** Aus Gl. (6.38) und Bild 6.72 folgen $n_2 = n_3 = n_1/i$ sowie $n_4 = n_5 = n_3/i = n_1/i^2$.

6.73

Sinngemäß wie MF Beisp. 6.15 mit $d_6 = z_6 \cdot m$ (s. MF S. 105) und dreistufigem Getriebe.

6.74

Aus Gl. (6.38) mit $i = i_g$ nach Gl. (6.39) und $n_{gtr} = n_4$ aus Gl. (6.22), wobei wegen des zweisträngigen Seiltriebs $v = 2v_H$ ist (s. auch die Aufgn. 6.65 u. 6.50).

6.75

Nach Gl. (6.22) ist $v_x = 2r \cdot \pi \cdot n_x$ (s. auch die Aufgn. 6.46 u. 6.56, $x = 1, 2, 3$ u. 4) mit der jeweiligen Raddrehzahl $n_x = n_M/(i \cdot i_x)$ (aus Gl. (6.39)); setzt man $K = 2r \cdot \pi \cdot n_M/i$, wird $v_x = K/i_x$.

6.76

1. Aus Gl. (6.30). **2.** Nach Gl. (6.26) mit $\omega_2 = \omega_1 \cdot z_1/z_2$ (entspr. den Gln. (6.37) u. (6.38)) und $r_2 = d_2/2 = z_2 \cdot m/2$. **3.** Nach Gl. (6.6).

6.77

Aus Gl. (6.39) folgt $i_{II} = n_1/(n_4 \cdot i_I)$, worin $n_4 = Z/t$ mit der Umlaufzahl $Z = (L - l + \Delta L)/(D \cdot \pi)$; nach Bild L 6.77 ergeben sich (Satz des Pythagoras und Cosinussatz): $L = \sqrt{a^2 + h^2 - R^2}$, $l = \sqrt{L^2 - 2a \cdot h \cdot \sin\alpha}$, $\Delta L = (\delta_1 + \delta_2)\,R$, $\delta_1 = \text{arc tan}\, h/a + \text{arc tan}\, R/L$.

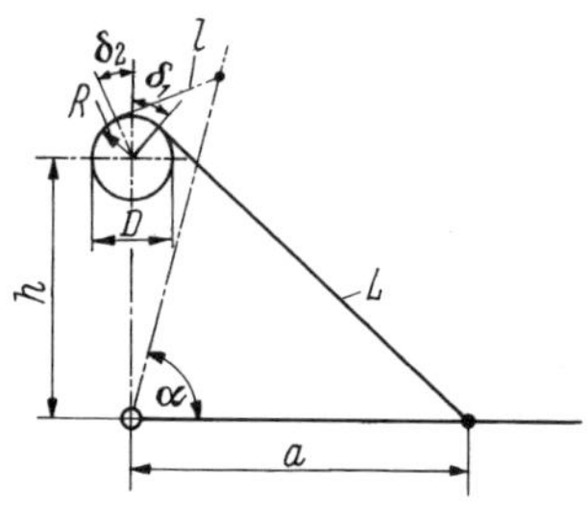

Bild L 6.77 Skizze zur Ermittlung der aufzuwickelnden Seillänge

6.78

Sinngemäß wie MF Beisp. 6.16 mit v_1 und v_2 nach Gl. (6.1) und $s = \sqrt{s_1^2 + s_2^2}$.

6.79

1. Mit v_H nach Gl. (6.43) und $s = b/\sin\alpha$ (s. Bild L 6.79a, α aus Gl. (6.44)) wird $t_H = s/v_H$ (aus Gl. (6.1)). **2.** Aus Bild L 6.79b folgt $\sin(\alpha - \beta_R)/\sin(180° - \alpha) = v_1/v_2$ und daraus $\beta_R = \alpha - \text{arc sin}(\sin\alpha \cdot v_1/v_2)$. **3.** Aus Gl. (6.1) mit v_R nach Gl. (6.43).

6.80

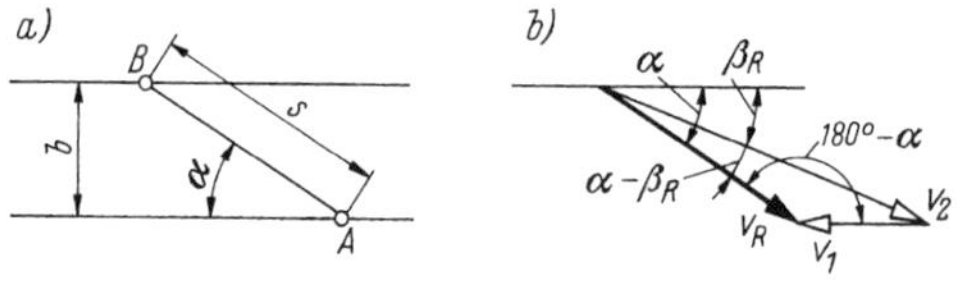

Bild L 6.79 Berechnungsskizzen
a) Entfernung s,
b) Geschwindigkeitsdreieck zur Rückfahrt

1. Aus Bild L 6.80a folgt $\tan\alpha = v_1/v_2$; v_2 nach Gl. (6.41). **2.** Nach Bild L 6.80b.

6.81

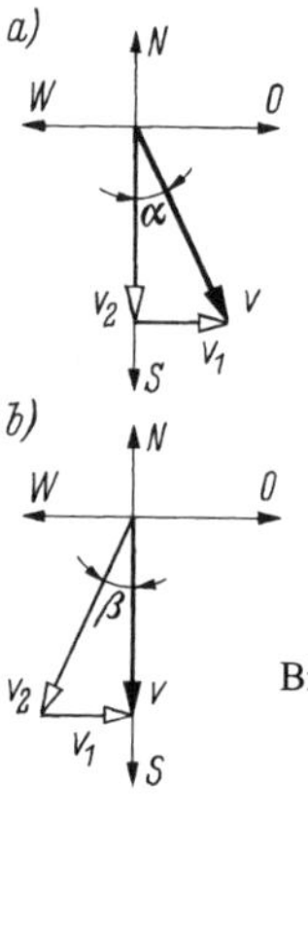

Bild L 6.80 Geschwindigkeitsdreiecke
a) mit Winkel α,
b) mit Winkel β

Wie MF Beisp. 6.23, jedoch zusätzlich $u = v$ nach Gl. (6.22) und $w_2 = 0{,}8w_1$.

6.82

Sinngemäß wie MF Beisp. 6.18.

6.83

1. Nach Gl. (6.18). **2.** Nach Gl. (6.46). **3.** Nach Gl. (6.48).

6.84

1. Nach Gl. (6.55). **2.** Nach Gl. (6.56). **3.** Nach Gl. (6.57).

6.85

Aus den Gln. (6.55) u. (6.56) folgt mit $\sin 2\alpha_0 = 2 \cdot \sin\alpha_0 \cdot \cos\alpha_0$ und $\cos\alpha_0 = \sqrt{1 - \sin^2\alpha_0}$ für $v_0 = \sqrt{g(2h_{max} + s_{max}^2/8h_{max})}$, worin $h_{max} = 16$ m u. $s_{max} = 50$ m; α_0 aus Gl. (6.55) und t_w nach Gl. (6.57).

6.86

Sinngemäß wie MF Beisp. 6.20 mit den Gln. (6.50), (6.52) u. (6.53).

6.87

Aus $s = v_1 \cdot t = v_0 \cdot t \cdot \cos\alpha_0$ folgt $\cos\alpha_0 = v_1/v_0$ (s. Bild L 6.87 sowie Gln. (6.2) u. (6.50)), damit ergibt sich aus Gl. (6.51) für $t = \sin\alpha_0 \cdot v_0/g \pm \sqrt{(\sin\alpha_0 \cdot v_0/g)^2 - 2h/g}$ (Pluszeichen vor der Wurzel ohne praktische Bedeutung), horizontale Flugstrecke s nach Gl. (6.2) und v nach Gl. (6.53).

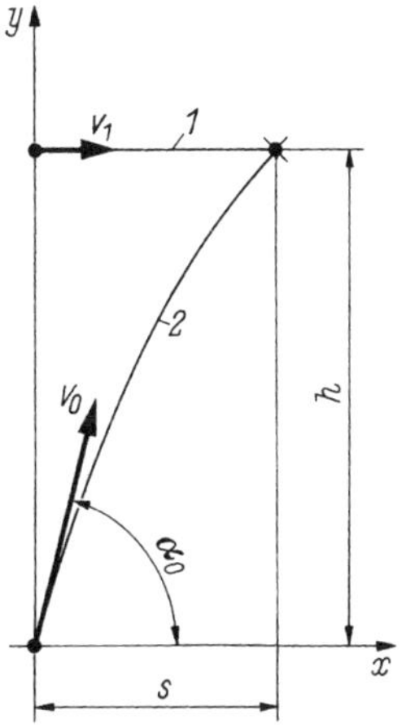

Bild L 6.87 Skizze der Flugzeug- (*1*) und der Geschossbahn (*2*)

6.88

Absolutbeschleunigung $a = \sqrt{a_1^2 + a_2^2}$ und t aus Gl. (6.6).

6.89

a_r nach Gl. (6.58) mit Radradius $R = D/2$, die Umfangs- oder Tangentialgeschwindigkeit $v_t = v \cdot r/(i \cdot R)$ am Tretkurbelkreis (aus den Gln. (6.26) u. (6.37)) ist in den 4 Punkten mit der horizontalen Fahrgeschwindigkeit v jeweils geometrisch zu addieren, demnach betragen $v_1 = v + v_t$, $v_2 = v_4 = \sqrt{v^2 + v_t^2}$ und $v_3 = v - v_t$.

6.90

Wie MF Beisp. 6.21 mit n_2 aus Gl. (6.38).

6.91

Mit den Gln. (6.58), (6.5) ($a = a_t$) u. (6.59).

6.92

Wie MF Beisp. 6.22.

6.93

Wie MF Beisp. 6.24 (Geschwindigkeits- und Beschleunigungsplan s. Bild L 6.93), Richtung der Coriolisbeschleunigung a_C senkrecht zur Relativgeschwindigkeit v_2 (im Drehsinn der Führungswinkelgeschwindigkeit ω_1 gedreht, s. MF S. 118 u. MF Bild 6.47c).

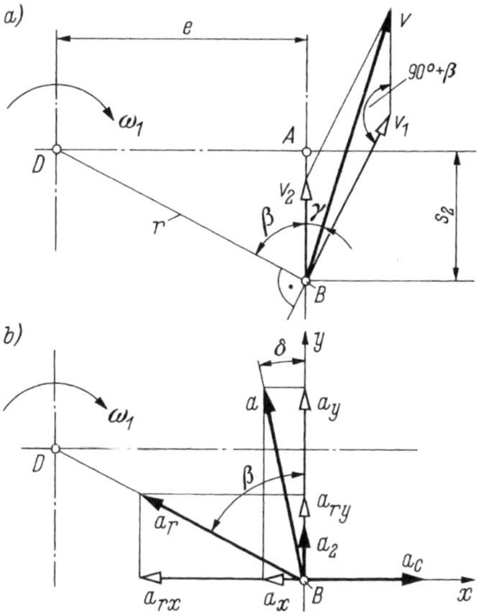

Bild L 6.93 Berechnungsskizzen
a) Geschwindigkeitsplan,
b) Beschleunigungsplan

6.94

Der Weg des Kulissensteins in der Schleife ist die Relativbahn, der Kurbelkreis die Absolutbahn, die Schleife führt eine Drehbewegung als Führungsbewegung aus. Somit betragen die Absolutgeschwindigkeit $v = \omega \cdot r = (2\pi \cdot n) \cdot r$ (Gln. (6.26) u. (6.27)) und die Absolutbeschleunigung $a = a_r = v^2/r$ (Gl. (6.58), s. Bild

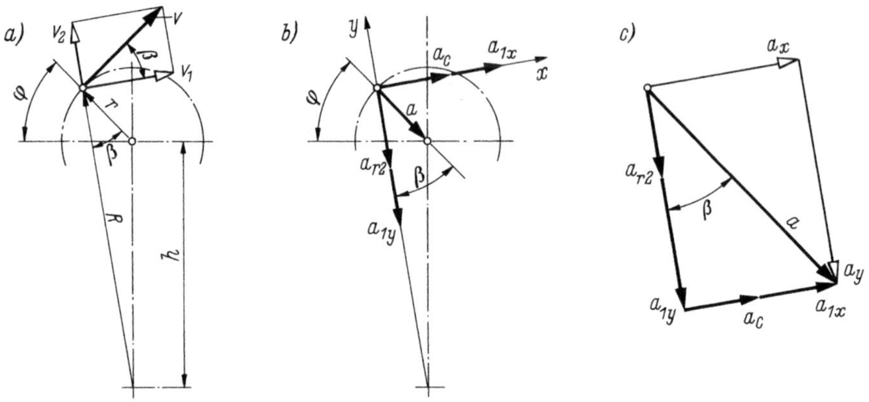

Bild L 6.94 Berechnungsskizzen zur Kurbelschleife
a) Geschwindigkeitsplan, b) Beschleunigungsplan, c) Beschleunigungsdreiecke

L 6.94). Aus Bild L 6.94a folgt $v_1 = v \cdot \cos\beta$ senkrecht zu R (Winkel β aus $\sin\beta/h = \sin(90° + \varphi)/R$ mit $R = \sqrt{r^2 + h^2 - 2 \cdot r \cdot h \cdot \cos(90° + \varphi)}$), damit $\omega_1 = v_1/R$ (aus Gl. (6.26)). Mit der Relativgeschwindigkeit $v_2 = v \cdot \sin\beta$ wird $a_C = 2 \cdot \omega_1 \cdot v_2$ (Gl. (6.60)). Auf den Kulissenstein wirkt außerdem als Relativbeschleunigung die Radialbeschleunigung $a_{r2} = \omega_1^2 \cdot R$ (Gl. (6.58), s. Bild L 6.94b). Die tangentiale Komponente a_{1x} der Führungsbeschleunigung a_1 folgt aus $a_x = a_C + a_{1x}$ mit der Komponente $a_x = a \cdot \sin\beta$ der Absolutbeschleunigung (Bild L 6.94c), womit sich $\alpha_1 = a_{1x}/R$ (aus Gl. (6.29)) ergibt.

7 Kinetik

7.1
Nach Gl. (7.3) mit a nach Gl. (6.6).

7.2
Nach Gl. (7.3) mit m nach Gl. (7.2) (ϱ aus Tab. 11) und a nach Gl. (6.12).

7.3
1. Wie Aufg. 7.1. **2.** Aus Gl. (7.5) mit $F_R = F_f = \mu_F \cdot m \cdot g$ (Gl. (5.61)).

7.4
1. Aus Gl. (6.9). **2.** Nach Gl. (5.61) und aus Gl. (7.5).

7.5
a aus Gl. (6.15) (negativer Wert) und μ_F aus Gl. (7.6) ($a_v = -a$) mit Gl. (5.61) ($F_R = F_f$).

7.6
Geschwindigkeit v nach Gl. (6.10) mit a nach Gl. (7.8), Rutschzeit t nach Gl. (6.11).

7.7
1. Wie in Aufg. 7.6. **2.** Mit $v_1 = 0{,}7v$ wird $s_1 = v_1^2/2a_v$ (Gl. (6.9)), worin $a_v = \mu \cdot g$ aus Gl. (7.6) mit $F_b = 0$.

7.8
1. Fahrstrecke $h_1 = h_3$ nach Gl. (6.9) und $h_2 = h - (h_1 + h_3)$ mit $h = 6$ m. **2.** Nach den Gln. (7.10) u. (7.11) (bei F_{S2} ist $a = 0$). **3.** Es sind a, v u. F über h darzustellen, wobei h-Achse zweckmäßig lotrecht (s. Bild E 7.8). Parabelförmiger Verlauf von v über h_1 u. h_3 wegen Gl. (6.9) (s. Bild E 7.8b)!

7.9
$F_b = F_S - 2F_R$ mit F_S nach Gl. (7.11), worin a nach Gl. (6.6) als a_v einzusetzen ist.

7.10
1. Nach den Gln. (7.10) u. (7.11) mit $m = 2500$ kg. **2.** Zu den Werten unter 1. bei Aufwärtsbewegung F_R addieren, bei Abwärtsbewegung F_R subtrahieren.

7.11
Mit der Verzögerung a_v aus Gl. (6.9) wird $F = F_T$ nach Gl. (7.12) bzw. (7.13) oder nach dem Prinzip von d'Alembert: $F + F_T = F + m \cdot a = 0$ mit negativem Wert für a.

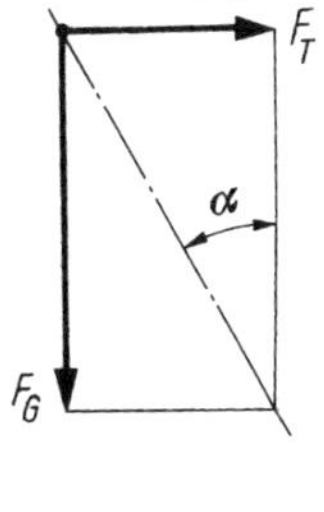

Bild L 7.12 Skizze zum Neigungswinkel α

7.12
Trägheitskraft F_T wirkt in Fahrtrichtung, so dass Neigung entgegen erfolgen muss, Neigungswinkel aus $\tan \alpha = a/g$ (s. Bild L 7.12).

7.13
1. Sinngemäß wie MF Beisp. 7.8, jedoch mit Gl. (5.9), in der $F = F_T$ ist (Gln. (7.12) u. (7.13)), woraus $a = \mu_0 \cdot g/S_H$ folgt. **2.** Nach Gl. (4.11) mit $M_{St} = F_G \cdot b/2$ und $M_{Ki} = F_T \cdot h$ (s. Bild L 7.13).

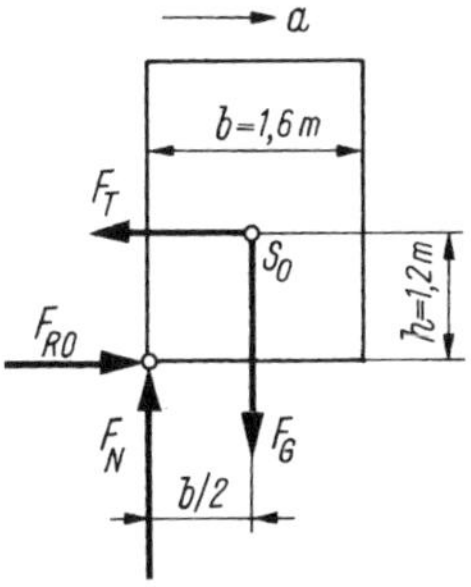

Bild L 7.13 Kräfte an der Transportkiste während der Beschleunigung

7.14
1. Aus $\Sigma F_x = F - 2F_T - 2F_f = 0$ (s. Bild L 7.14) folgt $F = 2m(a + \mu_F \cdot g)$ mit a aus Gl. (6.9), ferner ist $F_1 = 2F_f$ (Gl. (5.61)). **2.** Sinngem. zu 1. sind $F_2 = F/2$ und $F_3 = F_1/2$.

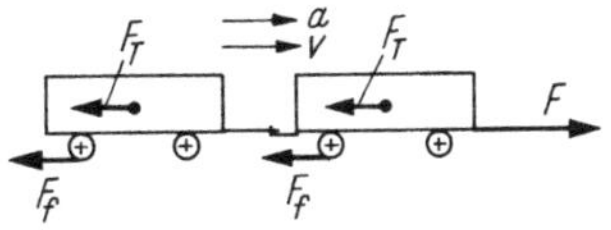

Bild L 7.14 Kräfte an den Anhängern während der Beschleunigung

7.15
Aus $\Sigma F_x = F - F_{T1} - F_R = 0$ für m_1 (Bild L 7.15a) und $\Sigma F_y = F + F_{T2} - F_{G2} = 0$ für m_2 (Bild L 7.15b) folgt mit den Gln. (5.2), (7.4) u. (7.12) nach Gleichsetzen und Umformung $a = g(m_2 - \mu \cdot m_1)/(m_1 + m_2)$.

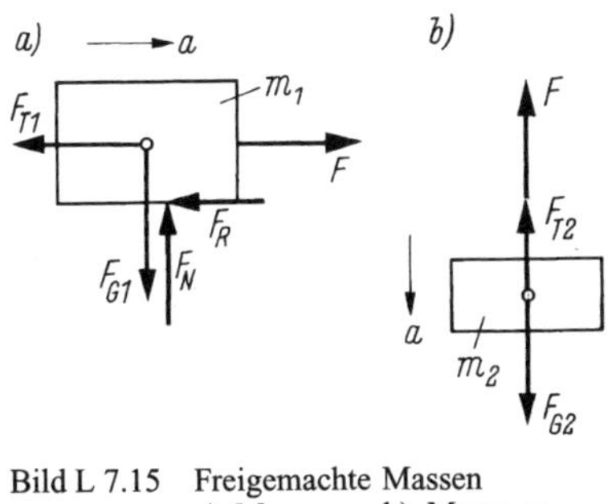

Bild L 7.15 Freigemachte Massen
a) Masse m_1, b) Masse m_2

7.16

1. Nach den Gln. (6.6) u. (6.9). **2.** u. **3.** Wie MF Beisp. 7.9. **4.** Mit F_{Gx} und F_{Gy} (s. Bild L 7.16, $\tan\alpha = 0{,}15$) folgt aus $\Sigma F_x = F_a - F_f - F_T - F_{Gx} = 0$ mit $F_f = \mu_F \cdot F_{Gy}$ und $F_T = m \cdot a_s$ für $a_s = (F_a - \mu_F \cdot F_{Gy} - F_{Gx})/m$, F_{Vs} aus $\Sigma M_{(H)} = 0$ und F_{Hs} aus $\Sigma F_y = 0$.

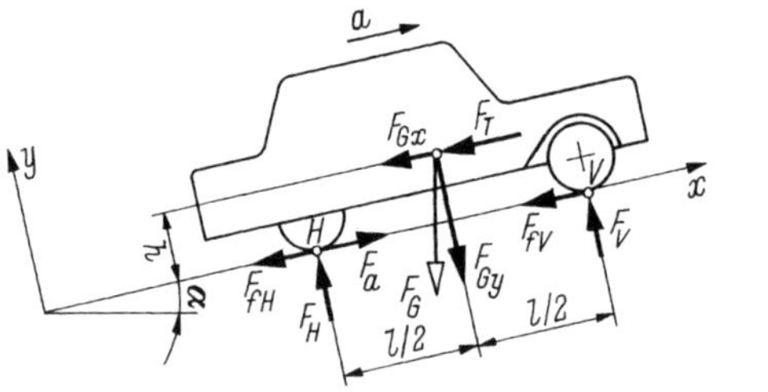

Bild L 7.16 Freigemachtes Kraftfahrzeug bei beschleunigter Steigungsfahrt

7.17

1. Aus $\Sigma F_x = F_T + F_f - F_{Gx} = m \cdot a + \mu_F \cdot m \cdot g \cdot \cos\alpha - m \cdot g \cdot \sin\alpha = 0$ mit $\tan\alpha = 0{,}025 \approx \sin\alpha$ und $\cos\alpha \approx 1$ oder nach Gl. (7.9), Fahrwiderstandszahl $\mu_F = 30\ \mathrm{N}/(g \cdot 1000\ \mathrm{kg})$. **2.** Nach Gl. (6.15). **3.** Nach Gl. (6.16).

7.18

1. Aus $F_{z1} = F_{Gx} = 0$ mit $F_{Gx} = m \cdot g \cdot \sin\alpha$. **2.** Aus $F_{z2} + F_T - F_{Gx} = 0$ mit F_T nach Gl. (7.12) und a nach Gl. (6.6). **3.** Nach Gl. (6.9).

7.19

1. Nach den Gln. (6.10) u. (6.11) mit a aus $F_{S1} - F_{Gx} - F_T - F_f = F_{S1} - m \cdot g \cdot \sin\alpha - m \cdot a - \mu_F \cdot m \cdot g \cdot \cos\alpha = 0$, worin Seilkraft $F_{S1} = F_1 \cdot R/r$ mit $r = d/2$. **2.** Aus $F_2 \cdot R = F_{S2} \cdot r$ mit $F_{S2} = \mu_F \cdot m \cdot g$.

7.20

1. Es sind $F_1 = p(D^2 - d^2)\pi/4$ und $F_R = 0{,}04 F_1$. **2.** Aus $F_1 - F_R - m \cdot g - m \cdot a_1 = 0$. **3.** $F_2 = p \cdot D^2 \times \pi/4$. **4.** Aus $F_R + m \cdot a_2 - m \cdot g - F_2 = 0$. **5.** Nach den Gln. (6.10) u. (6.11) mit a_2 und $s = h = 1{,}2$ m.

7.21

Nach Gl. (7.14).

7.22

Aus Gl. (7.14) mit $m \cdot \Delta v = m \cdot v_2 - m \cdot v_1 = (500 - 200) \times \mathrm{kgm/s}$.

7.23

Aus Gl. (7.14) mit F nach Gl. (7.5), worin $F_a = M/R$ und $F_R = F_f$ nach Gl. (5.61), sowie $\Delta t = t$ und $\Delta v = v$.

7.24

Entspr. den Gln. (7.14) u. (7.5) Anfangsgeschwindigkeit v_0 aus $F \cdot t = (F_a - F_f)\, t = m \cdot v - m \cdot v_0$, Beschleunigungsweg s nach Gl. (6.14).

7.25

Mit den Gln. (5.61) u. (7.14) folgt F_a aus Gl. (7.5), wobei $m = m_{ges} = m_1 + m_2$, sinngemäß F_z, wobei $m = m_2$ (wegen μ_F s. Hinweis zu 1. der Aufg. 7.17).

7.26

Wie MF Beisp. 7.11.

7.27

Sinngemäß wie MF Beisp. 7.12 mit $m = m_K + m_L$ (Kranlaufkatze = Hubwerk mit Fahrwerk, s. auch MF Bild 6.31).

7.28

Aus Gl. (7.14) mit $t = \Delta t = 60$ s und $m \cdot \Delta v = m \cdot v - m \cdot v_0$, wobei $v_0 = (500/3{,}6)$ m/s.

7.29

Wie MF Beisp. 7.13.

7.30

1. Mit F_R nach Gl. (5.2) und $F_N = F_G$ ist $F_1 = F_R$, damit W_1 nach Gl. (7.18) ($\alpha = 0°$). **2.** Sinngemäß wie MF Beisp. 7.14 mit $F_N = F_G - F_h = m \cdot g - F_2 \cdot \sin\alpha$ und $F_s = F_2 \cdot \cos\alpha = F_R = \mu \cdot F_N$.

7.31

1. Nach den Gln. (7.19) u. (7.20). **2.** Nach Gl. (7.21) und damit $W_{ges} = \Sigma W$ wie unter 5. in MF Beisp. 7.15. **3.** Da $W_a = 0$ ist, wird $W = W_R + W_h$, damit $F_s = W/s$ und F sinngem. wie in Aufg. 7.19.

7.32

Wie MF Beisp. 7.15.

7.33

Die potenzielle Energie (Gl. (7.23) mit $h = s$) ist gleich der Federenergie $E_F = W_F$ nach Gl. (7.22), daraus folgt $s = 2 \cdot m \cdot g/R$.

7.34

Wie MF Beisp. 7.16 mit $R = \Delta F/h$.

7.35

1. Wie Aufg. 7.33. **2.** Wie s_1 in MF Beisp. 7.20. **3.** Die Beschleunigung ist nicht konstant. Sie hat beim Auflegen der Masse den Größtwert $a = g$ (folgt nach dem Prinzip von d'Alembert aus $F_T + F - F_G = m \cdot a + R \cdot s - m \cdot g = 0$ mit $s = 0$, s. Bild L 7.35), nimmt wegen des Ansteigens der Federkraft F mit s linear ab auf $a = 0$ bei $s_0 = s/2$ und erreicht bei s den Wert $a = -g$ als größte Verzögerung, wobei die Masse zum Stillstand kommt und infolge der Federenergie die Aufwärtsbewegung beginnt.

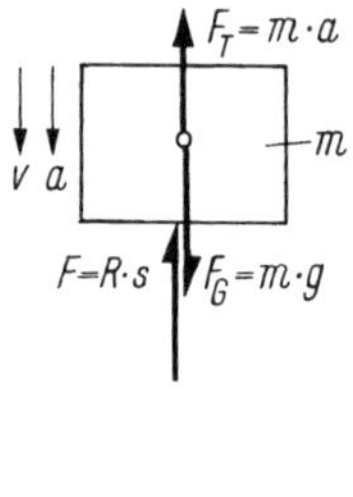

Bild L 7.35 Kräfte an der Masse auf der Feder

7.36
Die potenzielle Energie $E_p = m \cdot g(h + s)$ der Masse über der zusammengedrückten Feder ist gleich der Federarbeit nach Gl. (7.22).

7.37
1. Wie Aufg. 7.36. **2.** Wie unter 2. in Aufg. 7.35. **3.** Wie 3. in Aufg. 7.35, jedoch steigt die Verzögerung weit über $-g$ an.

7.38
Sinngemäß wie s_2 in MF Beisp. 7.20.

7.39
1. Nach den Gln. (6.18) u. (6.19). **2.** Nach Gl. (7.24) (s. auch MF Beisp. 7.17).

7.40
1. Die potenzielle Energie $E_p = m \cdot g \cdot H$ (Gl. (7.23)) wird in die Eintreibarbeit $W = F \cdot s$ (Gl. (7.18)) umgewandelt, so dass $m \cdot g \cdot H = F \cdot s$ ist. **2.** Nach Gl. (6.19) mit $h = H - s$.

7.41
1. Die kinetische Energie $E_k = m \cdot v_0^2/2$ wird in die Eintreibarbeit $W = F \cdot s$ umgewandelt, so dass $F \cdot s = m \cdot v_0^2/2$ ist. **2.** Es handelt sich um eine gleichmäßig verzögerte Bewegung mit konstanter Verzögerung a von v_0 bis zum Stillstand ($v = 0$), Geschwindigkeitsverlauf nach Gl. (6.15), d. h. die v,s-Linie ist eine Parabel. **3.** Entspr. Gl. (7.26) ist $E_k + E_p - E_R = 0$, worin $E_p = m \cdot g \cdot s$ und $E_R = W$ sind.

7.42
Wie unter 1. in Aufg. 7.41.

7.43
Entspr. Gl. (7.26) ist $E_{k0} - E_k - E_R - E_b = 0$ mit $E_R = W_R = \mu_F \cdot m \cdot g \cdot s$ (Gl. (7.19)).

7.44
Aus $E_k - E_p = 0$ mit den Gln. (7.23) u. (7.24).

7.45
1. Aus Gl. (6.17) mit Steighöhe h_1 wie h in Aufg. 7.44. **2.** Nach Gl. (6.19) mit $t_2 = 1$ s. **3.** Mit a_v aus $2F_b - m \cdot g - m \cdot a_v = 0$ (Prinzip von d'Alembert) wird $t_3 = v_2/a_v$. **3.** $t = \Sigma t_i$.

7.46
1. Nach Gl. (6.11) mit a nach Gl. (7.8). **2.** Nach Gl. (6.7). **3.** Nach Gl. (7.24).

7.47
Nach Gl. (7.25) mit $E_0 = E_{k0} + E_p = m \cdot v_0^2/2 + m \cdot h \cdot h$, worin $h = s \cdot \sin\alpha$, $E_z = 0$ und $E_a = W_R = \mu \cdot m \cdot g \times \cos\alpha \cdot s$ (Gl. (7.19)).

7.48
Wie MF Beisp. 7.21.

7.49
1. Aus $E_{p0} - E_{p1} - E_{k1} = m \cdot g \cdot h_0 - m \cdot g \cdot h_1 - m \cdot v_1^2/2 = 0$ mit $h_0 = l(1 - \cos\varphi_0)$ und $h_1 = l(1 - \cos\varphi_1)$ nach Bild L 7.49a. **2.** Aus $E_{p0} - E_{k2} = 0$ (s. auch MF S. 135). **3.** Aus $m \cdot a_1 - m \cdot g \cdot \sin\varphi = 0$ nach Prinzip von d'Alembert (s. Bild L 7.49b).

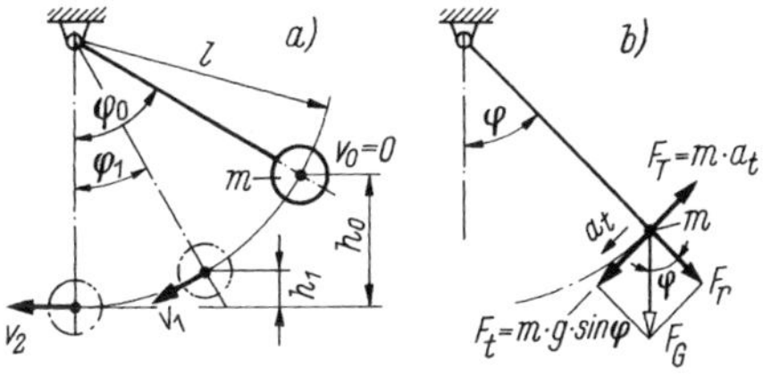

Bild L 7.49 Berechnungsskizze
a) Höhen und Geschwindigkeiten,
b) Kräfte

7.50
Nach Gl. (7.27).

7.51
Aus Gl. (7.30) mit $P_M = P_z$ und P_n nach Gl. (7.27).

7.52
1. Aus Gl. (7.32) mit $P_1 = P_z$ und $P_n = W_h/t$ (Gl. (7.27), $m = 12$ t, $t = 1$ h). **2.** Aus Gl. (7.30) mit $P_z = P_1$ und $P_n = P_2$. **3.** Wie 2. mit $P_z = P_2$ und $P_n = P_3$.

7.53
Aus den Gln. (7.27) u. (7.30) folgt $t = W_n/(\eta \cdot P_n)$, worin $P_z = 3$ kW und $W_n = m \cdot \Delta\vartheta \cdot c$ mit der Temperaturdifferenz $\Delta\vartheta = 70$ K (s. MF S. 224) und der spezifischen Wärmekapazität des Wassers $c \approx 4{,}2$ kJ/(kg · K).

7.54
Aus Gl. (7.30) mit $P_z = P_m$ und P_n nach Gl. (7.27), worin $W = W_h$ nach Gl. (7.20).

7.55
Mit F aus Gl. (7.28) wird $F_L = F - F_f$.

7.56
Wie 1. in MF Beisp. 7.26 mit m nach Gl. (7.2) ($V = 200$ km · 20 dm³/km) und $t = 1$ h.

7.57
Entspr. den Gln. (7.28) u. (7.30) ist $P = F_a \cdot v/\eta$ mit der Antriebskraft $F_a = F_L + F_f + F_{Gx}$, worin $F_{Gx} = m \cdot g \times \sin\alpha$ beträgt ($\tan\alpha = 0{,}14$).

7.58
1. Sinngemäß wie in Aufg. 7.56 wird $P_1 = F_{z1} \cdot v/\eta$ mit der Seilzugkraft $F_{z1} = m \cdot g \cdot \sin\alpha$. **2.** Wie unter 1. mit $F_{z2} = m(g \cdot \sin\alpha - a)$ nach dem Prinzip von d'Alembert, worin $a = v/t$ ist. **3.** Nach Gl. (7.29) wird $P_m = P_2/2$, da $v_m = v/2$ ist (Gl. (6.13)).

7.59
Wie in Aufg. 7.57 ist $P = F \cdot v/\eta$ mit $F = m \cdot g \cdot \sin\alpha$ und $m = m' \cdot L$.

7.60
1. Aus den Gln. (7.28) u. (7.30) folgt $P_1 = F_1 \cdot v_F/\eta$ und nach dem Prinzip von d'Alembert wird $F_1 = m(a + \mu_R \cdot g)$ mit $a = g \cdot \tan\alpha$ und $m = m_K + m_L$ (s. Bild L 7.60). **2.** Wie unter 3. in Aufg. 7.58. **3.** Sinngem. wie unter 1. ist $P = F_R \cdot v_F/\eta$.

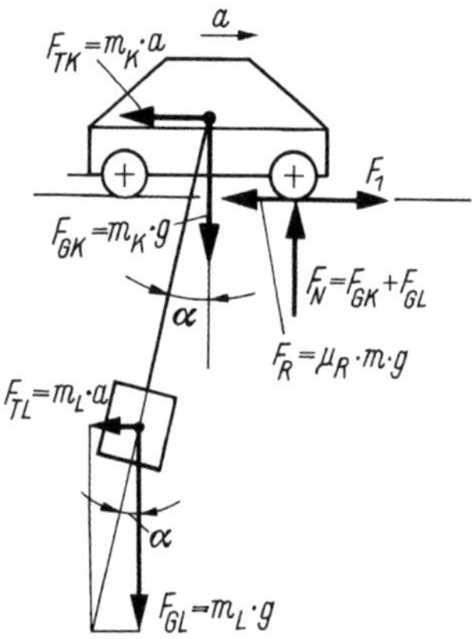

Bild L 7.60 Kräfte an Last und Laufkatze während des Anfahrens

7.61
Wie MF Beisp. 7.25.

7.62
1. Mit $t_1 = t_3$ nach Gl. (6.11), worin $s = h_1 = h_3$ ist, und $t_2 = h_2/v$ (aus Gl. (6.1)) mit $v = a_1 \cdot t_1$ (Gl. (6.7)) wird $t = \Sigma t_i$. **2.** Nach Gl. (7.20). **3.** Nach Gl. (7.28) mit F entspr. den Gln. (7.10) u. (7.11). Da bei Hubbeginn $v = 0$ ist, wird $P_0 = 0$!

7.63
1. Entspr. den Gln. (7.10) u. (7.11). **2.** Nach Gl. (7.28) mit den unter 1. errechneten Kräften. **3.** Nach Gl. (6.9) ist $s = h_1 = h_3$, damit $h_2 = h - h_1 - h_3$. **4.** Nach Gl. (7.20). **5.** Aus Gl. (7.27) mit $t_1 = t_3$ aus Gl. (6.6) und t_2 aus Gl. (6.1), worin $s = h_2$ ist.

7.64
Entspr. den Gln. (7.28) u. (7.30) mit $F = (m_1 + m_2)\,a + (m_1 - m_2)\,g$ nach Prinzip von d'Alembert, für P ist $v = 0$, somit $P = 0$, für P_2 ist $a = 0$, da gleichförmige Bewegung.

7.65
Nach Gl. (7.30) mit P_n nach Gl. (7.28) und $P_z = 10{,}7$ kW.

7.66
Nach den Gln. (7.33) u. (7.34), Kontrolle mit Gl. (7.35) möglich.

7.67
1. Nach Gl. (6.19) mit h_1 (s. auch Aufg. 7.49). **2.** Nach den Gln. (7.33) u. (7.34). **3.** Steighöhe h_2 nach Gl. (6.17) mit $v = u_1$. **4.** Aus $E_k - E_R = 0$ entspr. Gl. (7.26) folgt $s = u_2^2/(2g \cdot \mu_R)$.

7.68
1. u. **2.** wie MF Beisp. 7.28 (wegen Parallelschaltung von Federn s. MF S. 173). **3.** Nach dem Impulssatz (Gl. (7.14)) ist $\mu_F \cdot m \cdot g \cdot t = m(v_0 - v)$, woraus mit $v = 2s/t - v_0$ (aus Gl. (6.14)) und $s = s_i$ folgt: $s_i = v_0 \cdot t - \mu_F \cdot g \cdot t^2/2$, für s_1 ist $v_0 = u_1$ und $v_0 = u_2$ für s_2, damit wird $\Delta s = s_2 - s_1$.

7.69
1. Aus $\Delta s = s_1 - s_2 = 10$ m folgt mit Gl. (6.14) (wobei sich $a \cdot t^2/2$ herauskürzt) $t = \Delta s/(v_{01} - v_{02})$. **2.** Nach Gl. (6.15) mit a nach Gl. (7.9) ($\tan\alpha = 0{,}05$). **3.** Nach den Gln. (7.33) u. (7.34).

7.70
Wie MF Beisp. 7.29.

7.71
Wie MF Beisp. 7.30.

7.72
Mit v nach Gl. (6.19) (folgt aus $E_k - E_p = 0$), in der $h = l(1 - \cos\varphi)$ ist (s. auch Aufg. 7.49), ergibt sich die Geschwindigkeit v_1 der Kugel aus Gl. (7.37) ($v_2 = 0$).

7.73
Wie MF Beisp. 7.31.

7.74
Sinngemäß wie MF Beisp. 7.31 mit $v_1 = \sqrt{2g \cdot h}$, $v_2 = 0$, $u_1 = -\sqrt{2g \cdot h_1}$ (nach Bild L 7.74 ist $h_1 = h(1 - \cos\varphi)$ wie in Aufg. 7.72) und $u_2 = 0$ wird $k = \sqrt{1 - \cos\varphi}$.

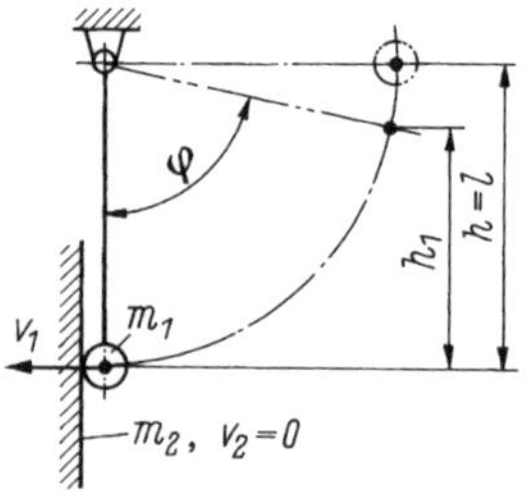

Bild L 7.74 Skizze zur Berechnung von h_1

7.75
Wie MF Beisp. 7.32.

7.76
Nach Gl. (7.46) mit α nach Gl. (6.30) wie MF Beisp. 7.33.

7.77
Aus Gl. (7.46) mit Winkelverzögerung α_v nach Gl. (6.30) und ω nach Gl. (6.27).

7.78
Wie Aufg. 7.77.

7.79
1. Aus Gl. (7.46) mit α nach Gl. (6.30) und ω nach Gl. (6.27). **2.** Nach Gl. (7.46) mit $M_B = M$. Da die Verzögerungszeit $t_2 = t_1/2$ ist, wird die Winkelverzögerung $\alpha_v = 2 \cdot |\alpha|$.

7.80
1. Wie MF Beisp. 7.33. **2.** Entspr. Gl. (6.30) ist $\alpha_v = 2\pi \cdot n/t_2$ mit $t_2 = 18$ s. **3.** Nach MF Bild 6.23 ist $Z = n \cdot t_2/2$.

7.81
Nach dem Prinzip von d'Alembert ist $M_{an} - M_R - M_T = 0$ (Gl. (7.48)) mit M_T nach Gl. (7.47).

7.82
1. Aus $M_{an} - M_R - M_T = 0$ (Gl. (7.48)) mit $M_R = \mu_L \cdot m \cdot g \cdot d/2$ (Gl. (5.38)) und M_T nach Gl. (7.47). **2.** Verzögerungszeit t_v aus Gl. (6.30) mit α aus Gl. (7.47), worin $M_T = -M = M_R$ ist. Umlaufzahl Z wie unter 3. in Aufg. 7.80.

7.83
Wie MF Beisp. 7.35, jedoch mit $M_B = 0$.

7.84
Wie MF Beisp. 7.35.

7.85
Aus Gl. (5.36) mit $z = 2$ und $r = (400/2)$ mm sowie M_B sinngemäß wie M in MF Beisp. 7.33.

7.86
1. Nach Gl. (5.37) mit $l_2 = 0$. **2.** Nach Gl. (5.36) mit $z = 1$. **3.** Aus Gl. (6.31) mit ω nach Gl. (6.27) und α aus Gl. (7.46) mit $M = M_B$.

7.87
1. Sinngemäß wie MF Beisp. 7.35. **2.** Aus Gl. (6.7) mit $|a|$. **3.** Nach Gl. (6.17).

7.88
1. Nach Gl. (6.29). **2.** Aus $M - F_1 \cdot r_1 + F_2 \cdot r_2 = 0$ mit F_1 und F_2 nach den Gln. (7.11) u. (7.10). **3.** Aus Gl. (7.46).

7.89
1. Nach dem Prinzip von d'Alembert gilt für die Kräfte und Momente an den freigemachten Massen (Bild L 7.89): $F_1 + m_1 \cdot a_1 - m_1 \cdot g = 0$, $J_2 \cdot \alpha_2 - F_2 \cdot r_2 - F_1 \cdot r_1 = 0$, $J_3 \cdot \alpha_3 + F_2 \cdot r_3 - F_3 \cdot r_3 = 0$, $F_3 + m_4 \cdot a_4 - m_4 \cdot g = 0$. Ferner ist (Gl. (6.29)) $a_{t2} = a_{t3} = a_4 = \alpha_2 \cdot r_2 = \alpha_3 \cdot r_3$. Durch Einsetzen und Umformen ergibt sich $\alpha_2 = (m_1 \cdot r_1/r_2 + m_4)\, g/(J_2/r_2 + m_1 \cdot r_1^2/r_2 + J_3 \cdot r_2/r_3^2 + m_4 \cdot r_2)$. **2.** Nach Gl. (6.11).

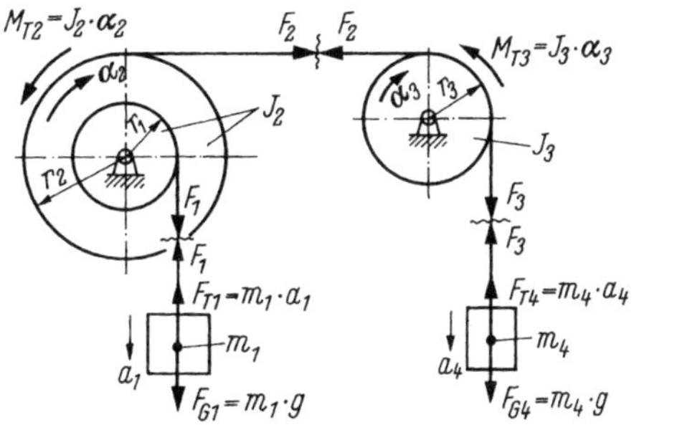

Bild L 7.89 Freigemachtes Viermassensystem

7.90
1. Für Zylinder $J = J_x$ nach Tab. 12. **2.** Sinngemäß wie 1. in Aufg. 7.89 folgt aus $(F_2 - F_3) \cdot R - J \cdot \alpha = 0$ (s. Bild L 7.90) mit F_2 und F_3 nach den Gln. (7.11) u. (7.12) und mit $\alpha = a/R$ (aus Gl. (6.29)) für $a = (m_2 - m_3)\, g/(m_2 + m_3 + J/R^2)$. **3.** Nach Gl. (6.7). **4.** Wie unter 1. u. 2., jedoch a aus $(F_2 - F_3)\, R - J \cdot \alpha - M_R = 0$.

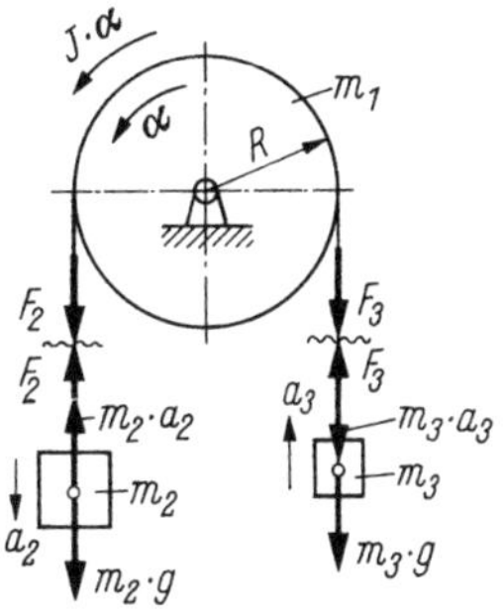

Bild L 7.90 Freigemachtes Dreimassensystem

7.91
1. Siehe MF S. 105. **2.** bis **4.** Nach Tab. 12 mit Dichte ϱ nach Tab. 11. **5.** Nach Gl. (7.49).

7.92
1. u. **2.** wie 1., 2. u. 4. in MF Beisp. 7.38. **3.** Nach Gl. (7.49).

7.93
1. bis **4.** wie MF Beisp. 7.38. **5.** Wie MF Beisp. 7.39.

7.94
1. Wie 1. u. 4. in MF Beisp. 7.38. **2.** Nach Gl. (7.50). **3.** Entspr. Gl. (7.49) ist $J = J_1 + J_2 + 4J_3$.

7.95
1. Nach den Gln. (7.50) u. (7.49) mit $c = r = d/2$. **2.** Mit $M = 30 F_1 \cdot r$ folgt α aus Gl. (7.46) und t aus Gl. (6.30). **3.** Nach Gl. (7.53) mit $m = 30 m_1 + m_2$.

7.96
Mit $\Delta t = 1$ s folgt M aus Gl. (7.54), damit wird $M_{an} = M + M_R$.

7.97
Mit $\Delta t = 2$ s und $\Delta\omega = 2\pi \cdot n/2$ folgt $M_B = M$ aus Gl. (7.54), damit F wie unter 1. in MF Beisp. 5.12.

7.98
Mit $M_B = M$ aus Gl. (7.54) folgt F_N aus Gl. (5.36) und damit F_r sowie F_1 aus Gl. (5.37), wobei $l_2 = r = d/2$ ist.

7.99
Wie MF Beisp. 7.41.

7.100
1. Mit dem Beschleunigungsmoment M aus Gl. (7.54) wird $M_1 = M + M_{R1} + M_{R2}/i$ mit i nach Gl. (6.38). In Gl. (7.54) ist $J = J_{1\,\mathrm{red}} = J_1 + J_2/i^2$ und $\Delta\omega = \omega_{12} - \omega_{11} = 2\pi(n_{12} - n_{11})$ einzusetzen. **2.** Aus dem n,t-Diagramm folgt $Z_1 = (n_{11} + n_{12})t/2$.

7.101
Wie MF Beisp. 7.42.

7.102
Nach Gl. (7.59) mit ω nach Gl. (6.27).

7.103
1. Nach Tab. 12. **2.** Nach den Gln. (7.53) u. (7.52). **3.** Nach Gl. (7.59) mit ω aus Gl. (6.26).

7.104
Wie MF Beisp. 7.43.

7.105
Entspr. Gl. (7.26) ist $E_k - E_R = 0$. Mit E_k nach Gl. (7.60) und $E_R = W_R$ nach Gl. (7.19) folgt daraus $s = (m + J/R^2)\, v^2/(2 \cdot \mu_R \cdot m \cdot g)$ und damit t aus Gl. (6.9) (m u. J nach Tab. 12).

7.106
1. Aus
$E_p = E_{\mathrm{trans}} - E_{\mathrm{rot}} = m \cdot g \cdot h - m \cdot v^2/2 - J \cdot \omega^2/2 = 0$
folgt $h = 0{,}75(\omega \cdot R)^2/g$ und damit s aus $\sin\beta = h/s$ ($\tan\beta = 1/4$). **2.** Wie 1. unter Einbeziehung von $E_R = W_R = \mu_R \cdot m \cdot g \cdot \cos\beta \cdot s$, so dass $s = 0{,}75(\omega \cdot R)^2/[g(\sin\beta + \mu_R \cdot \cos\beta)]$ wird. **3.** Wie 2. mit J für Kugel (Tab. 12), s. auch MF Beisp. 7.44.

7.107
1. Nach Gl. (7.60). **2.** Aus $E_{k1} - m \cdot g \cdot h - E_{k2} = 0$. **3.** Mit E_{k2} folgt aus Gl. (7.60) für $v = \sqrt{2E_{k2}/1{,}4m}$.

7.108
1. Aus $E_{k2} = m \cdot v_2^2/2 + 4 \cdot J \cdot \omega_2^2/2$ (Gln. (7.24) u. (7.59)) mit $\omega_2 = v_2/r = v_2 \cdot 2/d$ (aus Gl. (6.26)). **2.** Aus E_{k1} wie unter 1. mit $E_{k1} = E_{k2} - E_p$ und E_p nach Gl. (7.23), worin $h = s \cdot \sin\beta$ ist.

7.109
Sinngemäß wie in Aufg. 108 folgt mit $E_{k0} = m \cdot v_0^2/2 + 4 \cdot J \cdot \omega_0^2/2$ zu
1. $v_1 = \sqrt{(E_{k0} - m \cdot g \cdot h)/(m/2 + 2J/r^2)}$ und zu
2. $v_2 = v_1 \cdot \sqrt{m \cdot g \cdot h/(m/2 + 2J/r^2)}$.

7.110
1. Nach Gl. (7.62) mit J_1 und J_2 nach Tab. 12 sowie i nach Gl. (6.38). **2.** Aus Gl. (7.47) folgt α mit $J_{1\,\mathrm{red}}$ und M_T aus Gl. (7.48), worin $M = M_1 = M_2/i$ ist; damit t aus Gl. (6.33). **3.** Nach Gl. (7.59) mit ω nach Gl. (6.27).

7.111
1. Aus $E_{\mathrm{rot}} = J_1 \cdot \omega_1^2/2 + J_2 \cdot \omega_2^2/2$ folgt mit Gl. (6.26) für $J_2 = R_2^2(2E_{\mathrm{rot}}/v^2 - J_1/R_1^2)$ und damit m_2 aus Tab. 12. **2.** Aus Gl. (7.48) mit M_T nach Gl. (7.47), $J_{1\,\mathrm{red}}$ nach Gl. (7.62) und α nach Gl. (6.30).

7.112
Nach Gl. (6.29) mit α aus Gl. (7.46) und $J_{1\,\mathrm{red}}$ (Herleitung wie die Gln. (7.61) bis (7.63)).

7.113
1. Mit $a = a_t = \alpha \cdot r$ (Gl. (6.29)) folgt aus $F + F_T - F_{G2} = 0$ und $J_1 \cdot \alpha - F \cdot r = 0$ (s. Bild L 7.113) durch Umformung $F = m_2 \cdot g/(1 + m_2 \cdot r^2/J_1)$. **2.** Nach Gl. (2.20) (mit $a = r$) und aus Gl. (7.46). **3.** Nach den Gln. (6.29) u. (6.11) (mit $s = h$). **4.** Nach den Gln. (6.7) u. (7.24). **5.** Nach Gl. (7.59) mit Gl. (6.31). **6.** Nach Gl. (7.23) ist $E_0 = m_2 \cdot g \cdot h = E = E_k + E_{\mathrm{rot}}$ (s. auch MF S. 135).

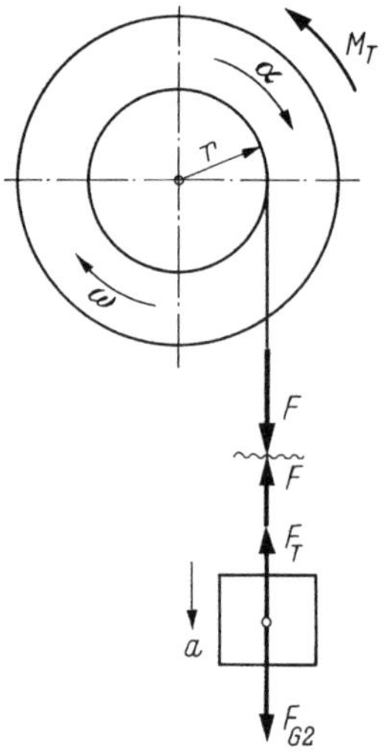

Bild L 7.113 Freigemachte Massen m_1 und m_2

7.114
1. Aus Gl. (7.2) mit ϱ nach Tab. 11. **2.** Nach Tab. 12. **3.** Nach Gl. (6.11) (mit $s = h$), Herleitung von a sinngemäß nach Ansatz wie unter 1. in Aufg. 7.113. **4.** Nach Gl. (7.24) mit Gl. (6.7). **5.** Nach Gl. (7.59) mit Gl. (6.31). **6.** Nach Gl. (7.46) mit Gl. (6.30).

7.115
Sinngemäß wie die Aufgn. 7.90, 7.113 u. 7.114.

7.116
1. Nach Gl. (7.28). **2.** Aus den Gln. (6.22) u. (6.37). **3.** Aus Gl. (7.30) mit $P_n = P$.

7.117
1. Nach Gl. (6.22). **2.** Aus Gl. (6.37). **3.** Nach Gl. (7.30) mit $P_n = P$ nach Gl. (7.28).

7.118
Sinngemäß wie Aufg. 7.117 mit der Schnittkraft $F = 5\ \text{mm} \cdot 4\ \text{mm} \cdot 2{,}4\ \text{kN/mm}^2$.

7.119
Nach Gl. (7.30) mit $P_n = P_2$ nach Gl. (7.64).

7.120
1. Entspr. Gl. (7.30) ist $M_1 = M_2/\eta$ mit $M_2 = F \cdot r$ und $F = m \cdot a + F_R$. **2.** Aus Gl. (7.30) mit $P_n = P_2$ nach Gl. (7.28).

7.121
1. Mit den Gln. (6.38) u. (6.39). **2.** Mit den Gln. (7.32), (7.65) u. (7.66). **3.** Aus Gl. (7.66) mit $P_n = P_4$.

7.122
1. u. **2.** nach bzw. aus Gl. (7.32). **3.** u. **4.** nach bzw. aus Gl. (6.39). **5.** Nach Gl. (7.65).

7.123
1., **2.** u. **3.** nach Gl. (7.65) mit $P_2 = P_n$ aus Gl. (7.32).

7.124
1. Nach Gl. (7.64) mit den Gln. (7.66), (7.32) u. (6.39). **2.** Wegen des zusätzlich aufzubringenden Beschleunigungsmoments M nach Gl. (7.46), in die $J_{M\,red}$ einzusetzen ist, wird $P_{an} = (M_M + M) \cdot 2\pi \cdot n_M$. Unter Berücksichtigung der Wirkungsgrade $J_{Mred} = J_M + J_W/(\eta_I \cdot i_I^2) + J_A/(\eta_{ges} \cdot i_g^2)$ entspr. Gl. (7.62).

7.125
1. Wegen der zwei Seilstränge ist $v_H = v_u/2$ mit der Trommelumfangsgeschwindigkeit $v_u = D \cdot \pi \cdot n_M/i_g$ (Gln. (6.22) u. (6.39)), damit $P = m \cdot g \cdot v_H/\eta_{ges}$ (Gln. (7.4), (7.28) u. (7.32)). **2.** Aus der zur Verfügung stehenden Beschleunigungsleistung $P_b = P_{an} - P = M \cdot \omega_M = (J_{1\,red}/\eta_{ges}) \cdot \omega_M^2/t_1$ (Gln. (7.64), (7.46) u. (6.30)) folgt $t_1 = J_{1\,red} \cdot (2\pi \cdot n_M)^2/(\eta_{ges} \cdot P_b)$. Unter Berücksichtigung der auf die Trommel wirkenden halben Masse der Last ergibt sich entspr. Gl. (7.62) für $J_{1\,red} = J_M + J_1 + (J_2 + J_3)/i_I^2 + (J_4 + J_5)/(i_I \cdot i_{II})^2 + (J_6 + J_{Tr} + (m/z^2) \cdot R^2)/i_g^2$ mit $z = 2$ (Seilstränge). Das Rechnen mit η_{ges} und Vernachlässigen der Einzelwirkungsgrade beim Reduzieren ist eine übliche Vereinfachung. **3.** Aus $M_{T2} - M_{st} - M_B = 0$ folgt mit $M_{T2} = J_{1\,red} \cdot \eta_{ges} \cdot 2\pi \cdot n_M/t_2$ (entspr. Gl. (7.47) mit Gl. (6.30)) und dem auf die Motorwelle bezogenen statistischen Moment der Last $M_{st} = (m/z) \cdot g \cdot R \cdot \eta_{ges}/i_g$ eine Lösungsgleichung für t_2. **4.** Sinngemäß wie unter 3. aus $M_B - M_{st} - M_{T3} = 0$.

7.126
1. Aus $M_2 = \eta_{ges} \cdot i_g \cdot M_1 = F \cdot R$ mit M_1 nach Gl. (7.65). **2.** Der Tangens des Steigungswinkels α entspricht der Steigung. Sinngemäß zur umgeformten Gl. (5.12) (s. Herleitung unter Gl. (5.10)) gilt für die zur ansteigenden Fahrbahn parallele Antriebskraft $F = F_G(\sin\alpha + \mu_F \cdot \cos\alpha)$. Daraus folgt mit $\sin\alpha/\cos\alpha = \tan\alpha$ und mit $\cos\alpha \approx 1$ für kleine Steigungswinkel: $\tan\alpha = F/(m \cdot g) - \mu_F$.

7.127
Nach Gl. (7.67).

7.128
Gl. (7.67) nach r auflösen.

7.129
Wie MF Beisp. 7.51.

7.130
Aus $M = 4 \cdot F_R \cdot R$ folgt mit $F_R = \mu \cdot F_N = \mu \cdot m \cdot r(2\pi \cdot n)^2$ (Gln. (5.2), (7.67) u. (6.27)) für $n = \sqrt{M/\mu \cdot m \cdot r \cdot R}/4\pi$.

7.131
1. Nach Tab. 7 für Halbkreisbogen wird $r = 2R_m/\pi = (2R + s)/\pi$. **2.** Es ist $F = F_z/2$ mit F_z nach Gl. (7.67), worin die Masse des halbkreisförmigen Riemenstückes $m = R_m \cdot \pi \cdot m' = (R + s/2)\,\pi \cdot m'$ beträgt.

7.132
1. Nach Tab. 24 Zeile 5 mit $F_1 = F_{G2}$ und $F_2 = F_{G1}$. **2.** Mit F_z nach Gl. (7.67) wird $\Delta F_A = F_z \cdot 80/230$ und $\Delta F_B = F_z - F_A$. **3.** Auflagerkräfte und Differenzkräfte durch Fliehkraftwirkung nach 2. addieren.

7.133
Mit F_z nach Gl. (7.67) ergeben sich $F_{max} = (m \cdot g \cdot F_z)/2$ und $F_{min} = (m \cdot g - F_z)/2$. Bei positiven Ergebnissen sind die Lagerkräfte als Stützkräfte aufwärts gerichtet.

7.134
Wie MF Beisp. 7.52 unter 1. und 3.

7.135
Sinngemäß wie unter 4. in MF Beisp. 7.52. Seitenkräfte treten nicht auf, wenn die Resultierende auf F_z und F_G auf der geneigten Fahrbahn senkrecht steht, woraus $v = \sqrt{r \cdot g \cdot \tan\beta}$ folgt.

7.136
Mit den Gln. (7.67), (5.2) u. (7.4) gilt für den zu betrachtenden Gleichgewichtszustand (Bild L 7.136) $F_{R0} = \mu_0 \cdot F_N = \mu_0 \cdot m \cdot v^2/r = m \cdot g$, woraus $v = \sqrt{r \cdot g/\mu_0}$ folgt. Winkel β aus $\tan\beta = F_G/F_z = F_{R0}/F_N = \mu_0$.

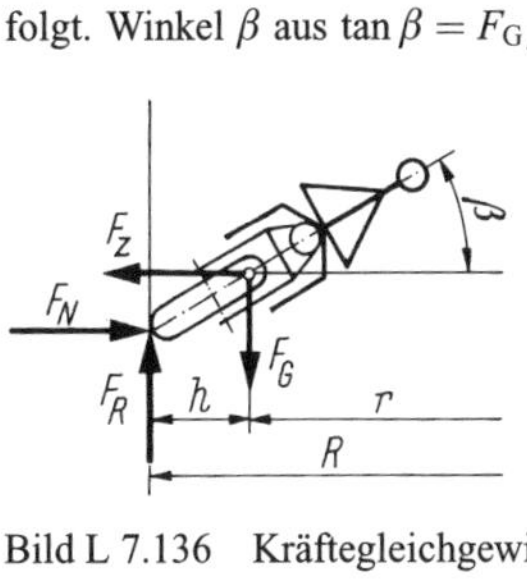

Bild L 7.136 Kräftegleichgewicht am Motorrad

7.137

Im höchsten Bahnpunkt (Bild L 7.137a) muss die Geschwindigkeit v_o so groß sein, dass die daraus folgende Fliehkraft F_z (Gl. (7.67)) mindestens so groß wie F_G (Gl. (7.4)) ist (Bild L 7.137b). Daraus folgt $v_o = \sqrt{R_m \cdot g}$. Nach dem Energiesatz gilt $E_k + E_{rot} = E_{ko} + E_{rot\,o} + E_p$, daraus mit $J = 0{,}1m \cdot d^2$ (Tab. 12), $h = 2R_m$ sowie den Gln. (7.23), (7.24), (7.59), (6.26) nach Umformung $v = \sqrt{(D-d)g \cdot 2{,}7/1{,}4}$.

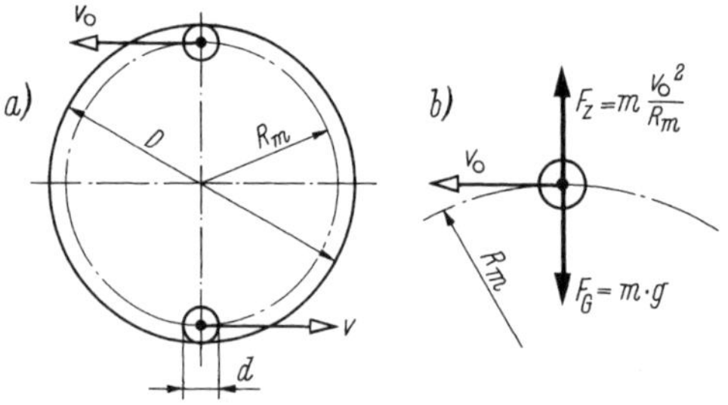

Bild L 7.137 Berechnungsskizze
a) Rollbahn des Balls mit Geschwindigkeiten,
b) Kräfte am Ball im oberen Bahnpunkt bei der Geschwindigkeit v_o

7.138

1. Die anfangs vorhandene potenzielle Energie E_p ist gleich der kinetischen Energie E_k, nach Gl. (7.60) in den Punkten 1 u. 5. In den Punkten 2, 3 u. 4 besitzt die Kugel jeweils kinetische und potenzielle Energie (Gln. (7.60) u. (7.23)). Mit J nach Tab. 12 folgen aus dem Energiesatz $v_1 = v_5 = \sqrt{g \cdot H/0{,}7}$, $v_2 = v_4 = \sqrt{g(H - D/2 + d/2)/0{,}7}$, $v_3 = \sqrt{g(H - D + d)/0{,}7}$.

2. Sinngemäß wie für v_o in Aufg. 7.137 gilt für $v_{3\,erf} = \sqrt{g(D-d)/2}$. Kugel hebt nicht ab, wenn $v_3 > v_{3\,erf}$.

7.139

Mit $r = l \cdot \sin\beta$ sowie den Gln. (7.4) u. (7.67) folgt aus $\tan\beta = F_z/F_G$ die Winkelgeschwindigkeit $\omega = \sqrt{g \cdot \tan\beta/(l \cdot \sin\beta)}$ und damit n aus Gl. (6.27).

7.140

Aus der Gleichgewichtsbedingung $\Sigma M_{(4)} = F_z \cdot l_1 - (F_G + F_{2y})\, l_3 - F_{2x} \cdot l_1 = 0$ (s. Bild L 7.140, F_z u. F_G nach den Gln. (7.67) u. (7.4)) folgt mit $F_{2y} = F$ und $F_{2x} = F \cdot \tan\beta = F \cdot l_3/l_2$ für $F = (F_z \cdot l_1 - F_G \cdot l_3)/(l_3 + l_1 \cdot l_3/l_2)$.

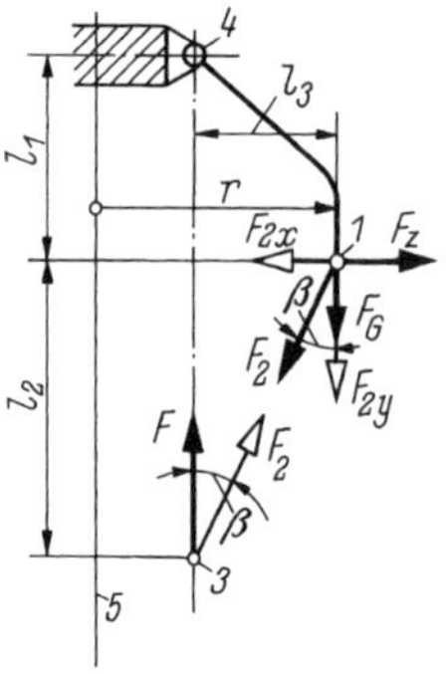

Bild L 7.140 Skizze zur Berechnung der Kraft F

8 Mechanische Schwingungen

8.1

1. Wie 2. Schritt in MF Beisp. 8.1. Es ist $s_G = F_G/k$ (analog zu Gl. (8.1)). **2.** Sinngemäß aus Gl. (8.1). **3.** Nach den Gln. (8.3), (8.8) u. (8.10). **4.** Nach den Gln. (8.5) u. (8.6). **5.** Nach Gl. (8.4).

8.2

1. Aus Gl. (8.4) folgt $\omega_0 \cdot t = \arcsin(x/\hat{x})$, T_0 und f_0 nach den Gln. (8.8) u. (8.10). **2.** Nach den Gln. (8.5) u. (8.6). **3.** Nach MF Bild 8.10. **4.** Aus Gl. (8.3) folgt k und damit $s_G = F_G/k = m \cdot g/k$ (s. auch MF S. 173). **5.** Entspr. Gl. (8.1) ist $F = k \cdot \hat{x}$.

8.3

1. Nach den Gln. (8.11), (8.12) u. (8.10). **2.** Analog zu Gl. (8.1) mit k wie 2. Schritt in MF Beisp. 8.1. **3.** Nach Gl. (8.7) mit $\varphi_0 = 3\pi/2$ und nach den Gln. (8.5) und (8.6) unter Einbeziehung von φ_0.

8.4

Nach den Gln. (8.11) u. (8.12).

8.5

Sinngemäß wie MF Beisp. 8.3 mit I nach Tab. 32, E für Stahl nach Tab. 11 und k_T nach Gl. (8.15).

8.6

Mit k_{ges} aus Gl. (8.14), worin $k_{1\,ges} = 2 \cdot k_1$ (Gl. (8.13)), folgt m aus Gl. (8.3), T_0 und ω_0 aus den Gln. (8.10) u. (8.8).

8.7

Nach den Gln. (8.3), (8.8) u. (8.10) mit $k_{ges} = 4 \cdot k$ nach Gl. (8.13).

8.8

1. Aus den Gln. (8.9) u. (8.10) folgt $m = k_{ges}/(2\pi \cdot f)^2$, k_{ges} aus Gl. (8.14) mit $k_{F\,ges} = 2 \cdot k$ (Gl. (8.13)) und $k_T = 60{,}75 \cdot E \cdot I/L^3$ (folgt aus Gl. für f_1 in Tab. 25 Zeile 6 mit $f_1 = s_T = m \cdot g/k_T$, $l_a = 2/3 \cdot L$ und $l_b = 1/3 \cdot L$), E für Stahl nach Tab. 11, I nach Tab. 32. **2.** Wie 2. in MF Beisp. 8.2 und aus den Gln. (8.8) und (8.10). **3.** Wie 2. in Aufg. 8.1 und 3. in Aufg. 8.2.

8.9

Wie 1. in Aufg. 8.1 mit k_{ges} nach Gl. (8.13), worin $k_T = m \cdot g/s_T$, und nach den Gln. (8.3) u. (8.8).

8.10

1. Wie 1. in Aufg. 8.1 mit k_{ges} aus $1/k_{ges} = 1/k_2 + 1/(k_T + k_1)$ nach den Gln. (8.13) u. (8.14) und k_T nach Gl. (8.16) (E nach Tab. 11, I nach Tab. 22). **2.** Nach den Gln. (8.3) u. (8.10) mit Gl. (8.8).

8.11

Wird die Masse m durch eine Kraft F um einen kleinen vertikalen Weg s ausgelenkt, so beträgt die Federkraft in einer der geneigten Federn $F_F = F/\cos\beta$ (s. Bild L 8.11) und mit $\beta^* \approx \beta$ der Federweg

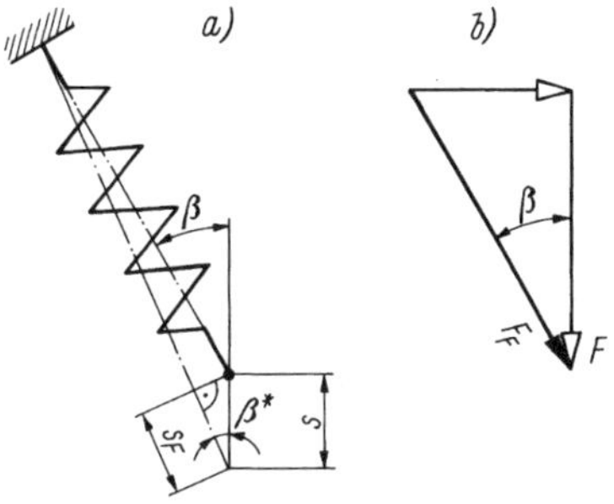

Bild L 8.11 Berechnungsskizzen
a) Federweg, b) Krafteck

$s_F = s \cdot \cos\beta$. Somit ergibt sich für jede der um den Winkel β geneigten Federn in Richtung der Auslenkungskraft F die Federrate $k_F = F_F/s_F \cdot \cos^2\beta = k \cdot \cos^2\beta$ und nach Gl. (8.13) die Gesamtfederrate $k_{ges} = 2 \cdot k_F + k = k(2 \cdot \cos^2\beta + 1)$. Damit Lösung nach den Gln. (8.3), (8.8) u. (8.10).

8.12

1. Aus $k_{ges} = F/x$ folgt mit dem Schwingweg $x = s_1 + s_2 + 2s_3$ nach Bild L 8.12 für $1/k_{ges} = 1/k_1 + 1/k_2 + 4/k_3$. **2.** Nach den Gln. (8.3), (8.8) u. (8.10).

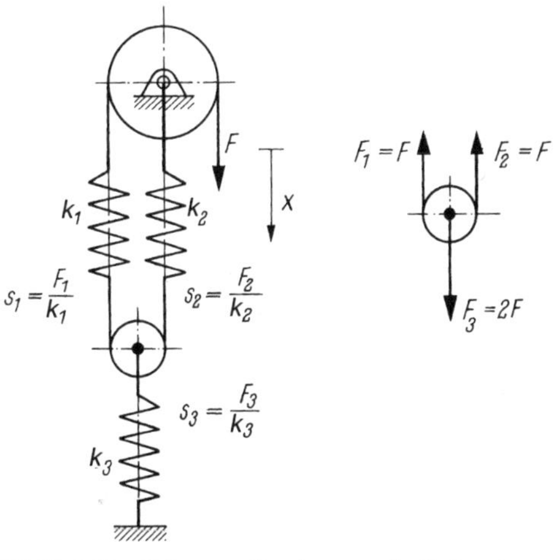

Bild L 8.12 Skizze zur Bestimmung der Federrate

8.13

1. Nach den Gln. (8.18) u. (8.19) oder (8.8). **2.** Nach MF S. 177 ist $k = m \cdot g/l$. **3.** Wie 1. ohne und 2. mit m_1.

8.14

1. Aus den Gln. (8.8) und (8.23) mit Gl. (8.21). **2.** Nach Tab. 12 mit ϱ für Al nach Tab. 11. **3.** Aus den Gln. (8.23), (7.50) u. (4.5) sowie mit J_{S1} nach Tab. 12 (s. auch MF Beisp. 8.7) folgt mit $y_1 = l_1/2$ und $y_2 = l_2$ durch Umformung $m_1 = [J_{S2} + (l_2^2 - l_{red} \cdot l_2)\, m_2]/(l_{red} \cdot l_1/2 - l_1^2/3)$.

8.15

Nach den Gln. (8.21), (8.8) u. (8.10) mit $J_S = J_x$ nach Tab. 12 (m mit ϱ nach Tab. 11) und J_0 nach Gl. (7.50) ($l_S = c = 50$ mm).

8.16

1. Nach den Gln. (8.21), (8.8) u. (8.10) mit $J_0 = m \cdot l^2/3$ (s. MF Beisp. 7.37). **2.** Wie 1. mit $J_0 = J_{01} + m_2 \cdot y_2^2$ (entspr. Gl. (7.50)) und $l_S = y_0$ nach Gl. (4.5) ($y_1 = y_2 = l/2$). **3.** Wie 2. mit $y_2 = 2/3 \cdot l$.

8.17

Nach den Gln. (8.21), (8.8) u. (8.10) mit y_S nach Gl. (4.5) (s. Bild L 8.17), J_{Si} und m_i nach Tab. 12 (ϱ nach Tab. 11), J_S nach Gl. (7.51) und J_0 entspr. Gl. (7.50) mit $c = l_S$.

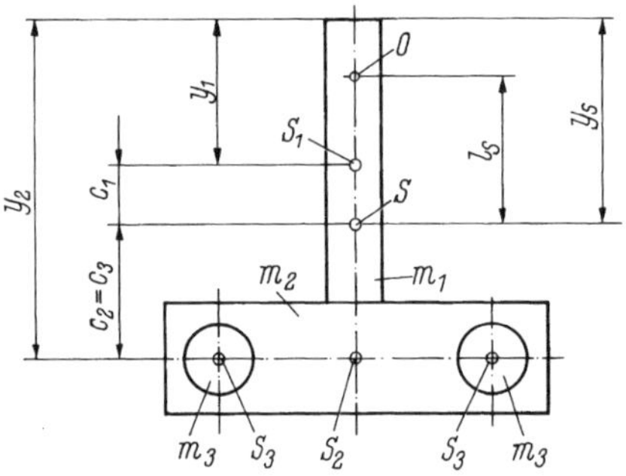

Bild L 8.17 Skizze zur Schwerpunktbestimmung

8.18

Wie MF Beisp. 8.8 mit $l_S = 1{,}2$ m und $T_0 = 60$ s/26.

8.19

Wie MF Beisp. 8.9 mit J nach Tab. 12, ϱ nach Tab. 11 und f_0 nach Gl. (8.10).

8.20

Nach Gl. (8.27) mit k_{ges} nach Gl. (8.13) sowie k_1 und k_2 nach Gl. (8.28) wie in MF Beisp. 8.9.

8.21

Mit k_{ges} aus Gl. (8.14) (k_1 und k_2 wie in MF Beisp. 8.9) und ω_0 aus Gl. (8.8) folgt $J = k_{ges}/\omega_0^2$ (aus Gl. (8.27)), damit wird $b = 32J/(\pi \cdot \varrho \cdot D^4)$ mit ϱ nach Tab. 11 (J und m s. Tab. 12).

8.22

Mit J nach Gl. (7.49) und Tab. 12 sowie ω_0 aus Gl. (8.8) folgt k aus Gl. (8.27), damit aus Gl. (8.14) mit Gl. (8.28) (s. auch MF S. 180) $l = I_{p2}(G/k_{ges} - l_1/I_{p1})$, worin G nach Tab. 11 und I_p nach Gl. (9.67).

8.23

Sinngemäß wie MF Beisp. 8.10 mit k_{ges} aus Gl. (8.14) (s. MF S. 180).

8.24

Wie MF Beisp. 8.12 mit I_{pi} nach Gl. (9.69).

8.25

Wie MF Beisp. 8.12.

8.26

Aus Gl. (8.29) folgt $J_{1\,erf}$, damit $J = J_{1\,erf} - J_1$ und s wie b in Aufg. 8.21.

8.27

Bei kleinen Ausschlägen kann die Richtungsänderung der Federkraft vernachlässigt werden, und es ergibt sich mit dem Federweg $x = L/2 \cdot \sin\varphi$ (Bild L 8.27) für die Federkraft $F_F = 2k \cdot x = 2k \cdot L/2 \cdot \sin\varphi$ (für 2 Federn). Mit dem Rückstellmoment $M_r = 2F_F \cdot L/2 \cdot \cos\varphi = k \cdot L^2 \cdot \sin\varphi \cdot \cos\varphi$ erhält man die Bewegungsgleichung $J_S \cdot \ddot{\varphi} + M_r = 0$ (s. auch MF S. 178), woraus mit $\sin\varphi \approx \varphi$ und $\cos\varphi \approx 1$ für kleine Winkel die linearisierte Bewegungsgleichung $J_S \cdot \ddot{\varphi} + k \cdot L^2 \cdot \varphi = 0$ entsteht. Dividiert man durch J_S, so folgt analog zu den Gln. (8.20) u. (8.21) bzw. (8.26) u. (8.27) für $\omega_0 = \sqrt{k \cdot L^2/J_S}$ mit $J_S = m \cdot i^2$ (Gl. (7.53)); T_0 und f_0 nach den Gln. (8.8) u. (8.10).

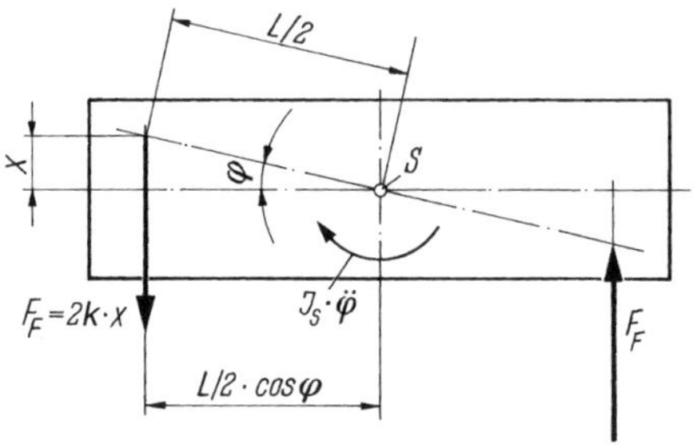

Bild L 8.27 Skizze zur Bewegungsgleichung

8.28

Sinngemäß zu MF S. 177 und Aufg. 8.27 erhält man die Bewegungsgleichung $m \cdot l \cdot \ddot{\varphi} + m \cdot g \cdot \sin\varphi + 2 \cdot F_F \times \cos\varphi = 0$ und mit $F_F = k \cdot l \cdot \sin\varphi$ sowie $\sin\varphi \approx \varphi$ und $\cos\varphi \approx 1$ (für kleine Winkel φ) die linearisierte Bewegungsgleichung $m \cdot l \cdot \ddot{\varphi} + m \cdot g \cdot \varphi + 2 \cdot k \cdot l \cdot \varphi = 0$, woraus nach Division durch m analog zu Aufg. 8.27 folgt: $\omega_0 = \sqrt{g/l + 2k/m}$.

8.29

1. Analog zur Herleitung der Gln. (8.20) u. (8.21) (s. MF S. 177/178) ergibt sich als Bewegungsgleichung $J_0 \cdot \ddot{\varphi} + m \cdot g \cdot l_S \cdot \sin\varphi + 2 \cdot F_F \cdot l_F \cdot \cos\varphi = 0$ und mit $F_F = k \cdot l_F \cdot \sin\varphi$ sowie $\sin\varphi \approx \varphi$, $\cos\varphi \approx 1$ und $l_S = l_F = l/2$ die linearisierte Bewegungsgleichung $J_0 \cdot \ddot{\varphi} + (m \cdot g \cdot l/2 + k \cdot l^2/2)\,\varphi = 0$, woraus mit $J_0 = m \cdot l^2/3$ (s. MF Beisp. 7.37) für $\omega_0 = \sqrt{(g/l + k/m)3/2}$ folgt. **2.** Wie 1. mit $l_F = l$, so dass $\omega_0 = \sqrt{(g/l + 4k/m)3/2}$ wird.

8.30

Nach dem Ansatz zu 1. in Aufg. 8.29 folgt aus der linearisierten Bewegungsgleichung für $\omega_0 = \sqrt{3(m \cdot g \cdot l/2 + 2k \cdot l_F^2)/(m \cdot l^2)}$ (s. Bild 8.29 c) und daraus die Lösungsgl. für l_F mit ω_0 aus Gl. (8.8).

8.31

1. Analog zu den Aufgn. 8.29 u. 8.30 folgt aus der linearisierten Bewegungsgleichung für $\omega_0 = \sqrt{(2k \cdot l_F^2 - m \cdot g \cdot l_S)/J_0}$ mit J_0 nach Gl. (7.50) ($c = l_S$). **2.** Aus der Bedingung $2k \cdot l_F^2 \geq m \cdot g \cdot l_S$.

8.32

Ansatz wie Aufg. 8.31 mit $F_F = k \cdot l_F \cdot \sin\alpha \cdot \sin\varphi \times \cos\varphi$ und $l_F = l/4$ sowie $J_0 = m \cdot l^2/3$ ergibt $\omega_0 = \sqrt{3(k \cdot \sin^2\alpha/4m - g/l)/2}$.

8.33

Aus der Bewegungsgleichung $J_0 \cdot \ddot{\varphi} + F_y \cdot l \cdot \cos\varphi - F_G \cdot l/2 \cdot \cos\varphi = 0$ folgt mit $F_y \approx F_F \cdot \sin\alpha$ und $F_F = k \cdot s \approx k \cdot l \cdot \sin\alpha \cdot \sin\varphi$ sowie mit $\sin\varphi \approx \varphi$ und $\cos\varphi \approx 1$ (für kleine Winkel) die linearisierte Bewegungsgleichung $J_0 \cdot \ddot{\varphi} + k \cdot l^2 \cdot \sin^2\alpha \cdot \varphi - m \cdot g \cdot l/2 = 0$ (vgl. Lösung der Aufg. 8.11 u. 8.27). Da $m \cdot g \cdot l/2 \cdot \cos\varphi$ ohne Bedeutung ist (bewirkt nur die statische Auslenkung, vergleichbar mit F_G MF S. 170), wird $\omega_0 = \sqrt{k \cdot l^2 \cdot \sin^2\alpha/J_0}$ mit $J_0 = m(4l^2 + b^2)/12$ (Gl. (7.50) mit $J_S = J_x$ nach Tab. 12 u. $c = l/2$), T_0 nach Gl. (8.8).

8.34

Aus der Bewegungsgleichung $J \cdot \ddot{\varphi} + 2F_F \cdot r = 0$ folgt mit $F_F = k \cdot r \cdot \sin\varphi$ und $\sin\varphi \approx \varphi$ für $\omega_0 = \sqrt{2k \cdot r^2/J}$ und daraus $k = \omega_0^2 \cdot J/2r^2$ mit ω_0 aus den Gln. (8.8) u. (8.10) und J nach Tab. 12 (ϱ nach Tab. 11).

8.35

Aus $J \cdot \ddot{\varphi} + 4 \cdot F_F \cdot l \cdot \cos\varphi = 0$ folgt mit $F_F = k \cdot l \times \sin\varphi$ und $\sin\varphi \approx \varphi$ sowie $\cos\varphi \approx 1$ für $\omega_0 = \sqrt{4k \cdot l^2/J}$ mit $l = \sqrt{h^2 + b^2}/2 + e$ und $J = J_x$ nach Tab. 12 (ϱ nach Tab. 11), f_0 nach Gl. (8.10) mit Gl. (8.8).

8.36

Aus $J_0 \cdot \ddot{\varphi} + \Sigma(F_i \cdot l_i \cdot \cos\varphi) = 0$ folgt mit $J_0 = m \cdot L^2$, $F_i = k_i \cdot l_i \cdot \sin\varphi$ und $\sin\varphi \approx \varphi$ sowie $\cos\varphi \approx 1$ für $\omega_0 = \sqrt{(k_1 \cdot l_1^2 + k_2 \cdot l_2^2 + k_3 \cdot l_3^2)/(m \cdot L^2)}$.

8.37

1. Nach Gl. (8.3), da Bewegungsgl. wie Gl. (8.2). **2.** Aus $J \cdot \ddot{\varphi} + m \cdot \ddot{x} \cdot r + k \cdot x \cdot r = 0$ (s. Bild L 8.37) ergibt sich mit $x = \varphi \cdot r$ (Gl. (6.25)) und $\ddot{x} = \ddot{\varphi} \cdot r$ (Gl. (6.29)) die Bewegungsgleichung $(J + m \cdot r^2)\,\ddot{\varphi} + k \cdot r^2 \cdot \varphi = 0$ und daraus $\omega_0 = \sqrt{k/(m + J/r^2)}$.

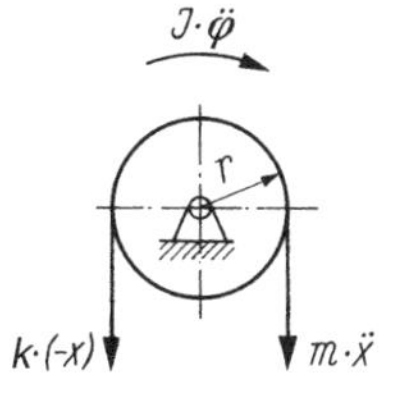

Bild L 8.37 Freigemachte Seilrolle

8.38

1. Nach Gl. (8.10) mit den Gln. (8.8) u. (8.3), da es sich um einen Feder-Masse-Schwinger entspr. MF Bild 8.6 handelt (s. Bild L 8.38 b) mit $m = m_B + m_R$ und der Gesamtfederrate $k_{ges} = 2 \cdot k$, die sich aus $k_{ges} = F/x$ mit $x = (s_1 + s_2)/2$ und $F_1 = F_2 = F/2$ sowie $k_1 = k_2 = k$ nach Bild L 8.38 a ergibt. **2.** Da beide Federn gleiche Federraten haben, wird die lose Rolle nur translatorisch bewegt; somit $(m_B + m_R)\,\ddot{x} + J \cdot \ddot{\varphi}/r + k_{ges} \cdot x = 0$ (Bild L 8.38 c), woraus mit $\ddot{\varphi} = \ddot{x}/r$ (Gl. (6.29)) und $m_{R\,red} = J/r^2 = m_R/2$ (Gl. (7.52) u. Tab. 12) für $\omega_0 = \sqrt{k_{ges}/(m_B + 1{,}5 m_R)}$ folgt.

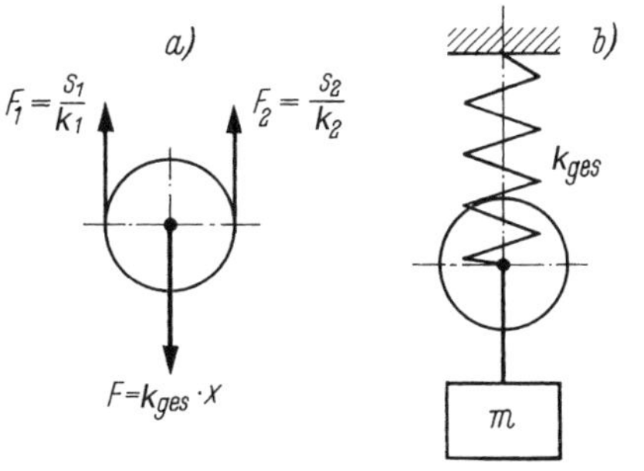

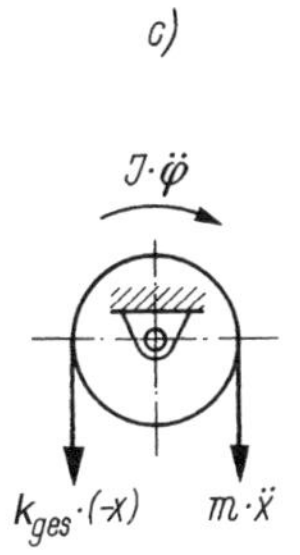

Bild L 8.38 Berechnungsskizzen
a) freigemachte lose Rolle,
b) Ersatzsystem,
c) freigemachte feste Rolle

8.39

Mit F_R aus $m \cdot \ddot{x} + 2 \cdot k \cdot x + F_R = 0$ (Bild L 8.39 a) in $J \cdot \ddot{\varphi} - F_R \cdot r = 0$ (Bild L 8.39 b) eingesetzt, ergibt

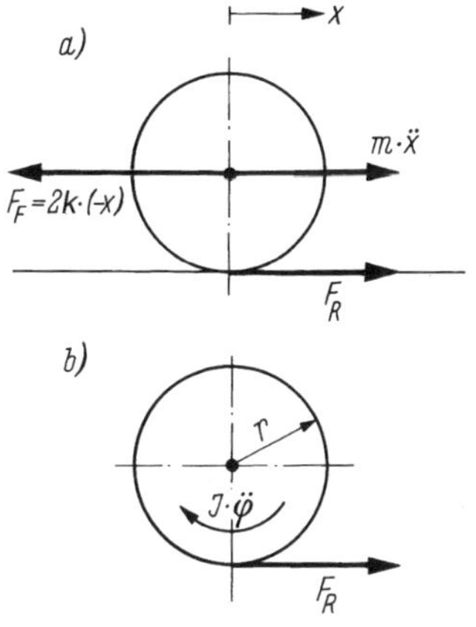

Bild L 8.39 Freimachskizzen
a) Translation, b) Rotation

$J \cdot \ddot{\varphi} + (m \cdot \ddot{x} + 2 \cdot k \cdot x)\, r = 0$; daraus folgt mit $\ddot{\varphi} = \ddot{x}/r$ (Gl. (6.29)) und $J/r^2 = m/2$ (Tab. 12) für $\omega = 2\sqrt{k/3m}$, somit $k = 3m(\pi \cdot f)^2$ (Gln. (8.8) u. (8.10), m nach Tab. 12 mit ϱ nach Tab. 11).

8.40

Ermittlung von $\omega = \sqrt{m \cdot g/[r_m(m + J/r^2)]}$ mit $r_m = R - r$ sinngemäß wie in Aufg. 8.39 aus $m \cdot \ddot{x} + m \cdot g \cdot \sin\alpha + F_R = 0$ (Bild L 8.40 a, s. auch MF S. 177) und $J \cdot \ddot{\varphi} - F_R \cdot r = 0$ (Bild L 8.40 b) mit $\sin\alpha \approx \alpha$ (für kleine Winkel) und unter Beachtung folgender kinematischer Zusammenhänge (entspr. den Gln. (6.25) u. (6.29)): $x = \varphi \cdot r = \alpha \cdot r_m$, $\ddot{x} = \ddot{\alpha} \cdot r_m$, $\ddot{\alpha} = \ddot{\varphi} \cdot r/r_m$. Es ergibt sich als linearisierte Bewegungsgleichung $\ddot{\varphi}(m + J/r^2) + \varphi \cdot m \cdot g/r_m = 0$. Mit $r = r_Z$ und $J/r_Z^2 = m/2$ erhält man zu **1.** für $\omega_0 = \sqrt{2g/[3(R - r_Z)]}$ und mit $r = r_K$ sowie $J/r_K^2 = 2m/5$ zu **2.** für $\omega_0 = \sqrt{5g/[7(R - r_K)]}$, worin $r_K = l \cdot \sqrt[3]{3/4}$ ist (wegen $r_Z = l$).

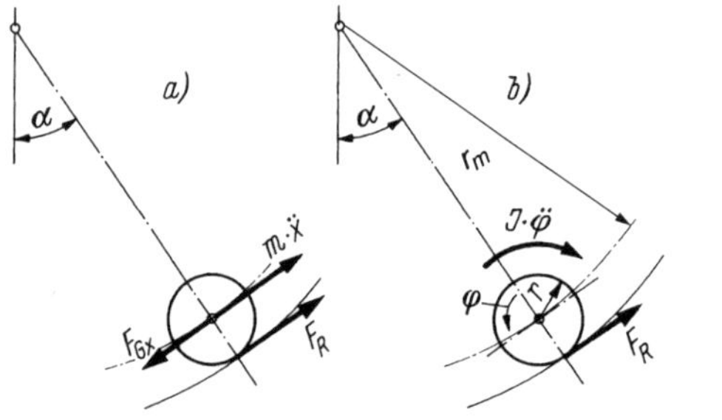

Bild L 8.40 Freigemachter Rollkörper
a) Translation, b) Rotation

8.41

1. Aus den Gln. (8.33) u. (8.32) mit ω_0 nach Gl. (8.3) und k_{ges} aus Gl. (8.14). **2.** Nach den Gln. (8.34), (8.35) u. (8.36) (s. auch MF Beisp. 8.13).

8.42

Wie MF Beisp. 8.13 mit $\vartheta = \sqrt{1 - (T_0/T_d)^2}$ aus Gl. (8.35).

8.43

1. Aus $k_{ges} = 3 \cdot k$ (Gl. (8.13)) mit k_{ges} aus Gl. (8.3) und ω_0 aus Gl. (8.34). **2.** Nach Gl. (8.39), woraus $q = e^{\delta \cdot T_d}$ folgt mit δ aus Gl. (8.33) und T_d nach Gl. (8.35). **3.** Nach Gl. (8.40) und $t = n \cdot T_d$ mit $n = 4$ (s. MF S. 187 u. MF Beisp. 8.15 unter 4.).

8.44

Zweckmäßiger Lösungsgang: q aus Gl. (8.40), Λ nach Gl. (8.39), ϑ wie in MF Beisp. 8.14 (4. Schritt), $\hat{x}_5$ nach Gl. (8.40) mit $n = 5$, t aus Gl. (8.38) mit $x = 0{,}02 \cdot \hat{x}_0$ und δ aus Gl. (8.33) (ω_0 nach Gl. (8.18)).

8.45

ϑ nach Gl. (8.33) mit δ nach Gl. (8.32) und ω_0 nach Gl. (8.3), ω_d nach Gl. (8.34), T_d nach Gl. (8.35) und $\hat{x}_3$ nach Gl. (8.40) mit q aus Gl. (8.39).

8.46

Aus der Bewegungsgleichung $J \cdot \ddot{\varphi} + m \cdot \ddot{x} \cdot r + d \cdot \dot{x} \cdot r + k \cdot x \cdot r = 0$ (s. Bild L 8.46) folgt mit $\ddot{x} = \ddot{\varphi} \cdot r$, $\dot{x} = \dot{\varphi} \cdot r$ und $x = \varphi \cdot r$ (Gln. (6.29), (6.26) u. (6.25)) durch Umformung $\ddot{\varphi} + d/(m + J/r^2) \cdot \dot{\varphi} + k/(m + J/r^2) \cdot \varphi = 0$. Wird Gl. (8.31) durch m dividiert, so erhält man mit den Gln. (8.32) u. (8.3) nach Umwandlung $\ddot{x} + 2\delta \cdot \dot{x} + \omega_0^2 \cdot x = 0$. Analog dazu ist $\ddot{\varphi} + 2\delta \cdot \dot{\varphi} + \omega_0^2 \cdot \varphi = 0$. Durch Vergleich ergibt sich mit $J/r^2 = m_R/2$ (Tab. 12) für $\delta = d/(2m + m_R)$ und für $\omega_0 = \sqrt{k/(m + m_R/2)}$ (s. auch Aufg. 8.37). Weiter wie in Aufg. 8.45.

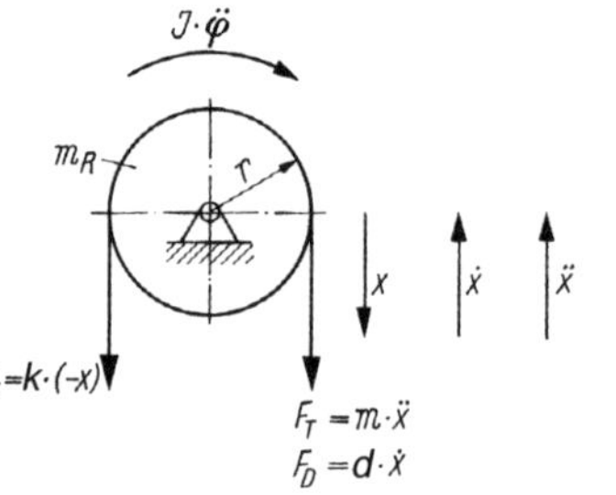

Bild L 8.46 Skizze zur Aufstellung der Bewegungsgleichung

8.47

Nach den Gln. (8.34), (8.35) u. (8.33) ergeben sich ω_d, T_d und δ mit ω_0 nach Gl. (8.21) ($l_2 = l/2$, $J_0 = m \cdot l^2/3$, s. MF Beisp. 7.37) und $\vartheta = \sqrt{1 - 1/1{,}08^2}$ (aus Gl. (8.35) mit $T_d = 1{,}08 T_0$). Aus der Bewegungsgleichung $J_0 \cdot \ddot{\varphi} + d \cdot \dot{x} \cdot l/2 \cdot \cos\varphi + m \cdot g \cdot l/2 \cdot \sin\varphi = 0$ folgt mit $\dot{x} = \dot{\varphi} \cdot l/2$ und $\sin\varphi \approx \varphi$ sowie $\cos\varphi \approx 1$ die durch J_0 dividierte linearisierte Bewegungsgleichung $\ddot{\varphi} + (d \cdot l^2/4J_0) \cdot \dot{\varphi} + (m \cdot g \cdot l/2J_0) \cdot \varphi = 0$. Analog zu Aufg. 8.46 ist $2\delta = d \cdot l^2/4J_0$ und somit $d = 8\delta \cdot J_0/l^2 = 8m \cdot \delta/3$.

8.48

1. Aus Gl. (8.43) mit ω_0 nach Gl. (8.11) und $\eta_{1,2} = \sqrt{1 \mp 1/\alpha_1}$ aus Gl. (8.45) mit $\vartheta = 0$ (s. MF S. 190) und $\alpha_1 = \hat{x}/x_0$ (Federkrafterregung, $\hat{x} = C = s_G = 12$ mm). **2.** Nach MF Bild 8.39.

8.49

Nach Gl. (6.1) mit $s = 20$ m und $t = T$ nach Gl. (8.8).

8.50

1. Nach Gl. (8.45) ist $\alpha_1 = \hat{x}/x_0 = 0{,}75\, d/0{,}5\, d$ (Federkrafterregung, $C = \hat{x}$), η nach Gl. (8.43) mit ω_0 nach Gl. (8.3). **2.** Aus Gl. (8.45) folgt durch Umformung $\vartheta = \sqrt{1/(2\eta \cdot \alpha_1)^2 - (1 - \eta^2)^2/4\eta^2}$. **3.** Nach Gl. (8.44).

8.51

1. Nach Gl. (8.32) mit $d_{ges} = 2 \cdot d$ und nach Gl. (8.33) mit ω_0 nach Gl. (8.3) und k_{ges} nach Gl. (8.13). **2.** Aus Gl. (6.27) mit Ω aus Gl. (8.43) und $\eta = \eta_{R1}$ nach Gl. (8.47). **3.** Analog zur Entwicklung der Gl. (8.41) (s. MF S. 189) folgt aus $m \cdot \ddot{x} + d_{ges} \cdot \dot{x} + k_1(x - x_A) + k_2 \cdot x = 0$ durch Umstellung $m \cdot \ddot{x} + d_{ges} \cdot \dot{x} + k_1 \cdot x$

$+ k_2 \cdot x = k_1 \cdot x_A$ und daraus $\ddot{x} + 2\delta \cdot \dot{x} + \omega_0^2 \cdot x = k_1/m \cdot x_0 \cdot \cos(\Omega \cdot t)$. Setzt man $z^* = k_1/m \cdot x_0$, so lautet entspr. Gl. (8.41) die allgem. Form der Bewegungsgleichung $\ddot{x} + 2\delta \cdot \dot{x} + \omega_0^2 \cdot x = z^* \cdot \cos(\Omega \cdot t)$. Da $z = \omega_0^2 \times x_0 = (k_1 + k_2)/m \cdot x_0$ ist, wird $z^* = z \cdot k_1/(k_1 + k_2)$ und damit gilt entspr. Gl. (8.42) für den Schwingweg $x = k_1/(k_1 + k_2) \cdot \alpha_1 \cdot x_0 \cdot \cos(\Omega \cdot t - \zeta)$ mit der Amplitude der erzwungenen Schwingung $\hat{x} = k_1/(k_1 + k_2) \times \alpha_1 \cdot x_0$, dem Vergrößerungsfaktor α_1 nach Gl. (8.45) mit $\eta = \eta_{R1}$, der Erregeramplitude $x_0 = r$ und der Phasenverschiebung ζ nach Gl. (8.44).

8.52

1. Aus Gl. (8.45) folgt $\vartheta = \sqrt{1/\alpha_1^2 - (1 - \eta^2)^2}/2\eta$, worin $\alpha_1 = \hat{\varphi}/\varphi_0$ ist; damit ζ nach Gl. (8.44). **2.** Aus Gl. (8.47) folgt mit $\eta_{R1} = \eta$ für $\vartheta = \sqrt{(1 - \eta_{R1}^2)/2}$; damit α_1 nach Gl. (8.45) und ζ nach Gl. (8.44), ferner ist $\hat{\varphi} = \varphi_0 \cdot \alpha_1$ (s. unter 1.).

8.53

Analog zu MF S. 191 ist $\hat{\varphi} = \alpha_1 \cdot M_0/k$, woraus $\alpha_1 = \hat{\varphi} \cdot k/M_0$ folgt mit k nach Gl. (8.28) (G nach Tab. 11, I_p nach Gl. (9.69)); mit α_1 erhält man aus Gl. (8.45) für $\eta_{1,2} = 1 - 2\vartheta^2 \pm \sqrt{(1 - 2\vartheta^2)^2 - (\alpha_1^2 - 1)/\alpha_1^2}$ und damit $\Omega_{1,2}$ aus Gl. (8.43) (ω_0 nach Gl. (8.27) mit J nach Tab. 12) sowie $\zeta_{1,2}$ nach Gl. (8.44); $T_{1,2}$ nach Gl. (8.8).

8.54

1. Mit $x_z = e \cdot m_1/m_{ges}$ wird $\alpha_2 = \hat{x}/x_z$ (s. MF S. 193). **2.** Mit ϑ nach Gl. (8.33) (ω_0 wie unter 1. in MF Beisp. 8.19 und δ nach Gl. (8.32)) folgt aus Gl. (8.48) für $\eta_{1,2} = p/2 \pm \sqrt{(p/2)^2 - q}$, worin $p/2 = q \cdot (1 - 2\vartheta^2)$ und $q = \alpha_2^2/(\alpha_2^2 - 1)$ sind; damit $\Omega_{1,2}$ aus Gl. (8.43) und $n_{1,2}$ aus Gl. (6.27). **3.** Nach Gl. (8.44).

8.55

Gl. (8.49) mit α_2 nach Gl. (8.48), $x_z = e \cdot 2 \cdot m/m_{ges}$ (s. MF S. 193, $e = r$, $m_2 = m$, $m_{ges} = 2m + m_G$), Ω nach Gl. (6.27) und ζ nach Gl. (8.44) (η nach Gl. (8.43) und ϑ nach Gl. (8.33) mit δ nach Gl. (8.32) und ω_0 nach Gl. (8.3) mit $k_{ges} = 2 \cdot k \cdot \cos^2 \beta$, s. Aufg. 8.11).

8.56

Nach den Gln. (8.48) u. (8.44) mit η nach Gl. (8.43) (Ω aus Gl. (8.8) mit $T = t$ aus Gl. (6.1), ω_0 nach Gl. (8.3) mit k_{ges} nach Gl. (8.13)).

8.57

1. Gl. (8.46) mit α_1 nach Gl. (8.45) und ζ nach Gl. (8.44) (η_1 nach Gl. (8.43) mit ω_{01} wie in MF Beisp. 8.19, ϑ_1 nach Gl. (8.33) mit δ_1 nach Gl. (8.32)). **2.** Es ist $\hat{x}_r = \alpha_2 \cdot x_{01}$ (wie $x_{r\,max}$ in MF Beisp. 8.20) mit $x_{01} = \alpha_1 \cdot x_0$ und α_2 nach Gl. (8.48) (η_2 nach Gl. (8.43) mit $\omega_{02} = \sqrt{k_2/m_2}$).

8.58

Wie MF Beisp. 8.21 mit k nach Gl. (8.16) (E nach Tab. 11, I nach Tab. 22) und m nach Gl. (7.2) (ϱ nach Tab. 11).

8.59

Mit n_{kt} aus $n = 0{,}75 n_{kt}$ folgt aus Gl. (8.53) für die erforderliche Wellen-Federrate $k = (2\pi \cdot n_{kt})^2 \cdot J_1 \cdot J_2/(J_1 + J_2)$ und damit aus Gl. (8.28) mit I_p nach Gl. (9.67) für $d = \sqrt[4]{32 \cdot k \cdot L/(G \cdot \pi)}$ (G nach Tab. 11).

8.60

1. Aus Gl. (8.3) mit ω_0 aus Gl. (8.43), Ω nach Gl. (6.27), η aus Gl. (8.45) mit $\vartheta = 0$ (s. MF S. 190) und $\alpha_3 = F_U/F_z$ nach Gl. (8.54). **2.** Nach MF S. 173 ist $s_G = m \cdot g/k$.

8.61

1. Eigenkreisfrequenz ω_0 nach Gl. (8.3) mit m_M und $k = m_M \cdot g/s_{G1}$, Größtkraft F_U aus Gl. (8.54). **2.** Grundplattenmasse $m_{P1} = m - m_M$ mit m aus Gl. (8.3) und ω_0 aus Gl. (8.43), F_U aus Gl. (8.54), s_G wie 1. in MF Beisp. 8.23.

8.62

1. Plattenanzahl aus $z_{erf} \cdot m_{P1} = m_{erf} - m_M$ mit m_{erf} aus Gl. (8.3) (k_{ges} nach Gl. (8.13), ω_{01} aus Gl. (8.43)). **2.** Mit $m = m_M + z \cdot m_{P1}$ ergibt sich ω_{02} nach Gl. (8.3), damit η_2 nach Gl. (8.43), α_3 nach Gl. (8.54) mit $\vartheta = 0$ und $\hat{x} = \alpha_3 \cdot x_0$ (s. MF S. 201).

8.63

Fundamentkraft F_U mit α_3 nach Gl. (8.54) (η aus Gl. (8.43), ω_0 nach Gl. (8.3), ϑ aus Gl. (8.33) und δ nach Gl. (8.32)).

8.64

1. Federrate k nach Gl. (8.3) mit η aus Gl. (8.43) und Ω aus Gl. (6.27). **2.** Fundamentkraft ohne Dämpfung aus Gl. (8.54) mit $\vartheta = 0$ (s. MF S. 190). Dämpfungsgrad ϑ wie unter 1. in MF Beisp. 8.23, δ nach Gl. (8.33) und Dämpfungskoeffizient d aus Gl. (8.32).

8.65

1. Statische Durchsenkung s_G s. MF S. 173. **2.** Fundamentkraft F_U mit d_3 aus Gl. (8.54), ϑ aus Gl. (8.33), η aus Gl. (8.43), ω_0 nach Gl. (8.3) und Ω aus Gl. (6.27). **3.** Fundamentkraft F_U mit d_3 aus Gl. (8.54), η aus Gl. (8.43), ω_0 nach Gl. (8.3) mit $m_{ges} = m_1 + m_{P1}$.

8.66

Maximaler Schwingungsausschlag $\hat{x}$ s. MF S. 201 mit α_3 nach Gl. (8.54), η aus Gl. (8.43), ω_0 nach Gl. (8.3) und k_{ges} nach Gl. (8.13).

9 Festigkeitslehre

9.1
Wie MF Beisp. 9.1.

9.2
Mit $F_{1x} = F_{1y}$ sinngemäß wie Aufg. 9.1, u. zwar $F_N = F_{1x}$, $F_q = F_{1y} - F_2$, $M_b = F_{1y} \cdot l_1 - F_2 \cdot l_2$ (s. Bild L 9.2).

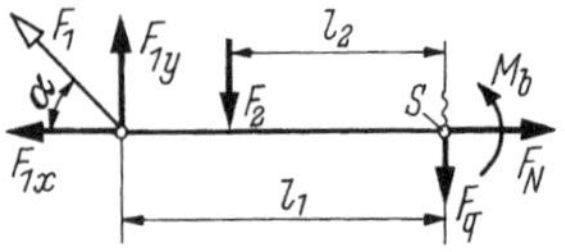

Bild L 9.2 Freiträger mit Schnittgrößen

9.3
1. $F_{N1} = F$, **2.** $F_{N2} = F$ und $M_b = F \cdot l_2$ mit $l_2 = 100\text{ mm} \cdot \sin 30°$. **3.** $F_{N3} = F \cdot \cos 30°$, $F_{q3} = F \cdot \sin 30°$ und $M_{b3} = F \cdot l_3$ mit $l_3 = 50\text{ mm} \cdot \sin 30°$ (s. Bild L 9.3).

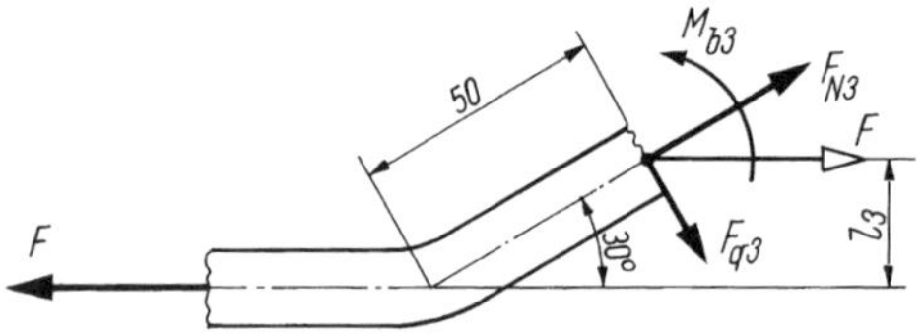

Bild L 9.3 Schnittgrößen im Querschnitt 3

9.4
1. Aus $\Sigma M_{(A)} = 0$ mit $F_x = F_y = F \cdot \sin\alpha$. **2.** Entspr. Gl. (2.16) mit F_{Ax} aus $\Sigma F_x = 0$ und F_{Ay} aus $\Sigma F_y = 0$. **3.** bis **5.** Für jedes abgeschnittene Teilstück mit bekannter Kraft wie Aufgn. 9.1 u. 9.2.

9.5
Komponenten F_{Ax} u. F_{Ay} für Festlager A mit F_x u. F_y errechnen, damit Schnittgrößen wie in Aufg. 9.1 ermitteln.

9.6
Sinngemäß wie Aufg. 9.5.

9.7
Mit F_A aus $\Sigma M_{(B)} = 0$ wie die Aufg. 9.1 u. 9.2, wobei jedoch $F_{N1} = F_{N2} = 0$.

9.8
F_{Ax}, F_{Ay} u. F_B wie Aufg. 2.77. Damit sinngemäß wie die Aufgn. 9.1 u. 9.2 (s. auch Bild L 9.8): $F_{N1} = F_{Ax} = F_{N2}$, $F_{N3} = 0$, $F_{q1} = F_{Ay}$, $F_{q2} = F_1 - F_{Ay}$, $F_{q3} = F_B$, $M_{b1} = F_{Ay} \cdot l_1$, $M_{b2} = F_{Ay} \cdot l_2 - F_1(l_2 - L_1)$, $M_{b3} = F_B \cdot l_3$.

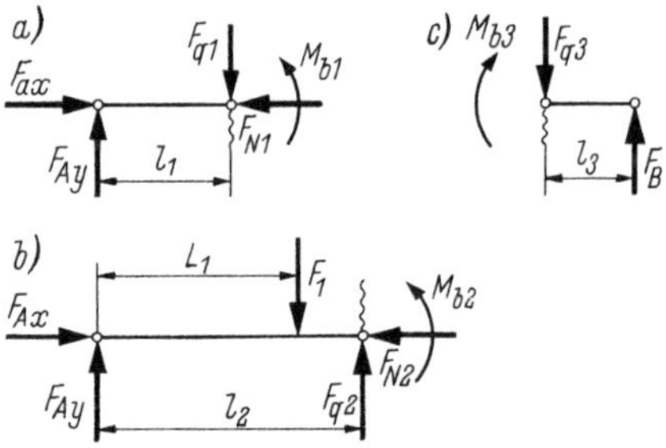

Bild L 9.8 Schnittgrößen an einem Stützträger
a) Schnitt 1, b) Schnitt 2, c) Schnitt 3

9.9
Wie Querschn. 3 in MF Beisp. 9.2. Berechnung des Querschnitts A auf zusammengesetzte Beanspruchung s. Aufg. 9.193.

9.10
Es ist $F_q = -F_r$ nach Gl. (2.6), damit $M_b = F_r \cdot l$ und $T = (F_1 - F_2)d/2$.

9.11
1. Nach MF S. 209 ist $\sigma = F/A_0$. **2.** Nach Gl. (9.3). **3.** Nach Gl. (9.6). **4.** Nach Gl. (9.5) mit ε_q nach Gl. (9.4). **5.** Nach Gl. (9.13).

9.12
Wie MF Beisp. 9.3.

9.13
Nach Gl. (9.7) mit E nach Tab. 11.

9.14
Wie 1. in Aufg. 9.11 und wie Aufg. 9.13.

9.15
Wie MF Beisp. 9.4.

9.16
1. Nach Gl. (9.1) mit $F_N = F_G$ nach Gl. (7.4). **2.** Nach Gl. (9.3). **3.** Nach Gl. (9.6).

9.17
Nach Gl. (9.13) mit ΔL nach Gl. (9.7).

9.18
Mit der Druckspannung $\sigma_d = F/A$ wird $\varepsilon_d = \sigma_d/E = -\varepsilon$ (s. auch MF S. 209, E nach Tab. 11), damit ε_q aus Gl. (9.5), W nach Gl. (9.13).

9.19
Aus Gl. (9.13) mit E nach Tab. 11.

9.20
Nach Gl. (9.13) mit E nach Tab. 11.

9.21
Mit E aus Gl. (9.7) nach Tab. 11 Werkstoffart angeben.

9.22

Mit $R_e = F_S/A_0$ für Dicken bis 16 mm und mit $R_m = F_B/A_0$ nach Tab. 13 ($F_S = 31{,}1$ kN, $F_B = 46{,}6$ kN).

9.23

Gesamte Verlängerung $\Delta L = \Delta L_1 + \Delta L_2$, die für den breiten Teil mit dem Querschnitt $A_1 = b_1 \cdot s$ und den schmalen Teil mit $A_2 = b_2 \cdot s$ getrennt nach Gl. (9.7) errechnet werden können (E nach Tab. 11). Breitenverringerung Δb aus $\varepsilon_q = -\mu \cdot \varepsilon = \Delta b / b_2 = \mu \cdot \sigma_2 / E$ (Gl. (9.6)) mit $b_2 = 15$ mm und $\sigma_2 = F/A_2$.

9.24

Nach Bild L 9.24 ist $\cos\alpha = a/L_0$; der geringe Unterschied zwischen α und β kann vernachlässigt und $\beta \approx \alpha$ gesetzt werden. Damit wird $F = 0{,}5\, m \cdot g / \sin\alpha$, weiterhin ΔL nach Gl. (9.7), $L = L_0 + \Delta L$, $h = \sqrt{L_0^2 - a^2}$ und $h + \Delta h = \sqrt{L^2 - a^2}$.

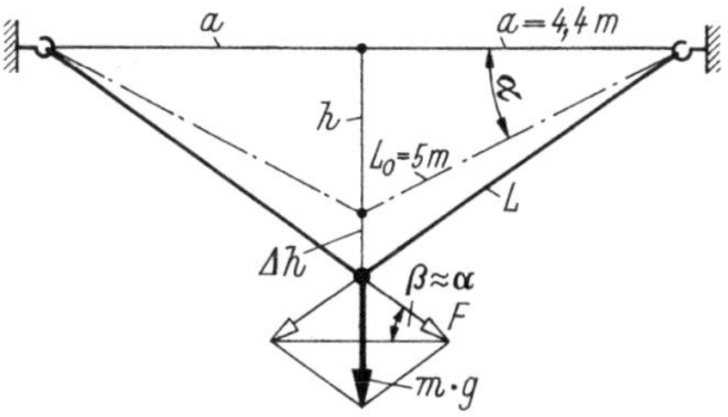

Bild L 9.24 Berechnungsskizze zur Bestimmung von Δh

9.25

Nach Gl. (9.27) mit $A_1 = 5\text{ mm} \cdot 0{,}8\text{ mm}$ und $A_2 = (10 - 4{,}2)\text{ mm} \cdot 0{,}8\text{ mm}$.

9.26

Nach Gl. (9.27) mit $\sigma_{z\,zul}$ nach Tab. 20 und R_e nach Tab. 13 für Dicken bis 16 mm.

9.27

Wie MF Beisp. 9.6.

9.28

Aus Gl. (9.28) mit $A_{erf} = b \cdot s$ und σ_{zul} nach Gl. (9.26) mit $\sigma_F = R_e$ nach Tab. 13 für Dicken bis 16 mm.

9.29

Aus Gl. (9.28) mit $A_{erf} = d_{erf}^2 \cdot \pi/4$ und σ_{zul} nach Tab. 20 mit Kleinstwert für R_e nach Tab. 13.

9.30

Aus Gl. (9.28) mit $A_{erf} = 2 \cdot d_{erf}^2 \cdot \pi/4$ (s. auch MF Beisp. 9.8).

9.31

1. Wie F_B in Aufg. 2.94. **2.** Wie Aufg. 9.30.

9.32

Sinngemäß wie MF Beisp. 9.8.

9.33

Wie MF Beisp. 9.7 jedoch mit σ_{zul} nach Gl. (9.26) und R_e nach Tab. 13 (angenommen für Dicke bis 40 mm).

9.34

Nach Gl. (9.29).

9.35

Nach Gl. (9.29) mit $A = 114 \cdot d^2 \cdot \pi/4$ und σ_{zul} nach Gl. (9.26).

9.36

Mit $F_{zul} = s \cdot b \cdot R_e / S_F$ (Gln. (9.29) u. (9.26)) folgt mit Gl. (7.4) aus $\cos\alpha = 0{,}5 F_G / F_{zul}$ (s. Bild L 9.36) unter Berücksichtigung von K_I für die Masse der zulässigen Nennlast $m = 2F_{zul} \cdot \cos\alpha / (g \cdot K_I)$, Winkel α aus $\tan\alpha = 250\text{ mm}/700\text{ mm}$.

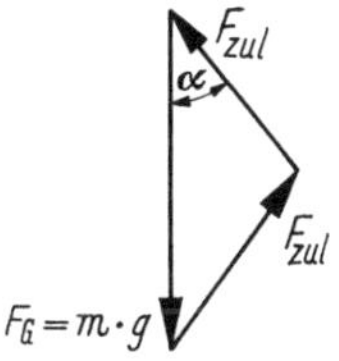

Bild L 9.36 Krafteck mit F_{zul}

9.37

1. Nach MF S. 215 mit $K_I = 1{,}6$. **2.** Nach Gl. (9.27) mit $A = (11\text{ mm})^2 \cdot \pi/4$. **3.** Nach Gl. (9.21) mit $\sigma_F = R_{p0,2}$ nach Tab. 13 für Dicke bis 40 mm. **4.** Ja, wenn $S_F > S_{F\,erf}$ nach Tab. 19 für Lastfall ruhend.

9.38

Nach den Gln. (9.21) u. (9.22) mit σ nach Gl. (9.27) und $\sigma_B = R_m$ sowie $\sigma_F = R_e$ nach Tab. 13.

9.39

1. Sinngemäß wie F_B in MF Beisp. 2.28 oder nach Bild L 9.39. **2.** Nach Gl. (9.27) mit $A = (25 - 12)\text{ mm} \times 4\text{ mm}$ und σ_{zul} nach Tab. 20.

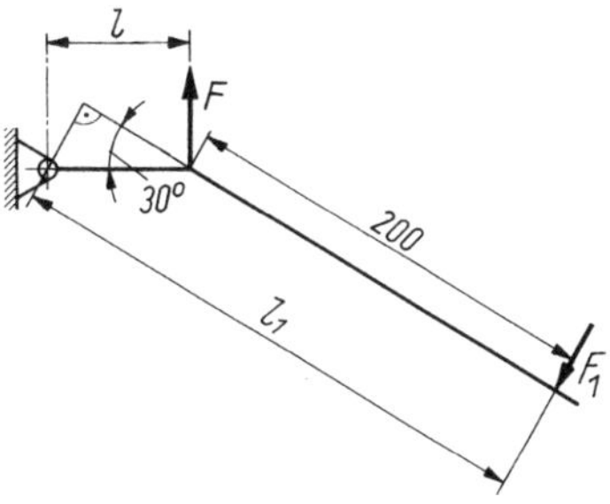

Bild L 9.39 Skizze zur Berechnung von F

9.40

Wie MF Beisp. 9.11.

9.41

Nach Gl. (9.27) mit $F = F_y/\sin\alpha$ und $F_y = F_G \cdot (l_2 + l_3)/l_2$ sowie $\tan\alpha = l_1/l_2$ (s. Bild L 9.41). Die Auffassung der Stabanschlüsse als Gelenke ist eine weitgehende Vereinfachung, tatsächlich wird das Rohr auch noch auf Biegung beansprucht.

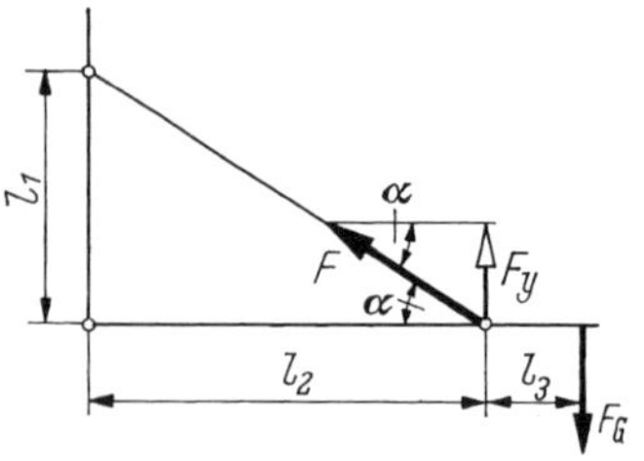

Bild L 9.41 Berechnungsskizze für F

9.42

1. Aus $m \cdot g = F_{zul} \cdot H/L_0$ mit F_{zul} nach Gl. (9.29), worin A nach Tab. 30 (Tabellenwert $\times$ 2, da 2 Profile) und σ_{zul} nach Tab. 21. **2.** Nach Gl. (9.7) mit $\sigma_{zul} = \sigma$.

9.43

Nach Gl. (9.27) mit $F_z = F \cdot \sin\alpha/\sin\beta$ und $F_d = F \cdot \sin\gamma/\sin\beta$ (s. Bild L 9.43, Winkelbestimmung nach Cosinus- u. Sinussatz), Profilquerschnitte nach Tab. 33.

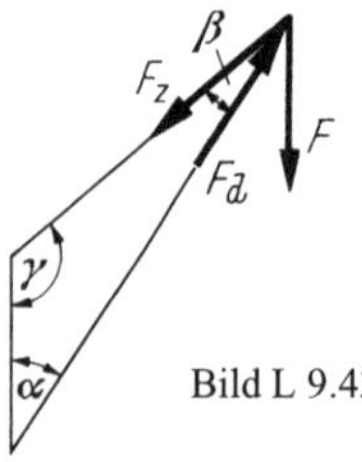

Bild L 9.43 Berechnungsskizze mit Kräften und Winkeln

9.44

Aus Gl. (9.28) mit $A_{erf} = s_{erf} \cdot l_m$ und $\sigma_{d\,zul}$ nach Gl. (9.26), worin $\sigma_B = \sigma_{dB} = 4R_m$ ist (R_m nach Bild A 3 für Wanddicke 8 mm).

9.45

Sinngemäß wie MF Beisp. 9.10 mit den Gln. (9.30) u. (9.31) sowie Bild A 1 und A 2.

9.46

1. $d_{a\,erf}$ aus Gl. (9.28) mit σ_{zul} nach Gl. (9.26) ($\sigma_F = R_e$ nach Tab. 13, $K_I = 1{,}8$) oder aus Gl. (9.30). **2.** Nach Gl. (9.38) (A mit gerundeten Wert d_a).

9.47

1. Mit $d_{i\,erf}$ aus $(d_a^2 - d_{i\,erf}^2) \cdot \pi/4 = m \cdot g/\sigma_{d\,zul}$ (Gl. (9.28)). **2.** Wie 1. aus $(d_a^2 - d_i^2) \cdot \pi/4 = [m \cdot g + (d_a^2 - d_i^2) \cdot \pi/4 \cdot h \cdot \varrho \cdot g]/\sigma_{d\,zul}$ mit ϱ nach Tab. 11.

9.48

1. Aus $A_{erf} = a^2 - d_i^2 \cdot \pi/4 = m \cdot g/p_{zul}$. **2.** Aus $a^2 - d_i^2 \times \pi/4 = [m \cdot g + (d_a - s) \cdot \pi \cdot s \cdot h \cdot \varrho \cdot g]/p_{zul}$ mit ϱ nach Tab. 11.

9.49

Wie MF Beisp. 9.17.

9.50

Aus $A_{erf} = b \cdot l = F/p_{zul}$ mit b nach Tab. 34.

9.51

Nach Gl. (9.38).

9.52

Nach Gl. (9.38) mit $F = 6F_1$.

9.53

Nach Gl. (9.39) mit A_{proj} wie in MF Bild 9.37b.

9.54

Wie MF Beisp. 9.18.

9.55

Mit $d = b$ Lagerdurchmesser d aus $d \cdot b = F_r/p_{zul}$ (Gl. (9.40)) und D aus $(D^2 - d^2) \cdot \pi/4 = F_a/p_{zul}$ (F_r u. F_a wie MF Beisp. 9.18).

9.56

Nach Gl. (9.41) mit $F = 220$ kN/4 (Kraftübertragung vom mittleren Blech zu den äußeren Laschen nur durch 4 Schrauben) und $s = 2 \cdot 6$ mm < 15 mm, $\sigma_{l\,zul}$ nach Tab. 21.

9.57

Nach Gl. (9.32) mit ϱ aus Tab. 11.

9.58

1. Wegen 2/3 ist $A = d^2 \cdot \pi/6$. **2.** Mit $\varrho = m'/A$, $\sigma = m \cdot g/A$, $L = L_{zul}$ und Gl. (9.26) ($\sigma_B = R_m$) ergibt sich aus Gl. (9.34) durch Umformung $\sigma_{zul} = R_m/S_B = (m' \cdot L - m)\,g/A$, woraus eine Lösungsgleichung für m folgt. **3.** Nach Gl. (9.32) mit $\varrho = m'/A$.

9.59

1. Mit $z = 6$ und $i = 19$ wird $A = z \cdot i \cdot d^2 \cdot \pi/4$. **2.** Nach Gl. (9.32) mit $\varrho = m'/A$.

9.60

Nach Gl. (9.33) mit $\varrho = m'/A$, $\sigma_{zul} = R_m/S_B$ und $A = 2 \cdot d^2 \cdot \pi/4$.

9.61

1. Nach Gl. (7.67). **2.** Entspr. Gl. (9.27).

9.62

Aus Gl. (7.67) mit $F_z = F$ nach Gl. (9.29).

9.63

Wie Aufg. 9.62 mit $A = (b - 2d_1)\,s$ und $\sigma_{z\,zul} = R_e/S_{F\,erf}$.

9.64

Nach Gl. (9.35).

9.65
Wie MF Beisp. 9.13.

9.66
Aus Gl. (9.35) folgt mit Gl. (9.36) $r = d_m/2$ und $\sigma = \sigma_{zul}$ nach Gl. (7.17) ($\sigma_F = R_e$ als Größtwert nach Tab. 13, $S_{F\,erf} = 2{,}4$ nach Tab. 19) für $n = \sqrt{\sigma_{zul}/\varrho}/(d_m \cdot \pi)$.

9.67
Wie MF Beisp. 9.14.

9.68
Nach Gl. (9.37) mit α und E nach Tab. 11.

9.69
Sinngemäß wie 1. u. 2. in MF Beisp. 9.14 folgt $\Delta\vartheta$ mit $\sigma = F/A$ aus Gl. (9.37) und damit Δl nach Gl. (9.36). Wegen der angenommenen Vereinfachungen handelt es sich nur um eine Überschlagsrechnung.

9.70
Wie MF Beisp. 9.20.

9.71
Nach Gl. (9.43) mit $F = m \cdot g/z$, E nach Gl. (9.44) (E_1 nach Tab. 11) und $d_2 = \infty$.

9.72
Nach Gl. (9.42) mit E nach Tab. 11 und $d_2 = \infty$ sowie $F = m_{ges} \cdot g/4$.

9.73
Nach Gl. (9.42) mit E nach Gl. (9.44).

9.74
1. Nach Gl. (9.42) mit $d_1 = 10$ mm und $d_2 = 340$ mm. **2.** Wie 1. mit $d_2 = -(340 + 2 \cdot 10)$ mm.

9.75
1. Nach Gl. (9.45) mit $A = 2 \cdot d^2 \cdot \pi/4$. **2.** Nach Gl. (9.40) mit $b = l_1$.

9.76
1. Aus Gl. (9.45) folgt $d_{erf} = \sqrt{2 \cdot F/(\pi \cdot \tau_{a\,zul})}$. **2.** Aus Gl. (9.40) mit $b = l_1$ und $p = p_{zul}$.

9.77
1. Nach Gl. (7.65). **2.** Aus $M = F_u \cdot D/2$. **3.** Nach Gl. (9.45) mit $F = F_u$ und $A = 2(d - s)\,\pi \cdot s$.

9.78
Aus Gl. (9.45) folgt mit der Scherfläche $A = d \cdot l$ und der Scherkraft $F_u = F \cdot L/(D/2)$ für $l = 2F \cdot L/(D \cdot d \cdot \tau_{a\,zul})$.

9.79
Aus Gl. (9.45) mit $A = 2 \cdot b \cdot l$ und $\tau_{a\,zul} = \tau_{aB}/S_B$ (entspr. Gl. (9.26)).

9.80
1. Nach Gl. (9.45) mit $A = d_2 \cdot \pi \cdot b$ und $\tau_{a\,zul}$ nach Tab. 20 (R_e nach Tab. 13). **2.** Nach Gl. (9.38) mit $A = (d_1^2 - d_2^2)\pi/4$.

9.81
Aus Gl. (9.28) folgt d_{erf} mit $\sigma_{z\,zul}$ nach Tab. 20 und F unter Berücksichtigung von K_I (s. MF S. 215), $d_1 = d + 10$ mm, D_{erf} aus Gl. (9.38) mit $p = p_{zul}$ und $A = A_{erf} = (D_{erf}^2 - d_1^2)\,\pi/4$, k aus Gl. (9.45) mit $A = d_1 \cdot \pi \cdot k$ und $\tau_{a\,zul}$ nach Tab. 20. Die Nachrechnung des Schaftquerschnittes auf Gestaltfestigkeit ist in MF Beisp. 9.54 durchgeführt.

9.82
Nach den Gln. (9.45) u. (9.41) mit $F = F_u/4$, worin $F_u = M/(d_0/2)$ ist, $A = d_1^2 \cdot \pi/4$ und $s = 12$ mm.

9.83
Wie MF Beisp. 9.22.

9.84
Wie Aufg. 9.83, da jede Hälfte der Doppellaschennietung gleich einer Verbindung nach Bild 9.83 ist (s. auch Hinweis zur Aufg. 9.56), zul. Spannungen nach Tab. 21.

9.85
1. Nach Gl. (9.27) mit $F = F_z$ nach Gl. (7.67) und $A = (b - d_1)\,s$. **2.** Nach Gl. (9.45) mit $F = F_z$ und $A = n \cdot m \cdot A_1$ (s. MF S. 231). **3.** Nach Gl. (9.41) mit $F = F_z/n$ und $s = 2$ mm ($n = 2$).

9.86
Für die Festigkeitsberechnung werden Schweißpunkte als Stifte gedacht und wie Niete berechnet. Es handelt sich um einen Momentenanschluss (s. MF S. 231), größte von einem Punkt zu übertragende Kraft F_1 wie in Aufg. 2.102.

9.87
Nach den Gln. (9.45) u. (9.41), in die anstelle F die Kraft $F_1 = F(b + c)/b$ einzusetzen ist (Momentenanschluss, s. Bild L 9.87), Kontrolle der Leibungsspannung für beide Bauteile erforderlich mit σ_{zul} nach Tab. 20.

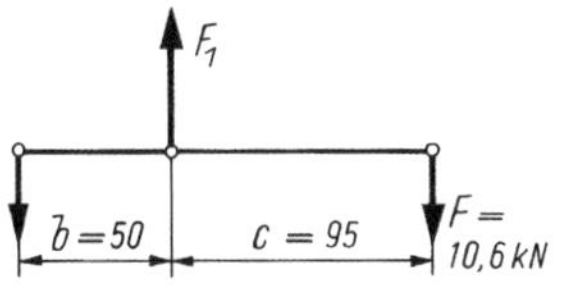

Bild L 9.87 Skizze zur Berechnung von F_1

9.88
1. Kraft F_1 wie in Aufg. 2.104 (s. auch MF Bild 9.48). Dabei geht man von den Reaktionen im Schwerpunkt S_0 der Verbindung aus (s. Bild L 9.88), die sich auf alle

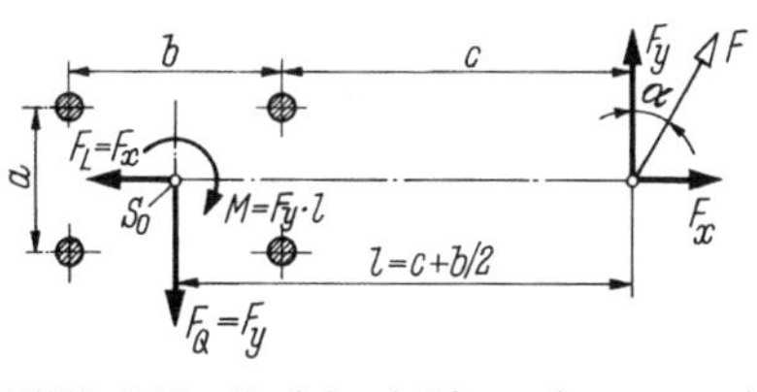

Bild L 9.88 Reaktionskräfte und -moment im Schwerpunkt S_0

vier Schrauben gleichmäßig verteilen. **2.** u. **3.** wie Aufg. 9.87.

9.89

Wie 1. u. 2. in MF Beisp. 9.23 unter Beachtung des Hinweises zur Aufg. 9.86 betreffs Festigkeitsberechnung von Schweißpunkten.

9.90

Aus Gl. (9.45) folgt mit τ_{aB} und $F = F_u/z = M \cdot 2/(d_0 \cdot z)$ für $d = \sqrt{8 \cdot M/(z \cdot d_0 \cdot \pi \cdot \tau_{aB})}$.

9.91

Schnittkraft F_B nach MF S. 232 mit R_m als Größtwert nach Tab. 13, $\sigma_d = F_B/a^2$.

9.92

Wie MF Beisp. 9.24, jedoch l nach Bild 9.92 errechnen.

9.93 bis 9.95

Flächenmomente 2. Grades I_x u. I_y nach MF Bild 9.59 und Tab. 22, Widerstandsmomente W_x u. W_y nach Gl. (9.60).

9.96 bis 9.99

Nach Tab. 22 und Gl. (9.60).

9.100

1. $e_1 = h - e_2$ mit $e_2 = (A_1 \cdot e - A_2 \cdot h/2)/(A_1 - A_2)$ (entspr. Gl. (4.8)), worin $A_1 = (B + b)\,h/2$, $A_2 = d^2 \cdot \pi/4$ und e nach Tab. 22. **2.** Nach Gl. (9.59) mit I_{01} u. I_{02} nach Tab. 22 und $c_1 = e_2 - e$ sowie $c_2 = e_2 - h/2$. **3.** Nach Gl. (9.60).

9.101

Mit 3 Teilflächen $A_1 = (30 \cdot 10)\ \text{cm}^2$, $A_2 = 2(2{,}5 \cdot 47) \times \text{cm}^2$, $A_3 = (25 \cdot 3)\ \text{cm}^2$ und den Gln. (4.7), (9.59), (9.48) sowie Tab. 22 (1. Zeile) oder nach Tab. 22 (13. Zeile) und Gl. (9.48).

9.102

Sinngemäß wie MF Beisp. 9.27.

9.103

Nach Tab. 22, MF Bild 9.59 u. Gl. (9.59) ergeben sich $I_x = (d_a^3 - d_i^3)\,b/12 + (d_a^4 - d_i^4)\,\pi/64$ und $I_y = (d_a - d_i) \times b^3/12 + 2 \cdot 0{,}00686(d_a^4 - d_i^4) - (c_{ax}^2 \cdot d_a^2 - c_{ix}^2 \cdot d_i^2)\,\pi/4$ (s. auch Bild L 9.103); W_x und W_y nach Gl. (9.60).

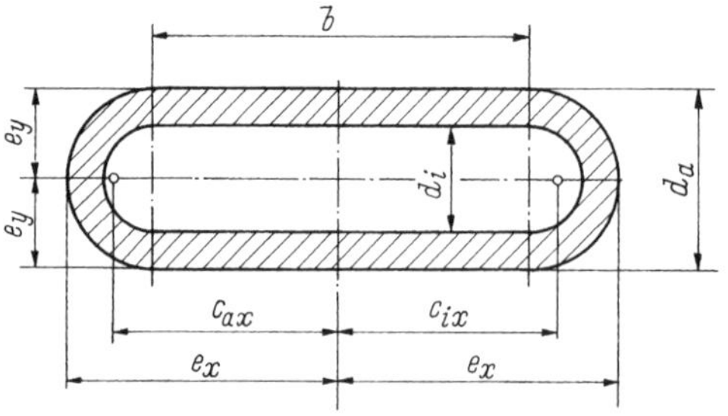

Bild L 9.103 Berechnungsskizze

9.104

1. $A = \Sigma A_i = a \cdot 2(25 + 2 \cdot 12{,}5)$ cm. **2.** Nach Gl. (9.59).

9.105

Wie MF Beisp. 9.26 mit $W_{x1} = W_{b\,max}$ und $W_{x2} = W_{b\,min}$.

9.106

Wie MF Beisp. 9.28.

9.107

Nach Gl. (9.60) mit I nach Gl. (9.59) und $e_{max} = y_0$ in Aufg. 4.21.

9.108

Nach Gl. (9.60) mit I nach Gl. (9.59) und $e_d = y_0$ in Aufg. 4.22.

9.109

Sinngemäß wie MF Beisp. 9.26 u. 9.28 bzw. wie die Aufgn. 9.105 u. 9.106 mit $e_z = y_0$ in Aufg. 4.23.

9.110

Sinngemäß wie die Aufgn. 9.106 u. 9.108.

9.111

1. Nach Tab. 22. **2.** Nach den Gln. (9.57) u. (9.61) oder (9.76) u. (9.77). **3.** Aus $W_t = 2W_b = (\pi/16) \times (d_a^4 - d_i^4)/d_a$ folgt mit dem unter 1. errechneten W_b Gleichung für d_i. **4.** Differenz $\delta = 100\%(d^2 - d_a^2 + d_i^2)/d^2$ folgt aus Querschnittsflächenvergleich (Kreisfläche $\hat{=}$ 100%).

9.112

Nach Tab. 23 Spalte 2 ohne F_3 und nach MF Bild 9.68a.

9.113

Entspr. Tab. 23 Spalte 2 und MF Bild 9.68b, s. auch Bild E 9.113, Bestimmung von l_0 sinngemäß wie unter 4. in MF Beisp. 9.29.

9.114

Aus Bild L 9.114 folgen $M_b = -(F + F_s)\,l - F_G \cdot l_G$ und $F_q = -(F + F_s + F_G)$.

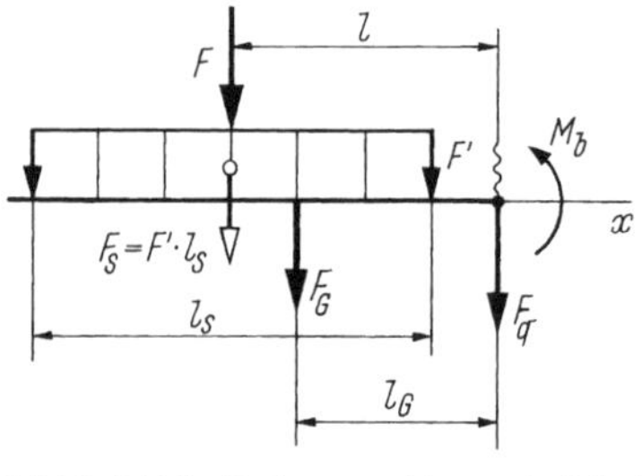

Bild L 9.114 Belastungsskizze mit Schnittgrößen

9.115

Aus Bild L 9.115 folgen $F_1 = F_2$, $F_q = -(F_1 + F_s)$ und $M_{bA} = F_2 \cdot l_2 - F_1 \cdot l_1 - F_s(l + l_s/2)$, F_A nach

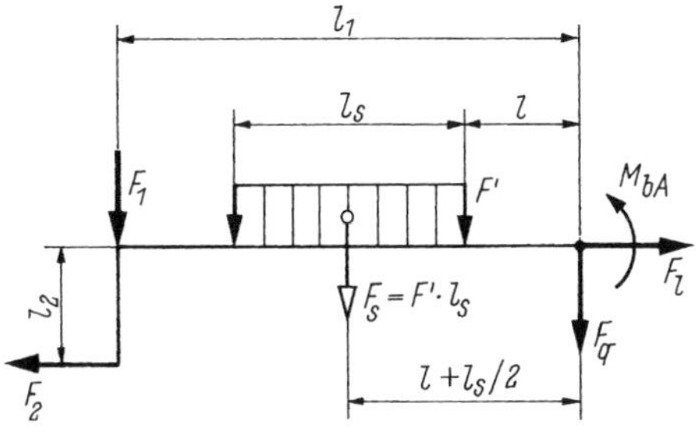

Bild L 9.115 Belastungskräfte und Schnittgrößen am Einspannquerschnitt

Gl. (2.12) mit $F_{Ax} = F_1$ und $F_{Ay} = -F_q$, Abstand l_0 aus $M_b = F_2 \cdot l_2 - (F_1(l_1 - l_0) - F'(l - l_s - l_0)^2/2 = 0$, s. Bild E 9.115.

9.116

Nach Tab. 24 Spalte 2 bzw. entspr. MF Bild 9.77.

9.117

Sinngemäß wie Aufg. 9.116, Stutzkräfte wie Aufg. 2.72.

9.118

1. Nach den Gln. (2.21) bis (2.23) mit F_x und F_y (Gln. (2.8) u. (2.9)) und mit $F_s = F'_{max} \cdot L/2$. **2.** Sinngemäß wie MF Beisp. 9.31, Biegemomentenlinie und Querkraftlinie zwischen A und B sind Parabeln nach den Gln. $M_{bx} = F_{Ay} \cdot x - F'_{max} \cdot x^3/6L$ und $F_{qx} = F_{Ay} - F'_{max} \cdot x^2/2L$, s. Bild E 9.118. **3.** Das größere der Biegemomente bei $F_q = 0$ (zwischen A u. B) und bei F_B ist $M_{b\,max}$.

9.119

Nach der Erläuterung zu MF Bild 9.78 mit $l_4 = L - l_s - l_3$ und l_0 aus $F_q = F_A - F_1 - F'(l_0 - l_4) = 0$.

9.120

Sinngemäß wie MF Beisp. 9.32 mit $F_s = F'(3l + l_1)$ und $F' = 6$ kN/m $+ m' \cdot g$ mit m' nach Tab. 34.

9.121

Biegemomentenlinie hat unter dem Kraftangriffspunkt eine Stufe (s. MF S. 250) mit $M_{bB} = F_B \cdot l_B$ (s. Bild E 9.121).

9.122

F_A nach Gl. (2.16) mit F_{Ay} aus $M_{b1} = F_{Ay} \cdot l_1$ und $F_{Ax} = F_a$ aus den Gln. (2.21) u. (2.23), F_B aus $M_{b2} = F_B \cdot l_2$ und F_r aus Gl. (2.22).

9.123

Aus Bild L 9.123 folgen $F_l = -F_a$, $F_{qy} = -F_r$, $F_{qz} = F_t$, $M_{by} = F_a \cdot r_m - F_r \cdot l$ und $M_{bz} = F_t \cdot l$ mit F_t aus $M = F_t \cdot r_m = F_t \cdot d_m/2$ und M nach Gl. (7.65), F_q nach Gl. (2.16) und M_b nach Gl. (9.63).

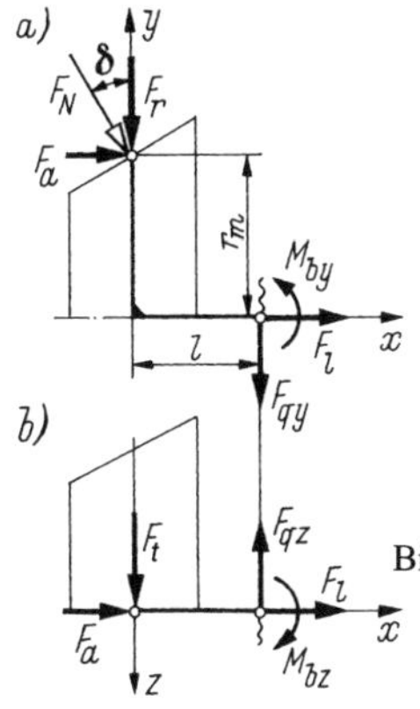

Bild L 9.123 Freigeschnittene Kegelradwelle
a) x,y-Ebene,
b) x,z-Ebene

9.124

Sinngemäß wie MF Beisp. 2.33 u. 9.33 mit M nach Gl. (7.65) und ohne Axialkraft am Geradzahn-Stirnrad. Die Axialkraft F_{am} am Kegelrad wird an der Wellenschulter im Abstand $l_4 = 40$ mm vom Querschnitt 2 in das Lager B geleitet, so dass $F_{l3} = 0$ ist (s. Bild E 9.124); F_q und M_b wie in Aufg. 9.123, $M_{by\,0} = F_{am} \cdot r_m$. Berechnung der Querschnitte auf zusammengesetzte Beanspruchung s. Aufg. 9.200.

9.125

Nach Gl. (9.49) mit $W_b = b \cdot h^2/6$ (Tab. 22).

9.126

Nach Gl. (9.49) mit $W_b \approx 0{,}1d^3$ (Tab. 22).

9.127

Wie Aufg. 9.126.

9.128

Nach Gl. (9.49) mit W_b nach Tab. 22.

9.129

Nach Gl. (9.64) mit $W_b = W_x$ nach Tab. 34 und $\sigma_{b\,zul}$ nach Tab. 21.

9.130

Nach Gl. (9.49) mit $F = K_I \cdot F_N$ und $M_{bi} = F/2 \cdot l_i$ sowie $W_{bi} \approx 0{,}1d_i^3$.

9.131

Biegespannung σ_{b3} wie Aufg. 9.130, σ_{b4} mit $W_{b4} = (80 - 37)$ mm $\cdot$ (40 mm)$^2/6$ und Flächenpressung $\bar{p}$ nach Gl. (9.40) mit $F/2$.

9.132

1. Aus Gl. (9.65) mit $W_{b\,erf} \approx 0{,}1d^3$ und $M_b = F \cdot l_2$, worin $F = M/l_1$. **2.** Aus Gl. (9.65) mit $W_{b\,erf} = b \cdot h^2/6$ und $M_b = F \cdot l_3$.

9.133

Aus Gl. (9.65) mit $W_{b\,erf} \approx 0{,}1d_i^2$, $\sigma_{b\,zul} = 0{,}5 \cdot 0{,}4R_e$ (Tab. 20), $M_{b1} = F_1 \cdot l_1$, $M_{b2} = F_1 \cdot l_2$, $M_{b3} = F_1 \cdot l_3 - F_A \cdot l_A$ (F_A aus Gl. (2.23)) und $M_{b4} = F_2 \cdot l_4$.

9.134

Aus Gl. (9.65) mit $W_{b\,erf} \approx 0{,}1 d_{erf}^2$, $M_b = F \cdot L/4$ und $\sigma_{b\,zul}$ entspr. Gl. (9.26) mit $\sigma_{bF} = f_q \cdot R_e$ (s. Tab. 14).

9.135

Aus Gl. (9.66) mit $M_{b\,zul} = F \cdot l$ und $\sigma_{b\,zul}$ nach Tab. 20 sowie $W_{b1} = b \cdot s^2/6$ bzw. $W_{b2} = s \cdot b^2/6$ mit Dicke $s = 20$ mm.

9.136

Mit $M_b = F \cdot 95$ mm und $\sigma_{b\,zul}$ entspr. Gl. (9.26), worin $\sigma_{bF} = f_q \cdot R_e$ (s. Tab. 14), folgt $W_{b\,erf}$ nach Gl. (9.65). Für den gefährdeten Querschnitt (Bild L 9.136) ist $W_b = I/e = s(b^3 - d^3)/6b$, woraus sich die Gleichung 3. Grades $b^3 - (W_{b\,erf} \cdot 6/s)b - d^3 = 0$ ergibt (Lösung für b mittels Iteration möglich).

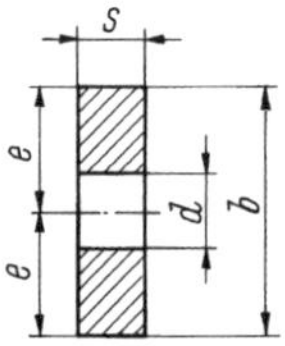

Bild L 9.136 Gefährdeter Querschnitt

9.137

1. Nach Tab. 32 ist $e_z = e_x$ und $e_d = h - e_z$. **2.** Nach Gl. (9.48) mit $I = I_x$ nach Tab. 32. **3.** Nach den Gln. (9.51) u. (9.52) mit $M_b = F \cdot l$.

9.138

Sinngemäß wie Aufg. 9.137 mit $e_z = e_1$, $e_d = e_2$ und $I = I_x$ nach Tab. 22 (Forts. 4. Zeile, s. auch MF Beisp. 9.36 unter 1. u. 2.).

9.139

Biegedruckspannung im Einspannquerschnitt, Berechnung wie in Aufg. 9.138.

9.140

1. Randabstand $e_d = y_0$ nach Gl. (4.8). **2.** Nach Gl. (9.59). **3.** Nach Gl. (9.48). **4.** Nach Gl. (9.49). **5.** Mit $\sigma_{b\,zul}$ nach Tab. 21 (2. Zeile).

9.141

1. bis **3.** wie 1. bis 4. in Aufg. 9.140. **4.** Nach Gl. (9.31) mit R_m nach Tab. 13 und $S_{B\,erf}$ nach Tab. 19. **5.** Wie 4. mit $\sigma_{bd} = 4R_m$ anstelle R_m (s. auch MF Beisp. 9.9).

9.142

Nach Gl. (9.49) mit W_b nach Tab. 22 und nach Gl. (9.50) mit I nach Tab. 22 und $y = r_i = d_i/2 = (d_a - 2s)/2$.

9.143

1. Mit den Gln. (2.23) u. (2.22) wie Aufg. 2.71. **2.** Aus der Querkraftfläche folgt $M_b = F_A(L - l_1)$ unter F_1. **3.** Mit $\sigma_{b\,zul}$ nach Tab. 20 ergibt sich $W_{b\,erf}$ nach Gl. (9.65) und damit folgt aus $[B \cdot H^3 - (B - 2s)\,h^3]/6H = W_{b\,erf}$ mit $h = H - 2s$ die Lösungsgleichung für B.

9.144

1. Wegen Überwindung der Federkraft $F_2 = (s_1 + \Delta s)\,R = (L_0 - L_1 + \Delta s)\,R$ (s. MF S. 132) und der Kraft $F = M/L$ ist $F_b = F + F_2$. **2.** Nach Gl. (9.49) mit $M_b = F(L - l)$ und W_b nach Tab. 22. **3.** Nach Gl. (9.21) mit σ_{bF} nach Tab. 14.

9.145

1. Aus Gl. (9.65) mit $M_b = F' \cdot l^2/2$ (s. Tab. 23) und $W_b \approx 0{,}1 d^3$. **2.** Wie 1. mit $M_b = F \cdot l/2$. **3.** Aus Gl. (9.40) mit $b = l$.

9.146

1. Aus Gl. (9.65) mit $W_b = a^3/6$ (Tab. 22) und $M_b = F' \cdot L^2/8$ (Tab. 24). **2.** Wie 1. mit $M_b = F_s \cdot L/4 = F' \cdot L^2/4$.

9.147

1. Nach Gl. (9.49) mit $W_b \approx 0{,}1 d^3$ und $M_{b\,max} = F \cdot L/4 = 3F \cdot l_1/8$, da $L = l_1 + l_2 = 3l_1/2$ (s. Bild L 9.147). **2.** Wie 1. mit $M_{b\,max} = F \cdot L/4 - F \cdot l_1/8 = F \cdot l_1/4$.

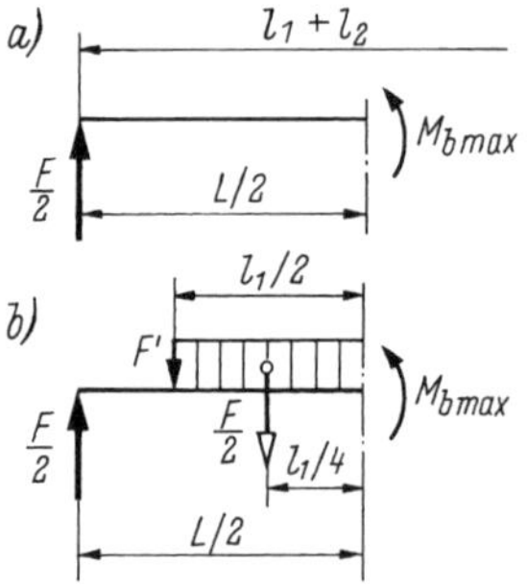

Bild L 9.147 Berechnungsskizzen für größtes Biegemoment
a) Bolzen mit Einzelkraft,
b) mit Streckenkraft

9.148

1. Wie F_r in Aufg. 2.18. **2.** Aus Gl. (9.40) mit $b = 32$ mm. **3.** Sinngemäß wie 2. in Aufg. 9.147 mit $l_1 = b$ und $L = 60$ mm, so dass $M_b = F/2 \times (L/2 - b/4)$.

9.149

Wie MF Beisp. 9.37 mit $F_t = M \cdot 2/d$ und $F = F_t/\cos\alpha$ ($d = 250$ mm).

9.150

Wie MF Beisp. 9.38.

9.151

Nach Gl. (9.69) mit $b = 2s = 2 \cdot 10$ mm und $\sigma_{b\,zul}$ nach Tab. 20.

9.152

1. Nach Gl. (9.70) mit $b = 2a$ und $I = I_x$ nach Tab. 22 (Forts. 4. Zeile, s. auch Bild L 9.152) und

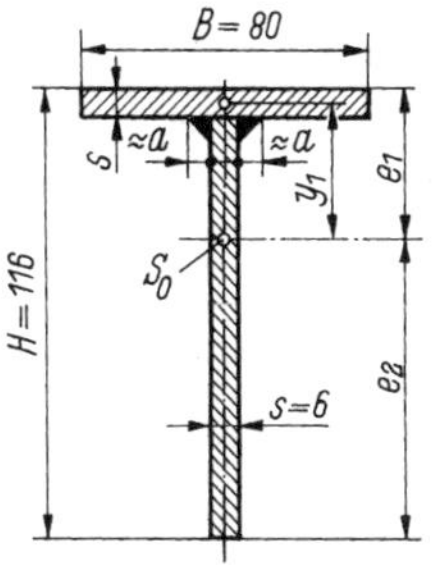

Bild L 9.152 Berechnungsskizze

$H_1 = y_1 \cdot s \cdot B$, worin $y_1 = e_1 - s/2$ (wie H_{Fl} in MF Beisp. 9.39). **2.** Nach Gl. (9.71) mit $h = 100$ mm.

9.153

Nach MF S. 257 ist $\tau_{\text{q max}} = 1{,}5\tau_3 = 1{,}5F_\text{q}/(2s \cdot h_3)$ mit $F_\text{q} = F$, u. zw. weil $h_3 < h_2 < h_1$.

9.154

Längsschubspannung nach Gl. (9.70) für obere und untere Naht errechnen mit $I = I_x$ nach Tab. 22 (Forts. 5. Zeile, s. auch Bild L 9.154) sowie H_1 und H_2 wie in Aufg. 9.152, $\tau_{\text{q max}}$ ebenfalls nach Gl. (9.70) mit $H_0 = H_1 + y_3 \cdot h_3 \cdot s$ (sinngemäß wie 3. in MF Beisp. 9.39), τ nach Gl. (9.71) (wie τ_1 unter 2. in MF Beisp. 9.39).

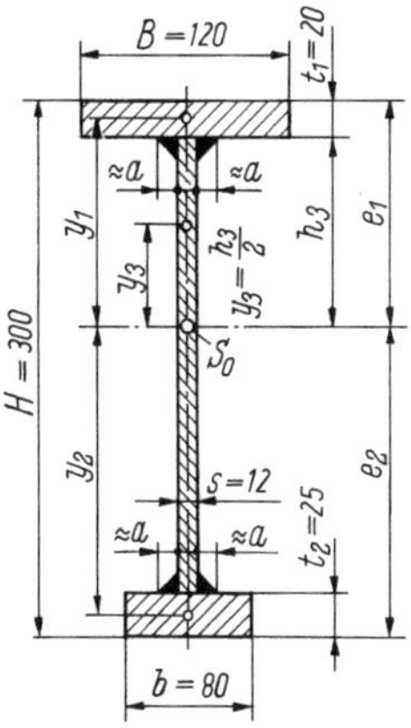

Bild L 9.154 Berechnungsskizze

9.155

Entspr. MF S. 257 ist $\tau_{\text{l max}} = \tau_{\text{q max}}$ nach Gl. (9.70) mit $F_\text{q} = F_\text{B} - F_3$ (folgt aus Bild L 9.155), $I = I_x$ nach Tab. 22 (Forts. 3. Zeile), $H = y_0 \cdot A$ mit $y_0 = e_2$ nach Tab. 22 (Forts. 4. Zeile) und $b = 2s$.

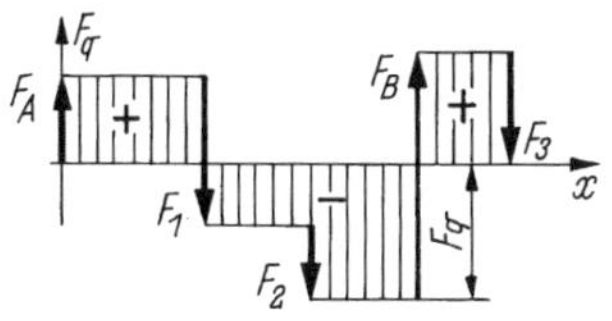

Bild L 9.155 Querkraftfläche

9.156

1. Größtkraft $F = K_\text{I}(F_{\text{Ge}} + F_\text{G}) = K_\text{I}(m_\text{e} + m)\,g$. **2.** Nach Tab. 25 Nr. 1 mit E nach Tab. 11 und I nach Tab. 34. **3.** Nach Gl. (9.50) mit W_b nach Gl. (9.49) und $e = h/2$.

9.157

1. Aus Tab. 25 Nr. 1 mit E nach Tab. 11 und $I = b \cdot s^3/12$. **2.** Nach Gl. (9.64).

9.158

Nach Tab. 25 Nr. 5.

9.159

1. Nach Gl. (2.6). **2.** bis **4.** Nach Tab. 25 Nr. 6.

9.160

Aus Tab. 25 Nr. 5 mit $f = k \cdot L$, $F' = m' \cdot g = V' \cdot \varrho \cdot g = d^2 \cdot \varrho \cdot g \cdot \pi/4$ und I nach Tab. 22. Für Stahlwellen gilt z. B. $f = 0{,}4 \cdot 10^{-3} \cdot L$, d. h. $k = 0{,}4 \cdot 10^{-3}$.

9.161

1. Nach Gl. (9.77). **2.** Nach Gl. (9.75).

9.162

1. Nach Gl. (7.65) mit $T = M$. **2.** Mit Gl. (9.77) folgt aus Gl. (9.75) für den erforderlichen Mindestdurchmesser $d_{\text{erf}} = \sqrt[3]{T/0{,}2\tau_{\text{t zul}}}$ (s. auch unter 2. in MF Beisp. 9.43).

9.163

1. u. **2.** wie in MF Beisp. 9.42. **3.** Aus Gl. (9.75) mit $\tau_{\text{t zul}}$ nach Tab. 20. **4.** Nach Gl. (7.64).

9.164

Aus dem Gleichsetzen der Gln. (9.79) u. (9.77) ergibt sich $d_\text{i} = \sqrt[4]{d_\text{a}^4 - d_\text{a} \cdot d^3}$.

9.165

Mit $W_\text{t} = 0{,}2d^3$ (Gl. (9.77)) und $\tau_{\text{t zul}}$ nach Tab. 20 folgt T_{zul} aus Gl. (9.75). Sinngemäß wie in Aufg. 9.164 erhält man mit $d_\text{a} = 2d_\text{i}$ für $d_\text{i} = \sqrt[3]{d^3/7{,}5}$.

9.166

Sinngemäß wie 3. u. 4. in Aufg. 9.163 und wie Aufg. 9.164.

9.167

Wie MF Beisp. 9.44.

9.168

Nach Gl. (9.75) folgt mit $W_\text{t} = I_\text{p}/r_\text{a}$ und $\tau = T \cdot r_\text{i}/I_\text{p}$ (entspr. Gl. (9.50), I_p nach Gl. (9.78)).

9.169

Aus Gl. (9.75) mit $W_\text{t} = 0{,}2d^3$ (Gl. (9.77)) und $\tau_{\text{t zul}} = \tau_{\text{tF}}/S_\text{F}$ (entspr. Gl. (9.26), τ_{tF} nach Tab. 14) die erforderliche Streckgrenze $R_{\text{e erf}} = T \cdot S_\text{F}/(0{,}6 \cdot 0{,}2d^3)$, damit Werkstoffwahl nach Tab. 13 und der Bedingung $R_\text{e} \geq R_{\text{e erf}}$ (s. auch MF Beisp. 9.10).

9.170
Nach Gl. (9.75) mit $T = F_t \cdot d_0/2$ und $F_t = K_I \cdot F \times \cos\alpha$ sowie $W_t = 0{,}2d^3$ (Gl. (9.77)).

9.171
1. $T = F(l + b/2)$. **2.** Nach Tab. 26 mit c_1 für $h/b = 2$. **3.** Nach Tab. 26 ist $\tau_t = \tau_{t1}$.

9.172
Nach Tab. 26 mit $A_m = (b - s) \cdot (h - s)$.

9.173
Nach Tab. 26 mit $h = b = \sqrt{A}$ und c_1 für $h/b = 1$, $\tau_{t\,zul}$ nach Tab. 20.

9.174
Aus Tab. 20 folgt $W_t = c_1 \cdot b^3 = T/\tau_{t\,zul}$ und daraus $b = \sqrt[3]{T/(c_1 \cdot \tau_{t\,zul})}$ sowie $h = 3b$.

9.175
1. d wie in MF Beisp. 9.43 unter 2. und l aus Gl. (9.80) mit G aus Tab. 11 und $I_t = 0{,}1d^4$ (Gl. (9.76)). **2.** Nach Gl. (9.81).

9.176
Spezifischer Verdrehwinkel $\alpha' = \alpha/l$ mit α nach Gl. (9.80), G nach Tab. 11 und $I_t = 0{,}1d^4$ (Gl. (9.76)).

9.177
1. Wie α in Aufg. 9.176. **2.** Nach Gl. (9.81). **3.** Nach Gl. (9.75). **4.** Aus $M = 2F_H \cdot l_H$ (Gl. (2.18)).

9.178
1. Nach Gl. (7.65). **2.** Nach MF S. 268 ist $\alpha = \Sigma\alpha_i = \alpha_1 + \alpha_2$ mit α_i nach Gl. (9.80), so dass $\alpha = (T/0{,}1G) \cdot (l_1/d_1^4 + l_2/d_2^4)$. **3.** Wie in Aufg. 9.176.

9.179
1. Nach MF S. 215 und den Gln. (2.8) u. (2.9). **2.** Nach den Gln. (9.27) u. (9.49) mit $M_b = F_y \cdot l$ und $W_b = s \cdot b^2/6$. **3.** Nach Gl. (9.87). **4.** Nach Gl. (9.21) mit σ_{bF} nach Tab. 14 und $S_{F\,erf}$ nach Tab. 19.

9.180
1. Nach den Gln. (9.27) u. (9.49) mit W_b nach Tab. 22. **2.** Nach Gl. (9.89).

9.181
Nach Gl. (9.87) mit $\sigma_{bz} = \sigma_b$ nach Gl. (9.49) ($M_b = F(l_1 + l_2)$, $W_b = b \cdot s^2/6$) und σ_z nach Gl. (9.27).

9.182
Querschn. 1 nach Gl. (9.89) mit den Gln. (9.49) u. (9.27), Querschn. 2 nach Gl. (9.49) mit $M_b = F(40 - 30)$ mm.

9.183
Querschn. 1 nach Gl. (9.27), Querschn. 2 nach Gl. (9.49) mit $W_b = b \cdot s^2/6$, Querschn. 3 nach Gl. (9.87) mit den Gln. (9.49) u. (9.27).

9.184
1. Nach den Gln. (2.8) u. (2.9) ist $F_x = F_y$. **2.** $M_b = F_x \cdot 0{,}27\text{ m} + F_y \cdot 0{,}15\text{ m}$. **3.** Nach den Gln. (9.49) u. (9.27). **4.** Vergl. von σ_{zul} mit σ_{max} nach Gl. (9.89).

9.185
1. Nach Gl. (7.67) mit $r = c + r_A$. **2.** Nach Gl. (9.87) mit den Gln. (9.49) ($M_b = F_z \cdot a$, $W_b = b \cdot s^2/6$) und (9.27). **3.** Nach Gl. (9.21) mit σ_{bF} nach Tab. 14.

9.186
1. Mit F_{2y} aus $\Sigma M = 0 = F_1 \cdot L_1 - F_{2y} \cdot L_2$ wird $F_2 = F_{2y}/\cos 35°$. **2.** Gleich dem größeren Wert von $s_{1\,erf}$ und $s_{2\,erf}$, die sich aus folgenden Ansätzen nach den Gln. (9.65) bzw. (9.87) ergeben: $s_1 \cdot b_1^2/6 \geq F_1 \cdot l_1/\sigma_{zul}$ bzw. $F_{2y} \cdot l_2 \cdot 6/(s_2 \cdot b_2^2) + F_{2x}/(s_2 \cdot b_2) \geq \sigma_{zul}$ mit $F_{2x} = F_{2y} \cdot \tan 35°$.

9.187
1. Aus $\Sigma M = 0 = F_1 \cdot L_1 - F_{2x} \cdot L_2 - F_{2y} \cdot L_3$ mit $F_{2x} = F_{2y}$ nach den Gln. (2.8) u. (2.9). **2.** Nach Gl. (9.49). **3.** Nach Gl. (9.87) mit den Gln. (9.49) ($M_{b2} = F_{2x} \cdot l_2$) u. (9.27). **4.** Nach Gl. (9.89) mit den Gln. (9.49) ($M_{b3} = F_{2x} \cdot L_2 - F_1(l_1 + l_3) + F_{2y} \cdot l_3/2$) u. (9.27). **5.** Vergl. von σ_{max} mit $\sigma_{b\,zul}$ nach Tab. 20.

9.188
1. Beide Querschnittshälften ergeben ein T-Profil, somit I nach Tab. 22 (Forts. 4. Zeile) und $W_{bz} = I/e_z$ (Gl. (9.48)) mit $e_z = e_1$. **2.** Aus Gl. (9.87) (s. auch MF Beisp. 9.47): $\sigma_{max} = F \cdot a/W_{bz} + F/A \leq \sigma_{zul}$ mit σ_{zul} nach Gl. (9.26) ($S_{B\,erf}$ nach Tab. 19).

9.189
Vergl. von $\sigma_{b\,zul}$ nach Tab. 20 mit σ_{max} nach Gl. (9.87) mit F_x und F_y nach den Gln. (2.8) u. (2.9), W_b nach Gl. (9.48) mit $I = s \cdot b^3/12 - 2(s \cdot d^3/12 + c^2 \cdot d \cdot s)$ entspr. Gl. (9.58) (s. Bild L 9.189), somit $\sigma_{max} = (F_y \cdot l/W_b + F_x/A)/2$.

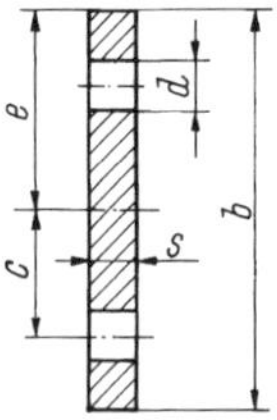

Bild L 9.189 Gefährdeter Querschnitt A eines Flachstahls

9.190
1. Wie Aufg. 2.18 (s. auch Bild L 9.190a). **2.** Nach Gl. (9.49) mit $M_{b\,max}$ nach Tab. 24 (6. Spalte) und W_b nach Tab. 22 (6. Zeile, s. auch Bild L 9.190b). **3.** Nach Gl. (9.89) mit den Gln. (9.52) u. (9.27), F_x und F_y entsprechend den Gln. (2.8) u. (2.9) ($F = 2F_r$), $M_b = F_x \cdot l_x + F_y \cdot l_y$, $A = A_1 - A_2$ ($A_1 = A$ nach Tab. 33, $A_2 = d \cdot s$ mit s nach Tab. 33), $e_z = (A_1 \cdot e_y - A_2 \cdot s/2)/A$ mit e_y nach Tab. 33 (Gl. (4.8), s. auch Bild L 9.190c), I nach Gl. (9.59). **4.** Vergl. mit $\sigma_{b\,zul}$ nach Tab. 20. **5.** Nach Tab. 13 mit $R_e \geq R_{e\,erf} = \sigma_{b\,max}/0{,}85$ bzw. $\sigma_{max}/0{,}85$.

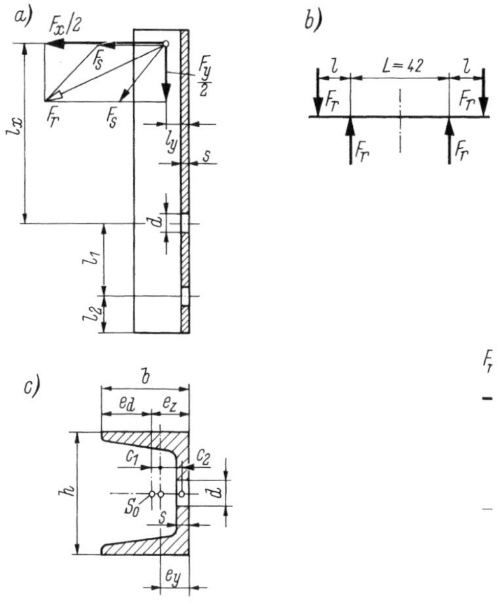

Bild L 9.190 Berechnungsskizzen
a) Kräfte und Abstände,
b) Belastung der Rollenachse (Kräfte in Bildebene gedreht),
c) gefährdeter Querschnitt A

9.191

1. Nach Gl. (9.49) mit W_b nach Tab. 22. **2.** Nach Gl. (9.75) mit W_t nach Gl. (9.77). **3.** Nach Gl. (9.93) mit $\alpha_0 = 0{,}7$.

9.192

1. Nach Gl. (9.83) mit $\eta = 1{,}73$. **2.** Nach Gl. (9.94). **3.** Nach Gl. (9.95).

9.193

Nach Gl. (9.95) mit M_v nach Gl. (9.94) ($\alpha_0 = 1$), M_b und T wie in Aufg. 9.9.

9.194

Nach Gl. (9.93) mit $\sigma_{b\,zul}$ nach Tab. 20 und σ_b nach Gl. (9.49) ($M_b = (F + m \cdot g)l$), τ_t nach Gl. (9.75) ($T = M$), $\alpha_0 = 0{,}4$.

9.195

Querschn. 1: σ_b nach Gl. (9.49) mit W_b nach Tab. 20. Querschn. 2: σ_v nach Gl. (9.93) ($M_b = F \cdot 80$ mm, $T = F \cdot 50$ mm, $\alpha_0 = 1$).

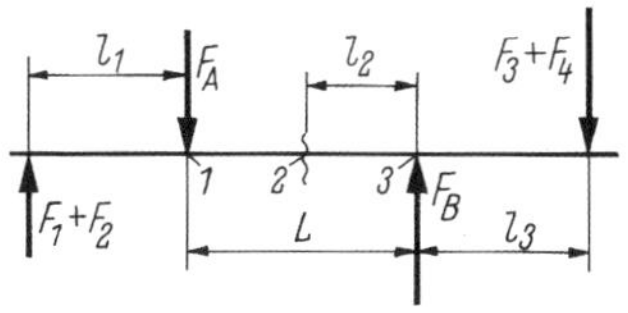

Bild L 9.196 Kräfte an der Riemenscheibenwelle

9.196

Nach Gl. (9.94) mit $T = (F_1 - F_2)D_2/2$, $\alpha_0 = 0{,}7$, $M_{b1} = (F_1 + F_2)\, l_1$ (s. Bild L 9.196), $M_{b2} = (F_3 + F_4) \times (l_2 + l_3) - F_B \cdot l_2$ (mit $F_3 = T \cdot 2/D_3 + F_4$ und F_B aus Gl. (2.23)), $M_{b3} = (F_3 + F_4)l_3$.

9.197

1. Nach Gl. (9.27). **2.** Nach Gl. (9.49) mit M_b nach Gl. (9.63) (s. auch Aufg. 9.123). **3.** $\sigma_o = \sigma_{max}$ nach Gl. (9.89) mit $\sigma_{bd} = \sigma_b$. **4.** Nach Gl. (9.75) mit $T = F_t \cdot d_m/2$. **5.** Nach Gl. (9.96) mit $\alpha_0 = 0{,}6R + 0{,}7$ (s. MF S. 274 unten). Eine Nachrechnung auf Gestaltfestigkeit erfolgt in Aufg. 9.231.

9.198

Nach Gl. (9.93), da F_a vom Festlager aufgenommen wird, weshalb im Querschnitt A keine Längskraft auftritt, d. h. $\sigma_{z,d} = 0$ ist ($M_b = F_B \cdot l$, $T = F_t \cdot r_0$, $F_B = \sqrt{F_{By}^2 + F_{Bz}^2}$, F_{By} u. F_{Bz} nach Gl. (2.23), s. Bild L 9.198).

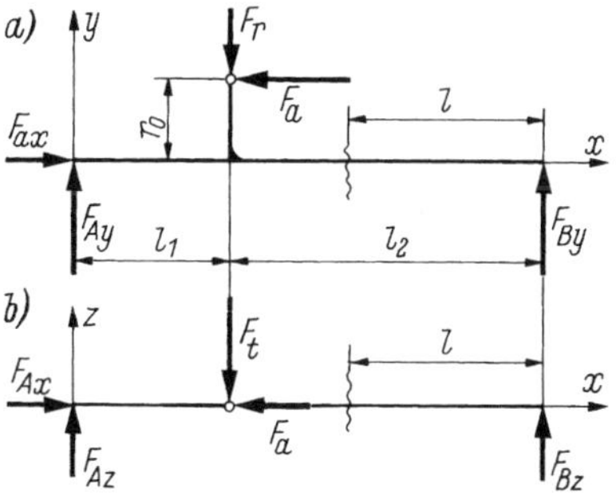

Bild L 9.198 Kräfte an der Schneckenwelle
a) x,y-Ebene, b) x,z-Ebene

9.199

Nach Gl. (9.95) mit $\sigma_{b\,zul}$ nach Tab. 20 und M_v nach Gl. (9.94), $T = M$ nach Gl. (7.65), M_b nach Gl. (9.63) mit $M_{by} = -F_{By} \cdot l - F_{t3}(l - l_3)$ und $M_{bz} = -F_{Bz} \cdot l + F_{r3}(l - l_3)$, F_{By} und F_{Bz} nach Bild L 9.199 aus Gl. (2.23).

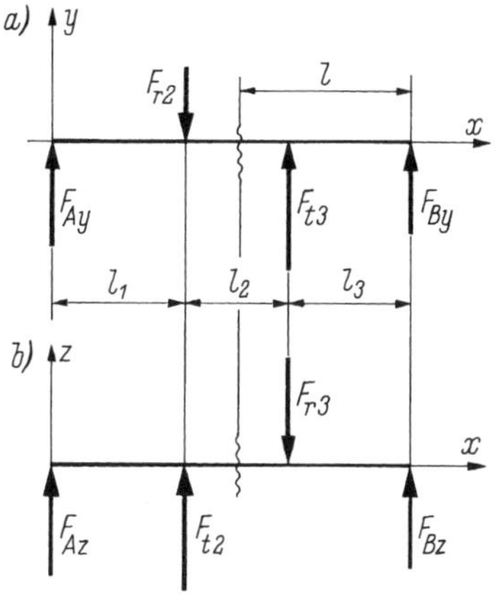

Bild L 9.199 Kräfte an der Getriebewelle
a) x,y-Ebene, b) x,z-Ebene

9.200

Sinngemäß wie unter 4. bis 7. in MF Beisp. 9.51 und mit $\sigma_{b\,zul}$ nach Tab. 20. Da im Querschn. 3 die Längskraft $F_{13} = 0$ ist (s. Aufg. 9.124), wird $\sigma_{o3} = \sigma_{b3}$ und somit $\sigma_{vo3} = \sigma_{v3}$ nach Gl. (9.93) mit $\alpha_0 = 0{,}4$.

9.201

1. Entspr. Gl. (9.27) ist $\sigma_o = F_o/A$ mit $F_o = K_I \cdot F_N$. **2.** Nach Gl. (9.102) mit α_k nach MF Bild A 7, χ nach Gl. (9.99) und n_χ nach MF Bild A 20. **3.** Nach Gl. (9.105) mit σ_W nach Tab. 16 und b_o nach MF Bild A 19. **4.** Nach Gl. (9.104) mit $S_{D\,erf}$ nach Tab. 18 und $\sigma_a = \sigma_o$, da $R = 0$. **5.** Sinngemäß wie 1. bis 4. mit $\beta_k = 1$ und b_o für Walzhaut. **6.** Aus $F_o/[(b-d)\,s_{erf}] = \sigma_{AG}/S_{D\,erf}$ (σ_{AG} mit b_0 für $R_z = 16$ µm).

9.202

1. Nach Gl. (9.102) mit α_k nach MF Bild A 8 ($\varrho = 2{,}5$ mm), χ nach Gl. (9.99) und n_χ nach MF Bild A 20a, R_m nach MF Bild A 4, $R_{p0,2}$ nach Tab. 13. **2.** Wie 3. in Aufg. 9.201. **3.** Nach den Gln. (9.104) u. (9.21) sinngemäß wie 2., 4. u. 5. in MF Beisp. 9.54 ohne Vergl. mit erf. Sicherheiten, $A \approx d^2 \cdot \pi/4 - d \cdot 2\varrho$. **4.** Wie 3. mit b_o für $R_z = 6{,}3$ µm (Feinschlichten), $\beta_k = 1$ und $A = d^2 \cdot \pi/4$.

9.203

1. Aus Gl. (9.30) folgt $F_o = F$ und damit $F_{oN} = F_o/K_I$. **2.** Sinngemäß wie 3. u. 4. in MF Beisp. 9.54 mit α_k nach MF Bild A 9. **3.** Nach Gl. (9.104) mit $S_{D\,erf}$ nach Tab. 18 und $\sigma_a = F_a/A$, worin $F_a = F_o - F_m = 0{,}25F_o$, da $F_m = R \cdot F_o$.

9.204

1. Aus Gl. (9.97) mit α_k nach MF Bild A 10. **2.** Nach Gl. (9.102) mit n_χ nach MF Bild A 20b ($R_{p0,2}$ nach Tab. 13). **3.** Mit $F = A_1 \cdot \sigma$ wird $\sigma_2 = F/2A_2 = \sigma \cdot A_1/2A_2 = \sigma \cdot d^2/2D^2$.

9.205

1. Sinngemäß wie 1. in MF Beisp. 9.56 mit $F_u = F_V$. **2.** Wie 3. u. 4. in MF Beisp. 9.54 mit R_m und $R_{p0,2}$ nach MF Bild A 4. **3.** Wie 5. in MF Beisp. 9.54 mit $F_a = F/2$.

9.206

Wie MF Beisp. 9.56.

9.207

Sinngemäß wie 1. bis 4. in Aufg. 9.201, jedoch mit $F_u = 1000$ N und Kontrolle von S_F, da $R > 0{,}5$ (R_m nach MF Bild A 4, $R_{p0,2}$ nach Tab. 13).

9.208

Wie Aufg. 9.207 mit R_m und R_e nach Tab. 13.

9.209

Wie Aufg. 9.207 mit $\varrho = 0{,}25$ mm (s. MF S. 280) und n_χ nach MF Bild A 20b.

9.210

1. Wie MF Beisp. 9.55. **2.** Nach Gl. (9.21).

9.211

1. Wie Aufg. 9.205 und $F_a = F_o - F_m$ (Druckkräfte sind negativ). **2.** Nach Gl. (9.102) (α_k näherungsweise nach MF Bild A 8) und σ_{AG} nach Gestaltfestigkeitsschaubild für Druck-Mittelspannungsbereich (s. Bild E 9.211 und MF Bild 9.129) mit σ_{WG} nach Gl. (9.103) ($b_o = 1$). **3.** Nach Gl. (9.104) mit $S_{D\,erf}$ nach Tab. 18 (eingeklammerte Werte) und σ_a mit $A \approx (d_a^2 - d_i^2)\,\pi/4 - 2\varrho(d_a - d_i)$.

9.212

Nach Gl. (9.104) und für Querschn. 2 zusätzlich Gl. (9.21) (da $R > 0{,}5$) sinngemäß wie die Aufgn. 9.205 u. 9.202.

9.213

1. Entspr. MF Bild 9.59 u. Tab. 22 ist $I \approx d^4 \cdot \pi/64 - d_1 \cdot d^3/12$. **2.** Nach Gl. (9.49) mit Gl. (9.48) ($e = d/2$). **3.** Nach Gl. (9.102) mit α_{kb} nach MF Bild A 13 und n_χ nach MF Bild A 20a (χ_b nach Gl. (9.100), R_e nach Tab. 13). **4.** Nach Gl. (9.107) mit σ_W nach Tab. 16 und b_o nach MF Bild A 19 (R_m nach Tab. 13). **5.** Nach Gl. (9.104) mit $\sigma_{ba} = \sigma_b$, da $R = 0$ bei Wechselbiegung.

9.214

Wie MF Beisp. 9.57.

9.215

Nach den Gln. (9.104) u. (9.21) sinngemäß wie MF Beisp. 9.57 u. 9.58.

9.216

1. u. **2.** nach den Gln. (9.102) u. (9.107) wie Aufg. 9.215 (da Spannungsspitzen am Außenrad, ist Bohrung im Querschnitt A_2 ohne Einfluss, somit $\beta_{kb1} = \beta_{kb2}$ und $\sigma_{bAG1} = \sigma_{bAG2}$). **3.** Entspr. Gl. (9.66) mit $\sigma_{b\,zul} = \sigma_{bAG}/S_{D\,erf}$ (Gl. (9.26)) und W_{b1} nach Tab. 22 sowie W_{b2} wie in MF Beisp. 9.58.

9.217

Nach den Gln. (9.104) u. (9.21) mit $S_{D\,erf}$ für $H = 100\%$, $K_I = 1{,}1$, α_{kb} nach MF Bild A 16 (für $b = 30$ mm), b_o für Walzhaut (keine Bearbeitung der höchstbeanspruchten Flächen), $M_{bo} = 2F_o \cdot 20$ mm, $W_b = b \cdot h^2/6$ (hier $b = 20$ mm), σ_{bF} nach Tab. 14.

9.218

Nach Gl. (9.104) mit $\sigma_{ba} = \sigma_{bo}/2$ ($R = 0{,}5$), $M_{bo} = F \cdot 30$ mm, $\varrho = 0{,}25$ mm (scharfe Kerbe, s. MF S. 280), n_χ nach MF Bild A 20b (der Querschnitt A ist nicht der gefährdetste Querschnitt am Blechwinkel).

9.219

Nach Gl. (9.107) wird mit $\beta_{kb} = 1$ (da $\sigma_{kb} = 1$ wegen $\varrho = 0$ und $n_\chi \approx 1$) und $b_o = 1$ (Gusseisen als Grauguss): $\sigma_{bAG} = \sigma_{bWG} = \sigma_W$ ($R = 0$).

9.220

Entspr. Gl. (9.26) mit $\sigma_{bSchG} = 2\sigma_{bAG}$ für $\sigma_{bz\,zul}$ und $\sigma_{bdSchG} = 4\sigma_{bSchG}$ für $\sigma_{bd\,zul}$ (s. MF Bild 9.129), σ_{bAG} nach Gl. (9.106) mit σ_{bB} (anstelle R_m) nach Tab. 14 (R_m

aus MF Bild A 3), σ_{bWG} nach Gl. (9.103) ($b_o = 1$) und β_{kb} nach Gl. (9.102) ($\alpha_{kb} = 1$, χ_b nach Gl. (9.100) mit e_z und $\varrho = 0$).

9.221

1. Nach Gl. (9.75) mit W_t nach Gl. (9.79) und $T_o = K_I \cdot M_{oN}$ sowie $T_a = T_o - T_m$ mit $T_m = (T_o - T_u)/2$, $R = (T_o + T_u)/2$ (entspr. den Gln. (9.15) u. (9.17) mit Torsionsmomenten anstelle Spannungen). **2.** Nach den Gln. (9.102) wie unter 2. in MF Beisp. 9.53 (da die größte Spannung als Torsionsspannung am Querschnittsrand auftritt, kann α_{kt} näherungsweise wie bei abgesetzten Rundstäben nach MF Bild A 17 ermittelt werden) und nach Gl. (9.108) wie 3. in MF Beisp. 9.59 für Querschn. 2. **3.** Nach Gl. (9.104) (wie unter 2. in MF Beisp. 9.59) und entspr. Gl. (9.123) mit τ_{tF} nach Tab. 14.

9.222

Nach Gl. (9.108) sinngemäß wie 2. in Aufg. 9.221 mit α_{kt} nach MF Bild A 18.

9.223

1. Wie für Querschnitt 1 in MF Beisp. 9.59. **2.** Mit W_t (wie in MF Beisp. 9.42) wird $T_{a\,zul} = W_t \cdot \tau_{tAG}/S_{D\,erf}$ (entspr. den Gln. (9.66) u. (9.26)) und damit das zulässige größte Torsionsmoment $T_{o\,zul} = T_{a\,zul}/(1 - R)$ sowie $M_N = M_{No\,zul} = T_{o\,zul}/K_I$. **3.** Nach Gl. (7.64).

9.224

Wie Querschnitte 2 und 3 in MF Beisp. 9.59.

9.225

1. Nach den Gln. (9.27), (9.49) u. (9.86). **2.** Nach MF Bild A 15 und Gl. (9.102) sowie mit den Gln. (9.91) u. (9.109) ($e = e_z = d/2 = 3$ mm). **3.** Nach den Gln. (9.107) u. (9.104) mit $\sigma_a = \sigma_o/2 = \sigma_{max}/2$ ($\sigma_u = 0$ bei $R = 0{,}5$, da schwellende Belastung).

9.226

1. Nach Gl. (9.102) mit den Gln. (9.91) u. (9.109) (σ_z u. $\sigma_{bz} = \sigma_b$ wie in Aufg. 9.179, $e = e_z = b/2$). **2.** Nach Gl. (9.107) mit b_o für Walzhaut nach MF Bild A 19. **3.** $\sigma_o = \sigma_{max}$ wie Aufg. 9.179, σ_a nach Gl. (9.16) mit σ_u sinngemäß mit F_u wie σ_{max} in Aufg. 9.179, R nach Gl. (9.17) mit σ_m nach Gl. (9.15) oder $R = F_m/F_o$. **4.** Nach Gln. (9.104) u. (9.123) mit σ_o und σ_{bF} nach Tab. 14.

9.227

Sinngemäß wie Aufg. 9.226, jedoch mit $W_b = b \cdot s^2/6$, $e = s/2$, $\varrho = 0{,}25$ mm (scharfkantiger Übergang, s. MF S. 280) und b_o für $R_z = 10$ µm.

9.228

Sinngemäß wie MF Beisp. 9.60 mit $M_{bo} = K_I \cdot F_r \cdot x$ und x nach Bild L 9.228 (Radialkraft F_r auf Mitte der Berührungslänge des Zapfens mit dem Lagerinnenring) sowie ohne Vergleich mit $S_{D\,erf}$.

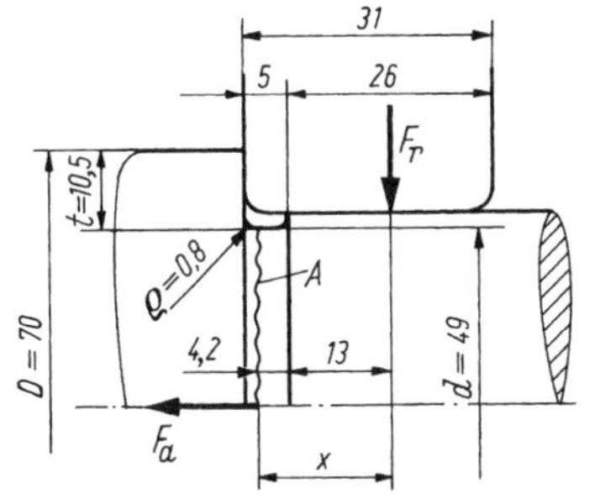

Bild L 9.228 Skizze zur Ermittlung des Abstandes x

9.229

1. Nach Gl. (9.49) und M_b mit F nach Gl. (2.6) ($\gamma = 200° - 180°$). **2.** Nach Gl. (9.74) mit $T = (F_1 - F_2) \cdot D_R/2$. **3.** u. **4.** wie 2. in MF Beisp. 9.57. **5.** Wegen $R = 0$ ist $\sigma_{va} = \sigma_{vo}$ nach Gl. (9.84) mit α_0 wie unter 3. in MF Beisp. 9.61. **6.** Nach Gl. (9.104) ohne Vergl. mit $S_{D\,erf}$.

9.230

Für jeden Querschnitt sinngemäß wie Aufg. 9.229 mit M nach Gl. (7.65) und $\varrho = 0{,}25$ mm (scharfkantige Kerben, s. MF S. 280), weshalb n_χ für alle drei Querschnitte nahezu gleichen Wert hat. Ferner ist $\tau_{t2} = 2\tau_{t1}$ ($d_t = 44{,}5$ mm, s. auch MF Beisp. 9.42).

9.231

Wie MF Beisp. 9.61, jedoch Biegung mit Druck und Torsion, d. h. $\sigma_o = \sigma_{max}$ nach Gl. (9.89) und y_0 nach Gl. (9.92).

9.232

Sinngemäß wie MF Beisp. 9.62, jedoch mit $f_S = 1$, so dass $M_{b\,max} = M_{bo}$ ist.

9.233

Sinngemäß wie MF Beisp. 9.62 mit $M_b = F(l - r)$ sowie $\sigma_{ba} = \sigma_b$ und $\sigma_{bm} = 0$.

9.234

1. Nach Tab. 35. **2.** K_τ nach Gl. (9.116) sinngemäß wie K_σ unter 2. in MF Beisp. 9.62 mit $\alpha_\tau = \alpha_{kt}$ nach Bild A 17, τ_{tWK} nach Gl. (9.119). **3.** Nach Gl. (9.128) mit $\psi_{\tau K}$ nach Gl. (9.122), es ist $\tau_{mv} = \tau_{\tau m}$. **4.** Nach Gl. (9.114). **5.** Nach Gl. (9.134) mit $\tau_{t\,max} = \tau_{to}$.

9.235

1. Nach Tab. 35 ($F = F_{zm}$, $F_{za} = 0$, $M_b = M_{ba}$, $M_{bm} = 0$). **2.** K_σ nach Gl. (9.116) mit K_1, K_2, α_σ, n, β_σ und $K_{F\sigma}$ sinngemäß wie unter 2. in MF Beisp. 6.63, σ_{bWK} nach Gl. (9.118). **3.** Nach den Gln. (9.113) und (9.111) mit σ_{bADK} nach Gl. (9.127) sowie nach den Gln. (9.135) und (9.131) mit σ_{zFK} nach Gl. (9.125).

9.236

Zweckmäßiger Lösungsgang: $\sigma_d = \sigma_{dm}$, $\sigma_b = \sigma_{ba}$ und $\tau_t = \tau_{tm}$ nach Tab. 35 ($\sigma_{da} = 0$, $\sigma_{bm} = 0$, $\tau_{ta} = 0$), K_1 aus Bild A 22, K_2 aus Bild A 23, $K_{F\sigma} = b_o$ (Bild A 19), R_m

aus Bild A 4, $R_e = R_{p0,2}$ aus Tab. 13, $\alpha_\sigma = \alpha_{kb}$ (Bild A 14), G' nach Tab. 36, n aus Bild A 24, $\beta_\sigma = \alpha_\sigma/n$ (entspr. Gl. (9.102), s. auch MF S. 290), K_σ nach Gl. (9.116), σ_{mv} nach Gl. (9.123), σ_{bWK} nach Gl. (9.118), K_{2F} aus Tab. 38 für Vollwelle ohne harte Randschicht, σ_{dFK}, σ_{bFK} und τ_{tFK} nach Gl. (9.125), $\psi_{b\sigma K}$ nach Gl. (9.121), Bedingung für σ_{bADK} (Gl. (9.127)) überprüfen, S_D nach Gl. (9.113) und (9.111), $\sigma_{d\,max}$, $\sigma_{b\,max}$ und $\tau_{t\,max}$ mit $f_S = 1{,}8$ errechnen, S_F nach Gl. (9.135) und (9.131).

9.237

Das Biegemoment $M_{b1} = F/2 \cdot l$ wirkt wechselnd, während $M_{b2} = F_z/2 \cdot l$ gleich bleibt. Spannungen nach Tab. 35 sowie entspr. den Gln. (9.15), (9.16), (9.123) und (9.124), K_1, K_2, b_o aus den Bildern A 22, A 23 und A 19, R_m und R_e aus Tab. 13, K_σ und K_τ nach Gl. (9.116), weiter mit den Gln. (9.118), (9.119), (9.121), (9.122), (9.125), (9.127), (9.128), (9.113) und (9.111) sowie (9.135) und (9.131).

9.238

1. Nach Tab. 22. **2.** Nach Gl. (9.139). **3.** Nach Gl. (9.138) mit $l_K = 2l$ (Tab. 27). **4.** Nach Gl. (9.143) mit $\sigma_{dP} = 1{,}2\sigma_W$. **5.** Nach Gl. (9.142), da $\lambda > \lambda_{min}$ (Euler). **6.** Nach Gl. (9.137) mit σ_d nach Gl. (9.27).

9.239

1. Entspr. Tab. 22 ist $I_{min} = b \cdot s^3/12$. **2.** bis **4.** wie 2. bis 5. in Aufg. 9.238. **5.** Aus Gl. (9.102). **6.** Aus Gl. (9.137).

9.240

Wie MF Beisp. 9.64 mit $S_{K\,erf}$ nach MF S. 295.

9.241

Sinngemäß wie MF Beisp. 9.65, jedoch Kontrolle von S_K nach Gl. (9.137) mit $F = F_1 = F_2 \cdot l_2/l_1$. Da die Stößelstange in der Führungsbuchse reichlich Spiel hat und an beiden Enden in kugelförmigen Ausnehmungen geführt wird, liegt Knickfall 2 nach Tab. 27 vor.

9.242

1. Nach Gl. (9.29) mit $\sigma_{d\,zul}$ aus Gl. (9.137) mit σ_K nach Gl. (9.142), λ nach Gl. (9.138), $l_K = l$ (Knickfall 2 nach Tab. 27), i_{min} nach Gl. (9.139), λ_{min} nach Gl. (9.143) oder Tab. 28. **2.** Nach Gl. (9.7) mit $L_0 = l$. **3.** Entspr. Gl. (2.18) ist $M = F \cdot R = F \cdot l \cdot \tan\alpha$ mit α aus $\cos\alpha = 500/548{,}3$ oder R nach Lehrsatz des Pythagoras.

9.243

1. Aus Bild 9.243 folgt $F = K_I \cdot 200\,\text{N} \cdot 15 \cdot \sqrt{2}/10$. **2.** Wie 1. in MF Beisp. 9.65 mit $l_K = l = 100\,\text{mm}$ (Knickfall 2 nach Tab. 27). **3.** Aus $I_{min} = a \cdot b^3 \cdot \pi/4$ (I_y nach Tab. 22) folgt mit $a = 2b$ für $b_{erf} = \sqrt[4]{2 \cdot I_{min}/\pi}$. **4.** Nach Gl. (9.138) mit Gl. (9.139) und $A = a \cdot b \cdot \pi$. **5.** σ_K nach Gl. (9.144) und S_K nach Gl. (9.137), wenn $\lambda_{min} > \lambda > 60$. Falls $\lambda < 60$, ist Kontrolle von S_K nicht erforderlich (s. MF S. 298). **6.** Folgt aus Bild 9.243, und zwar $M = F \cdot 20\,\text{mm} \cdot \cos 15°$.

9.244

1. Nach Gl. (9.138) mit $l_K = 2l$ (Knickfall 1 nach Tab. 27) und Gl. (9.139) (A und $I_{min} = I_y$ nach Tab. 34). **2.** Nach Gl. (9.144) und Tab. 28, wenn $\lambda < \lambda_{min}$, sonst nach Gl. (9.142). **3.** Nach Gl. (9.137) mit σ_d nach Gl. (9.27).

9.245

Sinngemäß wie Aufg. 9.244 mit $I_{min} = b \cdot s^3/12$ und $l_K = 0{,}5l = 0{,}5(600 - 2 \cdot 50)\,\text{mm}$ (Knickfall 4), $S_{K\,erf}$ s. MF S. 295.

9.246

Sinngemäß wie Aufg. 9.244 und MF Beisp. 9.66 mit $F = K_I \cdot F_N$.

9.247

1. Nach Bild L 2.39 ist $F_1 = F_2 = 0{,}5F/\cos\beta$. **2.** Nach Gl. (9.137) mit Gl. (9.144) u. Tab. 28, da $\lambda < \lambda_{min}$ (Knickfall 2).

9.248

1. Die Gewichtskraft F_G der Last m verteilt sich gleichmäßig auf die drei Rohre, somit $F = m \cdot g/(3 \cdot \sin\alpha)$. **2.** bis **4.** wie MF Beisp. 9.65. **5.** Da $\lambda < \lambda_{min}$ ist, Kontrolle von S_K mit σ_K nach Tetmajer (Gl. (9.144) u. Tab. 28) erforderlich wie 2. in Aufg. 9.247.

9.249

1. Aus Gl. (5.27) mit $M_G = 0{,}6M_A$ (da $M_R = 0{,}4M_A$) und den Gln. (5.20) ($P_h = P$) u. (5.30) sowie Tab. 9. **2.** Mit den Gln. (9.27) (A_K nach Tab. 9), (9.138) (Knickfall 1), (9.139), (9.143) (oder Tab. 28), (9.142) u. (9.137). **3.** Nach Gl. (9.86) mit $\alpha_0 = 1$ und $T = M_R$. **4.** Nach Gl. (9.39) wie 2. in MF Beisp. 9.17. **5.** Sinngemäß wie Aufg. 9.188 u. MF Beisp. 9.47.

9.250

Wie MF Beisp. 9.67.

9.251

Wie MF Beisp. 9.67.

9.252

Sinngemäß wie MF Beisp. 9.67 mit I nach Tab. 22 und $l_K = l = \sqrt{3{,}5^2 + 1{,}5^2}$ m.

9.253

1. Nach Gl. (9.27). **2.** $I_{min} = I_x$ nach Tab. 22 (Forts. 2. Zeile). **3.** Wie 1. u. 2. in MF Beisp. 9.67.

9.254

1. Entspr. Gl. (9.59) sind $I_x = 2[I_{0x} + B \cdot s^3/12 + B \times s(h/2 + s/2)^2]$ und $I_y = 2[s \cdot B^3/12 + I_{0y} + A(B/2 + s - e_y)^2]$ mit A, I_{0x}, I_{0y} und e_y nach Tab. 33. Aus $I_x = I_y$ folgt mit $a = s - e_y$ und $c = (h+s)/2$ nach Umformung $B^3 \cdot s/12 + B^2 \cdot A/4 + B(A \cdot a - s^3/12 - s \cdot c^2) = I_{0x} + I_{0y} - A \cdot a^2$ und nach Einsetzen der bekannten Werte die Gleichung 3. Grades $B^3 + 120{,}75B^2 - 1882{,}99B = 25\,722{,}84$, nach der B in cm durch Iteration ermittelt werden kann. **2.** Nach Gl. (9.29) mit $\sigma_{d\,zul}$ nach Gl. (9.146) wie 1. u. 2. in MF Beisp. 9.67.

10 Hydromechanik

10.1

1. Nach Gl. (10.1) mit $1{,}1p$. **2.** Nach MF S. 132.

10.2

1. Druck p nach Gl. (10.1) mit F_1 wie unter 2. in MF Beisp. 10.1 und $m = F_2/g$ mit F_2 nach Gl. (10.2). **2.** Nach MF S. 303 folgt aus $F_1 = F_{d1} - F_{R1} = F_{d1} - \mu \cdot d_1 \cdot \pi \cdot l_1 \cdot p_D$ (F_{d1} wie F_1 unter 1.) mit $l_1 = d_1/10$ und $p_D = p = F_1/A_1$ nach Umformung $p = F_{d1} \cdot 10/[d_1^2 \cdot \pi(2{,}5 + \mu)]$, außerdem ist $m = F_{n2}/g$ mit $F_{n2} = F_2 - F_{R2}$ und F_2 nach Gl. (10.2). **3.** Aus Gl. (10.3).

10.3

1. Wie beim Druckwandler (s. MF S. 304) ist $p = p_2 = p_1 \cdot d_1^2/d_2^2$ mit $d_1 = 320$ mm und $d_2 = 60$ mm. **2.** Entspr. Gl. (10.3) wird $F = F_{n3} = F_{d2} \cdot \eta \cdot d_3^2/d_2^2$ mit $F_{d2} = F_{d1} = p_1 \cdot A_1$ und $d_3 = 140$ mm.

10.4

1. Entspr. Gl. (10.2) ist $F = F_2 = p \cdot A_3$ ($d_3 = 400$ mm) mit p aus $p_w \cdot A_1 = p(A_1 - A_2) = p(d_1^2 - d_2^2)\,\pi/4$ (Druckwandler). **2.** Sinngemäß wie unter 2. in Aufg. 10.2 wird $F = F_{n3} = F_3 - F_{R3}$ mit $F_3 = p \cdot A_3$, $p_{D3} = p$ und $p = (F_{d1}/\pi + d_1 \cdot l \cdot p_w \cdot \mu)/[(d_1^2 - d_2^2)/4 + (d_1 + d_2)l \cdot \mu]$, folgt durch Umwandlung aus $F_1 = p(A_1 - A_2) = F_{d1} - F_{R1} - F_{R2}$ mit $F_{d1} = p_w \cdot A_1$ und $p_{D1} = p - p_w$ sowie $p_{D2} = p$. **3.** Aus Gl. (10.3) folgt $\eta = F_{n3}(d_1^2 - d_2^2)/(F_{d1} \cdot d_3^2)$.

10.5

1. Nach Gl. (10.1). **2.** Nach MF S. 303 aus $F_1 = F_{d1} - F_{R1} = F_{d1} - \mu \cdot d \cdot \pi \cdot l \cdot p_D$ mit $F_1 = p \cdot A$, $F_{d1} = F$ und $p_D = 1{,}15p$. **3.** Mit $W = F \cdot s = p \cdot A \cdot s$ (s. MF S. 129, 130, 133 u. 139) ergibt sich für den prozentualen Energieverlust $100\% \cdot (p_{(1)} - p_{(2)}) \cdot A \cdot s/(p_{(1)} \cdot A \cdot s)$ und für $\eta = p_{(2)}/p_{(1)}$.

10.6

1. Nach MF S. 303 aus $F_{n2} = F_2 - F_{R2} = F_2 - \mu \cdot d_2 \times \pi \cdot l \cdot p_D$ mit $F_2 = p \cdot A_2$, $p = F_{d1}/A_1$, F_{d1} wie F_1 unter 2. in MF Beisp. 10.1 und $p_D = 1{,}3p$. **2.** Aus Gl. (10.3). **3.** Wie 4. in MF Beisp. 10.1.

10.7

1. Aus Gl. (10.5). **2.** Nach Gl. (10.5) mit $D_1 = 100$ mm. **3.** Aus Gl. (10.1) folgt $F = p \cdot A_1/6$.

10.8

Aus Gl. (10.5).

10.9

Nach Gl. (10.5).

10.10

Halber Wert nach Gl. (10.5), da Zugspannung in kugelförmigen Druckbehältern wie im Querschnitt eines zylindrischen (s. MF S. 305).

10.11

In zylindrischen Behältern und Rohren unter äußerem Überdruck p ergibt sich mit dem Außendurchmesser D und der Wanddicke s entspr. Gl. (10.5) die Druckspannung $\sigma_d = p \cdot D/2s$.

10.12

1. Nach Gl. (10.6) mit $\varrho = 1000\ \text{kg/m}^3$. **2.** Wie Aufg. 10.11.

10.13

Nach Gl. (10.6) mit ϱ für Stahl nach Tab. 11 (näherungsweise auch für flüssiges Eisen gültig).

10.14

Entspr. Gl. (10.7) ist $p = \Delta p + \varrho \cdot g(h_1 - h_2)$ mit Δp nach Gl. (10.6), in die ϱ_{Hg} und Δh einzusetzen sind.

10.15

1. Entspr. den Gln. (10.6) bis (10.9) beim Saughub $p_{us} = p_u + \varrho \cdot g \cdot h_s$ und $p_{abss} = p_{amb} - p_{us}$, beim Druckhub $p_{ed} = p_e + \varrho \cdot g \cdot h_d$ und $p_{absd} = p_{ed} + p_{amb}$. **2.** Entspr. Gl. (10.1) ist $F_s = p_{us} \cdot A$ und $F_d = p_{ed} \cdot A$. **3.** Gesamtarbeit $W_{ges} = W_s + W_d = F_s \cdot s + F_d \cdot s$ mit Kolbenhub s.

10.16

Nach MF Bild 10.16 u. MF S. 308 mit $F_T = F_z$ nach Gl. (7.67).

10.17

1. u. **2.** sinngemäß wie Aufg. 10.16 mit ω nach Gl. (6.27). **3.** Der Höhenunterschied h ergibt sich aus folgender Überlegung zu Bild L 10.17: In der Tiefe h beträgt nach Gl. (10.6) der Druck $p = \varrho \cdot g \cdot h$. Ein Flüssigkeitsteilchen in dieser Tiefe mit der Länge r und der sehr kleinen Querschnittsfläche ΔA hat die Masse $\Delta m = \Delta A \cdot r \cdot \varrho$. Auf sie wirkt nach Gl. (7.67) im Schwerpunkt mit dem Abstand $r/2$ die Fliehkraft $\Delta m \cdot \omega^2 \cdot r/2 = \Delta A \cdot r \cdot \varrho \cdot \omega^2 \cdot r/2$, die sich mit der Druckkraft $p \cdot \Delta A = \varrho \cdot g \cdot h \cdot \Delta A$ im Gleichgewicht befindet. Daraus folgt $\varrho \cdot g \cdot h \cdot \Delta A = \Delta A \cdot \varrho \cdot \omega^2 \cdot r^2/2$ und $h = \omega^2 \cdot r^2/2g$. Das ist die Gleichung einer Parabel. Der von der freien Flüssigkeitsoberfläche umschlossene Hohlraum ist somit ein Rotationsparaboloid.

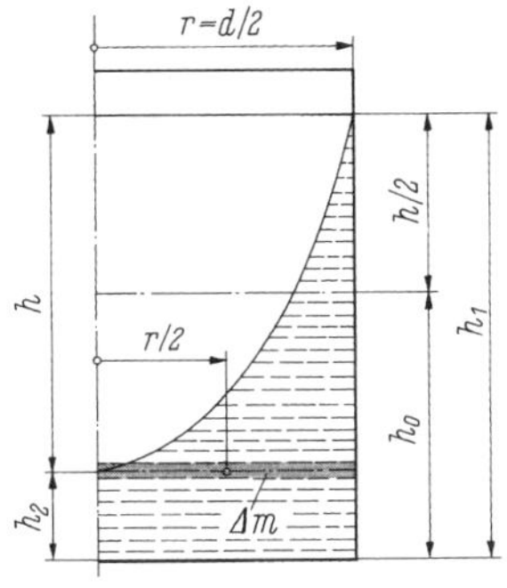

Bild L 10.17 Skizze zur Höhenberechnung

10.18

1. Mit h wie unter 3. in Aufg. 10.17 wird $h_1 = h_0 + h/2$ und $h_2 = h_0 - h/2$ (s. Bild L 10.17), da der Inhalt eines Rotationsparaboloides gleich dem halben Inhalt des ihn umhüllenden Zylinders ist (s. auch MF S. 335). Die Höhe h_0 der ruhenden Flüssigkeit folgt aus $V = h_0 \cdot d^2 \cdot \pi/4$. **2.** Aus der unter 3. in Aufg. 10.17 für h entwickelten Gl. mit $h = 2h_0$. **3.** Wie h unter 2. und α wie unter 1. in Aufg. 10.17.

10.19

Sinngemäß zu 3. in Aufg. 10.17 wird $h = \omega^2 \times (r^2 - r_b^2)/2g$.

10.20

Aus der Gl. für h in Aufg. 10.19 und mit Gl. (6.27).

10.21

Nach Gl. (10.10).

10.22

Die unterste Bohle wird am höchsten belastet durch das Biegemoment $M_{b\,max}$ nach Tab. 24 (3. Spalte, Stützträger mit Streckenkraft auf der gesamten Stützlänge) mit $F' = F_s/L$ und F_s nach Gl. (10.11). Aus Gl. (9.64) folgt damit die Lösungsgleichung für $h = 8 \cdot \sigma_{b\,zul} \cdot W_b/(\varrho \cdot g \cdot b \cdot L^2)$, worin $W_b = b \cdot s^2/6$ (Tab. 22), somit $H = h + b/2$.

10.23

1. Nach Gl. (10.11) mit $h_0 = y_0$ (Tab. 6) und $A = D^2 \cdot \pi/8$. **2.** Mit c nach MF S. 310 (I_S nach Tab. 22) wird $h_D = h_0 + c$. **3.** Aus $\Sigma M = F_s(h_D + h) - m \cdot g \cdot l = 0$.

10.24

1. Sinngemäß wie Aufg. 10.23 (s. Bild L 10.24a). **2.** Sinngemäß wie MF Beisp. 10.6 (s. Bild L 10.24b). **3.** Beträge von F_s und h_D wie 2., jedoch andere Wirkrichtung (s. Bild L 10.24c).

10.25

Nach den Gln. (9.89) u. (9.90), Biegebeanspruchung durch $M_b = F_s \cdot (h - h_D)$ mit $h = 2{,}3$ m und $h_D = h/2 + c = h/2 + h/6$ (folgt mit $I_S = l \cdot h^3/12$ und $A = l \cdot h$ nach MF S. 310, bezogen auf $l = 1$ m), σ_b nach Gl. (9.49) mit $W_b = l \cdot b^2/6$ (entspr. Tab. 22), Druckbeanspruchung durch $F_G = b \cdot H \cdot l \cdot \varrho \cdot g$.

10.26

1. Nach Gl. (10.11) mit $h_0 = h/2$ und $A = l \cdot y_w = l \cdot h/\cos\alpha$, $l = 1$ m (s. Bild L 10.26a). **2.** Entspr. Gl. (2.6) (s. Bild L 10.26b). **3.** Entspr. Gl. (2.7). **4.** Aus Bild L 10.26a folgt $h_M = h_y - (y - y_w + y_D)/\cos\alpha$ mit $y_D = y_0 + c$, worin $y_0 = y_w/2$ und damit $c = y_w/6$, so dass $y_D = 2/3 \cdot y_w$, ferner sind $h_y = 0{,}5 b_u/\tan\alpha$ und $y = h_y/\cos\alpha$. **5.** Nach Gl. (9.89) mit $\sigma_{bd} = \sigma_b$ nach Gl. (9.49), worin $M_b = F_{sb} \cdot h_M = F_s \cdot \cos\alpha \cdot h_M$ und $W_b = l \cdot b_u^2/6$, und σ_d nach Gl. (9.27), worin $F = F_G + F_{sd} = F_G + F_s \cdot \sin\alpha$ und $A = l \cdot b_u$ einzusetzen sind.

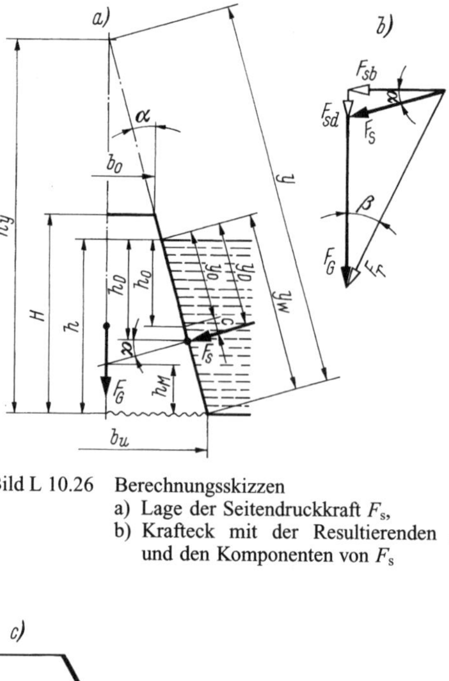

Bild L 10.26 Berechnungsskizzen
a) Lage der Seitendruckkraft F_s,
b) Krafteck mit der Resultierenden F_r und den Komponenten von F_s

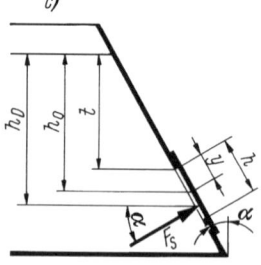

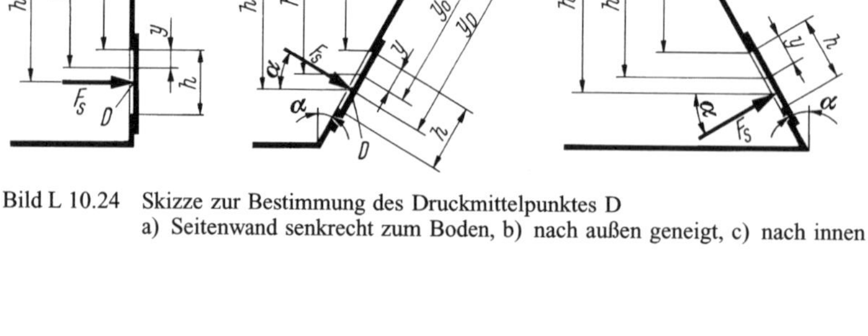

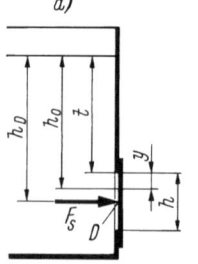

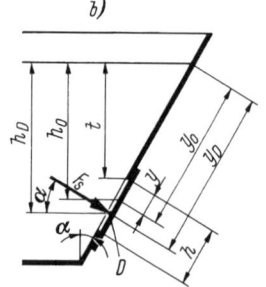

Bild L 10.24 Skizze zur Bestimmung des Druckmittelpunktes D
a) Seitenwand senkrecht zum Boden, b) nach außen geneigt, c) nach innen geneigt

10.27

Mit $V = m/\varrho$ nach Tab. 12 ist $F = F_A$ nach Gl. (10.13).

10.28

1. Aus Gl. (7.4) mit $F_G = F_{A1}$ nach Gl. (10.13). **2.** Aus Gl. (7.1) mit Kiesmasse $m_K = (F_{A2} - F_{A1})/g$.

10.29

Nach MF S. 312 muss $F_G = F_A$ sein, somit $D^2 \cdot \pi/4 \times s \cdot \varrho_{A1} + D^2 \cdot \pi/4 \cdot H/3 \cdot \varrho_K = (D^2 \cdot \pi/4 \cdot s + V_K)\,\varrho_W$, worin vom eingetauchten Kegel verdrängtes Volumen $V_K = D^2 \cdot \pi/4 \cdot H/3 - d^2 \cdot \pi/4 \cdot t/3 = D^2 \cdot \pi(H - t^3/H^2)/12$ (da $d = t \cdot D/H$). Durch Umformen ergibt sich als Lösungsgl. für $s = [(H - t^3/H^2)\,\varrho_W - H \cdot \varrho_K]/[3(\varrho_{A1} - \varrho_W)]$.

10.30

Aus $\Sigma F_y = F_B - F_G + F_A = 0$ (s. Bild L 10.30) mit $F_G = m \cdot g = b \cdot s \cdot l \cdot \varrho_H \cdot g$ (Holzdichte ϱ_H nach Tab. 11) und $F_A = b \cdot s \cdot l_W \cdot \varrho_W \cdot g$ (Gl. (10.13)), worin $l_W = l - l_H = l - H/\sin\alpha$ und $\sin\alpha = H/(l\sqrt{1 - \varrho_H/\varrho_W})$, was sich aus $\Sigma M_{(B)} = F_G \cdot l_G - F_A \cdot l_A = 0$ ergibt, wenn $l_G = l/2 \cdot \cos\alpha$ und $l_A = (l_H + l_W/2) \cdot \cos\alpha$ gesetzt werden.

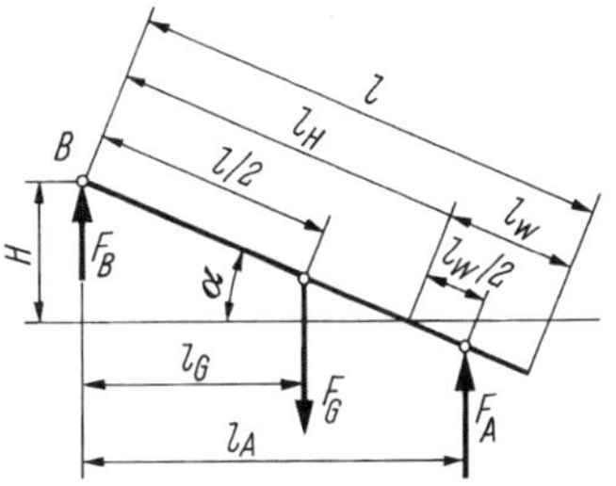

Bild L 10.30 Skizze mit Kräften und Längen

10.31

1. Entspr. Gl. (10.15) ist $\varrho = \varrho_W \cdot F_G/(F_G - F_W)$ mit der in Wasser gemessenen Kraft $F_W = 0{,}56$ N und $V = m/\varrho$ mit $m = F_G/g$ (Gln. (7.1) u. (7.4)). **2.** Silbermasse $m_{Ag} = m - m_{Au}$ mit der Goldmasse $m_{Au} = m \cdot (\varrho_{Au}/\varrho) \cdot (\varrho - \varrho_{Au})/(\varrho_{Au} - \varrho_{Ag})$, folgt aus $m_{Ag} + m_{Au} = m$ und $m_{Ag}/\varrho_{Ag} + m_{Au}/\varrho_{Au} = m/\varrho$. **3.** Mit V bzw. m als 100% die Prozentanteile von V_{Au} und m_{Au} sowie V_{Ag} und m_{Ag} errechnen.

10.32

Ausgehend vom Grenzfall der Schwimmstabilität $e = I_{0\,min}/V_{Fl}$ ergibt sich nach Umformung mit $e = y_0 - y_{Fl}$ (s. MF S. 314/315), $I_{0\,min} = I$ nach Tab. 22 und $V_{Fl} = t \cdot d^2 \cdot \pi/4$ für die Länge $l = d \times \sqrt{\varrho_W/[8 \cdot \varrho_H(1 - \varrho_H/\varrho_W)]}$, u. zw. mit $t = l \cdot \varrho_H/\varrho_W$ (folgt aus $F_G = F_A$, s. MF S. 312), $y_0 = l/2$, $y_{Fl} = t/2$ und ϱ_H nach Tab. 11.

10.33

1. Nach der Stabilitätsbedingung (s. MF S. 315) sinngemäß wie Aufg. 10.32. **2.** Wie 1. mit $t = a \cdot \varrho_H/\varrho_W$ (s. 1. in MF Beisp. 10.8) und $I_{0\,min} = l \cdot a^3/12$.

10.34

Sinngemäß wie 2. in Aufg. 10.33 folgt aus dem Grenzfall der Schwimmstabilität (s. Aufg. 10.32) $\varrho^2 - \varrho_W \cdot \varrho + \varrho_W^2/6 = 0$.

10.35

1. Aus $F_A = F_G$ (s. MF S. 312) folgt $A = m/(b \cdot \varrho_W)$ als trapezförmige Seitenfläche des verdrängten Wasservolumens, wobei $A = t_0 \cdot (l_u + l_W)/2$ und $l_W = l_u + 2t_0$ (Trapezseiten unter 45° geneigt), somit $t_0^2 + l_u \cdot t_0 - A = 0$, worin $l_u = 12$ m (das negative Ergebnis dieser Gleichung für t_0 ist ohne praktische Bedeutung). **2.** Aus $m_L \cdot y_L + m_S \cdot y_S = m \cdot y_0$ (entspr. Gl. (4.2)) mit der Gesamtmasse $m = m_S + m_L = V_{Fl} \cdot \varrho_W$ und $y_0 = e + y_{Fl}$ (s. Bild L 10.35), wobei nach dem Grenzfall der Schwimmstabilität $e = I_{0\,min}/V_{Fl}$ ist und $y_{Fl} = t - y_T$ (Schwerpunktabstand y_T der Trapezfläche nach Tab. 6).

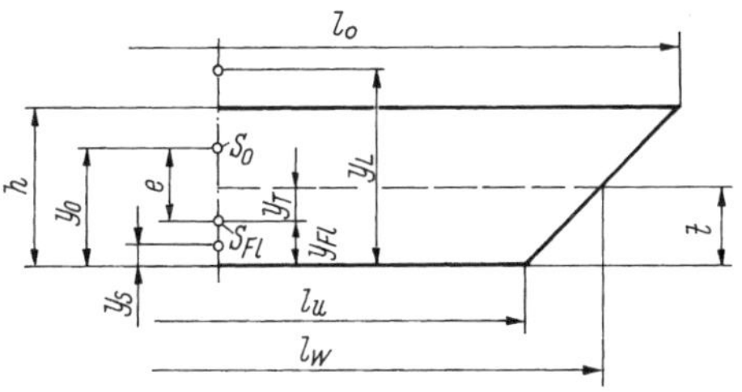

Bild L 10.35 Skizze zur Berechnung der Schwerpunktabstände

10.36

1. Das Moment $M_B = F_B(b + c) = m_B \cdot g \cdot (l_B \cdot \cos\alpha + h \cdot \sin\alpha)$ der zusätzlichen Belastung m_B um den Drehpunkt 0 (s. Bild L 10.36) befindet sich mit dem Moment $M_S = F_G \cdot a = m \cdot g \cdot a = (m_S + m_L) \cdot h_M \cdot \sin\alpha$ (da $F_G = F_A$, als Moment eines Kräftepaares vom Bezugspunkt unabhängig, s. MF Bild 2.55) im Gleichgewicht, somit $h_M = m_B(l_B \cdot \cos\alpha + h \cdot \sin\alpha)/(m \cdot \sin\alpha)$. **2.** Aus $e = y_0 - y_{Fl}$ mit e aus Gl. (10.17) und y_0 entspr. Gl. (4.2) wie unter 2. in Aufg. 10.35.

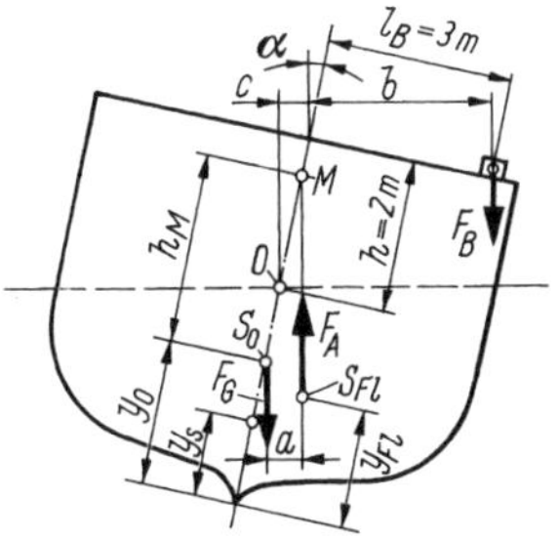

Bild L 10.36 Berechnungsskizze

10.37

Aus den Gln. (10.21) u. (10.20).

10.38
1. Aus Gl. (10.20). **2.** Nach Gl. (10.19).

10.39
Mit Gl. (10.21).

10.40
Sinngemäß wie MF Beisp. 10.12. Wegen $c_2 > c_1$ und $\Delta p = p_1 - p_2$ folgt aus Gl. (10.23) für $h = z_2 - z_1 = (c_1^2/2 - c_2^2/2 + \Delta p/\varrho)/g$.

10.41
Aus Gl. (10.23) folgt mit Gl. (10.20) und $c_2 = c_a$, $z_1 = 0$, $p_2 = p_a = 0$ für $c_a = \sqrt{2(p_1/\varrho - g \cdot z_a)/[1 - (d_a/d_1)^4]}$, damit $\dot{V}$ nach Gl. (10.21); Geschwindigkeiten c_1 bis c_4 aus Gl. (10.20), Drücke p_2 bis p_4 aus Gl. (10.23) ($z_3 = z_4 = z_a = 3$ m, $p_1 = 2{,}8$ bar nach Aufgabe).

10.42
1. Nach Gl. (10.8) mit Gl. (10.7) und $\Delta h = h_1$. **2.** Nach Gl. (10.24). **3.** Nach Gl. (10.21).

10.43
Aus Gl. (10.23) folgt $c_1 = K\sqrt{2g \cdot \Delta h \cdot \varrho_W/\varrho_G}$ sinngemäß zur Gl. (10.24) mit $z_1 = z_2 = 0$ (waagerechte Strömung, s. MF S. 320).

10.44
Wie Aufg. 10.43 mit $K = 1$.

10.45
1. Nach Gl. (10.28). **2.** Aus Gl. (10.20) folgt $c_2 = c_{e1}/\beta^2$, da $\beta = d_2/d_1$ (s. MF S. 321). **3.** Nach Gl. (10.21). **4.** Aus $\beta = d_2/d_1$.

10.46
1. Mit den Gln. (10.20), (10.21) u. (10.28). **2.** Aus Gl. (10.28) mit $\Delta p = 76950$ N/m^2.

10.47
1. Aus Gl. (10.20) folgt $c_a = c_2$ mit c_1 nach Gl. (10.27) und $\dot{V}$ aus Gl. (10.21). **2.** Nach Bild 10.47 ist $z_1 = z_2 + h$ mit h aus Gl. (10.29), Überdruck p_{e1} wie unter 2. in MF Beisp. 10.13.

10.48
Sinngemäß wie MF Beisp. 10.14 (s. auch Erläuterung zu MF Bild 10.43b vor diesem Beisp.).

10.49
Sinngemäß wie MF Beisp. 10.17, jedoch p_2 aus Gl. (10.23) ermitteln.

10.50
Wie MF Beisp. 10.16.

10.51
1. Nach Gl. (10.32) mit $p_e = 3$ bar und $h_1 = (16 - 13{,}3)$ m, $h_2 = (16 - 10{,}3)$ m usw. bis $h_5 = 15$ m sowie nach Gl. (10.21) mit $A = (0{,}01\text{ m})^2 \cdot \pi/4$. **2.** Sinngemäß wie unter 3. in MF Beisp. 10.16 mit c_1 aus Gl. (10.21) und $\dot{V} = \dot{V}_5$. **3.** Wie 2. mit $\dot{V} = \dot{V}_1 + \dot{V}_5$. **4.** Wie 2. mit $\dot{V} = \Sigma\dot{V}_i$.

10.52
1. Nach Gl. (10.32) mit $p_e = 0{,}3$ bar und $h = 0{,}4$ m sowie nach Gl. (10.21). **2.** Entspr. Gl. (10.32) mit $p_e = p_1 - p_4$ und $p_4 = p_2 + \varrho \cdot g(z_2 - z_4)$ sowie $h = z_1 - z_4 = 0{,}2$ m. **3.** Nach Gl. (10.19). **4.** Mit den Gln. (10.21) u. (10.23) sinngemäß wie unter 2. u. 3. in MF Beisp. 10.16 mit $c_6 = c_4$, $\dot{V}_5 = \dot{V}_3 + \dot{V}_4$ und $\dot{V}_7 = \dot{V}_3 = \dot{V}$.

10.53
1. Nach Gl. (10.30) mit c_a nach Gl. (10.32) und $p_e = 0{,}1$ bar, $h = 0{,}4$ m, $\varphi = 0{,}82$ (da $\alpha_k = 1$, s. MF S. 324). **2.** Sinngemäß wie 2. in Aufg. 10.52. **3.** Aus Gl. (10.21) mit c aus 2. und $\dot{V} = \dot{V}_e = \mu \cdot A_3 \cdot c_a$ (entspr. Gl. (10.31)).

10.54
1. Nach den Gln. (10.33) bis (10.36). **2.** Wie F_r nach den Gln. (10.33) bis (10.35), jedoch mit $p_1 = p_2 = 0$ (s. auch Erläuterung zu F auf MF S. 327).

10.55
Nach Gl. (10.21) mit $c = c_1$ aus der für F_r in MF Beisp. 10.18 unter 2. entwickelten Gl., in die F_r mit negativem Vorzeichen einzusetzen ist (sie wirkt F_W entgegen in Richtung der negativen x-Achse, s. a. MF Bilder 10.49 u. 10.50).

10.56
1. Aus den Gln. (10.18) u. (10.23) mit $c_2 = 6{,}4$ m/s und $p_2 = 1{,}2$ bar. **2.** Nach Gl. (10.21). **3.** Nach den Gln. (10.33) bis (10.36) mit $\alpha_1 = \gamma + 180°$ und $\alpha_2 = 0$.

10.57
1. Aus den Gln. (10.18) u. (10.23) mit $\dot{V}_{a1} = 0{,}8\,\dot{V}_e$, $\dot{V}_{a2} = 0{,}2\,\dot{V}_e$ und $\dot{V}_e$ nach Gl. (10.21). **2.** Nach Gln. (10.35) u. (10.36) mit F_{rx} und F_{ry} sinngemäß nach den Gln. (10.33) u. (10.34), wobei zu beachten ist, dass es sich um ein aus den Kräften F_{pe}, F_{pa1}, F_{pa2}, F_{ce}, F_{ca1}, F_{ca2} gebildetes zentrales Kräftesystem handelt (s MF S. 327/328).

10.58
1. Nach Gl. (10.30). **2.** Nach Gl. (10.31) mit $\mu = \varphi$, da $\alpha_k = 1$ (s. Tab. 39). **3.** Entspr. Gl. (10.37) ist $F_{Rs} = \varrho \cdot \dot{V}_e \cdot c_e$. **4.** Aus den Gln. (2.23) u. (2.21).

10.59
Wie Aufg. 10.58 mit $c_e = \varphi \cdot c_a$ und c_a nach Gl. (10.32).

10.60
Aus $\Sigma M = 0 = F_G \cdot l_1 + F_{GW} \cdot l_2 - F_{Rs} \cdot L$ (s. Bild L 10.60) folgt mit $F_G = m \cdot g$, $l_1 = L_1 \cdot \sin\alpha$, $F_{GW} = m_W \cdot g$, $l_2 = L_2 \cdot \sin\alpha$ und F_{Rs} nach Gl. (10.37) für $\sin\alpha = F_{Rs} \cdot L/[(m \cdot L_1 + m_W \cdot L_2)\,g]$.

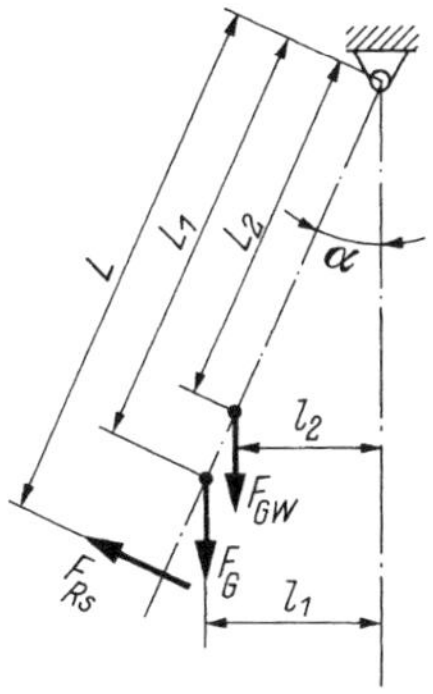

Bild L 10.60 Skizze zur Winkelberechnung

10.61

1. Wie c_3 in MF Beisp. 10.18. **2.** Nach Gl. (10.21). **3.** Aus den Gln. (2.21) u. (2.23) mit F_{St} nach Gl. (10.38).

10.62

Überdruck p_2 mit F_{St2} aus $\Sigma M = 0$ (F_{St1} nach Gl. (10.38), c_1 und c_2 wie c_3 in MF Beisp. 10.18, s. auch 1. in Aufg. 10.61), Resultierende $F_r = F_{St1} - F_{St2}$.

10.63

1. Aus Gl. (10.23) mit Gl. (10.20) und $c = c_2$, $p_2 = 0$, $z_2 = h$. **2.** Nach Gl. (10.21). **3.** Nach Gl. (10.39) mit Plus-Zeichen und $u = v$ (Vorgang entspricht Bewegung einer Platte gegen die Strahlrichtung).

10.64

Aus Gl. (10.38) (F_{St} ist hier die waagerechte Komponente der Stoßkraft nach Gl. (10.40)) mit c wie c_2 unter 1. in MF Beisp. 10.20 und $F_{St} = m \cdot g \cdot l \cdot \cos\alpha/2l_{St}$ (aus $\Sigma M = 0$) folgt für $A = -A_1^2 \cdot p_1/F_{St} \pm \sqrt{(A_1^2 \cdot p_1/F_{St})^2 + A_1^2}$ (negatives Ergebnis ohne Bedeutung). Wegen Gleichgewichtslagen s. MF S. 62/63.

10.65

1. Aus Gl. (10.23) mit Gl. (10.20) und $c_1 = c$, $z_1 = h$, $p_2 = 0$, $z_2 = 0$. **2.** Nach Gl. (10.21). **3.** Nach Gl. (10.40).

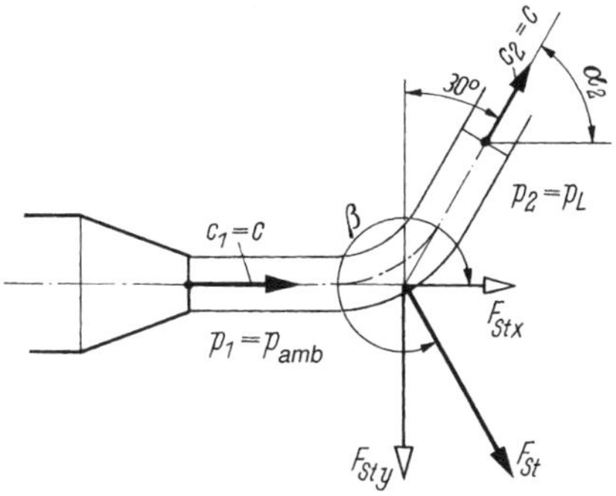

Bild L 10.66 Skizze zur Bestimmung der Strahlstoßkraft F_{St}

10.66

1. Es ist $F_{St} = F_r$ nach Gl. (10.35) mit $F_{Stx} = F_{rx}$ und $F_{Sty} = F_{ry}$ nach den Gln. (10.33) u. (10.34), worin $p_1 = p_2$, $c_1 = c_2 = c$, $\alpha_1 = 0$ und $\alpha_2 = 60°$ (s. Bild L 10.66). **2.** Nach Gl. (10.36).

10.67

1. Aus Gl. (7.28) 332 mit $v = u$ nach Gl. (6.22). **2.** Aus Gl. (10.42). **3.** Aus Gl. (10.19). **4.** Nach Gl. (10.41) mit $\dot{m}_{Sch} = \varrho \cdot A(c - u)$.

10.68

1. Nach Gl. (10.48). **2.** Nach Gl. (10.21) mit $c = 0{,}4c_k$. **3.** Aus Gl. (10.45).

10.69

Aus Gl. (10.19) folgt c, damit $c_{max} = 2c$ (s. MF S. 325), Vergleich von Re nach Gl. (10.47) mit $Re_k = 2300$ (s. MF S. 326).

10.70

1. u. **2.** nach MF S. 325 mit $c = 0{,}6c_k$ und c_k nach Gl. (10.48) sowie Δp aus Gl. (10.46), womit $c_x = 8c(d^2/4 - r_x^2)/d^2$ mit $r_x = 0{,}06$ m. **3.** Nach Gl. (10.21).

10.71

Wie MF Beisp. 10.23, 10.24 u. 10.25.

10.72

Wie MF Beisp. 10.27 mit $Re = 0{,}4Re_k$.

10.73

Wie MF Beisp. 10.27.

10.74

1. Aus Gl. (10.50) folgt mit $P_v = P_P \cdot \eta_P$ und den Gln. (10.19), (10.47), (10.51) sowie η aus Gl. (10.44) für $c = \sqrt{P_P \cdot \eta_P/(8 \cdot \pi \cdot l \cdot \eta)}$. **2.** Aus Gl. (10.47). **3.** Nach Gl. (10.21). **4.** Nach Gl. (10.51) mit $\lambda = 64/Re$ (laminare Strömung, da $Re < Re_k$).

10.75

Mit $c_1 = 0$ und $z_1 = 0$ folgt $c = c_2$ aus Gl. (10.49), in die $p_1 = 0$ und $p_2 = p_3 + \varrho \cdot g \cdot \Delta z$ einzusetzen sind; (p_3 folgt aus den Gln. (10.7) u. (10.9) mit $\Delta h = -0{,}43$ m und ϱ_{Hg} nach MF S. 307); $\dot{m}$ nach Gl. (10.19).

10.76

1. Geschwindigkeit c_1 aus Gl. (10.21), Druck p_1 aus Gl. (10.49) mit der effektiven Ausflussgeschw. $c_e = c_2 = \dot{V}/(\alpha_k \cdot A)$ (s. MF S. 324) und der spezifischen Verlustarbeit $w_v = w_{vR} + w_{vD}$ (Gl. (10.53)), worin $w_{vR} = g \cdot z_{vR}$ (s. MF S. 319) und $w_{vD} = (c_a^2 - c_e^2)/2$ mit $c_a = c_e/\varphi$ (Gl. (10.30)) und $\varphi = \mu/\alpha_k$ (s. MF S. 324). **2.** Druckverlust $p_v = p_{vR} + p_{vD} = \varrho(w_{vR} + w_{vD}) = \Delta p$ (s. MF S. 337), Verlusthöhe $z_v = z_{vR} + z_{vD}$ mit $z_{vD} = w_{vD}/g$.

10.77

1. Nach Gl. (10.30) mit $\varphi = \mu$ und c_3 aus Gl. (10.49) ($p_0 = 0$, $c_0 = 0$, $z_3 = 0$, $p_3 = 0$, $w_{v3} = z_v \cdot g + p_v/\varrho$).

2. Nach Gl. (10.21) mit c_e. **3.** Entspr. Gl. (10.6) mit p_1 aus Gl. (10.49) ($z_0 = 1{,}6$ m, $w_{v1} = z_{v1} \cdot g$, $z_1 = 0$, c_1 aus Gl. (10.21)). **4.** Mit p_2 sinngemäß wie p_1 unter 3. wird $z_5 = p_2/(\varrho \cdot g) - z_{vS}$.

10.78

1. Aus den Gln. (10.21) u. (10.20) folgen c_0 und c_1, damit p_1 aus Gl. (10.49) mit $p_0 = 3{,}2$ bar, $z_0 = L_E + L_M$, $z_1 = L_M$, $w_{vE} = z_{vE} \cdot g$ und $\varrho = (\dot{V}_W \cdot \varrho_W + \dot{V}_S \cdot \varrho_S)/(\dot{V}_W + \dot{V}_S)$ worin $\dot{V}_S$ nach Gl. (10.21) mit $A_S = A_2 - A_1$ und c_{1S} aus Gl. (10.49) mit $p_6 = p_{amb} = 1$ bar, $z_6 = 0$, $c_6 = 0$ (Pkt. 6 = Schmutzwasser unten), $z_1 = 3$ m, $\rho_S = 1100\ \mathrm{kg/m^3}$ und $w_{vS} = z_{vS} \cdot g$. **2.** Aus Gl. (10.20) mit c_{1S}. **3.** Aus Gl. (10.21) mit $\dot{V}_{ges} = \dot{V}_W + \dot{V}_S$. **4.** Aus den Gln. (10.20) u. (10.49) mit c_4, $p_4 = p_{amb} = 1$ bar, $z_4 = 0$, $z_3 = L_M$, $w_{vM} = z_{vM} \cdot g$.

10.79

Sinngemäß wie Aufg. 10.78 mit den Gln. (10.20), (10.21) und (10.49), jedoch mit $\varrho_S = \varrho_W = 1000\ \mathrm{kg/dm^3}$.

10.80

1. Entspr. MF S. 337 ist $P_P = P_v/\eta_P$ mit P_v nach Gl. (10.50) und w_v nach Gl. (10.53) mit den Gln. (10.51) u. (10.52) sowie c aus Gl. (10.21), η nach Tab. 40, *Re* nach Gl. (10.47), λ für *k/d* aus MF Bild A 25. **2.** Wie 1. mit $d = 0{,}5$ m.

10.81

Entspr. den Gln. (10.51) bis (10.53) ist $w_v = (\lambda \cdot l/d + \zeta)c^2/2 = \zeta_{ges} \cdot c^2/2$ mit $l = \delta \cdot R$ (δ in rad), λ nach MF Bild A 25, ζ nach Tab. 42 (Wert für hydraulisch rauh auf 130° umrechnen).

10.82

1. Entspr. MF S. 337 ist $P_P = \dot{m} \cdot w_{fP1}/\eta_P$ mit der spezifischen Pumpenarbeit $w_{fP1} = \Delta p/\varrho + g \cdot \Delta z$, da bei reibungsfreier Strömung nur die spezifische Druckenergie und die spezifische Lagenenergie aufzubringen sind (s. MF S. 318). **2.** Wie 1. mit $w_{fP2} = w_{fP1} + w_v$ und w_v nach Gl. (10.53) sinngemäß wie in den Aufgn. 10.80 u. 10.81.

10.83

1. Die Effektiv- oder Nutzleistung ist um die mechanischen Verluste geringer als die zugeführte Umfangsleistung (s. MF S. 139). Zweckmäßiger Rechnungsgang: $P_u = P_z$ aus Gl. (7.30) mit $\dot{m}$ nach Gl. (10.19), unter Berücksichtigung von α_k folgt mit $u = c/2$ aus Gl. (10.42) als effektive Düsenaustrittsgeschwindigkeit $c_2 = c = \sqrt[3]{4P_u/[\alpha_k \cdot \varrho \cdot A_2 \cdot (1 + \cos\beta)]}$, c_1 aus Gl. (10.20), w_v entspr. den Gln. (10.51) bis (10.53) und sinngemäß wie 1. u. 2. in MF Beisp. 10.28, damit aus Gl. (10.49) die Höhe $z_0 = (c_2^2/2 + w_v)/g$, wobei $c_0 = 0$, $p_0 = p_2 = p_{amb}$ u. $z_2 = 0$ sind. **2.** Entspr. den Gln. (7.30), (10.29) ($h = z_0$), (10.19), (10.42) und mit $u = c/2$ wird $P_n = P_u \cdot \eta_m = \varrho \cdot A_2 \cdot c^3(1 + \cos\beta)/4 \cdot \eta_m$.

10.84

1. Wie 2. in Aufg. 10.83 ohne η_m. **2.** Mit $c_1 = c_2(d_2/d_1)^2$ und $w_v = c_2^2[(\lambda \cdot l/d_1 + \Sigma\zeta_E) \cdot (d_2/d_1)^4 + \zeta_D]/2$ (wie unter 1. in Aufg. 10.83) folgt aus Gl. (10.49) eine Gleichung für c_2; da λ von *Re* und somit von c_1 abhängt, ist Lösung nur mittels Iteration möglich durch wiederholte Annahme von c_2 (beginnend z. B. mit $c_2 = 45$ m/s, s. auch MF S. 340 und MF Beisp. 10.29) bis Annahme und Ergebnis für c_2 nahezu übereinstimmen, damit P_u sinngemäß wie unter 1. in Aufg. 10.83.

10.85

Mit $w_v = (\lambda \cdot l/d + \zeta_{ges}) \cdot c^2/2$ (entspr. den Gln. (10.51) bis (10.53)) folgt aus Gl. (10.49) mit Energiezufuhr (s. MF S. 337, $c_2 = c_1$, $p_2 = p_1 = p_{amb}$, $z_2 = 0$) für $c = \sqrt{2(w_{fP} + g \cdot z_1)/(\lambda \cdot l/d + \zeta_{ges})}$ und damit d aus Gl. (10.21). Da λ von *Re* und somit von c und d abhängt, Lösung nur durch Iteration möglich mit wiederholter Annahme von d, beginnend z. B. mit $d = 200$ mm, womit c_{erf} aus Gl. (10.21) jeweils errechnet wird.